铁摩辛柯弹性稳定理论

［美］斯蒂芬·普罗科菲耶维奇·铁摩辛柯
(Stephen P. Timoshenko)　　　　　　著
［美］詹姆斯·M. 盖莱(James M. Gere)

熊　炘　译

上海科学技术出版社

图书在版编目（C|P）数据

　　铁摩辛柯弹性稳定理论 ／（美）斯蒂芬·普罗科菲耶维奇·铁摩辛柯（Stephen P. Timoshenko），（美）詹姆斯·M.盖莱（James M. Gere）著；熊炘译. -- 上海：上海科学技术出版社，2023.11
　　书名原文：Theory of Elastic Stability (second edition)
　　ISBN 978-7-5478-6320-6

　　Ⅰ．①铁… Ⅱ．①斯… ②詹… ③熊… Ⅲ．①弹性稳定性 Ⅳ．①0343.9

　　中国国家版本馆CIP数据核字(2023)第178482号

上海市版权局著作权合同登记号 图字：09-2021-1125号

铁摩辛柯弹性稳定理论

［美］斯蒂芬·普罗科菲耶维奇·铁摩辛柯　　　　著
［美］詹姆斯·M.盖莱

　　熊　炘　译

上海世纪出版(集团)有限公司　出版、发行
上 海 科 学 技 术 出 版 社
(上海市闵行区号景路 159 弄 A 座 9F-10F)
邮政编码 201101　　www.sstp.cn
苏州工业园区美柯乐制版印务有限责任公司印刷
开本 787×1092　1/16　印张 27
字数 700 千字
2023 年 11 月第 1 版　2023 年 11 月第 1 次印刷
ISBN 978-7-5478-6320-6/O·119
定价：140.00 元

内 容 提 要

　　本书为"现代工程力学之父"斯蒂芬·普罗科菲耶维奇·铁摩辛柯和詹姆斯·M.盖莱共同撰写的 *Theory of Elastic Stability*（第二版）的中译本。作为大型结构弹性稳定性领域的最优参考书之一，该经典著作系统介绍了结构稳定性的基本理论和方法，并囊括了结构静、动态失稳的相关内容。

　　本书涉及内容与机械工程、土木工程和航空航天工程等学科密切相关，主题涵盖了二维、三维应力和应变的理论解释，还包括了扭转和弯曲应力、热应力和固体波传递等理论的工程应用，另外还给出了梁-柱、环、杆和拱的屈曲理论、实验和设计公式。

　　本书适用于高等院校相关专业的本科生或研究生，也可作为专业技术人员必备的工具书。

译 者 序

钢、高强度合金等材料在桥梁、船舶、飞机等工程结构中的运用,已使弹性稳定性成为亟待解决的重要工程问题。历史上,建筑材料主要以石头和木头为主,欧拉以这些建筑材料为研究对象,提出了关于压杆横向屈曲的细长杆理论。但上述材料强度较低,构件较粗段,因此提高弹性稳定性问题并不是首要问题。随着19世纪后半叶欧洲工业革命及机器大工业的逐步完成,具有细长压杆、薄板及薄壳等类型的结构大量出现在建筑和机械设备中。这类结构的失效,并非由于应力超过了材料的强度,而是由于细长或薄壁构件的弹性稳定性不足所导致的。例如:在桥梁、船舶和飞机的设计中,实心柱、组合柱或"格子"柱以及管件等构件可能发生局部和整体屈曲;在板梁和飞机结构中,较薄的平面材料在受到力作用时可能失稳,也容易在横向屈曲状态下被损坏。真空容器可能在均布外压力下发生不稳定,也可能在轴向压缩、弯曲、扭转及组合作用下屈曲。因此,解决弹性稳定性问题才有了实际的工程意义。

原著将工程实际中常用的弹性稳定性理论全部囊括进来,并从特定问题入手,对该问题指明考虑稳定性的条件,并给出最合适的求解方法。大多数的解都通过图形曲线和表格的形式予以呈现,力图更为直观地帮助读者理解工程问题,及求解结果的变化规律和物理意义。此外,原著虽然在一些地方提供了有关问题的所有可用的参考资料,但并无法帮助读者开展实际工程设计,因为在实际设计中,除理论与试验外,还有其他因素需要考虑。

本译著为原著第二版的中译本。为了纪念铁摩辛柯在结构弹性稳定性以及材料力学方面的卓越贡献,并体现原著在该专业领域的经典性和划时代意义,故将译著定名为《铁摩辛柯弹性稳定性理论》。在翻译过程中,译者力图忠实于原著,在能清楚说明专业问题的情况下,尽可能减少翻译文采对原文内容的影响,更多地传达作者原意。内容方面,该书可作为高等院校工科类(机械工程、土木工程和航空航天工程)专业本科生或研究生的专业课教材使用,也可作为专业资料供工程技术人员查阅。同时,建议读者应具有包括微分方程在内的微积分的相关基础知识,并已完成理论力学、材料力学等先修课程。

值此译著完成之际,译者要感谢上海市地方高水平大学建设项目给予的经费支持,还要感谢上海大学机电工程与自动化学院、上海市智能制造及机器人重点实验室、上海大学轴承研究所的各位领导与同仁对翻译工作的支持! 同时,译者要感谢上海科学技术出版社积极的工作态度和极高的工作效率,没有他们的辛勤付出,本译著的翻译工作不可能开展得如此顺利! 最后，译者要感谢上海大学智能转子-轴承系统实验室的崔玉肖、林昭哲、史茂平、汪庭欢和施沈君等研究生同学，他们协助进行了本书文字、图表及公式的整理与校对工作。由于译者水平有限，译文中的错误和不当之处在所难免。恳请广大读者批评指正，以便在今后进行改进。

熊 炘

2023 年 8 月 27 日于上海大学

第二版前言

自本书第一版出版以来,结构稳定性这门学科的重要性稳步提高,尤其是在金属结构的设计方面。因此,现在许多工科学校都开设了这门课程,通常作为应用力学课程的一部分。本书的主要目的是为满足该学科初学者的需要,因此内容着重于基本理论而非具体应用。

在第二版中,作者力求进一步丰富第一版的内容,同时保持原版的特色。本书从梁-柱的分析开始(第1章),然后进一步讨论杆的弹性屈曲(第2章)。第2章的内容有所扩充,包括在非保守力、周期变化力以及冲击力作用下的屈曲。此外,还扩充了关于利用逐步逼近法确定柱的临界载荷的内容。由于剪切模量的引入,杆的非弹性屈曲的内容有所扩充,并已成为新的一章(第3章)。第4章详细介绍了杆的屈曲实验,内容与第一版基本相同,因为作者认为原始内容仍具一定价值。

相比第一版,本书增加了关于扭转屈曲的一章(第5章),并对梁的横向屈曲(第6章)进行了大量修改。第7章涉及圆环、曲杆与拱的屈曲,包含若干新增内容。关于板与壳弯曲的章节(第8章和第10章)基本未做改动,它们是作为板与壳的屈曲(第9章和第11章)的预备知识而列在本书中。在第9章(板的屈曲)中,研究了几种新的屈曲情况,并增添了几个计算临界应力的表格。在第9章与第11章(壳的屈曲)中,第一版中的所有重要内容均已保留。第11章中新增的内容主要有:受压圆柱壳在屈曲后的性能,曲薄板、加筋圆柱壳及球壳的屈曲。

全书提供了大量参考文献(在页下注中),为进一步研究该学科某一方面的读者提供帮助。

作者借此机会感谢 Thor H. Sjostrand 女士和 Richard E. Platt 女士在第二版编写手稿和阅读校样时提供的帮助。

Stephen P. Timoshenko

James M. Gere

第一版前言

钢和高强度合金在现代工程结构中的应用,尤其是用于桥梁、船舶与飞机,已使弹性稳定性成为一个非常重要的问题。近年来,迫切的实际需求促使人们在理论和实验方面,对杆、板和壳等构件的稳定条件进行了广泛的研究。这些研究成果广泛散布于不同地域和语言文化之中,对于需要将其应用于设计指导的工程师而言,其往往难以获取。当前似乎是将这些研究成果结集出版的合适时机。

约 200 年前,欧拉(L. Euler)[①]首次解决了关于压杆横向屈曲的弹性稳定性问题。在当时,主要的建筑材料为木头和石头,对于强度较低的材料,必须使用粗短的构件,因而弹性稳定性并非首要解决的问题。因此,欧拉针对细长杆提出的理论在很长时间内都无实际应用。直到 19 世纪后半期铁路桥梁开始广泛修建时,压杆的屈曲问题才有了实际意义。钢的使用很自然地衍生了包含细长压杆、薄板和薄壳等类型的结构。经验证明,在某些情况下,这类结构的失效并非由于应力超过了材料的强度,而是由于细长或薄壁构件的弹性稳定性的不足。

在实际需求下,人们对欧拉提出的柱的横向屈曲问题在理论和实际方面进行了广泛的研究,并确定了理论公式的适用范围。然而,压杆的横向屈曲只是弹性稳定性问题的一种特殊情况。在现代桥梁、船舶及飞机的设计中,会遇到各种各样的稳定性问题。不仅会遇到实心柱,且会遇到组合柱或"格子"柱,以及管件。在这些构件中,可能发生局部屈曲和整体屈曲。在利用薄板材料(如板梁和飞机结构设计中)时,我们必须记住,当力作用在板平面时,薄板可能会失稳,并由于横向屈曲而损坏。薄圆柱壳(如真空容器)必须承受均匀的外部压力,若壳的厚度较直径小得多,则可能会表现出不稳定性,并在较小的应力下发生破坏。在轴向压缩、弯曲、扭转及它们的耦合作用下,薄圆柱壳也可能发生屈曲。所有这些问题都是现代单壳式飞机设计中极其重要的问题。

本书在讨论这些问题及其解决方案时,并没有将弹性稳定性的一般理论包括进去,因为在弹性理论的著作中有相应的章节介绍它们。本书由具体问题着手,对于每种情况指明在什么条件下应考虑稳定性问题,并结合最适合的问题类型提出了各种解法。大多数解法辅以表格和图线,以提供每种特定情况下的临界载荷及临界应力值。虽然已提供了与问题相关的所有可用资料,但尚未在此基础上进行实际设计,因为在设计中,除了理论及实验外,其他因素也应加以考虑。

本书所涉及的数学和材料力学的知识,全包括在工科学校的必修课程中。而在超出所学

---

① Leonard Euler 的"Elastic Curves",由 W. Oldfather, C. A. Ellis 及 D. M. Brown 翻译并注释。

数学知识的场合,书中会给出相应的说明。为了便于阅读,虽然有实际重要性但在初读时可以省略的问题均用区分于正文的字体标出。读者可以在读完本书的主要内容后再进一步研究这些问题。

书中提供了许多有关稳定性问题的参考论文和图书。这些参考资料可能对希望更详细研究某些特殊问题的工程师有所帮助;另外,这些参考资料还详细介绍了弹性稳定理论的现代发展情况,可能对计划从事该领域工作的研究生有所帮助。

在编写本书过程中,尽量采用了作者以前所撰写的关于弹性理论[①]的内容,此书是俄罗斯几所工科学校开设的薄板和薄壳理论课程的代表作。

作者感谢密歇根大学提供的研究基金资助,用于编制本书中的图表。在此,作者也要感谢 D. H. Young 博士的支持。

同时,作者要感谢 I. A. Wojtaszak 博士和 S. H. Fillion 先生对公式和表格的检查,感谢 Wojtaszak 博士校对稿件,感谢 Reta Morden 女士对全文的编辑工作,感谢 L. S. Veenstra 先生在全文图样绘制方面的工作。

Stephen P. Timoshenko

---

① "*Theory of Elasticity*", vol. II, St. Petersburg, Russia, 1916。

目　录

符 号 表

a,b,c,d	数值系数,距离
A	横截面积
c	由中性轴至梁边缘纤维的距离
C	扭转刚度 $(C=GJ)$
C_1	翘曲刚度 $(C_1=EC_w)$
C_w	翘曲常数
D	板或壳的弯曲刚度 $(D=Eh^3/[12(1-\nu^2)])$
e	偏心距,由形心至剪心的距离
E,E_r,E_t	弹性模量,折合模量,剪切模量
F	应力函数
g	重力加速度
G	剪切弹性模量
h	板或壳的厚度,高度,距离
I_c,I_o	截面对于形心及剪心的极惯性矩
I_x,I_y,I_z	截面对于 x,y,z 轴的惯性矩
I_{xy}	截面对于 x 与 y 轴的惯性积
J	扭转常数
k	梁-柱的轴向载荷因数 $[k^2=P/(EI)]$,弹性基础模量,数值因子
l	长度,跨度
L	折合长度
m,n	整数,数值系数
m_z	沿 z 轴每单位长度的扭矩强度
M	弯矩,力偶
M_t	扭力偶或扭矩
M_x,M_y,M_{xy}	板或壳每单位长度的弯矩及扭矩
n	安全系数

N	梁内的剪力,法向力
N_x, N_y, N_{xy}	板或壳中间平面单位长度的法向力与剪力
p, q	分布载荷的强度,压力
P	集中力,梁-柱中的轴向力
P_{cr}	临界载荷
Q	梁内的剪力,集中力
Q_x, Q_y	板或壳每单位长度的剪力
r	回转半径,壳的曲率半径,半径
R	半径,反力
s	核心半径($s = Z/A$),距离
S	轴向力
t	厚度,时间,温度
T	功,张力
u	梁-柱的轴向载荷因数($u = kl/2$)
u, v, w	在 x, y, z 方向的位移
U	应变能
v, w	切向与径向位移
V	梁内的剪力
w	梁内的翘曲位移
x, y, z	直角坐标
Z	截面模量($Z = l/c$)
α, β	角,数值系数,比值,弹簧常数,端点约束系数
γ	剪应变,单位体积的重量,弹簧常数,数值因子
δ	挠度
ε	正应变,热膨胀系数
ε_x, ε_y, ε_z	在 x, y, z 方向的正应变
η, λ, ϕ, χ, ψ	梁-柱的放大因数
θ	角,角坐标,单位长度的扭转角
λ	距离,数值因子
ν	泊松比
ξ, η, ζ	直角坐标
ρ	曲率半径

σ	正应力
σ_x, σ_y, σ_z	在 x, y, z 方向的正应力
σ_c	柱的平均压应力
σ_{cr}	临界载荷时的压应力
σ_{ult}	极限应力
σ_W	许用应力
τ	剪应力
τ_{xy}, τ_{ys}, τ_{sx}	与 x, y, z 轴垂直的面上平行于 y, z, x 轴的剪应力
ϕ	角,角坐标,杆的扭转角
χ	壳的曲率的改变
ω	振动的圆频率
ω_s	翘曲函数

第 1 章
梁-柱

1.1 引　言

在弯曲的基本理论研究中,发现梁中的应力和挠度与施加的载荷成正比。这个条件要求由于弯曲而引起的梁形变不会影响施加载荷的作用。例如,如果图 1-1a 中的梁只受到侧向载荷 Q_1 和 Q_2 的作用,那么小挠度 δ_1 和 δ_1 以及载荷垂直作用线的轻微变化只会对弯矩和剪力产生微不足道的影响。因此,可以根据梁的初始配置进行挠度、应力、弯矩等计算。在这些条件下,如果胡克定律对材料成立,则挠度与作用力成正比,叠加原理成立。也即,最终变形就是所有单力产生变形的总和。

当轴向和侧向载荷同时作用于梁上时(图 1-1b),弯矩、剪力、应力和挠度将不与轴向载荷的大小成正比。此外,它们的值将取决于产生挠度的大小,即使轴向载荷有很轻微的偏心,也将会产生很大的影响。同时承受轴向压缩和侧向载荷的梁,被称为梁-柱。在本章中,将对具有对称截面以及各种支撑和载荷条件的梁-柱进行分析[①]。

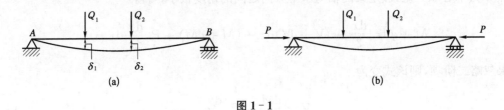

图 1-1

1.2　梁-柱的微分方程

考虑图 1-2a 中的梁,可以推导出用于分析梁-柱的基本方程。梁-柱同时受到轴向压力 P 和侧向载荷 q 的作用,其中侧向载荷 q 随沿梁的距离 x 的变化而变化。在两个垂直于梁的原始(未挠曲)轴的截面之间的长度 $\mathrm{d}x$ 如图 1-2b 所示。侧向载荷可以被认为在 $\mathrm{d}x$ 的距离上具有恒定的强度 q,并且在这种情况下,当其朝向正 y 轴的方向时被假定为正。作用在微段两侧的剪力 V 和弯矩 M 的正方向如图 1-2b 所示。

通过图 1-2b 中微段的平衡,可以得到载荷、剪力 V 和弯矩之间的关系。将 y 方向的力求和得到

$$-V+q\mathrm{d}x+(V+\mathrm{d}V)=0$$

① 关于承受轴向拉伸的梁的分析,见 Timoshenko,"*Strength of Materials*",3d ed., part II, p. 41, D. Van Nostrand Company, Inc., Princeton, N.J., 1956.

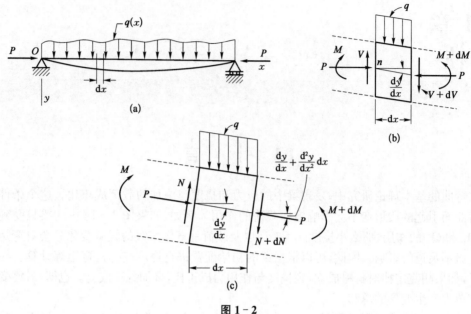

图 1 - 2

或

$$q = -\frac{\mathrm{d}V}{\mathrm{d}x} \tag{1-1}$$

以点 n 为中心取力矩,假定梁的轴与水平方向之间的角度很小,可得

$$M + q\,\mathrm{d}x\,\frac{\mathrm{d}x}{2} + (V + \mathrm{d}V)\mathrm{d}x - (M + \mathrm{d}M) + P\,\frac{\mathrm{d}y}{\mathrm{d}x}\mathrm{d}x = 0$$

如果忽略二阶项,则该式变为

$$V = \frac{\mathrm{d}M}{\mathrm{d}x} - P\,\frac{\mathrm{d}y}{\mathrm{d}x} \tag{1-2}$$

如果忽略剪切变形和梁缩短的影响,梁曲率的表达式为

$$EI\,\frac{\mathrm{d}^2 y}{\mathrm{d}x^2} = -M \tag{1-3}$$

式中,EI 代表梁在弯曲平面(即 xy 平面)上的抗弯刚度,该平面被假定为对称平面。将式(1-3)与式(1-1)、式(1-2)结合起来,可以用以下几种形式表达梁的微分方程:

$$EI\,\frac{\mathrm{d}^3 y}{\mathrm{d}x^3} + P\,\frac{\mathrm{d}y}{\mathrm{d}x} = -V \tag{1-4}$$

和

$$EI\,\frac{\mathrm{d}^4 y}{\mathrm{d}x^4} + P\,\frac{\mathrm{d}^2 y}{\mathrm{d}x^2} = q \tag{1-5}$$

方程(1-1)~方程(1-5)是梁-柱弯曲的基本微分方程。如果轴向力 P 等于零,则这些方程简化为仅受侧向载荷弯曲的一般方程。

除了取与 x 轴垂直的边的微段 $\mathrm{d}x$（图 1-2b），还可以截取与梁的挠曲轴垂直的边的微段

（图 1-2c）。由于梁的斜率很小，可以将作用在微段两侧的法向力取为轴向压力 P。在这种情况下，剪力 N 与图 1-2b 中的剪力 V 的关系由下式表示：

$$N = V + P \frac{\mathrm{d}y}{\mathrm{d}x} \tag{a}$$

将式（a）分别代入式（1-1）和式（1-2），得到

$$q = -\frac{\mathrm{d}N}{\mathrm{d}x} + P \frac{\mathrm{d}^2 y}{\mathrm{d}x^2} \tag{1-1a}$$

和

$$N = \frac{\mathrm{d}M}{\mathrm{d}x} \tag{1-2a}$$

式（1-1a）和式（1-2a）也可以通过考虑图 1-2c 中微段的平衡来推导。最后，将式（1-2a）与式（1-3）相结合，得出

$$EI \frac{\mathrm{d}^3 y}{\mathrm{d}x^3} = -N \tag{1-4a}$$

式（1-5）对于图 1-2c 中的微段仍然有效。因此，根据剪力是在挠曲轴的法线截面上还是在未挠曲轴的法线截面上，对于梁-柱有两组微分方程。

1.3　具有集中横向载荷的梁-柱

作为使用梁-柱方程的第一个例子，下面考虑一个长度为 l 的梁（图 1-3），在两个简支上承受距离右端 c 处的单个侧向载荷 Q。如果仅考虑侧向载荷 Q 的弯矩，可以很容易地通过静力学计算。然而，在这种情况下，轴向力 P 产生的弯矩在确定挠度之前是无法确认的。因此，梁-柱在静力学上是不定的，必须首先解决梁的挠曲曲线的微分方程。

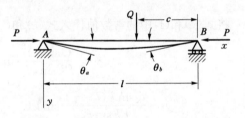

图 1-3

图 1-3 中梁的左侧和右侧部分的弯矩分别为

$$M = \frac{Qc}{l}x + Py, \quad M = \frac{Q(l-c)(l-x)}{l} + Py$$

因此，使用式（1-3），得到

$$EI \frac{\mathrm{d}^2 y}{\mathrm{d}x^2} = -\frac{Qc}{l}x - Py \tag{a}$$

$$EI \frac{\mathrm{d}^2 y}{\mathrm{d}x^2} = -\frac{Q(l-c)(l-x)}{l} - Py \tag{b}$$

为了简化，引入以下符号：

$$k^2 = \frac{P}{EI} \tag{1-6}$$

则式(a)变为

$$\frac{\mathrm{d}^2 y}{\mathrm{d}x^2} + k^2 y = -\frac{Qc}{EIl}x$$

这个方程的通解为

$$y = A\cos kx + B\sin kx - \frac{Qc}{Pl}x \tag{c}$$

以相同的方式,式(b)的通解为

$$y = C\cos kx + D\sin kx - \frac{Q(l-c)(l-x)}{Pl} \tag{d}$$

下面从梁的端部和载荷 Q 的施加点的条件确定积分常数 A、B、C、D。

由于梁的挠度在两端都为零,得出结论:

$$A = 0, \ C = -D\tan kl \tag{e}$$

在载荷 Q 的施加点,由式(c)和(d)给出的挠度曲线的两个部分具有相同挠度和公共切线,于是有

$$B\sin k(l-c) - \frac{Qc}{Pl}(l-c) = D\left[\sin k(l-c) - \tan kl\cos k(l-c)\right] - \frac{Qc}{Pl}(l-c)$$

$$Bk\cos k(l-c) - \frac{Qc}{Pl} = Dk\left[\cos k(l-c) + \tan kl\sin k(l-c)\right] + \frac{Q(l-c)}{Pl}$$

其中

$$B = \frac{Q\sin kc}{Pk\sin kl}, \ D = -\frac{Q\sin k(l-c)}{Pk\tan kl} \tag{f}$$

将式(e)和(f)中的常数值代入式(c)和(d),可得两个挠度曲线部分的方程:

$$y = \frac{Q\sin kc}{Pk\sin kl}\sin kx - \frac{Qc}{Pl}x \quad (0 \leqslant x \leqslant l-c) \tag{1-7}$$

$$y = \frac{Q\sin k(l-c)}{Pk\sin kl}\sin k(l-x) - \frac{Q(l-c)(l-x)}{Pl} \quad (l-c \leqslant x \leqslant l) \tag{1-8}$$

用 $l-c$ 表示 c、$l-x$ 表示 x,则方程(1-8)可以由方程(1-7)得到。

为方便以后的计算,计算方程(1-7)、(1-8)的导数,得到下列公式:

$$\frac{\mathrm{d}y}{\mathrm{d}x} = \frac{Q\sin kc}{P\sin kl}\cos kx - \frac{Qc}{Pl} \quad (0 \leqslant x \leqslant l-c) \tag{1-9}$$

$$\frac{\mathrm{d}y}{\mathrm{d}x} = -\frac{Q\sin k(l-c)}{P\sin kl}\cos k(l-x) + \frac{Q(l-c)}{Pl} \quad (l-c \leqslant x \leqslant l) \tag{1-10}$$

$$\frac{\mathrm{d}^2 y}{\mathrm{d}x^2} = -\frac{Qk\sin kc}{P\sin kl}\sin kx \quad (0 \leqslant x \leqslant l-c) \tag{1-11}$$

$$\frac{\mathrm{d}^2 y}{\mathrm{d}x^2} = -\frac{Qk\sin k(l-c)}{P\sin kl}\sin k(l-x) \quad (l-c \leqslant x \leqslant l) \tag{1-12}$$

载荷施加在梁-柱中心的特殊情况下,挠度曲线是对称的,有必要只考虑载荷左侧的部分。

这种情况下的最大挠度是通过代入式(1-7)中的 $x = c = l/2$ 获得的,并给出

$$\delta = (y)x = l/2 = \frac{Q}{2Pk}\left(\tan\frac{kl}{2} - \frac{kl}{2}\right) \tag{g}$$

为了简化方程(g),将使用以下附加符号:

$$u = \frac{kl}{2} = \frac{l}{2}\sqrt{\frac{P}{EI}} \tag{1-13}$$

则式(g)变为

$$\delta = \frac{Ql^3}{48EI}\frac{3(\tan u - u)}{u^3} = \frac{Ql^3}{48EI}\chi(u) \tag{1-14}$$

方程(1-14)右侧的第一个因子代表仅有横向载荷 Q 作用时所得到的挠曲,第二个因子 $\chi(u)$ 表示纵向力 P 对挠曲 δ 的影响。附录表 A-1 中给出了不同 u 值对应的因子 $\chi(u)$ 的数值。使用这个表格,可以根据方程(1-14)很容易地计算出每个特定情况下梁的挠曲。

当 P 较小时,u 也很小[参见方程(1-13)],因子 $\chi(u)$ 接近于 1。通过使用级数

$$\tan u = u + \frac{u^3}{3} + \frac{2u^5}{15} + \cdots$$

并保留级数的前两项,还可以看到当 u 接近 $\pi/2$ 时,$\chi(u)$ 变为无穷大。当 $u = \pi/2$ 时,根据方程(1-13)有

$$P = \frac{\pi^2 EI}{l^2} \tag{1-15}$$

因此可以得出结论:当轴向压力接近方程(1-15)给出的临界值时,即使是很小的横向载荷,也会产生相当大的横向挠曲。这个压力的临界值称为临界载荷,用 P_{cr} 表示。通过使用方程(1-15)计算纵向力的临界值,u 可以表示如下:

$$u = \frac{\pi}{2}\sqrt{\frac{P}{P_{cr}}} \tag{1-16}$$

因此,u 仅取决于比值 P/P_{cr} 的大小。

为了找到梁末端的挠曲曲线的斜率,将 $c = l/2$ 和 $x = 0$ 代入式(1-9),得出

$$\left(\frac{dy}{dx}\right)_{x=0} = \frac{Q}{2P}\left(\frac{1}{\cos kl/2} - 1\right) = \frac{Ql^2}{16EI}\frac{2(1-\cos u)}{u^2\cos u} = \frac{Ql^2}{16EI}\lambda(u) \tag{1-17}$$

同样,方程(1-17)右侧的第一个因子表示横向载荷 Q 在梁-柱中心产生的斜率,第二个因子表示轴向力 P 的影响,因子 $\lambda(u)$ 的数值在附录表 A-2 中给出。

通过使用式(1-11),可以得到最大弯矩如下:

$$M_{max} = -EI\left(\frac{d^2y}{dx^2}\right)_{x=l/2} = \frac{QkEI}{2P}\tan\frac{kl}{2} = \frac{Ql}{4}\frac{\tan u}{u} \tag{1-18}$$

在这种情况下,最大弯矩是通过将横向载荷产生的弯矩乘以因子 $(\tan u)/u$ 的值以及之前的三角函数因子 $\lambda(u)$ 和 $\chi(u)$ 来获得。当压力变得越来越小并且 u 接近 $\pi/2$ 时,这个因子的值接近于 1;当压力接近由方程(1-15)给出的临界值时,这个因子会无限增大。

1.4 几个集中载荷

前一节的结果下面将用于更一般的情况，即多个横向载荷作用在受压梁上。方程(1-7)、(1-8)表明，在给定纵向力下，梁的挠曲与横向载荷 Q 成正比。与此同时，由于纵向力 P 进入包含 k 的三角函数中，挠曲与纵向力 P 之间的关系更加复杂。挠曲是 Q 的线性函数的事实表明，当横向载荷单独作用于梁时，叠加原理也可以应用于横向和轴向载荷共同作用的情况，但形式稍有修改。从方程(1-7)、(1-8)可以看出，如果将横向载荷 Q 增加一个量 Q_1，相同的

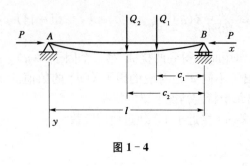

图 1-4

轴向力作用于梁时，所得到的挠曲是将载荷 Q 产生的挠曲与载荷 Q_1 产生的挠曲叠加得到的。

可以证明，如果有几个横向载荷作用在受压梁上，也可以使用叠加原理。通过使用方程(1-7)、(1-8)，并将每个横向载荷单独产生的挠曲与总轴向力相结合，可以得到受压梁上的合成挠曲。以两个横向载荷 Q_1 和 Q_2 的情况为例(图1-4)，其距离右侧支架分别为 c_1 和 c_2。 按照前文的方法，发现梁左侧部分($x \leqslant l - c_2$)挠度曲线的微分方程为

$$EI \frac{\mathrm{d}^2 y}{\mathrm{d}x^2} = -\frac{Q_1 c_1}{l}x - \frac{Q_2 c_2}{l}x - Py \tag{a}$$

考虑载荷 Q_1 和 Q_2 分别作用于受压梁上，并用 y_1 表示由 Q_1 引起的挠曲、用 y_2 表示由 Q_2 引起的挠曲。对于左侧梁段，得到以下方程：

$$EI \frac{\mathrm{d}^2 y_1}{\mathrm{d}x^2} = -\frac{Q_1 c_1}{l}x - Py_1$$

$$EI \frac{\mathrm{d}^2 y_2}{\mathrm{d}x^2} = -\frac{Q_2 c_2}{l}x - Py_2$$

将这两个方程相加，发现

$$EI \frac{\mathrm{d}^2 (y_1 + y_2)}{\mathrm{d}x^2} = -\frac{Q_1 c_1}{l}x - \frac{Q_2 c_2}{l}x - P(y_1 + y_2)$$

从中可以看出，挠度 y_1 和 y_2 之和的公式，与当载荷 Q_1 和 Q_2 同时作用时获得的挠度的式(a)相同，对于中间和右侧梁段也是如此。因此，当有几个载荷作用在受压梁上时，可以通过将每个横向载荷单独产生的挠曲与纵向力 P 合成来得到总挠曲。

基于这个说法，现在可以写出受压梁的任意部分和任意数量横向载荷的挠曲曲线的方程。假设有 n 个侧向力 Q_1，Q_2，$\cdots$，Q_n，并且它们与梁的右支撑物的距离为 c_1，c_2，$\cdots$，c_n，其中 $c_1 < c_2 < \cdots < c_n$。 然后利用单个横向载荷的方程(1-7)、(1-8)，在载荷 Q_m 和 Q_{m+1} 之间，梁上的挠曲曲线由以下方程给出：

$$y = \frac{\sin kx}{Pk \sin kl} \sum_{i=1}^{m} Q_i \sin kc_i - \frac{x}{Pl} \sum_{i=1}^{m} Q_i c_i +$$

$$\frac{\sin k(l-x)}{Pk \sin kl} \sum_{i=m+1}^{n} Q_i \sin k(l-c_i) - \frac{l-x}{Pl} \sum_{i=m+1}^{n} Q_i (l-c_i) \tag{1-19}$$

以同样的方式,使用方程(1-9)～方程(1-12),可以得到梁任意截面处挠曲曲线的斜率和弯矩。因此,当叠加原理在修改形式之后使用时,可以解决梁在多个横向载荷和轴向力共同作用下一般挠曲计算的问题。

1.5 连续横向载荷

上节描述的叠加法可以在连续载荷的情况下使用。可以通过将上节公式的求和替换为积分来用于这种情况。以一个对称横向均匀载荷作用在两端铰接的受压梁上的情况为例(图 1-5),设 c 表示从右支座到连续载荷微段 $q\mathrm{d}c$ 的变量距离。可以将该微段视为一个无限小的集中力,并且可以用一系列这样的无限小集中力来替代均匀载荷。然后,使用式(1-19),将从 $i=1$ 到 $i=m$ 的求和替换为从 0 到 $l-x$ 的积分、从 $i=m+1$ 到 $i=n$ 的求和替换为从 $l-x$ 到 l 的积分,可得

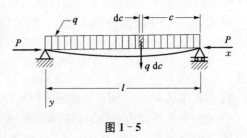

图 1-5

$$y = \frac{\sin kx}{Pk \sin kl} \int_0^{l-x} q \sin kc\, \mathrm{d}c - \frac{x}{Pl} \int_0^{l-x} qc\, \mathrm{d}c +$$

$$\frac{\sin k(l-x)}{Pk \sin kl} \int_{l-x}^l q \sin k(l-c)\, \mathrm{d}c - \frac{l-x}{Pl} \int_{l-x}^l q(l-c)\, \mathrm{d}c \qquad \text{(a)}$$

积分后,使用式(1-13),得到挠度曲线方程为

$$y = \frac{ql^4}{16EIu^4}\left[\frac{\cos(u - 2ux/l)}{\cos u} - 1\right] - \frac{ql^2}{8EIu^2}x(l-x) \qquad (1-20)$$

将 $x=l/2$ 代入式(1-20),可以得出梁的中心挠曲。通过一些变换,可以将结果表示为以下形式:

$$\delta = (y)_{x=l/2} = \frac{5ql^4}{384EI}\frac{12(2\sec u - 2 - u^2)}{5u^4} = \frac{5ql^4}{384EI}\eta(u) \qquad (1-21)$$

该方程右侧的第一个因子表示仅横向载荷 q 单独作用时的挠曲,而第二个因子表示纵向压力 P 对挠曲的影响。通过将 $\sec u$ 展开为级数,可以证明当 u 趋近于零时,第二个因子趋近于 1,并且当 u 趋近于 $\pi/2$ 时[即 P 趋近于式(1-15)的临界值],第二个因子无限增大。因此,纵向载荷 P 对挠曲的影响取决于 u 的值,也取决于比值 P/P_{cr}[参见式(1-16)]。如果这个比值很小,则 P 对挠曲的影响也很小,但是当比值接近于 1 时,P 的影响无限增大。对于其他类型的横向载荷也得出相同的结论,附录表 A-2 给出了因子 $\eta(u)$ 的值。

通过对式(1-20)进行微分,可以找到挠曲曲线斜率的一般表达式。在后续对两端固定梁的研究中,将通过将 $x=0$ 代入梁两端斜率的一般表达式,证明左端的斜率即端点的旋转小角度 θ 为

$$\theta = \left(\frac{\mathrm{d}y}{\mathrm{d}x}\right)_{x=0} = \frac{ql^4}{24EI}\frac{3(\tan u - u)}{u^3} = \frac{ql^3}{24EI}\chi(u) \qquad (1-22)$$

方程右侧的第一个因子是仅均匀载荷作用时端点处斜率的已知公式。第二个因子 $\chi(u)$ 表示

对纵向力 P 的斜率的影响。之前已经表明,当 u 接近零时,因子 $\chi(u)$ 趋于 1;当 u 接近 $\pi/2$、P 接近临界值时,$\chi(u)$ 无限增大。

为了计算最大弯矩,必须对式(1-20)的 y 进行两次微分。在这种情况下,最大弯矩位于梁的中心,可以得到

$$M_{\max} = -EI\left(\frac{\mathrm{d}^2 y}{\mathrm{d}x^2}\right)_{x=l/2} = \frac{ql^2}{8}\frac{2(1-\cos u)}{u^2\cos u} = \frac{ql^2}{8}\lambda(u) \qquad (1-23)$$

也可以通过将力矩 $ql^2/8$ 和由纵向力引起的力矩 P_δ 相加,来以另一种方式获得相同的结果。将式(1-21)中 δ 的值代入式(1-23),得到

$$M_{\max} = \frac{ql^2}{8} + \frac{5ql^4}{384EI}\frac{12(2\sec u - 2 - u^2)}{5u^4}P$$

代入表达式 $P = k^2 EI$,并使用式(1-13),可以将该结果转化为与式(1-23)相同的形式。式中的第一个系数表示均匀载荷单独产生的弯矩,第二个系数给出纵向力 P 对最大弯矩的影响。前面提到,比值 P/P_{cr} 小时,因子 $\lambda(u)$ 接近于 1,并且随着 P 趋近于 P_{cr},$\lambda(u)$ 无限增大。

挠度计算中的叠加法也可以应用于仅分布在部分载荷跨度的情况(图 1-6a)。例如,为了找到横跨载荷左侧部分的挠曲曲线,使用式(1-7)计算梁上的集中载荷。将总载荷的一个微段 $q\mathrm{d}c$ 代入式(1-7)可以得到该微段产生的挠曲。然后,通过在 $c=a$ 和 $c=b$ 之间进行积分,可以得到总载荷产生的挠曲曲线。这样,可以得到横跨载荷左侧部分的挠曲曲线,具体形式如下:

$$y = \int_a^b \frac{q\mathrm{d}c\sin kc}{Pk\sin kl}\sin kx - x\int_a^b \frac{qc\,\mathrm{d}c}{Pl} \qquad (b)$$

如果需要在载荷下的任意点 m 处找到挠曲,使用右侧载荷的式(1-7)和左侧载荷的式(1-8)。所需的挠曲为

$$y = \int_a^{l-x} \frac{q\mathrm{d}c\sin kc}{Pk\sin kl}\sin kx - x\int_a^{l-x} \frac{qc\,\mathrm{d}c}{Pl} +$$
$$\int_{l-x}^b \frac{q\mathrm{d}c\sin k(l-c)}{Pk\sin kl}\sin k(l-x) - \int_{l-x}^b \frac{q\mathrm{d}c(l-c)(l-x)}{Pl} \qquad (c)$$

按此进行积分,可以得到载荷下的挠曲曲线方程。通过将 $a=0$ 和 $b=l$ 代入该式,得到均匀加载梁的公式(1-20)。

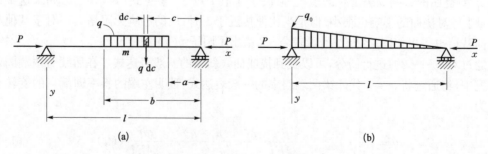

(a)　　　　　　　　　　　　(b)

图 1-6

如果 q 不是常数而是 c 的某个函数,可以通过在公式(b)、(c)中将 q 替换为给定的 c 的函数,来获得挠曲曲线。例如,在图 1-6b 所示情况下,通过将 q 替换为 $q = q_0 c/l$,可以得到挠曲曲线,同时取 $a = 0$、$b = l$。

在前面的例子中,通过使用方程(1-3)或叠加某些已知结果来找到横梁-柱的挠曲曲线。确定挠曲曲线的另一种方法是用方程(1-5)。例如,对于图 1-5 所示的梁,承载一个恒定强度 q 的均匀载荷,方程为

$$EI \frac{\mathrm{d}^4 y}{\mathrm{d}x^4} + P \frac{\mathrm{d}^2 y}{\mathrm{d}x^2} = q$$

该方程的通解是

$$y = A \sin kx + B \cos kx + Cx + D + \frac{qx^2}{2P} \qquad \text{(d)}$$

式中,A、B、C 和 D 是必须通过梁的端点条件进行评估的积分常数。由于端点处的挠曲和弯矩为零,这些条件为

$$y = \frac{\mathrm{d}^2 y}{\mathrm{d}x^2} = 0 \quad \text{(在 } x = 0 \text{ 和 } x = l \text{ 处)}$$

从 $x = 0$ 的两个条件得到

$$B = -D = \frac{q}{k^2 P}$$

并且在 $x = l$ 条件给出

$$A = \frac{q}{k^2 P} \frac{1 - \cos kl}{\sin kl}, \; C = -\frac{ql}{2P}$$

将常数的值代入式(d)中,可以得到横梁-柱的挠曲曲线方程。通过进行一些三角代换,并使用式(1-13),可以证明结果与式(1-20)完全相同。

1.6　成对力矩对梁-柱的弯曲

已知单个集中力 Q 的解(图 1-3),很容易得到当力矩施加在梁的末端时的挠曲曲线方程。为此,假设图 1-3 中的距离 c 趋近于零,同时 Q 增加,使得乘积 Q_c 保持有限且等于 M_b。通过这种方式,我们可以得到在极限情况下梁的弯曲,即在右端施加力矩 M_b(图 1-7)。然后通过在方程(1-7)中替换 $\sin kc = kc$ 和 $Q_c = M_b$ 来得到挠曲曲线,即

$$y = \frac{M_b}{P} \left(\frac{\sin kx}{\sin kl} - \frac{x}{l} \right) \qquad (1-24)$$

在进一步讨论中,有必要给出梁端部的小旋转角 θ_a 和 θ_b 的公式。如图 1-7 所示,当末端按照正弯矩方向旋转时,角度被认为是正的。通过对方程(1-24)求导,得到

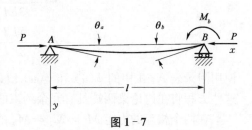

图 1-7

$$\theta_a = \left(\frac{\mathrm{d}y}{\mathrm{d}x}\right)_{x=0} = \frac{M_b}{P}\left(\frac{k}{\sin kl} - \frac{1}{l}\right) = \frac{M_b l}{6EI}\frac{3}{u}\left(\frac{1}{\sin 2u} - \frac{1}{2u}\right) \tag{1-25}$$

$$\theta_b = -\left(\frac{\mathrm{d}y}{\mathrm{d}x}\right)_{x=l} = -\frac{M_b}{P}\left(\frac{k\cos kl}{\sin kl} - \frac{1}{l}\right) = \frac{M_b l}{3EI}\frac{3}{2u}\left(\frac{1}{2u} - \frac{1}{\tan 2u}\right) \tag{1-26}$$

可以看到,已知的表达式 $M_b l/(6EI)$ 和 $M_b l/(3EI)$,是通过单独作用的力矩 M_b 产生的角度乘以表示轴向力 P 对梁端旋转角度影响的三角系数得到的。不难看出,当 u 趋近于零时,这些因子趋近于 1,并且当 u 趋近于 $\pi/2$ 时因子无限增大。在后续方程中,为简化表达式,将使用以下符号:

$$\phi(u) = \frac{3}{u}\left(\frac{1}{\sin 2u} - \frac{1}{2u}\right) \tag{1-27}$$

$$\psi(u) = \frac{3}{2u}\left(\frac{1}{2u} - \frac{1}{\tan 2u}\right) \tag{1-28}$$

这些函数的数值在附录表 A-1 中给出。

如果在梁的 A 端和 B 端施加两个力矩 M_a 和 M_b(图 1-8a),可以通过叠加获得挠度曲线。通过方程(1-24)得到由力矩 M_b 产生的挠曲。然后,通过用 M_a 代替 M_b、用 $l-x$ 代替 x,得到由力矩 M_a 产生的挠度。将这些结果加在一起,得到图 1-8a 所示情况下的挠度曲线:

$$y = \frac{M_b}{P}\left(\frac{\sin kx}{\sin kl} - \frac{x}{l}\right) + \frac{M_a}{P}\left[\frac{\sin k(l-x)}{\sin kl} - \frac{l-x}{l}\right] \tag{1-29}$$

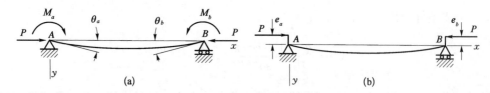

图 1-8

当两个偏心施加的压力 P 如图 1-8b 所示时,就会出现这种类型的载荷。将 $M_a = Pe_a$ 和 $M_b = Pe_b$ 代入式(1-29)中,得到

$$y = e_b\left(\frac{\sin kx}{\sin kl} - \frac{x}{l}\right) + e_a\left[\frac{\sin k(l-x)}{\sin kl} - \frac{l-x}{l}\right] \tag{1-30}$$

图 1-8a 中给出的末端旋转角度 θ_a 和 θ_b,是通过使用式(1-25)～(1-28)获得的。然后通过叠加,得到

$$\left.\begin{aligned} \theta_a &= \frac{M_a l}{3EI}\psi(u) + \frac{M_b l}{6EI}\phi(u) \\ \theta_b &= \frac{M_b l}{3EI}\psi(u) + \frac{M_a l}{6EI}\phi(u) \end{aligned}\right\} \tag{1-31}$$

使用附录表 A-1 中的 $\phi(u)$ 和 $\psi(u)$ 值,可以很容易地从方程(1-31)中获得角度 θ_a 和 θ_b。这些方程将在讨论梁两端具有冗余约束的各种情况时经常使用。

在两个相等的力矩 $M_a = M_b = M_0$ 的情况下,可以从方程(1-29)中得到

$$y = \frac{M_0}{P\cos(kl/2)}\left[\cos\left(\frac{kl}{2} - kx\right) - \cos\frac{kl}{2}\right]$$

$$= \frac{M_0 l^2}{8EI}\frac{2}{u^2\cos u}\left[\cos\left(u - \frac{2ux}{l}\right) - \cos u\right] \tag{1-32}$$

通过代入 $x = l/2$ 得到梁-柱中心处的挠度，从而得到结果

$$\delta = (y)_{x=l/2} = \frac{M_0 l^2}{8EI}\frac{2(1-\cos u)}{u^2\cos u} = \frac{M_0 l^2}{8EI}\lambda(u) \tag{1-33}$$

通过对方程(1-32)求导并代入 $x = 0$，可以求出两端的角度。结果表达式为

$$\theta_a = \theta_b = \left(\frac{\mathrm{d}y}{\mathrm{d}x}\right)_{x=0} = \frac{M_0 l}{2EI}\frac{\tan u}{u} \tag{1-34}$$

发生在梁中间的最大弯矩是通过使用式(1-32)的二阶导数获得：

$$M_{\max} = -EI\left(\frac{\mathrm{d}^2 y}{\mathrm{d}x^2}\right)_{x=l/2} = M_0\sec u \tag{1-35}$$

当计算具有偏心施加压力的梁(图1-8b)中的最大弯矩时，可以使用方程(1-35)，其中两个偏心相等。当纵向力 P 相对于其临界值[方程(1-15)]较小时，u 很小，$\sec u$ 可以取为1，也就是说，可以假设弯矩在梁的长度上是恒定的。随着 u 接近 $\pi/2$，P 接近 P_{cr}，$\sec u$ 无限增大。在这种情况下，即使在加载时稍微偏心，也会在梁的中心产生相当大的弯矩。关于这种情况下工作应力的讨论将在第1.13节中给出。

1.7　挠度的近似公式

在进行初步设计计算时，通常需要一个确定简支梁-柱中心挠曲的近似公式。前面推导出了三种对称加载条件下(中央集中载荷、均布载荷和两个相等端力矩)中心挠曲的方程。在每种情况下，挠曲等于两个项的乘积，其中第一项是没有轴向载荷的挠曲，第二项是一个放大系数，该系数取决于 u 的值，即取决于 P/P_{cr} 的比值[参见方程(1-16)]。三种加载情况的放大系数是 $\chi(u)$、$\eta(u)$ 和 $\lambda(u)$。

放大系数[1]的近似表达式为

$$\frac{1}{1 - P/P_{\mathrm{cr}}} \tag{1-36}$$

如果 P/P_{cr} 比率不大，则可以很好地使用该简化表达式来代替精确系数 $\chi(u)$、$\eta(u)$ 和 $\lambda(u)$。图1-9给出放大系数的曲线图。P/P_{cr} 小于0.6时，近似表达式中的误差小于2%[2]。

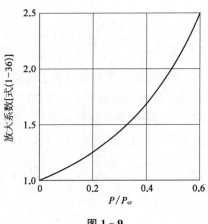

图 1-9

---

①　第1.11节将给出该因子的推导。
②　式(1-36)由 Timoshenko 在 *Bull. Polytech. Inst.*, *Kiev*, *1909* 中介绍。

1.8　带有固定端的梁-柱

通过使用第 1.4 节中的结果和叠加法，可以解决各种静不定问题。例如，考虑图 1-10 所示均匀载荷的梁，均匀载荷梁-柱在端点 A 处简支、在端点 B 处固定，支撑 B 处的静态不定反力矩 M_b 可以通过平衡条件得到，即固定端挠曲曲线的切线与均匀载荷引起的 B 端转角[由式 (1-22) 得出]以及由力矩 M_b 作用引起的转角之和必须为零。通过这种方式，可以得到

$$\frac{ql^3}{24EI}\chi(u)+\frac{M_b l}{3EI}\psi(u)=0$$

其中
$$M_b=-\frac{ql^2}{8}\frac{\chi(u)}{\psi(u)} \tag{1-37}$$

该结果的负号表示 M_b 与图 1-10 中假设的方向相反，并产生向上凸起的弯曲。反力矩 M_b 可以通过使用附录中的表 A-1 很容易地计算出。从方程 (1-37) 中求出 M_b，再通过将均匀载荷产生的挠曲[方程 (1-20)]与由力矩 M_b 产生的挠曲[方程 (1-24)]叠加来得到挠曲曲线。

如果受到均匀载荷的梁的两端都是固定的(图 1-11)，挠曲曲线是对称的，并且两个固定端的弯矩相等 ($M_a = M_b = M_0$)，通过抵消端点的转角[方程 (1-22)]与端点的弯矩[方程 (1-34)]，就可获得弯矩的大小：

$$\frac{ql^3}{24EI}\chi(u)+\frac{M_0 l}{2EI}\frac{\tan u}{u}=0$$

其中
$$M_b=-\frac{ql^2}{12}\frac{\chi(u)}{\tan u/u} \tag{1-38}$$

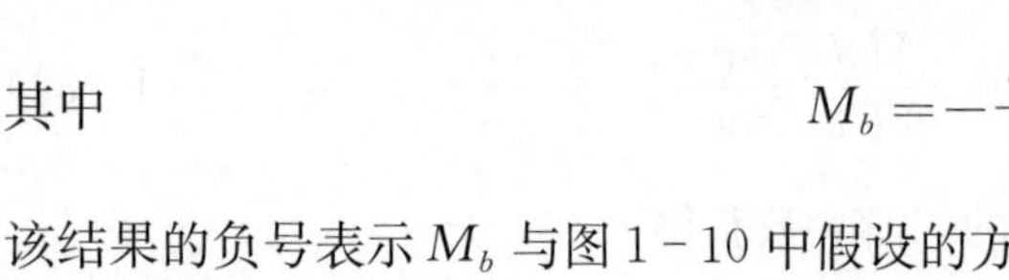

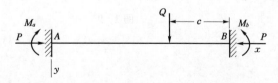

图 1-10 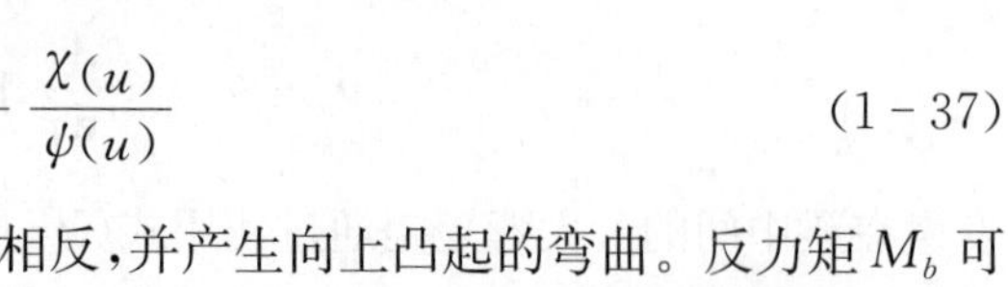　　　　　　　　　　　　　图 1-11

同样，该结果的负号表示弯矩的方向与图 1-11 中假设的方向相反。确定端点弯矩后，可以通过将均匀载荷产生的挠曲[方程 (1-20)]与施加在两端的两个相等弯矩产生的挠曲[方程 (1-32)]叠加来获得挠曲曲线。类似地，通过将均匀载荷产生的弯矩[方程 (1-23)]和由耦合力矩 M_0 产生的力矩[见方程 (1-35)、(1-38)]叠加，可以得到中间的弯矩，即

$$(M)_{x=l/2}=\frac{ql^2}{8}\lambda(u)-\frac{ql^2}{12}\frac{\chi(u)}{\sin u/u}=\frac{ql^2}{24}\frac{6(u-\sin u)}{u^2\sin u} \tag{1-39}$$

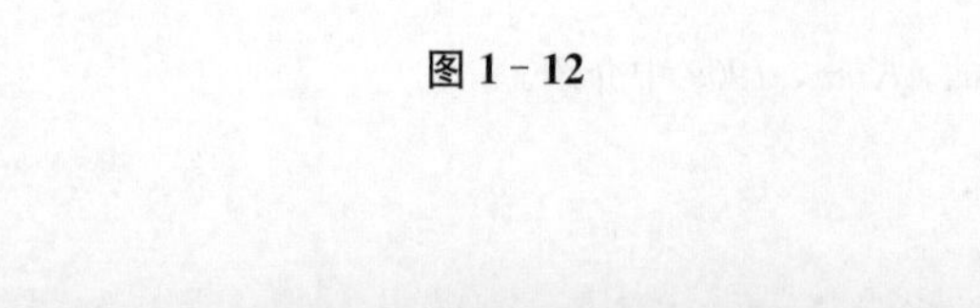

图 1-12

出现在右侧的三角函数式可以借助于附录表 A-1，通过在表达式 $\phi(u)$ 中用 u 代替 $2u$ 来求值。

当施加在带有固定端梁-柱上的横向载荷不对称时，端点的弯矩可以通过端点斜率为零的条件来确定。因此，对于图 1-12 所示的梁

来说,求端点弯矩 M_a 和 M_b 的方程为

$$\left.\begin{array}{l}\theta_a = \theta_{0a} + \dfrac{M_a l}{3EI}\psi(u) + \dfrac{M_b l}{6EI}\phi(u) = 0 \\[2mm] \theta_b = \theta_{0b} + \dfrac{M_a l}{6EI}\phi(u) + \dfrac{M_b l}{3EI}\psi(u) = 0\end{array}\right\} \tag{1-40}$$

在这些方程中,θ_{0a} 和 θ_{0b} 表示当载荷 Q 单独作用时具有铰接端梁的端部处的旋转角[①],并且可以从方程(1-9)、(1-10)中获得。

1.9 带弹性约束的梁-柱

作为静不定问题更一般的情况,下面考虑一个具有弹性固定端的梁。如图 1-13a 所示,一个受横向载荷的梁 AB 与 A、B 处的垂直梁刚性连接,并受到力 P 的轴向压缩。如果 θ_a 和 θ_b 是端部的旋转角度,在梁的末端将存在力矩 M_a 和 M_b(图 1-13b),可以表示为

$$M_a = -\alpha\theta_a, \quad M_b = -\beta\theta_b \tag{1-41}$$

在图 1-13 中,旋转角度和力矩按如图取正。系数 α 和 β 是定义在梁端点的固定程度的系数,称为端部约束系数。一个端点的系数在旋转角度等于 1 时等于该端部的反力矩,系数的值可以从简支端到固定端的无限大变化。例如,如果 EI_a 是垂直梁在 A 处的弯曲刚度,并且假设垂直梁的端点为铰接端,则旋转角 θ_a 和力矩 M_a 之间的关系为

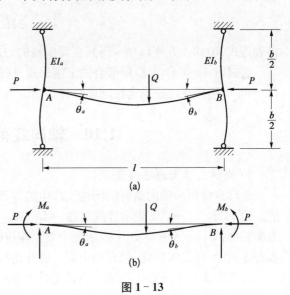

图 1-13

$$\theta_a = -\frac{M_a b}{12EI_a}$$

并且

$$\alpha = -\frac{12EI_a}{b}$$

现在可以通过考虑梁 AB 的弯曲来确定角度 θ_a 和 θ_b,再次用 θ_{0a} 和 θ_{0b} 表示为铰接端计算的角度,并根据式(1-31)确定由力矩 M_a 和 M_b 产生的角度,可以求得

$$\left.\begin{array}{l}\theta_a = \theta_{0a} + \dfrac{M_a l}{3EI}\psi(u) + \dfrac{M_b l}{6EI}\phi(u) \\[2mm] \theta_b = \theta_{0b} + \dfrac{M_b l}{3EI}\psi(u) + \dfrac{M_a l}{6EI}\phi(u)\end{array}\right\} \tag{1-42}$$

最后,从方程(1-41)、(1-42)得到用于确定端点力矩的方程如下:

$$
\left.\begin{array}{l}
-\dfrac{M_a}{\alpha} = \theta_{0a} + \dfrac{M_a l}{3EI}\psi(u) + \dfrac{M_b l}{6EI}\phi(u) \\[3mm]
-\dfrac{M_b}{\beta} = \theta_{0b} + \dfrac{M_b l}{3EI}\psi(u) + \dfrac{M_a l}{6EI}\phi(u)
\end{array}\right\} \tag{1-43}
$$

使用这些方程,可以考虑梁 AB 端部的各种情况。例如,取 $\alpha=0$ 和 $\beta=\infty$,得到图 1-10 所示情况,其中梁的左端可以自由旋转,右端是刚性固定的。在这种情况下,$M_a=0$,由式 (1-43)中第二个方程可以得到端点 B 的力矩为

$$
M_b = -\frac{3EI\theta_{0b}}{l\psi(u)} \tag{a}
$$

如果杆 AB 受均匀载荷,根据方程(1-22)可以得到

$$
\theta_{0b} = \frac{ql^3}{24EI}\chi(u) \tag{b}
$$

将表达式(b)代入方程(a)中,得到在固定端的力矩与前面的结果相同[见方程(1-37)]。

通过取 $\alpha=\beta=\infty$,得到带有固定端的梁-柱的情况,方程(1-43)简化为第 1.8 节中的方程 (1-40)。稍后在讨论稳定性问题时将给出方程(1-43)的几个应用(见第 2.3 节)。

1.10　轴向载荷下的连续梁

1) 刚性支撑上的连续梁

在具有横向和轴向载荷的刚性支撑上的连续梁,将支撑处的弯矩视为静态不定量是有利的。设 $1, 2, 3, \cdots, m$ 表示连续支撑,$M_1, M_2, \cdots, M_m$ 表示相应的弯矩,$l_1, l_2, \cdots, l_{m-1}$ 代表梁长度,$u_1, u_2, \cdots, u_{m-1}$ 表示每个梁上相应的 u 值[见方程(1-13)]。压力和抗弯刚度可以在不同梁-柱之间变化,但在每个梁上这些量被假定为恒定的。

考虑图 1-14 所示任意两个相邻支撑点 $n-1$、n 和 $n+1$ 之间的梁。假设支撑点处的弯矩在图中所示的方向上是正的,即当它们对梁顶部产生压缩时,旋转角度与正弯矩的方向相同,旋转角度是正的。

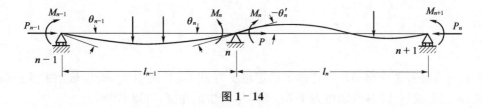

图 1-14

根据在中间支撑 n 处两跨挠度曲线相切的条件,得到弯矩 M_{n-1}、M_n 和 M_{n+1} 之间的关系。梁 $n-1$ 的右端旋转角 θ'_n 必须与梁 n 的左端旋转角 θ_n 的大小相等,但符号相反,因此

$$
\theta_n = -\theta'_n \tag{a}
$$

旋转角度是通过将每个梁视为承受横向载荷和端力矩的简支梁来确定的。因此,θ_n 的表达式将由两部分组成,第一部分取决于横向载荷 θ_{0n},第二部分取决于力矩 M_{n-1} 和 M_n,并根据式(1-31)计算得出。因此

$$\theta_n = \theta_{0n} + \frac{M_{n-1}l_{n-1}}{6EI_{n-1}}\phi(u_{n-1}) + \frac{M_n l_{n-1}}{3EI_{n-1}}\psi(u_{n-1})$$

角 θ_n' 也可以写成类似表达式,然后方程(a)变成

$$\theta_{0n} + \frac{M_{n-1}l_{n-1}}{6EI_{n-1}}\phi(u_{n-1}) + \frac{M_n l_{n-1}}{3EI_{n-1}}\psi(u_{n-1}) = -\left[\theta_{0n}' + \frac{M_n l_n}{3EI_n}\psi(u_n) + \frac{M_{n+1}l_n}{6EI_n}\phi(u_n)\right]$$

其中　$M_{n-1}\phi(u_{n-1}) + 2M_n\left[\psi(u_{n-1}) + \frac{l_n}{l_{n-1}}\frac{I_{n-1}}{I_n}\psi(u_n)\right] + M_{n+1}\frac{l_n}{l_{n-1}}\frac{I_{n-1}}{I_n}\phi(u_n)$

$$= -\frac{6EI_{n-1}}{l_{n-1}}(\theta_{0n} + \theta_{0n}') \tag{1-44}$$

任何类型横向载荷的角度 θ_{0n} 和 θ_{0n}' 都可以通过第 1.3 节～1.5 节中解释的方法计算。因此,方程(1-44)中仅包含三个未知量,即力矩 M_{n-1}、M_n 和 M_{n+1}。将方程(1-44)分别应用于连续梁的每个中间支撑点,并使用第一个和最后一个支撑点处的条件,可以得到足够数量的方程来计算所有未知的弯矩。方程(1-44)是带有轴向载荷的连续梁的三弯矩方程。

如果强度 q_{n-1} 和 q_n 的均匀分布载荷分别作用在梁 $n-1$ 和 n 上,由式(1-22)得出

$$\theta_{0n} = \frac{q_{n-1}l_{n-1}^3}{24EI_{n-1}}\chi(u_{n-1}), \; \theta_{0n}' = \frac{q_n l_n^3}{24EI_n}\chi(u_n)$$

方程(1-44)可变为

$$M_{n-1}\phi(u_{n-1}) + 2M_n\left[\psi(u_{n-1}) + \frac{l_n}{l_{n-1}}\frac{I_{n-1}}{I_n}\psi(u_n)\right] + M_{n+1}\frac{l_n}{l_{n-1}}\frac{I_{n-1}}{I_n}\phi(u_n)$$

$$= -\frac{q_{n-1}l_{n-1}^2}{4}\chi(u_{n-1}) - \frac{q_n l_n^2}{4}\frac{I_{n-1}}{I_n}\frac{l_n}{l_{n-1}}\chi(u_n) \tag{1-45}$$

通过使用附录表 A-1 中的函数 $\chi(u)$、$\eta(u)$ 和 $\lambda(u)$ 的值,极大地简化了这些方程中弯矩的数值计算。

2) 支撑点不在直线上的连续梁

如果一个最初的直压梁被放在不在一条直线上的刚性支撑上,将引入附加弯矩。设 $n-1$、n 和 $n+1$ 为连续梁的三个相邻支撑(图 1-15),h_{n-1}、h_n 和 h_{n+1} 为支架的相应纵坐标。假设这些坐标之间的差异很小,可以准确地给出两个相邻梁-柱之间的角度 β_n:

$$\beta_n = \frac{h_n - h_{n-1}}{l_{n-1}} - \frac{h_{n+1} - h_n}{l_n} \tag{b}$$

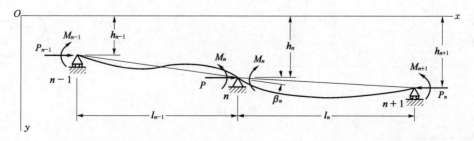

图 1-15

考虑到梁 $n-1$ 和 n 是两个简单的梁,可以得到由支架的高程差异引起的弯矩 M_{n-1}、M_n 和 M_{n+1} 的连续性条件。进而得出结论,这两个梁的端点在共同支撑点 n 处的转角必须消除角度 β_n。 然后,通过使用式(1-31),可以得到

$$\frac{M_n l_{n-1}}{3EI_{n-1}}\psi(u_{n-1}) + \frac{M_{n-1}l_{n-1}}{6EI_{n-1}}\phi(u_{n-1}) + \frac{M_n l_n}{3EI_n}\psi(u_n) + \frac{M_{n+1}l_n}{6EI_n}\phi(u_n) = \beta_n$$

$$M_{n-1}\phi(u_{n-1}) + 2M_n\left[\psi(u_{n-1}) + \frac{l_n}{l_{n-1}}\frac{I_{n-1}}{I_n}\psi(u_n)\right] + M_{n+1}\frac{l_n}{l_{n-1}}\frac{I_{n-1}}{I_n}\phi(u_n) = \frac{6EI_{n-1}}{l_{n-1}}\beta_n$$

$$(1-46)$$

这是不在同一水平方向支撑点的三弯矩方程。如果所有支撑点的位置都已知,就可以很容易地计算出每个中间支撑点的 β_n。 然后通过求解每个支撑点的方程(1-46)来确定支撑点处的弯矩。如果梁上还有侧向载荷作用,可以通过将式(1-44)、(1-46)的右侧合并,得到三弯矩方程。

3) 与刚性梁连接的连续梁

如果连续梁的支撑点的截面不能自由旋转,而是与梁刚性连接(图1-16),则支座 n 左右两个相邻截面处的弯矩 M_n 和 M'_n 不相等。它们之间的关系由节点 n 的平衡方程给出(图1-16b):

$$M_n - M'_n + M''_n = 0 \tag{c}$$

现在按照之前的方法进行计算,使用式(a),得到[①]:

$$\theta_{0n} + \frac{M'_{n-1}l_{n-1}}{6EI_{n-1}}\phi(u_{n-1}) + \frac{M_n l_{n-1}}{3EI_{n-1}}\psi(u_{n-1}) = -\left[\theta'_{0n} + \frac{M'_n l_n}{3EI_n}\psi(u_n) + \frac{M_{n+1}l_n}{6EI_n}\phi(u_n)\right]$$

$$(1-47)$$

或 $$M'_{n-1}\phi(u_{n-1}) + 2M_n\psi(u_{n-1}) + 2M'_n\frac{l_n}{l_{n-1}}\frac{I_{n-1}}{I_n}\psi(u_n) + M_{n+1}\frac{l_n}{l_{n-1}}\frac{I_{n-1}}{I_n}\phi(u_n)$$

$$= -\frac{6EI_{n-1}}{l_{n-1}}(\theta_{0n} + \theta'_{0n}) \tag{1-48}$$

另一个关于同一节点的方程是通过考虑梁的弯曲得到的。假设节点 n 没有侧向位移,则力矩 M''_n 表示节点 n 在梁上的作用(图1-16a),可以用下式表示:

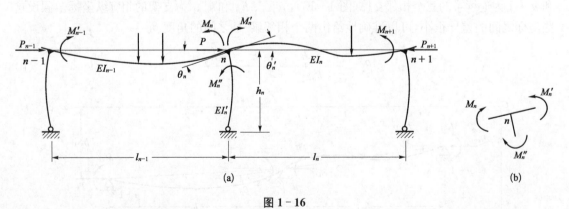

图 1-16

$$M''_n = \alpha_n \theta_n \tag{d}$$

式中，α_n 为支撑 n 的约束系数[式(1-41)]。

在底部铰接具有弯曲刚度 EI'_n 和长度 h_n 的梁的情况下，可以得到

$$\theta_n = \frac{M''_n h_n}{3EI'_n} \tag{e}$$

该式忽略了轴向力对梁弯曲的影响。由式(e)得到

$$M''_n = \frac{3EI'_n \theta_n}{h_n} \quad \text{且} \quad \alpha_n = \frac{3EI'_n}{h_n}$$

因此，对于任何特定情况都可以找到 α_n。

现在将式(d)与式(c)结合，得到

$$\theta_n = \frac{M''_n}{\alpha_n} = \frac{M'_n - M_n}{\alpha_n}$$

注意到式(1-47)的左端等于 θ_n，可以得到每个节点的附加方程：

$$\frac{1}{\alpha_n}(M'_n - M_n) = \theta_{0n} + \frac{M'_{n-1}l_{n-1}}{6EI_{n-1}}\phi(u_{n-1}) + \frac{M_n l_{n-1}}{3EI_{n-1}}\psi(u_{n-1}) \tag{1-49}$$

对于每个中间支撑点，都可以写出两个公式，即式(1-48)、式(1-49)。因此，如果梁的端点是简支的，就有足够的方程来确定所有静态不定弯矩。如果它们是固定的，应该添加表示端点固定条件的两个额外方程[1]。对于函数 $\phi(u)$ 和 $\psi(u)$，用附录表 A-1 的形式，可以大大简化这些方程。

另一种分析同时承受轴向力和弯曲力作用的连续梁和框架的方法是采用力矩分布法。这是通过使用已经修改以包括轴向力效应的刚度系数、传递系数等值来完成的。这些系数的数值以图形和表格形式提供[2]。确定了这些系数后，可以按照标准方法进行力矩分布计算。

4) 弹性支撑上的连续梁

如果梁的中间支撑是弹性的，即它们按比例挠曲以适应反作用力，方程(1-46)仍然适用。然而，如果压力 P 沿梁-柱的长度恒定且两端为刚性支撑，则将中间反力作为静态不定量是有优势的。为了确定这些反力，使用方程(1-19)，并相应更改之前的符号。用 c_1，c_2，$\cdots$，$c_n(c_1 < c_2 < c_3 < \cdots)$ 表示连续梁右端的中间支撑的距离，用 R_1，R_2，$\cdots$，R_n 表示相应的反力(图1-17)。对于长度为 l 的简单梁 AB，可以像计算简支梁 AB 上的给定侧向载荷和未知反力 R_1，R_2，$\cdots$ 一样计算连续梁上任意点的挠度。假设以这种方式找到任何支撑 m 的挠度。可以通过考虑支撑的弹性来以另一种方式找到相同的挠度。设 α_m 为产生支撑 m 的单位挠度所需的载荷。那么在等于支撑 m 的反力 R_m 的压力作用下挠度为 R_m/α_m。将这个挠度与上

---

[1] 关于这个问题的非常完整的讨论可以在 F. Bleich 和 E. Melan 的书中找到。参见*"Die gewonlichen und partiellen Diferenzengleichungen der Baustatic"*，Berlin，1927；也可参见 F. Bleich，1 *"Die Berechnung statisch unbestimmter Tragwerke nach der Methode des Viermomenten satzes"*，2d ed.，Berlin，1925。

[2] 参考 B. W. James，*Principle Effects of Axial Load on Moment Distribution Analysis of Rigid Structures*，NACA Tech. Note 534，1935。该方法也在 Niles and Newell，*"Airplane Structures"*，3d ed.，vol. 2，p. 120-132，John Wiley & Sons, Inc.，New York，1943 中讨论过。

述计算的挠度相等,得到了一个包含中间反应 R_1,R_2,$\cdots$,R_n 的方程。可以写出与中间支撑数量相同的方程,以便有足够的方程来计算所有中间静态不定反力。

以均匀载荷 q 在梁 AB 上分布的情况为例(图 1-17),这个载荷产生的挠度由方程(1-20)给出,并且由反力 R_1,R_2,$\cdots$ 通过方程(1-19)来计算。使用符号 $x_m = l - c_m$,得到任何支撑 m 的方程:

$$\frac{ql^4}{16EIu^4}\left[\frac{\cos\left(u - \dfrac{2ux_m}{l}\right)}{\cos u} - 1\right] - \frac{ql^2}{8EIu^2}x_m(l - x_m) - \frac{\sin kx_m}{Pk\sin kl}\sum_{i=1}^{m}R_i\sin kc_i +$$

$$\frac{x_m}{Pl}\sum_{i=1}^{m}R_i c_i - \frac{\sin k(l - x_m)}{Pk\sin kl}\sum_{i=m+1}^{n}R_i\sin k(l - c_i) + \frac{l - x_m}{Pl}\sum_{i=m+1}^{n}R_i(l - c_i) = \frac{R_m}{\alpha_m}$$

$$(1 - 50)$$

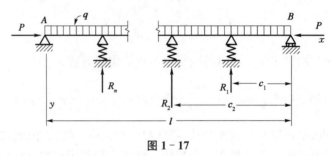

图 1-17

有多少中间支撑物,就会有多少这样的方程,所有这些支撑物上的静不定反力都可以计算出来。方程(1-50)将在后面讨论弹性支撑梁的稳定性时使用。

梁上可以用连续弹性基础代替图 1-17 所示弹性支撑。对于这种情况,可以在 Hetényi[①]的书中找到详细的分析。

1.11　三角级数的应用

在研究棱柱形梁-柱的挠曲时,有时以三角级数[②]的形式表示挠曲曲线是有优势的。在这种情况下,单个数学表达式适用于梁的整个长度,不需要单独讨论每个载荷之间挠曲曲线的每个部分,就像在第 1.3 节和第 1.4 节那样。

这种分析方法在简支端的梁(图 1-18a)中特别有用。在这种情况下,挠曲曲线可以用傅里叶正弦级数表示如下:

$$y = a_1\sin\frac{\pi x}{l} + a_2\sin\frac{2\pi x}{l} + a_3\sin\frac{3\pi x}{l} + \cdots \tag{1-51}$$

该级数的每一项都满足梁的端部条件,因为每一项及其二阶导数在端部处都变为零($x = 0$ 和 $x = l$)。因此,梁的挠曲和弯矩在梁的端部都为零。几何意义上,级数(1-51)意味着可以通

---

① M. Hetényi, *"Beams on Elastic Foundation"*, chap. 6, University of Michigan Press, Ann Arbor, Mich., 1946。

② 参考 Timoshenko, *Application of Generalized Coordinates to the Solution of Problems on Bending of Bars and Plates*, Bull. Poly tech. Inst., Kiev, 1909 (Russian)。

过叠加如图 1-18b、c、d 中所示的正弦曲线来获得梁 AB 的真实挠曲曲线,第一项级数由图 1-18b 中的曲线表示;第二项由图 1-18c 表示;以此类推。级数的系数 $a_1,a_2,a_3,\cdots$ 是连续正弦曲线的最大纵坐标或振幅,$1,2,3,\cdots$ 与 π 相乘的值表示正弦曲线中的半波的数量。

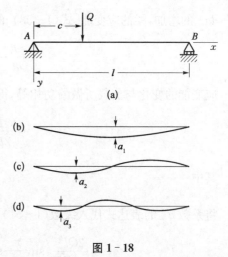

图 1-18

可以严格证明,如果系数 $a_1,a_2,a_3,\cdots$ 正确,则级数(1-51)可以表示任何挠曲曲线,其精度取决于所取项的数量[①]。在下面的讨论中,通过考虑梁的弯曲应变能来获得系数[②],其方程如下:

$$U = \frac{EI}{2} \int_0^l \left(\frac{\mathrm{d}^2 y}{\mathrm{d} x^2} \right)^2 \mathrm{d} x \qquad (1-52)$$

由级数(1-51)对 x 的二阶导数,得到

$$\frac{\mathrm{d}^2 y}{\mathrm{d} x^2} = -a_1 \frac{\pi^2}{l^2} \sin \frac{\pi x}{l} - 2^2 a_2 \frac{\pi^2}{l^2} \sin \frac{2\pi x}{l} - 3^2 a_3 \frac{\pi^2}{l^2} \sin \frac{3\pi x}{l} - \cdots$$

将其代入式(1-52),发现被积符号下的表达式包含两种类型的项:

$$a_n^2 \frac{n^4 \pi^4}{l^4} \sin^2 \frac{n\pi x}{l} \quad \text{和} \quad 2a_n a_m \frac{n^2 m^2 \pi^4}{l^4} \sin \frac{n\pi x}{l} \sin \frac{m\pi x}{l}$$

通过直接积分可以证明:

$$\int_0^l \sin^2 \frac{n\pi x}{l} \mathrm{d} x = \frac{l}{2} \quad \text{和} \quad \int_0^l \sin \frac{n\pi x}{l} \sin \frac{m\pi x}{l} \mathrm{d} x = 0$$

因此,在表达式(1-52)中,包含诸如 a_m,a_n 之类系数的乘积的所有项都会消失,且仅保留具有这些系数的平方的项。应变能的表达式变为

$$U = \frac{\pi^4 EI}{4l^3} (a_1^2 + 2^4 a_2^2 + 3^4 a_3^2 + \cdots) = \frac{\pi^4 EI}{4l^3} \sum_{n=1}^{\infty} n^4 a_n^2 \qquad (1-53)$$

如果给梁(图 1-18a)一个非常小的偏移量,使其偏离平衡位置,梁的应变能的变化等于外部载荷在这种偏移中所做的功。这是根据虚位移原理得出的,将用它确定级数(1-51)的系数。将梁从平衡位置的微小偏移可以通过系数 $a_1,a_2,a_3,\cdots$ 的微小变化获得。如果给定系数 a_n 增加一个 $\mathrm{d} a_n$,在级数(1-51)中得到一项 $(a_n + \mathrm{d} a_n) \sin(n\pi x/l)$,而不是 $a_n \sin(n\pi x/l)$。该级数的其他条件保持不变。因此,系数 a_n 中的增量 $\mathrm{d} a_n$ 表示由正弦曲线给出的梁的额外的小挠度 $\mathrm{d} a_n \sin(n\pi x/l)$ 叠加在原始挠曲曲线上。在这个附加挠曲期间,外部载荷所做的功可以计算出来。在单个侧向载荷 Q 作用于距离左支座 c 处(图 1-18a)的情况下,负载作用点发生垂直位移 $\mathrm{d} a_n \sin(n\pi c/l)$,载荷产生的功为 $Q \mathrm{d} a_n \sin \frac{n\pi c}{l}$。由于 a_n 中

①　读者可以参考任何关于高级微积分的标准教科书,来详细讨论傅里叶级数。

②　参见 Timoshenko, "*Strength of Materials*", 3d ed., part I, p. 317, D. Van Nostrand Company, Inc., Princeton, N.J., 1955.

da_n 的增加,梁的应变能[式(1-53)]的变化为

$$\frac{\partial U}{\partial a_n}\mathrm{d}a_n = \frac{\pi^4 EI}{2l^3}n^4 a_n \mathrm{d}a_n$$

应变能的变化与负载所做的功相等,得到一个确定系数 a_n 的方程

$$\frac{\pi^4 EI}{2l^3}n^4 a_n = Q\sin\frac{n\pi c}{l}$$

其中

$$a_n = \frac{2Ql^3}{\pi^4 EI n^4}\sin\frac{n\pi c}{l}$$

将系数 a_n 的表达式代入级数(1-51),得到级数形式的挠曲曲线的方程:

$$y = \frac{2Ql^3}{\pi^4 EI}\left(\sin\frac{\pi c}{l}\sin\frac{\pi x}{l} + \frac{1}{2^4}\sin\frac{2\pi c}{l}\sin\frac{2\pi x}{l} + \cdots\right)$$

$$= \frac{2Ql^3}{\pi^4 EI}\sum_{n=1}^{\infty}\frac{1}{n^4}\sin\frac{n\pi c}{l}\sin\frac{n\pi x}{l} \tag{1-54}$$

通过使用这个级数,可以计算任意位置 x 的挠曲。

例如,考虑在中心施加载荷的情况。为了计算负载下的挠曲,将 $x = c = l/2$ 代入方程(1-54),得到

$$\delta = (y)_{x=l/2} = \frac{2Ql^3}{\pi^4 EI}\left(1 + \frac{1}{3^4} + \frac{1}{5^4} + \cdots\right)$$

这个级数是迅速收敛的,前几项就能以很高的准确度给出挠曲。仅使用级数的第一项可以得到

$$\delta = \frac{2Ql^3}{\pi^4 EI} = \frac{Ql^3}{48.7EI}$$

与精确解比较,得到了 48.7 而不是 48。因此,使用级数的第一项而不是整个级数的误差约为 1.5%,这种精度在许多实际问题中已经足够。

上面得到了单个载荷的解[方程(1-54)],其他负载情况下可以通过使用叠加原理来解决。例如,考虑承载均匀分布强度 q 的一根梁。可以将距离左支座 c 处的每个增量负载 $q\mathrm{d}c$ 视为集中负载,并通过将 $q\mathrm{d}c$ 代入方程(1-54)来获得对应的挠曲(用 $\mathrm{d}y$ 表示)。然后得到

$$\mathrm{d}y = \frac{2q\mathrm{d}cl^3}{\pi^4 EI}\sum_{n=1}^{\infty}\frac{1}{n^4}\sin\frac{n\pi c}{l}\sin\frac{n\pi x}{l}$$

将该表达式对 c 在 $c=0$ 和 $c=l$ 之间积分,得到均布载荷沿整个跨度分布的挠度曲线

$$y = \frac{4ql^4}{\pi^5 EI}\sum_{n=1,3,5,\cdots}^{\infty}\frac{1}{n^5}\sin\frac{n\pi x}{l}$$

再次得到一个快速收敛的级数。仅取第一项并计算中心的挠度,得到

$$\delta = \frac{4ql^4}{\pi^5 EI} = \frac{ql^4}{76.5EI}$$

这种情况的精确解为

$$\delta = \frac{5ql^4}{384EI} = \frac{ql^4}{76.8EI}$$

因此,在这种情况下,仅取第一项的误差小于 0.5%。

梁在同时受到横向载荷和轴向力作用的情况下,用三角级数(1-51)形式表示的挠度曲线非常有效。例如,考虑图 1-19 所示的梁。在确定级数(1-51)的系数 a_1, a_2, … 时,仍然考虑梁的平衡挠度曲线的无限小位移 $\mathrm{d}a_n \sin(n\pi x/l)$,弯曲应变的变化与之前的情况相同。然而在计算外力在这种位移过程中所做的功时,就不仅必须考虑由侧向负载产生的功 $Q\mathrm{d}a_n \sin(n\pi c/l)$,还要考虑纵向力 P 所做的功。挠曲曲线形状的任何变化通常会导致支座 B 产生位移,并且作用在该支座上的力 P 会产生功。

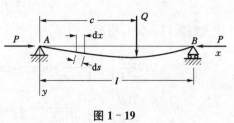

图 1-19

首先考虑在梁从其初始直线形状变形到平衡曲线的过程中支座 B 发生的位移,它发生在梁从最初的直线形式到平衡曲线的变形过程中,如图 1-19 所示。假定梁不可伸展,那么这个位移等于挠度曲线和弦 AB 的长度之差。用 λ 表示这个位移,并观察曲线的一个微段的长度 $\mathrm{d}s$ 与弦的相应微段 $\mathrm{d}x$ 之间的长度之差为

$$\mathrm{d}s - \mathrm{d}x = \mathrm{d}x\sqrt{1 + \left(\frac{\mathrm{d}y}{\mathrm{d}x}\right)^2} - \mathrm{d}x \approx \frac{1}{2}\left(\frac{\mathrm{d}y}{\mathrm{d}x}\right)^2 \mathrm{d}x$$

得到[①]

$$\lambda = \frac{1}{2}\int_0^l \left(\frac{\mathrm{d}y}{\mathrm{d}x}\right)^2 \mathrm{d}x \qquad (1-55)$$

在这个表达式中用级数(1-51)代替 y,并考虑到

$$\int_0^l \cos^2\frac{n\pi x}{l}\mathrm{d}x = \frac{l}{2}, \quad \int_0^l \cos\frac{n\pi x}{l}\sin\frac{m\pi x}{l}\mathrm{d}x = 0$$

得到

$$\lambda = \frac{\pi^2}{4l}\sum_{n=1}^{\infty} n^2 a_n^2 \qquad (1-56)$$

假定给一个系数 a_n 增加 $\mathrm{d}a_n$,从平衡位置取一个小位移,则铰链 B 的相应小位移为

$$\mathrm{d}\lambda = \frac{\partial\lambda}{\partial a_n}\mathrm{d}a_n = \frac{\pi^2 n^2}{2l}a_n\mathrm{d}a_n$$

将弯曲应变能的变化等同于小位移期间外力所做的功 $\mathrm{d}a_n \sin(n\pi x/l)$,可通过以下方程来确定级数(1-51)的任何系数 a_n:

$$\frac{\pi^4 EI}{2l^3}n^4 a_n\mathrm{d}a_n = Q\mathrm{d}a_n\sin\frac{n\pi c}{l} + P\frac{\pi^2 n^2}{2l}a_n\mathrm{d}a_n$$

---

① 关于 λ 的一个更通用的表达式,其中考虑了梁的初始曲率和端部载荷的偏心率的影响,参考 T. H. Lin, *Shortening of Column with Initial Curvature and Eccentricity and Its Influence on the Stress Distribution in Indeterminate Structures*, Proc. 1st Natl, Congr. Applied Meeh., ASME, New York, 1952。

其中
$$a_n = \frac{2Ql^3}{\pi^4 EI} \sin \frac{n\pi c}{l} \frac{1}{n^2\{n^2 - [Pl^2/(\pi^2 EI)]\}}$$

为了简化方程，用 a 表示纵向力 P 与其临界值的比值[方程(1-15)]，得到

$$a_n = \frac{2Ql^3}{\pi^4 EI} \sin \frac{n\pi c}{l} \frac{1}{n^2(n^2 - \alpha)}$$

代入级数(1-51)，得到

$$y = \frac{2Ql^3}{\pi^4 EI}\left[\frac{1}{1-\alpha}\sin\frac{\pi c}{l}\sin\frac{\pi x}{l} + \frac{1}{2^2(2^2-\alpha)}\sin\frac{2\pi c}{l}\sin\frac{2\pi x}{l} + \cdots\right]$$
$$= \frac{2Ql^3}{\pi^4 EI}\sum_{n=1}^{\infty}\frac{1}{n^2(n^2-\alpha)}\sin\frac{n\pi c}{l}\sin\frac{n\pi x}{l} \tag{1-57}$$

将这个方程与只有横向载荷 Q 作用时的级数(1-54)进行比较，可以看到由于压力 P 的作用，级数中的每个系数都有增加。还可以看到，当 P 接近临界值且 α 接近 1 时，级数(1-57)中的第一项无限增大。

之前已经证明级数(1-51)的第一项给出了当只有横向载荷作用时梁挠度的近似值。用 δ_0 表示仅由横向载荷 Q 产生的梁的最大挠度，通过比较级数(1-54)、(1-57)，可以得出结论：在横向载荷 Q 和纵向压力 P 同时作用的情况下，最大挠度近似为

$$\delta = \frac{\delta_0}{1-\alpha} \tag{a}$$

因此，当轴向载荷也存在时，由于放大因子 $1/(1-\alpha)$ 的增大，仅由横向载荷引起的挠度 δ_0 也会增加。这个放大因子在第 1.7 节中讨论过。

在确定某一横向载荷 Q 的挠曲线[方程(1-57)]后，可以通过使用叠加原理轻松获得任何类型横向载荷的挠度。在压缩梁上横向载荷均匀的情况下，在级数(1-57)中用 q 代替 Q，并通过在梁的加载部分的限制范围内变化 c 来积分这个级数。如果载荷覆盖整个梁，积分限制为 0 和 l，可以得到

$$y = \frac{4ql^4}{\pi^5 EI}\sum_{n=1,3,5,\ldots}^{\infty}\frac{1}{n^3(n^2-\alpha)}\sin\frac{n\pi x}{l}$$

同样这是一个快速收敛的级数，其第一项给出了一个满意的近似，因此可以在这种情况下使用类似于方程(a)的公式计算挠度，并且可以通过由横向载荷单独产生的挠度 δ_0 乘以系数 $1/(1-\alpha)$ 来计算总挠度。α 很小时，这个公式非常准确。随着 α 的增加，近似公式的误差也会增加，当 P 接近其临界值时，误差接近 0.5%。

通过将负载 Q 移动到左支撑(图1-19)并使 c 变得无穷小，通过施加在左端的力矩 Q_c 来接近梁弯曲的条件。将 $\sin(n\pi x/l) = n\pi x/l$ 代入式(1-57)并使 $Q_c = M_a$，得到以下级数，其给出了受端部耦合弯曲的压缩梁的挠度曲线：

$$y = \frac{2M_a l^3}{\pi^3 EI}\sum_{n=1}^{\infty}\frac{1}{n(n^2-\alpha)}\sin\frac{n\pi x}{l} \tag{b}$$

如果两个力矩 M_a 和 M_b 施加在两端，可以获得挠度曲线。例如，假设 $M_a = M_b = M_0$，并使用式(b)，对于两个相等力矩的情况，可以获得挠度曲线

$$y = \frac{2M_0 l^3}{\pi^3 EI} \sum_{n=1}^{\infty} \frac{1}{n(n^2-\alpha)} \sin\frac{n\pi x}{l} + \frac{2M_0 l^2}{\pi^3 EI} \sum_{n=1}^{\infty} \frac{1}{n(n^2-\alpha)} \sin\frac{n\pi(l-x)}{l}$$

$$= \frac{4M_0 l^2}{\pi^3 EI} \sum_{n=1,\,3,\,5,\,\cdots}^{\infty} \frac{1}{n(n^2-\alpha)} \sin\frac{n\pi x}{l} \tag{c}$$

由于这种情况下的曲线关于梁的中心对称,级数(c)中偶数 n 值的项不出现。中间的挠度为

$$\delta = (y)_{x=l/2} = \frac{4M_0 l^2}{\pi^3 EI} \left[\frac{1}{1-\alpha} - \frac{1}{3(9-\alpha)} + \cdots \right] \tag{d}$$

如果两端的力矩由施加在两端的压力 P 产生,偏心距离 e 相等,在式(d)中用 Pe 代替 M_0,得到

$$\delta = \frac{4e\alpha}{\pi} \left[\frac{1}{1-\alpha} - \frac{1}{3(9-\alpha)} + \cdots \right]$$

同样,该级数是一个快速收敛的级数,可以通过仅取该级数的第一项以足够的精度获得挠度 δ,即

$$\delta = \frac{4e\alpha}{\pi(1-\alpha)} \tag{e}$$

在 M_a 和 M_b 不相等的一般情况下,总是可以用两个正负号相同且 $M'=(M_a+M_b)/2$ 的力矩,以及两个正负号相反且 $M''=(M_a-M_b)/2$ 的力矩来代替它们。只有前两个力矩在中间时产生挠度。因此,如果在具有偏心度 e_1 和 e_2 的端部施加压力 P,通过用 $(e_1+e_2)/2$ 代替 e[①],可以从方程中获得中间的挠度。

1.12　初始曲率对挠度的影响

当一个杆仅受到横向载荷作用时,杆的小初始曲率对弯曲没有影响,最终挠度曲线可通过将初始曲率的纵坐标与直梁的挠度计算结果相叠加得到。然而,如果杆上有轴向力作用,这个载荷产生的挠度将受到初始曲率的显著影响。

以一个例子来考虑。假设杆轴线的初始形状由以下方程给出(图 1-20):

$$y_0 = a\sin\frac{\pi x}{l} \tag{a}$$

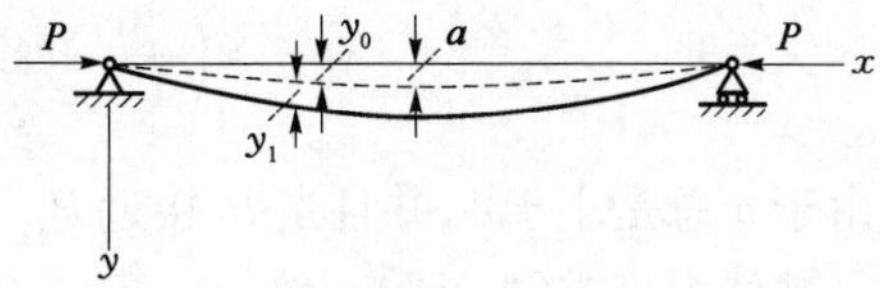

图 1-20

因此,梁的轴线最初具有正弦曲线的形式,中间的最大纵坐标等于 a。如果梁在纵向压力 P 的作用下,将产生额外的挠度 y_1,从而使挠度曲线的最终纵坐标为

$$y = y_0 + y_1 \tag{b}$$

任何横截面处的弯矩为

$$M = P(y_0 + y_1)$$

---

① 偏心度在端部产生正弯矩时应取正,在相反情况下应取负。

然后，由变形引起的挠度 y_1 通过常规方法由微分方程确定：

$$EI\frac{\mathrm{d}^2 y}{\mathrm{d}x^2} = -P(y_0 + y_1) \tag{c}$$

或将式(a)代入 y_0，用 $k^2 = P/(EI)$ 表示，得到

$$\frac{\mathrm{d}^2 y_1}{\mathrm{d}x^2} + k^2 y_1 = -k^2 a \sin\frac{\pi x}{l}$$

这个方程的通解是

$$y_1 = A\sin kx + B\cos kx + \frac{1}{(\pi^2/k^2 l^2) - 1} a \sin\frac{\pi x}{l} \tag{d}$$

为了满足端部条件(当 $x=0$ 和 $x=l$ 时，$y_1=0$)，必须设置 $A=B=0$。然后，通过使用前面关于纵向力与其临界值之比的符号 α，得到

$$\alpha = \frac{P}{P_{\mathrm{cr}}} = \frac{P}{\pi^2 EI/l^2} = \frac{k^2 l^2}{\pi^2} \tag{1-58}$$

和

$$y_1 = \frac{1}{1-\alpha} a \sin\frac{\pi x}{l} \tag{1-59}$$

挠度曲线的最终纵坐标为

$$y = y_0 + y_1 = a\sin\frac{\pi x}{l} + \frac{\alpha}{1-\alpha} a \sin\frac{\pi x}{l} = \frac{a}{1-\alpha}\sin\frac{\pi x}{l} \tag{1-60}$$

该方程表明，在纵向压力的作用下，梁中间的初始挠度 a 以 $1/(1-\alpha)$ 的比例放大。当压力 P 接近其临界值且 α 接近 1 时，挠度纵坐标 y 无限增加。

如果梁的初始形状由级数给出[①]：

$$y_0 = a_1\sin\frac{\pi x}{l} + a_2\sin\frac{2\pi x}{l} + \cdots$$

将这个表达式代入方程(c)中，然后按照之前的方法处理级数的每一项，可以得到

$$y_1 = \alpha\left(\frac{a_1}{1-\alpha}\sin\frac{\pi x}{l} + \frac{a_2}{2^2 - \alpha}\sin\frac{2\pi x}{l} + \cdots\right) \tag{1-61}$$

由于 α 总是小于 1，并且当 P 接近 P_{cr} 时接近 1，因此该表达式中的第一项通常占主导地位，并且被认为与式(1-59)一致。

1) 等效横向载荷解法

可以通过将初始曲率对挠度的影响替换为等效横向载荷的影响，来处理初始曲率为曲线的杆的弯曲问题。在计算弯矩时，若只考虑初始挠度，等效的横向载荷必须产生与初始弯曲杆上纵向力相同的直杆弯矩图。例如，考虑初始曲率由方程(a)给出的情况。这个曲率对被压缩杆挠度的影响与一个分布式横向载荷产生的影响相同，因此这种曲率对压缩杆挠度的影响与梁弯矩 $M = Pa\sin\pi x/l$ 中产生的分布横向载荷的影响相同。然后通过使用 q 和 M 之间的已

---

① 参见 Timoshenko, *Bull. Soc. Eng. Tech.*, St. Petersburg, 1913 (Russian)，也参见上述引文中的 T. H. Lin。

知关系来获得等效横向载荷强度 q 的表达式：

$$q = -\frac{\mathrm{d}^2 M}{\mathrm{d}x^2} = \frac{\pi^2 aP}{l^2}\sin\frac{\pi x}{l}$$

这种横向载荷产生的挠度是通过使用第 1.11 节的通用方法获得的，将

$$\frac{\pi^2 aP}{l^2}\sin\frac{\pi c}{l}\mathrm{d}c$$

代入式(1-57)，并对 Q 从 $c=0$ 到 $c=l$ 积分，得到

$$y_1 = \frac{2l^3}{\pi EI}\frac{\pi^2 aP}{l^2}\int_0^l \sin\frac{\pi c}{l}\mathrm{d}c\sum_{n=1}^{\infty}\frac{1}{n^2(n^2-\alpha)}\sin\frac{n\pi c}{l}\sin\frac{n\pi x}{l}$$

因为

$$\int_0^l \sin\frac{\pi c}{l}\sin\frac{n\pi c}{l}\mathrm{d}c = 0 \quad（当 n\neq 1 时）$$

且

$$\int_0^l \sin^2\frac{\pi c}{l}\mathrm{d}c = \frac{l}{2}$$

除了第一项以外的所有项都会消失，最终得到

$$y_1 = \frac{\alpha}{1-\alpha}a\sin\frac{\pi x}{l}$$

该表达式与先前推导的式(1-59)一致。

另一个例子是考虑梁的初始挠度曲线为抛物线的情况(图1-20)：

$$y_0 = \frac{4a}{l^2}x(l-x) \tag{e}$$

相应的等效横向载荷为

$$q = -\frac{\mathrm{d}^2(Py_0)}{\mathrm{d}x^2} = \frac{8aP}{l^2}$$

将这个表达式代入方程(1-20)中，得到挠度曲线的表达式为

$$y_1 = \frac{2a}{u^2}\left[\frac{\cos(u-2ux/l)}{\cos u}-1\right]-\frac{4a}{l^2}x(l-x) \tag{f}$$

其中 u 由方程(1-13)给出。在这些挠度上叠加初始挠度[方程(e)]，可以得到弯曲梁的总挠度曲线

$$y = y_0+y_1 = \frac{2a}{u^2}\left[\frac{\cos(u-2ux/l)}{\cos u}-1\right]$$

如果梁的初始形状由图 1-21 所示两个直线段 AC 和 CB 组成，等效横向载荷变为 C 点处的集中载荷 Q，因为这会产生与图 1-21 中的 P 所产生的弯矩图形状相同的弯矩图。等效载荷的大小可以通过力矩平衡得到：

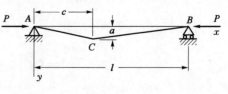

图 1-21

$$Pa = \frac{Qc(l-c)}{l}$$

其中

$$Q = \frac{Pal}{c(l-c)}$$

将这个表达式代入方程(1-7)、(1-8)中,可以得到这种情况下的挠度 y_1。

2)挠度反转现象

值得注意的是,当对初始曲率为曲线的梁施加压力 P 时,挠度可能在 P 连续增加的过程中改变方向。这是由于挠度与压力之间的非线性关系导致的。为了说明这种行为,考虑图 1-22 中的梁,其初始曲率为

$$y_0 = a_1 \sin \frac{\pi x}{l} + a_2 \sin \frac{2\pi x}{l}$$

如果振幅 a_1 与 a_2 相比较小,则初始曲率将具有图中实线所示的形状。根据方程(1-61)计算,由力 P 产生的挠度为

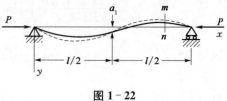

图 1-22

$$y_1 = \frac{\alpha a_1}{1-\alpha} \sin \frac{\pi x}{l} + \frac{\alpha a_2}{2^2-\alpha} \sin \frac{2\pi x}{l} \tag{g}$$

当压力 P 与临界载荷相比较小时,α 也较小。然后,由于 a_1 与 a_2 相比较小,因此可以得出结论,方程(g)中的第二项更重要,挠度大致如图 1-22 中的虚线所示。在截面 mn 处,挠度向上。

现在假设力 P 逐渐增加,直到它接近临界值。此时 α 接近 1,方程(g)中的第一项成为主导项。梁大致呈现半个正弦波的挠曲形状,并且截面 mn 处的挠度方向向下。

3)带横向载荷的梁

如果一根具有初始曲率的梁-柱受到侧向或端部载荷作用,则总挠度将通过前面曲率引起的挠度与直梁的侧向载荷引起的挠度叠加得到。这两种挠度的叠加是合理的,因为初始曲率的影响可以用等效侧向载荷的影响来代替,并且在第 1.4 节中已经证明了这种修改形式的叠加原理适用于所有类型的侧向载荷。

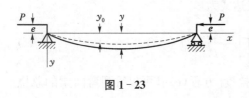

图 1-23

例如,考虑一个初始弯曲的梁承载偏心施加的端部载荷 P 的情况,如图 1-23 所示。假定梁的初始挠度 y_0 由方程(a)给出。偏心施加的端部载荷可以用静态等效载荷代替,该静态等效载荷由中心施加的载荷 P 和端部力矩 $M_0 = Pe$ 组成。然后,总挠度将是初始曲率引起的挠度[式(1-60)]和力矩 M_0 引起的挠度之和。后一种挠度可用 Pe 代替方程(1-32)中的 M_0 计算。这两个挠度的叠加结果为

$$y = \frac{a}{1-\alpha} \sin \frac{\pi x}{l} + \frac{e}{\cos kl/2} \left[\cos\left(\frac{kl}{2} - kx\right) - \cos \frac{kl}{2} \right] \tag{h}$$

最大挠度发生在梁的中心处($x=l/2$),其值为

$$\delta = (y)_{x=l/2} = \frac{a}{1-\alpha} + e\left(\sec \frac{kl}{2} - 1\right) \tag{i}$$

梁任意截面 x 处的弯矩为

$$M = P(e+y) = P\left[\frac{a}{1-\alpha}\sin\frac{\pi x}{l} + \frac{e}{\cos kl/2}\cos\left(\frac{kl}{2}-kx\right)\right] \tag{j}$$

梁在中心处的最大弯矩为

$$M_{\max} = P\left(\frac{a}{1-\alpha} + \frac{e}{\cos kl/2}\right) \tag{k}$$

当以这种方式使用叠加原理时,可以分析具有初始曲率的梁上任何其他侧向或端部载荷的情况[1]。

4) 固定端梁

如果压缩梁的端部是固定的而不是简支的,则在压缩过程中端部将产生弯矩。可以从端部固定条件中很容易地得到这些端部弯矩的大小。例如,假设固定端梁的初始曲率由方程(a)给出,即

$$y_0 = a\sin\frac{\pi x}{l}$$

如果梁的两端可以自由旋转,则由方程(1-59)可以找到由轴向力引起的梁的挠度,并且每端的旋转角度的大小可以由以下方程得到:

$$\left(\frac{\mathrm{d}y_1}{\mathrm{d}x}\right)_{x=0} = \frac{\alpha}{1-\alpha}\frac{\pi a}{l}$$

为了抵消这些旋转,必须在端部施加弯矩 M_0,其大小可以从以下方程中找到[式(1-34)][2]:

$$\frac{\alpha}{1-\alpha}\frac{\pi a}{l} + \frac{M_0 l}{2EI}\frac{\tan u}{u} = 0$$

其中

$$M_0 = -\frac{\alpha}{1-\alpha}\frac{2\pi a EI}{l^2}\frac{u}{\tan u} \tag{l}$$

通过叠加得到梁的最终挠度力矩 M_0[式(1-32)]对曲率引起的挠度[式(1-60)]产生的位移。通过这种方式,发现在中心 $(x=l/2)$ 处的挠度为

$$\delta = \frac{a}{1-\alpha} + \frac{M_0 l^2}{8EI}\frac{2(1-\cos u)}{u^2\cos u}$$

或者通过使用式(l),得到

$$\delta = \frac{a}{1-\alpha}\left(1 - \frac{\pi\alpha}{2}\frac{1-\cos u}{u\sin u}\right) \tag{m}$$

再从方程 $M = P\delta + M_0$ 获得中心处的弯矩,其中 M_0 由式(l)给出。

在上述讨论中,在每种情况下都考虑了以力 P 施加的梁,还考虑了具有初始曲率和中间轴向载荷的梁的情况[3]。

---

[1] 对几种具体的端部加载情况,见 H. K. Stephenson, *Stress Analysis and Design of Columns*, *Highway Research Board*, *Proc*. (34th annual meeting), January, 1955。

[2] 在此方程中,假定 M_0 在图 1-8a 所示方向上为正。

[3] 见 S. I. Sergev, *Univ. Wash.*, *Eng. Expt. Sta. Bull*. 113, 1945。

1.13   允许应力的测定

在设计仅受侧向载荷作用的刚性梁时,工作应力通常选择为屈服点应力的某个比例。因此,有以下关系:

$$\sigma_W = \frac{\sigma_{YP}}{n} \tag{a}$$

式中,n 为安全系数。选择梁的横截面尺寸,使最大应力不超过式(a)中的工作应力。

在同时作用侧向载荷和轴向压力的情况下,可以使用相同的方法,前提是纵向力保持恒定,只需考虑侧向载荷可能增加的情况。根据叠加原理(第 1.4 节),如果从方程(a)中找到工作应力,当侧向载荷增加 n 倍时,得到梁的比例,使得最大应力等于屈服点应力。假设胡克定律在材料的屈服点之前是有效的,这对于结构钢等材料是合理的假设。

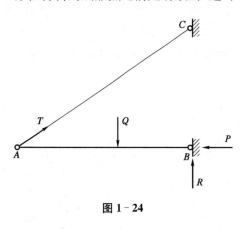

图 1 - 24

然而,有些情况下,纵向力与侧向载荷同时增加。图 1 - 24 所示结构就是这些情况的例子。由图可见,拉力梁 AC 中的拉力 T 和梁 AB 中的压力 P 与作用在梁上的侧向载荷 Q 成比例增加。在这种情况下,挠度和最大应力将以比侧向载荷更大的速率增加,必须考虑这一事实来选择工作应力,以确保所需的安全系数。为了使安全系数等于 n,必须以这样的方式确定梁的横截面尺寸,使得当梁上的所有载荷包括纵向力 P,增加 n 倍时,最大纤维应力将等于屈服点应力。这需要使用比方程(a)给出的值小的工作应力。

为了说明选择此类梁的横截面尺寸的过程,考虑偏心施加载荷 P(图 1 - 8b)压缩梁的情况,并假设两个偏心均等于 e,并且弯曲发生在梁的对称平面上。最大弯矩[方程(1 - 35)]为

$$M_{\max} = Pe \sec \frac{l}{2} \sqrt{\frac{P}{EI}} \tag{b}$$

用 r 表示截面的旋转半径,用 c 表示到从中性轴到最外侧杆的距离,得到中间交叉处最大应力为

$$\sigma_{\max} = \frac{P}{A} + \frac{Mc}{I} = \frac{P}{A}\left(1 + \frac{ec}{r^2} \sec \frac{l}{2r} \sqrt{\frac{P}{AE}}\right) \tag{1-62}$$

这就是著名的最大应力割线公式。

r^2/c 将由符号 s 表示,并被称为核心半径,因为它定义了截面的核心,其中压力可以作用于短梁,而不会在任何最外侧纤维中引起拉应力。核心半径等于截面模量 Z 与面积的比值,因此[①]

$$s = \frac{Z}{A} = \frac{I}{Ac} = \frac{r^2}{c} \tag{1-63}$$

例如,在宽度为 b、高度为 h 的矩形横截面的情况下,核心半径为

---

①   核心半径在 Timoshenko, "*Strength of Materials*", 3d ed., part I, p. 254, D. Van Nostrand Company, Inc., Princeton, N.J., 1955 中有讨论。

$$s = \frac{bh^2/6}{bh} = \frac{h}{6} \tag{c}$$

使用核心半径的符号 s，可以将割线公式写成

$$\sigma_{\max} = \frac{P}{A}\left(1 + \frac{e}{s}\sec\frac{l}{2r}\sqrt{\frac{P}{AE}}\right) \tag{1-64}$$

对于给定的梁尺寸和已知的偏心率 e，长径比 l/r 和比值 e/s 是已知的，因此方程(1-64)表示了最大压缩纤维应力和平均压应力（$\sigma_c = P/A$）之间的关系。

对于给定的弹性模量 E 值，可以用 $Pl^2/(Ar^2)$ 作为横坐标和纵坐标来表示这种关系，这种类型的三个偏心率 $e/s = 1$、0.5、0.1，如图 1-25 所示。弹性模量取

$$E = 30\,000\,000\text{ psi}\quad(1\text{ psi} = 6.895\text{ kPa})$$

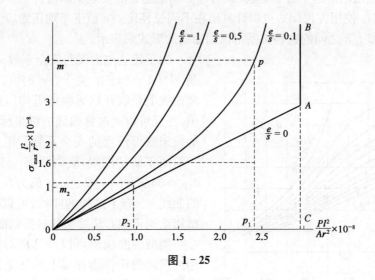

图 1-25

还显示了一条直线 OA，它给出了负载集中施加且 $e/s = 0$ 情况下的最大纤维应力。直线 OA 给出了最大纤维应力直至平均压应力的临界值。临界值在图中由垂直线 CAB 表示。当 $P = P_{cr}$ 时，式(1-64)中的 $\sec(l/2r)\sqrt{P/(AE)}$ 变得无限大，所有与图中三条曲线相似的曲线都以这条垂直线为渐近线。随着偏心率 e 越来越小，相应的曲线也越来越接近直线 OA 和 AB。通过使用类似于图 1-25 中的这些曲线，可以很容易地找到给定梁在已知偏心施加的给定压力下产生的最大纤维应力。

对于给定的梁和给定的偏心距，这些曲线也可以用于确定在给定安全系数下施加的压缩载荷量。例如，假设材料的屈服点应力为 40 000 psi，所需安全系数为 2.5，$e/s = 0.1$，长径比 $l/r = 100$。绘制 $\sigma_{\max} = 40\,000$ psi 的水平线 mp 至交点 p，并绘制 e/s 的相应曲线（图 1-25），在水平轴上发现点 p_1，该点给出平均应力 σ_c 的值，该值产生了等于屈服点应力的最大纤维应力。该平均应力值将表示为 $(\sigma_c)_{YP}$。如果安全系数为 2.5，则容许平均应力应为点 p_1 给定值的 0.4 倍。在图 1-25 中，该值由点 p_2 表示，其中 $P/A = 9\,700$ psi。当 $e/s = 0.1$ 时，曲线的相应纵坐标 Om_2（假定原点为 O）给出了最大纤维应力：

$$\sigma_{\max} = 11\,400\text{ psi}$$

为了具有期望的安全系数,必须将其作为工作应力。可以看出,用这种方法得到的工作应力值要比使用方程(a)得到的应力值 16 000 psi 小得多。

在设计偏心受压梁时,首先假设可能的截面尺寸。然后,按照上述方法进行,得到柱承载的安全载荷值。如果这个载荷与实际载荷有很大的差别,应该改变假设的截面尺寸并重新进行计算。因此,通过使用试错法,总是可以找到满意的梁截面尺寸。

除了使用上述曲线,还可以直接使用割线公式[方程(1-64)]来设计偏心受压梁。如果 P 表示梁的安全载荷,n 是安全系数,那么 nP 是最大纤维应力等于屈服点应力的载荷。对于这个载荷,方程(1-64)变为

$$\sigma_{YP} = \frac{nP}{A}\left(1 + \frac{e}{s}\sec\frac{l}{2r}\sqrt{\frac{nP}{AE}}\,\right) \tag{d}$$

总是可以用试错法求解这个方程,这样就可以得到给定梁的安全平均应力 P/A。假设某些值为 σ_{YP}、n 和 e/s,使用方程(d),可以计算出在不同长径比 l/r 值下平均压缩应力 $\sigma_c = P/A$ 的安全值表。σ_c 和 l/r 之间的这种关系可以用曲线的形式来表示。

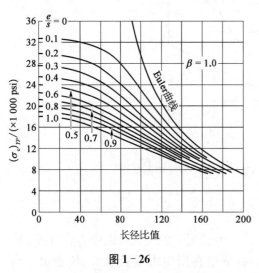

图 1-26

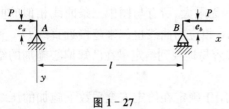

图 1-27

为了使这些曲线与安全系数 n 无关,可以绘制 $nP/A = (\sigma_c)_{YP}$ 关于 l/r 的值,这样可以直接从曲线上获取开始屈服的平均压应力 $(\sigma_c)_{YP}$ 的值,并且可以通过将曲线的纵坐标除以所需的 n 的值来获得任意的安全系数。图 1-26 代表了一组用于梁的曲线,绘制了 $E = 30\,000\,000$ psi,$\sigma_{YP} = 36\,000$ psi,以及 e/s 值为 $0.1\sim1.0$ 条件下的曲线[1]。有了这样的曲线,可以很容易地通过试错法确定偏心压缩梁的必要截面[2]。

类似的曲线也可以计算出对轴向受压力作用的横向载荷作用在梁上的其他情况[3]。例如,在均匀载荷作用下的梁上,需要像上面使用方程(1-35)一样使用方程(1-23)。

在施加两种不同离心率 e_a 和 e_b 的压力的情况下(图 1-27),使用式(1-30)。这种情况在讨论桁架压缩构件中的应力时具有实际重要性。由于桁架节点的刚性,次应力始终存在,并且每个压缩构件都会受到端部弯矩的弯曲作用。如果从次应力分析中已知弯矩的大小[4],每个特定情况下的最大应力可以按照上面讨论的两个等

① D. H. Young, *Rational Design of Steel Columns*, Trans, ASCE, vol. 101, p. 422, 1936 中计算了曲线。

② H. K. Stephenson and K. Cloninger, Jr., *Stress Analysis and Design of Steel Columns*, *Texas Eng. Expt. Sta. Bull*. 129, February, 1953 给出了根据割线公式计算并适用于设计的此类曲线。

③ 这种类型的几张表格是由 S.Zavriev 准备的,他是第一个提出这一想法的人,参见 *Mem. Inst. Engrs. Ways of Commun.*, St. Petersburg, 1913。

④ 见 Timoshenko and Young, "*Theory of Structures*", p. 398-403, McGraw-Hill Book Company, Inc., New York, 1945。

端弯矩的情况类似地获得[1]。假设 e_a 是数值上更大的偏心率,将引入符号 $\beta = e_a/e_b$。因此,当偏心率相等且方向相同时,该值从 $+1$ 变化,当偏心率相等且方向相反时从 -1 变化。

在梁较短的情况下,最大纤维应力将出现在较大偏心率的端部 A。根据常规的组合压缩和弯曲公式,可以很容易地计算出该应力的大小,并且屈服开始的平均压缩应力由以下方程给出:

$$(\sigma_c)_{YP} = \frac{\sigma_{YP}}{1 + e_a/s} \tag{e}$$

梁为细长梁时,最大应力出现在中间截面处,屈服开始时的平均压应力由方程[2]给出:

$$(\sigma_c)_{YP} = \frac{\sigma_{YP}}{1 + (e_a/s)\psi \operatorname{cosec} 2u} \tag{f}$$

其中

$$2u = kl = l\sqrt{\frac{P_{YP}}{EI}} \quad 且 \quad \psi = \sqrt{\beta^2 - 2\beta\cos 2u + 1}$$

长径比 l/r 的极限值应使用式(e),在每个特定情况下,使用式(e)求出:

$$\arccos\beta = \frac{l}{r}\sqrt{\frac{(\sigma_c)_{YP}}{E}} \tag{g}$$

该方程通过将方程(e)、(f)相等得到。

使用方程(e)、(f)、(g)进行的计算结果在图 1-28～图 1-31 中用曲线表示。这些曲线是针对 $E = 30\,000\,000$ psi 且 $\sigma_{YP} = 36\,000$ psi 的结构钢绘制的。

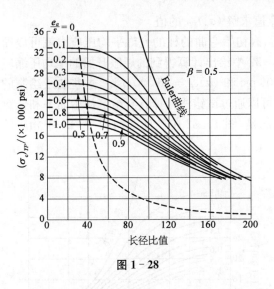

图 1-28

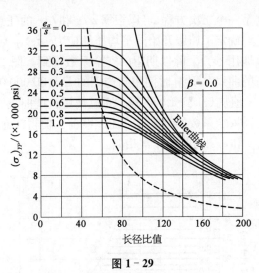

图 1-29

曲线绘制的 e_a/s 值从 0.1 到 1.0 不等,并且每个图表都绘制了不同的 β 值。使用这些曲线,可以轻松地获得屈服开始的平均压缩应力 $(\sigma_c)_{YP}$ 的值。图 1-28～图 1-30 中的虚线曲线是根据方程(g)得到的,表示方程(e)、(f)的适用范围之间的分界线。

当偏心率 e_a 接近零时,短柱的平均应力 $(\sigma_c)_{YP}$ 等于 σ_{YP}。对于较大 l/r 的细长梁,$(\sigma_c)_{YP}$

---

[1]　"D. H. Young, *Stresses in Eccentrically Loaded Steel Columns*, *Pvbl. Intern. Assoc. Bridge Structural Eng.*, vol. 1, p. 507, 1932"中充分讨论了这个问题。

[2]　出处同上。

的值接近于由方程(1-15)给出的临界载荷 P_{cr}。这个曲线在图中标记为欧拉(Euler)曲线，因为临界载荷也被称为欧拉载荷。

类似地，我们可以确定最初弯曲和压缩梁的安全载荷。例如，考虑梁的初始挠度为正弦曲线 $y_0 = a\sin\pi x/l$，如图1-20所示。如果在端部施加一个压力 P，中间的总挠度可以通过将 $x=l/2$ 代入方程(1-60)并使用符号 $\alpha = P/P_{\text{cr}}$ 来计算，即

$$\delta = \frac{a}{1-P/P_{\text{cr}}}$$

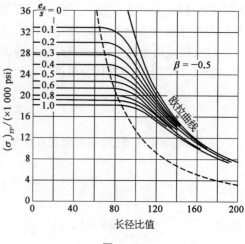

图1-30

最大压缩应力将为

$$\delta_{\max} = \frac{P}{A}\left(1+\frac{a}{s}\frac{1}{1-P/P_{\text{cr}}}\right) \qquad (h)$$

式中，s 表示截面的核心半径。如前所述，通过平均压缩应力 $(\sigma_c)_{YP}$ 来确定，该应力产生与屈服点应力相等的最大纤维应力，则根据方程(h)确定 $(\sigma_c)_{YP}$ 的方程变为

$$\sigma_{YP} = (\sigma_c)_{YP}\left[1+\frac{a}{s}\frac{1}{1-\frac{(\sigma_c)_{YP}}{\pi^2 E}\frac{l^2}{r^2}}\right] \qquad (i)$$

这是一个二次方程，可以根据 a/s 和 l/r 的任意值求解 $(\sigma_c)_{YP}$ 的值。

确定了屈服开始的平均压缩应力 $(\sigma_c)_{YP}$ 后，有初始弯曲的柱的允许平均压应力就可以简单地用 $(\sigma_c)_{YP}$ 除以期望的安全系数得到。图1-32中给出计算得到的屈服开始的平均压缩应力的曲线[1]，计算时使用结构钢的 $E=30\,000\,000$ psi 和 $(\sigma)_{YP}=36\,000$ psi。这些曲线绘制的 a/s 值从 0.1 到 1.0 不等。通过使用这些曲线，可以通过试错法计算具有给定初始曲率和任意所需安全系数的梁的允许压缩载荷。值得注意的是，图1-32中的曲线与图1-26中相应的 a/s 和 e/s 的曲线非常相似。

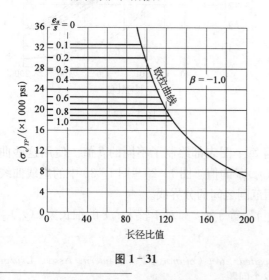

图1-31

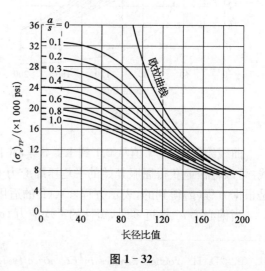

图1-32

① 这些曲线来自 D. H. Young, *Rational Design of Steel Columns*, Trans. ASCE, vol. 101, p. 422, 1936。

第 2 章
杆和构架的弹性屈曲

2.1　欧拉杆公式

在第 1 章中,压杆的临界载荷值是由压力和弯曲力同时作用或假设初始弯曲得到的。对于前一种情况,即使横向载荷很小,也可以通过确定轴向力的值确定临界载荷,因为它会引起很大的横向挠度[参考方程(1-15)]。同样地,对于后一种情况,即有很小的初始弯曲的杆,当压力趋近于临界值时,挠度将无限增大[参考方程(1-60)]。

压杆的临界载荷可以通过另一种方式,即考虑理想杆的情况得到。理想杆系假设为完全竖直并承受中心载荷。首先研究细长的理想杆系,其下端垂直于安装面,上端自由,并承受轴向力 P (图 2-1a)[①]。假设该杆系具有完全弹性,且应力不超过弹性极限。如果载荷 P 小于临界值,该杆将保持竖直,且只承受轴向载荷,此形式下的弹性平衡是稳定的。此时如果有一横向力作用在轴上,并产生了微小挠曲,当该横向力去除后,挠度会消失,杆会恢复竖直状态。如果 P 逐渐增加,会达到一种情况,即很小的横向力就会产生挠曲,且横向力去除后挠曲不会消失,此情况下,杆系的平衡位置变得不稳定。因此,能使杆保持微小的弯曲形态的轴向力定义为临界载荷(或欧拉载荷)(图 2-1b)。

运用挠度曲线的微分方程(见第 1.2 节)可得临界载荷。取如图 2-1b 所示坐标轴,假设该杆系有微小挠曲 δ,任一个横截面 mn 的弯矩为

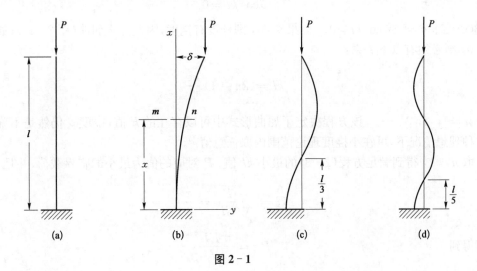

图 2-1

①　此情形首先为 L. Euler 所解决,并发表于其著作"*Methodus inveniendi lineas curvas maximi minimive proprietate gaudentes*"(Lausannes 及 Geneva, 1744)的附录"De curvis elasticis"中。附录的英文译文发表于 Isis, vol. 20, No. 58, p. 1, November, 1933(重印于 Bruges, Beigium)。更详细的历史性的讨论,参阅 Timoshenko, *History of Strength of Materials*, p. 30-36, McGraw-Hill Book Company, Inc., New York, 1953。

$$M = -P(\delta - y)$$

于是挠度曲线的微分方程(1-3)可化为

$$EI \frac{\mathrm{d}^2 y}{\mathrm{d}x^2} = P(\delta - y) \tag{2-1}$$

由于杆的上端为自由端,显然,杆的屈曲将发生在弯曲刚度最小的平面内。假设这一平面为一对称面。在方程(2-1)中应用了这一最小刚度 EI。运用先前的符号

$$k^2 = \frac{P}{EI}$$

可将方程(2-1)写为

$$\frac{\mathrm{d}^2 y}{\mathrm{d}x^2} + k^2 y = k^2 \delta \tag{a}$$

此方程的通解为

$$y = A\cos kx + B\sin kx + \delta \tag{b}$$

式中,A 和 B 为积分常数。这些常数由固定端的条件决定,即

$$(y)_{x=0} = \left(\frac{\mathrm{d}y}{\mathrm{d}x}\right)_{x=0} = 0$$

由此得到

$$A = -\delta, \ B = 0$$

从而

$$y = \delta(1 - \cos kx) \tag{2-2}$$

杆顶端要求

$$(y)_{x=l} = \delta$$

从而

$$\delta \cos kl = 0 \tag{c}$$

方程(c)要求 $\delta = 0$ 或 $\cos kl = 0$。如果 $\delta = 0$,则杆没有挠度,因此并未屈曲(图 2-1a);如果 $\cos kl = 0$,则必须有以下关系:

$$kl = (2n-1)\frac{\pi}{2} \tag{2-3}$$

式中 $n = 1, 2, 3, \cdots$。该方程决定了屈曲形式中可以存在的 k 值,挠度 δ 仍然是不确定的。在这种理想情况下,可在小挠度理论范围内取任意值[①]。

取 $n = 1$,得到满足方程(2-3)的最小 kl 值。P 对应的值为最小的临界载荷,并且

$$kl = l\sqrt{\frac{P}{EI}} = \frac{\pi}{2}$$

从而得到

$$P_{cr} = \frac{\pi^2 EI}{4l^2} \tag{2-4}$$

这是图 2-1a 中杆的最小临界载荷,也即使杆保持微小弯曲的最小轴向力。在此情况下,方程(2-2)中 kx 的值在 $0 \sim \pi/2$ 之间变化,挠度曲线的形状如图 2-1b 所示。

---

① 注意,微分方程(2-1)是以曲率的近似表达式为基础的,只对小挠度适用。

将 $n = 2, 3, \cdots$ 代入方程(2-3),得到压力的对应值

$$P_{\text{cr}} = \frac{9\pi^2 EI}{4l^2}, \ P_{\text{cr}} = \frac{25\pi^2 EI}{4l^2}, \ \cdots$$

方程(2-2)中 kx 的值在这些情况下分别在 $0 \sim 3\pi/2$、$0 \sim 5\pi/2$、$\cdots$ 之间变化,相应的挠度曲线如图 2-1c、d 所示。对于图 2-1c 所示形状,需要的载荷为最小临界载荷的 9 倍;对于图 2-1d 所示形状,需要的载荷为最小临界载荷的 25 倍。这种形式的屈曲可以通过使用一个细长的杆,并在反曲点施加外部约束来防止侧向挠曲的产生。否则,这种形式的屈曲是不稳定且无实际意义的,因为当载荷达到式(2-4)给出的值时,杆的结构就会产生很大的挠度。

在其他端点条件下,杆的临界载荷可由前例一端固定、一端自由的解法得到。例如,在两端铰支的杆(图 2-2)的情况下,通过对称性可以明显看出,杆的每一半与图 2-1 中的整个杆处于相同的状态。因此,这种情况下的临界载荷可通过将 $l/2$ 代入方程(2-4)得到:

$$P_{\text{cr}} = \frac{\pi^2 EI}{l^2} \tag{2-5}$$

实际中更多的情况是杆的两端为铰支,因此它被称为杆屈曲的基本形式。

如果杆的两端都固定(图 2-3),则有反作用力矩防止杆的两端在屈曲过程中旋转,轴向压力和端力矩的组合等效于图中偏心压力 P。P 的作用线与挠度曲线的交点为曲线的反曲点(即拐点),因为在这些点弯矩为零,这些点以及跨度的中点将杆等分为四个部分,每个部分的情况与图 2-1b 中杆的情况相同。因此,通过在方程(2-5)中以 $l/4$ 代替 l,可得两端固定的杆的临界载荷:

$$P_{\text{cr}} = \frac{4\pi^2 EI}{l^2} \tag{2-6}$$

作为最后一个例子,研究图 2-4a 所示杆系。该杆的顶端在横向可以自由移动,但该点处弹性曲线的切线保持铅直。杆的下端固定,因为在杆的中间有一反曲点(图 2-4b),在方程(2-4)中以 $l/2$ 代替 l,可得临界载荷。由此可见,方程(2-5)也适用于此情况。

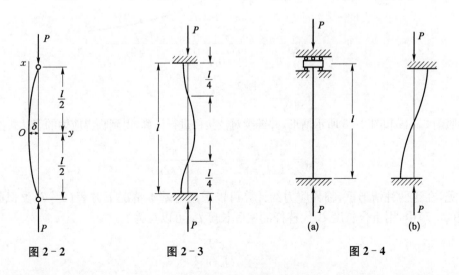

图 2-2   图 2-3   图 2-4

在前述每一种情况下,都假定杆在任意方向上都可自由屈曲,因此 EI 表示最小的抗弯刚度。如果杆受到约束,只能在一个主平面上发生屈曲,那么 EI 表示在该平面上的抗弯刚度。

在前面的讨论中,假设杆细长,因此在屈曲过程中发生的最大压应力应保持在材料的弹性极限内。只有在符合这些条件的情况下,前述临界载荷方程才适用。为了确定这些公式的适用范围,研究基本情形(图 2-2)。将方程(2-5)中的临界载荷除以杆的横截面积 A 可得压应力 σ_{cr},即令

$$r = \sqrt{\frac{I}{A}}$$

式中,r 为旋转半径,则压应力的临界值为

$$\sigma_{cr} = \frac{P_{cr}}{A} = \frac{\pi^2 E}{(l/r)^2} \tag{2-7}$$

该应力仅与材料的弹性模量 E 和长细比 l/r 有关。只要应力 σ_{cr} 保持在弹性极限内,该表达式即成立。当已知特定材料的弹性极限和模量 E 时,从方程(2-7)中可以很容易地求出长细比 l/r 的极限值。例如,对于弹性极限为 30 000 psi 且 $E = 30\,000\,000$ psi 的结构钢,从方程(2-7)中得到最小 l/r 值约为 100。因此,当 $l/r > 100$ 时,该材料两端铰接的杆的临界载荷可由方程(2-5)计算。当 $l/r < 100$ 时,在屈曲发生前,压应力已经达到弹性极限,因此不能使用方程(2-5)计算。应力超过弹性极限的压杆的屈曲问题将在第 3 章讨论。

以临界应力作为 l/r 的函数,方程(2-7)可以用图 2-5 中的曲线 ACB 表示。横坐标轴 l/r 为曲线渐近线,随着长细比 l/r 的增大,曲线渐近于水平,临界应力趋于零。纵坐标轴也是该曲线渐近线,但仅在应力 σ_{cr} 在材料弹性极限以内时才适用。图 2-5 中的曲线是为上述结构钢绘制的,点 C 对应于 30 000 psi 的弹性极限。因此,只能使用曲线的 BC 部分。

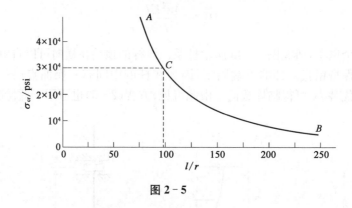

图 2-5

参照图 2-1a 和图 2-3 所示情形,并继续对铰接杆进行计算,得到临界应力的表达式如下:

$$\sigma_{cr} = \frac{\pi^2 E}{(2l/r)^2}, \ \sigma_{cr} = \frac{\pi^2 E}{(l/2r)^2}$$

可见,在这两种情形下,临界应力的计算可以采用与基本情况下方程(2-7)类似的公式。在方程(2-7)中,用折合长度 L 代替杆的实际长度 l,可以写为

$$\sigma_{cr} = \frac{\pi^2 E}{(L/r)^2} \tag{2-8}$$

对于一端固定、另一端自由的杆,其折合长度是实际长度 l 的 2 倍,即 $L = 2l$。对于两端固定的杆,折合长度是实际长度的一半,即 $L = l/2$。因此,通过使用折合长度代替实际长度的

杆,在基本情形下得到的结果可以用于其他情形下杆的屈曲。

2.2　确定临界载荷微分方程的替代形式

在上一节中已经表明,理想杆系的临界载荷可以由用弯矩表示杆的曲率的微分方程 (1-3) 得到。得到理想杆系临界载荷的另一种方法是由微分方程(1-3)出发,由于在确定屈曲杆的临界载荷时,横向载荷为零,因此杆的微分方程为

$$EI\,\frac{\mathrm{d}^4 y}{\mathrm{d}x^4} + P\,\frac{\mathrm{d}^2 y}{\mathrm{d}x^2} = 0$$

或者,代入 $k^2 = P/EI$,得到

$$\frac{\mathrm{d}^4 y}{\mathrm{d}x^4} + k^2\,\frac{\mathrm{d}^2 y}{\mathrm{d}x^2} = 0 \tag{2-9}$$

该方程的通解为

$$y = A\sin kx + B\cos kx + Cx + D \tag{2-10}$$

该方程的常数和临界载荷的值,由杆的端点条件求得。下面研究几个特殊情况。

1) 两端铰接的杆

对于两端铰接的杆(图 2-6a),端点的挠度和弯矩在两端为零。因此可以得到端点条件方程:

$$y = \frac{\mathrm{d}^2 y}{\mathrm{d}x^2} = 0 \quad (\text{在 } x=0 \text{ 和 } x=l \text{ 处})$$

将这些条件应用于通解[方程(2-10)],得到

$$B = C = D = 0,\ \sin kl = 0$$

从而

$$kl = n\pi \tag{a}$$

此方程决定了临界载荷的值;如果取 $n=1$,得到结果同方程(2-5)。挠度曲线的形状由以下方程给出:

$$y = A\sin kx = A\sin\frac{n\pi x}{l} \tag{b}$$

式中,常数 A 表示挠度的未定振幅。对于最小临界载荷 ($n=1$),屈曲形状如图 2-6a 所示。对于 $n=2,3,\cdots$ 较大的临界载荷,可从方程(a)中得到,相应的屈曲形状如图 2-6b、c 所示。

2) 一端固定另一端自由的杆系

对于图 2-1a 所示的杆,下端固定而上端自由,下端条件为

$$y = \frac{\mathrm{d}y}{\mathrm{d}x} = 0 \quad (\text{在 } x=0 \text{ 处})$$

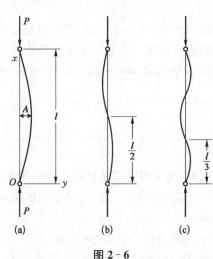

图 2-6

在自由端（$x=l$）弯矩和剪力必须为零。参考第 1.2 节中的方程（1-3）、（1-4），这些条件表示为

$$\frac{\mathrm{d}^2 y}{\mathrm{d}x^2}=0 \quad （在\ x=l\ 处）$$

$$\frac{\mathrm{d}^3 y}{\mathrm{d}x^3}+k^2 \frac{\mathrm{d}y}{\mathrm{d}x}=0 \quad （在\ x=l\ 处）$$

杆下端的条件

$$B=-D,\ C=-Ak$$

最后两条件给出

$$A\sin kx+B\cos kx=0,\ C=0$$

最终得到 $C=A=0$ 以及

$$\cos kx=0,\ kl=(2n-1)\frac{\pi}{2}$$

与第 2.1 节方程（2-3）相同。

3）一端固定另一端铰接的杆系

这种情形如图 2-7 所示，其中，杆的下端是固定的，上端是铰接的。当横向屈曲发生时，在铰接端产生反作用力 R。这个反作用力的方向是通过它必须抵抗固定端的弯矩这一性质来确定的。该杆系的端点条件为

$$y=\frac{\mathrm{d}y}{\mathrm{d}x}=0 \quad （在\ x=0\ 处）;y=\frac{\mathrm{d}^2 y}{\mathrm{d}x^2}=0 \quad （在\ x=l\ 处）$$

将这些条件用于通解（2-10）得到如下常数方程：

$$\begin{cases} B+D=0 \\ Ak+C=0 \\ Cl+D=0 \\ A\sin kl+B\cos kl=0 \end{cases}$$

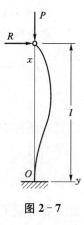

图 2-7

取 $A=B=C=D=0$，可以满足这四个方程，其中，挠度[见方程（2-10）]为零，就得到了平衡的直接形式。为了使平衡态具有屈曲形状的可能性，需要方程的非平凡解。利用前三个方程以 B 表达 A，并代入最后一个方程，得到

$$-B\frac{\sin kl}{kl}+B\cos kl=0$$

解得 $\qquad\qquad\qquad\qquad \tan kl=kl \qquad\qquad\qquad\qquad\qquad (2-11)$

因此，为了得到满足杆端条件的平衡曲线，必须满足方程（2-11）。

为解方程（2-11），可用图解法[①]。图 2-8 中的曲线表示 $\tan kl$，是 kl 的函数，这些曲线

---

① 方程（2-11）的解也由 Jahnke 和 Emde 列成表的形式，见"*Tables of Functions*，4th ed.，p. 30 of Addenda，Dover Publications，New York，1945"。

的渐近线为 $kl = \pi/2, 3\pi/2, \cdots$，为铅直线。因为对于 kl 的这些值，$\tan kl$ 为无穷大。以上这些曲线和直线 $y = kl$ 的交点，即表示方程(2-11)的根，相应地，最小根对应的点 A 的值为

$$kl = 4.493$$

相应的临界载荷为

$$P_{cr} = \frac{20.19EI}{l^2} = \frac{\pi^2 EI}{(0.699l)^2} \qquad (2-12)$$

因此，临界载荷与两端铰接折合长度为 $0.699l$ 的杆相同[见方程(2-8)]。

4）固定杆系

如果杆的两端固定（图 2-9a），则末端条件为

$$y = \frac{\mathrm{d}y}{\mathrm{d}x} = 0 \quad （在 x=0 和 x=l 处）$$

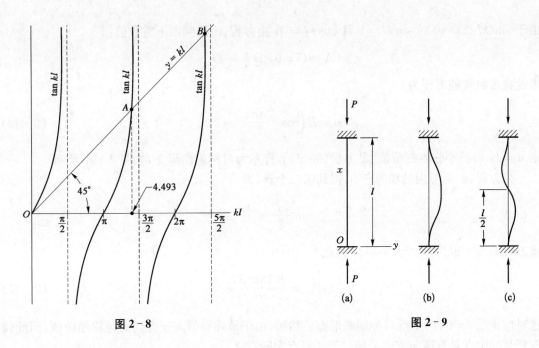

图 2-8　　　　　　　　　图 2-9

这些条件决定了方程(2-10)中常数关系为

$$\left.\begin{array}{r} B + D = 0 \\ Ak + C = 0 \\ A\sin kl + B\cos kl + Cl + D = 0 \\ Ak\cos kl - Bk\sin kl + C = 0 \end{array}\right\} \qquad (c)$$

为使弯曲的平衡形式成为可能，要得到四个方程的非平凡解，即使系数行列式等于零，则该行列式为

$$\begin{vmatrix} 0 & 1 & 0 & 1 \\ k & 0 & 1 & 0 \\ \sin kl & \cos kl & l & 1 \\ k\cos kl & -k\sin kl & 1 & 0 \end{vmatrix}$$

使该行列式等于零,得

$$2(\cos kl - 1) + kl \sin kl = 0$$

由于 $\sin kl = 2\sin(kl/2)\cos(kl/2)$ 以及 $\cos kl = 1 - 2\sin^2(kl/2)$,可以把等式写成如下形式:

$$\sin \frac{kl}{2}\left(\frac{kl}{2}\cos \frac{kl}{2} - \sin \frac{kl}{2}\right) = 0 \tag{d}$$

该方程的一个解为

$$\sin \frac{kl}{2} = 0$$

因此 $kl = 2n\pi$ 且

$$P_{cr} = \frac{4n^2\pi^2 EI}{l^2} \tag{2-13}$$

由于 $\sin(kl/2) = 0$ 时 $\sin kl = 0$ 且 $\cos kl = 0$,由方程(c)得到以下常数值:

$$A = C = 0, \quad B = -D$$

因此挠度曲线的方程为

$$y = B\left(\cos \frac{2n\pi x}{l} - 1\right) \tag{2-14}$$

令 $n = 1$,得最小临界载荷值[见方程(2-6)],杆系为对称屈曲形态,如图 2-9b 所示。

令方程(d)括号内的项等于 0,得到第二个解,即

$$\tan \frac{kl}{2} = \frac{kl}{2}$$

该方程的最小根为 $kl/2 = 4.493$,因此

$$P_{cr} = \frac{8.18\pi^2 EI}{l^2} \tag{2-15}$$

这对应于图 2-9c 所示反对称屈曲形态。然而,由于该临界值大于先前的对称屈曲值,因此仅在杆系的中点具有横向支座的情况下才具有实际意义。

5) 载荷通过一定点的杆系

在前面的例子中,假设压力 P 的方向在杆的屈曲过程中保持恒定。下面研究力 P 方向改变的情形,例如,设力 P 是由绳索张力产生的,该绳总通过 x 轴上的定点 C,如图 2-10 所示。杆的下端是固定的,上端是横向自由移动的。

这个问题不同于通常的情况(见图 2-1),因为在屈曲过程中,在杆的顶端有一个剪力,这个力等于绳内张力 P 的水平分量(图 2-10b)。由于挠度较小,力的垂直分量可以取 P,得到

$$V = -\frac{P\delta}{c}$$

将 V 的表达式代入剪力的一般方程[方程(1-4)],得杆的顶端条件 $(x = l)$ 为

$$EI \frac{d^3 y}{dx^3} + P \frac{dy}{dx} = \frac{P\delta}{c}$$

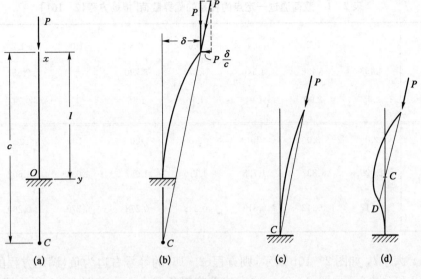

图 2 - 10

或者写为

$$\frac{d^3 y}{dx^3} + k^2 \frac{dy}{dx} = \frac{k^2 \delta}{c}$$

杆顶端的第二个条件为弯矩等于 0，即

$$\frac{d^2 y}{dx^2} = 0 \quad (在 x = l 处)$$

杆的下端条件为

$$y = \frac{dy}{dx} = 0 \quad (在 x = 0 处)$$

由下端的条件计算通解(2-10)中的常数，得

$$B + D = 0, \quad Ak + C = 0$$

由杆顶端的条件，得

$$\begin{cases} C = \dfrac{\delta}{c} \\ A\sin kl + B\cos kl = 0 \end{cases}$$

由这些方程解出常数并代入方程(2-10)，得到

$$y = \frac{\delta}{kc}\left[\tan kl (\cos kx - 1) + kx - \sin kx\right] \tag{e}$$

作为最后一个条件，杆顶端的挠度为 δ，于是由方程(e)得

$$\tan kl = kl\left(1 - \frac{c}{l}\right) \tag{2-16}$$

方程(2-16)给出对于任意比值的临界载荷值。运用函数 $\tan x/x$ 的表[1]可以简便地解出该方程。对于各种不同的 c/l 值，表 2-1 给出由方程(2-16)决定的 kl 与 P_{cr} 值。

———————————————

[1] 参阅 p. 32 的注释，Addenda。

表 2-1　载荷通过一定点的杆系的临界载荷[根据方程(2-16)]

$\dfrac{c}{l}$	0	0.2	0.4	0.6	0.8	1.0	1.2	1.5
kl	4.493	4.438	4.346	4.273	3.790	π	2.654	2.289
$\dfrac{P_{cr}}{\pi^2\,EI/l^2}$	2.05	2.00	1.91	1.76	1.46	1	0.714	0.531

$\dfrac{c}{l}$	2.0	3.0	4.0	5.0	8.0	10	20	∞
kl	2.029	1.837	1.758	1.716	1.657	1.638	1.602	$\dfrac{\pi}{2}$
$\dfrac{P_{cr}}{\pi^2\,EI/l^2}$	0.417	0.342	0.313	0.298	0.278	0.272	0.260	0.25

　　如果 c 大于 l，如图 2-10b 所示，则方程(2-16)的等号右边为负，满足方程的 kl 的最小值[1]在 $n/2$ 和 π 之间(见图 2-8)。这意味着临界负载大于之前图 2-1 所示情况下得到的 $\pi^2 EI/(4l^2)$。这可以通过横向力 $P\delta/c$ 抵消横向屈曲的倾向来解释，因此需要更大的临界载荷。当 c 增大时，kl 的值接近 $\pi/2$；当 c 最终变得无穷大时，得到

$$kl=\frac{\pi}{2},\ P_{cr}=\frac{\pi^2 EI}{4l^2}$$

与前一种情况(图 2-1)在载荷始终保持垂直时的结果相同。

　　当 $c=l$ 时，固定点 C 与杆的下端重合(图 2-10c)，方程(2-16)右侧为零，得到

$$kl=\pi,\ P_{cr}=\frac{\pi^2 EI}{l^2}$$

这与屈曲的基本情况相同。可以注意到，当 P 的作用线通过杆的底部时，该点的弯矩为零，并且杆处于与两端铰接的杆相同的状态。

　　如果距离 c 小于 l，则方程(2-16)的右侧为正，且满足方程的最小值 kl 介于 π 和 $3\pi/2$ 之间。此时挠度曲线有一个反曲点 D，如图 2-10d 所示。最后，当 $c=0$ 时，方程(2-16)与方程(2-11)相同，于是该情况与上端铰接下端固定的杆(图 2-7)相同。

　　6) 球形端杆

　　当球形端杆向一侧横向屈曲时(图 2-11)，在压力 P 的作用线上会产生位移 b，因杆端的转角 θ 很小，位移(图 2-11b)可以表示为

$$b=R\theta \tag{f}$$

式中，R 为杆端半球形的半径。

　　假设屈曲形状对称(图 2-11c)，以杆的中心为坐标原点，得出通解(2-10)中常数 A 和 C 一定为零的结论。这可以从对称条件中看出，该条件要求式(2-10)中的项给出一个围绕杆的中心对称的挠度曲线[2]。由 $x=0$ 时 $y=0$ 的条件得到 $R=-D$，所以挠度曲线的方程为

---

① 已将特解 $kl=0$ 除外。

② 可用以下的端点条件得到相同结果：$dy/dx=0$，当 $x=0$ 时；$y=\delta$，当 $x=l/2$ 及 $x=-l/2$ 时。

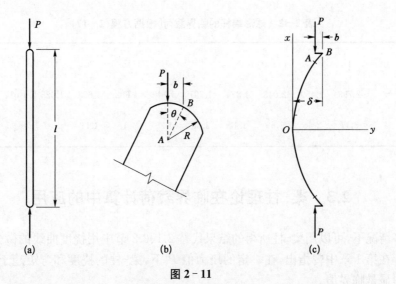

图 2-11

$$y = D(1 - \cos kx) \tag{g}$$

杆的任意截面的弯矩为

$$M = -P(\delta - b - y) \tag{h}$$

因此 B 端弯矩为

$$(y)_{x=l/2} = Pb = PR\theta \approx PR\,\frac{\mathrm{d}y}{\mathrm{d}x}$$

所以在杆的顶端有以下条件：

$$EI\,\frac{\mathrm{d}^2 y}{\mathrm{d}x^2} = -PR\,\frac{\mathrm{d}y}{\mathrm{d}x} \quad \left(\text{在 } x = \frac{l}{2} \text{ 处}\right)$$

将该条件用于方程(g)得

$$1 + kR\tan\frac{kl}{2} = 0$$

或

$$\frac{kl}{2}\tan\frac{kl}{2} = -\frac{l}{2R} \tag{2-17}$$

方程(2-17)可以用于决定对称屈曲的临界载荷。若 $R = 0$，得到

$$\frac{kl}{2} = \frac{\pi}{2},\ P_{\mathrm{cr}} = \frac{\pi^2 EI}{l^2} \tag{2-18}$$

这与通常的两端铰接杆结果相同。当 R 无限增大时，接近于平端杆的情况，此时方程(2-17)给出

$$\frac{kl}{2} = \pi,\ P_{\mathrm{cr}} = \frac{4\pi^2 EI}{l^2}$$

　　这就是固定端杆系的临界载荷。表 2-2 给出了 $kl/2$ 的值，以及由方程(2-17)对于不同[①]的 $l/2R$ 所得的 P_{cr} 的值。

---

① 运用 $x\tan x$ 的函数表，可以很容易地求解方程(2-17)；参阅上一条注释。

表 2-2 球形端杆的临界载荷[根据方程(2-17)]

$\dfrac{l}{2R}$	0	1	2	4	6	8	10	15	20	30	40	50	∞
$\dfrac{kl}{2}$	π	2.798	2.459	2.043	1.874	1.791	1.743	1.682	1.653	1.625	1.611	1.603	$\dfrac{\pi}{2}$
$\dfrac{P_{cr}}{\pi^2\,\overline{EI/l^2}}$	4	3.17	2.45	1.69	1.42	1.30	1.23	1.15	1.11	1.07	1.05	1.04	1

2.3 梁-柱理论在临界载荷计算中的应用

在很多情况下，可以用梁-柱所得的结果代替 2.1、2.2 节中用挠度曲线的微分方程来计算临界载荷。在第 1 章中曾指出，在一定的压力值 P 下，梁-柱的挠度和弯矩趋于无限增加，这些压力值明显是临界值。

下面举例说明一端铰接、另一端固定的梁-柱 AB 的情况，如图 1-10 所示。如果梁受到均匀横向载荷 q，则固定端弯矩[见方程(1-37)]为

$$M_b = -\frac{ql^2}{8}\frac{x(u)}{\psi(u)} = -\frac{ql^2}{8}\frac{4(\tan 2u)(\tan u - u)}{u(\tan 2u - 2u)} \tag{a}$$

当式(a)的分母趋近于零时，只要分子不趋近于零，则该弯矩无限增大。给出条件

$$\tan 2u = 2u$$

或代入 $kl = 2u$ [见方程(1-13)]，则有

$$\tan kl = kl$$

此结果与之前对微分方程积分得到的结果相同[见方程(2-11)]。因此，压力的临界值是使固定端弯矩变得无穷大而与横向载荷大小无关的值。

同样的方法可用于确定两端具有弹性约束的杆的临界载荷(见图 1-13)。当杆受到横向载荷时，作用在两端的力矩由方程(1-43)得到，即

$$-\frac{M_a}{\alpha} = \theta_{0a} + \frac{M_a l}{3EI}\psi(u) + \frac{M_b l}{6EI}\phi(u) \tag{2-19}$$

$$-\frac{M_b}{\alpha} = \theta_{0b} + \frac{M_b l}{3EI}\psi(u) + \frac{M_a l}{6EI}\phi(u) \tag{2-20}$$

在这些方程中，α 和 β 是端点约束系数[见方程(1-41)]。θ_{0a} 和 θ_{0b} 表示仅受横向载荷作用产生的端部转角，函数 $\phi(u)$ 和 $\psi(u)$ 由方程(1-27)和方程(1-28)分别给出。弯矩 M_a 和 M_b 是作用在构件 AB 上的端矩(图 1-13)，在所示方向上为正。由方程(2-19)和方程(2-20)解出 M_a 得

$$M_a = \frac{-\theta_{0a}\left[\frac{1}{\beta} + \frac{1}{3EI}\psi(u)\right] + \theta_{0b}\left[\frac{1}{6EI}\phi(u)\right]}{\left[\frac{1}{\alpha} + \frac{1}{3EI}\psi(u)\right]\left[\frac{1}{\beta} + \frac{1}{3EI}\phi(u)\right] - \left[\frac{1}{6EI}\phi(u)\right]^2} \tag{b}$$

同理,可得 M_b 的解,其分母与式(b)相同。因此,当方程(b)的分母趋近于零时,弯矩 M_a 和 M_b 将变得无穷大。从而,临界载荷方程为

$$\left[\frac{1}{\alpha}+\frac{1}{3EI}\psi(u)\right]\left[\frac{1}{\beta}+\frac{1}{3EI}\phi(u)\right]-\left[\frac{1}{6EI}\phi(u)\right]^2=0 \qquad (2-21)$$

对于特定的 α 和 β 值,可以求解方程(2-21)的 u,并确定临界载荷。这种计算方法在分析刚架和连续梁时很有用,下面第 2.4~2.6 节将对此进行讨论。

在对称的特殊情况下(图 2-12),可得

$$\alpha=\beta, \quad \theta_{0a}=\theta_{0b}, \quad M_a=M_b \qquad (c)$$

在此情形下,方程(2-19)和方程(2-20)被一个方程代替,即

$$-\frac{M_a}{\alpha}=\theta_{0a}+\frac{M_a l}{3EI}\psi(u)+\frac{M_a l}{6EI}\phi(u) \qquad (2-22)$$

由此方程解出 M_a 并使所得表达式的分母为零,即得临界载荷方程

$$\frac{1}{\alpha}+\frac{1}{3EI}\psi(u)+\frac{1}{6EI}\phi(u)=0$$

将方程(1-27)和方程(1-28)代入 $\psi(u)$ 和 $\phi(u)$ 的表达式中,因为 $\tan u=(1-\cos 2u)/(\sin 2u)$,可将该方程写成

$$\frac{\tan u}{u}=-\frac{2EI}{\alpha l} \qquad (2-23)$$

从方程(2-23)中得到的 u 介于 $\pi/2$ 和 π 之间,$\pi/2$ 的值对应于 $a=0$,这意味着杆的两端可以自由旋转,临界载荷由方程(2-5)给出。当杆两端为刚性固定时,系数 a 变为无穷大,u 的值为 π,临界载荷为 $4\pi^2 EI/l^2$。对于介于中间的 a,运用函数 $\tan x/x$ 的表格可以解出方程(2-23)。

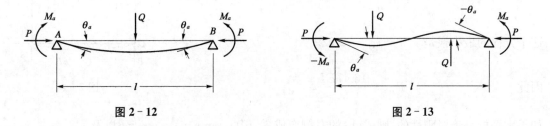

图 2-12　　　　　　　　　　　　　　　图 2-13

如果对称支撑杆上的载荷是不对称的(图 2-13),则可得

$$\alpha=\beta, \quad \theta_{0a}=\theta_{0b}, \quad M_a=-M_b \qquad (d)$$

临界载荷由下列方程确定:

$$\frac{1}{\alpha}+\frac{1}{3EI}\psi(u)-\frac{1}{6EI}\phi(u)=0$$

或

$$\frac{3}{u}\left(\frac{1}{u}-\frac{1}{\tan u}\right)=-\frac{6EI}{\alpha l} \qquad (2-24)$$

该方程的临界载荷值对应于反对称屈曲模式。因为方程的左边是函数 ψ 的表达式,只是以 u

代替了 $2u$，通过使用附录表 A-1，可以很容易地解出任意 α 的值。作为这一极端情况，对于铰接端，$\alpha=0$。因此 $u=\pi$，$P_{cr}=4\pi^2 EI/l^2$，这对应于图 2-6b 所示反对称屈曲形式。对于固定端，α 为无穷大，$u=4.493$，临界载荷由方程(2-15)给出。

2.4　刚架的弯曲[①]

由于具有刚性节点的刚架的每个构件都处于具有弹性约束端部的杆状态，因此可使用前述方法来考虑刚架的屈曲。作为一个简单例子，下面考虑相对于水平轴和垂直轴对称的刚架 $ABCD$（图 2-14）。刚架的垂直构件受到轴向力 P 的压缩，并且假设节点的横向运动受到外部约束的阻止。当载荷 P 达到其临界值时，竖直杆开始弯曲，如虚线所示。这种屈曲伴随着两个水平杆 AB 和 CD 的弯曲。两杆在垂直杆的两端施加反力矩，并倾向于抵抗屈曲。末端的圆弧与节点的旋转角度成正比，因此垂直杆是具有弹性固定端的杆的例子。

在竖杆两端的约束系数是通过计算水平杆两端的弯曲得到的。用 EI_1 表示横杆的弯曲刚度，则系数 α 为

$$\alpha = \frac{2EI_1}{b} \tag{a}$$

由于垂直构件对称弯曲，因此可以用第 2.3 节中的式(2-23)来计算临界载荷。如果竖杆的弯曲刚度用 EI 表示，则式(2-23)变为

$$\frac{\tan u}{u} = -\frac{Ib}{I_1 l} \tag{b}$$

在每种特定情况下，都可以从这个方程中找到临界载荷。

如果图 2-14 中的刚架由四个相同的杆组成，则式(b)变成

$$\frac{\tan u}{u} = -1$$

这个方程的最小根是　　$u = \dfrac{kl}{2} = 2.029$

因此　　　　　　　　　　$P_{cr} = \dfrac{16.47EI}{l^2}$

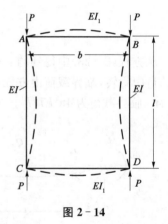

图 2-14

如果水平杆是绝对刚性的，则式(b)的右侧变成零，因此 $\tan u = 0$、$u = \pi$，以及

$$P_{cr} = \frac{4\pi^2 EI}{l^2}$$

这是一个有固定端部的杆的情况。最后，如果 $I_1 = 0$，可得 $u = \pi/2$ 以及

$$P_{cr} = \frac{\pi^2 EI}{l^2}$$

---

① 第一次讨论矩形框架构件的稳定性问题是在 F. Engesser, *"Die Zusatzkrafte und Nebenspannungen eiserner Fach-werkbrücken"*, Berlin, 1893；也可参见 H. Zimmermann, *"Knickfestigkeit der Stabverbindungen"*, Berlin, 1925。

如果刚架的水平构件受到压力 Q 的作用,如图 2-15 所示,则末端约束系数 α 将减小。此时不能使用式(a),必须使用如下表达式:

$$\alpha = \frac{2EI_1}{b}\frac{u_1}{\tan u_1} \qquad\text{(c)}$$

式(c)从式(1-34)中获得。水平构件的 u_1 为

$$u_1 = \frac{b}{2}\sqrt{\frac{Q}{EI_1}}$$

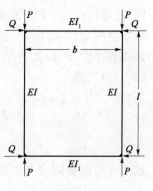

在计算压力 P 的临界值时,再次使用式(2-23)并得到

$$\frac{\tan u}{u} = -\frac{Ib}{I_1 l}\frac{\tan u_1}{u_1} \qquad (2-25)$$

已知方程(2-25)右边的量,假设水平杆不先弯曲,可以找到临界力 P。

如果需要确定力 Q 的临界值(图 2-15),由上述可得出

$$\frac{\tan u_1}{u_1} = -\frac{I_1 l}{Ib}\frac{\tan u}{u}$$

图 2-15

这和式(2-25)相同。因此,式(2-25)定义了两个轴向力 P 和 Q 的极限值。再比如,如果刚架是正方形的,所有构件都具有相同的弯曲刚度,则式(2-25)变成

$$\frac{\tan u}{u} = -\frac{\tan u_1}{u_1} \qquad (2-26)$$

方程(2-26)的解析图如图 2-16 所示。如果 P 和 Q 的值在图中曲线上方的一个点,则会发生屈曲。可以看到,如预期的那样,P 的临界值随着 Q 的增加而减小,反之亦然。如果 P 和 Q 的值位于曲线下方的一个点,则不会发生屈曲;因此,曲线下方的区域代表了一个稳定的区域。

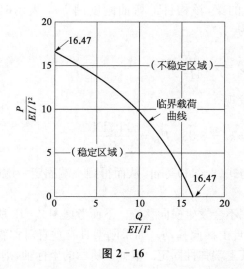

图 2-16

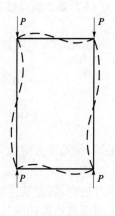

图 2-17

图 2-14 中的刚架也可能出现其他形式的屈曲。例如,图 2-17 为弯曲结构,其中构件在其中点处有拐点。这种情况对应于 2.1 节的反对称屈曲情况,通过将式(d)代入式(2-24)中

得到了临界载荷:

$$\alpha = \frac{6EI_1}{b} \tag{d}$$

式(d)表示末端约束的系数。图 2-17 屈曲模式的临界载荷大于图 2-14 对称模式的临界载荷,因此通常不那么重要。

如果图 2-14 中刚架的两个水平构件的弯曲刚度不同,压缩垂直构件的末端条件不再相同,则通过式(2-21)得到临界载荷。

在图 2-18a 所示情况下,竖杆固定在底部,顶部有弹性支撑,则 β 为无穷大、α 为有限[①],式(2-21)变成

$$4\psi(u)\left[\frac{3EI}{\alpha l} + \psi(u)\right] = [\phi(u)]^2 \tag{2-27}$$

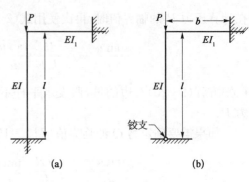

图 2-18

这个方程能够解决各个特殊情况,通过使用附录表 A-1 得到函数 $\psi(u)$ 和 $\phi(u)$ 的值,并不断代入方程中反复实验。

对于图 2-18b 所示情况,系数 β 为 0,α 是有限的。在式(2-21)中,当 β 接近于 0 时,参数

$$\frac{1}{\alpha} + \frac{l}{3EI}\psi(u) \tag{e}$$

也必须趋近于零,计算临界载荷的方程通过将式(e)等价为零得到,关系如下:

$$\psi(u) = -\frac{3EI}{\alpha l} \tag{2-28}$$

当水平构件是一端内置、另一端铰接的梁,该构件的弯曲刚度用 EI_1 表示时,α 在式(2-28)中为 $4EI_1/b$,临界载荷的方程变为

$$\psi(u) = -\frac{3Ib}{4I_1 l} \tag{2-29}$$

例如,假设 $b=l$、$I=I_1$,从式(2-29)中发现

$$\psi(u) = -\frac{3}{4},\ 2u=kl=3.83,\ P_{cr}=\frac{14.7EI}{l^2}$$

在极限情况下,α 趋于无穷大,式(2-28)与式(2-11)等价,从而得到一端固定一端铰支的杆的方程(图 2-7)。

在前述讨论中,假定被压缩构件的末端不会发生横向移位。下面考虑图 2-19 所示情况,图中具有压缩垂直构件的刚架可以在顶部自由横向移动。如果刚架具有垂直对称轴,每个垂直构件可以单独视为下端自由的压缩杆,其上端弹性固定。取如图所示的坐标轴,则杆 AB 的

---

① 为了使这个讨论是准确的,必须假设在刚性连接建立之前施加在竖杆上的压缩力。这样,在屈曲发生之前,水平杆不会发生弯曲。屈曲时杆长的微小变化也被忽略。

挠度曲线微分方程为

$$EI \frac{\mathrm{d}^2 y}{\mathrm{d}x^2} = -Py$$

该方程满足杆底端条件的解为

$$y = A \sin kz \qquad\qquad (f)$$

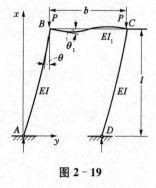

图 2-19

在上端，角度 θ 和 θ_1 必须相等，由于水平杆 BC 弯曲成两对，每一对等于 $P(y)_{x=l}$，上端条件方程为

$$\left(\frac{\mathrm{d}y}{\mathrm{d}x}\right)_{x=l} = P \frac{b}{6EI_1}(y)_{x=l}$$

或者，通过使用表达式(f)，

$$k \cos kl = \frac{Pb \sin kl}{6EI_1} \qquad\qquad (g)$$

如果水平杆是绝对刚性的、$EI_1 = \infty$，得到

$$\cos kl = 0, \ kl = \frac{\pi}{2}, \ P_{\mathrm{cr}} = \frac{\pi^2 EI}{4l^2}$$

一般情况下，式(g)可表示如下：

$$kl \tan kl = \frac{6I_1 l}{Ib} \qquad\qquad (h)$$

对于 $I_1 l/(Ib)$ 的任何数值，都可以得到负荷 P 的临界值。假设刚架的三个杆是相同的，得到

$$kl \tan kl = 6$$

其中

$$kl = 1.35 \quad 且 \quad P_{\mathrm{cr}} = \frac{1.82EI}{l^2}$$

2.5　连续梁的屈曲

在计算连续梁的临界压力时，可以再次利用梁-柱公式。前面已推导出连续梁在横向弯曲之外还受纵向压缩的弯曲公式(参见第 1.10 节)。压缩力的临界值将通过计算即使稍微增加的横向载荷也会产生无限挠曲的临界值来获得。与第 1.10 节类似，连续梁中的压缩力在每个跨度内被假设为恒定，但在不同跨度之间可能会有所变化。

考虑多个支座上一个杆的两个连续跨度(图 1-14)，方程(1-44)给出了支撑处三个连续弯矩之间的关系：

$$M_{n-1}\phi(u_{n-1}) + 2M_n\left[\psi(u_{n-1}) + \frac{l_n I_{n-1}}{l_{n-1}} I_n \psi(u_n)\right] + M_{n+1}\frac{l_n}{l_{n-1}}\frac{I_{n-1}}{I_n}\phi(u_n)$$

$$= -\frac{6EI_{n-1}}{l_{n-1}}(\theta_{0n} + \theta'_{0n}) \qquad\qquad (a)$$

如果连续梁的端点是简支的,将会有与静定弯矩数量相同的方程。如果端点是固定的,则除了方程(a)之外,还必须使用两个附加方程来表示固定条件。这些方程中的系数包含函数 $\phi(u)$、$\psi(u)$,并且取决于压缩力 P 的大小。这些力的临界值可使方程(a)求解得到的弯矩变得无限大。这要求方程(a)左侧的行列式为零。通过这种方式,可以得到一个用于计算压缩力临界值的方程[①]。

(1) 第一个例子,考虑一个有三个支撑的杆,两端有铰接,由施加在两端的力 P 压缩(图 2 - 20)。

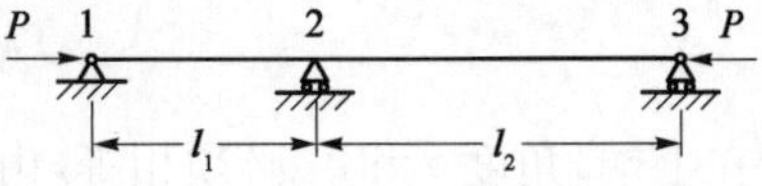

图 2 - 20

在这种情况下,只有一个未知力矩 M_2,方程(a)变为

$$2M_2\left[\psi(u_1) + \frac{l_2 I_1}{l_1 I_2}\psi(u_2)\right] = -\frac{6EI_1}{l_1}(\theta_{02} + \theta'_{02})$$

现通过使力矩 M_2 变为无穷大来获得压缩力的临界值,则

$$\psi(u_1) + \frac{l_2 I_1}{l_1 I_2}\psi(u_2) = 0 \qquad\qquad\qquad (b)$$

假设杆的截面在两个跨度上是相同的,有

$$u_1 = \frac{k_1 l_1}{2} = \frac{l_1}{2}\sqrt{\frac{P}{EI}} , \quad u_2 = \frac{k_2 l_2}{2} = \frac{l_2}{2}\sqrt{\frac{P}{EI}}$$

$$\frac{u_1}{u_2} = \frac{l_1}{l_2}$$

则方程(b)可表示如下:

$$\frac{\psi(u_1)}{\psi(u_1 l_2/l_1)} = -\frac{l_2}{l_1} \qquad\qquad\qquad (c)$$

用附录中表 A - 1 中函数 $\psi(u)$ 的值来求解。如果取 $l_2 = 2l_1$,则方程(c)变为

$$\frac{\psi(u_1)}{\psi(2u_1)} = -2$$

由表 A - 1,有 $2u_1 = 1.93$,因此

$$P_{cr} = \frac{(1.93)^2 EI}{l_1^2} = \frac{3.72EI}{l_1^2} = \frac{14.9EI}{l_2^2}$$

可以看到,临界载荷的值位于 $\pi^2 EI/l_1^2$ 和 $\pi^2 EI/l_2^2$ 之间。由于较长跨度的影响,较短跨度的稳定性降低,而较长跨度的稳定性增加。当长度 l_2 接近 l_1 时,u_2 接近 u_1,方程(c)的根接近 $2u_1 = 2u_2 = \pi$。在这种情况下,中间支撑的弯矩为零,每个跨度可以被视为有铰接端的杆。当方程(c)取第二个解时,u_2 接近 u_1,$2u_1 = 2u_2 = 4.493$。然后有

$$P_{cr} = \frac{20.19EI}{l_1^2} \approx \frac{\pi^2 EI}{(0.7l_1)^2}$$

---

① 有一种例外情况,即在支撑点所有弯矩等于 0 时,都可能发生屈曲。这种情况发生时,所有跨度的杆都有这样的关系:$u_1 = u_2 = u_3 = \cdots$。在这种情况下,每个跨的屈曲不受相邻跨的影响,计算每个跨度的临界值就像计算两端铰接的杆一样。

杆的两种弯曲形态如图 2-21 所示。只有第一种形态对应于最小的压缩力,具有实际意义。

(2) 第二个例子,一个有四个支撑的杆(图 2-22),并假设 $l_1 = l_3$ 和 $I_1 = I_3$。

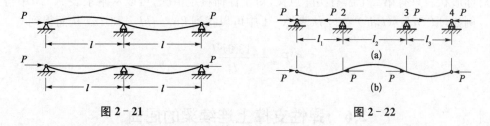

图 2-21   图 2-22

跨度 1 和 3 受到力 P 的轴向压缩,可以看作一端铰接、另一端弹性支撑的杆。可以看出,弯曲杆的形状将近似如图 2-22b 所示,并且根据对称性,支撑 2 和 3 处的弯矩相等。由于第二个跨度中的压缩力为零,得到

$$\phi(u_2) = \psi(u_2) = 1$$

由方程(a)有

$$2\psi(u_1) + \frac{3l_2 I_1}{l_1 I_2} = 0 \tag{d}$$

这个方程与第 2.4 节中的方程(2-28)相吻合,只需在该方程中代入 $\alpha = 2EI_2/l_2$ 即可。

(3) 最后一个例子如图 2-23 所示。一个压缩的杆 AB 与一个竖直杆在 C 处刚性连接,因此杆 AB 的任何横向屈曲都必须伴随着竖直杆的弯曲。

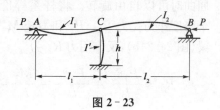

图 2-23

解决这个问题,要用到第 1.10 节中的方程(1-48)、(1-49)。如果 M_c 和 M'_c 是分别位于支撑 C 左侧和右侧的两个相邻横截面上的弯矩值,并且假设没有横向载荷,则方程变为

$$2M\psi(u_1) + 2M'_c \frac{l_2}{l_1} \frac{I_1}{I_2} \psi(u_z) = 0 \tag{e}$$

$$\frac{h}{3EI'}(M'_c - M_c) = \frac{M_c l_1}{3EI_1} \psi(u_1) \tag{f}$$

式中,EI' 和 h 分别为柱的挠曲刚度和长度。通过将方程(e)、(f)的行列式设为零,可以找到压缩力的临界值:

$$\psi(u_1) + \psi(u_2) \frac{l_2}{l_1} \frac{I_1}{I_2} \left[1 + \frac{l_1}{h} \frac{I'}{I_1} \psi(u_1) \right] = 0 \tag{g}$$

通过查附录表 A-1 来解决在特定情况下的方程(g),其中 $l_1 = l_2$ 且 $I_1 = I_2$,则方程(g)变为

$$\psi(u_1) \left[2 + \frac{l_1}{h} \frac{I'}{I_1} \psi(u_1) \right] = 0$$

解得 $\psi(u_1) = 0$ 或 $\psi(u_1) = -\dfrac{2hI_1}{l_1 I'}$

这两个解中的第一个解给出的 P_{cr} 值与图 2-7 中所示杆的值相同。它对应于关于 C 对称的挠曲曲线，其中竖直杆不弯曲。第二个解给出较小的 P 值，对应于图 2-23 所示挠曲杆的非对称形状。只有第二个解有实际意义，对于任何特定情况，可以从附录表 A-1 中得到这个解。例如，取 $2hI_1/(l_1I') = 1$，从表 A-1 中可以找到 $2u_1 = kl_1 = 3.73$，从而得到

$$P_{cr} = \frac{13.9EI}{l_1^2}$$

2.6　弹性支撑上连续梁的屈曲

一个被压缩的构件可能在几个中间点由不完全刚性的支撑物支撑。例如，桁架的压缩构件可以在一个或多个中间点上由桁架的其他构件横向支撑[①]。解决这类问题的一般方法包括使用方程(1-46)针对支撑不在一条直线上的连续杆。下面以三轴杆为例进行分析，其中间支撑位置是弹性的。

如果杆在压缩力的作用下屈曲，则中间的反作用力 R_2 将与挠度 δ_2 成正比。设 α_2 为支座的弹簧常数，则使支座产生单位挠度的载荷为

$$R_1 = \alpha_2\delta_2 \qquad (a)$$

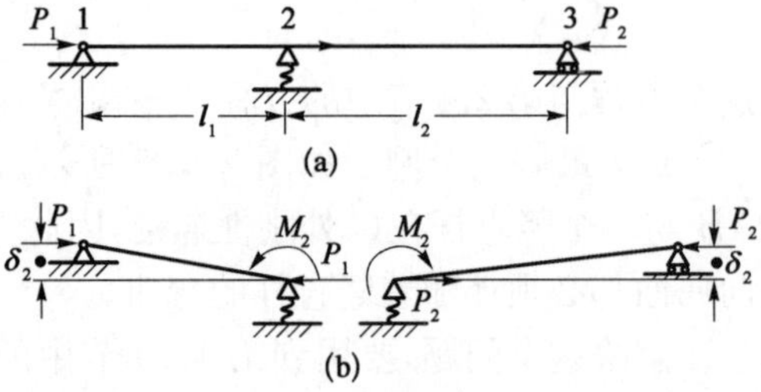

梁的所有支撑物都使梁在支撑物处的横截面在屈曲时可以自由旋转。将杆系等价为相邻的两个跨度作为受力 P_1、P_2 和力矩 M_2 作用的简支梁(图 2-24b)，反作用力 R_2 为

图 2-24

$$R_2 = \frac{P_1\delta_2}{l_1} + \frac{P_2\delta_2}{l_2} - \frac{M_2}{l_1} - \frac{M_2}{l_2} \qquad (b)$$

从式(a)、(b)可得

$$\alpha_2\delta_2 = \frac{P_1\delta_2}{l_1} + \frac{P_2\delta_2}{l_2} - \frac{M_2}{l_1} - \frac{M_2}{l_2} \qquad (c)$$

支撑点 2 的另一个方程由一般的式(1-46)得到。观察到支撑点 1 和支撑点 3 的矩 M_1 和 M_2 为零，中间支撑点的角度 β_2(见图 1-15)为

$$\beta_2 = \frac{\delta_2}{l_1} + \frac{\delta_2}{l_2}$$

则式(1-46)变为

$$2M_2\left[\psi(u_1) + \frac{l_2}{l_1}\frac{I_1}{I_2}\psi(u_2)\right] = \frac{6EI_1}{l_1}\left(\frac{\delta_2}{l_1} + \frac{\delta_2}{l_2}\right) \qquad (d)$$

[①]　2.6 节讨论的第一类问题由 Jasinsky 解决，他考虑了格架压缩对角线的侧向屈曲。见"*Scientific Papers of F. S. Jasinsky*", vol. 1, p. 145, St. Petersburg, 1902; Jasinsky 关于柱的屈曲的重要论文也出现在法文译本中；见 Ann. ponts chaussées, 1894。也可以参考 H. Zimmermann, "*Die Knickfestigkeit eines Stabes mit elastischer Querstützung*", W. Ernst and Sohn, Berlin, 1906, 和他另一篇论文 *Sitzb. Berlin Akad. Math. physik*. Kl., 1905, p. 898; 1907, p. 235 and 326; 1909, p. 180 and 348。

当式(c)、(d)给出 M_2 和 δ_2 不同于零的解时,杆体可能发生屈曲。因此,P_1 和 P_2 的临界值是通过令这两个方程的行列式等于零来求得的,即

$$2\left[\alpha_2-\frac{P_1}{l_1}-\frac{P_2}{l_2}\right]\left[\psi(u_1)+\frac{l_2}{l_1}\frac{I_1}{I_2}\psi(u_2)\right]=-\frac{6EI_1}{l_1}\frac{(l_1+l_2)^2}{l_1^2 l_2^2} \tag{e}$$

方程(e)中 P_1 和 P_2 未知,如果它们之间的比值已知,则可以通过附录表 A-1 找到它们的值。在 $P_1=P_2$ 和 $I_1=I_2$ 的特殊情况下,式(e)可以用 $\psi(u)$ 的表达式来简化[参见式(1-28)],则最终表示为

$$\sin 2u_1\sin 2u_2=2(u_1+u_2)\sin 2(u_1+u_2)\left[\frac{l_1 l_2}{(l_1+l_2)^2}-\frac{P}{\alpha_2(l_1+l_2)}\right] \tag{f}$$

在更一般的情况下,有几个中间弹性支撑,就可以为每个支撑写出两个类似于式(c)、(d)的方程;压缩力的临界值是通过将该方程组的行列式等于零来确定的。

如果截面不变且各跨度的抗压力相同,则可采用式(1-50)代替式(1-46)来计算压缩力的临界值。为了说明这种解法,再次考虑三支梁(图 2-24),在这种情况下,式(1-50)变为

$$\frac{q(l_1+l_2)^4}{16EIu^4}\left[\frac{\cos\left(1-\dfrac{2l_1}{l_1+l_2}\right)u}{\cos u}-1\right]-\frac{q(l_1+l_2)^2}{8EIu^2}l_1 l_2 -$$

$$\frac{\sin kl_1}{Pk\sin k(l_1+l_2)}R_2\sin kl_2+\frac{l_1 l_2}{P(l_1+l_2)}R_2=\frac{R_2}{\alpha_2} \tag{g}$$

压缩力的临界值是在某挠度下由于反作用力 R_2 开始无限增加[①]。这就要求式(g)中 R_2 的系数变为零。因此,在计算临界载荷时,得到如下等式:

$$-\frac{\sin kl_1\sin kl_2}{Pk\sin k(l_1+l_2)}+\frac{l_1 l_2}{P(l_1+l_2)}-\frac{1}{\alpha_2}=0 \tag{h}$$

观察到 $kl_1=2u_1$ 和 $kl_2=2u_2$,发现式(h)与之前用另一种方法得到的式(f)一致。

在讨论式(f)的解时,可以从几个简单的例子开始。如果式(e)中 $\alpha_2=\infty$,其中式(f)作为一种特殊情况得到,与第 2.5 节的式(b)一致,这是由三个刚性支撑上的杆得到的。因此,我们可以使用 Jasinsky 文章的解。

如果 α_2 趋近于 0,等式(f)右边括号里的第二项趋近于无穷,只有当 $\sin 2(u_1+u_2)$ 同时趋近于零时,等式才能满足。然后由等式得到临界载荷:

$$\sin 2(u_1+u_2)=\sin k(l_1+l_2)=0$$

从而得到

$$P_{\mathrm{cr}}=\frac{\pi^2 EI}{(l_1+l_2)^2}$$

这与长度为 $l=l_1+l_2$ 的两端铰接杆的临界载荷一致。

如果两个跨度相等,则有 $u_1=u_2$、$l_1=l_2=l/2$,式(f)可以写成更简单的形式:

---

①　如果有两个相等的跨度,屈曲可能在 $R_2=0$ 的情况下发生。此时每个跨度的屈曲情况与铰支杆的屈曲情况相同,此时连续杆的情况是没有必要考虑的。

$$\sin 2u_1 \Big[-\sin 2u_1 + 8u_1 \cos 2u_1 \Big(\frac{1}{4} - \frac{P}{\alpha_2 l} \Big) \Big] = 0 \tag{i}$$

假设中间支撑为绝对刚性 $(\alpha_2 = \infty)$，得到抗压力临界值的上限，则屈曲杆的形状如图 2-25a 所示，由下列等式求得抗压力的临界值：

$$2u_1 = \pi$$

从而得到

$$P_{\mathrm{cr}} = \frac{\pi^2 EI}{l_1^2} = \frac{4\pi^2 EI}{l^2} \tag{j}$$

临界载荷的下限是通过假设中间支撑是绝对柔性 $(\alpha_2 = 0)$ 得到的，那么屈曲杆的挠度曲线形状如图 2-25b 所示，并有

$$2u_1 = \frac{\pi}{2}, \ P_{\mathrm{cr}} = \frac{\pi^2 EI}{l^2} \tag{k}$$

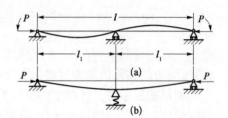

图 2-25

对于弹性支撑刚度的任何中间值，

$$\frac{\pi}{2} < 2u_1 \leqslant \pi \tag{l}$$

式(i)左边变为零有两种可能：要么是 $\sin 2u_1 = 0$，给出临界负载的值(j)；要么是括号中的表达式变为零。从不等式(l)可以得出 $\sin 2u_1$ 为正、$\cos 2u_1$ 为负的结论。因此，括号中的表达式只有在

$$\frac{P}{\alpha_2 l} \geqslant \frac{1}{4}$$

时等于 0，对应的最小值为

$$P = \frac{\alpha_2 l}{4} \tag{m}$$

如果该值大于(j)，则条件 $\sin 2u_1 = 0$ 决定了载荷的临界值，屈曲杆的形状如图 2-25a 所示。将 P 代入值(j)，从式(m)中得到发生这种屈曲形状支撑刚度的极限值：

$$\frac{4\pi^2 EI}{l^2} = \frac{\alpha_2 l}{4}$$

从而解得

$$\alpha_2 = \frac{16\pi^2 EI}{l^3} \tag{n}$$

对于较小的 α_2 值，应考虑中间支撑的柔度，通过令等式(i)括号中的表达式等于零确定 P 的值来获得 P_{cr} 的值。

图 2-26 中的曲线显示了临界载荷随中间支撑刚度的变化。在这条曲线中，比值

$$P_{\mathrm{cr}} : \pi^2 EI / l^2 = P_{\mathrm{cr}} : P_{\mathrm{e}}$$

作为纵坐标，比值

$$\alpha_2 l : \pi^2 EI / l^2 = \alpha_2 l / P_{\mathrm{e}}$$

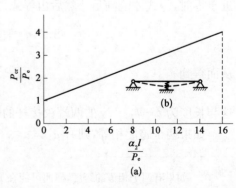

图 2-26

作为横坐标。曲线近似为直线，因此临界载荷的增加与支撑刚度的增加比例大致相同。

如果跨度不相等，则在计算临界载荷时应考虑一般等式(f)。如前所述，P_{cr} 的下限由式(k)给出。为了确定上限，假设 $\alpha_2 = \infty$，那么式(f)右侧变为零，则

$$2(u_1 + u_2) = 2\pi \tag{o}$$

同时，因为角 $2u_1$ 大于 π、另一个角 $2u_2$ 小于 π，所以左边是负的。可以取 $2(u_1 + u_2)$ 略小于 2π，使等式(f)的两边相等(即找到 P 的上限)。这表明，在刚性支撑的情况下，中间支撑在中间位置的任何横向位移都会减小临界载荷的值。

分别取 $\alpha_2 = \infty$、$\alpha_2 = 0$，确定 P 的上、下限后，用试错法求解式(f)，求得 α 的任意中间值的压缩力临界值。解就可以简化为

$$\alpha_2 = \frac{P(l_1 + l_2)}{l_1 l_2} \tag{p}$$

使得方程(f)右侧为零。假设 $l_1 > l_2$，其中使方程左边等于零的 P 的最小值是从下面方程中得到：

$$\sin 2u_1 = 0$$

其中，$2u_1 = \pi$，$(2u_1 + u_2) = \pi l / l_1$。如果取 α_2 小于(p)，则 $2(u_1 + u_2)$ 的值一定小于上面找到的值 $\pi l / l_1$，同时，它必须大于 $\alpha_2 = 0$ 时找到的值 π。因此，方程(f)的根一定在极限之内，即

$$\frac{\pi l}{l_1} < 2(u_1 + u_2) < 2\pi \tag{q}$$

对于 α_2 大于(p)给出的值，$2(u_1 + u_2)$ 的值将大于 $\pi l / l_1$，同时必须小于 2π，如前所述。因此方程(f)的根的极限是

$$\frac{\pi l}{l_1} < 2(u_1 + u_2) < 2\pi \tag{r}$$

通过使用等式(g)、(r)，等式(f)可以用试错法求解任意特定 α_2 值。

作为弹性支撑杆稳定性的另一个问题，考虑一个端部支撑在刚性支撑上的等截面连续梁，并在中间有几个等间距的等刚度的弹性支撑。有时需要选择中间支撑物的共同刚度，使它们在杆屈曲时不会偏转，从而等效于绝对刚性支撑物[①]。前面讨论过一个中间支撑的情况，并得到了等式(n)，假设在 α_2 处支撑是绝对刚性的，用于确定 α_2 的值。

在任意数量的中间支撑情况下，可以使用方程(1-50)来解决同样的问题。以有两个中间支撑的连续梁为例，每个中间支撑具有弹簧常数 α (图 2-27b)。对于长度均为 $l/3$ 的三个相等跨度，方程(1-50)可以写为

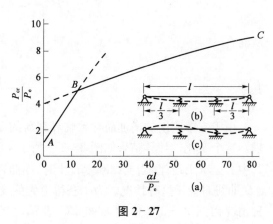

图 2-27

①　这个问题首先由 J. G. Boobnov, *"Theory of Structure of Ships"*, vol. 1, p. 259, St. Petersburg, 1913 讨论。另见 W. B. Klemperer and H. B. Gibbons, Z. angew. Math, u. Mech., vol. 13, p. 251, 1933 和 M. A. Lazard, Ann. inst. tech. bâtiment et trav. publ., no. 88, September, 1949。

$$\left.\begin{array}{l} -\dfrac{\sin\dfrac{2kl}{3}}{Pk\sin kl}R_3\sin\dfrac{kl}{3}+\dfrac{2}{3P}R_3\,\dfrac{l}{3}-\dfrac{\sin\dfrac{kl}{3}}{Pk\sin kl}R_2\sin\dfrac{kl}{3}+\dfrac{1}{3P}R_2\,\dfrac{l}{3}=\dfrac{R_3}{\alpha} \\[4mm] -\dfrac{\sin\dfrac{kl}{3}}{Pk\sin kl}R_3\sin\dfrac{kl}{3}-\dfrac{\sin\dfrac{kl}{3}}{Pk\sin kl}R_2\sin\dfrac{2kl}{3}+\dfrac{1}{3P}\left(R_3\,\dfrac{l}{3}+R_2\,\dfrac{2l}{3}\right)=\dfrac{R_2}{\alpha} \end{array}\right\}\quad\text{(s)}$$

如果支撑物是绝对刚性的,在杆的屈曲中,这样支撑物处就会有拐点,每个跨度的情况与末端铰接长度为 $l/3$ 的杆相同。然后从方程中得到压缩力的临界值

$$\frac{kl}{3}=\pi$$

从而得到

$$P_{\mathrm{cr}}=\frac{9\pi^2EI}{l^2}$$

假设支撑是弹性的,并且它们的刚度接近极限值,在这个极限值下支撑可以看作绝对刚性的。在这种情况下,压缩力的临界值接近上述绝对刚性支撑的值,假设

$$\frac{kl}{3}=\pi-\Delta \quad\text{(t)}$$

其中 Δ 是一个较小的量。将式(t)代入方程(s)并忽略较小量,最终得到

$$\left.\begin{array}{l} \dfrac{l}{9P}R_2+\left(\dfrac{2l}{9P}-\dfrac{1}{\alpha}\right)R_3=0 \\[4mm] \left(\dfrac{2l}{9P}-\dfrac{1}{\alpha}\right)R_2+\dfrac{l}{9P}R_3=0 \end{array}\right\}\quad\text{(u)}$$

令式(u)=0,求得临界载荷接近绝对刚性支撑时的 α 值:

$$\left(\frac{2l}{9P}-\frac{1}{\alpha}\right)^2-\left(\frac{l}{9P}\right)^2=0$$

从而有

$$\alpha=\frac{9P}{l} \quad\text{(v)}$$

其中

$$P=\frac{9\pi^2EI}{l^2}$$

由于支撑刚度的增加而导致临界载荷的变化,可以用与解释单个弹性支撑相同的方式处理。这个变化的计算结果如图 2 - 27a 所示[①],其中绘制了比值 $P_{\mathrm{cr}}/P_{\mathrm{e}}$ 相对于 $\alpha l/P_{\mathrm{e}}$ 的曲线,其中 $P_{\mathrm{e}}=\pi^2EI/l^2$,当支撑刚度较小时,屈曲杆的挠度曲线无拐点(图 2 - 27b);图 2 - 27a 中的 AB 曲线对应于这种情况。为了获得更大的支撑刚度,在中间出现一个拐点(图 2 - 27c)。这种情况在图 2 - 27a 中用曲线 BC 表示。当 α 接近式(v)给出的大小时,临界载荷接近 $9\pi^2EI/l^2$ 大小,并且支撑点成为拐点。进一步增加支撑物的刚度对杆的屈曲没有影响。

对于长度为 l/m 的 m 个等长跨度,以同样的方式进行,得到弹性支撑的必要刚度。在此

① 参见 Klemperer 和 Gibbons, loc. cit.。

情况下,支撑可以看作绝对刚性的,即

$$\alpha = \frac{mP}{\gamma l} \qquad (2-30)$$

式中,m 为跨数;γ 为取决于跨数的数值因子;$P = m^2\pi^2 EI/l^2$,为端部铰接长度为 l/m 的杆在一个跨上计算的临界载荷。表 2-3 给出因子 γ 的取值。从中可以看出,γ 随着跨度数量的增加而减小,并接近 $\gamma = 0.250$。

表 2-3　式(2-30)中因子 γ 的取值

m	2	3	4	5	6	7	9	11
γ	0.500	0.333	0.293	0.276	0.268	0.263	0.258	0.255

2.7　大挠度屈曲杆(弹性杆)

在本章前面内容的讨论中,发现在临界载荷下,杆的挠度是不确定的。这就表明,在临界负载下,如果偏转保持很小,杆可以有任何偏转值。这一结论是基于用于计算临界载荷的微分方程的性质。这些方程基于屈曲杆曲率的近似表达式 $d^2 y/dx^2$。如果使用曲率的精确表达式,挠度的值就不会不确定。从精确的微分方程中可以找到挠度曲线的形状,这称为弹性曲线[1]。

先考虑那根细长的杆。如图 2-28 所示,细杆固定在基部,上端自由。如果负载 P 略大于临界值[式(2-4)],将产生一个大的偏转。取如图所示的坐标轴,测量沿杆的轴线到原点 O 的距离 s,可得钢筋曲率的精确表达式 $d\theta/ds$;因为杆内的弯矩等于弯曲度。刚度乘以曲率,偏转曲线的精确微分方程为

$$EI\,\frac{d\theta}{ds} = -Py \qquad (a)$$

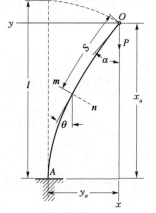

同前述讨论,由于压缩而导致的杆的长度的变化将被忽略[2]。

区分等式(a)对 s 进行求导并且使用以下关系式:

$$\frac{dy}{ds} = \sin\theta$$

可以得到

$$EI\,\frac{d^2\theta}{ds^2} = -P\sin\theta \qquad (b)$$

因此,偏转曲线微分方程与钟摆振荡微分方程的形式相同。摆的方

图 2-28

---

[1]　弹性力学问题最早是由 Euler, loc. cit. 提出的;也可以参考 Lagrange, *Sur la figure des colonnes*, Misc. Taurinensia, vol. 5, 1770-1773. Lagrange 的作品,转载于 "*Oeuvres de Lagrange*", vol. 2, p. 125-170, Gauthier Villars, Paris, 1868. 关于弹性力学历史的讨论,见 Timoshenko, "*History of Strength of Materials*", p. 30-40, McGraw-Hill Book Company, Inc., New York, 1953。

[2]　这个假设对于通常的结构材料是合理的。

程中的物理量 EI 被摆对旋转轴的惯性矩取代，s 取而代之的是时间，P 取而代之的是摆的重量乘以重心到旋转轴的距离。Kirchhoff [①] 发现了仅在其末端加载的细长杆的变形与刚体绕不动点旋转之间的类比，并因此被称为基尔霍夫动力学类比。

在解决方程(b)时，先把两边都乘以 $\mathrm{d}\theta$，然后积分，这样

$$\int \frac{\mathrm{d}^2\theta}{\mathrm{d}s^2} \frac{\mathrm{d}\theta}{\mathrm{d}s} \mathrm{d}s = -k^2 \int \sin\theta \mathrm{d}\theta$$

其中，$k^2 = P/EI$。这个方程可以表示如下：

$$\frac{1}{2} \int \frac{\mathrm{d}}{\mathrm{d}s} \left(\frac{\mathrm{d}\theta}{\mathrm{d}s}\right)^2 \mathrm{d}s = -k^2 \int \sin\theta \mathrm{d}\theta$$

通过积分，得到

$$\frac{1}{2} \left(\frac{\mathrm{d}\theta}{\mathrm{d}s}\right)^2 = k^2 \cos\theta + C$$

式中，C 是一个积分常数，由杆上端的条件确定。在上端，有 $\mathrm{d}\theta/\mathrm{d}s = 0$，因为弯矩是零，还有 $\theta = \alpha$。由这些条件可得

$$C = -k^2 \cos\alpha$$

因此

$$\left(\frac{\mathrm{d}\theta}{\mathrm{d}s}\right)^2 = 2k^2 (\cos\theta - \cos\alpha)$$

或者表示为

$$\frac{\mathrm{d}\theta}{\mathrm{d}s} = \pm k\sqrt{2} \sqrt{\cos\theta - \cos\alpha}$$

由于 $\mathrm{d}\theta/\mathrm{d}s$ 总是负的，如图 2-28 所示，将方程中"+"去掉，解出 $\mathrm{d}s$：

$$\mathrm{d}s = -\frac{\mathrm{d}\theta}{k\sqrt{2} \sqrt{\cos\theta - \cos\alpha}}$$

在积分极限互换后，杆的总长度为

$$l = \int \mathrm{d}s = \int_0^\alpha \frac{\mathrm{d}\theta}{k\sqrt{2} \sqrt{\cos\theta - \cos\alpha}} = \frac{1}{2k} \int_0^\alpha \frac{\mathrm{d}\theta}{\sqrt{\sin^2 \frac{\alpha}{2} - \sin^2 \frac{\theta}{2}}} \tag{c}$$

这个积分可以通过使用符号 $p = \sin(\alpha/2)$ 和引入一个新的变量 ϕ 来简化：

$$\sin\frac{\theta}{2} = p\sin\phi = \sin\frac{\alpha}{2}\sin\phi \tag{d}$$

从这些关系式中可以看出，当 θ 从 0 到 α 变化时，$\sin\phi$ 从 0 到 1 变化；因此，ϕ 在 0 到 $\pi/2$ 之间变化。也可从等式(d)中发现这些变化关系，通过求导，也即

---

① G. R. Kirchhoff, J. Math. (Crelle), vol. 56, 1859。这个类比由 W. Hess, Math. Ann., vol. 25, 1885 进一步发展。

$$\mathrm{d}\theta = \frac{2p\cos\phi\,\mathrm{d}\phi}{\cos(\theta/2)} = \frac{2p\cos\phi\,\mathrm{d}\phi}{\sqrt{1-p^2\sin^2\phi}} \tag{e}$$

代入式(c),得到

$$\sqrt{\sin^2\frac{\alpha}{2}-\sin^2\frac{\theta}{2}} = p\cos\phi \tag{f}$$

从而得到

$$l = \frac{1}{k}\int_0^{\pi/2}\frac{\mathrm{d}\phi}{\sqrt{1-p^2\sin^2\phi}} = \frac{1}{k}K(p) \tag{g}$$

式(g)中出现的积分被称为第一类的完全椭圆积分,用 $K(p)$ 表示。积分 K 的值只依赖于 p,并在许多工程手册中,对 $p=\sin\alpha/2$ 的不同值组成了表格。有了这样的表格,p 的任何值(和在杆的顶部的角度 α 的值)可以很容易地找到。

当杆的偏转很小时,α 和 p 也会很小,与式(g)中的整体相比,$p^2\sin^2\phi$ 项可以被忽略。然后可以得到

$$l = \frac{1}{k}\int_0^{\pi/2}\mathrm{d}\phi = \frac{\pi}{2k} = \frac{\pi}{2}\sqrt{\frac{EI}{P}}$$

$$P = P_{\mathrm{cr}} = \frac{\pi^2 EI}{4l^2}$$

即为由式(2-4)给出的临界载荷的值。

随着 α 值的增加,积分 K 和负载 P 也会增加。以 $\alpha=60°$ 和 $p=\sin\alpha/2=1/2$ 为例。椭圆积分表中 $K(1/2)=1.686$,因此

$$l = 1.686\sqrt{\frac{EI}{P}} , \ P = \frac{2.842EI}{l^2}$$

取 P 与临界载荷的比值,即

$$\frac{P}{P_{\mathrm{cr}}} = \frac{4(2.842)}{\pi^2} = 1.152$$

因此,比首先开始屈曲的欧拉载荷大 15.2% 的载荷会使杆产生偏转,并使得顶部的切线(图2-28)与垂直方向的角度为 60°。

表 2-4 给出不同角度值的 P/P_{cr} 比值。

表 2-4　屈曲杆的载荷-挠度数据(图 2-28)

α	0°	20°	40°	60°	80°	100°	120°	140°	160°	180°
P/P_{cr}	1	1.015	1.063	1.152	1.293	1.518	1.884	2.541	4.029	9.116
x_a/l	1	0.970	0.881	0.741	0.560	0.349	0.123	-0.107	-0.340	-0.577
y_a/l	0	0.220	0.422	0.593	0.719	0.792	0.803	0.750	0.625	0.421

在计算杆的偏转时,注意到

$$\mathrm{d}y = \sin\theta\,\mathrm{d}s = -\frac{\sin\theta\,\mathrm{d}\theta}{k\sqrt{2}\sqrt{\cos\theta-\cos\alpha}}$$

则杆顶部在水平方向上的总偏转量(图 2-28)为

$$y_a = \frac{1}{2k} \int_0^\alpha \frac{\sin\theta \mathrm{d}\theta}{\sqrt{\sin^2\alpha/2 - \sin^2\theta/2}} \qquad (h)$$

从式(d)可得 $\sin\theta/2 = p\sin\phi$，因此

$$\cos\frac{\theta}{2} = \sqrt{1 - p^2\sin^2\phi}$$

由 $\sin\theta = 2(\sin\theta/2)(\cos\theta/2)$，可得

$$\sin\theta = 2p\sin\phi\sqrt{1 - p^2\sin^2\phi} \qquad (i)$$

将式(e)、(f)、(i)代入式(h)并改变极限，得到

$$y_a = \frac{2p}{k} \int_0^{\pi/2} \sin\phi \mathrm{d}\phi = \frac{2p}{k} \qquad (j)$$

综上，可以先选择一个 α(或 p)的值，然后从等式(g)中确定 k(和 p)来计算杆的偏转[(g)]，最后通过式(j)得到 y_a。例如，再次取一组数据，$\alpha = 60°$、$p = 1/2$，则有

$$kl = K\left(\frac{1}{2}\right) = 1.686, \quad y_a = \frac{l}{1.686} = 0.593l$$

用这种方法得到的不同 α 值的数值结果，见表 2-4 的最后一列。

挠度 y_a 与载荷 P 之间的关系如图 2-29 中的曲线 AB 所示。曲线与 A 点处的水平线 $P = P_{cr}$ 相切，偏转为零。因此，负载 P 的增加对应的一个小增量是一个二阶小量。这就解释了为什么当使用曲率的近似表达式时，发现偏转的大小是不确定的。需要注意的是，曲线 AB 只能用于材料的弹性极限。超过这个极限后，曲线弯曲阻力减小，得到虚线 BC。

坐标距离 x_a(图 2-28)可以用类似方法计算，结果为

$$x_a = \frac{2}{k} \int_0^{\pi/2} \sqrt{1 - p^2\sin^2\phi} \mathrm{d}\phi - l = \frac{2}{k}E(p) - l \qquad (k)$$

式中，$E(p)$ 为第二类的完全椭圆积分。由该方程得到的数值结果见表 2-4。

利用椭圆积分，也可以计算出偏转曲线上中间点的坐标。不同值的挠度曲线形状如图 2-30 所示。很明显，超过临界值之后的轻微增加就足以产生杆的大

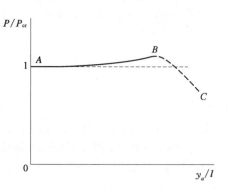

图 2-29

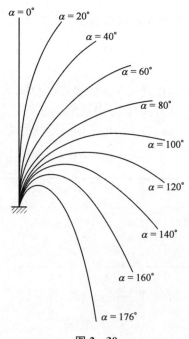

图 2-30

偏转①。

在上述讨论中，假设杆一端固定、另一端自由，所得结果也可用于端部铰接杆的情况。在这种情况下，图 2-30 的曲线仅代表杆长度的一半。图 2-31 所示曲线表示细导线可能的平衡形式，它们都可以由图 2-30 所示曲线组合得到。从而，产生这种弯曲所需的力可以从表 2-4 中找到。如果两端铰接的杆的挠度很小，则中心处的偏转 δ 和载荷两者之间的关系可以用以下公式近似表示②：

$$\frac{\delta}{l}=\frac{\sqrt{8}}{\pi}\sqrt{\frac{P}{P_{\mathrm{cr}}}-1}\left[1-\frac{1}{2}\left(\frac{P}{P_{\mathrm{cr}}}-1\right)\right] \tag{1}$$

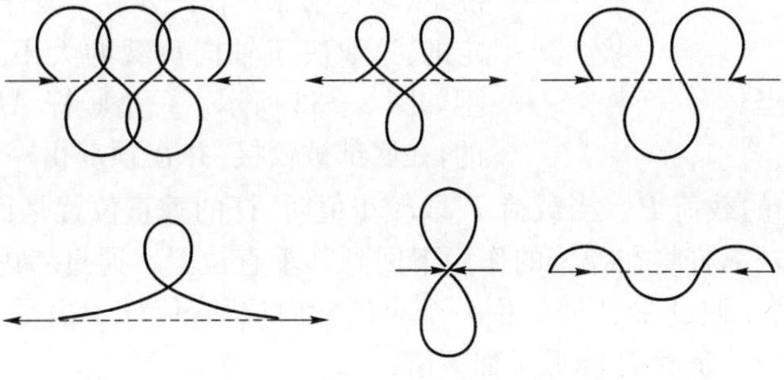

图 2-31

2.8　能　量　法

从前述讨论可以看出，如果中心施加的压缩力小于其临界值，压缩杆保持直线，这种直线的平衡形式是稳定的。如果使载荷略高于其临界值，理论上有两种可能的平衡形式：一种让杆保持直线，另一种让杆横向弯曲。实验表明，直线形式是不稳定的；因为在大于临界值的载荷作用下，杆总是会横向弯曲。

压缩杆各种形式平衡态的稳定性问题，可以通过与研究刚体系统平衡态稳定性相同的方法来研究。例如，考虑图 2-32 所示球的三种平衡情况可知，凹球面(a)上的球处于稳定平衡状态，而凸球面(a)上的球处于非稳定平衡状态，平面(c)上的球处于无平衡平衡状态或中性平衡状态。平衡态的类型可以通过考虑系统的能量来确定。在第一种情况下(图 2-32a)，球偏离其平衡位置的任何

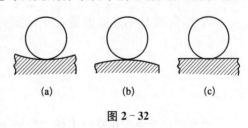

(a)　　　(b)　　　(c)

图 2-32

①　除了前面提到的研究者之外，许多研究者都研究过弹性材料的问题。A. Clebsch 在其著作"*Theorie der Elasticität fester Körper*"，Leipzig, 1862 (French translation by Saint-Venant, 1883)中对 Kirchhoff 的理论进行了修改，将具有初始曲率的杆包括在内。L. Saalschütz, "*Der belastete Stab*", Leipzig, 1880 讨论了许多大挠度的特殊情况。也可以参考 E. Collignon, Ann, ponts et chaussées, vol. 17, p. 98, 1889；C. Kriemler, "*Labile und stabile Gleichgewichtsfiguren*", Dissertation, Karlsruhe, l1902；M. Born, Dissertation, Göttingen, 1909；以及 A. N. Krylov, Sur les formesd' équilibre des pièces chargées debout, Bull. acad. sci. USSR, 1931, p. 963.

②　该公式可以通过将杆的中心挠度以级数形式表示，并且只取前几项而得到。

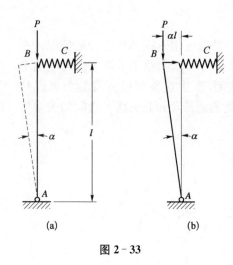

图 2-33

位移都会提高重心,产生这样的位移需要一定的功;因此,系统的势能在任何小位移的平衡位置上都会增加。在第二种情况下(图2-32b),任何偏离平衡位置的位移都会降低球的重心,并降低系统的势能;因此,在稳定平衡的情况下,系统的能量是最小值,而在不稳定平衡的情况下,它是最大值。如果平衡无关(图2-32c),则在位移过程中能量没有变化。

对于图2-32所示的每个系统,稳定性只取决于支撑表面的形状,而不依赖于球的重量。在压缩杆的情况下(参见第2.1节、2.2节),该杆可能是稳定的或不稳定的,这取决于轴向负载的大小。表示这种条件的模型如图2-33所示。一个竖杆 AB,被认为是无限刚性的,在底部被铰接,并在顶部由一个弹簧 BC 支撑。杆上有一个集中施加的载荷 P。当载荷 P 取较小值时,杆的垂直位置是稳定的,如果一个干扰力在 B 产生横向位移,杆将在弹簧的作用下回到其垂直位置。通过考虑系统的能量,可以得到负载 P 的临界值。假设在 B 处发生一个小的横向位移,使杆偏离垂直位置、倾角为 α(图2-33a)。由于此位移,负载 P 降低了如下值:

$$l(1-\cos\alpha) \approx \frac{l\alpha^2}{2} \tag{a}$$

负载 P 的势能减少,等于 P 所做的功 $\dfrac{Pl\alpha^2}{2}$。同时,弹簧延长了 αl,弹簧应变能的增加为

$$\frac{\beta(\alpha l)^2}{2}$$

式中,β 表示弹簧常数。

当 $\dfrac{\beta(\alpha l)^2}{2} > \dfrac{Pl\alpha^2}{2}$ 时,系统将保持稳定;当 $\dfrac{\beta(\alpha l)^2}{2} < \dfrac{Pl\alpha^2}{2}$ 时,系统将会很不稳定。

因此,负载 P 的临界值是从以下条件下找到的:

$$\frac{\beta(\alpha l)^2}{2} = \frac{Pl\alpha^2}{2}$$

其中
$$P_{\mathrm{cr}} = \beta l$$

也可通过考虑作用在杆上的力的平衡,得到同样的结论。如果通过某种扰动使杆处于轻微倾斜位置(图2-33b),将有两个力作用于杆的上端 B:垂直力 P 和弹簧的水平力 $\beta\alpha l$。如果弹簧相对于点 A 的作用力大于力 P 的力矩,即,如果

$$\beta\alpha l^2 > P\alpha l$$

将有稳定的平衡,弹簧力将使杆恢复到最初的垂直位置。相反,如果

$$\beta\alpha l^2 < P\alpha l$$

垂直位置会不稳定,系统在轻微扰动后会崩溃。可由以下方程得到 P 的临界值:

$$\beta \alpha l^2 = P\alpha l$$

其中 $P_{cr} = \beta l$。因此,可以有两种方法来寻找力的临界值,即可以从能量考虑或静力学方程中得到它。

在使用能量方法时,首先假设系统有一些较小的横向偏转。这种偏转意味着系统应变能的增加。同时,负载 P 将移动一个小的距离,并做功等于 ΔT。系统在不偏转的形式下是稳定的,即

$$\Delta U > \Delta T$$

如果不稳定,则

$$\Delta U < \Delta T$$

由此从下列方程中得到载荷 P 的临界值:

$$\Delta U = \Delta T \tag{2-31}$$

它表示了平衡构型从稳定变为不稳定的条件。

作为使用能量法的第二个例子,考虑图 2-34a 所示系统,它由三个长度为 $l/3$ 的等长杆组成。假定这些杆是刚性的,并在支撑处通过销连接。在 A 和 D 处的支撑是刚性的,而在 B 和 C 处的支撑由弹性弹簧组成,弹簧常数为 β。当轴向压缩力足够大时,系统可能发生屈曲,导致支撑 B 和支撑 C 处出现 δ_1 和 δ_2 挠度(图 2-34a)。小挠度时,AB 杆的倾斜角 $\alpha_1 = 3\delta_1/l$、CD 杆的倾斜角 $\alpha_2 = 3\delta_2/l$,BC 杆与水平面的夹角为 $(3\delta_2 - 3\delta_1)/l$。由力 P 移动的距离 λ 可通过使用式(a)对三个杆中的每一个求得,即

$$\lambda = \frac{1}{2}\ \frac{l}{3}\left[\left(\frac{3\delta_1}{l}\right)^2 + \left(\frac{3\delta_2 - 3\delta_1}{l}\right)^2 + \left(\frac{3\delta_2}{l}\right)^2\right] = \frac{3}{l}(\delta_1^2 - \delta_1\delta_2 + \delta_2^2)$$

力 P 所做的功为 $\Delta T = P\lambda$。

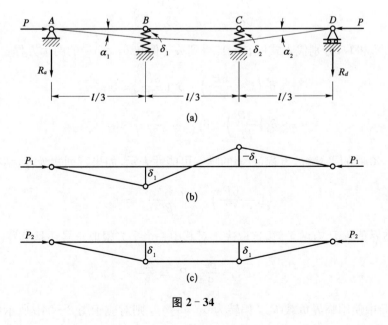

图 2-34

弹性支撑在屈曲过程中储存的应变能为

$$\Delta U = \frac{\beta}{2}(\delta_1^2 + \delta_2^2)$$

临界条件来自式(2-31),具体内容如下:

$$\frac{3P}{l}(\delta_1^2 - \delta_1\delta_2 + \delta_2^2) = \frac{\beta}{2}(\delta_1^2 + \delta_2^2)$$

因此

$$P = \frac{\beta l}{6}\frac{\delta_1^2 + \delta_2^2}{\delta_1^2 - \delta_1\delta_2 + \delta_2^2} = \frac{\beta l}{6}\frac{N}{D} \tag{b}$$

式中,N 和 D 表示该分数的分子和分母。要从等式(b)中找到 P 的临界值,必须调整未知的偏转 δ_1 和 δ_2,从而使 P 成为最小值。最小条件可表示为

$$\frac{\partial P}{\partial \delta_1} = 0, \quad \frac{\partial P}{\partial \delta_2} = 0 \tag{c}$$

从方程(c)中第一个等式可得

$$\frac{\partial P}{\partial \delta_1} = \frac{\beta l}{6}\frac{D(\partial N/\partial \delta_1) - N(\partial D/\partial \delta_1)}{D^2} = 0$$

或者

$$\frac{\partial N}{\partial \delta_1} - \frac{N}{D}\frac{\partial D}{\partial \delta_1} = 0$$

将最后一个方程与式(b)相结合,得到

$$\frac{\partial N}{\partial \delta_1} - \frac{6P}{\beta l}\frac{\partial D}{\partial \delta_1} = 0 \tag{d}$$

以类似方式,式(c)的第二个等式给出

$$\frac{\partial N}{\partial \delta_2} - \frac{6P}{\beta l}\frac{\partial D}{\partial \delta_2} = 0 \tag{e}$$

将式(b)中的 N 和D,分别代入式(d)、(e),得到关于偏转 δ_1 和 δ_2 的两个方程:

$$\delta_1\left(1 - \frac{6P}{\beta l}\right) + \delta_2\left(\frac{3P}{\beta l}\right) = 0$$
$$\delta_1\left(\frac{3P}{\beta l}\right) + \delta_2\left(1 - \frac{6P}{\beta l}\right) = 0 \tag{f}$$

除了 $\delta_1 = \delta_2 = 0$ 时的平凡解,方程(f)解的唯一可能性表示,如果行列式为零,则有

$$\left(1 - \frac{6P}{\beta l}\right)^2 - \left(\frac{3P}{\beta l}\right)^2 = 0$$

这个方程对临界负载 P 有两个解,这取决于对其中一个平方根取正号还是负号。得到的解为

$$P_1 = \frac{\beta l}{9}, \quad P_2 = \frac{\beta l}{3} \tag{g}$$

如果在方程(f)中使用临界负载 P_1,偏转为 $\delta_1 = -\delta_2$,则对应于图 2-34b 所示屈曲模式。对

于临界载荷 P_2，偏转为 $\delta_1 = -\delta_2$，屈曲模式则如图 2-34c 所示。

同样的问题也可以很容易地用平衡方程来解决。考虑到整个体系 AD 的平衡状态（图 2-34a），并注意到弹簧在 B 处的反作用力为 $\beta\delta_1$、C 处的反作用力为 $\beta\delta_2$，可得其末端的支撑力

$$R_a = \frac{2}{3}\beta\delta_1 + \frac{1}{3}\beta\delta_2, \ R_d = \frac{1}{3}\beta\delta_1 + \frac{2}{3}\beta\delta_2$$

另一个关于 R_a 的方程是通过对 AB 取点 B 的力矩得到，即

$$P\delta_1 = \frac{R_a l}{3}$$

同样，对于 CD，

$$P\delta_2 = \frac{R_d l}{3}$$

结合这四个方程，可以得到

$$\begin{cases} \delta_1\left(2 - \frac{9P}{\beta l}\right) + \delta_2 = 0 \\ \delta_1 + \delta_2\left(2 - \frac{9P}{\beta l}\right) = 0 \end{cases}$$

其解分别为 $P_1 = \beta l/9$，$P_2 = \beta l/3$。

同样地，解决稳定性问题的两种方法，也适用于弹性杆的屈曲情况。在本章前几节中，临界载荷由表示弯曲杆平衡条件的不同基本方程计算出来。下面将能量方法应用于这些情况，并使用式(2-31)。该方程中，ΔU 表示当杆横向弯曲时加到杆上的应变能[①]，ΔT 表示压缩力 P 所做的功。

首先考虑图 2-1b 所示的杆，底部固定、上端自由。轻微弯曲杆的偏转曲线如下[见式(2-2)]：

$$y = \delta\left(1 - \cos\frac{\pi x}{2l}\right) \tag{h}$$

任何横截面上的弯矩均为

$$M = -P(\delta - y) = -P\delta\cos\frac{\pi x}{2l} \tag{2-32}$$

而相应的弯曲应变能为[②]

$$\Delta U = \int_0^l \frac{M^2 \mathrm{d}x}{2EI} = \frac{P^2\delta^2 l}{4EI} \tag{i}$$

从式(1-55)中可以发现负载 P 在屈曲过程中的垂直运动：

$$\lambda = \frac{1}{2}\int_0^l \left(\frac{\mathrm{d}y}{\mathrm{d}x}\right)^2 \mathrm{d}x = \frac{\delta^2\pi^2}{16l}$$

① 压缩应变能也有变化，但更详细的研究表明，这种微小的能量变化可以忽略不计，认为杆是不可拉伸的；见 Timoshenko, 2. Math. u. Physik, vol. 58, p. 337, 1910, and A. Pfüger, "*Stabilitätsprobleme der Elastostatik*", Springer-Verlag, Berlin, 1950。

② 见 Timoshenko, "*Strength of Materials*", 3d ed., part I, p. 317, D. Van Nostrand Company, Inc., Princeton, N.J., 1955。

而 P 所做的功为

$$\Delta T = \frac{P\delta^2\pi^2}{16l}$$

(j)

将式(i)、(j)替换为式(2-31),得到的临界载荷与式(2-4)给出的相同。由于偏转曲线的正确表达式,从而得到临界载荷的精确值。这个表达式是先前通过微分方程的积分得到的。

同样,基本情况下挠度曲线的弯曲形状(见图2-6)为

$$y = A\sin\frac{\pi x}{l}$$

弯矩

$$M = Py = PA\sin\frac{\pi x}{l}$$

从而求得

$$\Delta U = \int_0^l \frac{M^2\,\mathrm{d}x}{2EI} = \frac{P^2A^2l}{4EI}$$

以及

$$\Delta T = P\lambda = \frac{P\pi^2A^2}{4l}$$

令 $\Delta U = \Delta T$,得到

$$P_{\text{cr}} = \frac{\pi^2EI}{l^2}$$

这是一个铰支杆的欧拉载荷。从上述再次看出,当挠度曲线的真实形状已知时,能量法可给出临界载荷的确切值。然而,在许多情况下,弯曲杆的真实形状是未知的,那么可以用能量法来找到临界载荷的近似值,这将在2.9节进行讨论。

2.9 用能量法进行临界载荷的近似计算

能量法在屈曲问题中的主要用途,是确定那些无法得到精确解或者过于复杂的偏差曲线微分方程的临界载荷的近似值。在这种情况下,必须首先假设一个合理的偏差曲线形状。虽然近似解不需要假设曲线完全满足杆件的端部条件,但至少应当满足关于偏转和斜率的条件。

作为第一个例子,考虑一个在底部固定、顶部自由的杆(图2-1b),并假设挠度曲线的确切形状未知。可以从自由端加在悬臂梁上的挠度曲线获得对挠度曲线形状的近似,如图2-35所示。该曲线的方程为

$$y = \frac{Qx^2}{6EI}(3l - x) = \frac{\delta x^2}{2l^3}(3l - x)$$

(a)

该曲线与真实曲线不同,真实曲线由第2.8节的方程(h)给出,但曲线(a)满足所需的末端条件,因为在下端有垂直切线,顶部的曲率为零。曲杆的屈曲应变能为[见方程(2-32)]

$$\Delta U = \int_0^l \frac{M^2\,\mathrm{d}x}{2EI} = \frac{P^2}{2EI}\int_0^l (\delta - y)^2\,\mathrm{d}x$$

代入方程(a)得

图 2-35

$$\Delta U = \frac{17}{35} \frac{P^2 \delta^2 l}{2EI}$$

载荷 P 的垂直位移为

$$\lambda = \frac{1}{2} \int_0^l \left(\frac{\mathrm{d}y}{\mathrm{d}x} \right)^2 \mathrm{d}x = \frac{3}{5} \frac{\delta^2}{l}$$

根据 ΔU 和 ΔT 两者相等得

$$\frac{17}{35} \frac{P^2 \delta^2 l}{2EI} = \frac{3}{5} \frac{P\delta^2}{l}$$

由此得

$$P_{\mathrm{cr}} = \frac{42}{17} \frac{EI}{l^2} = 2.470\,6\,\frac{EI}{l^2}$$

临界载荷的准确值为

$$P_{\mathrm{cr}} = \frac{\pi^2 EI}{4l^2} = 2.467\,4\,\frac{EI}{l^2}$$

由此可见,近似值的误差只有 0.13%。

如果所假设的曲线形状与实际曲线相当接近,就可以说能量法对真实临界载荷提供了较为准确的近似值。通常情况下,确保假设的曲线满足杆的末端条件,对于获得准确的结果尤为重要。然而,在某些情况下,即使采用非常粗略的假设,仍然可以得到令人满意的结果。例如,在上例中,可以假设挠度曲线是一条抛物线,其方程为

$$y = \frac{\delta x^2}{l^2} \tag{b}$$

则有

$$\Delta U = \int_0^l \frac{M^2 \mathrm{d}x}{2EI} = \frac{P^2 \delta^2}{2EI} \int_0^l \left(1 - \frac{x^2}{l^2} \right)^2 \mathrm{d}x = \frac{8}{15} \frac{P^2 \delta^2 l}{2EI}$$

在这种情况下,曲杆上端的垂直位移为

$$\lambda = \frac{1}{2} \int_0^l \left(\frac{\mathrm{d}y}{\mathrm{d}x} \right)^2 \mathrm{d}x = \frac{2}{3} \frac{\delta^2}{l}$$

由方程(2-31)得

$$\frac{8}{15} \frac{P^2 \delta^2 l}{2EI} = \frac{2}{3} \frac{P\delta^2}{l}$$

由此可得

$$P_{\mathrm{cr}} = 2.50 \frac{EI}{l^2}$$

这个近似解的误差约为 1.3%。因此,尽管所假设的抛物线曲线与真实曲线的拟合程度非常差,但仍能得到较为准确的临界载荷的近似值。该抛物线并不满足端点条件,因为其在整个长度上曲率是恒定的,而在实际曲线中,在杆的顶部曲率为零、在底部为最大值。

在计算弯曲应变能时,上述讨论中使用的表达式为

$$\Delta U = \int_0^l \frac{M^2 \mathrm{d}x}{2EI} = \int_0^l \frac{P^2 (\delta - y)^2 \mathrm{d}x}{2EI} \tag{2-33}$$

该表达式的另一种形式为

$$\Delta U = \frac{EI}{2} \int_0^l \left(\frac{\mathrm{d}^2 y}{\mathrm{d} x^2} \right)^2 \mathrm{d} x \qquad (2-34)$$

如果按真实的挠度曲线表达式进行计算,方程(2-33)、(2-34)都是精确的。然而,当使用假设的曲线时,方程(2-33)更可取,因为这时近似解的准确性将取决于 y 的准确性;而如果使用方程(2-34),解的准确性将取决于 $\mathrm{d}^2 y/\mathrm{d} x^2$ 的准确性。在选择挠度曲线时,相比 $\mathrm{d}^2 y/\mathrm{d} x^2$,$y$ 通常能够被更准确地得到[1]。

能量法总是给出大于真实值的临界载荷,除非假设的挠度曲线恰好是正确的。这是因为,真实的挠度形状才表示杆在每一微段上都处于平衡状态。若使具有错误屈曲形状的杆保持平衡,需要引入额外的约束来维持该形状。额外的约束自然只能增加杆的刚度,临界载荷会大于其真实值。因此,如果使用了多个假设的挠度曲线,那么从这些假设曲线中找到的最低临界载荷将是最准确的。

进一步改进能量法的方法,是采用包含多个参数的表达式作为假设的挠度曲线。然后,通过改变参数的值可以调整挠度曲线的形状。最准确的临界载荷结果 P,将对应于使 P 具有最小值的参数值[2]。

再举一个例子,考虑一个具有铰接端的棱柱杆(图2-36)。假设杆在轴向力 P 的作用下发生屈曲,杆的挠度曲线可以用三角级数表示为(参考第1.11节)

$$y = a_1 \sin \frac{\pi x}{l} + a_2 \sin \frac{2\pi x}{l} + a_3 \sin \frac{3\pi x}{l} + \cdots \qquad (c)$$

通过改变参数 a_1、a_2 等,可以得到不同形状的挠度曲线。曲杆的弯曲应变能为

$$\Delta U = \int_0^l \frac{M^2 \mathrm{d} x}{2EI} = \frac{P^2}{2EI} \int_0^l y^2 \mathrm{d} x$$

或者,将级数(c)替换 y 并积分(参考第1.11节)得

$$\Delta U = \frac{P^2 l}{4EI} \sum_{n=1}^{\infty} a_n^2$$

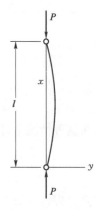

图 2-36

在屈曲过程中,力 P 产生功[参见式(1-56)]为

$$\Delta T = P\lambda = \frac{P}{2} \int_0^l \left(\frac{\mathrm{d} y}{\mathrm{d} x} \right)^2 \mathrm{d} x = \frac{\pi^2 P}{4l} \sum_{n=1}^{\infty} n^2 a_n^2$$

由此,方程(2-31)变为

$$\frac{P^2 l}{4EI} \sum_{n=1}^{\infty} a_n^2 = \frac{\pi^2 P}{4l} \sum_{n=1}^{\infty} n^2 a_n^2$$

---

① 关于应用方程(2-33)所得的结果比用方程(2-34)更为准确,其数学上的证明可参阅 H. A. Lang, Quart. Appl. Math., vol.5, p. 510, 1947。

② 参见 Timoshenko, Bull. Polytech. Inst., Kiev (in Russian), 1910, 以及后来的 Sur lastabilité des systèmes élastiques, Ann. ponts et chaussées, Paris, 1913。后者出现在"*The Collected Papers of Stephen P. Timoshenko*", p. 92-224, McGraw-Hill Book Company, Inc., New York, 1954。

得

$$P = \frac{\pi^2 EI}{l^2} \frac{\sum\limits_{n=1}^{\infty} n^2 a_n^2}{\sum\limits_{n=1}^{\infty} a_n^2} \tag{d}$$

为了得到轴向压力 P 的临界值,必须调整参数 a_1、a_2 等,使表达式(d)取最小值。在这种情况下,可以考虑用以下方法来实现:设想有一系列分数为

$$\frac{a}{b}, \frac{c}{d}, \frac{e}{f}, \cdots \tag{e}$$

其中,a、b、c 等数值均为正,将分数的分子和分子相加,得

$$\frac{a+c+e+\cdots}{b+d+f+\cdots} \tag{f}$$

这个分数显然是介于分数(e)中最大值和最小值之间的某个中间值。表达式(d)类似于分数(f)。因此,可以得出结论,如果希望使表达式(d)最小化,必须在分子和分母中只取级数的一个项。换句话说,必须将除了一个参数以外的所有参数 a_1、a_2 等均设为零。而不为零的参数必须是 a_1,因为它具有最小的系数 n^2,则方程(d)为

$$P_{\mathrm{cr}} = \frac{\pi^2 EI}{l^2}$$

其挠度曲线为

$$y = a_1 \sin \frac{\pi x}{l}$$

通过这种方式得到的结果,与之前通过积分得到的结果相同。

式(c)是用于铰接端的曲杆的挠度曲线,可以在更复杂的情况下使用,例如当杆是变截面或轴向压力沿其长度分布时。此时真实的挠度曲线不再是正弦曲线,通过采用级数(c)中的前几项,可以得到一个准确的近似解。例如,假设要使用级数(c)的前两项,可以通过 a_1 和 a_2 来轻松计算 ΔU 和 ΔT。然后使 ΔU 和 ΔT 相等,得到一个用 a_1 和 a_2 来表达 P 的方程。最后,必须用使 P 达到最小值的方式确定 a_1 和 a_2 的值,因此得到以下方程:

$$\frac{\partial P}{\partial a_1} = 0, \quad \frac{\partial P}{\partial a_2} = 0 \tag{g}$$

方程(g)确定了临界载荷 P 的值,并给出了 a_1/a_2 的比值,从而确定了近似挠度曲线的形状。这种方法将在随后几节中进行说明和阐述。

在更一般的情况下,可以假设屈曲曲线由以下方程表示:

$$y = a_1 f_1(x) + a_2 f_2(x) + a_3 f_3(x) + \cdots \tag{h}$$

式中,$f_1(x)$,$f_2(x)$,$\cdots$ 为满足杆的端点条件的函数;a_1,a_2,$\cdots$ 为确定各项幅度的常数。例如,对于两端铰接的杆(图 2 - 36),每一函数 $f_i(x)$ 应满足[①]

---

① 这些素数表示关于 x 的微分,也就是说,$f_i'(x) = \mathrm{d}f_i(x)/\mathrm{d}x$,$f_i''(x) = \mathrm{d}^2 f_i(x)/\mathrm{d}x^2$,$\cdots$,$y' = \mathrm{d}y/\mathrm{d}x$,$y'' = \mathrm{d}^2 y/\mathrm{d}x^2$,$\cdots$。

$$f_i(x) = f''_i(x) = 0 \quad (\text{在 } x=0 \text{ 和 } x=l \text{ 处}) \tag{i}$$

假设屈曲时外力所做的功和应变能变化量为

$$\Delta T = \frac{P}{2}\int_0^l (y')^2 \mathrm{d}x, \ \Delta U = \frac{P^2}{2EI}\int_0^l y^2 \mathrm{d}x$$

由方程(2-31)得

$$P = \frac{EI\int_0^l (y')^2 \mathrm{d}x}{\int_0^l y^2 \mathrm{d}x} \tag{2-35}$$

为了找到 P_{cr} 值,必须选择式(h)中的系数 a_1、a_2 等,使得式(2-35)取得最小值。这要求对式(2-35)每个系数 a_i 的导数必须为零,于是得到以下方程:

$$\int_0^l y^2 \mathrm{d}x \frac{\partial}{\partial a_i}\int_0^l (y')^2 \mathrm{d}x - \int_0^l (y')^2 \mathrm{d}x \frac{\partial}{\partial a_i}\int_0^l y^2 \mathrm{d}x = 0$$

或者使用方程(2-35)

$$\frac{\partial}{\partial a_i}\int_0^l (y')^2 \mathrm{d}x - \frac{P}{EI}\frac{\partial}{\partial a_i}\int_0^l y^2 \mathrm{d}x = 0 \tag{j}$$

注意到由方程(h)可得

$$\frac{\partial y}{\partial a_i} = f_i(x), \ \frac{\partial y'}{\partial a_i} = f'_i(x)$$

由方程(j)可得

$$\int_0^l y'f'_i(x)\mathrm{d}x - \frac{P}{EI}\int_0^l yf_i(x)\mathrm{d}x = 0 \tag{k}$$

如果将式(h)代入该方程并进行所需的积分,将得到一个关于 a_1、a_2 等的齐次线性方程组。方程组的数量将等于 a_1、a_2 等系数的数量。可以通过令 $a_1=a_2=a_3=\cdots=0$ 来满足这些方程,但这样挠曲值(h)将为零,杆将不发生屈曲。为了使杆发生屈曲,至少有一些量 a_1、a_2 等必须不为零,而这只有在方程(k)的行列式为零时才有可能。因此,将这个行列式设为零,可以得到计算临界载荷 P_{cr} 的方程。

由分部积分,将方程(k)的第一项转换为

$$\int_0^l y'f'_i(x)\mathrm{d}x = \left[y'f_i(x)\right]_0^l - \int_0^l y''f_i(x)\mathrm{d}x \tag{l}$$

由于杆铰接端的条件(i),在杆的两端 $f'_i(x)$ 等于零,因而方程(l)右边的第一项为零,于是方程(k)可以表示为

$$\int_0^l \left(y'' + \frac{P}{EI}y\right)f_i(x)\mathrm{d}x = 0 \tag{m}$$

曲杆(图2-36)挠度曲线的微分方程为

$$y'' + \frac{P}{EU}y = 0 \tag{n}$$

y 的确切表达式必须满足方程(n),但如果希望找到一个形式为(h)的 y 的近似解,那么必须选择系数 a_1、a_2 等,使得方程(m)的左边为零。将近似表达式(h)代入方程(m)并使用记号

$$k^2 = \frac{P}{EI}$$

得到决定 a_1,a_2,$\cdots$ 形式的线性方程为

$$a_1 \int_0^l \left[f_1''(x) + k^3 f_1(x) \right] f_1(x) \mathrm{d}x + a_2 \int_0^l \left[f_2''(x) + k^3 f_2(x) \right] f_1(x) \mathrm{d}x + \cdots = 0 \quad (\text{o})$$

令方程(o)的行列式等于零,得到决定 P_{cr} 近似值的方程。

方程(n)描述了具有铰接端的棱柱杆屈曲的简单问题,使得可以很容易地得到 P_{cr} 的精确值。然而,通常情况下微分方程会更加复杂。例如,如果图 2-36 中杆的截面是变化的,则方程(n)中的 I 不再是常数,方程的严格解将变得复杂。在这种情况下,可以使用近似表达式(h)来代替 y,并按照上面解释的方法计算近似的临界载荷 P_{cr} [1]。

2.10　弹性基础上的杆的屈曲

如果有许多等间距的、等刚度的弹性支座(图 2-37),它们对曲杆的影响可以被等效为连续弹性介质的作用。该介质在杆的任何横截面上的反作用力与该截面的挠度成正比。如果 α 是单个支座的弹簧常数,a 是支座之间的距离,那么等效弹性介质的刚度可表示为

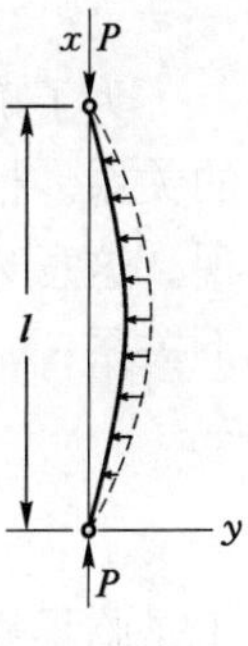

$$\beta = \frac{\alpha}{a} \quad (\text{a})$$

式中,β 为基础弹性模量,其量纲为力除以长度的平方。它表示挠度等于一个单位时,杆在单位长度上反作用力的大小。

在计算压力的临界值时,可以使用能量法[2]。两端铰接杆的挠度曲线的一般表达式可以用级数表示为

图 2-37

$$y = a_1 \sin\frac{\pi x}{l} + a_2 \sin\frac{2\pi x}{l} + a_3 \sin\frac{3\pi x}{l} + \cdots \quad (\text{b})$$

杆的弯曲应变能[3]为[方程(1-53)]

$$\Delta U_1 = \frac{EI}{2} \int_0^l \left(\frac{\mathrm{d}^2 y}{\mathrm{d}x^2} \right)^2 \mathrm{d}x = \frac{\pi^4 EI}{4l^3} \sum_{n=1}^{\infty} n^4 a_n^2 \quad (\text{c})$$

---

[1]　这种求微分方程近似解的方法是由 Swiss scientist Walter Ritz 发明的。参见他的著名论文 *Z. reine u. angew. Math.*, vol. 135, p. 1-61, 1908 和 Ann. Physik, vol. 28, p. 737, 1909;也可以参考他的 *"Gesammelte Werke"*, Paris, 1911。

[2]　Sce Timoshenko 的论文在《波尔工学院公报》(St. Petersburg, 1907 年)发表。另一种解决此问题的方法由 H. Zimmermann 在《建筑管理中心报》(1906 年)中给出。一个杆在其长度的部分弹性支撑的情况已经由 Hjalmar Granholm 在《被支撑介质围绕的桩的弹性稳定性》(Stockholm, 1929 年)中进行了讨论。

[3]　为方便起见,在这里使用式(2-34)代替式(2-33)。该分析的结果是准确的,因此不存在相关精度的问题。

在计算基于弹性基础的应变能时,注意到杆上 $\mathrm{d}x$ 长度元素的横向反作用力为 $\beta y \mathrm{d}x$,并且相应的能量为 $(\beta y^2 / 2)\mathrm{d}x$。于是,弹性介质的总应变能为

$$\Delta U_2 = \frac{\beta}{2} \int_0^l y^2 \mathrm{d}x$$

将级数(b)代入 y 得

$$\Delta U_2 = \frac{\beta l}{4} \sum_{n=1}^{\infty} a_n^2 \tag{d}$$

由方程(1-56)得压力 P 做功为

$$\Delta T = \frac{P\pi^2}{4l} \sum_{n=1}^{\infty} n^2 a_n^2 \tag{e}$$

将式(c)、(d)、(e)代入方程(2-31)得

$$\frac{\pi^4 EI}{4l^3} \sum_{n=1}^{\infty} n^4 a_n^2 + \frac{\beta l}{4} \sum_{n=1}^{\infty} a_n^2 = \frac{P\pi^2}{4l} \sum_{n=1}^{\infty} n^2 a_n^2 \tag{f}$$

由式(f)得

$$P = \frac{\pi^2 EI}{l^2} \frac{\sum\limits_{n=1}^{\infty} n^2 a_n^2 + \dfrac{\beta l^4}{\pi^4 EI} \sum\limits_{n=1}^{\infty} a_n^2}{\sum\limits_{n=1}^{\infty} n^2 a_n^2} \tag{2-36}$$

为了确定 P 的临界载荷值,需要找到使表达式(2-36)取得最小值的系数 a_1、a_2 等之间的关系。根据上文的解释,这个结果可以通过将除了一个系数之外的所有系数都设为零来实现。这意味着杆的挠度曲线是一个简单的正弦曲线,如果将 a_m 表示为不为零的系数,得到以下关系:

$$y = a_m \sin \frac{m\pi x}{l} \tag{g}$$

于是临界载荷[①]为

$$P = \frac{\pi^2 EI}{l^2} \left(m^2 + \frac{\beta l^4}{m^2 \pi^4 EI} \right) \tag{2-37}$$

式中,m 是一个整数。方程(2-37)给出了临界载荷 P 作为 m 的函数,其中 m 代表杆在屈曲时杆形成的半正弦波的数量,以及杆和弹性基础的性质。因此,最低的临界载荷可能发生在 $m=1$、2、3、$\cdots$ 时,这取决于其他常数的值。

为了确定使方程(2-37)取最小值的 m 值,首先考虑当 $\beta=0$ 时的特殊情况。这时不存在弹性基础,在方程(2-37)中,可以看到 m 必须取 1。这是杆的铰接端屈曲的情况。如果 β 非常小,但大于零,仍然必须在方程(2-37)中取 $m=1$。因此,对于一个非常柔软的弹性介质,杆会在没有中间拐点的情况下屈曲。逐渐增加 β,最后会得到一个条件,使得方程(2-37)中当 $m=2$ 时,P 比 $m=1$ 时更小。在这个弹性基础模量的极限值下,屈曲的杆将在中点有一个拐点。使得从 $m=1$ 到 $m=2$ 的过渡发生的弹性基础模量的极限值可以通过以下条件确定:即在这个极限值下,方程(2-37)给出的 P 值不论 $m=1$ 还是 $m=2$ 都是相同的。因此得到

---

① 请注意,在这种情况下,能量法给出了精确的结果。

$$1 + \frac{\beta l^4}{\pi^4 EI} = 4 + \frac{\beta l^4}{4\pi^4 EI}$$

即
$$\frac{\beta l^4}{\pi^4 EI} = 4 \tag{h}$$

对于比方程(h)给出的 β 更小的值,曲杆的挠度曲线没有拐点,即 $m=1$。对于稍微大于方程(h)给出的 β 值的情况,杆在中点会有一个拐点,即 $m=2$,杆被分割成两个半波长。

通过增加 β 值,可以得到半波数量为 $m=3$、$m=4$、… 的条件。为了找到半波数量从 m 变为 $m+1$ 的 β 值,按照上述步骤分别考虑 $m=1$ 和 $m=2$ 的情况。这样,得到以下方程:

$$m^2 + \frac{\beta l^4}{m^2 \pi^4 EI} = (m+1)^2 + \frac{\beta l^4}{(m+1)^2 \pi^4 EI}$$

即
$$\frac{\beta l^4}{\pi^4 EI} = m^2(m+1)^2 \tag{2-38}$$

对于给定杆的大小和给定的 β 值,可以使用方程(2-38)来确定 m,即半波长的数量。将 m 代入方程(2-37)中,可以得到临界载荷的值。从而可以看到,在所有情况下,式(2-37)都可以表示为

$$P_{cr} = \frac{\pi^2 EI}{L^2} \tag{2-39}$$

上式用一个折合长度 L 代替了杆的实际长度 l。对于不同的 $\beta l^4 / (16EI)$ 的值,从式(2-37)、(2-38)计算得到的一系列 L/l 值在表 2-5 中给出。

表 2-5　在弹性基础上的杆的折合长度

$\beta l^4/(16EI)$	0	1	3	5	10	15	20	30	40	50	75	100
L/l	1	0.927	0.819	0.741	0.615	0.537	2.000	3.000	4.000	5.000	8.000	10.000
$\beta l^4/(16EI)$	200	300	500	700	1 000	1 500	2 000	3 000	4 000	5 000	8 000	10 000
L/l	0.286	0.263	0.235	0.214	0.195	0.179	0.165	0.149	0.140	0.132	0.117	0.110

当 β 增大时,半波长的数量也增加。因此,与 m 相比可略去 1,式(2-38)可以简化为

$$\frac{\beta l^4}{\pi^4 EI} = m^4 \quad \text{或} \quad \frac{l}{m} = \pi \sqrt[4]{\frac{EI}{\beta}} \tag{2-40}$$

将波长值 m/l 代入式(2-37)得

$$P_{cr} = \frac{2m^2 \pi^2 EI}{l^2} \tag{2-41}$$

于是,临界载荷 P_{cr} 两倍于长 l/m 两端铰接的杆的临界值。焊接的铁路轨道,即为弹性基础支撑的长杆的例子。在高温下,铁路轨道中可能产生相当大的压应力,如果支座对横向运动的阻力不足,可能会发生横向屈曲。

在上面的讨论中,假设横向反作用力是连续分布的。上述公式也可以在不连续弹性支座的情况下使用,并且可以得到相当准确的结果,前提是杆和支座的横向刚度比例使得每半波长

之内的支座不少于三个。如果每半波长的长度内支座少于三个,那么应该按照第 2.6 节的说明来计算临界载荷的值。

2.11　具有中间压力的杆的屈曲

在压杆设计中,有时会遇到杆在中间受轴向压力的情况。这种类型的简单示例如图 2 - 38 所示,在该示例中,一根带有铰接端的杆受到端部施加的力和在中间截面施加的力 P_2 的作用[1]。如果压力稍微超过其临界值,杆将发生如图 2 - 38 中虚线所示的屈曲。设杆中点 C 点处的挠度为 δ,那么支座处的横向反力 Q 为

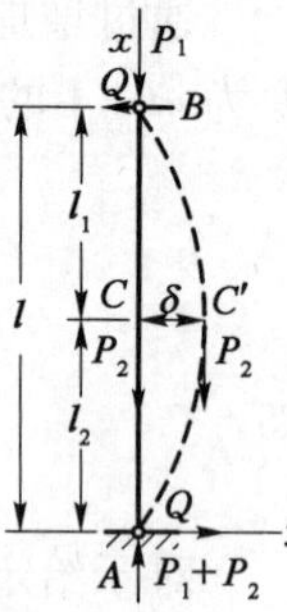

$$Q = \frac{\delta P_2}{l}$$

假设为了通用情况,杆的上部和下部有两个不同的截面惯性矩 I_1 和 I_2,那么杆两部分挠度曲线的微分方程分别为

$$EI_1 \frac{d^2 y_1}{dx^2} = -P_1 y_1 - Q(l - x) = -P_1 y_1 - \frac{\delta P_2}{l}(l - x) \quad \text{(a)}$$

图 2 - 38

$$EI_2 \frac{d^2 y_2}{dx^2} = -P_1 y_2 - Q(l - x) + P_2(\delta - y_2) = -P_1 y_2 - \frac{\delta P_2}{l}(l - x) + P_2(\delta - y_2)$$

$$\text{(b)}$$

记

$$k_1^2 = \frac{P_1}{EI_1}, \ k_2^2 = \frac{P_2}{EI_2}, \ k_3^2 = \frac{P_1 + P_2}{EI_2}, \ k_4^2 = \frac{P_2}{EI_1}$$

则方程(a)、(b)的通解分别为

$$y_1 = C_1 \sin k_1 x + C_2 \cos k_1 x - \frac{\delta}{l} \frac{k_4^2}{k_1^2}(l - x) \quad (l_2 \leqslant x \leqslant l)$$

$$y_2 = C_3 \sin k_3 x + C_4 \cos k_3 x + \frac{\delta}{l} \frac{k_2^2}{k_3^2} x \quad (0 \leqslant x \leqslant l_2)$$

积分常数 C_1、C_2、C_3、C_4 决定了曲杆两部分的末端条件:

$$(y_1)_{x=l} = 0, \ (y_1)_{x=l_2} = \delta, \ (y_2)_{x=l_2} = \delta, \ (y_2)_{x=0} = 0$$

由上式得

$$\begin{cases} C_1 = -\dfrac{\delta(k_1^2 l + k_4^2 l_1)\cos k_1 l}{k_1^2 l \sin k_1 l_1} \\ C_2 = -C_1 \tan k_1 l \\ C_3 = \dfrac{\delta(k_3^2 l - k_2^2 l_2)}{k_3^2 l \sin k_3 l_2} \\ C_4 = 0 \end{cases}$$

---

[1]　这个问题已经在 Jasinsky 的著作中讨论过。附加案例被 W. J. Duncan 在 1952 年的工程学中考虑到,见第 180 页。关于杆件具有初始曲率的情况,S. I. Sergev 在华盛顿大学工程实验站公告 113,1945 中进行了讨论。

将上式代入点 C 的连续条件

$$\left(\frac{\mathrm{d}y_1}{\mathrm{d}x}\right)_{x=l_2} = \left(\frac{\mathrm{d}y_2}{\mathrm{d}x}\right)_{x=l_2}$$

可得计算临界载荷的方程为

$$\frac{k_4^2}{k_1^2} - \frac{k_1^2 l + k_4^2 l_1}{k_1 \tan k_1 l_1} = \frac{k_2^2}{k_3^2} + \frac{k_3^2 l - k_2^2 l_2}{k_3 \tan k_3 l_2} \tag{2-42}$$

在每一种特殊情况下,得到比值为

$$\frac{P_1 + P_2}{P_1} = m, \quad \frac{I_2}{I_1} = n, \quad \frac{l_2}{l_1} = p \tag{c}$$

可以通过试算法得到适合方程(2-42)的载荷 $P_1 + P_2$ 的最小值,即压力的临界载荷,可用公式表达为

$$(P_1 + P_2)_{\mathrm{cr}} = \frac{\pi^2 E I_2}{L^2} \tag{2-43}$$

式中,L 为杆的折合长度;设计过程中当 $l_1 = l_2$ 的特殊情况下,L 的值由表 2-6 得到。

表 2-6　图 2-38 所示的 L/l 值($l_1 = l_2$)

n	L/l					
	$m=1.00$	$m=1.25$	$m=1.50$	$m=1.75$	$m=2.00$	$m=3.00$
1.00	1.00	0.95	0.91	0.89	0.87	0.82
1.25	1.06	1.005	0.97	0.94	0.915	
1.50	1.12	1.06	1.02	0.99	0.96	
1.75	1.18	1.11	1.07	1.04	1.005	
2.00	1.24	1.16	1.12	1.08	1.05	

　　以上计算临界压缩载荷的方法也适用于在多个中间截面施加轴向力的情况。对于任意两个相邻压力之间挠度曲线的每个部分,都可以很容易地建立微分方程,但是随着中间载荷数量的增加,为了得到类似于方程(2-42)的最终确定临界载荷的判据,所需的计算量将迅速增加。在这种情况下,使用其中一种近似方法是有优势的。

　　使用能量法解决上述例子(图 2-38),假设挠度曲线是正弦曲线,并进行近似计算,得

$$y = \delta \sin \frac{\pi x}{l}$$

对于 $l_1 = l_2 = l/2$ 的情况,该曲线两部分的弯矩为

$$M_1 = P_1 y + \frac{\delta P_2}{l}(l-x), \quad M_2 = (P_1 + P_2)y - \frac{\delta P_2 x}{l}$$

代入弯曲应变能的表达式得

$$\Delta U = \int_{l/2}^{l} \frac{M_1^2 \mathrm{d}x}{2EI_1} + \int_0^{l/2} \frac{M_2^2 \mathrm{d}x}{2EI_2} = \frac{\delta^2}{2EI_1}\left(P_1^2\,\frac{l}{4} + P_2^2\,\frac{l}{24} + P_1 P_2\,\frac{2l}{\pi^2}\right) +$$
$$\frac{\delta^2}{2EI_2}\left[(P_1 + P_2)^2\,\frac{l}{4} + P_2^2\,\frac{l}{24} - P_2(P_1 + P_2)\,\frac{2l}{\pi^2}\right] \tag{d}$$

屈曲时，P_1 和 P_2 做的功为

$$\Delta T = \frac{P_1}{2}\int_0^l \left(\frac{\mathrm{d}y}{\mathrm{d}x}\right)^2 \mathrm{d}x + \frac{P_2}{2}\int_0^{l/2} \left(\frac{\mathrm{d}y}{\mathrm{d}x}\right)^2 \mathrm{d}x = \frac{\delta^2 \pi^2}{4l}\left(P_1 + \frac{1}{2}P_2\right) \tag{e}$$

将式(d)、(e)代入方程(2-31)，并使用记号(c)得

$$(P_1 + P_2)_{\mathrm{cr}} = \frac{(\pi^2 EI_2/l^2)(m+1)}{m + \dfrac{m}{6}\left(\dfrac{m-1}{m}\right)^2 - \dfrac{8}{\pi^2}(m-1) + n\left[\dfrac{1}{m} + \dfrac{m}{6}\left(\dfrac{m-1}{m}\right)^2 + \dfrac{8}{\pi^2}\,\dfrac{m-1}{m}\right]}$$
$$\tag{2-44}$$

通过将不同的 m 和 n 值代入式(2-44)，并将结果与表2-6中的数据进行比较，可以发现在所有情况下，该公式给出的误差都小于1%，这样的准确度对于所有实际问题来说是足够的。

2.12　在分布轴向载荷作用下杆的屈曲

如果轴向压力沿着杆的长度连续分布，那么杆屈曲的挠度曲线的微分方程将不再是一个具有常数系数的方程。求解这个方程通常需要应用无穷级数或采用一种近似方法比如能量法。下面通过一个例子来说明这两种方法。

考虑一个棱柱杆的屈曲问题[1]（图2-39），它是由于自身重量引起的。杆的下端被垂直固定，上端是自由端，重量均匀分布在整个长度上。如果杆屈曲如虚线所示，那么挠度曲线的微分方程为

$$EI\,\frac{\mathrm{d}^2 y}{\mathrm{d}x^2} = \int_x^l q(\eta - y)\,\mathrm{d}\xi \tag{a}$$

在方程(a)的右侧，积分表示均匀分布载荷 q 产生的任意截面 mn 处的弯矩。对方程(a)进行关于 x 的微分，得到方程

$$EI\,\frac{\mathrm{d}^3 \gamma}{\mathrm{d}x^3} = -q(l-x)\,\frac{\mathrm{d}y}{\mathrm{d}x} \tag{b}$$

为了简化讨论，引入变量 z 代替 x：

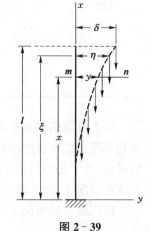

图2-39

①　这个问题最早由欧拉讨论，但他并未成功得到令人满意的解决方案；参见 I. Todhunter 和 K. Pearson 的《弹性理论史》，第1卷，第39-50页，剑桥，1886年。这个问题在 A. G. Greenhill 的论文《剑桥哲学学会论文集》（第4卷，1881年）中得到了解决。在他的论文中，Greenhill 指出了一系列可以用 Bessel 函数解决的弯曲问题。同样的问题也在 F.S. Jasinsky 的论文中得到了非常全面的讨论。另请参见 J. Dondorff 的《直杆的屈曲强度在变化横截面和变化压力下的研究，包括有无横向支撑的情况》（Dissertation，杜塞尔多夫，1907年），以及 N. Grishcoff 的《科学院学报》（基辅，1930年）。

$$z = \frac{2}{3} \sqrt{\frac{q}{EI}(l-x)^3} \tag{c}$$

由求导计算得

$$\frac{dy}{dx} = -\frac{dy}{dz} \sqrt[3]{\frac{3}{2} \frac{qz}{EI}} \tag{d}$$

$$\frac{d^2 y}{dx^2} = \left(\frac{3}{2} \frac{q}{EI}\right)^{\frac{2}{3}} \left(\frac{1}{3} z^{-\frac{1}{3}} \frac{dy}{dz} + z^{\frac{2}{3}} \frac{d^2 y}{dz^2}\right) \tag{e}$$

$$\frac{d^3 y}{dx^3} = \frac{3}{2} \frac{q}{EI} \left(\frac{1}{9} z^{-1} \frac{dy}{dz} - \frac{d^2 y}{dz^2} - z \frac{d^3 y}{dz^3}\right) \tag{f}$$

令

$$\frac{dy}{dz} = u \tag{g}$$

代入方程(b)得

$$\frac{d^2 u}{dz^2} + \frac{1}{z} \frac{du}{dz} + \left(1 - \frac{1}{9z^2}\right) u = 0 \tag{h}$$

这就是贝塞尔(Bessel)微分方程[1]，它的解可以用贝塞尔函数表示。这些函数可以通过将方程的解取为一个无限级数的形式来计算：

$$u = z^m (a_0 + a_1 z + a_2 z^2 + a_3 z^3 + \cdots) \tag{i}$$

将级数和导数代入方程(h)得

$$z^m \left\{ a_0 \left(m^2 - \frac{1}{9}\right) z^{-2} + a_1 \left[(m+1)^2 - \frac{1}{9}\right] z^{-1} + a_0 + a_2 \left[(m+2)^2 - \frac{1}{9}\right] + \right.$$
$$\left. \left\{ a_1 + a_3 \left[(m+3)^2 - \frac{1}{9}\right]\right\} z + \cdots \right\} = 0 \tag{j}$$

为满足方程，z 的各次幂必须等于零，由第一项得

$$m^2 - \frac{1}{9} = 0, \ m = \pm \frac{1}{3}$$

由第二项得 $a_1 = 0$，由第四项得 $a_3 = 0$，$\cdots$，可以看出，在级数(i)中 z 的奇数幂项必为零，由方程(i)的第三项得

$$a_2 = -\frac{a_0}{(m+2)^2 - \frac{1}{9}}$$

考虑到其他项，得通式

$$a_2 = -\frac{a_{n-2}}{(m+2)^2 - \frac{1}{9}} \tag{k}$$

与两个 m 值相应，有两个满足方程(h)的级数，由方程(k)将这些级数中的系数算出，可将方程

---

[1]　参考 T. V. Karrnn 和 M. A. Biot，"工程中的数学方法"，第二章，麦格劳-希尔图书公司，纽约，1940 年。

(h)的通解写成如下形式：

$$u = C_1 z^{-\frac{1}{3}} \left(1 - \frac{3}{8}z^2 + \frac{9}{320}z^4 - \cdots \right) + C_2 z^{\frac{1}{3}} \left(1 - \frac{3}{16}z^2 + \frac{9}{896}z^4 - \cdots \right) \tag{l}$$

方程(l)中，C_1 和 C_2 为积分常数，除去常数因子，级数分别代表了第一类 Bessel 函数，其级数分别为 $-1/3$ 和 $1/3$。

常数 C_1 和 C_2 必须根据杆的末端条件来确定。由于杆的上端是自由端，故有以下条件：

$$\left(\frac{\mathrm{d}^2 y}{\mathrm{d}x^2} \right)_{x=l} = 0$$

当 $x = l$ 时，$z = 0$，结合方程(e)、(g)得

$$\left(\frac{1}{3}z^{-\frac{1}{3}}u + z^{\frac{2}{3}}\frac{\mathrm{d}u}{\mathrm{d}z} \right)_{z=0} = 0$$

将 u 的方程(l)代入，得 $C_2 = 0$，因此

$$u = C_1 z^{-\frac{1}{3}} \left(1 - \frac{3}{8}z^2 + \frac{9}{320}z^4 - \cdots \right) \tag{m}$$

在杆的下端，条件为

$$\left(\frac{\mathrm{d}y}{\mathrm{d}x} \right)_{z=0} = 0$$

结合方程(c)～(e)，得

$$u = 0 \quad \left[\text{当 } z = \frac{2}{3}\sqrt{\frac{ql^3}{EI}} \text{ 时} \right]$$

使 $u = 0$ 的值的算法由方程(m)，或由 $-1/3$ 阶的 Bessel 函数表的值来得到，给出 Bessel 函数零点的表亦可利用[1]，使 $u = 0$ 的 z 的最小值系与最小屈曲载荷相对应，并得其值为 $z = 1.866$，于是

$$\frac{2}{3}\sqrt{\frac{ql^3}{EI}} = 1.866$$

或

$$(ql)_{\mathrm{cr}} = \frac{7.837EI}{l^2} \tag{n}$$

这就是图 2-39 所示杆的均布载荷的临界值。

用相同的方法，可以研究由均匀载荷 ql 和施加在两端的压力 P 的联合作用的情况。如果两端的条件类似于图 2-39 所示，并且均匀分布载荷 ql 不存在，则施加在顶部的压力 P 的临界值为

$$P_{\mathrm{cr}} = \frac{\pi^2 EI}{4l^2}$$

---

[1] 例如，参考 T. V. Karrnn 和 M. A. Biot，"工程中的数学方法"，第二章，麦格劳-希尔图书公司，纽约，1940 年。

均布载荷 q_1 减小了载荷 P 的临界值,写作

$$P_{cr} = \frac{mEI}{l^2} \tag{2-45}$$

式中,系数 m 小于 $\pi^2/4$,并当载荷 ql 增加时逐渐减小,当 ql 趋近于方程(n)所给的值时,m 趋近于零,记作

$$n = ql \div \frac{\pi^2 EI}{4l^2}$$

对于不同的 n 值,方程(2-45)中的系数 m 值见表 2-7[①]。

表 2-7 方程(2-45)中的 m 值

n	0	0.25	0.50	0.75	1.0	2.0	3.0	3.18	4.0	5.0	10.0
m	$\pi^2/4$	2.28	2.08	1.91	1.72	0.96	0.15	0	0.69	1.56	6.95

在计算均匀载荷 ql 对 P_{cr} 大小的影响时,可以通过假设均布载荷 ql 的影响相当于在杆端施加一个等效载荷 $0.3ql$,来得到一个良好的近似值(参见表 2-7)。因此,临界载荷为

$$P_{er} \approx \frac{\pi^2 EI}{4l^2} - 0.3ql$$

当均布载荷大于方程(n)所给的值时,运用能量法较为合适。例如图 2-39 所示情况,可以用下列方程作为挠度曲线的近似计算:

$$y = \delta\left(1 - \cos\frac{\pi x}{2l}\right) \tag{o}$$

这是在端部施加轴向载荷时屈曲发生的真实曲线[参考方程(2-2)]。在均匀分布轴向载荷的情况下,真实曲线会更复杂,见前述讨论。然而,方程(o)给出的曲线满足端点的几何条件,并且可以作为近似计算的合适曲线。

弯曲时任何界面 mn(图 2-39)的弯矩为

$$M = \int_x^l q(\eta - y)\mathrm{d}\xi \tag{p}$$

用方程(o)来表达 y,有

$$\eta = \delta\left(1 - \cos\frac{\pi\xi}{2l}\right)$$

得

$$M = q\delta\left[(l-x)\cos\frac{\pi x}{2l} - \frac{2l}{\pi}\left(1 - \sin\frac{\pi x}{2l}\right)\right]$$

将上式代入弯曲应变能的表达式,得

$$\Delta U = \int_0^1 \frac{M^2\mathrm{d}x}{2EI} = \frac{\delta^2 q^2 l^3}{2EI}\left(\frac{1}{6} + \frac{9}{\pi^2} - \frac{32}{\pi^3}\right) \tag{q}$$

---

① 参考 Grishcoff, loc. cit.。

下面计算在横向屈曲期间由分布的轴向载荷所做的功。由于挠度曲线在截面 mn 处（图 2 - 39）的一个微元 ds 的倾斜,上部载荷会发生向下的位移,位移大小为

$$ds - dx \approx \frac{1}{2} \left(\frac{dy}{dx} \right)^2 dx$$

载荷做的功为

$$\frac{1}{2} q(l - x) \left(\frac{dy}{dx} \right)^2 dx$$

因此,结合方程(o),屈曲时载荷做的总功为

$$\Delta T = \frac{1}{2} q \int_0^l (l - x) \left(\frac{dy}{dx} \right)^2 dx = \frac{\pi^2 \delta^2 q}{8} \left(\frac{1}{4} - \frac{1}{\pi^2} \right) \tag{r}$$

将方程(q)、(r)代入方程(2 - 31),得到邻接载荷的一级近似值:

$$(ql)_{er} = \frac{7.89EI}{l^2}$$

将这个结果与对微分方程进行积分得到的方程(n)进行比较,可以发现第一次近似的误差小于 1%,因此对于任何实际应用来说,这已经足够准确了。

通过将 y 表示为几个参数的函数,并调整这些参数使得 $(ql)_{cr}$ 达到最小值,可以得到更好的近似值。为了说明这种方法,再次考虑图 2 - 39 中的棱柱杆,并假设

$$y = \delta_1 \left(1 - \cos \frac{\pi x}{2l} \right) + \delta_2 \left(1 - \cos \frac{3\pi x}{2l} \right) \tag{s}$$

该方程适合杆端点的集合条件,并有着两个参数变量 δ_1 和 δ_2,代入弯矩的表达式(p)得

$$M = q\delta_1 \left[(l - x)\cos \frac{\pi x}{2l} - \frac{2l}{\pi} \left(1 - \sin \frac{\pi x}{2l} \right) \right] + q\delta_2 \left[(l - x)\cos \frac{3\pi x}{2l} + \frac{2l}{3\pi} \left(1 + \sin \frac{3\pi x}{2l} \right) \right]$$

代入弯曲应变能的表达式(q)并积分,得到

$$\Delta U = \frac{q^2 l^3}{2El} (\delta_1^2 \alpha + 2\delta_1 \delta_2 \beta + \delta_2^2 r) \tag{t}$$

式中

$$\alpha = \frac{1}{6} + \frac{9}{\pi^2} - \frac{32}{\pi^3} = 0.046\,50, \quad \beta = \frac{32}{9\pi^3} - \frac{1}{12\pi^2} = 0.106\,22,$$

$$\gamma = \frac{1}{6} + \frac{1}{\pi^2} + \frac{32}{27\pi^3} = 0.306\,21$$

代入弯曲应变能的表达式(q)并积分得

$$\Delta T = \frac{q\pi^2}{8} (\delta_1^2 \alpha' + 2\delta_1 \delta_2 \beta' + \delta_2^2 \gamma') \tag{u}$$

其中

$$\alpha' = \frac{1}{4} + \frac{1}{\pi^2} = 0.148\,68, \quad \beta' = \frac{3}{\pi^2} = 0.303\,96$$

$$\gamma' = \frac{9}{4} - \frac{1}{\pi^2} = 2.148\,68$$

将式(t)、(u)代入方程(2-31)得

$$(ql)_{cr} = \frac{\pi^2 EI}{4l^2} \frac{\delta_1^2 \alpha' + 2\delta_1 \delta_2 \beta' + \delta_2^2 \gamma'}{\delta_1^2 \alpha + 2\delta_1 \delta_2 \beta + \delta_2^2 \gamma} \qquad (v)$$

使 $(ql)_{cr}$ 最小的条件为

$$\frac{\partial (ql)_{cr}}{\partial \delta_1} = 0, \quad \frac{\partial (ql)_{cr}}{\partial \delta_2} = 0$$

或者

$$\frac{\pi^2 EI}{4l^2} \frac{\partial}{\partial \delta_1}(\delta_1^2 \alpha' + 2\delta_1 \delta_2 \beta' + \delta_2^2 \gamma') - (ql)_{cr} \frac{\partial}{\partial \delta_1}(\delta_1^2 \alpha + 2\delta_1 \delta_2 \beta + \delta_2^2 \gamma) = 0$$

$$\frac{\pi^2 EI}{4l^2} \frac{\partial}{\partial \delta_2}(\delta_1^2 \alpha' + 2\delta_1 \delta_2 \beta' + \delta_2^2 \gamma') - (ql)_{cr} \frac{\partial}{\partial \delta_2}(\delta_1^2 \alpha + 2\delta_1 \delta_2 \beta + \delta_2^2 \gamma) = 0$$

对其求偏导后得

$$\delta_1 \left[\frac{\pi^2 EI}{2l^2} \alpha' - 2(ql)_{cr} \alpha \right] + \delta_2 \left[\frac{\pi^2 EI}{2l^2} \beta' - 2(ql)_{cr} \beta \right] = 0$$

$$\delta_1 \left[\frac{\pi^2 EI}{2l^2} \beta' - 2(ql)_{cr} \beta \right] + \delta_2 \left[\frac{\pi^2 EI}{2l^2} \gamma' - 2(ql)_{cr} \gamma \right] = 0$$

当两个方程得到非零解 δ_1 和 δ_2 时才可能发生屈曲,要求两个方程的行列式都等于零,即

$$\left[\frac{\pi^2 EI}{2l^2} \alpha' - 2(ql)_{cr} \alpha \right] \left[\frac{\pi^2 EI}{2l^2} \gamma' - 2(ql)_{cr} \gamma \right] - \left[\frac{\pi^2 EI}{2l^2} \beta' - 2(ql)_{cr} \beta \right]^2 = 0$$

或

$$4(ql)_{cr}^2 (\alpha\gamma - \beta^2) - 2(ql)_{cr} \frac{\pi^2 EI}{2l^2}(\alpha\gamma' + \alpha'\gamma - 2\beta\beta') + (\alpha'\gamma' - \beta'^2)\left(\frac{\pi^2 EI}{2l^2} \right)^2 = 0$$

解此方程并代入常数的数值得

$$(ql)_{cr} = \frac{7.84 EI}{l^2}$$

该数值实际上与式(n)相同。

通过能量法,还可以考虑一个在两端铰接的垂直杆,并受到自身重量 ql 以及两端施加的压缩力 P 的作用(图 2-40)。临界值 P 可以用以下方程表示:

$$P_{cr} = \frac{mEI}{l^2} \qquad (2-46)$$

式中,系数 m 与下式有关:

$$n = ql \div \frac{\pi^2 EI}{l^2}$$

表 2-8 中列出几个 m 的值。

图 2-40

表 2 - 8　方程(2 - 46)中的 m 值

n	0	0.25	0.50	0.75	1.0	2.0	3.0
m	π^2	8.63	7.36	6.08	4.77	-6.57	-4.94

通过假设杆的一半重量 ql 施加在顶部，可以得到临界载荷 P 的近似值，即取

$$P_{cr} = \frac{\pi^2 EI}{l^2} - \frac{ql}{2}$$

对于较大的 n 值，P_{cr} 为负，表明在这种情况下，应该在两端施加拉力 P，以防杆体横向屈曲。

能量法可以很有利地应用于分布压力作用于杆的各种情形。通过使用这种方法，具有变系数的方程积分的问题被简化为寻找某个表达式最小值的简单问题，该表达式可以是方程(v)的右侧。当增加挠度曲线表达式中的项数时，如方程(s)中，解的准确性可以增加，尽管对于实际应用来说，通常一级近似就足够了。

2.13　在弹性基础上的杆受到轴向载荷的屈曲

在本节中，将考虑图 2 - 41a 所示杆的屈曲情况。该杆受到分布轴向载荷 q 的作用，并由连续弹性基础支撑。假定轴向载荷 q 的分布如图 2 - 41a、b 所示，即，在两端的分布载荷强度为 q_0，载荷指向杆的中心。载荷 q 在中心处线性减小，到达该处时值为零。该载荷分布大致代表了桥梁桁架顶弦的压应力变化，这将在后面说明。弹性基础模量用 β 表示[见第 2.10 节方程(a)]，其与挠度 y 相乘，表示单位长度杆件上的支座反力。

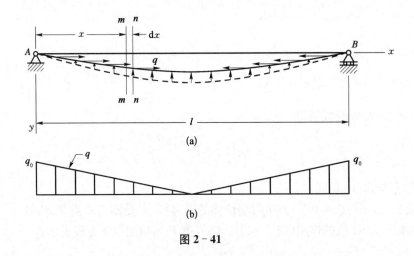

图 2 - 41

图 2 - 41a 中的梁可以通过求解杆件屈曲挠度曲线的微分方程进行分析。该方程可以通过无穷级数的使用进行积分，就像前一节所述。然而，使用能量法可以更容易地获得相同的结果。在两端铰接的情况下，杆件屈曲的挠度曲线可以用以下级数表示：

$$y = a_1 \sin \frac{\pi x}{l} + a_2 \sin \frac{2\pi x}{l} + a_3 \sin \frac{3\pi x}{l} + \cdots \tag{a}$$

假设杆的横截面恒定,杆的弯曲应变能连同支座的应变能[1](参考第 2.10 节)为

$$\Delta U = \frac{\pi^4 EI}{4l^3}\sum_{n=1}^{\infty} n^4 a_n^2 + \frac{\beta l}{4}\sum_{n=1}^{\infty} a_n^2 \tag{b}$$

弯曲时,计算分散压载荷所做的功需要注意,离左端为 x(图 2-41a)的任意横截面的载荷强度为

$$q = q_0\left(1 - \frac{2x}{l}\right) \tag{c}$$

式中,q_0 为在杆两端的载荷强度。考虑杆件在两个连续的截面 mm 和 nn 之间的微段,则由于在屈曲时此微段稍有倾斜,在截面 mm 右边的轴向载荷将向固定支座 A 有一位移 $\frac{1}{2}(dy/dx)^2 dx$,于是将做功

$$-\frac{1}{2}\left(\frac{dy}{dx}\right)^2 dx \int_x^l q_0\left(1 - \frac{2x}{l}\right) dx = \frac{q_0}{2l}x(l-x)\left(\frac{dy}{dx}\right)^2 dx$$

在弯曲时压载荷做的总功为

$$\Delta T = \frac{q_0}{2l}\int_0^l x(l-x)\left(\frac{dy}{dx}\right)^2 dx$$

将级数(a)代入上式并应用公式

$$\int_0^l x\cos^2\frac{m\pi x}{l}dx = \frac{l^2}{4}, \quad \int_0^l x^2\cos^2\frac{m\pi x}{l}dx = \frac{l^3}{6} + \frac{l^3}{4m^2\pi^2},$$

$$\int_0^l x\cos\frac{n\pi x}{l}\cos\frac{m\pi x}{l}dx = 0 \quad (\text{当 } m+n \text{ 是一个偶数})$$

$$\int_0^l x\cos\frac{n\pi x}{l}\cos\frac{m\pi x}{l}dx = -\frac{2l^2}{\pi^2}\frac{m^2}{(m^2-n^2)^2} \quad (\text{当 } m+n \text{ 是一个奇数})$$

$$\int_0^l x^2\cos\frac{n\pi x}{l}\cos\frac{m\pi x}{l}dx = \frac{2l^3}{\pi^2}\frac{m^2+n^2}{(m^2-n^2)^2}(-1)^{m+n}$$

得

$$\Delta T = \frac{q_0}{2}\left[\sum_{n=1}^{\infty} a_n^2\left(\frac{n^2\pi^2}{12} - \frac{1}{4}\right) - 4\sum_n\sum_m a_n a_m\frac{nm(m^2+n^2)}{(m^2-n^2)^2}\right] \tag{d}$$

其中,[ ]中第二项所示即双重级数只包括$(m+n)$为偶数且 $m\neq n$ 的几项,将式(b)、(d)代入方程(2-31),得到压力的表达式为

$$\frac{q_0 l}{4} = \frac{\dfrac{\pi^4 EI}{8l^2}\sum_{n=1}^{\infty} n^4 a_{n^2} + \dfrac{\beta l^3}{8}\sum_{n=1}^{\infty} a_n^2}{\sum_{n=1}^{\infty} a_{n^2}\left(\dfrac{n^4\pi^2}{12} - \dfrac{1}{4}\right) - 4\sum_n\sum_m a_n a_n\dfrac{nm(m^2+n^2)}{(m^2-n^2)^2}} \tag{e}$$

量 $q_0 l/4$ 表示杆中点受到的压力,下面的问题是要找出系数之间的关系,使(e)最小。与上一节一样,使上式对系数的导数为零,最后得到下面的齐次线性方程组:

---

① 为了方便起见,使用式(2-34)代替式(2-33)。由于如果仅使用级数(a)的一个项,可能会导致精度较差,因此还需要考虑两个和三个项的近似。

$$\left[(n^4+\gamma)\pi^2-2\alpha\left(\frac{n^2\pi^2}{3}-1\right)\right]a_n+16\alpha\sum_m a_m\frac{nm(m^2+n^2)}{(m^2-n^2)^2}=0 \tag{f}$$

其中,为了简化表达,记

$$\alpha=\frac{q_0l}{4}+\frac{\pi^2 EI}{l^2}, \quad \gamma=\frac{\beta l^4}{\pi^4 EI} \tag{g}$$

在式(f)等号左边的第二项中,需对所有使 $(m+n)$ 为一偶数且 m 不等于 n 的项求和,因此,式(f)可以分为两组,一组包含所有奇数 m 值和系数 a_m,另一组的 m 均为偶数。

第一组的方程组为

$$\left.\begin{array}{l}\left[(1+\gamma)\pi^2-2\alpha\left(\frac{\pi^2}{3}-1\right)\right]a_1+\alpha\left(\frac{15}{2}a_5+\frac{65}{18}a_5+\frac{175}{72}a_7+\cdots\right)=0\\[2mm]\frac{15}{2}\alpha a_1+\left[(3^4+\gamma)\pi^2-2\alpha(3\pi^2-1)\right]a_3+\alpha\left(\frac{255}{8}a_5+\frac{609}{50}a_7+\cdots\right)=0\\[2mm]\frac{65}{18}\alpha a_1+\frac{255}{8}\alpha a_3+\left[(5^4+\gamma)\pi^2-2\alpha\left(\frac{25}{3}\pi^2-1\right)\right]a_i+\alpha\left(\frac{1\,295}{18}a_7+\cdots\right)=0\\[2mm]\frac{175}{72}\alpha a_1+\frac{609}{50}\alpha a_3+\frac{1\,295}{18}\alpha a_5+\left[(7^4+\gamma)\pi^2-2\alpha\left(\frac{49}{3}\pi^2-1\right)\right]a_7+\cdots=0\end{array}\right\} \tag{h}$$

第二组的方程组为

$$\left.\begin{array}{l}\left[(2^4+\gamma)\pi^2-2\alpha\left(\frac{4}{3}\pi^2-1\right)\right]a_2+\alpha\left(\frac{160}{9}a_4+\frac{15}{2}a_6+\cdots\right)=0\\[2mm]\frac{160}{9}\alpha a_2+\int_{-}\left(4^4+\gamma\right)\pi^2-2\alpha\left(\frac{16}{3}\pi^2-1\right)\Big]a_4+\alpha\left(\frac{1\,248}{25}a_6+\cdots\right)=0\\[2mm]\frac{15}{2}\alpha a_2+\frac{1\,248}{25}\alpha a_4+\left[(6^4+\gamma)\pi^2-2\alpha\left(\frac{36}{3}\pi^2-1\right)\right]a_6+\cdots=0\end{array}\right\} \tag{i}$$

当上述两个方程组之一给出系数 a_m 的非零解,即当方程组(h)或方程组(i)的行列式等于零时,杆件的屈曲变得可能。方程组(h)对应于杆件的对称形状,而方程组(i)对应于杆件的反对称形状。

下面从弹性介质刚度非常小的情况开始。在这种情况下,杆件的屈曲挠度曲线只有一个半波(参考第 2.10 节),并且相对于中心对称。因此,应使用方程组(h)。第一近似解是通过只取级数(a)中的第一项而令 $a_3=a_5=\cdots=0$ 来获得的。然后,方程组(h)的第一个方程只有在以下条件下才会给出非零解:

$$(1+\gamma)\pi^2-2\alpha\left(\frac{\pi^2}{3}-1\right)=0$$

其中

$$\alpha=\frac{\pi^2(1+\gamma)}{2\left(\frac{1}{3}\pi^2-1\right)}$$

应用方程(g)得

$$\left(\frac{q_0l}{4}\right)_{cr}=\frac{\pi^2 EI}{l^2}\frac{\pi^2(1+\gamma)}{2\left(\frac{1}{3}\pi^2-1\right)} \tag{j}$$

如果没有横向弹性阻力,并且杆件由如图 2-41b 所示分布的轴向载荷加载压缩,方程(j)中的量 γ 将变为零[参考符号(g)],并且可以得到

$$\left(\frac{q_0 l}{4}\right)_{cr} = 2.15 \frac{\pi^2 EI}{l^2} \tag{k}$$

因此,临界载荷是载荷仅作用于杆的两端时的 2 倍多。

为了获得更好的临界压缩力近似值,使用式(a)中的两个项,其系数分别为 a_1 和 a_3。对应的两个方程来自方程组(h),为

$$\left[(1+\gamma)\pi^2 - 2\alpha\left(\frac{\pi^2}{3} - 1\right)\right]a_1 + \frac{15}{2}\alpha a_3 = 0$$

$$\frac{15}{2}\alpha a_1 + \left[(3^4 + \gamma)\pi^2 - 2\alpha(3\pi^2 - 1)\right]a_3 = 0$$

使 $\gamma = 0$,并使以上两个方程的行列式为零,得

$$\left[\pi^2 - 2\alpha\left(\frac{\pi^2}{3} - 1\right)\right][81\pi^2 - 2\alpha(3\pi^2 - 1)] - \left(\frac{15}{2}\right)^2 \alpha^2 = 0$$

从方程中得到解

$$\alpha = 2.06\left(\frac{q_0 l}{4}\right)_{cr} = 2.06 \frac{\pi^2 EI}{l^2} \tag{l}$$

通过使用级数(a)的三个项,其系数为 a_1、a_3 和 a_5,以及方程组(h)的三个方程,可以计算出第三个近似解。这样的计算表明,由式(l)给出的第二个近似解的误差小于 1‰,因此进一步的近似对于实际应用没有重要意义,可以将其写为

$$\left(\frac{q_0 l}{4}\right)_{cr} = 2.06 \frac{\pi^2 EI}{l^2} = \frac{\pi^2 EI}{(0.696l)^2}$$

这种情况的折合长度为

$$L = 0.696l$$

当弹性基础提供更大的约束时,杆的屈曲形状可能会出现两个半波,并且在杆的中部会出现拐点。在这种情况下,应该使用方程组(i)来计算临界载荷。

随着 β 的进一步增加,屈曲的杆有三个半波,必须再次使用方程组(h)来计算临界压缩载荷的值。在所有这些情况下,临界载荷可以表示为

$$\left(\frac{q_0 l}{4}\right)_{cr} = \frac{\pi^2 EI}{L^2} \tag{2-47}$$

式中,折合长度 L 取决于弹性基础的刚度。表 2-9 给出几组 L/l 值。从表中可以看出,当弹性基础的刚度增加时,L/l 值逐渐接近之前在均匀受压杆情况下得到的值。

表 2-9 在方程(2-47)中的折合长度 L

$\beta l^4/(16EI)$	0	5	10	15	22.8	56.5	100	162.8	200	300	500	1 000
L/l	0.696	0.524	0.443	0.396	0.363	0.324	0.290	0.259	0.246	0.225	0.204	0.174

以上推导结果适用于低桁架桥的上部弦杆的稳定性问题(图 2-42a、b)。在上弦杆没有上弦支座的情况下,其横向屈曲(图 2-42b)受到铅直杆和对斜杆的弹性反作用力的阻抗。在支座点处通常有相当刚度的支座框架或支座杆,弦杆的末端可以在横向上视为不动。因此,上弦杆可以视为两端铰接的杆,在其长度方向上受到分布的压力和在中间点受到弹性支座。这类问题的一般解决方法在第 2.6 节中讨论过。

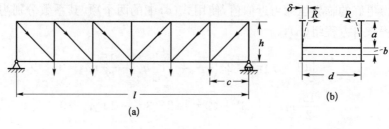

图 2-42

然而,随着弹性支座数量的增加,获取临界压力值所需的工作量会迅速增加。通过增加横向支座的刚度,可以提高受压弦的稳定性[1]。在等截面的弦杆和恒定压力的情况下,支座开始表现为绝对刚性时的最小刚度,可以通过方程(2-30)找到。如果受压弦和桥梁竖杆(图 2-42)的比例使得屈曲弦的半波长相对于桥梁的一个桥段长度很大(例如,半波长不小于三个桥段),那么通过将弹性支座替换为等效的弹性基础,并将施加在连接处的集中压力替换为连续分布载荷,就可以大大简化问题。假设桥梁受均匀载荷,通过对角杆传递给弦的压力与距离跨度中点的距离成比例,等效压力分布如图 2-41b 所示。

在计算等效于竖杆弹性抗力的弹性基础模量 β 时,需要建立施加在竖杆顶部的力 R(图 2-42b)与假如除去弦杆时产生挠度之间的关系[2]。如果仅考虑竖杆的弯曲,则

$$\delta = \frac{Ra^3}{3EI_1}$$

式中,I_1 为一个竖直杆的截面惯性矩,将横梁的弯曲考虑进去得

$$\delta = \frac{Ra^3}{3EI_1} + \frac{R(a+b)^2 d}{2EI_2}$$

式中,I_2 为铅直杆的截面惯性矩。于是,产生挠度 δ 等于一单位时所需的力为

$$R_0 = \frac{1}{\dfrac{a^3}{3EI_1} + \dfrac{(a+b)^2 d}{2EI_2}}$$

等效弹性基础模量为

$$\beta = \frac{R_0}{c}$$

---

[1] 在 H.穆勒-布雷斯劳的书《图解静力学》(第 2 卷第 2 部分,1908 年)中,可以找到对被压缩腔作为弹性支撑杆的稳定性进行计算的几个数值示例。另外还可以参考 A.奥斯滕菲尔德的论文《混凝土和钢筋》(第 15 卷,1916 年)。F. Kerekes C.L. Hulsbos 进行了采用力矩分配方法的分析,对三跨孔连续小马拱桥顶弦的弹性稳定性进行了研究(爱荷华工程实验站公报 177,1954 年)。

[2] 由于对角线是拉力构件,与支杆相比,它们的刚度较小,可以忽略不计。

式中，c 为垂直杆之间的距离。

当桁架有平行弦杆且节间较多时，由静力学可得，轴向载荷的最大强度为

$$q_0 = \frac{Q}{2h}$$

式中，Q 为作用于桁架的总载荷；h 为桁架的高度。

确定了 β 和 q_0 的值后，可以按照本节上述方法计算上部弦杆的临界载荷[①]。

之前对均匀横截面的杆在长度方向上由常数模量的弹性介质支座的情况的方法，可以扩展到考虑横截面变化的杆和弹性支座刚度在长度方向上变化的情况[②]。

2.14　横截面变化的杆的屈曲

从屈曲杆的弯矩图可以看出，等截面杆并不是最经济的承担载荷的形式。例如，在有铰接端的受压杆的情况下，很明显可以通过从两端移除一部分材料，并增加中间部分的横截面来增加稳定性，如图 2-43 所示。在钢结构中，这种类型的杆很常见。横截面的变化通常是突然的，因为增加截面的部分是通过铆接或焊接附加的板材或角钢来完成的。为了确定这种情况下临界载荷 P 值，需要分别给出每个截面部分杆的挠度曲线的微分方程。如果 I_1 和 I_2 分别是杆上部和下部截面的惯性矩，那么这些方程可以表示为

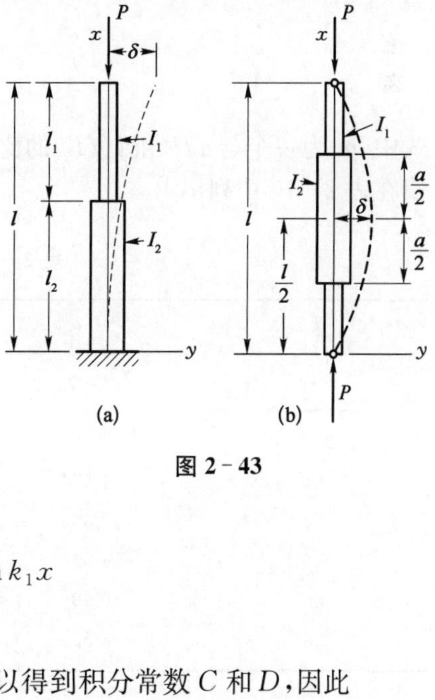

图 2-43

$$\left. \begin{array}{l} EI_1 \dfrac{\mathrm{d}^2 y_1}{\mathrm{d}x^2} = P(\delta - y_1) \\[2mm] EI_2 \dfrac{\mathrm{d}^2 y_2}{\mathrm{d}x^2} = P(\delta - y_2) \end{array} \right\} \qquad (a)$$

记

$$k_1^2 = \frac{P}{EI_1}, \ k_2^2 = \frac{P}{EI_2}$$

考虑到柱的固定端的条件，方程组（a）的解为

$$\begin{cases} y_1 = \delta + C\cos k_1 x + D\sin k_1 x \\ y_2 = \delta(1 - \cos k_2 x) \end{cases}$$

柱顶端的挠度为 δ，当 $x = l_2$ 时，这两段柱的挠度相等，可以得到积分常数 C 和 D，因此

---

①　为了方便起见，使用方程（2-34）代替方程（2-33）。以这种形式，关于低桁架桥梁的稳定性问题，是由亚辛斯基首次在《亚辛斯基科学论文集》（第 1 卷，第 145 页，1902 年，圣彼得堡）进行讨论的。亚辛斯基关于一些结果的修正，是由蒂莫申科使用能量法讨论的，具体见《基辅理工学院学报》（俄文，1910 年），以及《弹性系统的稳定性》《桥梁和道路杂志》，第 8 卷，巴黎，1913 年）。还可以参考蒂莫申科的《关于结构弹性稳定性的问题》（转化为美国土木工程师学会会刊，第 94 卷，1930 年）。如果只使用序列（a）的一项，这可能会导致较低的准确率，因此还需要考虑到两项和三项的近似。

②　本文提供了一些能量法在穿越桥设计中的应用实例，这篇论文是由 S. Kasarnowsky 和 D. Zetterholm 在 *Der Bauingenieur* 杂志上发表的（第 8 卷，第 760 页，1927 年）。另外还可以参考 A. Hrennikoff 和 K. Kriso 在 *Publ.Intern.As8oc.Bridae Structural Ena.* 杂志上发表的论文（第 3 卷，1935 年）。

$$\begin{cases} \delta + C\cos k_1 l + D\sin k_1 l = \delta \\ \delta + C\cos k_1 l_2 + D\sin k_1 l_2 = \delta(1 - \cos k_2 l_2) \end{cases}$$

其中

$$C = -D\tan k_1 l , \ D = \frac{\delta\cos k_2 l_2 \cos k_1 l}{\sin k_1 l_1}$$

由于这两部分的挠度曲线在 $x = l_2$ 处有公切线,故得方程

$$\delta k_2 \sin k_2 l_2 = -C k_1 \sin k_1 l_2 + D k_1 \cos k_1 l_2$$

将 C、D 的值代入上式,得到超越方程来计算临界载荷:

$$\tan k_1 l_1 \tan k_2 l_2 = \frac{k_1}{k_2} \tag{b}$$

已知比值 I_1/I_2、l_1/l_2,对于任意特定情况,可以通过试算法得到方程的解。

通过将 $a/2$ 代替 l_2、$l/2$ 代替 l,从式(b)得到的结果也可以应用于对称于中间截面的两端铰接的柱(图 2-43b)。在这种情况下,临界载荷的值可以表示如下:

$$P_{cr} = \frac{mEI_2}{l^2} \tag{2-48}$$

式中,m 为一个与 a/l 和 I_1/I_2 的比值相关的数值因子。方程(b)中计算得到的系数的几个数值在表 2-10 中列出[①]。

表 2-10 方程[2-48]中系数 m 的值

I_1/I_2	m			
	$a/l=0.2$	$a/l=0.4$	$a/l=0.6$	$a/l=0.8$
0.01	0.15	0.27	0.60	2.26
0.1	1.47	2.40	4.50	8.59
0.2	2.80	4.22	6.69	9.33
0.4	5.09	6.68	8.51	9.67
0.6	6.98	8.19	9.24	9.78
0.8	8.55	9.18	9.63	9.84

上述方法也可以用于处理横截面变化更多的杆件情况。当横截面变化的数量增加时,计算临界载荷方程的推导以及求解这个方程的过程变得更加复杂[②]。因此,推荐使用一种近似方法来处理这种情况,即能量法。

---

① 表 2-10 由 A. N. Dinnik 计算得出,来源于俄文,由 M. Maletz 翻译成英文,发表于 *T'rans. ASME*(卷 54,1932 年)。这篇论文中还提供了一张类似的表格,用于具有固定端的棒材。

② 这类问题的几个例子已经在 A. Franke 的《数学与物理学杂志》(*Z. Math. u. Physik*)第 49 卷(1901 年)中进行了讨论。另请参阅 Timoshenko 的《变截面杆件的屈曲》(*Buckling of Bars of Variable Cross-Section*)一文,发表于基辅理工学院(Bull. Polytech. Inst, Kiev)(1908 年),以及 S. Falk 的《工程建筑杂志》(*Ingr.-Arch.*)第 24 卷(1956 年)第 85 页。

再次考虑图 2 - 43a 所示情况。使用能量法,将下式作为挠度曲线的一级近似:

$$y = \delta \left(1 - \cos \frac{\pi x}{2l} \right) \tag{c}$$

与之前一样,得出以下关于弯曲应变能和在屈曲过程中由压缩力 P 做功的表达式:

$$\Delta U = \int_0^{l_2} \frac{M^2 \mathrm{d}x}{2EI_2} + \int_{l_2}^{l} \frac{M^2 \mathrm{d}x}{2EI_1} = \frac{P^2 \delta^2}{2EI_2} \left(\int_0^{l_2} \cos^2 \frac{\pi x}{2l} \mathrm{d}x + \frac{I_2}{I_1} \int_{l_2}^{l} \cos^2 \frac{\pi x}{2l} \mathrm{d}x \right)$$

$$= \frac{P^2 \delta^2}{2EI_2} \left[\frac{l_2}{2} + \frac{I_2}{I_1} \frac{l_1}{2} + \frac{l}{2\pi} \left(1 - \frac{I_2}{I_1} \right) \sin \frac{\pi l_2}{l} \right] \tag{d}$$

$$\Delta T = \frac{P}{2} \int_0^{l} \left(\frac{\mathrm{d}y}{\mathrm{d}x} \right)^2 \mathrm{d}x = \frac{\pi^2 P \delta^2}{16l} \tag{e}$$

将式(d)、(e)代入方程(2 - 31)得

$$P_{\mathrm{cr}} = \frac{\pi^2 EI_2}{4l^2} \frac{1}{\dfrac{l_2}{l} + \dfrac{l_1}{l} \dfrac{I_2}{I_1} - \dfrac{1}{\pi} \left(\dfrac{I_2}{I_1} - 1 \right) \sin \dfrac{\pi l_2}{l}} \tag{2-49}$$

对于两端铰接的杆(图 2 - 43b),用 $a/2$ 代替 l_2、$l/2$ 代替 l,方程(2 - 49)变为

$$P_{\mathrm{cr}} = \frac{\pi^2 EI_2}{l^2} \frac{1}{\dfrac{a}{l} + \dfrac{l-a}{l} \dfrac{I_2}{I_1} - \dfrac{1}{\pi} \left(\dfrac{I_2}{I_1} - 1 \right) \sin \dfrac{\pi a}{l}} \tag{2-50}$$

通过将方程(2 - 50)的结果与表 2 - 10 中的 m 值进行比较,可以发现这种近似解法在 I_2/I_1 比值不是很大的情况下,给出了非常满意的结果。例如,当 $I_2/I_1 = 0.4$、$a/l = 0.2$ 和 0.6 时,分别得到 $m = 5.14$ 和 8.61,而表 2 - 10 中给出的数值分别为 5.09 和 8.51,这对于所有实际应用来说已经足够精确了[①]。

同样的方法也可用于由几个不同横截面部分组成的杆件。在这种情况下,方程(d)中会出现额外的积分,每个杆件部分都会有一个,但这些积分可以通过数值方法轻松地进行求解。

对于这种类型的屈曲问题,还可以使用逐步逼近法进行求解,这将在第 2.15 节中介绍。

2.15　逐步逼近法决定临界载荷

逐步逼近法用于在确切解法未知或非常复杂的情况下确定临界载荷。相比之下,能量法总是给出比真实值更高的临界载荷,而逐步逼近法提供了获取临界载荷下限和上限的手段。因此,近似解的准确性是已知的,逐步逼近的过程可以继续进行,直至达到所需的精度。

用这种方法确定临界屈曲载荷时,首先要假定曲杆的挠度曲线。基于这些假设的挠曲,可以用轴向力 P 计算杆中的弯矩。知道了弯矩,然后可以通过任意材料力学的标准方法,如共轭梁法或双重积分法,确定杆的挠曲。令最初假设的挠曲与后来计算出的挠曲相等,得到一个方程,从中可以计算出临界载荷。然后再次重复这个过程,使用第一次计算的最终挠曲作为对

---

① 这类问题几个例子的解决方案可以在 E. Elwitz 的著作《关于屈曲强度的学说》(*"Die Lehre von der Knickfestigkeit"*)第 1 卷第 222 页中找到,该书于 1918 年在迪塞尔多夫出版。

真实值的新近似。第二次近似的结果将是临界载荷的另一个方程,其给出比第一个方程更准确的值。这个过程一直持续,直到假设的挠曲和计算出的挠曲之间几乎没有差异,此时临界载荷几乎是准确的。

在获得临界载荷的方程时,可以在杆轴线上的任意点令假设的挠曲与相应的计算值相等。以这种方式找到的临界载荷的最低值代表下限,而最高值代表上限。因此,在每一步计算中,临界载荷被确定在一定范围内。通过使用挠曲的平均值,可以得到更准确的临界载荷,下面举例说明[①]。

为了说明逐步逼近的方法,下面从一个简单的具有铰接端的杆(图 2 - 44a)开始,其精确解是已知的。首先假设挠曲的曲线为一个抛物线

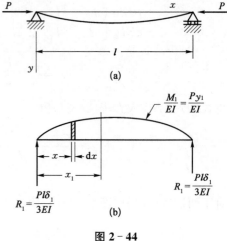

图 2 - 44

$$y_1 = \frac{4\delta_1 x(l-x)}{l^2} \tag{a}$$

方程(a)给出一个假设的挠度曲线,其在两端挠度为零,在中心具有最大挠度且等于 δ_1,杆的任意截面处的弯矩 $M_1 = Py_1$,由这些弯曲引起的挠曲可以通过共轭梁法[②]很容易地得到。共轭梁如图 2 - 44b 所示,考虑到承受假想的载荷 M_1/EI,所需挠度在数值上等于共轭梁的弯矩,共轭梁的虚构支反力为

$$R_1 = \frac{Pl\delta_1}{3EI} \tag{b}$$

任一离梁左端为 x_1 的横截面的弯矩为

$$R_1 x_1 - \int_0^{x_1} \frac{Py_1}{EI}(x_1 - x)\mathrm{d}x \tag{c}$$

将方程(a)、(b)代入(c),得到挠度的二级近似为

$$y_2 = \frac{Pl\delta_1 x}{3EI}\left(1 - \frac{2x^2}{l^2} + \frac{x^3}{l^3}\right) \tag{d}$$

使梁某一截面的挠度 y_2 与 y_1 相等,即得到临界载荷。例如,取梁的中点,得

$$(y_1)_{x=l/2} = \delta_1, \quad (y_2)_{x=l/2} = \delta_2 = \frac{5Pl^2\delta_1}{48EI} \tag{e}$$

---

① 本节描述的确定临界载荷的程序相当于对屈曲杆的微分方程进行逐步逼近的积分。这种解决微分方程的方法被广泛使用。它起源于 H. A. Schwarz 的 *Gesammelte Werke* 第 1 卷,第 241 - 265 页。另请参见 P. Funk 的 *Mil. Hauptvereines deut. Ingr. Tschechoslowaki* 第 21 和 22 号,布林,1931 年。该方法在屈曲问题中的应用是由 F. Engesser 提出的,*Z. Osterr. Ingr. u. Archilek. Vereines*,1893 年。图解法是由 L. Vianello 提出的,*z. Ver. deut. Ingr.*,第 42 卷,第 1436 页,1898 年。E. Trefftz 给出了该方法收敛的数学证明,*Z. Angew. Malh. u. Mech*,第 3 卷,第 272 页,1923 年;另请参阅 A. Schleusner 的 *Zur Konvergenz des Engesser-Vianello-Verfahrens* 一书,柏林,1938 年。

② 参见 Timoshenko 的《材料力学》,第 3 版,第 I 部分,第 155 页,D. Van Nostrand Company, Inc.,普林斯顿,新泽西州,1955 年。

使两式相等,得

$$P_{cr}=\frac{48EI}{5l^2}=\frac{9.6EI}{l^2}$$

该结果比真实的临界载荷小 2.7% 左右。要得到更准确的结果,可以计算挠度 y_2 与 y_1 的平均值,即

$$(y_1)_{av}=\frac{1}{l}\int_0^l y_1\mathrm{d}x=\frac{2}{3}\delta_1 \tag{2-51}$$

$$(y_2)_{av}=\frac{1}{l}\int_0^l y_2\mathrm{d}x=\frac{Pl^2\delta_1}{15EI} \tag{2-52}$$

使 y_2 与 y_1 平均值相等,得

$$P_{cr}=\frac{10EI}{l^2}$$

该结果比真实值大 1.3% 左右,最后,如要确定 P_{cr} 的上限与下限,则要求出 y_1/y_2 的最大值和最小值,由方程(a)、(b)得

$$\frac{y_1}{y_2}=\frac{12EI}{Pl^2}\frac{l^2(l-x)}{l^3-2x^2l+x^3}$$

其中,$x=0$ 时为最大值,$x=l/2$ 时为最小值,即

$$\left(\frac{y_1}{y_2}\right)_{max}=\frac{12EI}{Pl^2},\ \left(\frac{y_1}{y_2}\right)_{min}=\frac{9.6EI}{Pl^2}$$

因此,临界载荷在这两个值之间,即

$$\frac{9.6EI}{l^2}<P_{cr}<\frac{12EI}{l^2}$$

现在可以将方程(d)的 y_2 作为假设的挠度重复逐步逼近循环,表达为

$$y_2=\frac{16\delta_2 x}{5l}\left(1-\frac{2x^2}{l^2}+\frac{x^3}{l^3}\right)$$

其中,δ_2 是杆中点的挠度[参考方程(e)],杆(图 2-44a)的弯矩为 Py_2,共轭梁上的载荷为 $M_2/EI=Py_2/(EI)$,计算共轭梁的弯矩,挠度的三级近似为

$$y_3=\frac{8Pl^2\delta_2}{75EI}\left(3\frac{x}{l}-5\frac{x^3}{l^3}+3\frac{x^5}{l^5}-\frac{x^6}{l^6}\right)$$

使挠度 y_2 与 y_3 在梁的中点相等,得

$$\delta_2=\frac{61Pl^2\delta_2}{600EI}$$

其中

$$P_{cr}=\frac{9.836EI}{l^2}$$

该结果比正确值小 0.35% 左右,如果令 y_2 与 y_3 的平均值相等,得

$$P_{\mathrm{cr}} = \frac{9.882EI}{l^2}$$

该结果比真实值大 0.12% 左右,两挠度之比为

$$\frac{y_2}{y_3} = \frac{30EI}{Pl^2} \frac{l^2(l^3 - 2x^2l + x^3)}{3l^5 - 5x^2l^3 + 3x^4l - x^5}$$

计算最大值和最小值得

$$\frac{9.836EI}{l^2} < P_{\mathrm{cr}} < \frac{10EI}{l^2}$$

因此,通过逐步逼近的方法,可以得到临界负载的上限和下限,并且可以继续进行计算,直到结果达到所需的精度。由此可以看出,以挠度的平均值得到的临界负载,通常比任选杆的一截面(例如中心截面)的挠度得到的值更准确。

1) 数值法

当杆件的截面沿跨度变化时,数值迭代逼近的方法变得非常有用。与假设挠度 y 是 x 的某个函数不同,将杆件分割成若干段,并对沿杆件的每个分割点或站点假设一个数值挠度。然后,以表格形式进行后续计算,计算在每个站点的 $M/(EI)$ 图上的纵坐标和共轭梁的挠度。通过将最终的挠度值与最初的假设值进行比较,确定临界载荷,就像前面所述的那样。可以反复重复这个过程,直到达到所需的精度水平。

这个方法将通过确定图 2 - 45 所示铰接端柱[①]的临界载荷进行说明。只显示了杆件的左半部分,因为该柱在中心处是对称的。截面比为 $I_1/I_2 = 0.4$,长度比为 $a/l = 0.6$,其中 a 表示杆件中央加大部分的长度(参考图 2 - 43b)。该杆件被分成总共 10 段,每段长度为 $l/10$,并且划分点用数字来标识。

第一步是假设一组表示第一次近似的挠度 y_1。在图 2 - 45 中选择的值是正弦曲线的纵坐标。为方便计算,这些值乘以 100 并除以 δ_1,其中 δ_1 是杆件中心的挠度。每种情况下的公共因子显示在右侧列中。在下一行,M_1/EI 的值被列成表格,表示在每个站点共轭梁上的负荷强度。这些值等于 $Py_1/(EI)$,并用右侧列出的公共因子表示。

在共轭梁上的虚拟载荷由不规则载荷图表示,因此方便将实际载荷替换为作用在站点上的一系列集中载荷。表中用 R 表示集中载荷的值,这些值通过图 2 - 46 中的公式得出。如果两个站点之间的虚拟加载[$M/(EI)$ 图]变化是线性的或被假设为线性的,那么可以使用图 2 - 46a、b 中的公式。在这些图中,d 代表站点之间的距离,而 a 和 b 是 $M/(EI)$ 图的纵坐标。图 2 - 46c 适用于虚拟载荷在站点上是连续的情况。如 $M/(EI)$ 图在站点处有突变,则必须分别使用图 2 - 46a 中的公式来计算站点两侧的载荷。

如果 $M/(EI)$ 图由平滑曲线表示,则通常情况下,可以通过基于二次抛物线来计算虚拟集中载荷来得到一个合适的近似值。这个抛物线被确定为通过 $M/(EI)$ 虚拟加载曲线上的三个连续点(图 2 - 46c、d)并且给出一个较好的近似值。图 2 - 46c 中的公式给出了仅由站点 n 和

---

① 这个数值计算过程是由 N. M. Newmark 在 1943 年的 ASCE 期刊第 108 卷第 1161 页中以非常完整的形式进行了介绍。这篇论文还给出了具有其他端部条件的杆件的示例。该方法适用于截面变化的杆件和受变化轴向载荷作用的杆件。

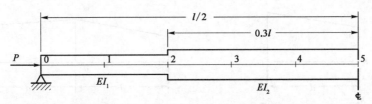

站点号码	0	1	2	3	4	5	公共因子
y_1	0	31	59	81	95	100	$\dfrac{\delta_1}{100}$
$M_1/(EI)$	0	78	148　59	81	95	100	$\dfrac{P\delta_1}{100EI_2}$
R		7.7	9.6	8.0	9.4	9.9	$\dfrac{P\delta_1 l}{100EI_2}$
平均斜率	39.6	31.9	22.3	14.3	4.9		$\dfrac{P\delta_1 l}{100EI_2}$
y_2	0	3.96	7.15	9.38	10.81	11.30	$\dfrac{P\delta_1 l^2}{100EI_2}$
y_1/y_2		7.83	8.25	8.64	8.79	8.85	$\dfrac{EI_2}{Pl^2}$
y_2	0	35.0	63.3	83.0	95.7	100	$\dfrac{\delta_2}{100}$
$M_2/(EI)$	0	87.5	158.2　63.3	83.0	95.7	100	$\dfrac{P\delta_2}{100EI_2}$
R		8.61	10.32	8.24	9.50	9.93	$\dfrac{P\delta_2 l}{100EI_2}$
平均斜率	41.63	33.02	22.70	14.46	4.96		$\dfrac{P\delta_2 l}{100EI_2}$
y_3		4.163	7.465	9.735	11.181	11.677	$\dfrac{P\delta_2 l^2}{100EI_2}$
y_2/y_3		8.407	8.480	8.526	8.559	8.564	$\dfrac{EI_2}{Pl^2}$

图 2 - 45

m 之间的分布式载荷引起的等效集中载荷。由于某种原因真实值并不存在,因此,这些公式用于载荷在分点处有突变时,$M/(EI)$ 图中标记为 c 的纵坐标可能是一个外插值。图2-45d中的公式用于当曲线在分点处连续时。

现在回到图 2-45,在分点 1 处的集中载荷 R_1,根据图 2-46b 可得

$$R_1 = \frac{d}{12}(a + 10b + c) = \frac{0.1l}{12}[0 + 10(78) + 148]\frac{P\delta_1}{100EI_2} = 7.7\frac{P\delta_1 l}{100EI_2}$$

在分点 2 处,$M/(EI)$ 图有一突变,对于分点 2 两边的分段参考图 2-46c,具体计算为

$$R_{21} = \frac{d}{24}(7a + 6b - c) = \frac{0.1l}{24}[7(148) + 6(78) - 0]\frac{P\delta_1}{100EI_2} = 6.3\frac{P\delta_1 l}{100EI}$$

$$R_{23} = \frac{d}{24}(7a + 6b - c) = \frac{0.1l}{24}[7(59) + 6(81) - 95]\frac{P\delta_1}{100EI_2} = 3.3\frac{P\delta_1 l}{100EI_2}$$

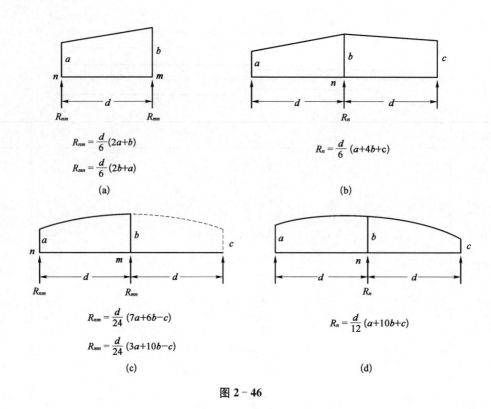

$$R_{nm} = \frac{d}{6}(2a+b)$$

$$R_{mn} = \frac{d}{6}(2b+a)$$

(a)

$$R_{n} = \frac{d}{6}(a+4b+c)$$

(b)

$$R_{nm} = \frac{d}{24}(7a+6b-c)$$

$$R_{mn} = \frac{d}{24}(3a+10b-c)$$

(c)

$$R_{n} = \frac{d}{12}(a+10b+c)$$

(d)

图 2 - 46

$$R_2 = R_{21} + R_{23} = 9.6\,\frac{P\delta_1 l}{100EI_2}$$

在第 3、4、5 个站点上,再次使用图 2 - 46d 中的公式,并将结果显示在图 2 - 45 的表格中。不计算梁端的集中载荷的值,因为它对确定共轭梁中的虚拟弯矩没有影响。

下一步是计算共轭梁中的假想剪力。这些剪力在各站点之间是恒定的,代表实际梁的平均斜率值。图 2-45 表格中给出的第一个值代表共轭梁的虚拟支反力,可以通过以下计算得到:

$$7.7 + 9.6 + 8.0 + 9.4 + \frac{1}{2}(9.9) = 39.65$$

这个值被记录在表格中,作为梁的第一分段的假想剪力或平均斜率。前一分段的剪力减去集中载荷的值得到下一分段内的剪力,并且这个过程一直继续到杆的中心为止。

梁的挠度直接根据平均斜率的值进行计算,注意站点 1 的挠度等于第一段的平均斜率值乘以站点之间的距离;站点 2 的挠度等于站点 1 的挠度加上下一个平均斜率值乘以站点之间的距离;依此类推。最后,计算出所假设的挠度 y_1 与新值 y_2 的比值。通过考虑这些比值的最大值和最小值,得到 P_{cr} 的上限和下限为

$$\frac{7.83EI_2}{l^2} < P_{cr} < \frac{8.85EI_2}{l^2}$$

为了计算临界载荷的近似值,用求和来代替方程(2 - 51)、(2 - 52)中的积分,得

$$(y_1)_{av} = \frac{1}{l}\sum y_1\Delta x \tag{f}$$

$$(y_2)_{av} = \frac{1}{l} \sum y_2 \Delta x \tag{g}$$

$(y_1)_{av}$ 与 $(y_2)_{av}$ 两者的比值等于挠度 y_1 总和与挠度 y_2 总和的比值,因为分段长度 Δx 是常量,在计算 y_1 与 y_2 的总和时,必须计算梁的两个半波长,对于挠度总和之比有

$$\frac{(y_1)_{av}}{(y_2)_{av}} = \frac{2(31+59+81+95)+100}{2(3.96+7.15+9.38+10.81)+11.30} \frac{EI_2}{Pl^2} = 8.55 \frac{EI_2}{Pl^2}$$

临界载荷近似为

$$P_{cr} = \frac{8.55EI_2}{l^2}$$

精确值为 $P_{cr} = 8.51EI_2/l^2$(见表 2-10),因此,逐步近似计算只重复一次就可以得到准确的结果。

通过重复计算循环可以改进结果,如图 2-45 所示。第二个循环从挠度 y_2 开始,这些挠度与从第一组计算中找到的挠度 y_2 成比例。为了调整数字的数量级,这些值可以乘以任意常数因子。在本例中,它们乘以 100/11.3,以使中心处的挠度为 δ_2。第二个循环的结果表明,负载 P_{cr} 在以下值之间:

$$\frac{8.407EI_2}{l^2} < P_{cr} < \frac{8.564EI_2}{l^2}$$

挠度总和之比为

$$P_{cr} = \frac{8.52EI_2}{l^2}$$

该结果与精确值基本相同。

2) 图解法

在计算临界载荷时,还可以使用逐步逼近的图解法。这种方法的第一步与之前一样,假设一个挠曲线来表示弯曲后杆的形状。该曲线也代表杆的弯矩图,但比例不同,因为 $M = P_y$。先将弯矩图除以 EI 得到一个虚拟的横向载荷,并构建相应的钳形线。通过调整 P 值,可以使新曲线与假设曲线完全重合,这将表明假设曲线是真实的挠曲线,相应的 P 是临界载荷的正确值。通常,两个曲线会有所不同,但通过调整 P 值,可以使任一点(例如跨度的中点)处挠度相等。通过这种方式,得到了临界载荷的近似值。为了获得更好的近似值,可将构建的钳形线作为挠曲线的第二次逼近,并再次进行相同的构造。

相比通过使两个连续曲线在某一点的挠度相等来计算临界载荷,可以使用挠度的平均值,如上文所述,计算两个挠曲线下面积的比率。通过将这个比率设置为 1 来计算临界载荷。按照相同的方法继续构建连续的力学曲线,并在每个周期后计算临界载荷,最终可以越来越接近临界载荷的真实值[①]。

为了说明图解法,再次考虑图 2-45 所示的柱,其中 $I_1/I_2 = 0.4$、$a/l = 0.6$。临界载荷的图解法如图 2-47 所示。由于柱关于中心 G 对称,因此只给出了柱一半的构造图。

---

① 这个陈述的数学证明在 R. von Mises 的文章 *Monatsschr. Math. Physik* 第 22 卷第 33 页(1911 年)和 E. Trefftz 的文章 *Z. angew. Math. u. Mech.* 第 3 卷第 272 页(1923 年)中进行了讨论。另外,还可以参考 A. Paiger 的著作 *Stabilitits-probleme der Elastostatik*(Springer-Verlag 出版,1950 年)第 200 页。

在试验挠曲线上选取一个正弦曲线的部分 $ABCDEF$，其纵坐标乘以 P。其弯矩图区域面积为 $AB\cdots FGA$，即对于任何压力 P 的弯矩图，共轭梁的载荷为弯矩图面积除以 EI 得到。因此，当柱中间部分的弯矩纵坐标按照 I_1/I_2 的比例减小时，所得载荷为区域 $ACHJGA$，其纵坐标乘以 $P/(EI_1)$。

这个载荷被分成若干小段，如虚线所示。每个小段被替换为在其质心处作用的等效载荷，如箭头所示[①]。这些载荷被绘制在载荷图 $abcdef$ 上（图 2-47b）。

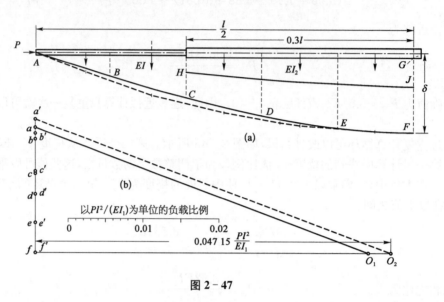

图 2-47

点 O_1 是力多边形的极点，对应的索多边形通过 A 并水平通过 F。与该索多边形相切的曲线是假设的弯矩图的挠曲线。由于这两条曲线没有非常匹配，所以新的曲线用于第二次尝试。新的载荷图是 $a'b'c'd'e'f'$，新的极点被发现是 O_2。它对应的索多边形几乎与先前绘制的重合，表明第二次尝试的曲线非常接近实际的屈曲曲线。

要使柱处于挠度位置所需的 P 值，可使中点挠度相等，假设挠度为 δ，图解法的挠度等于极距

$$O_2 f' = 0.047\,15\,\frac{Pl^2}{EI_1}$$

与多边形纵坐标 δ 的乘积，有

$$0.047\,15\,\frac{Pl^2}{EI_1}\delta = \delta$$

因此

$$P_{cr} = 21.2\,\frac{EI_1}{l^2} = 8.48\,\frac{EI_2}{l^2}$$

该结果与精确值相近。

在这个问题中，第一次尝试使用了正弦曲线作为试验曲线，可以看出，由于这是等截面杆

---

① 作为替代，可以在 A、B、C、D、E、F 点施加载荷，就像数值法中的做法，只要对它们适当地加以估算。

屈曲时的真实挠度曲线，它在曲线的 AC 部分不会有足够的曲率。如果将正弦曲线有意改变为在该部分具有更多曲率的曲线，可以仅通过一次近似就得到满意的 P_{cr} 值。例如，使用抛物线作为试验曲线，发现第一个极距为

$$O_1 f = 0.047\,2\,\frac{Pl^2}{EI_1}$$

由此，临界载荷为

$$P_{cr} = 8.48\,\frac{EI_2}{l^2}$$

因此，使用抛物线作为第一次近似时的准确度等于使用正弦曲线时的第二次近似。当开始使用抛物线时，两个曲线非常接近，这表明不需要进行第二次尝试。

2.16　横截面连续变化的杆件

为了减轻压缩构件的重量，有时会采用具有连续变化截面的柱体。这些情况下，杆件挠度曲线的微分方程为欧拉得到，他讨论了各种形状的杆件，包括平顶圆锥体和角锥体形的柱[1]；而拉格朗日[2]讨论了由二次旋转曲面构成的杆件的稳定性。

还有一种有相当重要实际意义的情况曾被研究过[3]，即截面的惯性矩沿杆距离按照幂次规律而变化。下面从考虑一个下端固定、上端自由的杆件开始（图 2-48a）。如果截面的惯性矩随着距离固定点 O 的幂次而变化，则可用下式表示任意截面 mn 的惯性矩：

$$I_x = I_1 \left(\frac{x}{a}\right)^n \tag{a}$$

式中，I_1 为杆件顶部的惯性矩。

通过取不同的 n 值，可以得到不同形状的柱体。当 $n=1$ 时，得到一个具有恒定厚度 t 和变化宽度的平板柱（图 2-48b）。假设 $n=2$，这可以较准确地表示由对角线连接的四个角钢组成的组合柱（图 2-48c）；在这种情况下，柱的截面积保持不变，而惯性矩与四个角钢质心到截面对称轴距离的平方近似成正比。最后，当 $n=4$ 时，会得到实心的截锥体或角锥体。

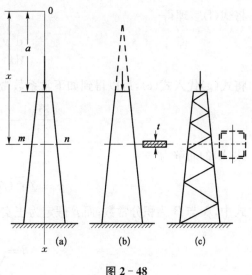

图 2-48

①　这一工作的德文译本见 Ostwald 的 *Klassiker der exakten Wissenschaften*，第 175 期，Leipzig，1910。

②　同前，A. N. Dinnik，Phil. Mag. vol.10，p. 785，1930 讨论了同类型的其他问题。

③　参阅 A. N. Dinnik，Isvest. Gornogo Inst.，Ekaterinoslav，1914，以及 Vestmik Ingenerov，Moscow，1916。这些论文的主要成果已翻译成英文：*Design of Columns of Varying Cross Section*，by A.N. Dinnik (M. Maletz 译)，Trans. ASME，vol.51，1929，and vol.54，1932。上述问题曾由 A. Ono 独立研究过，Mem. Coll. Eng. Kyushu Imp. Eng. Univ.，Fukuoka，Japan，vol.1，1919。同时参阅 L. Bairstow 和 E. W. Stedman，L. Bairstow and E. W. Stedman，Engineering，vol. 98，p. 403，1914，and A. Morley，Engineering，vol. 97，p. 566，1914，and vol. 104，p. 295，1917。

在讨论曲杆的挠度曲线时,采用如图 2-49 所示坐标轴。于是挠度曲线的微分方程为

$$EI_1 \left(\frac{x}{a} \right)^n \frac{\mathrm{d}^2 y}{\mathrm{d}x^2} = -Py \qquad (b)$$

对于任意 n 值,这个方程都可以通过 Bessel 函数的方法求解。在 $n=2$ 的特殊情况下,有一个简单解法。对于 $n=2$,表达式(b)有如下形式:

$$\frac{EI_1}{a^2} x^2 \frac{\mathrm{d}^2 y}{\mathrm{d}x^2} = -Py \qquad (c)$$

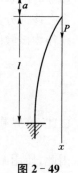

图 2-49

将下式代入(c):

$$\frac{x}{a} = \mathrm{e}^z \qquad (d)$$

从式(d)可得 $\mathrm{d}z/\mathrm{d}x = 1/x$,于是有

$$\frac{\mathrm{d}y}{\mathrm{d}x} = \frac{\mathrm{d}y}{\mathrm{d}z} \frac{\mathrm{d}z}{\mathrm{d}x} = \frac{1}{x} \frac{\mathrm{d}y}{\mathrm{d}z} \qquad (e)$$

$$\frac{\mathrm{d}^2 y}{\mathrm{d}x^2} = \frac{\mathrm{d}}{\mathrm{d}x} \left(\frac{1}{x} \frac{\mathrm{d}y}{\mathrm{d}z} \right) = \frac{1}{x} \frac{\mathrm{d}}{\mathrm{d}x} \frac{\mathrm{d}y}{\mathrm{d}z} + \frac{\mathrm{d}y}{\mathrm{d}z} \frac{\mathrm{d}}{\mathrm{d}x} \frac{1}{x} = \frac{1}{x^2} \frac{\mathrm{d}^2 y}{\mathrm{d}z^2} - \frac{1}{x^2} \frac{\mathrm{d}y}{\mathrm{d}z} \qquad (f)$$

将式(f)整理得

$$x^2 \frac{\mathrm{d}^2 y}{\mathrm{d}x^2} = \frac{\mathrm{d}^2 y}{\mathrm{d}z^2} - \frac{\mathrm{d}y}{\mathrm{d}z} \qquad (g)$$

将式(g)代入式(c),可以得到如下常系数微分方程:

$$\frac{\mathrm{d}^2 y}{\mathrm{d}x^2} - \frac{\mathrm{d}y}{\mathrm{d}z} + \frac{Pa^2}{EI_1} y = 0 \qquad (h)$$

式(h)的通解为

$$y = \sqrt{\mathrm{e}^z} \left(A \sin \beta z + B \cos \beta z \right) \qquad (i)$$

式中,A 与 B 为积分常数;而 β 假定为正实数:

$$\beta = \sqrt{\frac{Pa^2}{EI_1} - \frac{1}{4}} \qquad (j)$$

根据式(d),解(i)可表示为

$$y = \sqrt{\frac{x}{a}} \left[A \sin \left(\beta \ln \frac{x}{a} \right) + B \cos \left(\beta \ln \frac{x}{a} \right) \right] \qquad (k)$$

由杆件顶端的条件($x=a$ 时 $y=0$),可以得到 $B=0$。杆件下端的条件为

$$\frac{\mathrm{d}y}{\mathrm{d}x} = 0 \quad (x=a+l)$$

由以上条件可得

$$\tan \left(\beta \ln \frac{a+l}{a} \right) + 2\beta = 0 \qquad (l)$$

得知每种特殊情况下的 a 和 l,就可通过重复试验找到满足式(l)的最小 β 值。然后根据式

(j)，可以得到最低临界载荷，其值可用如下通式表示：

$$P_{cr} = \frac{mEI_2}{l^2} \qquad (2-53)$$

式中，I_2 为杆件下端 $(x=a+l)$ 的惯性矩。系数 m 仅取决于 a/l 的比值，其值见表 2-11。注意，当 I_1/I_2 趋近于 1 时，系数 m 接近 $\pi^2/4$。

表 2-11　方程(2-53)中系数 m 的值 $(n=2)$

I_1/I_2	0	0.1	0.2	0.3	0.4	0.5	0.6	0.7	0.8	0.9	1.0
m	0.250	1.350	1.593	1.763	1.904	2.023	2.128	2.223	2.311	2.392	$\pi^2/4$

对于实心锥形杆，将 $n=4$ 代入式(b)，则弯曲的微分方程为

$$\frac{EI_1}{a^4} x^4 \frac{d^2 y}{dx^2} = -Py \qquad (m)$$

将 $x=1/t$ 代入方程(m)，方程(m)可转换为如下形式：

$$\frac{d^2 y}{dt^2} + \frac{2}{t} \frac{dy}{dt} + \frac{Pa^4}{EI_1} y = 0 \qquad (n)$$

上式即为 Bessel 微分方程的一种形式，其解为

$$y = t^{-\frac{1}{2}} \left[A_1 J_{-\frac{1}{2}}(\alpha t) + B_1 Y_{-\frac{1}{2}}(\alpha t) \right] \qquad (o)$$

式中，A_1 和 B_1 为积分常数；$J_{-\frac{1}{2}}(\alpha t)$ 和 $Y_{-\frac{1}{2}}(\alpha t)$ 分别表示第一类和第二类 $-\frac{1}{2}$ 阶 Bessel 函数，且有

$$\alpha = \sqrt{\frac{Pa^4}{EI_1}} \qquad (p)$$

$-\frac{1}{2}$ 阶的 Bessel 函数可以用如下形式表示：

$$J_{-\frac{1}{2}}(\alpha t) = \frac{\cos(\alpha t)}{\sqrt{(\pi/2)\alpha t}}$$

$$Y_{-\frac{1}{2}}(\alpha t) = \frac{\sin(\alpha t)}{\sqrt{(\pi/2)\alpha t}}$$

因此，方程(n)的解为

$$y = \frac{1}{t} \sqrt{\frac{2}{\pi \alpha}} \left[A_1 \cos(\alpha t) + B_1 \sin(\alpha t) \right]$$

方程(m)的解为

$$y = x \left[A \cos\left(\frac{\alpha}{x}\right) + B \sin\left(\frac{\alpha}{x}\right) \right] \qquad (q)$$

式中，A 和 B 都是积分常数。

根据杆件两端的条件,得到方程

$$\tan\frac{\alpha l}{a(a+l)} = -\frac{\alpha}{a+l}$$

或

$$\frac{\tan\gamma}{\gamma} = -\frac{a}{l} \qquad (2-54)$$

其中

$$\gamma = \frac{\alpha l}{a(a+l)} = \frac{l}{a+l}\sqrt{\frac{Pa^2}{EI_1}} \qquad (2-55)$$

对于任何特定的 a/l 值,方程(2-54)都可以简便地通过 $(\tan x)/x$ 的表格[①]求解出 γ。得到了 γ,就可以根据方程(2-55)求出临界载荷,并以方程(2-53)给出的形式表示出来。表2-12 给出这种情形下的几个 m 值。

将方程(2-53)中的 l 替换为 $l/2$ 后,可以使用前面所有结果,得到一根两端铰接、中间截面对称的杆件的临界载荷(图2-50a)。

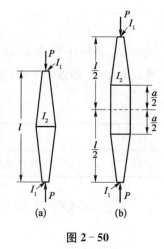

图 2-50

表 2-12　方程(2-53)中系数 m 的值($n=4$)

I_1/I_2	0.1	0.2	0.3	0.4	0.5	0.6	0.7	0.8	0.9	1.0
m	1.202	1.505	1.710	1.870	2.002	2.116	2.217	2.308	2.391	$\pi^2/4$

将式(b)的解与等截面杆微分方程的解相结合,可以得到一个更普遍的情况,即可以得到具有铰接的端部和中央等截面部分的杆件的临界载荷(图2-50b)。端部可以是不同的形状,与式(a)中指数 n 的不同值相对应。临界载荷可以再次用方程(2-53)表示。表2-13 中给出该情况下系数 m 的值。

表 2-13　方程(2-53)中系数 m 的值(对于图2-50b所示杆件)

I_1/I_2	n	a/l					
		0	0.2	0.4	0.6	0.8	1
0.1	1	6.48	7.58	8.63	9.46	9.82	
	2	5.40	6.67	8.08	9.25	9.79	
	3	5.01	6.32	7.84	9.14	9.77	π^2
	4	4.81	6.11	7.68	9.08	9.77	
0.2	1	7.01	7.99	8.91	9.63	9.82	
	2	6.37	7.49	8.61	9.44	9.81	
	3	6.14	7.31	8.49	9.39	9.81	π^2
	4	6.02	7.20	8.42	9.38	9.80	
0.4	1	7.87	8.59	9.19	9.70	9.84	
	2	7.61	8.42	9.15	9.63	9.84	
	3	7.52	8.38	9.12	9.62	9.84	π^2
	4	7.48	8.33	9.10	9.62	9.84	

① 参阅 Jagnke 和 Emde 的增补篇第32页,引用如前。

（续表）

I_1/I_2	n	a/l					
		0	0.2	0.4	0.6	0.8	1
0.6	1	8.61	9.12	9.55	9.76	9.85	
	2	8.51	9.04	9.48	9.74	9.85	
	3	8.50	9.02	9.46	9.74	9.85	π^2
	4	8.47	9.01	9.45	9.74	9.85	
0.8	1	9.27	9.54	9.69	9.83	9.86	
	2	9.24	9.50	9.69	9.82	9.86	
	3	9.23	9.50	9.69	9.81	9.86	π^2
	4	9.23	9.49	9.69	9.81	9.86	
1.0		π^2	π^2	π^2	π^2	π^2	π^2

当比率 I_1/I_2 和 a/l 取不同的值及 n 取不同的值时，可以利用此表[1]解决各种实际问题。

1）承受分布轴向载荷的杆件

如果一个变截面的杆件受到分布轴向载荷的作用，假设抗弯刚度和分布载荷强度可以用下式表示，那么杆件挠度曲线的微分方程总是可以通过 Bessel 函数进行积分：

$$EI = EI_2 \left(\frac{x}{l}\right)^n, \quad q = q_2 \left(\frac{x}{l}\right)^p \qquad (\text{r})$$

式中，I_2 和 q_2 分别为惯性矩和杆件下部固定端的载荷强度（图 2 - 51）。压力的临界值可由下式给出：

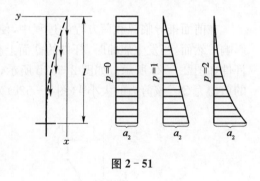

图 2 - 51

$$P_{\text{cr}} = \int_0^l q_2 \left(\frac{x}{l}\right)^p \mathrm{d}x = \frac{mEI_2}{l^2} \qquad (2\text{-}56)$$

表 2 - 14 列出[2]对于不同 n 和 p 值，式（r）中系数 m 的几个值。

表 2 - 14　方程（2 - 56）中系数 m 的值（对于图 2 - 51 杆件）

p	m					
	$n=0$	$n=1$	$n=2$	$n=3$	$n=4$	$n=5$
0	7.84	16.1	27.3	41.3		
1	5.78	13.0	23.1	36.1	52.1	
2	3.67	9.87	18.9	30.9	45.8	63.6
3		6.59	14.7	25.7	39.5	

① 本表由 Dinnik 计算得出，引用如前。该论文以及 Timoshenko 都给出了运用此表的例子，"*Strength of Materials*"，3d ed.，part Ⅱ，p. 169，D. Van Nostrand Company, Inc.，Princeton, N.J.，1956。

② 本表由 Dinnik 计算得出，引用如前。

将方程(2-56)中的 l 替换为 $l/2$ 后,就可得到一根中间截面对称、两端铰接,且受对称载荷作用的杆件的临界压力。

2)最小重量的杆件

针对一定的临界载荷值,研究在该条件下什么形状的杆件重量最小,是一个具有实际意义的问题。拉格朗日[1]是第一个尝试解决这个问题的研究者。他指出这个问题即是,如何确定一条绕其平面内轴线旋转的曲线,使杆件的效率最高。他得到了不正确的结论,即最有效率的杆件具备等圆截面。克拉森[2](Clausen)对同样的问题做了进一步的研究。他没有确定截面的形状,只假设它们横截面相似且位置相近。他的研究结果表明,最具效率的杆件的体积是相同强度下圆柱形杆件体积的 $\sqrt{3}/2$ 倍。渥诺[3](A. Ono)通过在式(b)中使用不同的指数 n 值,也得到了大致相同的结果。他发现,杆件体积最小时,n 的值为 0.93,并且相应体积为相同强度棱柱形杆体积的 87%。

在没有精确的结果可用时,可以采用前文所述的逐步逼近法来确定不同截面杆件的临界载荷。

2.17　剪切力对临界载荷的影响

在前面推导临界载荷方程的过程中,使用了挠度曲线微分方程,其中忽略了剪力对挠度的影响。然而,当发生屈曲时,杆件的截面上会产生剪力。下面讨论这些力对临界载荷的影响,杆件如图 2-52a 所示。如图 2-52b 所示,作用在两个横截面 m 和 n 之间长度为 $\mathrm{d}x$ 构件上的剪力为 Q。该剪力的大小[4](图 2-52c)为

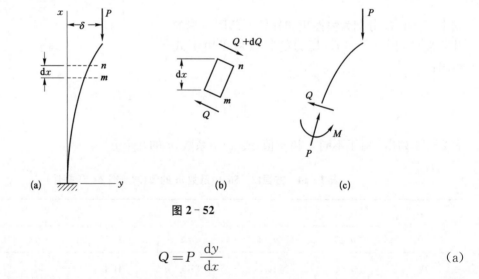

图 2-52

$$Q = P\,\frac{\mathrm{d}y}{\mathrm{d}x} \tag{a}$$

---

①　拉格朗日,引用如前。

②　Bull. phys.-math. acad., St. Petersburg, vol. 9, p. 368-379, 1851;并参阅 E. L. Nicolai, Bull. Polytech. Inst., St. Petersburg, vol. 8, p. 255, 1907 和 H. Blasius, Z. Math. u. Physik, vol. 62, p. 182-197, 1914。

③　A. Ono,引用如前。

④　注意,剪力 Q 作用在与杆轴线垂直的横截面上。

剪力产生的挠度曲线斜率变化为 $nQ/(AG)$，其中 A 为杆件的总截面积、G 为剪切模量、n 为与截面形状有关的系数。对于矩形截面，系数 $n=1.2$；对于圆形截面，$n=1.11$。对于绕横截面短轴弯曲的工字梁（即在翼缘平面内弯曲），系数 $n \approx 1.2A/A_f$，其中 A_f 为两个翼缘的面积。对于常见的工字梁和板梁截面，这个值在 $1.4 \sim 2.8$ 之间。如果工字梁在腹板平面内弯曲（绕主轴弯曲），系数 $n \approx A/A_w$，其中 A_w 为腹板的面积。在这种情况下，轧制钢材截面的 n 值通常在 $2 \sim 6$ 之间。

剪切力 Q 产生的斜率变化率表示剪切引起的附加曲率，即

$$\frac{n}{AG} \frac{\mathrm{d}Q}{\mathrm{d}x} = \frac{nP}{AG} \frac{\mathrm{d}^2 y}{\mathrm{d}x^2}$$

将剪力产生的曲率与弯矩产生的曲率相加，得到挠度曲线的总曲率。对于图 2-52 中的杆件，挠度曲线的差分方程就变为

$$\frac{\mathrm{d}^2 y}{\mathrm{d}x^2} = \frac{P(\delta - y)}{EI} + \frac{nP}{AG} \frac{\mathrm{d}^2 y}{\mathrm{d}x^2}$$

或

$$\frac{\mathrm{d}^2 y}{\mathrm{d}x^2} = \frac{P}{EI[1 - nP/(AG)]}(\delta - y) \tag{b}$$

该方程与方程（2-1）的区别仅在于右侧分母中的系数 $[1 - nP/(AG)]$。按照第 2.1 节中的方法，可以得到载荷临界值 P 的方程为

$$\frac{P}{EI[1 - nP/(AG)]} = \frac{\pi^2}{4l^2}$$

由此可得

$$P_{cr} = \frac{P_e}{1 + nP_e/(AG)} \tag{2-57}$$

式中，$P_e = \pi^2 EI/(4l^2)$，表示这种情况下的欧拉临界载荷。因此，由于剪切力的作用，临界载荷按如下比例[1]减小：

$$\frac{1}{1 + nP_e/(AG)} \tag{c}$$

对于实心柱，如矩形截面杆件或工字形截面杆件，这一比例几乎等于 1。这些情况下通常可以忽略剪力的影响。对于由板条或缀板连接的支柱组成的内置柱，剪力效应可能具有重要的实际意义，这将在第 2.18 节中进一步讨论。方程（2-57）的示意图线将在图 2-54 中给出。

通过使用适当的挠度曲线微分方程[类似于式（b）]，可以研究剪力对任何其他端部条件下压杆的影响。

1）能量法

在考虑剪力对临界载荷的影响时，也可以使用能量法。以两端带铰链的杆件为例（图 2-36），挠度曲线的一般表达式为

---

[1]　这个结果首先由 F. Engesser 得到，Zentr. Bauverwaltung, vol. 11, p. 483, 1891；并参阅 F. Nussbaum, Z. Math. u. Physik, vol. 55, p. 134, 1907。R. Gran Olsson 将泊松比引入，以改进表达式（c），Det Kongelige Norske Videnskabers Selskab, Forhandlinger, vol. 10, no. 21, p. 79, 1937 (in German)。

$$y = a_1 \sin \frac{\pi x}{l} + a_2 \sin \frac{2\pi x}{l} + a_3 \sin \frac{3\pi x}{l} + \cdots$$

考虑剪切应变能,得到

$$\Delta U = \int_0^l \frac{M^2}{2EI} \mathrm{d}x + \int_0^l \frac{nQ^2}{2AG} \mathrm{d}x = \frac{P^2}{2EI} \int_0^l y^2 \mathrm{d}x + \frac{nP^2}{2AG} \int_0^l \left(\frac{\mathrm{d}y}{\mathrm{d}x}\right)^2 \mathrm{d}x$$

$$= \frac{P^2 l}{4EI} \sum_{m=1}^{\infty} a_m^2 + \frac{n\pi^2 P^2}{4AGl} \sum_{m=1}^{\infty} m^2 a_m^2 \tag{d}$$

在弯曲过程中,力 P 所做的功为

$$\Delta T = \frac{\pi^2 P}{4l} \sum_{m=1}^{\infty} m^2 a_m^2 \tag{e}$$

代入方程(2-31),得到

$$P = \frac{\pi^2 EI}{l^2} \frac{\sum m^2 a_m^2}{\sum \left(1 + \dfrac{n\pi^2 EI m^2}{AGl^2}\right) a_m^2} \tag{f}$$

只取式(f)级数中的首项,即可得到 P 的最小值。由此可得

$$P_{cr} = \frac{\pi^2 EI}{l^2} \frac{1}{1 + nP_e/(AG)} \tag{2-58}$$

其中

$$P_e = \frac{\pi^2 EI}{l^2}$$

因此,如果欧拉载荷 P_e 作用于两端带铰链的杆件,由于剪力的作用,临界载荷会按照比值(c)减小。

2) 修正剪切方程

前面关于剪力影响的讨论中,使用了式(a)来评估剪力 Q。考虑从图 2-52 所示杆件中切出的单元 mn(图 2-53)的变形,可以得到另一个表达式。图 2-53 中的角度 $\mathrm{d}\theta$ 表示由于弯矩 $M = P(\delta - y)$ 而产生的斜率变化,其中 θ 是从 x 轴(垂直方向)到截面法线 N 的测量值。由于剪切应变 γ,从法线 N 到弯曲杆轴线的切线 T 还存在额外的斜率。因此,挠度曲线的斜率为

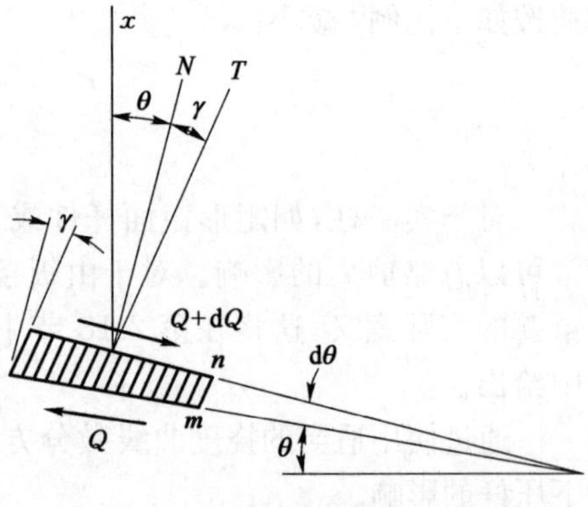

$$\frac{\mathrm{d}y}{\mathrm{d}x} = \theta + \gamma = \theta + \frac{nQ}{AG} \tag{g}$$

图 2-53

轴向力 P 在 N 向的分量为 $P\cos\theta \approx P$,并且分量 $Q = P\sin\theta \approx P\theta$。将其代入式(g),斜率变为

$$\frac{\mathrm{d}y}{\mathrm{d}x} = \theta + \frac{nP\theta}{AG} = \theta\left(1 + \frac{nP}{AG}\right) \tag{h}$$

注意到 $\mathrm{d}\theta/\mathrm{d}x = M/(EI) = P(\delta - y)/(EI)$,可以从式(h)中得到如下曲率表达式:

$$\frac{\mathrm{d}^2 y}{\mathrm{d}x^2} = \frac{P(\delta - y)}{EI}\left(1 + \frac{nP}{AG}\right) \tag{i}$$

式(i)与前面式(b)之所以存在差异,是因为在式(b)的推导过程中,剪力是根据挠度曲线的总斜率 $\mathrm{d}y/\mathrm{d}x$ 计算得出的[见式(a)];而在式(i)推导时,只使用了横截面的旋转角。用与之前相同的方法求解该方程(见第 2.1 节),得到临界载荷为

$$P_{cr} = \frac{\sqrt{1 + 4nP_e/(AG)} - 1}{2n/(AG)} \tag{2-59}$$

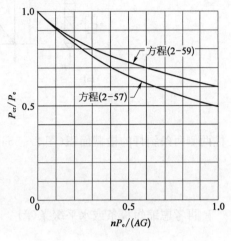

图 2-54

式中,$P_e = \pi^2 EI/(4l^2)$。对于实心杆件,从方程(2-57)、(2-59)得到的结果差异可以忽略不计。然而,在剪力影响异常大的情况下,例如螺旋弹簧的屈曲(见第 2.19 节),方程(2-59)可能更为准确,虽然方程(2-57)更为安全。对于两端铰接的杆件,如果取欧拉临界载荷 P_e 作用于两端带铰链的杆件,也可使用方程(2-59)。图 2-54 给出方程(2-57)、(2-59)的图线,以便于比较。

2.18　组合柱的弯曲

1) 缀合柱

　　缀合柱的临界载荷始终小于具有相同横截面积和相同细长比 l/r 实心柱的临界载荷。临界载荷减小的原因主要是,剪力对于缀合柱挠度的影响比对实心柱的大得多。临界载荷的实际值取决于缀合柱的具体结构和尺寸。

　　如果缀合柱(图 2-55a)节间的数量较多,则可以将从实心杆得到的方程(2-57)用于缀合柱临界载荷的计算。可以将方程(2-57)写成如下形式:

$$P_{cr} = \frac{P_e}{1 + P_e/P_d} \tag{2-60}$$

式中,P_e 为欧拉临界载荷,缀合柱的 $1/P_d$ 相当于实心杆的 $n/(AG)$。因此,系数 $1/P_d$ 乘以剪力 Q,可以得到由剪力引起的挠度曲线附加斜率 γ 的值。于是有

$$\gamma = \frac{Q}{P_d} \tag{a}$$

而要确定任何特定情形下的 $1/P_d$ 值,必须研究剪力产生的横向位移。

　　首先考虑图 2-55a 所示缀合柱。剪切位移是由于每一节上缀条拉长和缩短而造成的(图 2-55b、c)。如果只考虑弯矩产生的挠度,则这些缀条的变形将被忽略。假设连接处有铰链,则剪力 Q 产生的对角斜杆(图 2-55b)伸长量为

$$\frac{Qa}{A_d E \sin\phi\cos\phi}$$

式中,ϕ 为斜杆与水平杆之间的夹角;$Q/\cos\phi$ 为斜杆上的拉力;$a/\sin\phi$ 为斜杆的长度;A_d 为

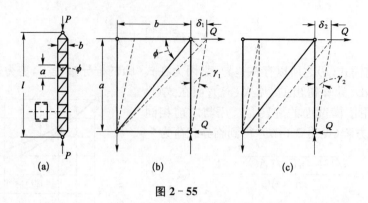

图 2-55

柱两侧两条斜杆的横截面积(图 2-55a)。相应的横向位移为

$$\delta_1 = \frac{Qa}{A_d E \sin \phi \cos^2 \phi} \tag{b}$$

再考虑缩短板条或水平缀条(图 2-55c),得到相应的横向位移为

$$\delta_2 = \frac{Qb}{A_b E} \tag{c}$$

式中,b 为两铰链之间板条的长度;A_b 为柱两侧两板条的横截面积。剪力 Q 产生的总角位移由式(b)、(c)得到:

$$\gamma = \frac{\delta_1 + \delta_2}{a} = \frac{Q}{A_d E \sin \phi \cos^2 \phi} + \frac{Qb}{aA_b E} \tag{d}$$

根据式(a)可以得出

$$\frac{1}{P_d} = \frac{1}{A_d E \sin \phi \cos^2 \phi} + \frac{b}{aA_b E} \tag{e}$$

将该值代入方程(2-60),则带铰链支柱(图 2-55a)的临界载荷为[①]

$$P_{cr} = \frac{\pi^2 EI}{l^2} \frac{1}{1 + \frac{\pi^2 EI}{l^2}\left(\frac{1}{A_d E \sin \phi \cos^2 \phi} + \frac{b}{aA_b E}\right)} \tag{2-61}$$

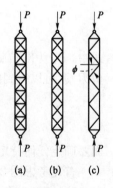

图 2-56

式中,I 为支柱横截面的惯性矩。如果横截面积 A_b 和 A_d 与槽钢面积(图 2-55a)或其他主杆截面积相比较小,根据方程(2-61)计算得到的临界载荷可能要远低于欧拉值。因此,与具有相同 EI 的实心支柱相比,镂空支柱的强度可能要弱得多,但由于使用的材料量较少,镂空支柱会更加经济。

当每节中有两根对角缀合柱时(图 2-56a),可以得到类似于式(2-61)的方程。在剪力作用下,一根对角杆受拉应力,另一根对角杆受压应力。板

---

① 方程(2-61)首先由 F. Engesser 得到, Zentr. Bauverwaltung, vol. 11, p. 483, 1891。联系魁北克桥的损坏,对问题做进一步讨论,见如下论文: F. Engesser, ibid., vol. 27, p. 609, 1907; Z. Ver. deut. Ingr., p. 359, 1908; L. Prandtl, Z. Ver. deut. Ingr., 1907; Timoshenko, *Buckling of Bars of Variable Cross Section*, Bull. Polytech. Inst., Kiev, 1908。

条不参与剪力传递,系统等效于图2-56b所示情况。在这种情况下,通过省略包含 A_b 的项并将横截面积 A_d 加倍,可以根据方程(2-61)得到临界载荷。于是有

$$P_{cr} = \frac{\pi^2 EI}{l^2} \frac{1}{1 + \frac{\pi^2 EI}{l^2} \frac{1}{A_d E \sin \phi \cos^2 \phi}} \qquad (2-62)$$

式中,A_d 表示四根斜杆的横截面积,在同一节中,柱的两侧各有两根对角斜杆。方程(2-62)也可用于单个斜杆的系统(图2-56c),其中 A_d 表示两根对角斜杆的横截面积,ϕ 值如图2-56c所示。

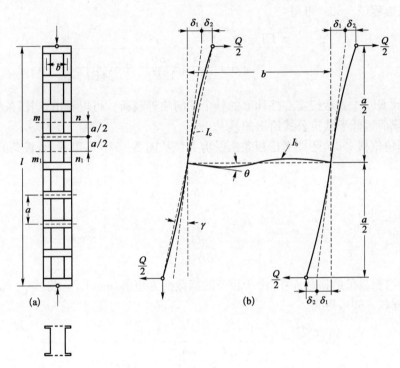

图 2-57

2) 板条缀合柱

如图2-57所示,在只使用板条的支柱中,为了得到由剪力 Q 产生的横向位移,必须考虑在截面 mn 和 $m_1 n_1$ 之间支柱微段的变形。假设槽钢的挠度曲线在两截面上有反曲点,支柱微端的弯曲如图2-57b所示。横向挠度为由压板弯曲产生的位移 δ_1 和由槽钢弯曲产生的位移 δ_2 之和。板条两端有力偶 $Qa/2$ 作用,板条两端的旋转角为

$$\theta = \frac{Qab}{12EI_b}$$

式中,b 为板条的长度;EI_b 为板条的抗弯刚度。板条弯曲产生的横向位移 δ_1 为

$$\delta_1 = \frac{\theta a}{2} = \frac{Qa^2 b}{24EI_b} \qquad (f)$$

根据悬臂梁挠度的表达式可以求出位移 δ_2,即有

$$\delta_2 = \frac{Q}{2} \left(\frac{a}{2} \right)^3 \frac{1}{3EI_c} = \frac{Qa^3}{48EI_c} \qquad (g)$$

式中，EI_c 为其中一个垂直槽钢的抗弯刚度。剪力 Q 产生的总角位移为

$$\gamma = \frac{\delta_1 + \delta_2}{\frac{1}{2}a} = \frac{Qab}{12EI_b} + \frac{Qa^2}{24EI_c} \tag{h}$$

由式（a）可得

$$\frac{1}{P_d} = \frac{ab}{12EI_b} + \frac{a^2}{24EI_c}$$

将上式代入方程（2-60），可得

$$P_{cr} = \frac{\pi^2 EI}{l^2} \frac{1}{1 + \frac{\pi^2 EI}{l^2}\left(\frac{ab}{12EI_b} + \frac{a^2}{24EI_c}\right)} \tag{2-63}$$

式中，系数 $\pi^2 EI/l^2$ 表示按实心柱计算的整个柱的临界载荷。可以看出，当压条的抗弯刚度较小时，临界载荷远低于欧拉公式给出的值[1]。

在计算角位移 γ 时，还要考虑板条所受剪力。从图 2-57b 可以看出，板条的剪力为

$$\frac{Qa}{b}$$

相应的剪切应变为

$$\frac{nQa}{bA_b G} \tag{i}$$

式中，A_b 为两根板条的横截面积；由于板条的横截面为矩形，$n = 1.2$。将式（i）与上面式（h）相加，代替方程（2-63），得到

$$P_{cr} = \frac{\pi^2 EI}{l^2} \frac{1}{1 + \frac{\pi^2 EI}{l^2}\left(\frac{ab}{12EI_b} + \frac{a^2}{24EI_c} + \frac{na}{bA_b G}\right)} \tag{2-64}$$

如果图 2-57 所示组合柱的垂直槽钢的刚度非常小，或者板条之间的距离很大，柱体可能会因为两个连续板条之间槽钢的局部弯曲而被破坏。为了将这种屈曲的可能性考虑在内，下面研究两个板条之间的柱微段，并假设它如图 2-58 所示发生弯曲。假设板条的刚度非常大，并将发生弯曲的临界压力值（见图 2-4）假设为

$$P = \frac{2\pi^2 EI_c}{a^2} \tag{j}$$

轴向载荷 $P/2$ 对垂直槽钢弯曲的影响，可以通过将式（g）写成如下形式 [见第 1.11 节中式（a）]：

$$\delta_2 = \frac{Qa^3}{48EI_c} \frac{1}{1-\alpha} \tag{k}$$

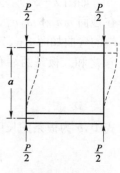

图 2-58

---

① 第 2.19 节将给出板条缀合柱临界载荷的另一等式。

其中 $$\alpha = \frac{P_{cr}}{2\pi^2 EI_c / a^2} \tag{l}$$

由式(k),可以将图 2-57 中支柱的临界载荷 P_{cr} 表示为

$$P_{cr} = \frac{\pi^2 EI}{l^2} \cdot \frac{1}{1 + \frac{\pi^2 EI}{l^2}\left[\frac{ab}{12EI_b} + \frac{a^2}{24EI_c}\frac{1}{(1-\alpha)} + \frac{na}{bA_b G}\right]} \tag{2-65}$$

由于 α 取决于 P_{cr},因此只能通过试算法来求解该方程。还应该注意到,由于板条不是刚性的,图 2-58 中板条之间柱体的临界载荷总是小于式(j)给出的值。这意味着 α 的真实值比式(l)给出的值要大,因此真正的临界载荷比方程(2-65)得到的值要小。然而,这些差异实际上并不重要,因为方程(2-65)的分母中包含 I_c 的项通常比包含 I_b 的项小。

实验结果表明[1],如果节数(图 2-57a)大于 6,结果将非常符合方程(2-65)。组合柱的设计将在第 4.6 节中进行讨论。

3) 带有穿孔盖板的柱

带有穿孔盖板的典型柱的横截面如图 2-59a 所示[2]。在计算柱的横截面积和惯性矩时,可以使用净面积(截面 nn)的特性,其精度足以满足大多数实际目的。在确定由剪力 Q 引起的横向位移时,再次考虑柱中的一小段(图 2-59b)。除了在穿孔之间的部分不是缀板而是盖板,这个微段类似于板条缀合柱的微段(图 2-57b)。因此,最终可以得到图 2-59c 中所示理想化微段,其中的水平横梁可视为具备无限刚性。垂直凸出部分的长度,即悬臂梁的长度介于 $c/2$ 和 $a/2$ 之间,其中 c 为孔的长度。图 2-59c 中,$3c/4$ 是一个合理的值,并且与实验结果一致[3]。

现在结合这一案例修改板条缀合柱的方程。由于横梁(与板条类似)是无限刚性的,可以将 $I_b = \infty$ 代入式(f),得到 $\delta_1 = 0$。根据悬臂的挠度确定位移 δ_2[式(g)],得到

$$\delta_2 = \frac{Q}{2}\left(\frac{3c}{4}\right)^3 \frac{1}{3EI_f} = \frac{9Qc^3}{128EI_f} \tag{m}$$

式中,I_f 代表支柱"翼缘"的惯性矩,即 z 轴一侧支柱的整个有效面积对于翼缘中心(图 2-59a 中轴 1-1)的惯性矩。由剪力 Q 引起的角位移为

$$\gamma = \frac{\delta_1 + \delta_2}{\frac{1}{2}a} = \frac{9Qc^3}{64aEI_f}$$

因此 $$\frac{1}{P_d} = \frac{9c^3}{64aEI_f} \tag{n}$$

由此可以得到带有穿孔盖板的典型柱的临界载荷

$$P_{cr} = \frac{\pi^2 EI}{l^2} \cdot \frac{1}{1 + \frac{\pi^2 EI}{l^2}\left(\frac{9c^3}{64aEI_f}\right)} \tag{2-66}$$

---

[1]　参阅 Timoshenko, Ann. ponts et chaussées, series 9, vol. 3, p. 551, 1913。

[2]　M. W. White 和 B. Thürlimann 曾做关于这类柱的完整报告,*Study of Columns with Perforated Cover Plates*, AREA Bull. 531, 1956。

[3]　M. W. White 和 B. Thürlimann 曾做关于这类柱的完整报告,*Study of Columns with Perforated Cover Plates*, AREA Bull. 531, 1956。

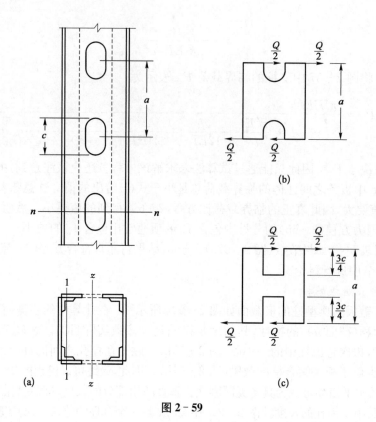

图 2-59

2.19　螺旋弹簧的弯曲

压缩螺旋弹簧的横向屈曲问题[1]具有实际意义,并可以采用与棱柱杆相同的方法进行研究。对于弹簧的弯曲,有必要考虑弹簧在压缩过程中的长度变化。在之前的所有讨论中都没有考虑到这一影响,因为对于钢和木材等材料来说,杆的长度变化与原始长度相比很小。而对于橡胶等材料的棱柱杆或弹簧,应使用压缩后的杆长度而不是初始长度来确定临界载荷。

假定弹簧为螺旋形且紧密卷绕,每个线圈都位于几乎垂直于弹簧轴线的平面内。研究过程中将使用以下符号:

l_0＝弹簧的初始长度

h_0＝螺旋线间距

n_0＝线圈数,因此有 $n_0 h_0 = l_0$

R＝螺旋半径

l＝压缩后的弹簧长度

---

① E. Hurlbrink 在这个领域内进行了首次研究, Z. Ver. deut. Ingr., vol. 54, p. 138, 1910。R. Grammel进一步讨论了这个问题, 4, angew. Math. u. Mech., vol. 4, p. 384, 1924; C. B. Biezeno and J. J. Koch, ib id., vol. 5, p. 279, 1925; and H. Ziegler, Ingr.-Arch., vol. 10, p. 227, 1939。弯曲方程的最终形式由J. A. Haringx 给出, Proc. Konink. Ned. Akad. Wetenschap., vol. 45, p. 533, 1942 (in English)。Haringx 对弹簧屈曲做了非常完整的介绍, Philips Research Repts., vol. 3, 1948, and vol. 4, 1949, published by Philips Research Laboratories, Eindhoven, Netherlands。

α_0、β_0、γ_0＝无负荷弹簧的弯曲刚度、剪切刚度、压缩刚度(类似于实心杆的 EI、AG/n、AE)

α、β、γ＝负载弹簧的刚度

当弹簧被压缩时,单位长度弹簧的圈数增加了 l_0/l。因此刚度根据系数 l/l_0 减小,得到

$$\alpha = \alpha_0 \frac{l}{l_0}, \ \beta = \beta_0 \frac{l}{l_0}, \ \gamma = \gamma_0 \frac{l}{l_0} \tag{a}$$

剪力的影响对于确定弹簧的临界载荷非常重要,需要用到方程(2-59)。对于具有铰链末端的弹簧,有

$$P_e = \frac{\pi^2 \alpha}{l^2} \tag{b}$$

将式(b)代入方程(2-59),即可得出

$$P_{cr} = \frac{\sqrt{1 + [4\pi^2 \alpha/(l^2 \beta)]} - 1}{2/\beta}$$

然后将式(a)代入 P_{cr},得到

$$P_{cr} = \frac{\sqrt{1 + [4\pi^2 \alpha_0/(l^2 \beta_0)]} - 1}{2l_0/(\beta_0 l)} \tag{c}$$

考虑弹簧的压缩,可以得到

$$\frac{l_0 - l}{l_0} = \frac{P_{cr}}{\gamma_0} \quad \text{或} \quad l = l_0 \left(1 - \frac{P_{cr}}{\gamma_0}\right) \tag{d}$$

将式(d)代入式(c),得到

$$\left(\frac{P_{cr}}{\gamma_0}\right)^2 \left(\frac{\gamma_0}{\beta_0} - 1\right) + \frac{P_{cr}}{\gamma_0} - \frac{\pi^2 \alpha_0}{l_0^2 \gamma_0} = 0$$

其中

$$\frac{P_{cr}}{\gamma_0} = \frac{1 \pm \sqrt{1 - \dfrac{4\pi^2 \alpha_0}{l_0^2 \gamma_0}\left(1 - \dfrac{\gamma_0}{\beta_0}\right)}}{2\left(1 - \dfrac{\gamma_0}{\beta_0}\right)} \tag{2-67}$$

由于只有较小值的 P_{cr}/γ_0 才有实际意义,因此方程(2-67)中应使用"－"(负号)。现在可以根据式(d)求出弯曲弹簧的压缩长度。

对于圆截面弹簧,其弯曲刚度和剪切刚度为[①]

$$\alpha_0 = \frac{EIl_0}{\pi R n_0} \frac{1}{1 + E/(2G)} \tag{e}$$

$$\beta_0 = \frac{EIl_0}{\pi R^3 n_0} \tag{f}$$

---

① 参阅 Timoshenko, *"Strength of Materials"*, 3d ed., part II, Eq. (264), p. 297, and Eq. (o), p. 298, D. Van Nostrand Company, Inc., Princeton, N. J., 1956。

式中，I 为圆截面对于直径的惯性矩。压缩刚度为[1]

$$\gamma_0 = \frac{GIl_0}{\pi R^3 n_0} \tag{g}$$

将式(e)～(g)代入方程(2-67)，并取 $E/G = 2.6$，相当于泊松比 0.3，可以得到临界载荷表达式如下：

$$\frac{P_{cr}}{\gamma_0} = 0.812\,5\left[1 \pm \sqrt{1 - 27.46\left(\frac{R}{l_0}\right)^2}\right] \tag{2-68}$$

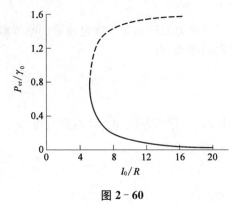

图 2-60 显示了 P_{cr}/γ_0 与 l_0/R 的函数关系图。图中实线是使方程(2-68)中取负号得到，虚线是取正号得到。从图中可以看出，存在一个临界值($l_0/R = 5.24$)，低于该值时，弹簧不会发生弯曲。若弹簧的圈数并不很少，且在发生弯曲之前线圈间没有接触，则这些计算结果与实验结果非常吻合[2]。

图 2-60

2.20　杆系的稳定性

在第 2.18 节中，基于某些简化假设，讨论了有关组合柱弯曲的几个问题。为了获得更完善的解，有必要应用弹性杆系稳定性的一般性理论[3]。下面从具有铰接接头的桁架开始，首先考虑一个仅由两根杆件组成的简单系统(图 2-61)，在垂直载荷 P 的作用下，系统中的竖直杆被压缩，斜杆不受力。

假设竖杆是绝对刚性的，而斜杆具有弹性，则可以通过能量法或平衡法(见第 2.8 节)很容易地得到压力 P 的临界值。采用第二种方法，并假设在垂直载荷的作用下，系统可能为图 2-61 中虚线所示平衡形式，需要确定在该位移位置保持系统平衡所需的载荷大小。如果 δ 是节点 B 的小位移，则斜杆上的拉力为 $A_d E_\delta \cos\alpha / d$，其中 d 为斜杆的长度、α 为倾角、A_d 为斜杆的横截面积。节点 B_1(图 2-61)在水平方向上的静力平衡方程为

$$A_d E \frac{\delta\cos^2\alpha}{d} = P\frac{\delta}{l}$$

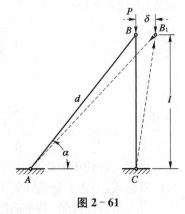

图 2-61

---

①　参阅 Timoshenko, "*Strength of Materials*", 3d ed., part I, Eq. (162), p. 293, 1955。

②　关于实验结果，以及考虑弹簧其他末端条件和截面形状的分析，参阅 Haringx, loc. cit.。

③　该理论为 R. von Mises 所创，Z. angew. Math. U. Mech., vol. 3, p. 407, 1923. R. von Mises 和 J. Ratzersdorfer 将之应用于各种缀合柱, ibid., vol. 5, p. 218, 1925, and vol. 6, p. 181, 1926。H. Müller-Breslau 讨论了其他情形, "*Die Neueren Methoden der Festigkeitslehre und der Statik der Baukonstruktionen*", 4th ed., p. 398, Leipzig, 1913, and 5th ed., P.380, Leipzig, 1924; L. Mann, Z. Bauwesen, vol. 59, p. 539, 1909; K. Ljungberg, Der Eisenbau, p. 100, 1922。M. Grüning, "*Die Statik des ebenen Tragwerkes*", Berlin, 1925; Wilhelm Wenzel, "*Über die Stabilität des Gleichgewichtes ebener elastischer Stabwerke*", Dissertation, University of Berlin, 1929。

其中
$$P_{\text{cr}} = A_{\text{d}} E \sin \alpha \cos^2 \alpha \tag{a}$$

为了更精确地求解,还应考虑竖直杆的弹性。在载荷 P 的作用下,竖杆将被压缩。如果按照计算杆件受力时通常采用的方法,以系统未变形的原始结构为基础进行计算,则斜杆上不存在受力。因此,垂直杆的任何压缩都会使系统产生横向位移,节点 B 在载荷开始作用时就开始横向移动。在这种情况下,并不存在一个确定的、决定是否会发生横向位移的临界载荷 P 值。为了避免考虑上述横向位移,假设竖直杆首先受到载荷 P 的压力,只有在发生变形后,斜杆才会连接到节点 B 上。如此,BC 杆最终处于垂直位置,并受到压力 P 的作用,而斜杆则不受力。在计算 P 的临界值时,与之前一样,假定节点 B 有微小的横向位移。因此,由于竖杆的压力发生了变化,节点 B 的任何横向位移 δ 都会导致同一节点的垂直位移 δ_1。 如果 X 表示在斜杆上产生的拉力,则垂直杆上相应增加的压力为 $X \sin \alpha$,其缩短量为

$$\delta_1 = \frac{X l \sin \alpha}{A_v E}$$

式中,A_v 为竖杆的横截面积。斜杆的总伸长等于 $\delta \cos \alpha - \delta_1 \sin \alpha$。 然后根据如下方程求出力 X:

$$\frac{X d}{A_{\text{d}} E} = \delta \cos \alpha - \frac{X l \sin^2 \alpha}{A_v E}$$

得到
$$X = \frac{A_{\text{d}} E \delta \cos \alpha}{d \left[1 + (A_{\text{d}}/A_v) \sin^3 \alpha \right]}$$

得到节点 B 的平衡方程为

$$X \cos \alpha = \frac{P \delta}{l}$$

将上述表达式代入 X 的表达式,得到

$$P_{\text{cr}} = \frac{A_{\text{d}} E \sin \alpha \cos^2 \alpha}{1 + (A_{\text{d}}/A_v) \sin^3 \alpha} \tag{b}$$

将其与之前得到的式(a)进行比较,可以看出竖杆的压缩情况由式(b)分母中的第二项决定。

根据式(b)计算出的临界载荷只有在小于端部铰接竖直构件的临界载荷时才有实际意义,否则系统不会因为图 2-61 所示的横向位移,而是由于竖直杆的弯曲而失效。因此,可以写出方程

$$\frac{A_{\text{d}} E \sin \alpha \cos^2 \alpha}{1 + (A_{\text{d}}/A_v) \sin^3 \alpha} \leqslant \frac{\pi^2 E A_v r_v^2}{l^2}$$

式中,l/r_v 为竖杆的细长比。假设两杆的 E 相同,则上式可写为

$$A_{\text{d}} \sin \alpha \cos^2 \alpha < \frac{\pi^2 A_v r_v^2}{l^2} + \frac{A_{\text{d}} r_v^2 \pi^2 \sin^3 \alpha}{l^2}$$

由于 $(r_v/l)^2$ 通常是一个非常小的量,因此可以得出结论:只有当 A_{d} 相比 A_v 非常小,或者角度 α 非常小时,才会出现图 2-61 中表现的那种不稳定性。在这两种情况下,式(b)中分母的第二项都非常小,可以忽略不计。因此,式(a)就实际目的而言是足够准确的。

在前面的讨论中,曾经假定竖直杆首先被载荷 P 压缩,然后才连接倾斜杆。如果系统是在无应力状态下组装的,那么如前所述,施加任何竖直载荷 P 都会产生一定的横向位移。这种情况类似于一根杆件在少量偏心的作用力下被压。从压缩一开始,这种杆件就开始弯曲,但这种弯曲非常小,只有当载荷接近中心受压杆的临界值时,弯曲才开始迅速增加。同样的作用也发生在上述系统中,只有当载荷 P 接近式(b)给出的值时,横向位移才开始迅速增加。

下面考虑带有铰接接头桁架的一般情况。为简化起见,假设所有节点都在同一平面上。如果用 l_{ik} 表示任意两个节点 i 和 k 之间构件的初始长度,用 a_{ik} 表示加载后同一构件的长度,那么加载在构件上产生的力为 $A_{ik}E(a_{ik}-l_{ik})/l_{ik}$,其中 A_{ik} 为构件的横截面积。任何连接节点 k 的平衡方程都可以写成通常形式:

$$\left.\begin{array}{l} \sum_i \dfrac{A_{ik}E(a_{ik}-l_{ik})\cos\alpha_{ik}}{l_{ik}} - X_k = 0 \\[3mm] \sum_i \dfrac{A_{ik}E(a_{ik}-l_{ik})\sin\alpha_{ik}}{l_{ik}} - Y_k = 0 \end{array}\right\} \tag{c}$$

式中,α_{ik} 表示架变形以后杆 ik 与 x 轴所夹的角;X_k 及 Y_k 为作用于结点 k 的任何荷重的分量,而这总和须包括交于结点的所有的杆,在计算荷重的临界值时,与前述一样地进行:假设此系统离开其平衡位置有一无限小的位移,计算保持此系统在此位移后的位置平衡所需的荷重值,该值就是临界荷重。以 δ_{xk} 及 δ_{yk} 表示结点的小位移的分量,而以 δ_{xi} 及 δ_{yi} 为结点 i 的位移分量,于是由简单的几何关系(图 2-62)可以看出,相应有

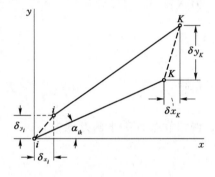

图 2-62

$$\delta a_{ik} = (\delta x_k - \delta x_i)\cos\alpha_{ik} + (\delta y_k - \delta y_i)\sin\alpha_{ik}$$

$$\delta\alpha_{ik} = \frac{1}{a_{ik}}\left[-(\delta x_k - \delta x_i)\sin\alpha_{ik} + (\delta y_k - \delta y_i)\cos\alpha_{ik}\right] \tag{d}$$

在式(c)中,用 $\delta_{aik}+a_{ik}$ 代替 a_{ik}、用 $\alpha_{ik}+\delta_{aik}$ 代替 α_{ik},就得到系统新配置的平衡方程。考虑到位移 δx 和 δy 是无限小的,根据式(c),方程(d)变为

$$\sum_i \cos\alpha_{ik}\frac{A_{ik}E}{l_{ik}}\delta a_{ik} - \sum_i \sin\alpha_{ik}\frac{A_{ik}E(a_{ik}-l_{ik})}{l_{ik}}\delta\alpha_{ik} = 0$$

$$\sum_i \sin\alpha_{ik}\frac{A_{ik}E}{l_{ik}}\delta a_{ik} + \sum_i \cos\alpha_{ik}\frac{A_{ik}E(a_{ik}-l_{ik})}{l_{ik}}\delta\alpha_{ik} = 0 \tag{e}$$

列出所有节点所对应的这种形式的方程[①],并用式(d)中的值代替 δ_{aik} 和 δ_{aik},可以得到与独立位移 δ_x 和 δ_y 数量相同的齐次线性方程,用于确定 δx 和 δy。当这些方程能给出位移 δ_x 和 δ_y 的非零解时,先前假定的离开平衡位置的形式就可能成立。因此可得出结论:载荷的临界值可以通过将这些方程的行列式等效为零得到。

[①] 对于固定支座上的节点,δ_x 和 δ_y 均为零。对于在滚轴上的节点,位移 δ_x 和 δ_y 中只有一个是独立的。

现将这种方法应用到前面讨论的案例中(图 2-63)。由于铰链 1 和 3 是固定的,因此只有两个独立的位移 δ_{x2} 和 δ_{y2}。根据式(d),长度 a_{12} 和 a_{32} 以及角度 α_{12} 和 α_{32} 的变化量分别为

$$\delta a_{12} = \delta x_2 \cos\alpha_{12} + \delta y_2 \sin\alpha_{12}, \quad \delta a_{32} = \delta y_2;$$

$$\alpha_{12} = \frac{1}{a_{12}}(-\delta x_2 \sin\alpha_{12} + \delta y_2 \cos\alpha_{12}), \quad \delta\alpha_{32} = -\frac{\delta x_2}{a_{32}}$$

代入式(e),得到

$$\begin{cases} \delta x_2 \left(-\dfrac{P}{a_{32}} + \dfrac{A_{12}E}{a_{12}}\cos^2\alpha_{12}\right) + \delta y_2 \dfrac{A_{12}E\sin\alpha_{12}\cos\alpha_{12}}{a_{12}} = 0 \\[3mm] \delta x_2 \dfrac{A_{12}E\sin\alpha_{12}\cos\alpha_{12}}{a_{12}} + \delta y_2 \left(\dfrac{A_{12}E\sin^2\alpha_{12}}{a_{12}} + \dfrac{A_{32}E}{a_{32}}\right) = 0 \end{cases}$$

将这些方程的行列式等效为零,就得到了载荷 P 的临界值,该值与之前给出的(b)中值一致。

对图 2-64 所示情况采用同样的方法,用 l 和 A 分别表示水平杆的长度和横截面积,用 l_1 和 A_1 表示倾斜杆的相应值,得到载荷 P 的临界值为[1]

$$P_{cr} = \frac{AE}{\cot^2\alpha \left(3 + \dfrac{2l_1 A}{l A_1 \cos^2\alpha}\right)} \tag{f}$$

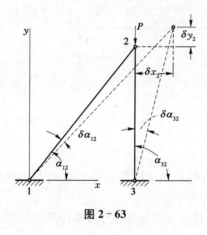

图 2-63

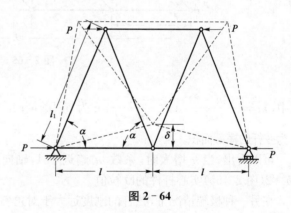

图 2-64

如果是刚度非常大的斜杆,则变为

$$P_{cr} = \frac{AE}{3\cot^2\alpha} \tag{g}$$

通过简单分析图 2-64 中虚线所示的变位系统平衡情况,可以得出式(g)。

若由于系统的假定位移,上部水平杆的压力减小 X,则下部水平杆的压缩力增加 $\frac{1}{2}X$,这些杆件的附加缩短量为 $Xl/(2EA)$。考虑到这一缩短以及下部弦杆中间节点的挠度 δ,上部水平杆的伸长率等于

① 参阅 R. von Mises and J. Ratzersdorfer, Z. Math. U. Physik, vol. 5, p. 227, 1925。

$$2\left(\frac{l_1\delta\sin\alpha}{l}-\frac{Xl}{4AE}\right)$$

力 X 可通过下式求得：

$$\frac{l_1\delta\sin-\alpha}{l}-\frac{Xl}{4AE}=\frac{Xl}{2AE}$$

从而得到

$$X=\frac{4AEl_1\delta\sin\alpha}{3l^2}$$

将其代入变位系统的平衡方程得

$$P\delta=Xl_1\sin\alpha$$

用一截面将桁架截开，并以下部弦杆中间节点的变位位置取力矩，可以得到上述临界载荷值(g)。在有许多节段的桁架(图 2 - 65)中，假设对角斜杆的刚度很高，可以得到压力的临界值[1]

$$(2P)_{cr}=m\,\frac{\pi^2EI}{L^2} \tag{2-69}$$

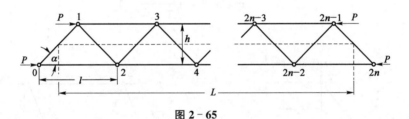

图 2 - 65

式中，$m=\dfrac{(4n-2)^2}{\pi^2}\tan^2\dfrac{\pi}{4n-2}$，$n$ 为节段数量；$L=\left(n-\dfrac{1}{2}\right)l$；$I=\dfrac{Ah^2}{2}=\dfrac{A}{2}\left(\dfrac{l\tan\alpha}{2}\right)^2$，$A$ 为弦杆的横截面积。

可以看出，当 n 增大时，系数 m 趋近于 1，轴向压力临界值 $2P$ 趋近于长度为 L 且 $I=Ah^2/2$(图 2 - 65)实心杆件的欧拉值。

在另一种极端情况下，弦杆的刚度远大于对角斜杆，并且 n 值也很大，精确计算的结果与之前用方程(2 - 62)近似方法得到的结果完全吻合。当对角斜杆和弦杆的刚度处于同一数量级时，也会得到相同的结果[2]。

上述结果是在假设所有连接处均为理想铰链的情况下得出的。如果假设弦杆为连续杆件，且只有对角斜杆为铰链连接，精确的计算表明[3]附加刚度可以通过方程(2 - 63)的推导方法进行近似计算。因此，在实际计算中，只要节段的数量较多，例如不少于 6 段，就可以使用近似式(2 - 62)、(2 - 63)。

---

　　[1]　参阅 R. Mises and J. Ratzersdorfer, Z. angew. Math. Mech., vol. 5, p. 218, 1925. and vol. 6, p. 181, 1926。

　　[2]　参阅 R. Mises and J. Ratzersdorfer, Z. angew. Math. Mech., vol. 5, p. 218, 1925. and vol. 6, p. 181, 1926。

　　[3]　参阅 Wenzel，引用如前。

在讨论框架结构时,首先从图 2 - 66 所示单个刚架开始。设 I 和 l 分别为竖直杆的横截面惯性矩和长度,I_1 和 b 为水平杆的相应数值。假设在垂直载荷 P 的作用下,刚架如图所示发生侧向屈曲,并用 M 表示刚性连接处的力矩,则垂直杆的挠度曲线微分方程为

$$EI\frac{\mathrm{d}^2 y}{\mathrm{d}x^2} = P(\delta - y) - M \qquad (h)$$

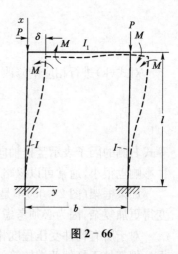

图 2 - 66

方程的解为

$$y = A\cos kx + B\sin kx + \delta - \frac{M}{P}$$

其中

$$k^2 = \frac{P}{EI}$$

根据固定端条件确定常数 A 和 B,得到

$$y = \left(\delta - \frac{M}{P}\right)(1 - \cos kx) \qquad (i)$$

竖直杆上端的条件是

$$(y)_{x \to l} = \delta \left(\frac{\mathrm{d}y}{\mathrm{d}x}\right)_{x \to l} = \frac{Mb}{6EI_1} \qquad (j)$$

代入 y 的表达式(i),得到

$$\left. \begin{array}{l} \delta\cos kl + \dfrac{M}{P}(1 - \cos kl) = 0 \\[2mm] \delta k\sin kl - \dfrac{M}{P}\left(k\sin kl + \dfrac{bP}{6EI_1}\right) = 0 \end{array} \right\} \qquad (k)$$

当两等式的行列式为零时,可以得到以下计算临界载荷 P 值的方程:

$$\frac{kl}{\tan kl} = -\frac{6lI_1}{bI} \qquad (l)$$

如果水平杆为刚体,则 $I_1 = \infty$,得到

$$kl = \pi, \ P_{cr} = \frac{\pi^2 EI}{l^2} \qquad (m)$$

在另一种极端情况下,$I_1 = 0$,可以由式(l)得出

$$kl = \frac{\pi}{2}, \ P_{cr} = \frac{\pi^2 EI}{4l^2} \qquad (n)$$

对于所有中间情况的 P_{cr} 值,都可以通过求解式(l)得到。

在上述讨论中,忽略了弯曲时垂直方向的长度变化。从图 2 - 66 可以看出,由于力矩 M 的作用,将在左侧竖杆中产生相当于 $2M/b$ 的拉力,在右侧竖杆中产生相当于 $2M/b$ 的压力。相应的长度变化为 $2Ml/(AEb)$,由此产生的水平杆转角为 $4Ml/(AEb^2)$。因此式(j)的第二个条件为

$$\left(\frac{\mathrm{d}y}{\mathrm{d}x}\right)_{z=l} = \frac{Mb}{6EI_1} + \frac{4Ml}{AEb^2}$$

对式(k)进行相应的修改,最终得到用于确定临界载荷 P 值的方程:

$$\frac{kl}{\tan kl} = -\frac{6lI_1}{bI}\frac{1}{1+24lI_1/(Ab^3)} \tag{o}$$

等式右侧的因子表示竖杆轴向变形对临界载荷大小的影响。由于 I_1 通常远小于 Ab^2,因此这种影响也很小,通常可以忽略。

如果框架(图 2-66)不是对称的,或者载荷不是对称的,那么确定载荷临界值的问题就会变得更加复杂,因为必须考虑两个上节点的位移和转动[1]。

对于所有构件受压程度相等的正方形框架(图 2-67),将发生如图所示的弯曲。由于每根杆件都处于杆件两端铰接的状态,因此临界压力由方程(2-5)得到。对于任意 n 边相等的正多边形,且每个构件都受到相同轴向力的挤压(图 2-68),杆件的临界力由以下公式得出[2]:

$$\left.\begin{array}{l} P_{\mathrm{cr}} = \left(\dfrac{4\pi}{n}\right)^2 \dfrac{EI}{l^2},\ n>3 \\[3mm] P_{\mathrm{cr}} = (1.23\pi)^2\,\dfrac{EI}{l^2},\ n=3 \end{array}\right\} \tag{2-70}$$

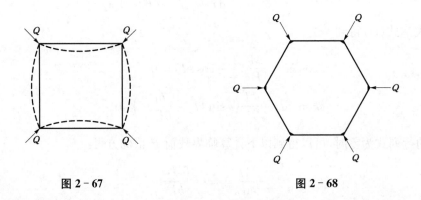

图 2-67   图 2-68

对于更复杂的框架结构,已经有了稳定性的一般理论结果[3]。使用与上述铰链连接桁架类似的方法,通过将表示轻微偏转状态下系统节点平衡条件的齐次线性方程组的行列式等效为零,可以得到临界载荷值。

将此方法应用于带有板条缀合柱的情况(图 2-57),并使用与第 2.18 节中相同的符号,在板条刚度很大的情况下,可以得到临界载荷的以下表达式:

$$P_{\mathrm{cr}} = \frac{2z^2 EI_c}{a^2} \tag{2-71}$$

系数 z 得自超越方程

---

①   Mises 和 Ratzersdorfer 讨论了几个此类例子,引用如前。
②   同上。
③   同上。

$$\frac{4I_c}{A_c b^2} = \frac{1-\cos(\pi/n)}{\cos(\pi/n)-\cos z}\frac{\sin z}{z} \tag{p}$$

式中，$n=l/a$ 表示支柱中的节段数量；A_c 为槽钢的横截面积；b 为板条的长度，等于中心线之间的距离；I_c 为槽钢横截面积的惯性矩。计算表明，近似方程(2-64)与更精确的方程(2-71)结果非常吻合。

作为一数字的例题[①]：

$$\frac{A_c b^2}{4I_c}=180, \ n=10$$

$$I=2I_c+\frac{A_c b^2}{2}=362I_c$$

将这些数据代入式(p)，得到 $z=2.583$。 根据方程(2-71)，临界载荷变为

$$P_{cr}=0.369\frac{\pi^2 EI}{l^2}$$

在 $I_b=\infty$ 和 $A_b=\infty$ 的条件下，由近似方程(2-64)得出

$$P_{cr}=\frac{\pi^2 EI}{l^2}\frac{1}{1+\pi^2 Ia^2/(24I_c l^2)}=0.403\frac{\pi^2 EI}{l^2}$$

在这种极端情况下，板条柱的临界载荷仅为相应实心柱计算值的 40%，近似方程的误差约为 9%。在临界载荷与实心柱计算值相差不大，以及板条弯曲刚度不大的情况下，方程(2-64)可以得到一个较好的近似值，能准确地应用于实际设计。

刚性节点框架的稳定性可以使用力矩分配法研究。使用这种方法时，假定桁架有销轴连接，并设一组特定的外部载荷值，确定杆件中相应的轴向力。然后在框架的一个节点上施加任意力矩，按常规方式分布框架中的力矩。然而，需要修改力矩分布计算中使用的刚度和承载系数，以考虑轴向载荷的影响[②]。如果力矩分布计算中，终端力矩收敛到一定的值，则一般来说框架是稳定的。然后重复整个过程，增加结构上的载荷，但保持载荷比例不变。如果载荷超过临界值，则弯矩分布计算中端力矩一般不会收敛到一定的值。因此，通过连续运用上述计算，就可以确定临界载荷[③]。

2.21　非保守力的情况

前面多个小节都是从柱的轻微弯曲状态开始分析，没有考虑原始的直形式和最终的弯曲状态之间的变形过程。因为我们只处理了保守力，这是可以的，对于保守力来说，位移过程中所做的功只取决于初始位置和最终位置，而与施力点的路径无关。例如，重力或重量所做的功只取决于物体重心的降低。在用能量法计算临界载荷时利用了这一事实，因为外力做的功取

[①] 这些数字案例来自 Timoshenko 在实验中所用板条缀合柱模型的尺寸，参阅 Ann. ponts el chaussées, series 9, vol. 3, p. 551, 1913。

[②] B. W. James 确定了这些系数的修正值，NACA Tech. Note 534, 1935。

[③] N. J. Hoff 建立了这个方法的正确性，J. Aeronaut. Sci., vol. 8, no. 3, p. 115-119, 1941，并参阅 N. J. Hoff, B. A. Boley, S. V. Nardo, 及 S. Kaufman, Trans. ASCE, vol. 116, p. 958, 1951。

为 $\Delta T = P\lambda$，其中 λ 代表外力 P 作用点的初始位置和最终位置之间沿力方向的距离。同样，在使用平衡微分方程时，假定存在弯曲状态，由末端条件决定保持杆件弯曲状态所需的最小力。这个临界力与杆件达到假定弯曲状态的过程无关。

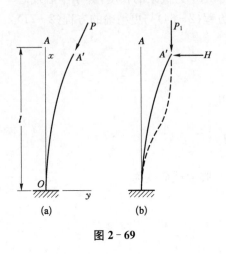

图 2-69

在非保守力的情况下，上述两种方法（称为静力法）都不适用，我们必须使用稳定性的动态准则[1]。图 2-69a 展示了一个在柱体上施加非保守力的示例。假定在柱体上施加一个恒定的压力 P，并且在屈曲过程中始终作用于柱顶端挠度曲线的切线方向上。在这种情况下，不能仅根据初始位置 A 和最终位置 A' 来计算力 P 在弯曲过程中所做的功，还必须知道每个中间位置的切线方向。为了展示这一点，将力 P 分解为垂直分量 P_1 和水平分量 H（图 2-69b）。如果 A 点处的切线在屈曲过程中保持垂直（如图中虚线所示），并在到达 A' 点后才转动，则水平分量 H 不会做功。如果 A 处的切线和力 P 在弯曲过程中连续转动，则会产生不同的结果，因为此时水平分量 H 也会做功。显然，只有根据柱体在弯曲过程中挠度曲线的更多信息，才能获得力 P 所做功的确定值。这一结论表明，在这种情况下不能使用能量法计算 P_{cr}。

如果尝试使用微分方程(2-9)来确定 P_{cr}，可以发现柱体的下端是固定的（图 2-69a），故条件为

$$y = \frac{dy}{dx} = 0 \quad (x = 0) \tag{a}$$

支柱上端弯矩为零，剪力 V 为 $-H$，等于 $-P\,dy/dx$。因此，根据第 1.2 节中的方程(1-3)、(1-4)，得到条件

$$\frac{d^2 y}{dx^2} = \frac{d^3 y}{dx^3} = 0 \quad (x = l) \tag{b}$$

利用这些条件来确定通解[方程(2-10)]中的四个积分常数，可知只有将所有常数都取为零才能满足条件。由此可以得出结论，在弹性范围内只有直线形式的平衡。这是从静态角度得出的结论。接下来，从动态角度来研究支柱的稳定性。

在阐述稳定性的动态标准时，首先假设受载荷柱体受到初始扰动，产生微小振动。如果这些振动随着时间的推移而减小，就可以得出结论，柱的直线平衡形式是稳定的。由于阻尼作用始终存在，初始振动会逐渐减弱，经过一段时间后，柱体会恢复到初始的直线形态。另一方面，如果作用在柱体上的外力使得振动的振幅无限增大，那么柱的直线平衡形式就是不稳定的。

在前面涉及保守力的案例中，已经证明如果载荷低于临界值，那么柱体从初始直线形态的任何偏转都会导致系统总势能（杆的应变能加上载荷的势能）的增加。如果柱体在初始力作用下获得少量动能，并随之产生振动，那么根据能量守恒原理可以得出结论，振动不会有增加的趋势。因此，通过静态方法确定的临界载荷也将满足稳定性的动态标准。在非保守力的情况

① 参阅 H.Ziegler 的论文，Advances in Appl. Mech., vol. 4, p. 357-403, 1956, and Ingr.-Arch., vol. 20, no. 1, p. 49, 1952。

下,条件则有所不同。如果杆件发生微小振动,力可能会产生正功,从而导致振幅逐渐增大。这种情况表明了不稳定性的存在。

回到之前受非保守力作用的杆的例子(图 2-69),使用动态稳定准则,需要研究柱的微小振动[1]。利用达朗贝尔原理并用惯性力代替横向载荷,可以从方程(1-5)中得到振动的方程。这样,可以得到等式

$$EI\frac{\partial^4 y}{\partial x^4} + P\frac{\partial^2 y}{\partial x^2} + \frac{q}{g}\frac{\partial^2 y}{\partial t^2} = 0 \tag{c}$$

式中,q/g 为柱体单位长度的质量,令其除以 EI,并使用符号

$$k^2 = \frac{P}{EI},\ a = \frac{q}{gEI} \tag{d}$$

得到

$$\frac{\partial^4 y}{\partial x^4} + k^2\frac{\partial^2 y}{\partial x^2} + a\frac{\partial^2 y}{\partial t^2} = 0 \tag{e}$$

这个微分方程的常系数解可以表示为

$$y = A_0 f(x) \mathrm{e}^{i\omega t} \tag{f}$$

其中 $i = \sqrt{-1}$。将式(f)代入式(e),得到 $f(x)$ 的常微分方程为

$$\frac{\mathrm{d}^4 f(x)}{\mathrm{d}x^4} + k^2\frac{\mathrm{d}^2 f(x)}{\mathrm{d}x^2} - a\omega^2 f(x) = 0$$

方程的通解为

$$f(x) = A\cosh\lambda_1 x + B\sinh\lambda_1 x + C\cos\lambda_2 x + D\sin\lambda_2 x \tag{g}$$

其中

$$\left.\begin{array}{l} \lambda_1 = \left(\sqrt{a\omega^2 + \dfrac{k^4}{4}} - \dfrac{k^2}{2}\right)^{\frac{1}{2}} \\[3mm] \lambda_2 = \left(\sqrt{a\omega^2 + \dfrac{k^4}{4}} + \dfrac{k^2}{2}\right)^{\frac{1}{2}} \end{array}\right\} \tag{h}$$

为了确定解(g)中的常数,由式(a)、(b)给出四个终点条件。将式(g)代入这些条件,可以得到关于 A、B、C、D 的四个齐次线性方程。要得到另一个解,方程的行列式必须为零。由此得到频率方程

$$2a\omega^2 + k^4 + 2a\omega^2\cosh\lambda_1 l\cos\lambda_2 l + k^2\sqrt{a\omega^2}\sinh\lambda_1 l\sin\lambda_2 l = 0 \tag{2-72}$$

由此可以计算出任意力 P 的圆频率 ω。可以看出,当 $\omega = 0$ 时,也就是柱的静态条件下,没有任何不等于零的 k^2 值可以满足方程(2-72)。这意味着没有任何 P 值可以使柱体保持轻微屈曲状态,于是得出与之前使用静态方法计算时相同的结论。

下面考虑 ω 不等于零。取 $P = 0$,得到

$$k^2 = 0,\ \lambda_1 = \lambda_2 = \sqrt[4]{a\omega^2}$$

---

[1]　这一研究为 Max Beck 所作, Z. angew. Math. U. Physik, vol. 3, p. 225, 1952. K. S. Dejneko 和 M. J. Leonov 曾独立研究同一问题, Appl. Math. Mech. (Russian), vol. 19, p. 738, 1955。

方程(2-72)变为 $\qquad \cosh(l\sqrt[4]{a\omega^2})\cos(l\sqrt[4]{a\omega^2}) = -1 \qquad$ (i)

表 2-15 受压柱的频率[根据方程(2-72)]

$\dfrac{Pl^2}{\pi^2 EI}$	0	0.5	1.0	1.5	2.0	2.001
$\omega_1^2\,\dfrac{al^4}{\pi^4}$	0.125	0.26	0.30	0.46	0.96	0.98
$\omega_2^2\,\dfrac{al^4}{\pi^4}$	4.80	4.2	3.3	2.6	1.02	0.99

这是棱柱形悬臂杆的已知频率方程[①]，表 2-15 第二列的第二、第三行的值对应前两阶固有频率 ω_1 和 ω_2。

若考虑 P 增大时，并不断增大方程(2-72)中的 k^2 值，会得到为首两个频率 ω_1 和 ω_2 的平方，如表 2-15 的第二行和第三行所示。ω^2 的值为正值，将相应的 ω 值代入式(g)、(f)，可以得到式(e)的解，其形式为

$$y = f(x)\sin\omega t \quad \text{和} \quad y = f(x)\cos\omega t$$

这些等式表示常振幅简谐振动，由此可以知道柱体是稳定的。然而，P 有一个确定值，在该值时，柱体的振动特性会发生变化。从表 2-15 中可以看出，随着 P 值增大，ω_1^2 和 ω_2^2 的值相互接近，更精确的计算表明

$$\frac{Pl^2}{\pi^2 EI} = 2.008 \qquad (j)$$

时，ω_1^2 和 ω_2^2 两值相等；也就是说，频率方程(2-72)有一重根。随着 P 值进一步增大，根变为复根，其形式为 $\omega = m + in$，其中 m 和 n 均为实数。代入式(f)，可以得到如下形式的解

$$y = f(x)e^{(n+im)t} \quad \text{和} \quad y = f(x)e^{(-n+im)t}$$

由于 n 与 $-n$ 有一正数，相应的 y 值会随着时间的推移无限增大，这表明柱体是不稳定的。因此，根据式(j)可以得到力 P 的临界值为

$$P_{cr} = \frac{2.008\pi^2 EI}{l^2} \qquad (2-73)$$

综上，通过应用动态稳定性概念，可以获得切向力 P 的明确临界值，而这是无法通过静力分析找到的。由于还没有在柱体弯曲过程中施加切向力的方法，对于这一结果的实际价值，目前还无法得出确切的结论。

如果假设压力沿支柱轴线分布，并始终沿挠度曲线的切线方向作用，也会出现类似的问题。

受压与受扭的轴。 作为非保守力作用下弯曲的另一个例子，下面考虑轴受到轴向压力 P 和扭矩 M_t 作用的情况，如图 2-70 所示。假定轴的两端通过理想的球形铰链或万向节连接到支座上，能够在任何方向上自由旋转，并假设在屈曲过程中力 P 和力矩 M_t 保持其初始方向。在这种条件下，力矩 M 并不是保守的，因为它所做的功取决于杆端切线在弯曲过程中的

---

① 参阅 Timoshenko, *"Vibration Problems in Engineering"*，3d ed. 与 D. H. Young, p. 338, D. Van Nostrand Company, Inc., Princeton, N.J., 1955。

移动方式。为了说明这一点，需要研究轴的下端 A。微屈曲轴点 A 处的切线可以通过绕 y 轴和 z 轴旋转的 $\mathrm{d}z/\mathrm{d}x$ 角和 $\mathrm{d}y/\mathrm{d}x$ 角，到达其倾斜位置。在这一转动过程中，始终位于水平面上的力矩 M_t 不会产生任何功。也可以通过另一种方式将切线带到倾斜位置。例如，可以将切线绕 y 轴或 z 轴旋转角度 $(\sqrt{\mathrm{d}y^2+\mathrm{d}z^2})/\mathrm{d}x$，然后通过绕 x 轴的旋转将让其到达最终位置。在后一转动过程中，力矩会产生功，因此很明显，这是一个非保守的载荷系统。假设以某种方式确定了扭转的特征，那么可以通常的静态方法，根据弯曲轴的平衡方程确定临界载荷。

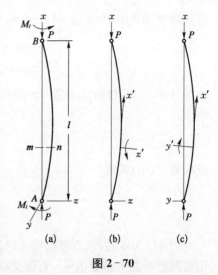

图 2 - 70

在这种情况下，挠度曲线将不是平面曲线，必须考虑曲线的两个投影，如图 2 - 70b、c 所示。假设杆件横截面的主惯性矩相等，则横截面平面上任意两个垂直的中心轴都可以作为主轴[1]。考虑杆的任意横截面 mn，并使主轴平行于 y 和 z，则这两轴在屈曲后的方向将是 y' 和 z'。在推导挠度曲线的微分方程时，考虑杆件的上半部分，计算施加在这部分杆件上的相对于 y' 和 z' 轴的力矩。如图所示，将力矩取为正值，压缩力 P 相对于 y' 和 z' 轴的力矩分别为 Pz 和 $-Py$。扭矩 M 相对于同一轴的力矩分别为 $-M_t \mathrm{d}y/\mathrm{d}x$ 和 $-M_t \mathrm{d}z/\mathrm{d}x$。于是，每个平面上挠度曲线的微分方程为

$$\left.\begin{array}{l} EI\,\dfrac{\mathrm{d}^2 z}{\mathrm{d}x^2}=-Pz+M_t\,\dfrac{\mathrm{d}y}{\mathrm{d}x}\\[3mm] EI\,\dfrac{\mathrm{d}^2 y}{\mathrm{d}x^2}=-Py-M_t\,\dfrac{\mathrm{d}z}{\mathrm{d}x} \end{array}\right\} \tag{k}$$

两方程的通解为

$$\left.\begin{array}{l} y=A\sin(m_1 x+\alpha_1)+B\sin(m_2 x+\alpha_2)\\[2mm] z=A\cos(m_1 x+\alpha_1)+B\cos(m_2 x+\alpha_2) \end{array}\right\} \tag{l}$$

式中，A、B、α_1、α_2 为积分常数；m_1 和 m_2 为以下二次方程的两个根：

$$EI m^2 + M_t m - P = 0 \tag{m}$$

将式 (l) 代入式 (k)，可以证得 (k) 中两方程都得到了满足。

为了确定常数 A、B、α_1、α_2，端点需要满足以下条件：

$$(y)_{z=0}=0,\ (y)_{z=l}=0,\ (z)_{z=0}=0,\ (z)_{z=l}=0 \tag{n}$$

将 y 和 z 的表达式 (l) 代入，可得

$$\begin{cases} A\sin\alpha_1+B\sin\alpha_2=0\\[1mm] A\cos\alpha_1+B\cos\alpha_2=0\\[1mm] A\sin(m_1 l+\alpha_1)+B\sin(m_2 l+\alpha_2)=0\\[1mm] A\cos(m_1 l+\alpha_1)+B\cos(m_2 l+\alpha_2)=0 \end{cases}$$

[1]　R. Grammel 讨论了具有两种不同弯曲刚度的轴的情况，Z, angew, Math. u. Mech., vol. 3, p. 262, 1923。

将前两个等式中 $B\sin\alpha_2$ 和 $B\cos\alpha_2$ 代入后两个等式,得到

$$A[\sin(m_1l+\alpha_1)-\sin(m_2l+\alpha_1)]=0$$
$$A[\cos(m_1l+\alpha_1)-\cos(m_2l+\alpha_1)]=0$$

由此可知,m_1l 和 m_2l 相差 2π 的倍数。根据以下条件可以得出发生屈曲的 M_t 和 P 的最小值:

$$m_1l-m_2l=\pm2\pi$$

或根据式(m)可得

$$\frac{M_t^2}{4EI}+P=\frac{\pi^2EI}{l^2} \tag{2-74}$$

　　当 M_t 为零时,该方程给出了已知的临界载荷欧拉公式。当 P 等于零时,可以得到单独作用时使轴弯曲的扭矩值[1]。若轴受拉力,则方程(2-74)中 P 的符号必须改变。因此,如果施加拉力,轴抵抗扭矩所产生屈曲的稳定性就会增加。

　　上述问题也对稳定性的动态概念进行了讨论。通过对轴的横向振动的考虑,得到了相同的方程(2-74)[2]。多位学者讨论了具有其他端部条件的轴的屈曲问题[3],但同样地,在非保守力的情况下,如何以机械方式施加力的问题仍然没有答案。目前还没有对结果进行实验验证。在弹性范围内的结构理论中,通常会遇到静止的保守载荷,因此采用静态方法足够解决稳定性问题。另一方面,在分析力随时间变化的问题时,稳定性的动态概念至关重要。下节将讨论这类问题的一些例子。

2.22　变化轴向力作用下棱柱条的稳定性

　　下面从一个简单的例子开始讨论。有一根两端带铰链的等截面杆(图2-71),受到如下轴向压力的作用:

$$P+S\cos\Omega t \tag{a}$$

该力由不变部分 P 和周期性变化部分 $S\cos\Omega t$ 组成,其中 S 为振幅、Ω 为圆频率。因此,总轴向压缩力在 $P+S$ 和 $P-S$ 之间变化。经验表明,细长杆可承受的最大力 $P+S$ 大于欧拉载荷 $P_e=\pi^2EI/l^2$ 时,不会发生弯曲。并且在脉动力的频率 Ω 达到一定值时,杆件会产生剧烈的横向振动,因此杆件在这些频率下是不稳定的[4]。在研究这个问题时,将使用稳定性的动态概念。假定杆件是笔直的且完全弹性,并且在某些脉冲作用下会产生微小的横向振动。在这些振动过程中,杆的上端会上下轻微移动,在某些特定频率下,外部脉动力将产生正功,导致振

---

[1]　式(2-74)由 A. G. Greenhill 所得,Proc. Inst. Mech. Engrs. (London),1883。E. L. Nicolai, Dissertation, St. Petersburg, 1916 (Russian),及 Z. angew. Math. u. Mech., vol. 6, p. 30, 1926 在其论文中进一步讨论了这一问题。

[2]　参阅 H. Ziegler, Z. angew. Math. U. Phys., vol. 2, p. 265, 1951,及 A. Troesch, Ingr. -Arch., vol. 20, p. 258, 1952。

[3]　H. Ziegler in Advances in Appl. Mech., vol. 4, p. 357-403, 1956 中给出了对于这些情形的描述。

[4]　通过在弦上施加一脉动拉力,可以很容易地证明类似现象。在一定频率的力作用下,弦将产生剧烈的横向振动。

动幅度增大。这表明出现了不稳定性条件[1]。

在研究横向振动时,将使用第 2.21 节中的微分方程(c)。在脉动载荷 (a)的情况下,此微分方程(c)变为[2]

$$EI\,\frac{\partial^4 y}{\partial x^4} + (P + S\cos\Omega t)\,\frac{\partial^2 y}{\partial x^2} + \frac{q}{g}\,\frac{\partial^2 y}{\partial t^2} = 0 \tag{b}$$

取方程的解为

$$y = Af(t)\sin\frac{\pi x}{l} \tag{c}$$

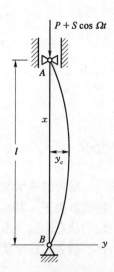

图 2-71

这个解满足杆件铰链两端的条件,并以半个正弦波的形式表示挠度。将方程(c)代入方程(b),可以得到以下用于确定函数 $f(t)$ 的方程:

$$\frac{\mathrm{d}^2 f(t)}{\mathrm{d}t^2} + \frac{g\pi^2}{ql^2}\Big(\frac{\pi^2 EI}{l^2} - P\Big)f(t) - \Big(\frac{g\pi^2}{ql^2}S\cos\Omega t\Big)f(t) = 0 \tag{d}$$

在 $S=0$ 和 $P < \pi^2 EI/l^2$ 的特殊情况下,静载荷小于欧拉载荷。式(d)给出了一个简谐振动,其频率为

$$\omega^2 = \frac{g\pi^2}{ql^2}\Big(\frac{\pi^2 EI}{l^2} - P\Big) \tag{e}$$

$P=0$ 时,则有

$$\omega_0^2 = \frac{g\pi^4 EI}{ql^4} \tag{f}$$

这是无轴向载荷时,两端铰接的棱柱形杆横向振动时圆频率的平方[3]。从式(e)中可以看出,随着载荷 P 的增加,频率 ω 下降;当载荷达到欧拉值时,频率为零。在此载荷下不再有任何振动,杆件以轻微偏转的形式处于平衡状态。因此,在 $S=0$ 的情况下,式(d)所给出的临界载荷值与之前由静力方法得出的值相同。

现在研究 $S\neq$ 零且杆件受脉动载荷作用的情况。为简化式(d)的书写,引入以下符号:

$$p = \frac{P}{P_s}, \; s = \frac{S}{P_s} \tag{g}$$

则式(d)变为

$$\frac{\mathrm{d}^2 f(t)}{\mathrm{d}t^2} + \omega_0^2(1-p)f(t) - \omega_0^2(s\cos\Omega t)f(t) = 0 \tag{h}$$

现用新变量 τ 代替 t,即

$$\tau = \Omega t \tag{i}$$

① 这个问题由 N. M. Belajev 首先解决, Engineering Structures and Structural Mechanics, "*Collection of Papers*," p. 149‐167, Leningrad, 1924。并参阅 E. Mettler, Milt. Forsch. Anst. GHH‐Konz., vol. 8, p. 1, 1940,及 K. Klotter, Forsch. Ing.-Wesen, vol. 12, p. 209, 1941. F. Weidenhammer 曾讨论过类似的固定端杆件问题,Ingr.-Arch., vol. 19, p. 162, 1951. B. B. Bolotin 的书中给出了许多在脉动载荷作用下的结构稳定性问题, "*Dynamic Stability of Elastic Systems*," Moscow, 1956 (in Russian)。

② 这里假设脉动力的周期与杆基本纵向振动的周期相比非常大,因此可以将轴向力视为沿杆长度方向上的常量。

③ 参阅 Timoshenko, "*Vibration Problems in Engineering*", 3d ed. in collaboration with D. H. Young, p. 332, D. Van Nostrand Company, Inc., Princeton, N.J., 1955。

由于
$$\frac{\mathrm{d}^2 f(t)}{\mathrm{d}t^2} = \Omega^2 \frac{\mathrm{d}^2 f(\tau)}{\mathrm{d}\tau^2} \tag{j}$$

式(h)变为
$$\frac{\mathrm{d}^2 f(\tau)}{\mathrm{d}\tau^2} + (a + b\cos\tau) f(\tau) = 0 \tag{k}$$

其中
$$a = \frac{\omega_0^2}{\Omega^2}(1-p), \quad b = -\frac{\omega_0^2}{\Omega^2}s \tag{l}$$

每种特殊情况下的 a、b 值都可以通过式(f)、(g)简便计算。研究表明[1]，方程(k)的解的特性取决于 a 和 b 的数值。这些量的特定值下，解会产生随时间增长的振动，从而显示出不稳定的状态。这一点如图 2-72 所示，图中无阴影区域的点坐标 a 和 b 的值代表不稳定状态，阴影区域表示稳定状态[2]。

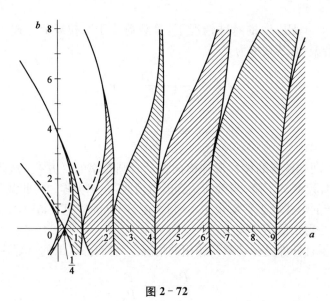

图 2-72

从 s 值较小的情况开始研究横轴附近的点，可以看到当 $y_0 = a\sin\frac{\pi x}{l}$、$y = Af(t)\sin\frac{\pi x}{l}$ 时会发生不稳定。若取 $p=0$，当 $\Omega = 2\omega_0$ 时达到 a 的第一个临界值。这表明，如果一微小的周期性变化轴向力的频率是横杆横向振动基本频率的 2 倍，它可能导致横杆的剧烈横向振动[3]。下一个临界条件是 $a=1$ 或 $\Omega = \omega_0$。当 p 从 0 逐渐增大到 1 时，Ω 的临界值逐渐减小。例如，$p=1/2$ 时，则第一个临界频率为 $\Omega = 2\omega_0$。当载荷可变部分的振幅增大时，b 也会增大；这时图 2-72 中的不稳定区域会变得更宽，并代替各临界点，Ω 的临界范围也会逐渐扩大。

前面的讨论没有考虑阻尼的影响。如果将阻尼效应考虑在内，图 2-72 中的曲线必然会

---

[1] 这一研究由 M. J. O. Strutt 所做，Z. Physik，vol. 69，p. 597. 1931，and Ergeb. Math.，vol. 1，p. 24，1932。

[2] 方程(k)被称为 Mathieu 方程，S. Lubkin 及 J. J. Stoker 的论文给出关于这个方程理论的另外参考文献，Quart. Appl. Math.，vol. 1，no. 3，p. 215，1943。

[3] 如果注意到脉动载荷为压力和在振动杆件从中间位置移动到极限位置时产生正功，就会很容易发现这一点。同样，当杆受拉力、振动杆件从极限位置移动到中间位置时，也会产生正功。

发生一些变化,如图 2-72 中虚线所示。不稳定区域减小,需要非零的 S 值才能在临界点区域产生横向振动。此外,可以看到所需的 S 值随着临界频率的阶数增加而增加,因此阶数较高的频率没有实际意义。

从图 2-72 中还可以看到,与稳定性相一致的最大压缩力 $P+S$ 可能比欧拉载荷大得多。以 $p=0$ 和 $1/4<a<1$ 为例,可以看出,在这些 a 值之间,稳定区域内 $b>2$。这意味着最大压力可以超过欧拉载荷的 2 倍,而不会产生横向弯曲。假设杆件足够细,则最大应力始终低于材料的弹性极限。

下面举另一个例子说明力的作用随时间变化。再次考虑图 2-71 中的杆件,假定杆件的下端固定,而上端 A 以恒定的速度 c 向下运动[①]。设杆的初弯曲为

$$y_0 = a\sin\frac{\pi x}{l} \qquad\qquad (m)$$

得到加载过程中杆件中心横向位移 y_c 的微分方程,并对其积分。图 2-73 所示为一特定情形下积分结果。图像的纵轴表示无量纲量 y_c/r,其中 y_c 为杆中心的挠度、r 为横截面的回转半径。横轴表示时间,以无量纲形式表示。曲线给出比率 $a/r=0.25$ 的初始弯曲度以及参数值

$$\alpha = \frac{\pi^8 EIr^4 g}{c^2 l^6 q} = 2.25$$

为便于比较,图 2-73 中还绘制了上端 A 处相同位移时横杆的静态挠度。由于惯性力的作用,杆件在加载开始时的动态挠度落后于静态加载时的数值。随着时间的增加,杆件获得足够加速度,导致挠度迅速增加。最后,挠度超过静态值,杆件随之发生横向振动。轴向压力的相应值如图 2-74 所示。在本例中,杆件上端的速度 c 约为每秒 4 英寸(约 10 cm/s)。

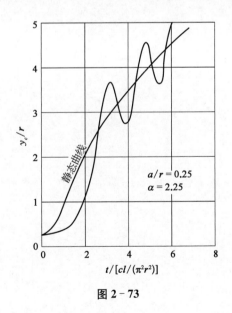

图 2-73

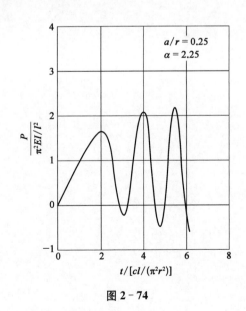

图 2-74

① N. J. Hoff 曾研究过这个问题, J. Appl. Mech., vol. 18, p. 68, 1951;并参阅 N. J. Hoff, S. V. Nardo, and B. Erickson, Proc. Ist U.S. Natl. Congr. Appl. Mech., ASME, New York, 1952。

　　初始弯曲细长杆在恒定压力 P 短时间作用情况下的横向屈曲问题也曾被研究过[①]。同样假设力 P 作用的时间间隔与杆件的纵向振动周期相比较大，可将压力视为沿杆件的恒力，则杆件横向运动方程为

$$EI\,\frac{\partial^4 y}{\partial^4 x} + P\,\frac{\partial^2}{\partial x^2}(y + y_0) + \frac{q}{g}\,\frac{\partial^2 y}{\partial t^2} = 0$$

式中，y_0 表示杆轴线偏离直线形状的初始挠度；$y + y_0$ 表示总挠度。同样，假设带铰链杆件的挠度为

$$y_0 = a\sin\frac{\pi x}{l}, \quad y = Af(t)\sin\frac{\pi x}{l}$$

由此可以得到 $f(t)$ 的常系数微分方程，该方程对于每一特定情形都很容易求解。通过这种方法可以证明，只要杆的长度足够短，杆件就能安全地承受大于欧拉临界载荷 P 的压力。

　　类似问题也曾在薄板屈曲中讨论过。结果同样表明，只要外力作用时间很短，薄板的中间平面就能承受高于临界值的应力[②]。

　　①　参阅 C. Koning 及 J. Taub 的论文，Luftfahrt-Forsch.，，vol. 10，p. 55，1933. 英文翻译发表于 NACA Tech. Mem. 748，1934. 并参阅 J. H. Meier 的论文，J. Aeronaut. Sci.，vol. 12，p. 433，1945。
　　②　参阅 G. A. Zizicas 的论文，Trans. ASME，vol. 74，p. 1257，1952。

第 3 章
杆的非弹性屈曲

3.1 非弹性弯曲

讨论非弹性屈曲前,先回顾一下当材料超过比例极限时,梁的弯曲理论[1]。该理论基于以下假设:梁的截面在弯曲过程中保持平面,因此纵向应变与其到中性面的距离成正比。同时假设在拉伸和压缩的情况下,应力和应变之间存在与简单拉伸和压缩情况相同的关系,即图 3-1 所示应力-应变图。

下面从一个矩形截面的梁开始。如图 3-2 所示,假设由弯矩 M 产生的中性面的曲率半径为 ρ。在这种情况下,距离中性面处距离为 y 的纤维的单位伸长率为

$$\varepsilon = \frac{y}{\rho} \tag{a}$$

用 h_1 和 h_2 分别表示中性轴到梁的下表面和上表面的距离,则最外缘纤维的伸长量为

$$\varepsilon_1 = \frac{h_1}{\rho}, \ \varepsilon_2 = -\frac{h_2}{\rho} \tag{b}$$

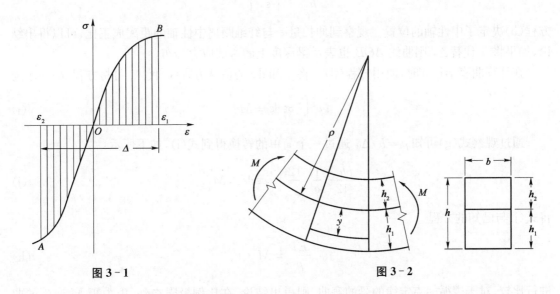

图 3-1   图 3-2

由式(b)可见,只要知道中性轴的位置和曲率半径 ρ,就可很容易地得到任何纤维的伸长或收缩。这两个量可以通过静力学的两个方程得到:

---

① 对于非弹性弯曲的更加详细的讨论,请参考 Timoshenko 的《材料强度,第三版,第 Ⅱ 部分,第 9 章》,D. Van Nostrand Company, Inc.,普林斯顿,新泽西,1956 年。

$$\int_A \sigma \mathrm{d}A = b \int_{-h_2}^{h_1} \sigma \mathrm{d}y = 0 \tag{c}$$

$$\int_A \sigma y \mathrm{d}A = b \int_{-h_2}^{h_1} \sigma y \mathrm{d}y = M \tag{d}$$

方程(c)表明,作用在梁任何截面上的法向力之和为零,因为这些力代表一个力偶。方程(d)表明,相同力对中性轴的力矩等于弯矩 M。方程(c)就可用于确定中性轴的位置。根据方程(a)得到

$$y = \rho \varepsilon, \ \mathrm{d}y = \rho \mathrm{d}\varepsilon \tag{e}$$

将方程(e)代入方程(c),得到

$$\int_{-h_2}^{h_1} \sigma \mathrm{d}y = \rho \int_{\varepsilon_2}^{\varepsilon_1} \sigma \mathrm{d}\varepsilon = 0 \tag{f}$$

因此,中性轴的位置使得积分 $\rho \int_{\varepsilon_2}^{\varepsilon_1} \sigma \mathrm{d}\varepsilon$ 消失。为了确定这个位置,用图 3-1 中的曲线 AOB 表示梁材料的拉-压实验曲线,用 Δ 表示最大伸长和最大收缩的绝对值之和,即

$$\Delta = \varepsilon_1 - \varepsilon_2 = \frac{h_1}{\rho} + \frac{h_2}{\rho} = \frac{h}{\rho} \tag{g}$$

要求解方程(f),只需在图 3-1 的横轴上标记长度 Δ,使图中阴影部分的两个面积相等。通过这种方式,得到最外缘纤维中的应变 ε_1 和 ε_2。 由方程(b)可得

$$\frac{h_1}{h_2} = \left| \frac{\varepsilon_1}{\varepsilon_2} \right| \tag{h}$$

方程(h)决定了中性轴的位置。观察到伸长量 ε 与纤维距离中性轴的距离成正比,可以得出结论,如果将 h 代替 Δ,则曲线 AOB 也表示梁深度上的弯曲应力分布。

在计算曲率半径 ρ 时,使用方程(d)。将 y 和 $\mathrm{d}y$ 的值从方程(e)代入,可将方程(d)表示为

$$b\rho^2 \int_{\varepsilon_2}^{\varepsilon_1} \sigma \varepsilon \mathrm{d}\varepsilon = M \tag{i}$$

通过观察式(g)可知 $\rho = h/\Delta$,通过一个简单的转换得到式(i),如下所示:

$$\frac{bh^3}{12} \frac{1}{\rho} \frac{12}{\Delta^3} \int_{\varepsilon_2}^{\varepsilon_1} \sigma \varepsilon \mathrm{d}\varepsilon = M \tag{j}$$

将式(j)与已知的方程

$$\frac{EI}{\rho} = M \tag{k}$$

进行比较,对于遵循胡克定律的梁的弯曲,则得出结论,在比例极限之外,由力矩 M 产生的曲率可以根据以下方程计算:

$$\frac{E'I}{\rho} = M \tag{3-1}$$

式中,E' 由以下表达式定义:

$$E' = \frac{12}{\Delta^3} \int_{\varepsilon_2}^{\varepsilon_1} \sigma\varepsilon \, d\varepsilon \qquad (3-2)$$

式(3-2)中的积分表示图3-1中阴影区域关于原点 O 的垂直轴的矩。由于图中曲线的纵坐标表示应力、横坐标表示应变,所以积分和 E' 的单位都是磅/平方英寸(lb/in²),与弹性模量 E 的维度相同。

给定材料的 E' 的大小对应于图3-1中的给定曲线,为 h/ρ 的函数。通过使用图3-1中的曲线,并根据式(3-2)确定相应的 E' 值,确定了每个 Δ 值的相应边缘应变 ε_1 和 ε_2。通过这种方式,得到表示 E 作为 $\Delta = h/\rho$ 函数的曲线。图3-3 显示了该曲线,其用于结构钢,其中 $E = 30 \times 10^6$ psi,比例极限为 30 000 psi。在这种情况下,$\Delta < 0.002$ 时,E' 保持不变且等于 E。有了这样一条曲线,可以根据式(3-1)轻松计算出任何假定曲率对应的力矩,并可绘制如图3-4所示曲线,给出力矩 M 作为 Δ 的函数。对于较小的 Δ 值,材料遵循胡克定律,且曲率与弯曲力矩 M 成比例,图用直线 OC 表示;超过比例极限后,曲率的变化率随着力矩的增加而增加。

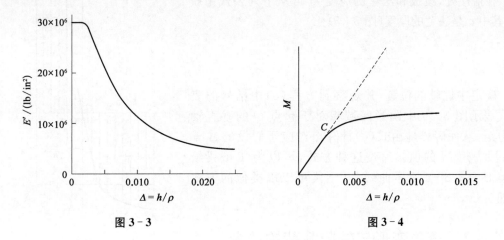

图 3-3   图 3-4

如果应力-应变图的拉伸和压缩部分相同,则中性轴通过截面的质心,可得以下简化表达式:

$$h_1 = h_2 = \frac{h}{2}, \quad \varepsilon_1 = -\varepsilon_2 = \frac{\Delta}{2}, \quad E' = \frac{24}{\Delta^3} \int_0^{\Delta/2} \sigma\varepsilon \, d\varepsilon$$

在弹性限度范围内,$\sigma = E\varepsilon$,且有

$$E' = \frac{24}{\Delta^3} E \int_0^{\Delta/2} \varepsilon^2 \, d\varepsilon = E$$

因此方程(3-1)简化为弹性弯曲的通常方程。

如果使用任何其他具有对称形状的横截面而不是矩形,横截面的宽度 b 是可变的,方程(c)、(d)则分别变为

$$\int_{-h_2}^{h_1} b\sigma \, dy = \rho \int_{\varepsilon_2}^{\varepsilon_1} b\sigma \, d\varepsilon = 0 \qquad (l)$$

$$\int_{-h_2}^{h_1} b\sigma y \, dy = \rho^2 \int_{\varepsilon_2}^{\varepsilon_1} b\sigma\varepsilon \, d\varepsilon = M \qquad (m)$$

以 T 型截面为例,如图 3-5 所示。如果用 ε' 表示腹板和翼缘交接处的纵向应变,则式(l)、(m)可分别写作

$$\int_{\varepsilon_2}^{\varepsilon'} \sigma \mathrm{d}\varepsilon + \int_{\varepsilon'}^{\varepsilon_1} \frac{b_1}{b} \sigma \mathrm{d}\varepsilon = 0 \tag{n}$$

$$b\rho^2 \left(\int_{\varepsilon_2}^{\varepsilon'} \sigma\varepsilon \mathrm{d}\varepsilon + \int_{\varepsilon'}^{\varepsilon_1} \frac{b_1}{b} \sigma\varepsilon \mathrm{d}\varepsilon \right) = M \tag{o}$$

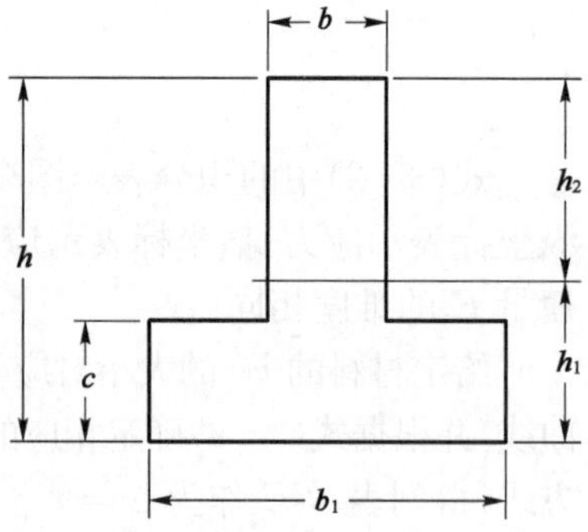

在这种情况下,拉伸实验曲线 AOB 的纵坐标(图 3-6)在与截面法兰相对应区域的纵坐标必须按照比例 b_1/b 放大。在确定中性轴的位置时,采取与前一情况相同的方法,并使用拉应力-压应力测试图(图 3-6),在水平轴上标出假定长度 $\Delta = h/\rho$ 的位置,使得两个阴影面积相等。通过这种方式,可以得到最外缘纤维中的应变 ε_1 和 ε_2。

在搭接处,腹板和法兰的应变 ε' 可从下列公式中获得,其中 c 是法兰的厚度(图 3-5):

$$\frac{\varepsilon_1 - \varepsilon'}{\Delta} = \frac{c}{h}$$

确定中性轴的位置,并观察到方程(o)中括号的表达式表示图 3-6 中阴影区域相对于起点 O 的垂直轴的力矩,从而轻松地由式(o)计算出对应于假设的 $\Delta = h/\rho$ 段力矩 M 的值。通过这种方式,可以为 T 型梁给出类似于图 3-4 所示曲线。I 型梁可以以类似的方式处理。

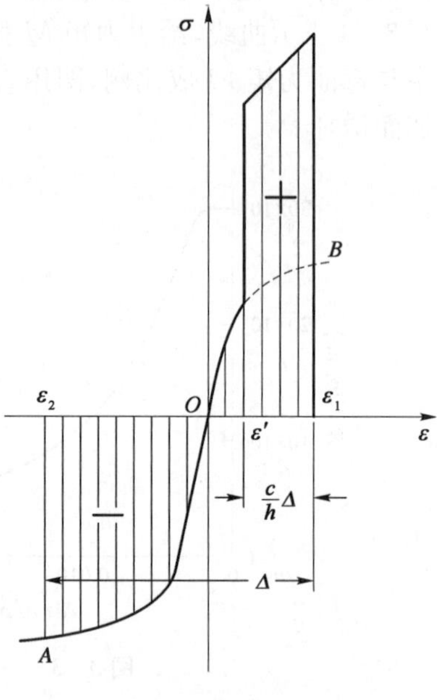

3.2 弯曲变形与轴向载荷的结合

当梁同时受到弯曲和压缩,比如偏心施加的压缩力时,可以通过与前文描述方法相同的方式来分析梁的弯曲。考虑一个矩形梁,再次用 ε_1 和 ε_2 表示梁凸侧和凹侧的最外缘纤维应变。同时,使用记号 $\Delta = \varepsilon_1 - \varepsilon_2$。通过第 3.1 节中方程(g)确定曲率半径 ρ。中性轴的位置由 ε_1 和 ε_2 的取值决定,并因受到由中心加载 P 引起的应变 ε_0 的影响而偏离其纯弯曲位置(图 3-7)。

在梁的任何截面上作用的力可以被简化为施加在截面质心上的压力 P 和弯曲力 M。P 和 M 的值可以通过应力-应变图(图 3-7)在每个特定情况下由静力学计算得出。如果 y 表示中性轴到梁的任何纤维的距离(图 3-2),则任意点的应变为

$$\varepsilon = \varepsilon_0 + \frac{y}{\rho} \tag{a}$$

重新排列方程(a)可得 $y = \rho(\varepsilon - \varepsilon_0)$,因此 $\mathrm{d}y = \rho\mathrm{d}\varepsilon$。

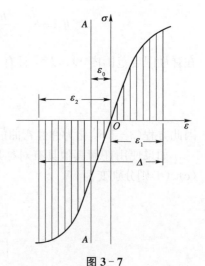

图 3-5

图 3-6

图 3-7

则压缩力 P 的大小为

$$P = -b\int_{-h_2}^{h_1}\sigma\mathrm{d}y = -b\rho\int_{\varepsilon_2}^{\varepsilon_1}\sigma\mathrm{d}\varepsilon = -\frac{bh}{\Delta}\int_{\varepsilon_2}^{\varepsilon_1}\sigma\mathrm{d}\varepsilon$$

将此式除以横截面积 bh，得到平均压应力

$$\sigma_c = \frac{P}{bh} = -\frac{1}{\Delta}\int_{\varepsilon_2}^{\varepsilon_1}\sigma\mathrm{d}\varepsilon \tag{3-3}$$

式(3-3)中的积分表示应力-应变曲线下区域的面积，即图 3-7 中的阴影面积。压缩对应的面积被视为负值，拉伸对应的面积为正值。根据方程(3-3)，可以计算出与任意假设的 ε_1 值相对应的 ε_2 值，前提是已知轴向载荷 P；或者可以假设 ε_1 和 ε_2，然后计算出相应的 P 值。

弯矩由下式给出：

$$M = b\int_{-h_2}^{h_1}\sigma y\mathrm{d}y = b\rho^2\int_{\varepsilon_2}^{\varepsilon_1}\sigma(\varepsilon-\varepsilon_0)\mathrm{d}\varepsilon$$

或者可以使用 $\Delta = h/\rho$ 与 $I = bh^3/12$，则得

$$M = \frac{12I}{\rho\Delta^3}\int_{\varepsilon_2}^{\varepsilon_1}\sigma(\varepsilon-\varepsilon_0)\mathrm{d}\varepsilon \tag{b}$$

式(b)中的积分表示应力-应变图的阴影区域相对于垂直轴 AA 的静态力矩(图 3-7)。因此，可以根据任意假设的 ε_1 和 ε_2 的值，计算出 M 的值。式(b)可以表示为

$$M = \frac{E''I}{\rho\Delta^3} \tag{3-4}$$

其中

$$E'' = \frac{12}{\Delta^3}\int_{\varepsilon_2}^{\varepsilon_1}\sigma(\varepsilon-\varepsilon_0)\mathrm{d}\varepsilon \tag{3-5}$$

上述二式的形式与方程(3-1)、(3-2)相同，并在压缩载荷消失时简化为方程(3-1)、(3-2)(因此 $\varepsilon_0 = 0$)。

通过改变 ε_1 和 ε_2，使 σ_c 保持恒定，得到作为 E'' 对于任意给定 σ_c 值的函数 $\Delta = \varepsilon_1 - \varepsilon_2 = h/\rho$。其关系可以用图 3-8 表示，该图是根据图 3-9 所示结构钢的应力-应变曲线进行绘制的[1]。当这些曲线与方程(3-4)一起使用时，弯曲力矩 M 可以表示为 Δ 的函数，如图 3-10 所示。(在图 3-10 中，中间曲线的计算使用与图 3-9 中所示相同的 σ_c 值)

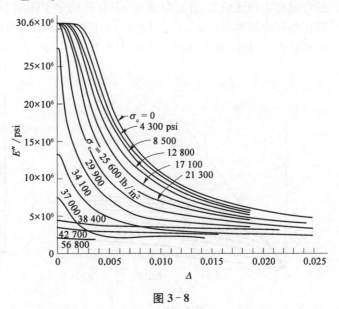

图 3-8

① 图 3-8 中的曲线取自 M. Roš 的论文，Proc.2d Intern.Congr.Appl. Mech.，Zurich，第 368 页，1926 年。假设弯曲发生在受压力产生屈服之后，具有 $\sigma_c > 37\,000$ psi 的曲线获得。

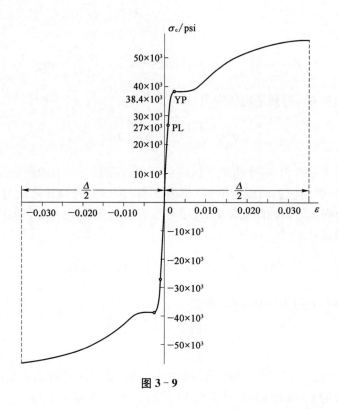

图 3－9

　　偏心加载杆的挠曲曲线形状可以通过使用图 3－10 中的曲线，应用图形或数值积分的近似方法来获得[1]。如图 3－11 所示的杆，关于中心 O 对称，并且钢材料具有图 3－9 所示应力-应变曲线的规律。首先假定中心截面的明确值 ε_1 和 ε_2，然后从式（3-3）计算出相应的 P 和 σ_c 的值。然后使用图 3－10 中曲线，找到对应于这个 σ_c 值的弯矩 M。从而确定了梁中心截面的弯曲弯矩和压缩力，并且距离 $\delta_0 = M/P$ 确定了压缩力的作用线（图 3-11b）。接下来，用计算出的杆中间的半径 $\rho = h/\Delta$ 构造一个长度为 a 的挠曲曲线元素 0-1。截面 1 的挠曲近似于平坦圆弧。因此，有 $\delta_1 = a^2/(2\rho)$，且弯矩 $M_1 = P(\delta_0 - \delta_1)$。此时，从图 3－10 中找到对应的

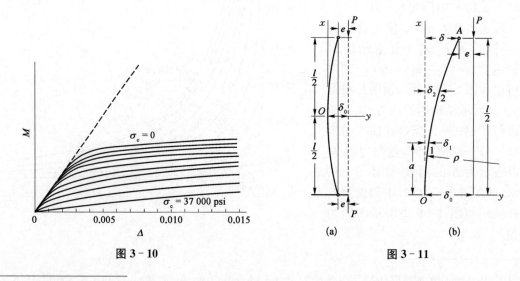

图 3－10　　　　　　　　　　　　　　图 3－11

　　① 论文《T. V. Krman 研究论文》中讨论了几种整合方法，Forschungsarb.，no.81，Berlin，1910。

Δ 值,记为 Δ_1,并计算 $\rho_1=h/\Delta_1$ [①]。使用这个新的半径,构建曲线的第二部分 1-2,并计算偏转 δ_2。继续这些计算,最终到达受压杆的末端 A,并确定该末端的偏转 δ 以及对应于所假设 ε_1 和 ε_2 值的负载 P 的偏心距 e。对于多个 ε_1 和 ε_2 的数值进行这样的计算,并在每种情况下选择使 P 始终相同的这些值,最终得到 P 的偏转 δ 作为偏心距 e 的函数。

上述计算得出的挠曲曲线可以概括表示为无量纲形式,与长方形柱体的任何特定横截面尺寸 b 和 h 无关。首先,显而易见的是,产生柱体挠度的力 P 与横截面的宽度 b 成比例。因此,如果改变这个宽度,力 P 必须按相同比例改变,以保持挠曲曲线不变。其次,为了使结果与深度 h 无关,可以用无量纲比 ρ/h、δ/h 和 l/h 来进行计算,而不是用具体的量 ρ、δ 和 l。

按照这个步骤,首先假设 ε_1 和 ε_2 的某些值,然后确定数量:

$$\Delta=\varepsilon_1-\varepsilon_2=\frac{h}{\rho}$$

接下来,平均压应力 σ_c 可以通过式(3-3)得出,而弯矩可以通过式(3-4)得出,即

$$M=\frac{E''}{12}\frac{h}{\rho}bh^2 \tag{c}$$

力 P 的作用线位置(图 3-11b)由距离 δ_0 来定义,其中 $\delta_0=M/P=M/(\sigma_c bh)$ 或者使用式(c),得

$$\frac{\delta_0}{h}=\frac{E''}{12\sigma_c}\frac{h}{\rho}$$

对于小间隔 a 末端的挠度 δ_1(图 3-11b),有 $\delta_1=a^2/2\rho$ 或

$$\frac{\delta_1}{h}=\frac{a^2/h^2}{2\rho/h}$$

因此,当以这种方式继续时,可以根据无量纲的项做计算,并且对于特定 σ_c 和离心率比 e/h 的值,最终得到挠度 δ/h 为柱长度 l/h 的函数。此函数可以用曲线图表示。图 3-12 显示了计算时根据不同的数值 σ_c 及 $e/h=0.005$ 所得出的几个这样的曲线。在图 3-12 中,取纵坐标为长径比 l/r,而不是 l/h。由图可以看出,每条曲线都有一个特定的 l/r 的最大值。对于小于该最值的 l/r 的取值,可得到两个不同的挠度值,如图中 $\sigma_c=42\ 000$ psi 曲线上的点 M 和 N 所示。点 M 对应较小的挠度,表示实际上将通过逐渐增加负载 P 从零逐渐增加到最终值 $\sigma_c bh$ 达到的挠度。

为了获得与点 N 相对应的挠度,须对柱施加一些横向力。若以这样的力使弯曲后的柱成为点 N 所决定的形状,又达到一平衡位置,然而,这种平衡是不稳定的,因为挠度的进一步增加不需要负载加大,相反,挠度会随载荷的减小而增加。例

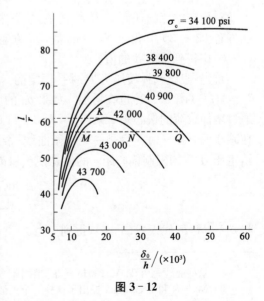

图 3-12

---

① 如果在进入第二个区间前,将半径 $(\rho+\rho_1)/2$ 作为第一个间隔的计算结果,则可以得到更好的近似值。

如,要获得与点 Q 相对应的挠度,只需40 900 psi的平均压缩应力,而不是 42 000 psi。对于每个最大点(如点 K),两种可能的平衡形式重合,并且相应的 l/r 值是柱能够承载压缩载荷 $P = \sigma_{c}bh$ 的最大长径比,偏心率比等于0.005。因此,通过使用类似于图 3-12 中的曲线,可以建立对于某一定的偏心距时柱的细长比与柱所能负担的最大载荷之间的关系。

还可以用另一种方式得到相同的压缩载荷限值。如图 3-12 所示,水平线和曲线的交点,例如 M 点、N 点和 Q 点,给出了给定柱的细长比 l/r 和假定偏心距 e 下压应力 σ_{c} 与挠度 δ 之间的关系。这种关系可以由另一条曲线表示。图 3-13 中给出了几条这种曲线[1],计算了几个不同初始偏心率和长径比 $l/r=75$ 的情况。可以看出,对于任何初始偏心率,必须在开始时增加载荷才能使挠度增加,而在某个特定限制点之后,曲线的最大点给出的载荷减小时,挠度可能继续增加。因此,图 3-13 中曲线的最大点代表了给定长径比和假定偏心距的柱所能承受的载荷的限值。

通过将图 3-11 中柱的挠度曲线用以下方程给出,可以简化载荷极限值的确定[2]:

$$y = \delta\left(1 - \frac{\pi x}{l}\right)$$

从通常用于计算挠曲曲线弯曲度的近似表达式[3]中,可知柱中央的弯曲度为

$$\frac{1}{\rho} = \left(\frac{\mathrm{d}^2 y}{\mathrm{d}x^2}\right)_{x=0} = \frac{\pi^2 \delta}{l^2}$$

其中

$$\delta = \frac{l^2}{\pi^2 \rho} = \frac{l^2 \Delta}{\pi^2 h} \qquad (3-6)$$

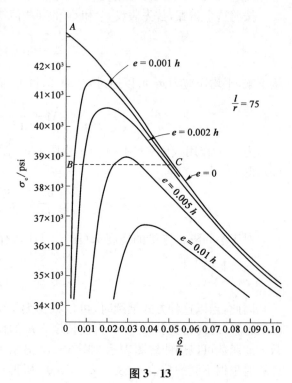

图 3-13

对于在中点的任何 ε_1 和 ε_2 的值,接下来从方程(3-3)中得到压力的值,从方程(3-6)中得到挠度 δ 的值。

首先,假设选择使压力 P 保持恒定的 ε_1 和 ε_2,并且同时 $\Delta = \varepsilon_1 - \varepsilon_2$ 在增加。然后 M 和 $\delta_0 = M/P$ (图 3-11)也在增加。如果 δ_0 的增加速率大于 δ 的增加速率,假设的挠曲曲线只能通过增加载荷的偏心距 e 来产生(图 3-11)。如果有一个反向的情况,假设的挠曲曲线只有在减小偏心距 e 时才会是一个平衡曲线;否则,在恒定载荷 P 下,柱将继续偏转。因此,对于给定压力 P 的限制偏心距 e 的值是使 δ 和 δ_0 的变化率相同的值。这意味着

$$\frac{\mathrm{d}\delta_0}{\mathrm{d}\Delta} = \frac{\mathrm{d}\delta}{\mathrm{d}\Delta}$$

将 $\delta_0 = M/P$ 代入式(3-6),得到

---

[1] 这些曲线是由 T. V. Karman 在文献中计算得出的,钢材的屈服点应力约为 45 000 psi。

[2] M. Roš 和 J. Brunner 提出了这样一个近似解法。参考 M. Roš, loc. cit.。

[3] 经 E. Chwalla 在 1928 年《奥地利科学院学报》中的文章中进行的更准确的计算表明,在偏心率相对较小的情况下($e/h<1$),产生破坏的极限压缩力在最大挠度小于 $0.5h$ 时达到。在这样的挠度下,弹性线是一个平坦的曲线,并且通常的近似曲率表达式可以充分准确地被应用。

$$\frac{\mathrm{d}M}{\mathrm{d}\Delta} = \frac{l^2 P}{\pi^2 h} \tag{3-7}$$

因此，要确定对于所设的 P 值的偏心距 e 的极限值，只需在图 3-10 中的相应曲线上找出一点，该点的斜率等于方程(3-7)的右边。知道此点的横坐标 Δ 和力矩 M，可以轻松得到由方程(3-6)给出的 $\delta_0 = M/P$ 和 $e = \delta_0 - \delta$ 的值。当对几个 P 值重复上述计算时，可以确定在给定 e 值下柱的承载能力。

确定产生破坏的压缩载荷的近似方法，也可以用于具有某种初始曲率的柱体情况。例如，假设柱体中心线的初始形状(图 3-14)由以下方程给出：

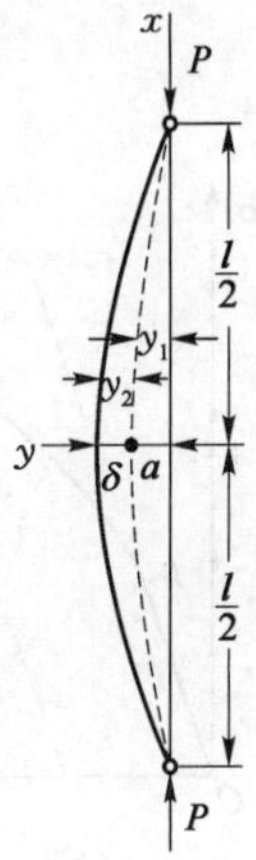

$$y_1 = a\cos\frac{\pi x}{l} \tag{d}$$

并且，在压力 P 的作用下，额外的挠度产生为

$$y_2 = \delta\cos\frac{\pi x}{l} \tag{e}$$

梁的中部曲率变化为

$$\frac{1}{\rho} - \frac{1}{\rho_0} = -\left(\frac{\mathrm{d}^2 y_2}{\mathrm{d}x^2}\right)_{x=0} = \delta\frac{\pi^2}{l^2} \tag{f}$$

图 3-14

假设在柱中点的最外层纤维的应变为 ε_1 和 ε_2，则得到 $\Delta = \varepsilon_1 - \varepsilon_2$，并且对应的曲率变化等于下式：

$$\frac{1}{\rho'} - \frac{1}{\rho_0} = \frac{\Delta}{h} \tag{g}$$

由式(f)和式(g)可以得到等效于式(3-6)的用于计算 δ 的方程，通过式(3-3)可以得到相应的压力，通过图 3-10 中的曲线可以得到柱中部的弯矩 M。于是，为了使力 P 实际产生所假定的弯曲，柱应有的初始挠度 a 可得自方程

$$P(a+\delta) = M$$

为了得到使柱失效的加载力 P 的限制条件，必须按照与偏心加载柱情况完全相同的方式进行，并使用方程(3-7)。以这种方式获得的结果可以曲线的形式呈现，每条曲线对应于给定的初始挠度 a，并将直接压应力 σ_c 产生失效的数值表示为柱长径比 l/r 的函数。

3.3　基本情况下杆的非弹性屈曲

从第 3.3 节的讨论(参考图 3-13)可知，随着轴向载荷的偏心距的减小，柱能承载的最大载荷就增大。逐渐地减小偏心距，最后将达到完全直的中心受压柱的非弹性屈曲。为了得到在图 3-13 中点 A 所表示的相应的临界应力，其中应用了 Engesser-Karman 理论[①]。

假设在这个理论中，直到临界状态为止，柱始终保持直线，并且临界载荷 P_{cr} 被视为保持柱在形状上略微偏斜的力。在讨论与这种小偏斜相对应的弯曲应力时，可观察到由于弯曲，在柱的凹侧将有一小段压应力总在增加，并且在凸侧应力总减少。如果图 3-15 中 OBC 代表

[①]　F. Engesser, Z. Ver.deut.Ingr., 卷 42, p. 927, 1898 年；T. V. Karman, loc.cit。

柱材料的压缩试验曲线,并且点 C 对应于临界状态,则在小偏斜期间柱的凹侧应力-应变关系由切线 CC' 的斜率(称为剪切模量 E_t)确定。在凸侧,应力由于弯曲而减小,应力-应变关系由线段 CC'' 的斜率(即材料的初始弹性模量 E)定义。然后假设在弯曲过程中杆的截面保持平面,会发现小弯曲应力叠加在直接压应力上,并按图 3-16 所示截面深度分布。如果 ρ 表示偏斜曲线的曲率半径,则最大拉压应力分别为 Eh_1/ρ 和 $E_t h_2/\rho$,中性轴 O 的位置通过满足拉压力的合力必须相等的条件来确定。在矩形截面深度为 h 的情况下,这个条件要求

$$Eh_1^2 = E_t h_2^2 \tag{a}$$

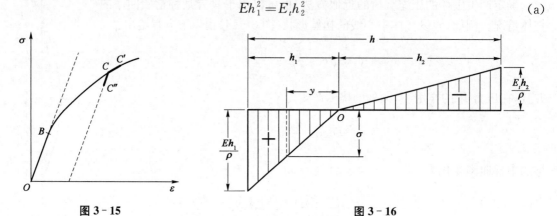

图 3-15   图 3-16

与此同时注意到 $h_1 + h_2 = h$,故得到

$$h_1 = \frac{h\sqrt{E_t}}{\sqrt{E}+\sqrt{E_t}}, \; h_2 = \frac{h\sqrt{E}}{\sqrt{E}+\sqrt{E_t}} \tag{b}$$

若 b 为矩形横截面的宽度,则图 3-16 所示应力所代表的弯矩为

$$M = \frac{Eh_1}{\rho}\frac{bh_1}{2}\frac{2}{3}h = \frac{bh^3}{12\rho}\frac{4EE_t}{(\sqrt{E}+\sqrt{E_t})^2} \tag{c}$$

方程(c)可以通过引入折合弹性模量,来使其与偏转曲线的方程(1-3)重合。折合弹性模量如下:

$$E_r = \frac{4EE_t}{(\sqrt{E}+\sqrt{E_t})^2} \tag{3-8}$$

$$M = \frac{E_r I}{\rho} \tag{3-9}$$

使用这种符号表示,得到

$$Py = -E_r I\frac{\mathrm{d}^2 y}{\mathrm{d}x^2} \tag{3-10}$$

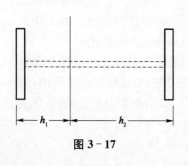

图 3-17

从式(3-8)可以看出,E_r 的大小不仅取决于柱材料的力学性质,也取决于截面的形状。

下面以一个理想化的"I"形截面作为第二个例子。假定截面的一半面积集中在每个翼缘上,而忽略了腹板的面积(图 3-17)。由于弯曲而引起的翼缘内的力为

$$\frac{Eh_1}{\rho}\frac{A}{2} \quad 与 \quad \frac{E_t h_2}{\rho}\frac{A}{2}$$

因此
$$\frac{h_1}{h_2} = \frac{E_t}{E}$$

再次使用关系 $h_1 + h_2 = h$，得到

$$h_1 = \frac{hE_t}{E+E_t}, \quad h_2 = \frac{hE_t}{E+E_t}$$

由于内力所组成的矩为
$$M = \frac{Ah^2}{4\rho}\frac{2EE_t}{E+E_t}$$

最终得到
$$E_r = \frac{2EE_t}{E+E_t} \tag{3-11}$$

以类似的方式，可以找到任何其他截面形状的 E 的表达式。当 E_t 恒定且等于 E 时，根据方程(3-8)、(3-11)，E_t 的值可简化为弹性模量 E。

现在回到方程(3-10)，可以看到它与弹性屈曲的方程(2-1)形式相同，只是 E 的位置被 E_r 替换。积分方程(3-10)，得到一个具有铰接端点的杆的临界载荷

$$(P_r)_{cr} = \frac{\pi^2 E_r I}{l^2} \tag{3-12}$$

相应的临界应力为
$$(\sigma_r)_{cr} = \frac{\pi^2 E_r}{(l/r)^2} \tag{3-13}$$

由上述可以看到，之前基于胡克定律推导出的欧拉柱公式也可以用于非弹性材料，只需用减小模量 E_t 替换弹性模量 E 即可①。

在前述讨论中，假设首先施加了轴向压力 $(P_r)_{cr}$，然后保持该恒定值，同时给柱一个小的横向挠度。在做实际的柱实验时，轴向力与横向挠度同时增加。在这种情况下，弯曲初始阶段柱凸侧的应力减小，可能会通过直接压缩应力的增加（由于不断增加的轴向力）得到补偿。因此，实际变形可能在凸侧的纤维中不释放任何应力，正如图 3-16 所假设的那样，整个柱的应力-应变关系由剪切模量 E_t 定义。挠度曲线的微分方程为

$$Py = -E_t I \frac{d^2 y}{dx^2} \tag{3-14}$$

对于具有铰链端部的柱，临界载荷为

$$(P_t)_{cr} = \frac{\pi^2 E_t I}{l^2} \tag{3-15}$$

临界应力为

$$(\sigma_t)_{cr} = \frac{\pi^2 E_t}{(l/r)^2} \tag{3-16}$$

---

① 这种屈曲理论被称为降模量理论。

这些关于临界载荷和临界应力的表示与方程(3-12)、(3-13)不同,因为包含了剪切模量 E_t,比折合模量 E_r 略小,并且与截面形状无关。由此可以得出结论[①],当连续增加的载荷达到式(3-15)的值时,柱开始产生屈曲。在实验室测试[②]的铝合金实心圆柱上得到的实验结果,与剪切模量理论高度符合。这些结果如图 3-18 所示,显示出对于较大的长径比值,实验点位于欧拉曲线上;而对于较短的杆材,它们与切线模量曲线相符。为了构建这样一条曲线,取几个 σ_{cr} 值,并从压缩实验曲线中确定每个值对应的 E_t 值。将 σ_{cr} 和 E_t 的值代入方程(3-16),然后找出相应的长径比 l/r 的值。

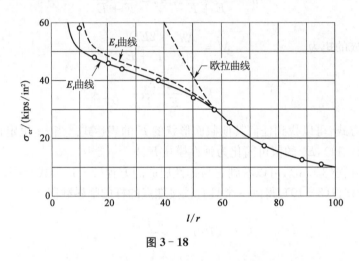

图 3-18

式(3-14)~(3-16)显然可以用于完全弹性材料的临界载荷计算,这些材料不遵循胡克定律。在这种情况下,如果发生微弯曲,弯曲应力由剪切模量 E_t 的大小定义。

已经说明假设在弯曲柱的凸侧没有应力释放,这仅在开始弯曲时是正确的。若要研究带有铰接端柱的挠度超过方程(3-15)所给出的载荷值,则必须考虑凸侧的应力释放。这种应力释放主要发生在柱的中间部分,那里弯曲应力最大,并且当柱的挠度超过开始弯曲的小初挠度时发生。在这种情况下,计算柱挠度成为一个复杂的问题[③],这里只给出该研究的一些最终结果。如果压缩实验图由解析表达式给出,以便通过微分得到正切模量的公式,则可以简化求解。对于具有明确定义屈服点应力 σ_{YP} 的材料(如结构钢),将使用正切模量的表达式[④]:

$$\frac{d\sigma}{d\varepsilon} = E_t = E\,\frac{\sigma_{YP} - \sigma}{\sigma_{YP} - c\sigma} \tag{3-17}$$

对于 $\sigma = 0$, $E_t = E$;及 $\sigma = \sigma_{YP}$, $E_t = 0$,图 3-19 展示了几组参数 c 相对应的压缩实验曲线。当 $c = 1$ 时,对应胡克定律,即 $\sigma = E\varepsilon$。对于结构钢,可以良好的精度取 $c = 0.96 \sim 0.99$ 的

① 这个理论被称为剪切模量理论,由 F. R. Shanley 在《航空科学杂志》第 14 卷,第 261 页,1947 年提出。

② 请查看 R. L. Templin、R. G. Sturm、E. C. Hartmann 和 M. Holt 的论文,美国铝业公司的铝研究实验室,位于匹兹堡,1938 年。

③ 请参考 J. E. Duberg 和 T. W. Wilder 的论文,NACA Tech. Note 2267,1951;U. Müllersdorf,《建筑工程师》杂志,卷 27,页 57,1952;A. Pflüger, *Ingr.-Arch.*,卷 20,页 291,1952;L. Hannes Larsson,《航空科学》杂志,卷 23,页 867,1956。以下讨论中提供的结果取自最后一篇论文。

④ 此剪切模量表达式是由 A. Ylinen 在 1948 年的芬兰期刊第 38 卷第 9 页提出的。还可以参考他在国际桥梁结构工程协会出版物第 16 卷第 529 页上的论文,发表于 1956 年。

值。使用剪切模量的方程(3-17)，计算出理想化的"I"形截面在柱失效的最大载荷 $P_{\max}$[1]。这些计算结果在不同参数 c 下的情况如图 3-20 所示。图 3-20 的虚线用于绘制图 3-21 中的虚线。图 3-21 还给出了基于方程(3-13)、(3-16)的两种钢材 ($\sigma_{YP}=51\ 200$ psi 和 $\sigma_{YP}=34\ 100$ psi)$(\sigma_r)_{cr}$ 和 $(\sigma_t)_{cr}$ 的应力曲线。$(\sigma_t)_{cr}$ 计算的应力非常接近于 $P_{\max}$，因此后者可推荐做实际应用。类似结果也适用于矩形横截面的柱，并且可以得出结论，对于具有明确定义屈服点的材料如结构钢，从 E_r 到 E_t 的变化不会导致 σ_{cr} 的大小有实质性的改变。

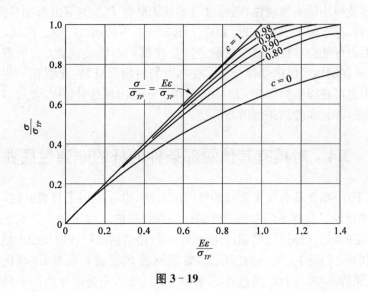

图 3-19

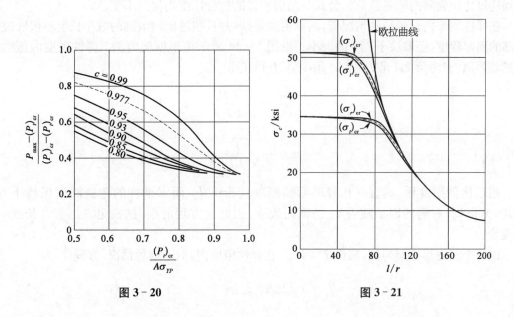

图 3-20　　　　　　　　　　　　图 3-21

　　当使用式(3-17)来处理没有明确屈服点的材料时，应将应力 σ_{YP} 替换为 σ_{ult}。建议参数 c 的值为：$c=0.875$，用于松木；$c=0$，用于混凝土。

①　参考 L. Hannes Larsson, loc. cit.。

总之，观察弹性和非弹性（或塑性）屈曲的典型载荷-挠度曲线的差异非常重要。对于发生弹性屈曲的纤细杆，理想的载荷-挠度曲线形状如图 2-29 所示。如果存在不准确性，则曲线形式如图 4-3 所示。然而，在所有情况下，挠度的增加都需要载荷的增加。屈曲现象不是突然发生的，并且如果减少柱的缺陷，就可能由实验准确地确定 P_{cr}。

在非弹性屈曲的情况下，现象很不相同。从图 3-13 中的曲线可以看出，当载荷达到临界或最大值时，载荷随着挠度增加迅速减小。这就解释了为什么非弹性屈曲发生得如此突然。还可以看到，即使很小的不准确性，对柱可以承载的载荷 P_{max} 的值也有相当大的影响。此外，在每个载荷值处，存在两个平衡位置，对应于图 3-13 中的 B、C 点。因此，当接近最大载荷时，一个偶然的力可能会导致柱突然从稳定位置 B 跳到不稳定位置 C。所有这些因素解释了为什么实验结果在塑性区域内变得分散。在本书的后面部分，将介绍在一些壳体屈曲的情况下，弹性区域中也可获得类似图 3-13 中的曲线。一旦出现这种情况，就可以预期屈曲现象将具有突然性特征，并且实验结果将散布广泛。

3.4　对具有其他端部条件的杆的非弹性屈曲

通常情况下，应用于具有铰接端部的杆件的方法，也可应用于具有其他端部条件的杆件。第 2.1、2.2 节中讨论了具有不同端部条件的柱的弹性屈曲。由于每个情况下的压应力沿着杆件的长度是恒定的，当杆件被压缩超过比例极限时，稍微屈曲杆件的挠曲曲线的微分方程与弹性区域内使用的形式相同。唯一的区别是，常数模量 E 被剪切模量 E_t 取代。对端部条件的数学表达式也保持不变。因此，通过将 E 替换为 E_t，将从先前推导的用于弹性条件的公式中得到超过比例极限的临界载荷的公式。之前所得的折合比度仍保持不变。

在弹性端部内置的杆件情况下，问题更加复杂，并且超过比例限制的减小长度不仅取决于端部的固定程度，还取决于 l/r 的大小。以图 2-14 所示矩形框架为例。弹性限度内压缩力 P 的临界值[参考第 2.4 节方程(b)]由以下方程获得

$$\frac{\tan u}{u} = -\frac{EIb}{EI_1 l} \tag{a}$$

其中

$$u = \frac{l}{2}\sqrt{\frac{P}{EI}}$$

超过比例限度后，垂直受压杆的弯曲刚度变为 $E_t I$，而水平杆的弯曲刚度保持不变。因此，方程(a)右侧的因子随着 σ_{cr} 的值而改变，因此这方程的根（这根定义出折合长度）也在改变。

以一个正方形框架为例，假设 $I = I_1$。在弹性限度内，对于这种情况，方程(a)为

$$\frac{\tan u}{u} = -1$$

并给出

$$u = 2.029$$

因此

$$P_{cr} = \frac{\pi^2 EI}{(0.774l)^2}$$

同时减小的长度 $L = 0.774l$。超过比例限度时，方形框架的方程(a)变为

$$\frac{\tan u}{u} = -\frac{E_t}{E} \tag{b}$$

其中

$$u = \frac{l}{2}\sqrt{\frac{P}{E_t I}} = \frac{l}{2r}\sqrt{\frac{\sigma}{E_t}}$$

由于 $E_t < E$，确定临界载荷的方程的根较大，相应的折合长度小于以上弹性条件下所得的值。对于 σ_{cr} 的一系列数值和相应的 E_t 值，可以根据式(b)计算出 l/r 的相应值，并且可以通过曲线表示 σ_{cr} 与长径比 l/r 之间的关系。通过这种方式可以证明，在此情况下减小长度的变化范围在 $E_t = E$ 时为 $L = 0.774l$，而在 $E_t = 0$ 时为 $L = 0.5l$。这个结果是可以预料的。因为随着 σ_{cr} 的增加，E_t 和垂直钢筋的弯曲刚度减小，而水平钢筋的弯曲刚度保持不变。因此，垂直钢筋端部的相对固定性在增加，当 σ_{cr} 接近屈服点应力时，端部条件接近具有刚性内嵌端部的杆的情况，此时 $L = 0.5l$。

对于在弹性支座上的连续压杆及在弹性基础上的压杆，有着同样的情形。超过比例极限后，支座和基础的相对刚度比弹性极限内大，缩小的长度也比以胡克定律计算前更小（参考第 2.5、2.6、2.10 节）。

在受到沿长度分布力作用下的棱柱形杆件的情况下，压应力沿杆件长度不是恒定的。因此，在超过比例极限后屈曲的情况下，剪切模量 E_t 也不是整个长度都恒定，从而获得一根具有不同挠曲刚度的杆件。以图 2-38 所示的柱为例。如果在杆件的下端产生超过比例极限的压应力，则杆件的上部压应力仍然处于弹性极限内。在这种情况下，计算临界载荷时，需要将杆件的下部视为具有变化挠曲刚度 EI 的一部分，而上部则具有恒定的挠曲刚度 EI。因此，计算超过比例极限的临界载荷的问题，在这种情况下变得非常复杂。对于大致计算临界载荷，可以使用与弹性条件相同的公式[参考式(2-43)]，并将 E 替换为在杆件下端计算得到的剪切模量 E_t。这相当于假设在超过比例极限后，杆件仍具有恒定的挠曲刚度，并且这个刚度与承受最高压应力的杆件下端相同。显然，这样的假设会导致临界载荷的估值过低，在使用时应始终保持安全。

在变截面杆件的情况下，也存在类似的问题。如果压应力沿着杆件的长度变化，那么在超过比例极限的临界载荷的准确计算中，需要引入剪切模量 E_t 用于杆件的非弹性压缩部分。如果 E_t 在这些部分是恒定的，如图 2-38 所示，那么可以很容易地准确计算出临界载荷。但是如果 E_t 是可变的，则问题变得更加复杂。在这种情况下，如果使用针对弹性条件推导出的公式，并在其中用计算得出的剪切模量 E 代替 E_t，那么总能保持安全。

在构建了柱的情况下，超过比例极限的临界载荷可以通过引入 E_t 而不是 E 来计算。以图 2-57 所示情况为例，柱在受轴向载荷作用下，竖向纤维将被均匀压缩，而横向纤维则没有受力。因此，在计算超过比例极限的临界载荷时，可以使用式(2-64)。只需在弦杆有关诸项中将 E 替换为 E_t，在涉及板条的项中保留 E 和 G。因此，如果柱的压缩超过比例极限，横杆的刚度就相对增大，并且组合柱的性质接近实心柱。

第 4 章
实验和设计公式

4.1 柱 实 验

第一次对轴向压缩棱柱杆件的屈曲进行实验的是穆森布鲁克(Musschenbroek)[1]。在他的测试结果中,他得出了屈曲载荷与柱长平方成反比的结论,这个结论在 30 年后由欧拉通过数学分析得到。起初,工程师们并不接受穆森布鲁克实验和欧拉理论的结果。例如,就连库仑(Coulomb)[2]都仍然假设柱的强度与横截面积直接成正比,与长度无关。这些观点得到了针对较短的木材和铸铁柱进行的实验支持。这种类型的支撑结构通常在远低于欧拉的临界载荷下失效,失效主要是由于材料的压碎而不是由于横向屈曲。拉马尔(E. Lamarle)[3]首次对理论和实验结果之间的差异给出了令人满意的解释。他指出,在理论上的基本假设条件下,即材料的完全弹性和理想的端部条件得到满足时,欧拉的理论与实验结果是一致的。

后来的实验者[4]证实了欧拉公式的有效性。在这些实验中,非常注意满足理论上的端部条件和保证轴向压缩载荷的中心应用[5]。这些实验显示,当柱的细长比使得屈曲发生在材料的比例极限之下时,实验的 σ_{cr} 值符合欧拉曲线。图 4-1 表示用不同截面形状的轻型结构钢试样进行的一些实验结果[6]。从中可以看到,在 $l/r < 150$ 的情况下,所得结果与欧拉曲线相符合。l/r 高于最低值时才能应用欧拉公式,具体取决于材料的比例极限,对于用作桥梁的高强度钢材,最低值约为 75。

Karman 做了进一步的屈曲问题实验研究,取得了重要进展。Karman 的实验使用了具有比例极限为 35 000 psi 和屈服点为 46 000 psi 的矩形钢杆进行测试。通过使用刀口施加应用载荷,保证了柱端部的自由旋转,并且实验结果与欧拉公式的精度相比、符合率达 1.5%。Karman 还将实验扩展到塑性变形区域[7]。通过计算压缩实验曲线中的减小模量(见第 3.3 节),他证明了欧拉公式在临界应力超过材料比例极限的较短杆的情况下也适用。图 4-2 中的上根曲线给出根据欧拉公式计算的 σ_{cr} 作为细长比的函数的值。通过使用减小模量,可以计算出折合模量。同一图中的下根曲线给出当载荷偏心度为 $0.005h$ 时(参见图 3-13),即横截面深度为 h

---

① P. van Musschenbroek,《固体物体的连贯性介绍》,1729 年,Lugduni。还有 P. Massuet 的法语翻译本,《物理试论》,1739 年,Leyden。

② 参见库仑在 *Mémoires ... par divers savans*(1776 年,巴黎)中的论文。

③ E. Lamarle, *Ann. trav. publics de Belg.*,第 3 卷,第 1-64 页,1845 年;第 4 卷,第 1-36 页,1846 年。

④ I. Bauschinger, *Mitt, mech.-tech. Lab. tech. Hochschule, Munchen*,第 15 号,1889 年;A. Considère, *Congr. intern, des procedes construct.*,巴黎,第 3 卷,第 371 页,1889 年;L. Tetmajer,*Die Gesetze der Knickung- und der zusammengesetzten Druckfestigkeit der technisch wichtigsten Baustoffe*,第三版,莱比锡和维也纳,1903 年。

⑤ Considere 是最早在端部引入可调整的装置,使得在加载下柱的载荷作用点可以稍微移动。

⑥ 来自 Tetmajer 在引文中已提及的文献。

⑦ T. V. Karman, Forschungsarb.;第 81 页,1910, Berlin。

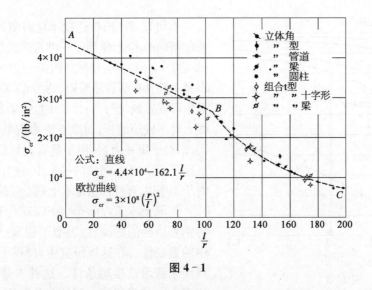

图 4-1

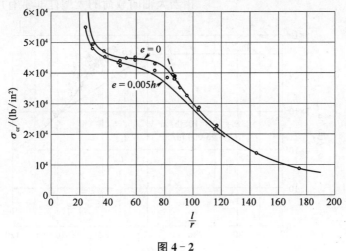

图 4-2

时的极限应力①。可以看到,大部分实验结果(用"。"表示)位于两曲线之间的区域。对于 $l/r < 90$ 的情况,实验结果非常接近欧拉曲线。在比例极限和屈服点之间,实验结果与使用减小模量理论上得出的结果相当吻合。对于 $l/r < 40$ 的情况,临界应力超过材料的屈服点, σ_{cr} 曲线急剧向上转折。只有采取了防止在屈服点应力下屈曲的特殊预防措施时,才能实验得到这样的临界应力值;因此,它们在柱设计中没有实际意义。

　　在对柱进行屈曲实验时,通常习惯将柱的挠度表示为中心点加载的函数。在理想情况下,直到达到临界加载值前,柱不会产生挠度,而在此临界点之上,加载-挠度曲线如图2-29所示。由于各种缺陷的存在,比如柱的不可避免初始弯曲、加载应用的偏心,或者材料的非均质性,使得柱在加载初期就会发生挠度,并且通常在达到欧拉加载之前就会失效。加载-挠度曲线的形状取决于理论假设的准确性。图4-3展示了在弹性范围内由不同实验者得到的此类曲线。随着实验技术的改进和端部条件越来越接近理论假设,加载-挠度曲线越来越趋向对应于临界加载的水平线。

---

　　①　最大载荷所对应的应力是指在柱屈曲时受到的最大应力。

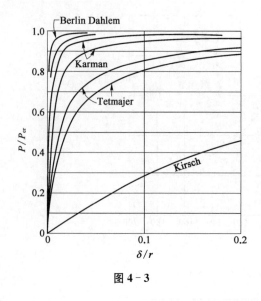

图 4 - 3

有研究者在柏林达勒姆材料测试实验室进行了非常精确的实验,使用了一种特殊的结构用于柱的端部支撑[1],一些实验结果如图 4 - 4 所示。所测试的材料是一种具有明显屈服点、约为 45 000 psi 的结构钢。从中可以看到,当 $l/r > 80$ 时,结果非常符合欧拉曲线。对于较短的杆,屈服点应力应被视为临界应力。因此,对于短柱而言,使用具有高屈服点的材料可能更经济;而对于长而细的柱来说,这并没有优势,因为对于钢来说,弹性模量基本上是不变的。

美国土木工程学会(ASCE)关于钢柱研究[2]的特别委员会的实验,也表明了屈服点应力在柱测试中的重要性。在这项研究中,使用了特殊的滚轮承载块来获得铰接端条件。这种安排对于需要施加相当大轴向载荷的大型柱非常有用。

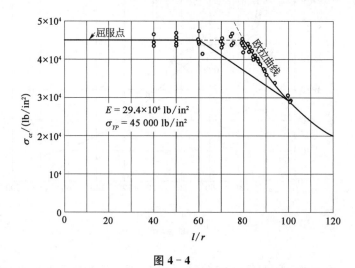

图 4 - 4

在通过刀口边缘不易传递的情况下,委员会做了一些重要的实验。图 4 - 5 展示了该委员会在 H 型截面柱测试偏心加载时得到的一些结果。在一系列测试中,偏心距与核心半径的比值 e/s 在平面内;在另一系列测试中,则在垂直于平面的方向上。在两种情况下,偏心率相对于核心半径的比值 e/s 被取为 1。在图中,将产生破坏的平均压应力 $\sigma_c = P/A$ 与细长比 l/r 绘制在一起。小黑圆圈表示柱在平面内弯曲时的屈服强度,浅色圆圈表示柱在垂直于平面弯曲时的屈服强度。为了比较,图 4 - 5 中还绘制了一条曲线,表示外部纤维开始屈服的平均压应力。该曲线的纵坐标是根据第 1.13 节方程(a)中取一个平均值求得的,其中屈服点应力($\sigma_{YP} = 38\ 500$ psi)来自取自柱不同位置试样的拉伸实验。可以看到,对于 $l/r > 60$,平均压应

---

① 参考 K. Memmler 在 1926 年的论文《第二届国际应用力学大会论文集》,住尔默(Zurich)出版,第 357 页,以及 W. Rein 的书籍《针对不同建筑结构确定屈曲应力的实验》,斯普林格出版社(Springer-Verlag),柏林,1930 年。

② 参考《美国土木工程学会论文集》,第 89 卷,第 1485 页,1926 年;第 95 卷,第 1152 页,1931 年;和第 98 卷,第 1376 页,1933 年。

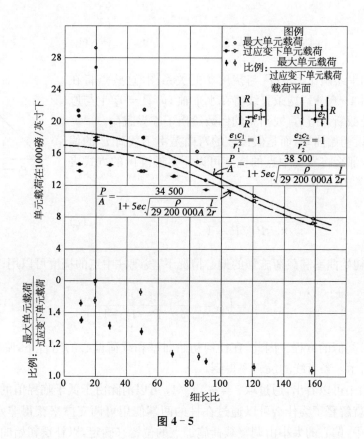

图 4-5

力的极限值非常接近于外部纤维开始屈服的值。对于在平面内弯曲的较短柱,其极限强度要略高于开始屈服的负载,但这个差异不超过极限载荷的 10%。当一个较短的柱在垂直于平面的方向上弯曲时,极限载荷要远高于开始屈服的负载。如果考虑到屈服点之外的弯曲,这个结果是可以预期的,如第 3.2 节所解释的。M. Roš[1] 也得到了类似的结果。约翰斯顿和切尼[2]在利哈伊大学(Lehigh University)以及 Campus 和 Massonnet[3] 进行了大量偏心加载的钢制宽翼柱的测试实验。

当在实验中得到类似于图 4-3 所示载荷-挠度曲线时,通常通过绘制曲线的水平渐近线来确定临界载荷的大小。Southwell[4] 提出了一种在弹性区域内从实验数据中确定临界载荷的非常有效的方法。假设在低于临界值的载荷下,柱的挠度是由于初始曲率引起的,可以使用挠度的一般表达式(1-61)的三角级数形式。当载荷接近临界值时,级数(1-61)中的第一项变为主导,并且可以假设柱中点的挠度在不同加载阶段测得,柱中点的挠度 δ 将由以下方程式足够准确地表示:

$$\delta = \frac{a_1}{P_{cr}/P - 1} \tag{a}$$

式中,a_1 为与级数(1-61)中第一项对应的初始挠度。由方程(a)可得

① M. Roš,《第二届国际应用力学大会论文集》,苏黎世,1926 年,第 368 页。
② B. Johnston 和 L. Cheney,《轧制宽翼缘钢柱》,AISC Progr. Eepts. 1 和 2,1942 年。
③ F. Campus 和 C. Massonnet, *Compt. rend, recherches*, *I.R.S.I.A.*,第 17 期,布鲁塞尔,1956 年 4 月。
④ R. V. Southwell,《伦敦皇家学会学报》,A 系列,卷 135,第 601 页,1932 年。

$$\frac{\delta}{P}P_{cr}-\delta=a_1 \tag{b}$$

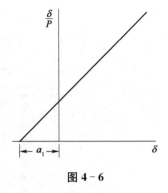

图 4-6

这表明,如果绘制比率 δ/P 与挠度 δ 的关系图,这些点将在一条直线上(图 4-6)[1]。这条直线将在水平轴($\delta/P=0$)上与原点的距离 a_1 处截断,并且直线斜率的倒数给出了临界载荷。

如果不假设初始曲率,而是假设柱的弯曲是由于载荷 P 的偏心施加造成的,那么将发现中点的挠度可以用足够准确的方式表示为式(c)(见第 1.11 节),也即

$$\delta=\frac{4e}{\pi}\frac{1}{P_{cr}/P-1} \tag{c}$$

在考虑柱初始曲率和载荷施加的偏心情况下,发现柱中点的挠度可以用以下方程表示:

$$\delta=\left(a_1+\frac{4e}{\pi}\right)\frac{1}{P_{cr}/P-1} \tag{d}$$

得到与方程(b)类似的方程。因此,在任何初始曲率和载荷偏心的组合下,临界载荷都可以通过如图 4-6 所示一条直线的反斜率得到。

从方程(d)中可以看出,通过取 $e=-\pi a_1/4$,可以消除由于低于临界值的载荷产生的柱中点的挠度。这就解释了为什么可以通过在柱的两端使用可调支撑来获得非常精确的 P_{cr} 值。在这样的实验中,偏心的大小由调整载荷施加点的位置来确定,以补偿初始曲率。

值得注意的是,在推导方程(d)时使用了偏心引起的挠度的近似值。如果使用该挠度的确切值[参见方程(1-33)],可以证明在加载开始时,柱可能会朝一个方向挠曲,然后突然朝相反方向屈曲[2]。

在临界载荷高于材料比例极限的较短柱的情况下,载荷-挠度曲线的形式如图 3-13 所示。从中可以看出,在非常小的挠度下,载荷达到最大值,然后柱突然屈曲,因为在增大挠度时,为了保持任何进一步的挠度所需的载荷迅速减小。实验中达到的最大载荷通常被视为临界载荷。可以看出,在加载的偏心趋近于零时,这个最大值趋近于由欧拉方程使用剪切模量计算的临界值。在这种情况下,屈曲柱状物的挠度曲线形状不再是正弦形,永久变形主要集中在中部,那里的弯矩达到最大值。

从上述讨论可以看出,由于各种缺陷,实际柱在受载时的行为与理想柱有很大的差异。基于此,对结构中栓的设计可以采用三种不同的方法:① 将理想柱公式作为柱设计的基础,并应用适当的安全系数来补偿各种不完善的影响;② 将安全系数应用于经验公式,其中某些常数已被调整,以使公式适应实验结果;③ 柱可以从一开始就被假定具有一定程度的缺陷,并且安全载荷根据材料开始屈服的载荷的一定比例来确定。下面将讨论这些柱设计方法。

---

① 这张图通常被称为 Southwell 图。它也被用于测量应变;参见 M. S. Gregory,《土木工程学》(伦敦),卷 55,第 642 期,1960 年,以及《澳大利亚应用科学杂志》,卷 10,第 371-376 页,1959 年。

② 这种挠度方向逆转的现象已经由 H. Zimmermann 进行了研究,*Sitzber. Akad. TFiss. Berlin*,卷 25,第 262 页,1923 年;还可以参考他的著作 *Lehre vom Knicken auf neuer Grundlage*,柏林,1930 年。实验结果与该理论一致;参见 K. Memmler 在引文已提及的文献中。

4.2 以理想柱公式为柱设计的基础

4.1 节中的实验表明,在受到集中作用压缩力的情况下,如果已知柱材料的压缩实验曲线,就可相当准确地计算出压缩应力的临界值。在弹性范围内,计算必须使用欧拉公式,而超过比例极限后,必须应用修改后的欧拉公式,使用剪切模量 E_t 代替 E。通过这样的计算,可以得到一个以细长比为函数的 σ_{cr} 的图表。图 4-7 中的两个图表,就分别计算了两种不同结构钢(钢号 54,屈服强度为 50 000 psi 和钢号 37,屈服强度为 34 000 psi)的情况[①]。在每种情况下,都使用了欧拉曲线,直到比例极限。在超过该极限后,使用基于缩减模量的曲线。当细长比 $l/r \approx 50$ 时,临界应力图向上转折,在细长比进一步减小时,σ_{cr} 开始增加。在实际设计中,不应考虑在屈服点应力以上的 σ_{cr} 增加,因为只有在采取特殊预防措施以防止柱在屈服点应力处失稳时,才能得到这种增加。

对于实际应用,下述图表在非弹性区域可以用两条直线替代:一条水平线表示超过屈服点应力的部分,一条斜线表示在屈服点和比例极限之间的部分。通过这种方式,只要从实验中确定了材料的屈服点和比例极限,就可以得到一个完整的临界应力图。图 4-7 中用点划线表示。

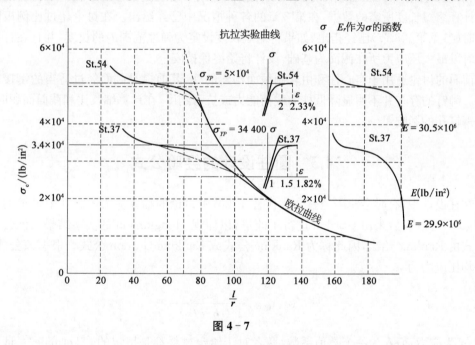

图 4-7

已知临界应力图后,可以通过将 σ_{cr} 除以安全系数来获得任意细长比下的允许应力。在设计柱时选择适当的安全系数具有相当的难度。这种困难的主要原因在于,在压缩作用下,柱的行为与欧拉理论所假设的行为有所不同,主要取决于各种缺陷的大小,如柱的初始曲率、载荷施加的偏心距和材料的非均匀性。在其他结构中也会遇到类似的缺陷,如受到横向载荷作用的梁,但在这些情况下,缺陷的影响可以忽略不计;而在柱的情况下,缺陷对变形有很大的影

① 这些曲线来自 W. Gehler 的论文 *Proc. 2d Intern. Congr. Appl. Meeh., Zurich*, p, 364, 1926。在这些计算中使用的是 E_r 而不是 E_t,还给出了压缩实验曲线的必要部分以及代表直接压缩应力缩减模量的曲线。

响。对于实际施工中遇到的缺陷大小是不确定的,通常通过选择较大的安全系数来弥补这一事实。

对柱选择安全系数最简单的方法,是假设各种缺陷对变形和最大纤维应力的影响与细长比无关。然后,安全系数对于所有 l/r 的值都将保持恒定。例如,图 4-7 所示钢材料的下曲线上使用安全系数 2.5,从中可见,当 $l/r < 60$ 时,允许应力为 13 700 psi;当 $l/r = 100$ 时,允许应力为 12 000 psi。如果材料的比例极限等于 30 000 psi,屈服点为 34 000 psi。

假设随着细长比的增加,柱的初始曲率等缺陷可能会增加,那么引入一个随着细长比增加而增加的可变安全系数是合理的。例如,在当前的德国规范中,安全系数从 $l/r = 0$ 时的 1.7 逐渐增加到较大的 l/r 值时的 2.5。为了简化计算,这些规范规定了一个恒定的允许应力,与简单拉伸相同,并通过将构件中作用力乘以一个放大系数 ω 来补偿柱的作用。该放大系数 ω 等于相应 l/r 值下拉压允许应力与柱允许应力的比值。通过试错法,通过 ω 的值表格,可以非常容易地选择出适当的柱截面。

上述讨论假设了柱两端铰支情况下的屈曲基本情况。针对这种情况确定的工作应力也可以应用于其他情况,只需将柱的实际长度替换为缩短长度。缩短长度的大小取决于柱两端的条件、沿柱长度分布的压缩载荷方式;如果截面不恒定,则取决于柱的形状。在材料的弹性范围内计算缩短长度所需的数据,在第 2 章的各种情况中已经给出。在讨论超过比例极限的柱屈曲时(参见第 3.3 节)已经指出,如果将缩短长度设定为弹性范围内的长度,并且在计算缩短长度时以最大压应力所在截面为基础,设计将始终保持安全。

前面的讨论适用于实心柱和由轧制截面构建的柱,其前提是截面经过适当的铆接或焊接连接。铆钉的存在并不明显降低柱的载荷能力或抗弯刚度,在计算细长比和截面面积时,一般忽略铆钉孔的影响[①]。

4.3 圆柱设计的经验公式

在柱设计中,有时会使用经验公式代替 4.2 节中讨论的临界应力图。其中最早的公式由 Tredgold[②] 提出,后来由 Gordon 进行了改进,以体现 Hodgkinson 的实验结果。该公式的最终形式由 Rankine 给出,因此称为 Rankine 公式或 Rankine-Gordon 公式。根据该公式,允许的平均压应力为

$$(\sigma_c)_w = \frac{a}{1 + b(l/r)^2} \tag{a}$$

式中,a 为应力,而 b 为一个数值系数,两者对于给定材料都是恒定的。Tetmajer[③] 证明了为使该方程与实验结果相符,因子 b 不能是恒定的,并且必须随着 l/r 的增加而减小。这个事实通常被忽视,而式(a)在柱设计中仍然被经常使用。通过适当选择常数,可以使其在一定范围

[①] 关于铆钉孔对屈曲载荷大小影响的问题,A. Föppl 在 *Mitt. Mech. -Tech. Lab. Tech. Hochschule*, *Munchen*, *no. 25*, *1897* 中进行了调查。还可以参考 Timoshenko 在 *Bull. Polytech. Inst.*, *Kiev*, *1908* 发表的论文。

[②] 关于这个公式的历史,请参考以下资料:E. H. Salmon 的 *Columns*,伦敦,1921;Todhunter 和 Pearson 的《弹性力学理论的历史》,第 1 卷,第 105 页,剑桥,1886;Timoshenko 的《材料强度的历史》,第 208 页,McGraw-Hill Book Company, Inc.,纽约,1953 年。

[③] 来自 Tetmajer 在引文已提及的文献中。

内与实验结果相符。例如，1949 年的美国钢铁建筑研究协会（AISC）规范给出次要压缩构件的截面安全应力（psi）如下：

$$(\sigma_c)_w = \frac{18\,000}{1 + l^2/(18\,000r^2)}$$

式中，$l/r = 120 \sim 200$。同样的公式也在纽约市建筑法规（1945 年）中适用于 $l/r = 60 \sim 120$ 的主体构件以及 $l/r = 60 \sim 200$ 的次要构件。对于 $l/r < 60$ 的情况，法规指定了允许应力为 15 000 psi。

直线公式给出按以下形式计算的允许平均压应力：

$$(\sigma_c)_w = a - b\frac{l}{r} \tag{b}$$

式中，常数 a 和 b 取决于材料的机械性能和安全系数。芝加哥建筑法规中使用了其中一种公式，具体表示为

$$(\sigma_c)_w = 16\,000 - 70\frac{l}{r} \tag{c}$$

式中，对于主要构件，取 $30 < l/r < 120$；对于次要构件，取 $30 < l/r < 150$。对于 $l/r < 30$ 的数值，使用 $(\sigma_c)_w = 14\,000$ psi。

上述公式是由 Tetmajer 和 Bauschinger[1] 在具有铰接端的钢结构柱上进行实验得出的结果。实验表明，对于平均压应力的临界值，可以使用以下公式：

$$(\sigma_c)_w = 48\,000 - 210\frac{l}{r} \tag{d}$$

Tetmajer 推荐将这个公式用于 $l/r < 110$ 的情况。式（c）是通过使用安全系数 3 从式（d）获得的。美国铝业公司（ALCOA[2]）对于 l/r 值低于某个限制值的柱，指定了一个直线柱公式；对于 l/r 值高于该限制值，则使用了欧拉公式。

J. B. Johnson[3] 提出的抛物线公式也被广泛使用，它给出了平均压应力的允许值：

$$(\sigma_c)_w = a - b\left(\frac{l}{r}\right)^2 \tag{e}$$

式中，常数 a 和 b 取决于材料的力学性质和安全系数。例如，美国钢铁建筑研究协会指定了以下公式：

$$(\sigma_c)_w = 17\,000 - 0.485\left(\frac{l}{r}\right)^2$$

---

[1]　参见 F. S. Jasinsky 的科学论文第一卷，圣彼得堡，1902 年，以及 *Ann. Ponts et Chaussées* 第 7 系列第 8 卷第 256 页，1894 年。此外，参见 J.M. Moncrieff 对实验结果的广泛分析，发表于 *ASCE Proceedings* 第 45 卷，1900 年，以及他的著作《中央或偏心加载下的实用柱》，纽约，1901 年。

[2]　*Alcoa Structural Handbook*，美国铝业公司，匹兹堡，宾夕法尼亚州，1956 年。关于铝合金柱的测试结果和公式的比较，请参见 R.L. Templin，R.G. Sturm，E.C. Hartmann 和 M. Holt 的研究《不同铝合金的柱抗强度》技术论文 1，美国铝业公司铝研究实验室，1938 年；H.N. Hill 和 J.W. Clark 的研究《铝合金直线柱公式》技术论文 12，美国铝业公司，1955 年。

[3]　参见 C. E. Fuller 和 W.A. Johnston 的《应用力学》第 2 卷第 359 页，1919 年。并请参阅 A. Ostenfeld 的论文 *Z. Ver. deut. Ingr.* 第 42 卷第 1462 页，1898 年。

当 $l/r < 120$ 时,美国铁路工程协会(AREA)和美国国家公路职员协会(AASHO)指定了以下公式:

$$(\sigma_c)_w = 15\,000 - \frac{1}{4} \left(\frac{l}{r}\right)^2$$

对于 $l/r < 40$ 的情况,通过使用修改后的欧拉公式[式(3-13)]并将降低的模量 E_r 作为临界压应力的函数,还可以推导出其他各种柱公式。这些公式由 Strand[①] 和 Frandsen[②] 等人推导出来。

4.4　基于假设的不准确性的圆柱设计

在对欧拉公式在柱设计中的应用进行讨论时(第 4.2 节),指出其中主要困难在于选择合适的安全系数来弥补柱中的各种缺陷。在这种情况下,从一开始就合理假设柱存在某些不准确性,而不是假设理想情况。然后可以推导出一个公式,该公式不仅包含柱的尺寸和定义材料力学性质的量,还包括所假设的不准确性的值。当这些不准确性明确地出现在设计公式中时,可以在更合理的基础上选择安全系数。

实际柱与理想柱有所不同,其主要缺陷有:① 施加压缩载荷时不可避免的偏心性;② 柱的初始曲率;③ 材料的非均匀性。在讨论通过柱实验得到的载荷-挠度曲线时,已经表明(参见 4.1 节),通过假设柱具有适当选择的初始曲率,可以弥补由于载荷偏心引起的挠度。材料的不均匀性也可以以类似的方式进行补偿。为简单起见,假设一根柱由两条不同模量的平行杆件连接而成。为了在这样的柱中实现均匀压缩且无横向弯曲,载荷必须施加在截面质心之外的某一点上。该点的位置不仅取决于截面形状,还与两个模量之比有关。因此,在此情况下,材料的非均匀性效应等同于一定偏心性的效应,并且可以通过适当选择柱的初始曲率进行补偿。

许多研究者尝试通过分析压缩柱挠度的可用实验数据,来确定载荷施加的偏心量。这些计算通常假设柱两端的偏心量保持不变,并假设一定的屈服点应力值;然后,通过产生破坏的加载大小,计算出偏心量的值。马斯顿[③]和詹森[④]通过对特迈尔的实验[⑤]进行了分析,分别发现偏心量与核心半径之比的平均值为 $e/s = 0.06$、$e/s = 0.07$。同样的数值也从对利利(Lilly)实验的分析中得出。

与假设偏心量与核心半径成比例不同,更合理的假设是偏心量取决于柱的长度[⑥]。基于对实验数据的比较研究,Salmon 建议,例如

$$e = 0.001l \tag{a}$$

---

① Torbjorn Strand, "*Zentr. Bauverwaltung*",第 88 页,1914 年。还请参阅 R. Mayer 的著作 *Die Knickfestigkeit/J*,第 74 页,Springer-Verlag 出版社,柏林,1921 年。

② P. M. Frandsen, *Pub. Intern. Assoc. Bridge Structured Eng.*,第 1 卷,第 195 页,1932 年;还请参阅 W. R. Osgood 的论文 *Natl. Bur. Standards Research Paper 492*,1932 年。

③ A. Marston,《ASCE 文摘》,第 39 卷,第 108 页,1897 年。

④ C. Jensen,《工程学》,伦敦,第 85 卷,第 433 页,1908 年。

⑤ W. E. Lilly,"ASCE 文摘,第 76 卷,第 258 页,纽约"。关于柱不准确性的大量数据由 E.H. Salmon 在其著作 *Columns* 中收集,1921 年出版。请参阅他在"《ASCE 文摘》,第 95 卷,第 1258 页,1931 年"中的讨论。

⑥ Salmon 的著作中给出了几个经验公式,表达了偏心量与核心半径之比作为细长比的函数。

对于初始曲率问题,不同的实验者也进行了研究。研究结果由 Salmon[1] 进行了汇总,并在图 4-8 中给出,其中将初始挠度 a(中心线上任意一点与连接端部截面质心的直线之间的最大距离)作为柱长度的函数进行绘制。可以看到,几乎所有的点都位于直线下方:

$$a = \frac{l}{750} \qquad \text{(b)}$$

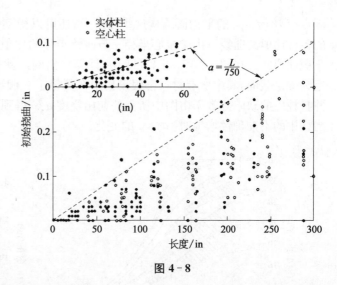

图 4-8

除了载荷施加时的偏心效应和初始曲率外,还应考虑材料的非均质性和柱截面面积的不可避免变化对其影响。

所有上述缺陷都可以用柱的等效初始挠度来替代。要从实验中获得这个挠度,需要研究载荷-挠度曲线。从关于初始弯曲杆件受压的讨论中已经得知,在小载荷下,可以预期柱的横向挠度会呈现不规则的行为。这个结论已经被多位实验者所验证。当载荷接近临界值时,代表挠曲曲线级数展开中的第一项[参见式(1-61)]变为主导,并且可以通过绘制直线(如图 4-6 所示)来找到等效的初始挠度。这类实验数据很少,而在选择等效初始挠度的数值时,需要依赖先前讨论的实验数据。假设所有的不准确性都与柱长度成比例增加,并考虑到由方程(a)给出的偏心距和方程(b)给出的初挠度,最终可以将其作为一个初挠度:

$$a = \frac{l}{400} \qquad \text{(c)}$$

这个初挠度足以弥补柱可能存在的所有缺陷[2]。

如果采用这种方法,柱的设计将简化为一个初始弯曲杆件在受压下的问题,如图 3-14 所示。通过使用傅里叶级数来表示初态和末态挠度,已经为这种情况提出了一种解决方案[3]。分析结果如图 4-9 所示,其中钢材的屈服强度为 36 000 psi,比例极限为 30 000 psi。曲线给出几个不同初始曲率 a/s 下,产生破坏的平均压应力 (σ_c) 的极限值。这些曲线显示,在弯曲和压缩的组合情况下,特别是对于小的偏心距,屈服载荷和破坏载荷之间的距离要比横向加载引起的弯曲情况更近。因此,可以将首次在柱中产生屈服点应力的载荷作为确定允许应力的依据(见第 1.13 节),这是符合逻辑的。这种做法将避免在超过比例极限的弯曲研究中所需的烦琐计算。

如果给出了杆件的初始挠度,可以从类似于图 4-9 的曲线中准确得到达到外层纤维的屈

① Salmon 的著作中给出了几个经验公式,表达了偏心量与核心半径之比作为细长比的函数。
② H. Kayser 在 1930 年的一篇文章中(见 Bautechnik, Berlin, vol. 8),通过从实验结果反推得出必须存在的初始挠度的数量,得出了 a 值从 1/400~1/1 000 的数值。他建议使用 $a = 1/400$。
③ 见 H. M. Westergaard 和 W. R. Osgood 的论文,发表于 1928 年。

服点应力 $(\sigma_c)_{YP}$ 的平均值。从这些曲线中,还可以得到一系列关于柱长度 l[①] 和初始挠度 a 的各种比值的曲线。由于核心半径 s 与回转半径的比值取决于截面形状,上述曲线也会依赖于截面形状。在图 4-10、图 4-11 中,计算得出两组此类曲线[②],一组为实心矩形截面,另一组为理论截面,其中所有材料都假设集中在翼缘上。假设结构钢的屈服点应力为 36 000 psi,并且柱中的缺陷等效于由图中所示的初始挠度 a/l 得到的中点的偏转量。这些曲线还显示了当柱中的不准确性增加时 $(\sigma_c)_{YP}$ 的变化。

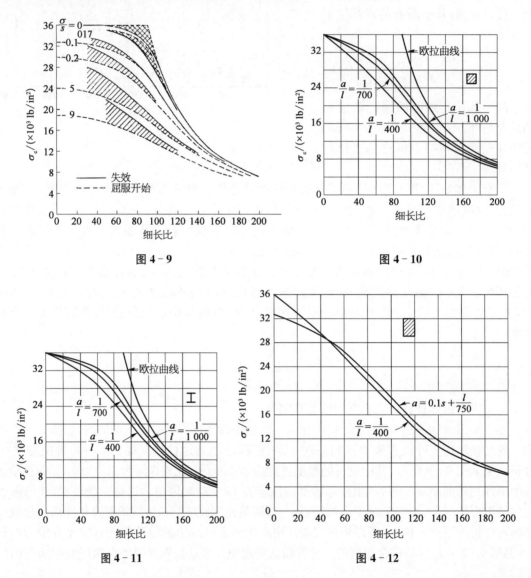

图 4-9　　　　　　　　　　　　　图 4-10

图 4-11　　　　　　　　　　　　　图 4-12

　　有了这些曲线,可以得到任何细长比 l/r 下,外层纤维开始屈服的平均压应力 $(\sigma_c)_{YP}$ 的值。前面已经提到,产生屈服的载荷与产生完全破坏的载荷相差不大,并且随着细长比的增加

---

　　① 在这种情况下,初始挠度 a 随着细长比的增加而增加,因此 $(\sigma_c)_{YP}$ 的下降速度比图 4-9 中曲线所示更快。

　　② 在 Timoshenko 的论文中(见 Trans. ASME, *Applied Mechanics Division*, vol. 1, p. 173, 1933),给出了类似曲线,假设柱的缺陷通过与柱长度成比例的一定偏心来补偿。

而接近后者(图 4 - 9)。通过以 $(\sigma_c)_{YP}$ 作为计算允许的压应力 $(\sigma_c)_W$ 的基础,并使用恒定的安全系数,将在所有实际情况下都处于安全的一侧[1]。对于较小的细长比,在完全破坏情况下安全余量将稍大一些。

在先前的讨论中,假设柱中的缺陷与柱长度成正比,并且对于细长比较小的柱,这些缺陷非常小。有几位研究者提出将所有的缺陷分为两种类型:一种与柱长度无关,可以通过与核心半径 s 成比例的初始挠度来补偿;另一种可以通过与柱长度成比例的初始挠度来补偿[2]。通过使用图 4 - 9 中所示曲线,可以轻松得到任何上述两种缺陷类型的 $(\sigma_c)_{YP}$ 曲线。图 4 - 12 和图

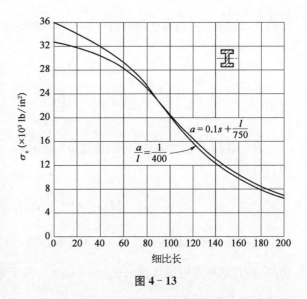

图 4 - 13

4 - 13 就分别给出了这种类型的两条曲线。这两条曲线是根据特定的初始挠度假设条件计算得到的。该条件假设补偿所有缺陷形式的初始挠度为 $a = 0.1s + \dfrac{l}{750}$。

其中一条曲线假设为实心矩形横截面,另一条曲线则假设为所有材料都集中在翼缘位置的理论横截面上。为了比较,图中还显示了先前两条曲线(来自图 4 - 10、图 4 - 11),这些曲线是针对 $a = l/400$ 计算得出的。

4.5　各种端部条件

前面已有讨论,假设受压柱的端部可以自由旋转。实际情况中有些情况接近这个假设,但

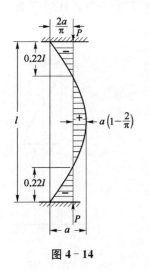

图 4 - 14

是在实际应用中,柱的端部通常会有一定程度的约束,无法自由旋转。在这种情况下,临界载荷的大小取决于约束系数的大小,并且当端部完全固定时,载荷达到最大值。下面就讨论这种极端情况。如果在柱受压过程中,柱的端部无法自由旋转,那么在施加压力过程中的偏心不会导致柱弯曲,而是仅使柱均匀受压。因此,在讨论具有内固定端部的柱的缺陷时,只需考虑初始曲率。由于初始曲率的形状不同,由此引起的弯曲应力自然会有所不同。例如,假设初始曲率(图 4 - 14)由正弦曲线 $y = a \sin \pi/l$ 给出,可以得出以下结论:对于小载荷 P,弯曲引起的挠曲可以忽略不计,必须在端部产生一个偏心距、等于 $2a/\pi$。通过考虑图中阴影部分所表示的总弯矩面积,可以得到这个偏心距的值。要使柱的一端相对于另一端的旋转为零,总面积必须为零。

随着压缩载荷的增加,应考虑由弯曲引起的附加挠曲。使用第1.12

---

① 实际上,对于非常小的 a/s 值,基于屈服点应力得到的载荷可能略大于破坏载荷。这种差异是不安全的,但在实际柱设计中,并不会产生影响,因为通常假设 a/s 的值较大。

② 这个观点最早由 F. S. Jasinsky 提出,详见其文献引用。另外,还可参考 H. S. Prichard 在 1908 年的工程学会西部宾夕法尼亚分会的论文和 O. H. Basquin 在 1913 年的《西部工程学会杂志》上的论文。

节的式(l)、(m),可以得到端部的弯矩 M_1 和中间的弯矩 M_2[①]如下:

$$M_1 = -\frac{aP}{1-\alpha}\frac{\pi\alpha}{2u\tan u}, \quad M_2 = -\frac{aP}{1-\alpha}\left(1-\frac{\pi\alpha}{2u\tan u}\right) \tag{a}$$

其中

$$\alpha = \frac{Pl^2}{\pi^2 EI}, \quad u = \frac{1}{2}\sqrt{\frac{P}{EI}} \tag{b}$$

对于载荷 P 的较小值,可以假设 $u \approx \sin u \approx \tan u$,并且在与单位相比较时忽略 α,那么可以得到

$$M_1 = -\frac{2aP}{\pi}, \quad M_2 = aP\left(1-\frac{2}{\pi}\right) \tag{c}$$

这需要在施加载荷时具有 $2a/\pi$ 的偏心距,如上所述。可以看出,端部的弯矩大于中间的弯矩,并且这些弯矩的比值 $\dfrac{M_1}{M_2} \approx -1.75$。这个结果在短柱的情况下是成立的,这种情况下的破坏载荷通常相比欧拉载荷较小。

随着载荷 P 的增加,弯矩 M_1 和 M_2 也增加,同时它们的比值减小。下面以 $P = \pi^2 EI/l^2$ 为例。

假设压缩载荷等于具有内固定端部的柱的临界载荷的 $1/4$,那么从方程(a)中可以得到

$$M_1 = -\frac{\pi aP}{4}, \quad M_2 = \frac{aP}{2}$$

以及

$$\frac{M_1}{M_2} \approx -1.57$$

对于细长柱而言,在初始曲率较小的情况下,临界载荷趋近于值 $4\pi^2 EI/l^2$,方程(a)中的 u 趋近于 π。在这种 u 值下,M_1 和 M_2 的弯矩将无限增加,它们的比值趋近于 1。柱的弯曲条件接近于柱的初始曲率由以下方程给出的情况:

$$y = \frac{a}{2}\left(1 - \cos\frac{2\pi x}{l}\right)$$

在这种情况下(图 4-15),两端和中间的弯矩始终数值相等,最大应力与具有长度为 $l/2$ 和初始偏差由正弦曲线表示的铰接端压缩柱相同,其中在中间位置偏差为 $a/2$。此时最大弯矩的表达式为[参见方程(1-60)]

$$M = \frac{aP}{2(1-\alpha/4)}$$

方程(a)中弯矩的绝对值与弯矩 M 的比值为

$$\frac{M_1}{M} = \frac{2\sqrt{\alpha}\left(1-\dfrac{\alpha}{4}\right)}{(1-\alpha)\tan(\pi-\sqrt{\alpha}/2)}$$

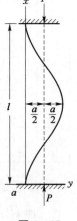

图 4-15

---

① 值得注意的是,这个比值取决于初始曲率的形状。例如,假设初始曲线是以杆中部为对称轴的抛物线,我们发现 $M_1/M_2 = -2$。

对于较小的 α 值,这个比值趋近于 $4/\pi$。随着载荷 P 的增加,α 增加,比值减小。当 $\alpha=1$ 时,比值等于 $3/(8\pi)$。当 α 趋近于 4 时,对应于内固支端柱的欧拉临界载荷,弯矩的比值趋近于 $8/(3\pi)$。

由此可以得出结论,如果图 4-14 所表示的是一个主要破坏来自弯曲应力的细长柱,取柱的有效长度为实际长度的一半,并使用针对铰接端柱计算得出的曲线(图 4-10、图 4-11)时,将能够得到安全的结果。对于短柱而言,最大弯曲应力可能略大于使用上述方法得出的值,但在这种柱中,弯曲应力通常与轴向应力相比较小;因此,在这种情况下也可以使用有效长度 $l/2$ 和图 4-10、图 4-11 中的曲线。从而进一步表明,在铰接端柱的讨论中,初始曲率的大小选择是不仅为了补偿柱的弯曲度,还要补偿载荷施加的偏心距离;而在内固支端柱的情况下,偏心距离是不存在的。因此,通过假设的不准确性讨论内固支端柱的设计,得出的关于有效长度的结论与使用临界应力图来确定工作应力时得出的结论是一致的。

关于此,只考虑了两种极端情况,即铰接端柱和内固支端柱。结构中的受压构件通常具有中间的端部条件,端部的约束取决于结构中相邻构件的刚度。端部的固定程度只能通过对整个结构稳定性的调查来获得。这样的调查在第 2 章中讨论了几个例子,并且显示在每个特定情况下,结构中受压构件的临界载荷可以计算为具有一定减小长度的铰接端柱的临界载荷。当这个减小长度已知时,可以使用图 4-12 和图 4-13 中的曲线来设计受压构件。

只有在最简单的结构情况下,稳定条件才能很容易地建立起来。通常,在设计结构的压缩构件时,这些构件的减小长度是近似地确定的。例如,在讨论桁架的受压上弦稳定性时,可以看到风撑和桁架平面内的构件,对侧向屈曲的上弦构件在连续分段中交替方向上提供的阻力不大。常规做法是将这些构件在侧向屈曲时看作铰支端柱,因此在这种情况下应使用理论两铰之间的实际长度。对于桁架的受压斜杆和立杆的侧向屈曲,也可以得出相同的结论。

在考虑桁架平面内受压构件的屈曲时,应注意由于节点的刚性,这些构件的端部会产生一定的弯矩。这些弯矩的大小可以通过分析桁架中的二次应力所使用的方法来计算。在这种分析中,通常忽略轴向力对桁架构件弯曲的影响①,因此这些弯矩与载荷成比例。在这种情况下,每个压缩构件可以被视为一个具有已知偏心距的偏心受载柱,并且可以通过从图 1-28～图 1-31 给出的曲线进行插值来获得允许的平均压应力。压缩构件中存在的初始曲率将增加弯曲应力,且应通过在每个端部叠加等效偏心度 e 来进行补偿,这个等效偏心度是根据二次应力分析中提到的实际偏心度计算出来的。然后,这些修正后的偏心距值将用于根据图 1-28～图 1-31 中的曲线计算工作应力。类似地,由于自重引起的压缩构件的挠度,可以通过引入某些额外的偏心度来予以补偿。

4.6　组合柱的设计

第 2.18 节讨论组合柱的屈曲时,得到了计算带细节节数的柱临界载荷的方程(2-61),以及计算板条细节节数的柱临界载荷的方程(2-64)。当使用这些方程时,实际的组合柱会被一个等效长度 L 减小的柱替代,在细节节数中,长度 L 需要通过以下方程确定:

---

① 这可以通过注意到弦材料的细长比通常较小来加以解释,因此与欧拉载荷相比,作用在弦材料上的压缩力较小。对角线和垂直线的细长比可能较大,但它们往往呈"S"形。在这种情况下,从第 1.11 节的一般讨论可以得出结论,即轴向力对挠曲的影响很小。

$$L = l\sqrt{1 + \frac{\pi^2 EI}{l^2}\left(\frac{1}{A_d E \sin\phi\cos^2\varphi} + \frac{b}{A_d Ea}\right)} \tag{4-1}$$

并且,在板条细节节数中(图 2-57),长度 L 需要通过以下方程确定:

$$L = l\sqrt{1 + \frac{\pi^2 EI}{l^2}\left(\frac{ab}{12EI_b} + \frac{a^2}{24EI_c} + \frac{na}{bA_bG}\right)} \tag{4-2}$$

上述公式是在弹性范围内推导出来的,但也可以在弹性限度之外使用,前提是在柱的弯曲刚度 EI 和一个弦的弯曲刚度 EI_c 的表达式中,用剪切模量 E_t 替代弹性模量 E(参见第 3.3 节)。

当确定组合柱的减小长度时,相应 L/r 值的允许应力可以从诸如图 4-10、图 4-11 所示曲线中获得,使用适当的安全系数。使用这些曲线来处理组合柱,意味着假设缺陷是减小长度 L 的函数而不是真实长度。这意味着在组合柱的情况下使用略高的安全系数,看来是对的。

大量实验已经针对组合柱[1]进行了研究,其中一些实验的讨论可以在 ASCE 特别委员会对钢柱研究的报告中找到(参考文献见以上引用)。但在较少情况下,这些实验是为了验证任何理论。特别重要的是 Petermann[2] 和 J. Kayser[3] 进行的实验,涉及板条柱。这种柱在与板条平行的平面上的易弯性,非常依赖于板条的尺寸和它们之间的距离。实验测得的临界载荷值与使用式(4-2)计算得到的值高度一致。

在组合柱的设计中,适当尺寸的带钢和板条的尺寸恰当极为重要。像以前一样进行计算,在确定这些部件的应力时,假设柱存在一些缺陷,比如初始曲率或载荷施加的偏心。在完成这一步骤后,将能够评估出在任何压缩载荷 P 值下产生的最大剪力 $Q_{\max}$。然后,将为柱最外缘纤维开始屈服的载荷 P 值计算出这个最大剪力。基于这个最大剪力来设计带钢和板条是合乎逻辑的,这样它们将与柱的最外缘纤维同时发生屈服。

对于柱的偏差,应该假设最不利的情况,尤其是在剪力的影响方面。图 4-16 展示了可能的偏差类型,包括载荷施加时的初始曲率或初始偏心。初始挠度 a 或初始偏心度 e 的值将与长度成比例,而在这种情况下,长度是根据式(4-1)或式(4-2)计算得出的柱的缩小长度。考虑初始曲率由正弦曲线的半个波长表示的情况(图 4-16a),发现最大剪力出现在柱的两端。在实际中出现的小挠曲中,可以取 $Q_{\max} = P\theta$。在"S"形初始曲率的情况下(图4-16b),可以将柱的每一半视为长度为 $l/2$ 且挠度为 $\theta/2$ 的前一类型的柱。两端的初始剪力将与前一种情况中的相同,但在出现破坏时的剪力值将更小,因为无论其初始形状如何,柱都会在长度为 l 的临界载荷下以半个波长发生屈曲,这个长度小于长度为 $l/2$ 的临界载荷。

在同一方向上存在两个相等离心率的情况(图 4-16c),比图 4-16a 中的情况更有利。假设离心率 e 使得两根柱在相同载荷 P 下失效,发现在两种情况下,中间处的弯矩在失效时是相等的;因此,对于图 4-16c 情况,相应的 δ、θ、$Q_{\max}$ 将比图 4-16a 情况下更小。在离心率相等但方向相反的情况下(图 4-16d),两端将存在 $2Pe/l$ 大小的水平反力,最大剪力等于

[1] 这些实验中的一些讨论可以在 ASCE 钢柱研究专委会的报告中找到。请参阅 R. Mayer 的著作 *Die Knick-festigkeit*,第 387 页,1921 年出版于柏林;以及 D. Rühl 的著作 *Berechnung gegliederter Knickstab*,1932 年出版于柏林。

[2] *Bauingenieur* 第 4 卷,第 1009 页,1926 年出版于柏林;以及 *Bauingenieur* 第 9 卷,第 509 页,1931 年出版。

[3] *Bauingemeur* 第 8 卷,第 200 页,1930 年出版。

$2Pe/l + P\theta$，出现在中间。在某些条件下，这种情况可能比图 4 - 16a 情况更为不利。因此，最后得出结论，应详细考虑图 4 - 16a、b 所示情况①。

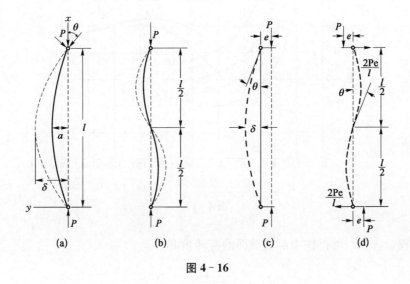

图 4 - 16

对于图 4 - 16a 的情况，利用方程(1 - 60)的挠曲曲线公式，可以得出端部的角度 θ 为

$$\theta = \left(\frac{\mathrm{d}y}{\mathrm{d}x}\right)_{x=0} = \frac{\pi a}{l(1-\alpha)} \tag{a}$$

式中，$\alpha = Pl^2/(\pi^2 EI)$，可以得到最大剪力的公式为

$$Q_{\max} = P\frac{\pi a}{l(1-\alpha)}$$

将此方程两边除以横截面积 A，并使用符号 $(\sigma_{\mathrm{c}})_{YP}$ 表示当柱的最外缘纤维开始屈服时的平均压应力，可以得到开始屈服的单位横截面积上的最大剪力值为

$$\frac{Q_{\max}}{A} = (\sigma_{\mathrm{c}})_{YP}\frac{\pi a}{l(1-\alpha)} \tag{4-3}$$

对于任何细长比 l/r 和给定的初始挠度 α，可以从图 4 - 10、图 4 - 11 中的曲线上以适当的安全系数找到 $(\sigma_{\mathrm{c}})_{YP}$。 然后，可以使用方程(4 - 3)计算 $Q_{\max}$。 如果通过第 1.13 节中的方程(i)得到 α，并将其值代入方程(4 - 3)，则可以简化这个计算，进而可得

$$\frac{Q_{\max}}{A} = \frac{\pi 8}{l}\left[\sigma_{YP} - (\sigma_{\mathrm{c}})_{YP}\right] \tag{4-4}$$

通过了解 σ_{YP} 并使用图 4 - 10、图 4 - 11 中的曲线以及安全系数来确定，可以将 $Q_{\max}/A$ 表示为初值挠度 α 的 l/r 细长比的函数。图 4 - 17 中显示了为 $a/l=1/400$ 和 $a/l=1/700$ 计算的两条这种曲线。假设柱的所有材料都集中在翼缘中，因此有 $\delta = r$。

在图 4 - 16d 所示情况下，将柱的每一半视为一个端部简支的受压梁，由耦合力 Pe 弯曲而

---

① 这个问题由 D. H. Young 在 1934 年的 ASCE 会议论文和 1934 年的 Zurich 国际桥梁结构工程协会出版物中进行了讨论。

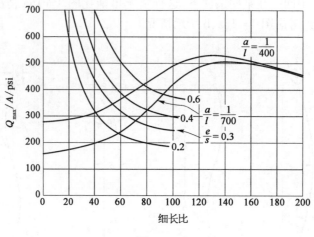

图 4 - 17

成。根据方程(1 - 25),可得柱中部横截面的旋转角度

$$\theta = \frac{e}{l}\left(\frac{kl}{\sin kl/2} - 2\right)$$

其中

$$k = \sqrt{\frac{P}{EI}}$$

最大剪切力

$$Q_{\max} = \frac{2Pe}{l} + P\theta = \frac{Pe}{l}\,\frac{kl}{\sin kl/2} \tag{b}$$

在短柱的情况下,与欧拉载荷相比,失效发生在一个较小的载荷下;因此 $kl/2$ 很小,可以假设 $\sin kl/2 \approx kl/2$。在这种情况下,方程(b)给出了最大剪切力

$$Q_{\max} = \frac{2Pe}{l}$$

也即,最大剪切力等于任一端的横向反力(图 4 - 16d)。在细长柱的情况下,载荷 P 可能在最大纤维应力达到屈服点应力之前达到欧拉载荷,$kl/2$ 接近 $\pi/2$。从方程(b)可以看出,最大剪切力可能比横向反力 $2Pe/l$ 的值高出 57%。

将方程(b)除以横截面积,得到在最外缘纤维开始屈服时的单位面积最大剪切力:

$$\frac{Q_{\max}}{A} = (\sigma_{\mathrm{c}})_{YP}\,\frac{\pi a}{l(1 - \alpha)} \tag{4 - 5}$$

对于任何离心率 e/l 和细长比 l/r 的值,可以从图 1 - 31 中的曲线得到 $(\sigma_{\mathrm{c}})_{YP}$ 的值。然后,利用方程(4 - 5),可以计算出不同 e/l 和 l/r 值下的 $Q_{\max}/A$ 值。这样的计算表明,一般情况下,可假设初始曲率作为组合柱细节设计的基础,如果由 a 或 e 引起的缺陷与长度 l 成比例的话。如果在图 4 - 16d 所示情况下给定了固定的偏心距值,而不是与 a 成比例,那么在细长比 l/r 较小的情况下,方程(4 - 5)将得到更高的剪切力。图 4 - 17 显示了曲线,其中使用了 $e/s = 0.2$、0.3、0.4、0.6 的值。

图 4‑17 中显示的曲线仅考虑了由于初始缺陷而产生的剪切力。当梁‑柱中受到次级端部弯矩的影响时(参见第 4.6 节),剪切力可能变得非常大,因此在设计此类构件的细节时,抵抗因端部弯矩而实际产生的剪切力似乎是合乎逻辑的[①]。

有了图 4‑17 中所示曲线,组合柱的设计流程如下所示：假设柱的特定截面尺寸以及柱的配件的尺寸。然后,根据方程(4‑1)或方程(4‑2)计算出柱的有效长度,并利用图 4‑10 和图 4‑11 中的曲线获得允许的平均压应力。使用这种试算法将确定所需的截面尺寸。并使用图 4‑17 中的曲线来检查交叉点处腹杆或扣板的强度以及所需的铆钉数量。相同的曲线也可以用于检查铆接柱中铆钉之间的距离。

上述讨论中,假设柱的屈曲发生在与扣板或腹杆平行的平面上。有时需要考虑组合柱截面的变形可能性。例如,在由四根纵向杆通过腹杆连接的柱中(图 4‑18),柱可能会发生如实线图中所示的变形。为了消除这种变形的可能性,需要在柱的截面平面上进行一定的加固,或者使用隔板。在两个带有截面加固或两个隔板的平面之间,每根纵向杆可以被视为一个具有铰接端点的支柱,通过腹杆在长度方向上弹性支撑。利用能量法,可以检查所需的截面加固间距。

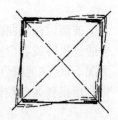

图 4‑18

---

① 对于这个问题,D. H. Young 在论文中有所讨论,具体引用请见文中之前提到的来源。

第 5 章
扭转屈曲

5.1 引 言

前面讨论屈曲的时候,假设柱在截面为对称平面上弯曲而发生屈曲。然而,有些情况下柱会通过扭转或者弯曲和扭转的组合而发生屈曲。这种扭转屈曲发生在截面扭转刚度非常低的情况下,比如薄壁开口截面的杆件。本章前两节将讨论薄壁开口截面杆件的扭转问题,后几节将介绍扭转屈曲理论。

5.2 薄壁开口截面杆件的纯扭转

如果一根杆件被施加在两端且作用于垂直杆件轴线平面上的力矩所扭转,并且杆件的两端可以自由变形,则称之为纯扭转。这种情况下只产生各断面的剪应力。这些应力的分布取决于截面的形状,并且对所有断面都相同。对于一个薄壁开口截面的梁来说,可以合理地假设任意点处的剪应力与截面中线的切线平行,并且与该线距离成正比。

单位长度的扭转角 θ 由下式给出:

$$\theta = \frac{M_t}{C} \tag{5-1}$$

式中,M_t 为扭矩;C 为杆件的扭转刚度。杆件的扭转刚度可以表示为

$$C = GJ \tag{5-2}$$

式中,G 为剪切弹性模量;J 为扭转常数。对于一个具有恒定厚度 t 的薄壁开口截面的杆,可以将扭转常数[①]定义为

$$J = \frac{1}{3}mt^3 \tag{5-3}$$

式中,m 为截面中线的长度。如果横截面由不同厚度的几个部分组成,则可假设

$$J = \frac{1}{3}\sum m_i t_i^3 \tag{5-4}$$

当求和扩大到横截面的所有部分时,对于几种截面形状,J 的计算公式见附录表 A-3。

在扭转过程中,杆的初始直线纵向纤维变形为螺旋线形,对于小的扭转角,可以认为是倾斜于旋转轴的直线。若 ρ 表示纤维与旋转轴的距离,则纤维与旋转轴的倾斜角度为 $\rho\theta$。

在薄壁开口截面的情况下,注意到在截面的中线上没有剪切应力,截面的翘曲可以很容易

[①] 参见 Timoshenko,"*Strength of Materials*",3d 版,第二部分,第 240-246 页,D. Van Nostrand Company, Inc.,普林斯顿大学,新泽西州,1956 年。

地被观察到。这表明在扭转后,中线的元素仍然与纵向纤维垂直。例如,图 5 - 1① 中展示了扭曲的 I 型梁的截面翘曲。在绕 z 轴扭转时,距离 z 轴 $h/2$ 翼缘的中央纤维会以角度 $\theta h/2$ 倾斜到 z 轴。因此,翼缘截面的中线将与 x 轴成相同的角度,如图所示。

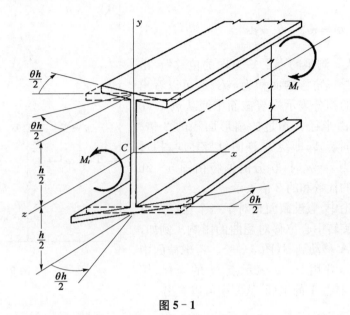

图 5 - 1

下面考虑一个更一般的情况,其中截面的中线具有任意形状(图 5 - 2)。假设在扭转过程中,杆的截面相对于通过点 A 且与纵向轴平行的轴旋转,可发现在壁的中间表面上的任意纵向纤维 N 相对于旋转轴倾斜了角度 $\rho\theta$。纤维 N 由沿截面中线测量的距离 s 定义。扭转后,通过 N 的中线的切线仍然垂直于纵向纤维,并且这个切线与 xy 平面之间的小角度是 $\rho\theta\cos\alpha = r\theta$。从 N 处的切线到旋转轴的距离 r,如果沿着切线的矢量并指向增加 s 的方向,围绕旋转轴逆时针旋转,则取正值。因此,图 5 - 2a 中显示的距离 r 是一个正值。设 w 表示截面中线在 z 方向的位移,并考虑力矩如图 5 - 1 所示为正,则有以下关系式:

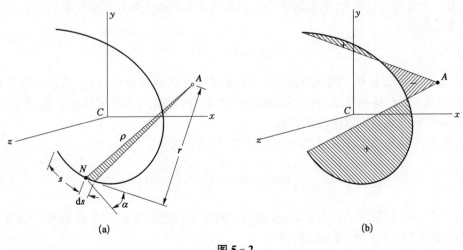

(a)　　　　　　　　　　(b)

图 5 - 2

① 截面的旋转没有表示出来。

$$\frac{\partial w}{\partial s} = -r\theta \qquad (a)$$

通过积分得到

$$w = w_0 - \theta \int_0^s r \, ds \qquad (5-5)$$

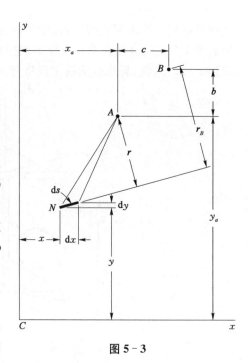

图 5-3

式中,w_0 表示"从 s 测量的点沿 z 方向的位移"。由于图 5-2a 中阴影三角形的面积为 $rds/2$,可以看出方程(5-5)右侧的积分表示沿着截面中线从点 $s=0$ 到点 N 移动时,由半径 ρ 扫过的扇形面积的 2 倍。当半径 ρ 以正方向旋转,即绕 A 逆时针旋转时,扫过的面积取正值。当 $s=m$ 时,积分的值将由图 5-2b 中三个阴影区域的代数和的 2 倍表示。

在前面的讨论中,假设截面相对于一个任意点 A 旋转。下面研究旋转中心位移对翘曲的影响。例如,假设旋转中心从 A 移动到 B(图 5-3)。考虑截面中线的一个元素 ds,并用 x、y 表示点 N 的坐标,用 x_a、y_a 表示旋转中心 A 的坐标,从图中可以看出

$$r \, ds = (y_a - y) \, dx - (x_a - x) \, dy$$

如果旋转中心从 A 移动到 B,则旋转中心的坐标变为 $x_a + c$ 和 $y_a + b$;因此

$$r_B \, ds = r \, ds + b \, dx - c \, dy$$

为了计算围绕 B 旋转产生的翘曲,必须用 $r_B ds$ 代替式(5-5)中的 $r ds$,也即

$$\int_0^s r_B \, ds = \int_0^s r \, ds + \int_0^s (b \, dx - c \, dy) = \int_0^s r \, ds + bx - cy + a$$

式中,a 为一个常数。可以看出,旋转中心位置的变化会导致先前计算的位移[方程(5-5)]发生变化,变化量为

$$\theta(bx - cy + a)$$

由于这个位移是 x 和 y 的线性函数,它不需要杆件的额外变形,可以通过将杆件作为刚体移动来实现。因此得出结论,在自由端纯扭转的杆件情况下,选择旋转轴是无关紧要的,任何与重心轴平行的线都可以作为旋转轴。

平均翘曲位移 $\bar{w}$ 可以根据方程(5-5)计算,计算方法如下:

$$\bar{w} = \frac{1}{m} \int_0^m w \, ds = w_0 - \frac{\theta}{m} \int_0^m \left(\int_0^s r \, ds \right) ds \qquad (b)$$

从方程(5-5)给出的位移中减去这个值,得到相对于平均翘曲平面的截面翘曲。继续使用符号 w 表示相对于新参考平面的位移,得到

$$w = \frac{\theta}{m} \int_0^m \left(\int_0^s r \, ds \right) ds - \theta \int_0^s r \, ds \qquad (c)$$

为了简化表达式的书写,引入符号

$$\left.\begin{aligned}\omega_s &= \int_0^s r\,\mathrm{d}s \\ \bar{\omega}_s &= \frac{1}{m}\int_0^m \omega_s\,\mathrm{d}s\end{aligned}\right\} \qquad (5-6)$$

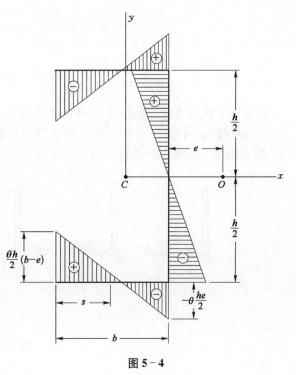

图 5-4

式中,ω_s 称为扭曲函数,表示与截面中线弧 s 对应的 2 倍扇形面积;$\bar{\omega}_s$ 为 ω_s 的平均值。通过式(5-6),可以得到扭曲的表达式

$$w = \theta(\bar{\omega}_s - \omega_s) \qquad (5-7)$$

由该方程可计算任意薄壁开口截面杆的纯扭转翘曲位移。

作为使用式(5-7)的示例,下面考虑一个槽型形状的截面(图 5-4)。假设绕通过 O 的纵向轴线即剪切中心[①],发生旋转,可以得到以下扭曲函数的表达式:

$$\omega_s = \int_0^s r\,\mathrm{d}s = \int_0^s \frac{h}{2}\,\mathrm{d}s = \frac{sh}{2} \quad (0 \leqslant s \leqslant b)$$

$$\omega_s = \frac{bh}{2} - \int_b^s e\,\mathrm{d}s = \frac{bh}{2} + be - se \quad (b \leqslant s \leqslant b+h)$$

$$\omega_s = \frac{bh}{2} - he + \int_{b+h}^s \frac{h}{2}\,\mathrm{d}s = -he - \frac{h^2}{2} + \frac{sh}{2} \quad (b+h \leqslant s \leqslant 2b+h)$$

利用上述关于 ω_s 的表达式,得到翘曲函数的平均值为

$$\begin{aligned}\bar{\omega}_s &= \frac{1}{m}\int_0^m \omega_s\,\mathrm{d}s \\ &= \frac{1}{m}\left[\int_0^b \frac{sh}{2}\,\mathrm{d}s + \int_b^{b+h}\left(\frac{bh}{2} + be - se\right)\mathrm{d}s + \int_{b+h}^{2b+h}\left(-he - \frac{h^2}{2} + \frac{sh}{2}\right)\mathrm{d}s\right] \\ &= \frac{1}{m}\left[\frac{h}{2}(b-e)(2b+h)\right]\end{aligned}$$

由于 $m = 2b+h$,上式变为

$$\bar{\omega}_s = \frac{h(b-e)}{2}$$

将其代入式(5-7),得到翘曲位移的表达式为:

$$w = \theta\frac{h}{2}(b-e-s) \quad (0 \leqslant s \leqslant b) \tag{d}$$

① 关于剪切中心的讨论,见 Timoshenko, op, cit.,第一部分,第 235 页。

$$w = \theta e \left(-b - \frac{h}{2} + s \right) \quad (b \leqslant s \leqslant b + h) \tag{e}$$

$$w = \theta \frac{h}{2} (b + e + h - s) \quad (b + h \leqslant s \leqslant 2b) \tag{f}$$

w 沿截面中线的变化情况如图 5-4 中阴影部分所示。

　　如果截面由相交于一个公共点的薄矩形元素组成（图 5-5），并且如果旋转轴通过切点 O，那么中线上所有点的距离 r 都为零，因此在扭转过程中该线没有扭曲。

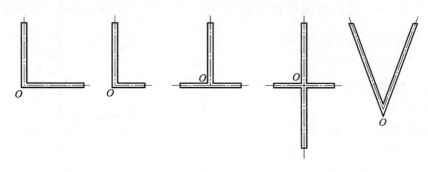

图 5-5

5.3　薄壁开口截面杆件的非均匀扭转

　　上一节讨论了纯扭转的情况，假设扭矩仅作用于杆的两端，并且杆的截面可以自由扭曲。在这种条件下，所有截面的扭曲相同，并且在纵向纤维上没有任何轴向应变。非均匀扭转则发生在以下情况下：某些截面无法自由扭曲，或者扭矩沿着杆的长度变化。在这些情况下，扭曲将在杆的长度方向上变化，因此纵向纤维将受到张力或压缩。此外，扭转角的变化率 θ 将不再恒定不变，而是沿着杆的轴线变化。

　　下面从非均匀扭转的对称 I 型梁（图 5-6）开始讨论。梁的一端被假设为刚性固定，因此支撑处的截面没有扭曲。扭矩 M_t 施加在自由端。显然，当梁的一端被固定时，梁对扭转的抵抗力要大于两端可以自由扭曲时；因为在梁的一端被固定时，扭转伴随着翼缘的弯曲。扭矩 M_t 部分通过纯扭转引起的剪应力来平衡，如上节所讨论的，部分通过翼缘对弯曲的抵抗来平衡。这两部分扭矩分别用 M_{t1} 和 M_{t2} 表示。扭矩 M_{t1} 与梁轴线上扭转角的变化率成正比，用 ϕ 表示该角度，并通过式（5-1），得到

$$M_{t1} = C \frac{\mathrm{d}\phi}{\mathrm{d}z} \tag{a}$$

在这个方程中，根据符号的右手法则，假定角 ϕ 为正；即旋转正方向与 M_t 正方向相同，如图 5-6 所示。

　　通过考虑翼缘的弯曲，可以找到扭矩的第二部分。由于梁的截面是对称的，可以得出结论：每个截面都会相对于重心轴 z 旋转，因此梁的下翼缘的横向挠曲为

$$u = \phi \frac{h}{2}$$

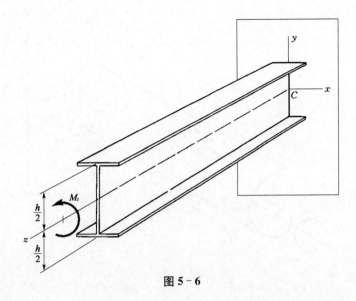

图 5-6

下翼缘处弯矩为

$$M_f = EI_f \frac{\mathrm{d}^2 u}{\mathrm{d}z^2} = \frac{EI_f h}{2} \frac{\mathrm{d}^2 \phi}{\mathrm{d}z^2} \tag{b}$$

式中，I_f 为一个翼缘绕 y 轴转动的转动惯量。因此，下翼缘的剪切力为

$$V_f = \frac{\mathrm{d}M_f}{\mathrm{d}z} = \frac{EI_f h}{2} \frac{\mathrm{d}^3 \phi}{\mathrm{d}z^3}$$

在顶部翼缘处，会有一个大小相同但方向相反的剪切力。这两种剪切力形成的合力代表扭矩的第二部分，即

$$M_{t2} = -V_f h = -\frac{EI_f h^2}{2} \frac{\mathrm{d}^3 \phi}{\mathrm{d}z^3} \tag{c}$$

那么，I 型梁的非均匀扭转方程为

$$M_t = M_{t1} + M_{t2} = C \frac{\mathrm{d}\phi}{\mathrm{d}z} - \frac{EI_f h^2}{2} \frac{\mathrm{d}^3 \phi}{\mathrm{d}z^3} \tag{5-8}$$

如果 M_t 是关于已知的 z 的函数，则可以通过对该方程的积分求出扭转角 ϕ；然后，在已知 ϕ 的情况下，可以求出扭矩的两个部分 M_{t1} 和 M_{t2}；最后，可以计算出这两个部分在梁中产生的应力。

应该注意到，在分析 I 型梁翼缘的弯曲时使用了式（b），这意味着忽略了翼缘中剪切应力对曲率的影响，只考虑了法向应力 σ_z 的影响，这是分析梁弯曲的常规做法。

以上用于分析非均匀扭转 I 型梁的方法，可以应用于分析任意开放截面的薄壁杆件。假设一个任意形状的杆件（图 5-7）在一端固定，并在自由端受到扭矩 M_t 的作用。如果在自由端截面的剪切中心 O' 处施加横向力，将会产生杆件的弯曲而没有扭转。因此，根据互等定理，得出结论：施加在自由端的扭矩 M_t 不会使点 O' 发生偏转。剪切中心轴 OO' 在扭转过程中保持直线，而杆件的截面相对于该轴旋转。再次用 ϕ 表示任意截面的旋转角度，发现产生纯扭矩应力的扭矩部分 M_{t1} 由式（a）给出。

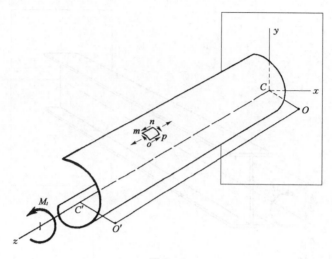

图 5-7

在计算扭转中翼缘弯曲部分 M_{t2} 的过程中,与 I 型梁的情况类似,同上节一样忽略剪切应力对杆件中部表面变形的影响。然后,定义截面变形的轴向位移 w 将以与纯扭转相同的方式得到[参见式(5-7)]。然而,对于非均匀扭转的情况,单位长度的恒定扭转角 θ 被扭转角变化率 $\mathrm{d}\phi/\mathrm{d}z$ 所取代,因此得到

$$w = (\bar{\omega}_s - \omega_s)\frac{\mathrm{d}\phi}{\mathrm{d}z} \tag{5-9}$$

由于 $\mathrm{d}\phi/\mathrm{d}z$ 沿着杆的长度变化,相邻的横截面将不会等量地弯曲,杆的纵向纤维将产生轴向应变 ε_z。观察到方程(5-9)中的 $\bar{\omega}_s$ 和 ω_s 与 z 无关,得到轴向应变的表达式:

$$\varepsilon_z = \frac{\partial \omega}{\partial z} = (\bar{\omega}_s - \omega_s)\frac{\mathrm{d}^2\phi}{\mathrm{d}z^2} \tag{d}$$

假设纵向纤维之间没有横向压力,根据胡克定律可得非均匀扭转产生的法向应力的表达式:

$$\sigma_z = E\varepsilon_z = E(\bar{\omega}_s - \omega_s)\frac{\mathrm{d}^2\phi}{\mathrm{d}z^2} \tag{5-10}$$

式(5-10)显示了任何横截面上的法向应力与弯曲位移 w 成比例,因此沿着中心线弯曲变化的图也将以合适的比例表示应力 σ_z 的分布。例如,图 5-4 表示了槽型截面在非均匀扭转过程中轴向应力的变化。

为了证明应力 σ_z 在轴向方向上没有产生合力,并且在 x 轴和 y 轴上没有产生力矩,可以使用互等定理。假设图 5-7 中杆的端部横截面上均匀分布着强度为 p 的法向应力,这些应力不会使杆发生旋转,因此扭矩 M_t 不会做功。根据互等定理得出结论,应力 p 对扭矩产生的位移 w 所做的功也必须为零,因此得到

$$\int_0^m wpt\,\mathrm{d}s = p\frac{\mathrm{d}\phi}{\mathrm{d}z}\int_0^m (\bar{\omega}_s - \omega_s)t\,\mathrm{d}s = 0$$

并且

$$\int_0^m (\bar{\omega}_s - \omega_s)t\,\mathrm{d}s = 0 \tag{e}$$

式(e)表明法向应力(5-10)的轴向合力为零。现在在杆的末端施加弯曲应力,其强度为 $P_{\max}y/c$,其中 y 是从 x 轴到横截面任意点的距离、c 是到最外缘纤维的距离。因此,应力与某一点距离 x 轴的距离成比例,且具有最大强度 $P_{\max}$。这种应力使杆产生纯弯曲,没有绕 z 轴的旋转。由于扭矩 M_t 在这种弯曲过程中不做功,从而可知在扭转过程中弯曲应力的功也必须为零,因此

$$\int_0^m w\,\frac{p_{\max}y}{c}t\,\mathrm{d}s = \frac{p_{\max}}{c}\,\frac{\mathrm{d}\phi}{\mathrm{d}z}\int_0^m (\bar{\omega}_s - \omega_\varepsilon)yt\,\mathrm{d}s = 0$$

这个结果表明应力(5-10)关于 x 轴的力矩为零。以类似的方式,可以证明轴向应力对 y 轴的力矩也为零。

法向应力 σ_z 会产生与讨论 I 型梁翼缘弯曲时相同类型的剪应力。这些剪应力构成扭矩的第二部分 M_{t2}。为了计算剪应力,下面考虑从图 5-7 中的杆壁上切割出来的元素 $mnop$(图 5-8)。如果杆壁很薄,可以假设剪应力 τ 在厚度 t 上均匀分布,并且与横截面中心线的切线平行。沿着中心线,应力随离截面边缘的距离 s 变化,并且可以从元素 $mnop$ 的静力平衡方程计算出来(图 5-8)。将所有的力投影到 z 轴上,并观察到厚度 t 可能随着 s 的变化而变化,但与 z 无关,得到方程式

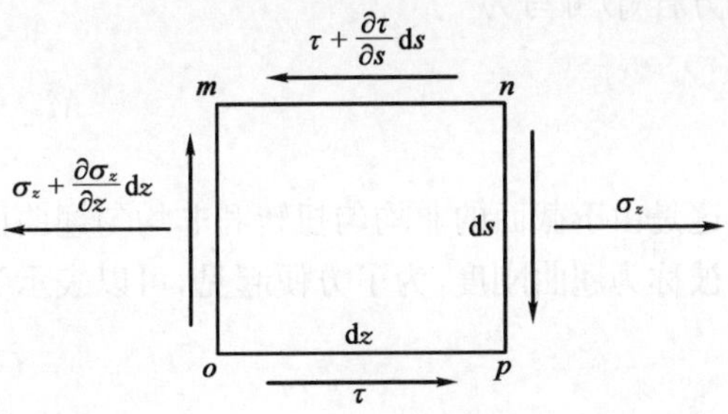

$$\frac{\partial(\tau t)}{\partial s}\mathrm{d}s\,\mathrm{d}z + t\,\frac{\partial\sigma_z}{\partial z}\mathrm{d}s\,\mathrm{d}z = 0$$

或　　　$$\frac{\partial(\tau t)}{\partial s} = -t\,\frac{\partial\sigma_z}{\partial z} \qquad (\mathrm{f})$$

图 5-8

将式(5-10)代入方程(f),得到

$$\frac{\partial(\tau t)}{\partial s} = -Et(\bar{\omega}_s - \omega_s)\frac{\mathrm{d}^3\phi}{\mathrm{d}z^3} \qquad (\mathrm{g})$$

对式(g)关于 s 积分,并观察到 ϕ 与 s 无关,当 $s=0$ 时,$\tau=$零,得到

$$\tau t = -E\,\frac{\mathrm{d}^3\phi}{\mathrm{d}z^3}\int_0^s (\bar{\omega}_s - \omega_s)t\,\mathrm{d}s \qquad (5-11)$$

扭矩的一部分 M_{t2} 是通过对围绕剪切中心的元剪切力 $\tau t\,\mathrm{d}s$ 的力矩沿剖面中线进行求和来获得的,因此得到

$$M_{t2} = \int_0^m \tau tr\,\mathrm{d}s = -E\,\frac{\mathrm{d}^3\phi}{\mathrm{d}z^3}\int_0^m\left[\int_0^s(\bar{\omega}_s-\omega_s)t\,\mathrm{d}s\right]r\,\mathrm{d}s \qquad (\mathrm{h})$$

由方程(5-6)的第一个式子可知,其可简化为

$$r\,\mathrm{d}s = \mathrm{d}(\omega_s)$$

或者,由于 $\bar{\omega}_s$ 与 s 无关,则

$$r\,\mathrm{d}s = -\frac{\mathrm{d}(\bar{\omega}_s - \omega_s)}{\mathrm{d}s}\mathrm{d}s \qquad (\mathrm{i})$$

结合上一个表达式,可以看出

$$\int_0^m \left[\int_0^s (\bar{\omega}_s - \omega_s) t \, \mathrm{d}s \right] r \, \mathrm{d}s = -\int_0^m \left[\int_0^s (\bar{\omega}_s - \omega_s) t \, \mathrm{d}s \right] \frac{\mathrm{d}(\bar{\omega}_s - \omega_s)}{\mathrm{d}s} \mathrm{d}s$$

对上面方程右侧进行部分积分,并结合方程(e),得到

$$\int_0^m \left[\int_0^s (\bar{\omega}_s - \omega_s) t \, \mathrm{d}s \right] r \, \mathrm{d}s = \int_0^m (\bar{\omega}_s - \omega_s)^2 t \, \mathrm{d}s$$

代入方程(h),得到 M_{t2} 的表达式如下:

$$M_{t2} = -E \frac{\mathrm{d}^3 \phi}{\mathrm{d}z^3} \int_0^m (\bar{\omega}_s - \omega_s)^2 t \, \mathrm{d}s \tag{j}$$

引入符号

$$C_1 = E \int_0^m (\bar{\omega}_s - \omega_s)^2 t \, \mathrm{d}s \tag{5-12}$$

方程(j)可写为

$$M_{t2} = -C_1 \frac{\mathrm{d}^3 \phi}{\mathrm{d}z^3} \tag{k}$$

这是由于截面的非均匀扭转和非均匀翘曲而产生的扭矩部分,被称为翘曲扭矩。其中常数 C_1 被称为翘曲刚度,为了方便起见,可以表示为以下形式:

$$C_1 = EC_w \tag{5-13}$$

其中称为翘曲常数的量 C_w 由表达式[1]给出:

$$C_w = \int_0^m (\bar{\omega}_s - \omega_s)^2 t \, \mathrm{d}s \tag{5-14}$$

可以看出,C_w 的单位是长度的六次方。

结合方程(a)、(k),可以得到非均匀扭转的微分方程为

$$M_t = C \frac{\mathrm{d}\phi}{\mathrm{d}z} - C_1 \frac{\mathrm{d}^3 \phi}{\mathrm{d}z^3} \tag{5-15}$$

方程(5-15)适用于任何薄壁开口截面的杆件。方程(5-8)适用于 I 型梁的特殊情况[2],其中翘曲刚度为 $C_1 = EI_t h^2 / 2$。当方程(5-15)被解出并且扭转角 ϕ 的表达式已知时,扭矩 M_{t1} 和 M_{t2} 可以分别从方程(a)、(k)中获得。由 M_{t1} 产生的应力的计算方式与纯扭转相同。由 M_{t2} 产生的法向应力和剪切应力,可以分别从方程(5-10)、(5-11)中得到。

作为计算翘曲常数 C_w 的示例,下面再次考虑图 5-4 所示槽型截面。根据方程(5-7)给出的翘曲位移 w 的值如图所示。通过将 w 的表达式除以 θ,可以从 5.2 节中的方程(d)、(e)和(f)中找到 $\bar{\omega}_s - \omega_s$ 的值。通过这种方式,得到 C_w 的表达式[3]为

---

① 文献中使用了几种符号,包括 C_{BT}、C_{BD}、C_S 和 Γ 来表示翘曲常数。

② 这个特殊情况的方程式是由 Timoshenko,Bull. Polytech. 圣彼得堡研究所,1905 年推导出来的。"C. Weber, Z. angew. Math. U. vol.6, p. 85,1926"将方程推广到不等缘的 I 型梁。"H. Wagner, Tech. 但泽大学 25 周年纪念出版,1929"将该方程进一步推广到所有薄壁开口截面;翻译为 NACA tech. mem. 807,1936。

③ 注意,在 C_w 的这个特殊表达式中,第一个积分和最后一个积分具有相同的值。

$$C_w = \int_0^b \frac{h^2}{4}(b-e-s)^2 t\,\mathrm{d}s + \int_b^{b+h} e^2\left(-b-\frac{h}{2}+s\right)^2 t\,\mathrm{d}s + \int_{b+h}^{2b+h} \frac{h^2}{4}(b+e+h-s)^2 t\,\mathrm{d}s$$

$$= \frac{th^2}{12}\left[he^2 + 2b^3 - 6eb(b-e)\right]$$

将附录中表 A-3 的 e 的表达式代入,得到

$$C_w = \frac{th^2 b^3}{12}\,\frac{3b+2h}{6b+h}$$

对于由在公共点相交的薄矩形单元组成的截面形状(见图 5-5),可以取翘曲常数 $C_w = 0$。其他截面形状的 C_w 的公式在附录中给出。

5.4 扭 转 屈 曲

在某些情况下,受均匀轴向压缩作用的薄壁杆件会在其纵轴保持直线的同时发生扭转屈曲。为了展示轴向压缩载荷如何引起纯扭转屈曲,以图 5-9 中的双对称杆件为例。该杆件具有十字形截面,有四个宽度为 b、厚度为 t 的相同翼缘。x、y 轴是截面的对称轴。在受压缩时,可能会出现如图 5-9 所示的扭转屈曲。杆件的轴线保持直线,而每个翼缘则围绕 z 轴旋转而屈曲。为了确定产生扭曲屈曲的压缩力,需要考虑屈曲过程中翼缘的挠曲。

为了解释对翼缘进行分析的方法,现在回到图 5-10 中的一个简单情况,即尖端支撑杆件的屈曲。最初,杆件是直的,受到居中施加的力 P 作用。现在假设力 P 达到其临界值,使得杆件具有可以稍微偏转的平衡形态。由于这种偏转,将在初始均匀分布的压缩应力上叠加弯曲应力。与此同时,初始的压缩应力将作用于略微旋转的截面,如图 5-10a、b 中的 m 和 n。在此情况下,挠曲曲线的微分方程由代入 $q=0$ 的等式(1-5)得到。用 v 表示杆件在 y 方向的挠曲,可以将等式(1-5)写成以下形式:

$$EI_x \frac{\mathrm{d}^4 v}{\mathrm{d}z^4} = -P\,\frac{\mathrm{d}^2 v}{\mathrm{d}z^2} \qquad (5\text{-}16)$$

方程(5-16)在第 2.2 节中用于计算压缩力 P 的临界值。从方程(5-16)可以看出,通过假设杆件受到一个强度为 $-P\mathrm{d}^2 v/(\mathrm{d}z^2)$ 的假想横向载荷的作用,可以找到杆件的挠曲曲线和相应的弯曲应力。

在对图 5-9 中柱体的扭转屈曲问题进行近似讨论时,可以认为,在临界条件下,屈曲的平衡形态是由作用在纵向纤维旋转截面上的压缩应力所支撑的。考虑一个元素 mn(图 5-9),它是一个长度为 $\mathrm{d}z$ 的薄片,位于距离 z 轴 ρ 处,并具有横截面积 $t\mathrm{d}\rho$。由于扭曲屈曲,该元素在 y 方向的挠曲为

$$v = \rho\phi \qquad \text{(a)}$$

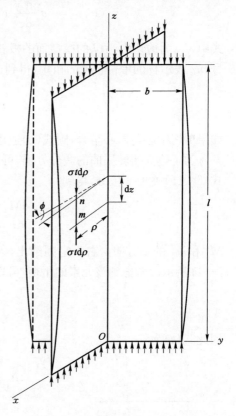

图 5-9

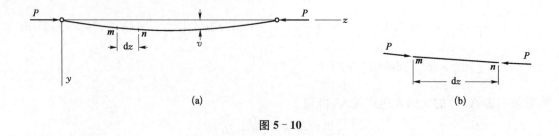

图 5 - 10

式中,ϕ 为截面上的小角度扭曲[1]。在元素 mn 的旋转端作用的压缩力为 $\sigma t\,\mathrm{d}\rho$,其中 $\sigma = P/A$ 表示初始压缩应力。这些压缩力在静态上相当于一个强度如下的横向载荷:

$$-(\sigma t\,\mathrm{d}\rho)\,\frac{\mathrm{d}^2 v}{\mathrm{d}z^2}$$

可以写成以下形式[见式(a)]:

$$-\sigma t\rho\,\mathrm{d}\rho\,\frac{\mathrm{d}^2\phi}{\mathrm{d}z^2}$$

那么,作用在单元 mn 上的假想横向载荷的 z 轴力矩为

$$-\sigma\,\frac{\mathrm{d}^2\phi}{\mathrm{d}z^2}\,\mathrm{d}z t\rho^2\,\mathrm{d}\rho$$

将整个截面的力矩相加,得到作用在两个连续截面之间的屈曲杆单元上的力矩。这个力矩为

$$-\sigma\,\frac{\mathrm{d}^2\phi}{\mathrm{d}z^2}\,\mathrm{d}z\int_A t\rho^2\,\mathrm{d}\rho = -\sigma\,\frac{\mathrm{d}^2\phi}{\mathrm{d}z^2}\,\mathrm{d}z I_O$$

式中,I_O 为剪切中心 O 的横截面的极转动惯量,在这种情况下剪切中心与质心重合。使用符号 m_z 表示杆的单位长度的扭矩,得到

$$m_z = -\sigma\,\frac{\mathrm{d}^2\phi}{\mathrm{d}z^2}I_O \tag{b}$$

如果剪切中心与质心重合,则式(b)适用于任何形状的截面。

为了建立扭转屈曲的微分方程,可以将式(5 - 15)用于薄壁开口截面杆的非均匀扭转。将式(5 - 15)关于 z 微分,得到

$$\frac{\mathrm{d}M_t}{\mathrm{d}z} = C\,\frac{\mathrm{d}^2\phi}{\mathrm{d}z^2} - C_1\,\frac{\mathrm{d}^4\phi}{\mathrm{d}z^4} \tag{c}$$

M_t 和 m_z 的正方向由右手定则给出,因此这些扭矩作用在一个扭曲杆件元素上的方向如图 5 - 11 所示。考虑到该元素的平衡,可以得到

$$m_z = -\frac{\mathrm{d}M_t}{\mathrm{d}z} \tag{d}$$

因此式(c)为

$$C_1\,\frac{\mathrm{d}^4\phi}{\mathrm{d}z^4} - C\,\frac{\mathrm{d}^2\phi}{\mathrm{d}z^2} = m_z \tag{5 - 17}$$

[1]　假设在扭转过程中截面形状不变。

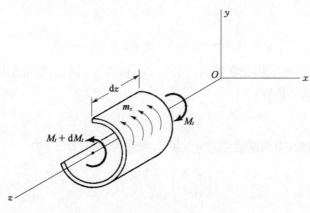

图 5 - 11

将式(5-17)代入式(b),得到

$$C_1 \frac{\mathrm{d}^4 \phi}{\mathrm{d}z^4} - (C - \sigma I_O) \frac{\mathrm{d}^2 \phi}{\mathrm{d}z^2} = 0 \qquad (5-18)$$

因此,临界压应力 σ 的值和临界载荷也可以从式(5-18)中计算出。只要剪切中心和质心重合,这个方程对于任何截面形状都成立。

对于图 5-9 所示柱体,翘曲刚度 $C_i =$ 零;由此可见,在扭转屈曲情况下,式(5-18)满足

$$C - \sigma I_O = 0$$

得出

$$\sigma_{cr} = \frac{C}{I_O} = \frac{\frac{4}{3} b t^3 G}{\frac{4}{3} t b^3} = \frac{G t^2}{b^2} \qquad (e)$$

上述结果表明,在这种情况下,临界压应力的值与杆件的长度无关。得出这个结论是因为,在前面的推导中忽略了垂直于翼缘方向上的弯曲阻力。为了得到更准确的结果,有必要将每个翼缘视为一个沿三边简支的均匀受压板,并沿第四边完全自由。这个更准确的研究[1]表明,临界应力为

$$\sigma_{cr} = \left(0.456 + \frac{b^2}{l^2}\right) \frac{\pi^2}{6(1-v)} \frac{G t^2}{b^2} \qquad (f)$$

式(f)等号右侧括号中的第二项表示杆件长度对临界应力的影响。对于较长的杆件,可以忽略这一项,于是得到

$$\sigma_{cr} = \frac{0.75}{(1-v)} \frac{G t^2}{b^2} \qquad (g)$$

当 $v = 0.3$ 时,该值比式(e)的值大 7% 左右。

对于 $C_1 \neq 0$ 的情况,临界压应力由式(5-18)求得,引入符号

$$p^2 = \frac{\sigma I_O - C}{C_1} \qquad (5-19)$$

———————————

①　参见 Timoshenko 在 1907 年发表的《基辅工学院学报》和 1910 年发表的 Z. Math , u. Physik 第 58 卷第 337 页。

可知这个解为

$$\phi = A_1 \sin pz + A_2 \cos pz + A_3 z + A_4 \tag{5-20}$$

从杆的端部条件中可以确定积分常量 A_1、A_2、A_3 和 A_4。 例如,如果压缩杆的端部不能绕 z 轴旋转,则在端部有以下条件:

$$(\phi)_{z=0, \, z=l} = 0 \tag{5-21}$$

如果杆的两端自由翘曲,则两端的应力 σ_z 为零,条件为[见式(5-10)]

$$\left(\frac{\mathrm{d}^2 \phi}{\mathrm{d}z^2} \right)_{z=0, \, z=l} = 0 \tag{5-22}$$

对于内置端点,翘曲位移 w 必须为零,因此,通过式(5-9),有

$$\left(\frac{\mathrm{d}\phi}{\mathrm{d}z} \right)_{z=0, \, z=l} = 0 \tag{5-23}$$

作为第一个例子,下面考虑一个具有简支的杆件情况,其中端部不能绕 z 轴旋转,但可以自由弯曲。将条件(5-21)、(5-22)应用于一般解(5-20),可以发现

$$A_2 = A_3 = A_4 = 0$$

并且

$$\sin pl = 0$$

其中

$$pl = n\pi$$

将式(5-19)中 p 值代入上式,得到[1]

$$\sigma_{\mathrm{cr}} = \frac{1}{I_O} \left(C + \frac{n^2 \pi^2}{l^2} C_1 \right) \tag{5-24}$$

当 $n=1$ 时,临界应力达到最小,这对应于一个屈曲形状的形式:

$$\phi = A_1 \sin \frac{\pi z}{l}$$

式(5-24)给出端部不转动但自由翘曲的柱体扭转屈曲的临界应力。

作为第二个例子,下面考虑杆两端都被固定且不能弯曲的情况。端部的条件由(5-21)、(5-23)给出,则有

$$A_4 = -A_2, \ A_1 = A_3 = 0$$

$$pl = 2n\pi$$

这种情况下的临界压应力为

$$\sigma_{\mathrm{cr}} = \frac{1}{I_O} \left(C + \frac{4n^2 \pi^2}{l^2} C_1 \right) \tag{5-25}$$

需要指出的是,柱体也可能因为绕 x 轴或 y 轴的横向弯曲而发生屈曲,其应力由欧拉柱公式给出。因此,轴向载荷有三个临界值,只有最低值才具有实际意义。一般来说,对于具有宽翼缘和短长度的柱来说,扭曲屈曲是很重要的。

---

[1]　该方法由 Wagner, loc. cit. 获得。

5.5 扭曲和弯曲引起的屈曲

在薄壁开口截面的一般情况下,屈曲破坏通常是由扭曲和弯曲的组合引起的。为了研究这种类型的屈曲,下面考虑图 5-12 所示的非对称截面,图中,x 轴和 y 轴是截面的主要质心轴,x_O、y_O 是剪切中心 O 的坐标。在屈曲过程中,截面将发生平移和旋转。平移由剪切中心 O 在 x 和 y 方向上的偏转 u 和 v 定义。因此,在截面平移时,点 O 移动到 O'、点 C 移动到 C'。截面关于剪切中心的旋转用角度 ϕ 表示,质心的最终位置为 C''。因此,在屈曲过程中,质心 C 的最终偏转为[①]

$$u + y_O\phi, \quad v - x_O\phi$$

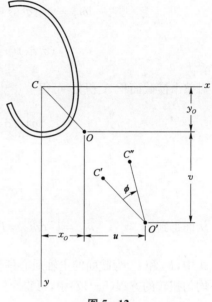

如果作用在柱上的唯一载荷是中央推力 P,就像铰接端柱的情况一样,则任何截面上相对于主轴的弯矩为

$$M_x = -P(v - x_O\phi)$$

$$M_y = -P(u + y_O\phi)$$

弯矩 M_x 和 M_y 的符号如图 5-13 所示,其中正弯矩作用在杆件的一个 dz 元素上。剪切中心轴挠曲曲线的微分方程为

$$EI_y \frac{\mathrm{d}^2 u}{\mathrm{d}z^2} = +M_y = -P(u + y_O\phi) \quad (5-26)$$

$$EI_x \frac{\mathrm{d}^2 v}{\mathrm{d}z^2} = +M_x = -P(v - x_O\phi) \quad (5-27)$$

图 5-12

这两个杆的弯曲方程包含的 u、v 和 ϕ,为未知量。第三个方程是通过考虑杆的扭转得到的。

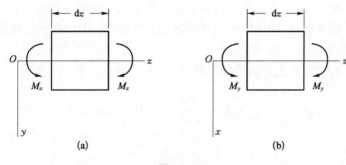

图 5-13

为了得到扭转角度 ϕ 的方程,可以按照前文的方法,取一个由坐标 x、y 在截面平面上定义的横截面 $t\,ds$ 的纵向条带。在屈曲过程中,其在 x 和 y 方向上的挠曲分量分别为

$$u + (y_O - y)\phi, \quad v - (x_O - x)\phi$$

---

① 角度 ϕ 被认为是一个很小的量。

对这些表达式分别取关于 z 的二阶导数,并再次考虑长度为 $\mathrm{d}z$ 的元素,发现作用在微段旋转的端点上的压缩力 $\sigma t \, \mathrm{d}s$ 会在 x 和 y 方向上产生的力分别为

$$-(\sigma t \, \mathrm{d}s) \frac{\mathrm{d}^2}{\mathrm{d}z^2}[u+(y_O-y)\phi] \tag{a}$$

$$-(\sigma t \, \mathrm{d}s) \frac{\mathrm{d}^2}{\mathrm{d}z^2}[v-(x_O-x)\phi] \tag{b}$$

取关于上述力的剪切中心轴的力矩,可得单位长度纵向条带的扭矩为

$$\mathrm{d}m_z = -(\sigma t \, \mathrm{d}s)(y_O-y)\left[\frac{\mathrm{d}^2 u}{\mathrm{d}z^2}+(y_O-y)\frac{\mathrm{d}^2 \phi}{\mathrm{d}z^2}\right]+$$
$$(\sigma t \, \mathrm{d}s)(x_O-x)\left[\frac{\mathrm{d}^2 v}{\mathrm{d}z^2}+(x_O-x)\frac{\mathrm{d}^2 \phi}{\mathrm{d}z^2}\right]$$

对整个横截面积 A 积分,可得

$$\sigma\int_A t \, \mathrm{d}s = P, \int_A x t \, \mathrm{d}s = \int_A y t \, \mathrm{d}s = 0$$
$$\int_A y^2 t \, \mathrm{d}s = I_x, \int_A x^2 t \, \mathrm{d}s = I_y$$
$$I_O = I_x + I_y + A(x_O^2 + y_O^2)$$

从而得到

$$m_z = \int_A \mathrm{d}m_z = P\left(x_O\frac{\mathrm{d}^2 v}{\mathrm{d}z^2}-y_O\frac{\mathrm{d}^2 u}{\mathrm{d}z^2}\right)-\frac{I_O}{A}P\frac{\mathrm{d}^2 \phi}{\mathrm{d}z^2} \tag{c}$$

式中,I_x 和 I_y 为截面的主轴质心惯性矩;I_O 为关于剪切中心 O 的极惯性矩。将式(c)代入非均匀扭转的方程(5-17)中,可得

$$C_1\frac{\mathrm{d}^4 \phi}{\mathrm{d}z^4}-\left(C-\frac{I_O}{A}P\right)\frac{\mathrm{d}^2 \phi}{\mathrm{d}z^2}-Px_O\frac{\mathrm{d}^2 v}{\mathrm{d}z^2}+Py_O\frac{\mathrm{d}^2 u}{\mathrm{d}z^2}=0 \tag{5-28}$$

方程(5-26)、(5-27)、(5-28)是关于弯曲和扭转屈曲的三个联立微分方程[1],可以用来确定临界载荷。同时可以看到,旋转角度出现在所有三个方程中。因此在一般情况下,扭转屈曲和轴向弯曲同时发生。

在这种剪切中心与质心重合的特殊情况下,$x_O=y_O=0$,方程(5-26)~(5-28)分别变为

$$EI_y\frac{\mathrm{d}^2 u}{\mathrm{d}z^2}=-Pu$$

$$EI_x\frac{\mathrm{d}^2 v}{\mathrm{d}z^2}=-Pv$$

---

[1] 第一次得到与方程(5-26)~(5-28)等效的方程系统,是由 R. Kappus 完成的;参见 1937 年的 *Jahrbuch der Deutschen Luftfahrt-Forschung* 和 1937 年的 *Luffahrl-Forsch.* 第 14 卷第 444 页(翻译载于 NACA Tech. Mem. 851, 1938)。J. N. Goodier 也对扭转屈曲进行了讨论,见康奈尔大学工程实验站的 *Bulletin* 第 27 期,1941 年 12 月,以及第 28 期,1942 年 1 月;另请参阅 V. Z. Vlasov 的著作 *Thin-walled Elastic Bars*,莫斯科,1940 年,以及 Timoshenko 在 *J. Franklin Inst* 第 239 卷第 3、4 和 5 期,1945 年 4 月和 5 月的文章。关于扭转屈曲的实验,请参阅 A. S. Niles 的 NACA Tech. Note 733,1939 年,以及 H. Wagner 和 W. Pretschner 的 *Luffahrl-Forsch.* 第 11 卷第 174 页,1934 年(翻译载于 NACA Tech. Mem. 784, 1936)。

$$C_1 \frac{\mathrm{d}^4 \phi}{\mathrm{d}z^4} - \left(C - \frac{I_O}{A}P\right)\frac{\mathrm{d}^2 \phi}{\mathrm{d}z^2} = 0$$

上面每个方程只包含一个未知量,可以单独处理,因此扭转屈曲与弯曲屈曲是独立的。前两个方程给出在两个主平面上屈曲的欧拉临界载荷值。如第 5.4 节所讨论的,第三个方程与方程(5-18)相同,给出纯扭转屈曲的临界载荷。在实际应用中,只有三个临界载荷中最低的值才有意义。

现在回到一般情况[方程(5-26)~(5-28)],假设杆件有简支,这样杆件的端部可以自由变形和绕 x、y 轴旋转,但不能绕 z 轴旋转或在 x、y 方向上挠曲。在这种情况下,端部的条件如下:

$$(u)_{z=0, z=l} = (v)_{z=0, z=l} = (\phi)_{z=0, z=l} = 0$$

$$\left(\frac{\mathrm{d}^2 u}{\mathrm{d}z^2}\right)_{z=0, z=l} = \left(\frac{\mathrm{d}^2 v}{\mathrm{d}z^2}\right)_{z=0, z=l} = \left(\frac{\mathrm{d}^2 \phi}{\mathrm{d}z^2}\right)_{z=0, z=l} = 0$$

如果方程(5-26)~(5-28)的解采用以下形式,这些端部条件将得到满足:

$$u = A_1 \sin\frac{\pi z}{l}, \quad v = A_2 \sin\frac{\pi z}{l}, \quad \phi = A_3 \sin\frac{\pi z}{l} \tag{d}$$

将式(d)代入方程(5-26)~(5-28),给出如下确定常数 A_1、A_2、A_3 的方程组:

$$\left.\begin{array}{l} \left(P - EI_y \dfrac{\pi^2}{l^2}\right)A_1 + Py_O A_3 = 0 \\[3mm] \left(P - EI_x \dfrac{\pi^2}{l^2}\right)A_2 - Px_O A_3 = 0 \\[3mm] Py_O A_1 - Px_O A_2 - \left(C_1 \dfrac{\pi^2}{l^2} + C - \dfrac{I_O}{A}P\right)A_3 = 0 \end{array}\right\} \tag{5-29}$$

方程组的一个解是 $A_1 = A_2 = A_3 = 0$,对应于平直形式的平衡。对于弯曲形式的平衡,常数 A_1、A_2、A_3 不能同时为零,只有当方程组(5-29)的行列式为零时才可能。为了简化表达式,引入符号表示:

$$P_x = \frac{\pi^2 EI_x}{l^2}, \quad P_y = \frac{\pi^2 EI_y}{l^2}, \quad P_\phi = \frac{A}{I_O}\left(C + C_1 \frac{\pi^2}{l^2}\right) \tag{5-30}$$

式中,P_x 和 P_y 分别为绕 x 轴和 y 轴的欧拉临界载荷;P_ϕ 为纯扭转屈曲的临界载荷[参见方程(5-24)]。令方程(5-29)的行列式等于零,即

$$\begin{vmatrix} P - P_y & 0 & Py_O \\[2mm] 0 & P - P_x & -Px_O \\[2mm] Py_O & -Px_O & \dfrac{I_O}{A}(P - P_\phi) \end{vmatrix} = 0$$

展开行列式,得到计算临界值 P 的三次方程:

$$\frac{I_O}{A}(P - P_y)(P - P_x)(P - P_\phi) - P^2 y_O^2 (P - P_x) - P^2 x_O^2 (P - P_y) = 0 \tag{5-31}$$

或

$$\frac{I_c}{I_O}P^3 + \left[\frac{A}{I_O}(P_x y_O^2 + P_y x_O^2) - (P_x + P_y + P_\phi)\right]P^2 +$$
$$(P_x P_y + P_x P_\phi + P_y P_\phi)P - P_x P_y P_\phi = 0 \tag{5-32}$$

式中，$I_c = I_x + I_y$，为绕截面质心 C 转动的极转动惯量。

要找到任何特定情况下的临界载荷，首先计算方程(5-32)中的系数的值。解这个三次方程可以得到三个临界载荷 P 的值，其中最小值将在实际应用中使用。将三个临界载荷的值代入方程(5-29)，可以得到每个对应的三种屈曲形式的比值 A_1/A_3 和 A_2/A_3。这些比值确定了截面的旋转和平移之间的关系，并定义了剪切中心轴的挠曲形状。

关于临界载荷的相对大小，可以从方程(5-31)中得出一个重要结论。将方程左边视为函数 $f(P)$，通过确定在不同 P 值下这个函数的符号，以获取使 $f(P)=0$ 的 P 值的信息。对于非常大的 P 值，多项式 $f(P)$ 的符号取决于最高次幂的项：这个项是 $P^3 I_O/A$，它是正的；如果 $P=0$，$f(P)$ 的值是 $-P_x P_y P_\phi I_O/A$，它是负的。现在假设 $P_x < P_y$，即较小的欧拉载荷对应于 yz 平面的弯曲。如果 $P=P_z$，有

$$f(P) = -P_x^2 x_O^2 (P_x - P_y)$$

它是正值，并且如果 $P=P_y$，则有

$$f(P) = -P_y^2 y_O^2 (P_y - P_x)$$

它是负值。因此我们可以看出，方程(5-31)、(5-32)有三个正根，其中一个小于 P_x、一个大于 P_y、一个在 P_x 和 P_y 之间。假设 $P_x > P_y$，也会得到类似的结果。还可以证明最小值 P 小于 P_ϕ，因为如果 P_ϕ 小于 P_x 和 P_y，那么当 $P=P_\phi$ 时，$f(P)$ 为正。同样，最大根必须始终大于 P_ϕ。

因此最终得出结论：在所有情况下，一个临界载荷小于 P_x、P_y 或 P_ϕ，另一个大于它们，第三个临界载荷始终在 P_x 和 P_y 之间。这意味着当考虑到屈曲过程中的扭转可能性时，总是有一个临界载荷小于欧拉载荷或纯扭曲屈曲载荷。

如果杆件具有宽翼缘和短长度 l，那么 P_ϕ 可能会相对于 P_x 和 P_y 变得很小。在这种情况下，方程(5-32)的最小根接近于 P_ϕ。将这个根代入方程(5-29)，发现 A_1 和 A_2 与旋转位移相比较小，这表明屈曲趋近于纯扭转屈曲。在翼缘狭窄且长度较大的情况下，P_ϕ 相对于 P_x 和 P_y 会很大，并且方程(5-32)的最小根接近于 P_x 或 P_y。在这种情况下，扭转对临界载荷的影响很小，欧拉柱公式可以给出满意的结果。

前面的讨论是基于解(d)。事实上可以采用更一般的形式来假设解，而不会有任何复杂性，假设

$$u = A_1 \sin\frac{n\pi z}{l}, \ v = A_2 \sin\frac{n\pi z}{l}, \ \phi = A_3 \sin\frac{n\pi z}{l} \tag{e}$$

这对应于一个假设，在屈曲时，杆件被分割成 n 个半正弦波。如果在式(5-30)中用 $n^2\pi^2/l^2$ 的值替代 π^2/l^2，之前的结论仍然成立。相应的临界载荷比 $n=1$ 时更大，只有当杆件具有中间等距离的侧向支撑时才具有实际意义。

1) 带有固定端的杆件

如果杆件的两端是固定的，端点条件变为

$$(u)_{z=0,\,z=l} = (v)_{z=0,\,z=l} = (\phi)_{z=0,\,z=l} = 0$$

$$\left(\frac{\mathrm{d}u}{\mathrm{d}z}\right)_{z=0,\,z=l} = \left(\frac{\mathrm{d}v}{\mathrm{d}z}\right)_{z=0,\,z=l} = \left(\frac{\mathrm{d}\phi}{\mathrm{d}z}\right)_{z=0,\,z=l} = 0$$

由于在屈曲过程中杆端存在力矩,因此用以下方程代替式(5-26)和式(5-27):

$$EI_y\,\frac{\mathrm{d}^2 u}{\mathrm{d}z^2} = -P(u + y_O\phi) + EI_y\left(\frac{\mathrm{d}^2 u}{\mathrm{d}z^2}\right)_{z=0} \tag{5-33}$$

$$EI_x\,\frac{\mathrm{d}^2 v}{\mathrm{d}z^2} = -P(v - x_O\phi) + EI_x\left(\frac{\mathrm{d}^2 v}{\mathrm{d}z^2}\right)_{z=0} \tag{5-34}$$

这些方程和方程(5-28)一起[1],定义了杆件的屈曲形状和相应的临界载荷。通过采用以下形式的解,可以满足这三个方程和端点条件:

$$u = A_1\left(1 - \cos\frac{2\pi z}{l}\right),\quad v = A_2\left(1 - \cos\frac{2\pi z}{l}\right),\quad \phi = A_3\left(1 - \cos\frac{2\pi z}{l}\right)$$

将这些表达式代入方程(5-28)、(5-33)、(5-34),再次得到计算临界载荷的三次方程(5-32);只需在符号(5-30)中用 $4\pi^2/l^2$ 来代替 π^2/l^2。

　2) 具有一个对称轴的截面

　假设 x 轴是一个对称轴,如图 5-14 中的槽形截面所示。在这种情况下,有 $y_O = 0$,方程(5-26)~(5-28)变为

$$EI_y\,\frac{\mathrm{d}^2 u}{\mathrm{d}z^2} = -Pu \tag{5-35}$$

$$EI_x\,\frac{\mathrm{d}^2 v}{\mathrm{d}z^2} = -P(v - x_O\phi) \tag{5-36}$$

$$C_1\,\frac{\mathrm{d}^4\phi}{\mathrm{d}z^4} - \left(C - \frac{I_O}{A}P\right)\frac{\mathrm{d}^2\phi}{\mathrm{d}z^2} - Px_O\,\frac{\mathrm{d}^2 v}{\mathrm{d}z^2} = 0 \tag{5-37}$$

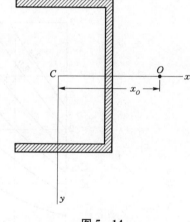

图 5-14

方程(5-35)不包含 ϕ,并且显示出在对称面内的屈曲与扭转无关,相应的临界载荷由欧拉公式给出。在对称面垂直方向的屈曲与扭转相结合,并由方程(5-36)、(5-37)给出。

　假设杆件的两端是简支的,即自由弯曲并绕 x 轴旋转,但受到绕 z 轴旋转的限制,端点条件变为

$$(u)_{z=0,\,z=l} = (\phi)_{z=0,\,z=l} = 0$$

$$\left(\frac{\mathrm{d}^2 v}{\mathrm{d}z^2}\right)_{z=0,\,z=l} = \left(\frac{\mathrm{d}^2\phi}{\mathrm{d}z^2}\right)_{z=0,\,z=l} = 0$$

和前面一样,取以下形式的解:

$$v = A_1\sin\frac{\pi z}{l},\quad \phi = A_2\sin\frac{\pi z}{l}$$

---

　[1]　式(5-28)是考虑两个相邻截面之间杆的一个元素而得到的,不受端点条件变化的影响。

可得计算临界载荷的方程

$$\begin{vmatrix} P - P_x & -Px_O \\ -Px_O & \dfrac{I_O}{A}(P - P_\phi) \end{vmatrix} = 0$$

得到

$$\frac{I_O}{A}(P - P_x)(P - P_\phi) - P^2 x_O^2 = 0 \qquad (5-38)$$

或

$$\frac{I_c}{I_O}P^2 - (P_x + P_\phi)P + P_x P_\phi = 0 \qquad (5-39)$$

上述二次方程给出临界载荷 P 的两个解,其中一个小于 P_x 或 P_ϕ,而另一个大于它们中的任何一个。这两个解中较小的根或在对称面内屈曲的欧拉载荷代表了柱的临界载荷。从方程(5-39)得到的两个临界载荷如图5-15所示。注意,当 P_ϕ/P_x 很小时,较低的临界载荷非常接近 P_ϕ,屈曲的模式基本上是扭转,而较高的临界载荷则主要代表弯曲的屈曲。对于较大的 P_ϕ/P_x,较低的临界载荷对应于主要是弯曲的屈曲形式。对于腿长相等的角钢截面,I_O/I_c 的值为1.6,在图5-15中的相应曲线可以用于这种情况。对于其他具有一个对称轴的截面,例如槽形截面,必须为每个单独的情况计算 I_O/I_c 的值。

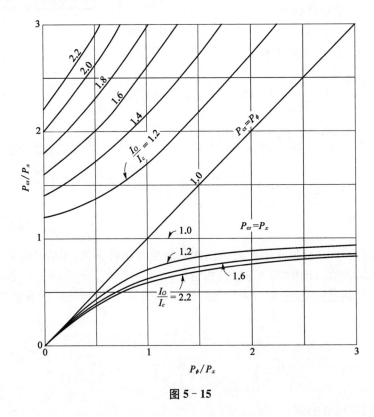

图 5-15

5.6　耦合扭转和弯曲屈曲的连续弹性支撑杆件

下面考虑一个中央受压杆件的稳定性,该杆件在整个长度上以弹性方式支撑,使得在屈曲过程中会产生与挠度成比例的侧向反力。假设这些反力沿着与杆件轴线平行的 N 轴分布(图 5-16),并由坐标 h_x 和 h_y 定义。仍用 u 和 v 表示剪切中心轴的挠曲分量,用 ϕ 表示相对于该轴的旋转角度(见图 5-12),那么 N 轴挠曲分量沿着这个分布反力的轴线,可以表示为

$$u+(y_O-h_y)\phi,\ v-(x_O-h_x)\phi$$

假设 z 轴和 y 轴正方向为正,单位长度对应的反力为

$$-k_x[u+(y_O-h_y)\phi],$$
$$-k_y[v-(x_O-h_x)\phi] \tag{a}$$

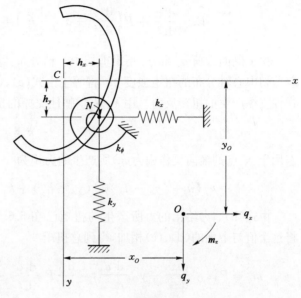

图 5-16

式中,k_x 和 k_y 为定义弹性支撑在 x 和 y 方向上刚度的常数。这些常数或称模量,在挠度等于单位 1 时表示单位长度的反力,并具有力除以长度平方的量级。在上述反力中,必须加上由于初始压缩力作用于稍微旋转的纵向纤维的横向力。这些力给出单位长度的反力[参见第 5.5 节的式(a)、(b)],等于

$$-\int_A \sigma t\,ds\left[\frac{d^2u}{dz^2}+(y_O-y)\frac{d^2\phi}{dz^2}\right] \quad 和 \quad -\int_A \sigma t\,ds\left[\frac{d^2v}{dz^2}-(x_O-x)\frac{d^2\phi}{dz^2}\right]$$

对上面两个表达式积分,得到

$$\sigma\int_A t\,ds=P,\ \int_A xt\,ds=\int_A yt\,ds=0$$

从而得到横向力分布强度的表达式如下:

$$-P\left(\frac{d^2u}{dz^2}+y_O\frac{d^2\phi}{dz^2}\right) \tag{b}$$

$$-P\left(\frac{d^2v}{dz^2}-x_O\frac{d^2\phi}{dz^2}\right) \tag{c}$$

杆在 y 轴和 z 轴上弯曲的方程为

$$EI_y\frac{d^4u}{dz^4}=q_x \tag{5-40}$$

$$EI_x\frac{d^4v}{dz^4}=q_y \tag{5-41}$$

通过分布载荷的强度表达式(a)、(b)、(c),得到

$$EI_y\frac{d^4u}{dz^4}+P\left(\frac{d^2u}{dz^2}+y_O\frac{d^2\phi}{dz^2}\right)+k_x[u+(y_O-h_y)\phi]=0 \tag{5-42}$$

$$EI_x \frac{\mathrm{d}^4 v}{\mathrm{d}z^4} + P\left(\frac{\mathrm{d}^2 v}{\mathrm{d}z^2} + x_O \frac{\mathrm{d}^2 \phi}{\mathrm{d}z^2}\right) + k_y[v - (x_O - h_x)\phi] = 0 \qquad (5-43)$$

由于侧向载荷 q_z 和 q_y 不沿剪切中心轴分布,除了弯曲外,杆件还会发生一定的扭转。沿着剪切中心轴分布的扭矩强度 m_z 将等于由式(a)、(b)、(c)给出的载荷产生的力矩,加上由于弹性支撑产生的扭转反力。用 k_ϕ 表示弹性支撑的扭转模量,得到后者的扭矩为

$$-k_\phi \phi \qquad (d)$$

作用于 N 点的横向反作用力(a)所产生的力矩为

$$-k_x[u + (y_O - h_y)\phi](y_O - h_y) + k_y[v - (x_O - h_x)\phi](x_O - h_x) \qquad (e)$$

由式(b)、(c)给出的力所产生的扭矩已在 5.6 节中计算过,并由式(c)给出(第 5.5 节)。将这个值与上面的(d)、(e)相加,得到总扭矩

$$m_z = P\left(x_O \frac{\mathrm{d}^2 v}{\mathrm{d}z^2} - y_O \frac{\mathrm{d}^2 u}{\mathrm{d}z^2}\right) - \frac{I_O}{A}P\frac{\mathrm{d}^2 \phi}{\mathrm{d}z^2} - k_x[u + (y_O - h_y)\phi](y_O - h_y) +$$

$$k_y[v - (x_O - h_x)\phi](x_O - h_x) - k_\phi \phi \qquad (f)$$

将式(f)代入非均匀扭转的式(5-17)中,得到扭转角的表达式为

$$C_1 \frac{\mathrm{d}^4 \phi}{\mathrm{d}z^4} - \left(C - \frac{I_O}{A}P\right)\frac{\mathrm{d}^2 \phi}{\mathrm{d}z^2} - P\left(x_O \frac{\mathrm{d}^2 v}{\mathrm{d}z^2} - y_O \frac{\mathrm{d}^2 u}{\mathrm{d}z^2}\right) +$$

$$k_x[u + (y_O - h_y)\phi](y_O - h_y) - k_y[v - (x_O - h_x)\phi](x_O - h_x) + k_\phi \phi = 0 \qquad (5-44)$$

方程(5-42)、(5-43)、(5-44)为用于描述杆件在其长度上弹性支撑下屈曲的三个联立微分方程[①]。

如果杆件的两端是简支的,即可以自由弯曲和绕 x、y 轴旋转,但不能绕 z 轴旋转,则可以将方程(5-42)~(5-44)的解表示为

$$u = A_1 \sin \frac{n\pi z}{l}, \; v = A_2 \sin \frac{n\pi z}{l}, \; \phi = A_3 \sin \frac{n\pi z}{l} \qquad (g)$$

将这些表达式代入微分方程(5-42)~(5-44)中,会得到一个三次方程来求解临界载荷,与第 5.4 节所述方法相同。通过解三次方程的最小根,可以得到最小的临界载荷。下面考虑一些特殊情况。

1) 具有两个对称轴的截面

在截面具有两个对称轴的特殊情况下,质心和剪切中心重合,即 $x_O = y_O = 0$。同时假设弹性反力沿着质心轴分布。则有 $h_x = h_y = 0$,并且方程(5-42)~(5-44)简化为以下形式:

$$EI_y \frac{\mathrm{d}^4 u}{\mathrm{d}z^4} + P\frac{\mathrm{d}^2 u}{\mathrm{d}z^2} + k_x u = 0 \qquad (5-45)$$

$$EI_x \frac{\mathrm{d}^4 v}{\mathrm{d}z^4} + P\frac{\mathrm{d}^2 v}{\mathrm{d}z^2} + k_y v = 0 \qquad (5-46)$$

---

① 这些方程最先由 Vlasov, loc. cit 得到。

$$C_1 \frac{\mathrm{d}^4 \phi}{\mathrm{d}z^4} - \left(C - \frac{I_O}{A} P\right) \frac{\mathrm{d}^2 \phi}{\mathrm{d}z^2} + k_\phi \phi = 0 \tag{5-47}$$

这些方程表明,在对称平面上的杆件屈曲与扭转无关,三种形式的屈曲可以分别处理。

将解表示为(g)的形式,从方程(5-45)中找到以下结果:

$$EI_y \frac{n^4 \pi^4}{l^4} - P \frac{n^2 \pi^2}{l^2} + k_x = 0$$

或

$$P_{\mathrm{cr}} = \frac{\pi^2 EI_y}{l^2} \left(n^2 + \frac{l^4 k_x}{n^2 \pi^4 EI_y}\right) \tag{5-48}$$

这个结果与之前在弹性基础上获得的杆件的结果一致[参见方程(2-37)]。从方程(5-46)中也可以得到类似的结果。方程(5-47)给出扭转屈曲的临界载荷为

$$P_{\mathrm{cr}} = \frac{(n^2 \pi^2 / l^2) C_1 + C + (l^2 / n^2 \pi^2) k_\phi}{I_O / A} \tag{5-49}$$

在每个特定情况下,已知 C_1 和 k_ϕ 时,需要选择整数值 n 使式(5-49)取得最小值。而当 $k_\phi = 0$ 时,通过取 $n = 1$ 和方程(5-49)之前给出的纯扭转屈曲的结果[参见方程(5-24)],可以获得最低的临界载荷。

2) 具有一个对称轴的截面

如果以 x 轴为对称轴,则 $y_O = 0$。进一步假设弹性反力沿着剪切中心轴分布,即 $h_x = x_O$ 和 $h_y = 0$。方程(5-42)~(5-44)变为以下形式:

$$EI_y \frac{\mathrm{d}^4 u}{\mathrm{d}z^4} + P \frac{\mathrm{d}^2 u}{\mathrm{d}z^2} + k_x u = 0 \tag{5-50}$$

$$EI_x \frac{\mathrm{d}^4 v}{\mathrm{d}z^4} + P \frac{\mathrm{d}^2 v}{\mathrm{d}z^2} + k_y v - Px_O \frac{\mathrm{d}^2 \phi}{\mathrm{d}z^2} = 0 \tag{5-51}$$

$$C_1 \frac{\mathrm{d}^4 \phi}{\mathrm{d}z^4} - \left(C - \frac{I_O}{A} P\right) \frac{\mathrm{d}^2 \phi}{\mathrm{d}z^2} + k_\phi \phi - Px_O \frac{\mathrm{d}^2 v}{\mathrm{d}z^2} = 0 \tag{5-52}$$

从方程(5-50)中可以看出,在对称平面上的屈曲与扭转无关,可以分别处理。方程(5-51)、(5-52)是联立的,因此在 y 方向的屈曲与扭转结合在一起。

如果末端条件使得微分方程的解可以采用形式(g),则可从方程(5-51)、(5-52)中得到以下行列式来计算临界载荷:

$$\begin{vmatrix} EI_x \dfrac{n^4 \pi^4}{l^4} - P \dfrac{n^2 \pi^2}{l^2} + k_y & Px_O \dfrac{n^2 \pi^2}{l^2} \\[3mm] Px_O \dfrac{n^2 \pi^2}{l^2} & C_1 \dfrac{n^4 \pi^4}{l^4} + \left(C - \dfrac{I_O}{A} P\right) \dfrac{n^2 \pi^2}{l^2} + k_\phi \end{vmatrix} = 0 \tag{5-53}$$

这是关于 P 的二次方程,在每个特定情况下可以求解出两个临界载荷的值,其中通常只有较小的值是重要的。如果 k_ϕ 和 k_y 都为零,较小的载荷将出现在 $n = 1$ 的情况下,方程(5-53)给出的结果与之前推导的结果相同[参见方程(5-39)]。

3) 具有特定旋转轴的杆件

使用微分方程(5-42)~(5-44),研究一个在屈曲过程中截面特定旋转轴的杆的屈曲。

为了获得一个刚性的旋转轴，只需假设 $k_x = k_y = \infty$。然后 N 轴(图 5 - 16)将在屈曲过程中保持直线，而截面将相对于该轴旋转。对于这种情况，方程(5 - 42)、(5 - 43)给出的结果是：

$$u + (y_O - h_y)\phi = 0, \quad v - (x_O - h_x)\phi = 0$$

因此

$$u = -(y_O - h_y)\phi, \quad v = (x_O - h_x)\phi$$

微分这些表达式可得

$$\frac{\mathrm{d}^2 u}{\mathrm{d}z^2} = -(y_O - h_y)\frac{\mathrm{d}^2 \phi}{\mathrm{d}z^2}, \quad \frac{\mathrm{d}^4 u}{\mathrm{d}z^4} = -(y_O - h_y)\frac{\mathrm{d}^4 \phi}{\mathrm{d}z^4} \tag{h}$$

$$\frac{\mathrm{d}^2 v}{\mathrm{d}z^2} = (x_O - h_x)\frac{\mathrm{d}^2 \phi}{\mathrm{d}z^2}, \quad \frac{\mathrm{d}^4 v}{\mathrm{d}z^4} = (x_O - h_x)\frac{\mathrm{d}^4 \phi}{\mathrm{d}z^4} \tag{i}$$

通过式(5 - 42)、式(5 - 43)，得到以下关系：

$$k_x\left[u + (y_O - h_y)\phi\right] = -EI_y\frac{\mathrm{d}^4 u}{\mathrm{d}z^4} - P\left(\frac{\mathrm{d}^2 u}{\mathrm{d}z^2} + y_O\frac{\mathrm{d}^2 \phi}{\mathrm{d}z^2}\right) \tag{j}$$

$$k_y\left[v - (x_O - h_x)\phi\right] = -EI_x\frac{\mathrm{d}^4 v}{\mathrm{d}z^4} - P\left(\frac{\mathrm{d}^2 v}{\mathrm{d}z^2} + x_O\frac{\mathrm{d}^2 \phi}{\mathrm{d}z^2}\right) \tag{k}$$

将(h)、(i)分别代入(j)、(k)，然后将(j)、(k)代入方程(5 - 44)可得旋转角度 ϕ 的方程为

$$\left[C_1 + EI_y(y_O - h_y)^2 + EI_x(x_O - h_x)^2\right]\frac{\mathrm{d}^4 \phi}{\mathrm{d}z^4} -$$

$$\left[C - \frac{I_O}{A}P + P(x_O^2 + y_O^2) - P(h_x^2 + h_y^2)\right]\frac{\mathrm{d}^2 \phi}{\mathrm{d}z^2} + k_\phi\phi = 0 \tag{5-54}$$

通过采用方程解(g)的形式，可以在每个特定情况下计算临界屈曲载荷。

如果杆具有两个对称平面，则有 $x_O = y_O = 0$，方程(5 - 54)变为

$$(C_1 + EI_y h_y^2 + EI_x h_x^2)\frac{\mathrm{d}^4 \phi}{\mathrm{d}z^4} - \left(C - \frac{I_O}{A}P - Ph_x^2 - Ph_y^2\right)\frac{\mathrm{d}^2 \phi}{\mathrm{d}z^2} + k_\phi\phi = 0 \tag{5-55}$$

取 $\phi = A_3\sin(n\pi z/l)$ 的解代入式(5 - 55)，得到

$$P_{cr} = \frac{(C_1 + EI_y h_y^2 + EI_x h_x^2)(n^2\pi^2/l^2) + C + k_\phi[l^2/(n^2\pi^2)]}{h_x^2 + h_y^2 + (I_O/A)} \tag{5-56}$$

在每个特殊情况下，须取使式(5 - 56)达到最小的 n 值。

如果固定旋转轴是剪切中心轴，则有 $h_x = x_O$、$h_y = y_O$，式(5 - 54)变为

$$C_1\frac{\mathrm{d}^4 \phi}{\mathrm{d}z^4} - \left(C - \frac{I_O}{A}P\right)\frac{\mathrm{d}^2 \phi}{\mathrm{d}z^2} + k_\phi\phi = 0 \tag{5-57}$$

再取一个形式为 $\phi = A_3\sin(n\pi z/l)$ 的解，得到

$$P_{cr} = \frac{C_1(n^2\pi^2/l^2) + C + k_\phi[l^2/(n^2\pi^2)]}{I_O/A} \tag{5-58}$$

式(5 - 58)适用于截面形状是对称的或非对称的情况，前提是剪切中心轴受到约束不会产生偏转。当 k_ϕ 消失时，P_{cr} 的最小值出现在 $n = 1$ 的情况下，方程(5 - 58)给出的结果与方程

(5-24)相同,这是符合预期的。

作为另一种特殊情况,假设固定旋转轴与杆的距离无限远。例如,如果 h_y 变为无穷大,方程(5-54)则简化为

$$EI_y \frac{\mathrm{d}^4 \phi}{\mathrm{d}z^4} + P \frac{\mathrm{d}^2 \phi}{\mathrm{d}z^2} = 0$$

这个方程给出在 xz 平面内屈曲的已知欧拉载荷的 P_{cr} 值。

4) 具有特定挠曲平面的杆件

在柱体的实际设计中,存在这样一种情况:某些杆件的纤维在屈曲过程中必须向已知方向挠曲。例如,如果一个杆件焊接到一个薄板上,如图 5-17 所示,与薄板接触的纤维不能在薄板的平面内挠曲。相反,沿着接触平面的纤维只能在垂直于薄板的方向上挠曲。

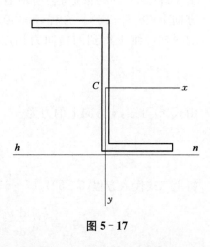

图 5-17

在讨论这类问题时,最好使质心轴 x 和 y 分别与薄板平行和垂直。通常这意味着轴不再是截面的主轴,因此挠曲曲线的微分方程必须以不同的形式获得。对于这种更一般的情况,当 x 和 y 轴不是主轴时,杆件的弯矩由以下表达式[1]给出:

$$M_x = EI_x \frac{\mathrm{d}^2 v}{\mathrm{d}z^2} + EI_{xy} \frac{\mathrm{d}^2 u}{\mathrm{d}z^2} \tag{l}$$

$$M_y = EI_y \frac{\mathrm{d}^2 u}{\mathrm{d}z^2} + EI_{xy} \frac{\mathrm{d}^2 v}{\mathrm{d}z^2} \tag{m}$$

式中,I_{xy} 表示截面的惯性积。假定弯矩 M_x 和 M_y 的正方向如图 5-13 所示,观察到

$$q_x = \frac{\mathrm{d}^2 M_y}{\mathrm{d}z^2}, \quad q_y = \frac{\mathrm{d}^2 M_x}{\mathrm{d}z^2}$$

其中 q_x、q_y 在 x 轴、y 轴的正方向上取正值,从方程(l)、(m)中分别得到弯曲微分方程

$$q_y = EI_x \frac{\mathrm{d}^4 v}{\mathrm{d}z^4} + EI_{xy} \frac{\mathrm{d}^4 u}{\mathrm{d}z^4} \tag{5-59}$$

$$q_x = EI_y \frac{\mathrm{d}^4 u}{\mathrm{d}z^4} + EI_{xy} \frac{\mathrm{d}^4 v}{\mathrm{d}z^4} \tag{5-60}$$

考虑一个任意截面的杆件,如图 5-18 所示,假设具有坐标 h_x 和 h_y 的纵向纤维 N 在 x 方向上不能挠曲。再次用 u 和 v 表示剪切中心轴 O 的挠曲,得到 N 的挠曲表达式为

$$u_N = u + (y_O - h_y)\phi = 0 \tag{n}$$

$$v_N = v - (x_O - h_x)\phi \tag{o}$$

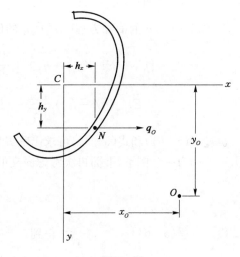

图 5-18

① 关于非对称杆件在轴不是主轴时的弯曲讨论,请参考 Timoshenko 的 *Strength of Materials* 第三版第一部分第 230-231 页,D. Van Nostrand Company, Inc., Princeton, N.J., 1955。

由于纤维 N 的约束，将会有沿着 N 连续分布的强度为 q_0 的反力，作用在与 x 轴平行的方向上（图 5-18）。方程（5-60）中的 q_x 通过将 q_0 与由杆件上的压力作用在旋转截面的纵向纤维上得到的横向力相加来确定。后者的值由式（b）得到，因此有

$$q_x = -P\left(\frac{\mathrm{d}^2 u}{\mathrm{d}z^2} + y_0 \frac{\mathrm{d}^2 \phi}{\mathrm{d}z^2}\right) + q_0$$

由式（c）可知，y 方向上的力为

$$q_y = -P\left(\frac{\mathrm{d}^2 v}{\mathrm{d}z^2} - x_0 \frac{\mathrm{d}^2 \phi}{\mathrm{d}z^2}\right)$$

将上二式代入方程（5-59）、（5-60），得到

$$q_0 = P\left(\frac{\mathrm{d}^2 u}{\mathrm{d}z^2} + y_0 \frac{\mathrm{d}^2 \phi}{\mathrm{d}z^2}\right) + EI_y \frac{\mathrm{d}^4 u}{\mathrm{d}z^4} + EI_{xy} \frac{\mathrm{d}^4 v}{\mathrm{d}z^4} \tag{p}$$

$$EI_x \frac{\mathrm{d}^4 v}{\mathrm{d}z^4} + EI_{xy} \frac{\mathrm{d}^4 u}{\mathrm{d}z^4} + P \frac{\mathrm{d}^2 v}{\mathrm{d}z^2} - Px_0 \frac{\mathrm{d}^2 \phi}{\mathrm{d}z^2} = 0 \tag{q}$$

从方程（n）中解出 u 并代入方程（q），将 u 从后一个方程中消去，得到

$$EI_x \frac{\mathrm{d}^4 v}{\mathrm{d}z^4} + P \frac{\mathrm{d}^2 v}{\mathrm{d}z^2} - EI_{xy}(y_0 - h_y) \frac{\mathrm{d}^4 \phi}{\mathrm{d}z^4} - Px_0 \frac{\mathrm{d}^2 \phi}{\mathrm{d}z^2} = 0 \tag{5-61}$$

考虑杆件的扭转，可以得到关于 v 和 ϕ 的第二个方程[方程（5-62）]。为此，可以使用方程（5-44）。假设没有扭转反力和 y 方向上的反力，并将以下表达式代入方程（5-44）中：

$$k_y = k_\phi = 0$$

$$-k_x[u + (y_0 - h_y)\phi] = q_0$$

得到 $\quad C_1 \frac{\mathrm{d}^4 \phi}{\mathrm{d}z^4}\left(C - \frac{I_0}{A}P\right)\frac{\mathrm{d}^2 \phi}{\mathrm{d}z^2} - P\left(x_0 \frac{\mathrm{d}^2 v}{\mathrm{d}z^2} - y_0 \frac{\mathrm{d}^2 u}{\mathrm{d}z^2}\right) - q_0(y_0 - h_y) = 0$

将方程（n）中 u 的值和方程（p）中 q_0 的值代入这个方程，发现

$$\left[C_1 + EI_y(y_0 - h_y)^2\right]\frac{\mathrm{d}^4 \phi}{\mathrm{d}z^4} - \left(C - \frac{I_0}{A}P + Py_0^2 - Ph_y^2\right)\frac{\mathrm{d}^2 \phi}{\mathrm{d}z^2} -$$

$$EI_{xy}(y_0 - h_y)\frac{\mathrm{d}^4 v}{\mathrm{d}z^4} - Px_0 \frac{\mathrm{d}^2 v}{\mathrm{d}z^2} = 0 \tag{5-62}$$

通过式（5-61）和式（5-62）可求出临界屈曲载荷[1]。

作为一个例子，下面再次考虑简支的情况，并采用以下形式的解：

$$v = A_2 \sin\frac{\pi z}{l}, \quad \phi = A_3 \sin\frac{\pi z}{l}$$

代入方程（5-61）、（5-62）后，得到

$$\left(EI_x \frac{\pi^2}{l^2} - P\right)A_2 - \left[EI_{xy}(y_0 - h_y)\frac{\pi^2}{l^2} - Px_0\right]A_3 = 0$$

---

① 这些方程是由 Goodier, Cornell Univ. Eng. Expt. Sta. Bull.获得的，1941 年 12 月 27 日。

$$\left[-EI_{xy}(y_O-h_y)\frac{\pi^2}{l^2}+Px_O\right]A_2+\left[C_1\frac{\pi^2}{l^2}+\right.$$

$$\left.EI_y(y_O-h_y)^2\frac{\pi^2}{l^2}+C-\frac{I_O}{A}P+Py_O^2-Ph_y^2\right]A_3$$

$$=0$$

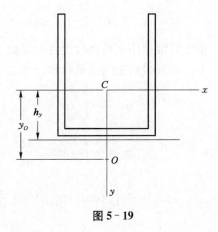

图 5-19

将这些方程的行列式等于零,得到一个关于 P 的二次方程,可以用来计算每种特定情况下的临界载荷。

如果杆件关于 y 轴对称,即如图 5-19 所示的槽钢情况,x 轴和 y 轴成为主轴。代入 $I_{xy}=0$ 和 $x_O=0$,上述两个方程变为

$$\left(EI_x\frac{\pi^2}{l^2}-P\right)A_2=0$$

$$\left[C_1\frac{\pi^2}{l^2}+EI_y(y_O-h_y)^2\frac{\pi^2}{l^2}+C-\frac{I_O}{A}P+Py_O^2-Ph_y^2\right]A_3=0$$

第一个方程给出对称平面屈曲的欧拉载荷,第二个方程给出

$$P_{cr}=\frac{C_1(\pi^2/l^2)+EI_y(y_O-h_y)^2(\pi^2/l^2)+C}{(I_O/A)-y_O^2+h_y^2} \tag{5-63}$$

表示了该情况下的扭转屈曲载荷。旋转轴位于薄板的平面内。方程(5-63)也可以通过将以下表达式代入式(5-54)得到:

$$x_O=h_x=k_\phi=0,\ \phi=A_3\sin\frac{\pi z}{l}$$

5.7　在推力和端部弯矩下的扭转屈曲

前面只考虑了柱在中央施加压缩载荷时的屈曲。下面考虑除了中央的推力 P 之外,杆件在两端受到弯矩 M_1 和 M_2 作用的情况(图 5-20)。弯矩 M_1 和 M_2 取正值,即在杆件中引起正弯矩的方向如图 5-13 所示。

假设 P 对弯曲应力的影响可以忽略不计。因此,杆件中任意点的法向应力与 z 无关,由以下方程给出:

$$\sigma=-\frac{P}{A}-\frac{M_1y}{I_x}-\frac{M_2x}{I_y} \tag{5-64}$$

式中,x 和 y 为截面的质心主轴。假设由于力偶 M_1 和 M_2 所引起的杆的初始挠度非常小。在研究这种平衡下挠曲形式的稳定性时,按照前面的方法,假设产生了剪力中心轴的附加挠度 u 和 v 以及相对于该轴的旋转 ϕ。因此,挠度 u、v 和旋转 ϕ 导致杆的轴线产生一个与由 M_1 和 M_2 产生的初始曲线形状略有不同的新形状。在为杆的这种新形式写静力平衡方程时,忽略由 M_1 和 M_2 引起的小的初始挠度,并按照前面的情况继续进行,其中杆的轴线最初是直的。因此,杆的任何纵向纤维的挠度分量,由坐标 x 和 y 定义为

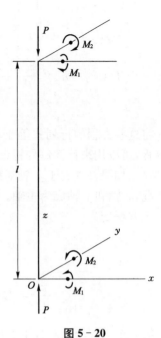

$$u+(y_O-y)\phi,\ v-(x_O-x)\phi$$

由于纤维作用在其微段旋转的截面上的初始压缩力,可以同第 5.5 节一样获得假想侧向载荷和分布力矩的强度,并由以下方程给出:

$$q_x=-\int_A(\sigma t\,\mathrm{d}s)\frac{\mathrm{d}^2}{\mathrm{d}z^2}[u+(y_O-y)\phi]$$

$$q_y=-\int_A(\sigma t\,\mathrm{d}s)\frac{\mathrm{d}^2}{\mathrm{d}z^2}[v-(x_O-x)\phi]$$

$$m_z=-\int_A(\sigma t\,\mathrm{d}s)(y_O-y)\frac{\mathrm{d}^2}{\mathrm{d}z^2}[u+(y_O-y)\phi]+$$
$$\int_A(\sigma t\,\mathrm{d}s)(x_O-x)\frac{\mathrm{d}^2}{\mathrm{d}z^2}[v-(x_O-x)\phi]$$

图 5 - 20

将式(5-64)中的 σ 代入并进行积分,得到

$$q_x=-P\frac{\mathrm{d}^2u}{\mathrm{d}z^2}-(Py_O-M_1)\frac{\mathrm{d}^2\phi}{\mathrm{d}z^2}$$

$$q_y=-P\frac{\mathrm{d}^2v}{\mathrm{d}z^2}+(Px_O-M_2)\frac{\mathrm{d}^2\phi}{\mathrm{d}z^2}$$

$$m_z=-(Py_O-M_1)\frac{\mathrm{d}^2u}{\mathrm{d}z^2}+(Px_O-M_2)\frac{\mathrm{d}^2v}{\mathrm{d}z^2}-\left(M_1\beta_1+M_2\beta_2+P\frac{I_O}{A}\right)\frac{\mathrm{d}^2\phi}{\mathrm{d}z^2}$$

其中引入以下符号:

$$\left.\begin{aligned}\beta_1&=\frac{1}{I_x}\left(\int_A y^3\mathrm{d}A+\int_A x^2y\,\mathrm{d}A\right)-2y_O\\\beta_2&=\frac{1}{I_y}\left(\int_A x^3\mathrm{d}A+\int_A xy^2\mathrm{d}A\right)-2x_O\end{aligned}\right\}\qquad(5-65)$$

杆的弯曲和扭转的三个方程[式(5-40)、(5-41)、(5-17)]则变成

$$EI_y\frac{\mathrm{d}^4u}{\mathrm{d}z^4}+P\frac{\mathrm{d}^2u}{\mathrm{d}z^2}+(Py_O-M_1)\frac{\mathrm{d}^2\phi}{\mathrm{d}z^2}=0\qquad(5-66)$$

$$EI_x\frac{\mathrm{d}^4v}{\mathrm{d}z^4}+P\frac{\mathrm{d}^2v}{\mathrm{d}z^2}-(Px_O-M_2)\frac{\mathrm{d}^2\phi}{\mathrm{d}z^2}=0\qquad(5-67)$$

$$C_1\frac{\mathrm{d}^4\phi}{\mathrm{d}z^4}-\left(C-M_1\beta_1-M_2\beta_2-P\frac{I_O}{A}\right)\frac{\mathrm{d}^2\phi}{\mathrm{d}z^2}+$$
$$(Py_O-M_1)\frac{\mathrm{d}^2u}{\mathrm{d}z^2}-(Px_O-M_2)\frac{\mathrm{d}^2v}{\mathrm{d}z^2}=0\qquad(5-68)$$

以上三个方程是杆的屈曲形式的平衡方程。通过这些方程,可以计算出任何给定端部条件下外力的临界值。

　　1) 偏心推力

　　首先考虑力 P 是偏心施加的情况(图 5-21)。定义 P 的施加点的坐标为 e_x 和 e_y,则有

$$M_1 = pe_y, \ M_2 = pe_x$$

方程(5-66)~(5-68)变为

$$EI_y \frac{\mathrm{d}^4 u}{\mathrm{d}z^4} + P \frac{\mathrm{d}^2 u}{\mathrm{d}z^2} + P(y_O - e_y) \frac{\mathrm{d}^2 \phi}{\mathrm{d}z^2} = 0$$

$$(5-69)$$

$$EI_x \frac{\mathrm{d}^4 v}{\mathrm{d}z^4} + P \frac{\mathrm{d}^2 v}{\mathrm{d}z^2} - P(x_O - e_x) \frac{\mathrm{d}^2 \phi}{\mathrm{d}z^2} = 0$$

$$(5-70)$$

$$C_1 \frac{\mathrm{d}^4 \phi}{\mathrm{d}z^4} - \left(C - Pe_y\beta_1 - Pe_x\beta_2 - P\frac{I_O}{A}\right)\frac{\mathrm{d}^2 \phi}{\mathrm{d}z^2} +$$

$$P(y_O - e_y)\frac{\mathrm{d}^2 u}{\mathrm{d}z^2} - P(x_O - e_x)\frac{\mathrm{d}^2 v}{\mathrm{d}z^2} = 0$$

$$(5-71)$$

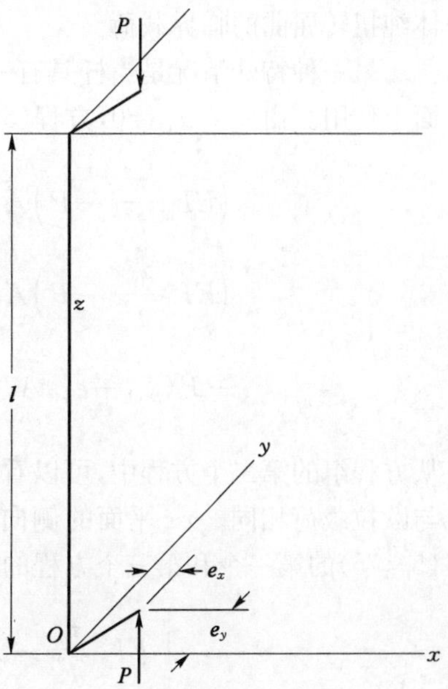

对于简支端部的情况,端部条件为

图 5-21

$$(u)_{z=0,\,z=l} = (v)_{z=0,\,z=l} = (\phi)_{z=0,\,z=l} = 0$$

$$\left(\frac{\mathrm{d}^2 u}{\mathrm{d}z^2}\right)_{z=0,\,z=l} = \left(\frac{\mathrm{d}^2 v}{\mathrm{d}z^2}\right)_{z=0,\,z=l} = \left(\frac{\mathrm{d}^2 \phi}{\mathrm{d}z^2}\right)_{z=0,\,z=l} = 0$$

可以通过取以下 u、v 和 ϕ 的形式来满足这些条件:

$$u = A_1 \sin\frac{\pi z}{l}, \ v = A_2 \sin\frac{\pi z}{l}, \ \phi = A_3 \sin\frac{\pi z}{l}$$

代入方程(5-69)、(5-70)、(5-71)后,得到

$$\left(EI_y \frac{\pi^2}{l^2} - P\right)A_1 - P(y_O - e_y)A_3 = 0 \qquad (5-72)$$

$$\left(EI_x \frac{\pi^2}{l^2} - P\right)A_2 + P(x_O - e_x)A_3 = 0 \qquad (5-73)$$

$$-P(y_O - e_y)A_1 + P(x_O - e_x)A_2 + \left(C_1 \frac{\pi^2}{l^2} + C - Pe_y\beta_1 - Pe_x\beta_2 - P\frac{I_O}{A}\right)A_3 = 0$$

$$(5-74)$$

将这些方程的行列式设为零,可以得到一个用于计算 P_{cr} 的三次方程。从这些方程可以看出,通常情况下,杆的屈曲是通过弯曲和扭转的组合发生的。在每种特定情况下,可以准确地计算出方程(5-72)~(5-74)中的系数,并求解三次方程以获得临界载荷的最小值。

如果推力 P 沿着剪切中心轴作用,这些方程将变得非常简单,即有

$$e_x = x_O, \ e_y = y_O$$

而方程(5-69)~(5-71)则变得彼此独立。在这种情况下,两个主平面的侧向屈曲和扭转屈曲可以独立发生。前两个方程给出临界屈曲载荷的常规欧拉公式,第三个方程给出对应于柱

体纯扭转屈曲的临界载荷。

另一种特殊情况是当杆具有一个对称平面时。假设 yz 平面是对称平面，推力 P 在该平面上作用。由 $e_x = x_O = 0$，方程(5-72)~(5-74)变为

$$
\left.
\begin{aligned}
\left(EI_y \frac{\pi^2}{l^2} - P\right)A_1 - P(y_O - e_y)A_3 &= 0 \\
\left(EI_x \frac{\pi^2}{l^2} - P\right)A_2 &= 0 \\
-P(y_O - e_y)A_1 + \left(C_1 \frac{\pi^2}{l^2} + C - Pe_y\beta_1 - P\frac{I_O}{A}\right)A_3 &= 0
\end{aligned}
\right\}
\tag{5-75}
$$

从方程组的第二个方程中，可以看出在对称平面内的屈曲是独立发生的，并且相应的临界载荷与欧拉载荷相同。xz 平面的侧向屈曲和扭转屈曲是耦合的，相应的临界载荷通过将方程组(5-75)的第一个和第三个方程的行列式设为零来获得。故有

$$
\begin{vmatrix}
EI_y \dfrac{\pi^2}{l^2} - P & -P(y_O - e_y) \\
-P(y_O - e_y) & C_1 \dfrac{\pi^2}{l^2} + C - Pe_y\beta_1 - P\dfrac{I_O}{A}
\end{vmatrix} = 0
$$

使用符号
$$
P_y = \frac{\pi^2 EI_y}{l^2}, \quad P_\phi = \frac{A}{I_O}\left(C + C_1\frac{\pi^2}{l^2}\right)
$$

将行列式展开，得到计算临界载荷的二次式：

$$
(P_y - P)\left[\frac{I_O}{A}P_\phi - P\left(e_y\beta_1 + \frac{I_O}{A}\right)\right] - P^2(y_O - e_y)^2 = 0
\tag{5-76}
$$

需要注意的是，当 P 非常小时，方程(5-76)的左侧是正的；当 $P = P_y$ 时，它是负的。因此，方程(5-76)存在一个比 P_y 小的根，即，比在 xz 平面内屈曲的欧拉载荷小。

如果压缩力 P 施加在剪切中心上，有 $e_y = y_O$，方程(5-76)变为

$$
(P_y - P)\left[\frac{I_O}{A}P_\phi - P\left(e_y\beta_1 + \frac{I_O}{A}\right)\right] = 0
$$

此方程的两个解是
$$
P = P_y, \quad P = \frac{P_\phi}{1 + e_y\beta_1(A/I_O)}
$$

第一个解对应于 xz 平面的弯曲屈曲，第二个解对应于纯扭转屈曲。

当 P 很小时，由于方程(5-76)的左侧是正的，并且随着 P 的增加而逐渐减小，可以得出结论，通过使最后一项等于零，即取 $e_y = y_O$，可以增加方程的最小根。因此，当推力施加在剪切中心时，临界载荷达到最大值。

如果载荷施加在质心上，使 $e_y = 0$，方程(5-76)变为

$$
\frac{I_O}{A}(P - P_y)(P - P_\phi) - P^2 y_O^2 = 0
$$

这与之前用于集中施加推力的方程(5-38)具有相同的形式。

如果杆的横截面具有两个对称轴，使得剪切中心和质心重合，则须将 $y_O = \beta_1 = 0$ 代入方

程(5-76),并得到

$$(P-P_y)(P-P_\phi)-P^2\frac{Ae_y^2}{I_O}=0$$

或
$$P^2\left(1-\frac{Ae_y^2}{I_O}\right)-P(P_y+P_\phi)+P_yP_\phi=0 \tag{5-77}$$

$P=0$ 时这个方程的左边为正,在 $P=P_y$ 或 $P=P_\phi$ 时为负。因此,有一个临界载荷比 P_y 或 P_ϕ 小。如果 $Ae_y^2/I_O<1$,当 P 取较大值时,左边为正,这表明第二个临界载荷大于 P_y 或 P_ϕ。如果偏心距 e_y 接近零,这两个临界载荷接近 P_y 和 P_ϕ 的值。如果 $Ae_y^2/I_O>1$,当 P 取较大正值或较大负值时,左边为负,表明方程有一个正根和一个负根。负根表示如果偏心距较大,杆件在偏心拉力作用下可能会发生屈曲。当 $Ae_y^2/I_O=1$ 时,方程(5-77)的一个根为

$$P=\frac{P_yP_\phi}{P_y+P_\phi}$$

并且另一个根变得无穷大。

前面的讨论针对两端简支的杆件施加偏心推力的情况。如果两端是刚性固定的,条件则变为

$$(u)_{z=0,\,z=l}=(v)_{z=0,\,z=l}=(\phi)_{z=0,\,z=l}=0$$

$$\left(\frac{\mathrm{d}u}{\mathrm{d}z}\right)_{z=0,\,z=l}=\left(\frac{\mathrm{d}v}{\mathrm{d}z}\right)_{z=0,\,z=l}=\left(\frac{\mathrm{d}\phi}{\mathrm{d}z}\right)_{z=0,\,z=l}=0$$

可以通过下列式子来满足这些条件:

$$u=A_1\left(1-\cos\frac{2\pi z}{l}\right)、v=A_2\left(1-\cos\frac{2\pi z}{l}\right)、\phi=A_3\left(1-\cos\frac{2\pi z}{l}\right)$$

将其代入方程(5-69)~(5-71)并使所得方程的行列式为零,得到一个用于计算临界载荷的方程。这个方程与简支端的方程类似,唯一的区别是将 $4\pi^2/l^2$ 代替 π^2/l^2。

2)纯弯曲

如果轴向力 P 为零(图5-20),就有了杆件在两端受到 M_1 和 M_2 同时作用下的纯弯曲情况。将 $P=0$ 代入方程(5-66)~(5-68),得到以下三个方程:

$$EI_y\frac{\mathrm{d}^4u}{\mathrm{d}z^4}-M_1\frac{\mathrm{d}^2\phi}{\mathrm{d}z^2}=0 \tag{5-78}$$

$$EI_x\frac{\mathrm{d}^4v}{\mathrm{d}z^4}+M_2\frac{\mathrm{d}^2\phi}{\mathrm{d}z^2}=0 \tag{5-79}$$

$$C_1\frac{\mathrm{d}^4\phi}{\mathrm{d}z^4}-(C-M_1\beta_1-M_2\beta_2)\frac{\mathrm{d}^2\phi}{\mathrm{d}z^2}-M_1\frac{\mathrm{d}^2u}{\mathrm{d}z^2}+M_2\frac{\mathrm{d}^2v}{\mathrm{d}z^2}=0 \tag{5-80}$$

通过采用适当的三角函数表达式来表示 u、v 和 ϕ,可以很容易地推导出用于计算力矩 M_1 和 M_2 临界值的方程。

特别有趣的是,当杆件在一个主平面上的挠曲刚度比在另一个主平面上的挠曲刚度大很多倍,并且被弯曲在刚度更大的平面上时,假设 yz 平面是刚度更大的平面,并且杆件是通过

力偶 M_1（图 5-22a、b）在这个平面上弯曲的，通过方程(5-78)、(5-80)，可以得到杆件发生侧向屈曲时的 M_1 临界值。把 $M_2=0$ 代入这些方程时，它们变为

$$EI_y \frac{\mathrm{d}^4 u}{\mathrm{d} z^4} - M_1 \frac{\mathrm{d}^2 \phi}{\mathrm{d} z^2} = 0 \tag{5-81}$$

$$C_1 \frac{\mathrm{d}^4 \phi}{\mathrm{d} z^4} - (C - M_1 \beta_1) \frac{\mathrm{d}^2 \phi}{\mathrm{d} z^2} - M_1 \frac{\mathrm{d}^2 u}{\mathrm{d} z^2} = 0 \tag{5-82}$$

如果杆件的两端是简支的，则 u 和 ϕ 的表达式可以再次采用下面的形式：

$$u = A_1 \sin \frac{\pi z}{l}, \quad \phi = A_3 \sin \frac{\pi z}{l}$$

将这些表达式代入方程(5-81)、(5-82)，并使所得方程的行列式为零，得到以下用于计算力矩 M_1 临界值的方程：

$$\frac{\pi^2 EI_y}{l^2} \left(C + C_1 \frac{\pi^2}{l^2} - M_1 \beta \right) - M_1^2 = 0 \tag{a}$$

再次使用符号

$$P_y = \frac{\pi^2 EI_y}{l^2}, \quad P_\phi = \frac{A}{I_O} \left(C + C_1 \frac{\pi^2}{l^2} \right)$$

可以将方程(a)表示为

$$M_1^2 + P_y \beta_1 M_1 - \frac{I_O}{A} P_y P_\phi = 0 \tag{5-83}$$

其中

$$(M_1)_{cr} = -\frac{P_y \beta_1}{2} \pm \sqrt{\left(\frac{P_y \beta_1}{2} \right)^2 + \frac{I_O}{A} P_y P_\phi} \tag{5-84}$$

在每个特定的情况下，从方程(5-84)中可以得到力矩 M_1 的两个临界值。

如果杆件的截面有两个对称轴，就像 I 型梁的情况一样（图 5-22c），β_1 为零，临界力矩为

$$(M_1)_{cr} = \pm \sqrt{\frac{I_O}{A} P_y P_\phi} = \pm \frac{\pi}{l} \sqrt{EI_y \left(C + C_1 \frac{\pi^2}{l^2} \right)} \tag{5-85}$$

方程(5-85)也适用于具有点对称性截面的杆件，例如图 5-22d 中的"Z"形截面，因为对于这种情况下也有 $\beta_1 = 0$。

对于一个薄矩形截面的杆件（图 5-22e），其厚度为 t，高度为 h，扭曲刚度 $C_1 = 0$，而扭转刚度近似为

$$C = GJ = \frac{Ght^3}{3}$$

因此，根据方程(5-85)，临界力矩为

$$(M_1)_{cr} = \pm \frac{\pi}{l} \frac{ht^3}{6} \sqrt{EG}$$

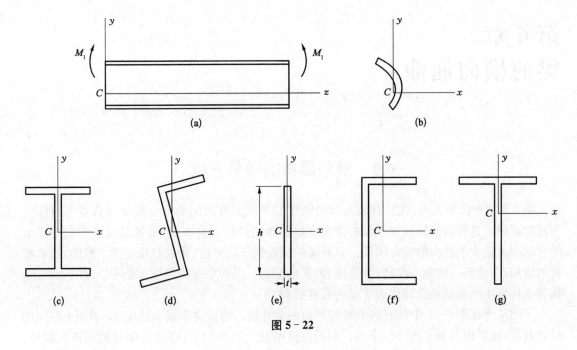

图 5-22

如果杆的截面具有一条对称轴,并且弯曲力矩作用在垂直于该轴的平面上(图5-22f),再次发现 $\beta_1=0$,并且可以使用式(5-85)。如果弯曲力矩作用在对称轴所在的平面上,如图5-22g所示,β_1 不为零,则必须使用式(5-84)计算 M_1 的临界值。

上面讨论纯弯曲时假设 EI_y 相比 EI_x 较小。如果 C 和 C_1 也很小,杆件将在较小的 M_1 值和较小的弯曲应力下发生屈曲。如果 EI_x 与 EI_y 具有相同的数量级,只有当 C 和 C_1 非常小时,才会在较小的应力下发生横向屈曲。如果截面为十字形(见图5-9),则可以满足这个条件,因为在这种情况下如果翼缘厚度较小,C_1 将为零,并且 C 非常小。

上述讨论中,考虑了杆件在端部施加力矩的弯曲。只有在这种情况下,法向应力[见式(5-64)]与 z 无关,因此得到一组常系数的微分方程[见式(5-66)~(5-68)]。如果杆件被横向载荷弯曲,弯曲应力会随着 z 的变化而变化,将得到一组变系数的方程。关于横向载荷在梁上临界值的计算,将在第6章中讨论。

第 6 章
梁的横向屈曲

6.1 横向屈曲的微分方程

第 5.7 节中已经表明,在具有最大弯曲刚度的平面上弯曲的梁在一定临界载荷下可能发生横向屈曲。这种横向屈曲对于没有横向支撑的梁的设计非常重要,前提是梁在弯曲平面上的弯曲刚度远大于横向的弯曲刚度。只要梁的载荷低于临界值,梁就是稳定的。然而,随着载荷的增加,会达到一种微小偏转(并扭曲)的平衡形态。梁的平面构型现在是不稳定的,而这个临界条件发生的最低载荷即代表了梁的临界载荷。

下面从考虑图 6-1 中具有两个对称平面的梁开始。假设这个梁受到在 yz 平面上作用的任意载荷,该平面是最大刚度的平面。假设在这些载荷的作用下,梁会发生轻微的横向偏转。然后,通过对偏转梁的平衡微分方程,可以得到载荷的临界值。在推导这些方程时,将使用图中所示的固定坐标轴 x、y、z。此外,坐标轴 ξ、η、ζ 被取在任意截面 mn 的截面重心处。坐标轴 ξ 和 η 是对称轴,因此是截面的主轴,而 ζ 是指示梁屈曲后偏转轴的切线方向。梁的偏转由位移 u 和 v 的分量定义,分别表示截面重心在 x 和 y 方向的位移,并由截面的旋转角 ϕ 定义。根据符号的右手规则,旋转角 ϕ 沿着 z 轴正方向为正,u 和 v 在相应轴的正方向上为正。因此,图 6-1 中点 C' 的位移 u 和 v 显示为负值。

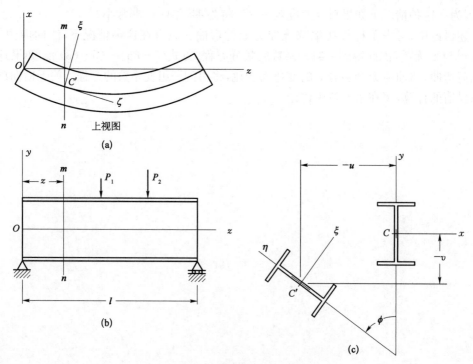

图 6-1

后续讨论中,需要将坐标轴 x、y、z 和 ξ、η、ζ 之间夹角用余弦表达。当 u、v、ϕ 非常小的时候,坐标轴正方向之间夹角的余弦值见表 6-1。

表 6-1　图 6-1 中坐标轴之间夹角的余弦

	x	y	z
ξ	1	ϕ	$-\dfrac{\mathrm{d}u}{\mathrm{d}z}$
η	$-\phi$	1	$-\dfrac{\mathrm{d}v}{\mathrm{d}z}$
ζ	$\dfrac{\mathrm{d}v}{\mathrm{d}z}$	$\dfrac{\mathrm{d}v}{\mathrm{d}z}$	1

对于小的挠曲,梁的偏转轴(图 6-1)在 xz 和 yz 平面上的曲率可以分别表示为 $\mathrm{d}^2u/\mathrm{d}z^2$ 和 $\mathrm{d}^2v/\mathrm{d}z^2$。对于小的扭转角 ϕ,可以假设 $\xi\zeta$ 平面和 $\eta\zeta$ 平面上的曲率具有相同的值。因此,梁弯曲的微分方程变为

$$EI_\xi \frac{\mathrm{d}^2 v}{\mathrm{d}z^2} = M_\xi \tag{6-1}$$

$$EI_\eta \frac{\mathrm{d}^2 u}{\mathrm{d}z^2} = M_\eta \tag{6-2}$$

在这些方程中,I_ξ 和 I_η 分别为截面关于 ξ 和 η 轴的主惯性矩;M_ξ 和 M_η 分别代表相同轴的弯曲力矩,其假设的正方向如图 6-2 所示。

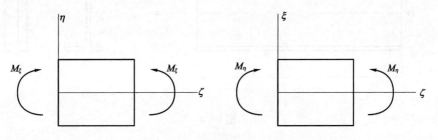

图 6-2

扭转的弯曲杆的方程[参见方程(5-15)]为

$$C \frac{\mathrm{d}\phi}{\mathrm{d}z} - C_1 \frac{\mathrm{d}^3 \phi}{\mathrm{d}z^3} = M_\zeta \tag{6-3}$$

式中,$C = GJ$,为扭转刚度;$C_1 = EC_w$ 为翘曲刚度[①]。扭转力矩 M_ζ 的正方向如图 6-3 所示,该图显示了这对扭转力矩在梁元素上的作用。

方程(6-3)适用于具有薄壁开口截面的梁,例如图 6-1 中的 I 型梁。三个微分方程(6-1)、(6-2)、(6-3)

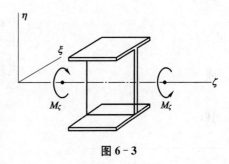

图 6-3

---

① J 和 C_w 的计算公式见附录表 A-3。

表示了弯曲梁的平衡方程,通过它们可以找到临界载荷的临界值。在以下几节中,将考虑各种特定的加载情况。

6.2　纯弯曲下的梁侧向屈曲[①]

如果一个 I 型梁在两端受到力矩 M_0 的作用(图6-4a、b),则任何截面处的弯曲和扭转力矩可以通过取 M_0 关于 ξ、η 和 ζ 轴的分量来计算。因此,使用表6-1中第一列给出的值,并考虑力矩的正方向(图6-2、图6-3),可得

$$M_\xi = M_0, \quad M_\eta = \phi M_0, \quad M_\zeta = -\frac{\mathrm{d}u}{\mathrm{d}z} M_0$$

将这些表达式分别代入等式(6-1)、(6-2)、(6-3),给出关于 u、v、ϕ 的方程:

$$EI_\xi \frac{\mathrm{d}^2 v}{\mathrm{d}z^2} - M_0 = 0 \tag{6-4}$$

$$EI_\eta \frac{\mathrm{d}^2 u}{\mathrm{d}z^2} - \phi M_0 = 0 \tag{6-5}$$

$$C \frac{\mathrm{d}\phi}{\mathrm{d}z} - C_1 \frac{\mathrm{d}^3 \phi}{\mathrm{d}z^3} + \frac{\mathrm{d}u}{\mathrm{d}z} M_0 = 0 \tag{6-6}$$

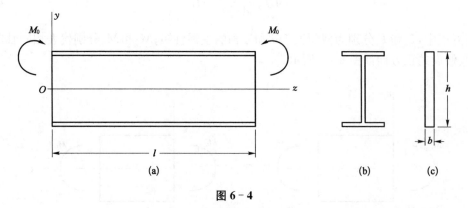

图 6-4

通过对 z 求导方程(6-6),并结合方程(6-5)来消除 $\mathrm{d}^2 u / \mathrm{d}z^2$,得到关于扭转角 ϕ 的公式为

$$C_1 \frac{\mathrm{d}^4 \phi}{\mathrm{d}z^4} - C \frac{\mathrm{d}^2 \phi}{\mathrm{d}z^2} - \frac{M_0^2}{EI_\eta} \phi = 0$$

或

$$\frac{\mathrm{d}^4 \phi}{\mathrm{d}z^4} - 2\alpha \frac{\mathrm{d}^2 \phi}{\mathrm{d}z^2} - \beta \phi = 0 \tag{6-7}$$

其中

$$\alpha = \frac{C}{2C_1}, \quad \beta = \frac{M_0^2}{EI_\eta C_1} \tag{6-8}$$

[①]　I 型梁的侧向屈曲的各种情况是由 Timoshenko 在 1905 年的彼得堡工学院讨论的。进一步的发展归功于 V. Z. Vlasov 的"*Thun-walled Elastic Bars*,"(1940 年,莫斯科)和 J. N. Goodier 的《康奈尔大学工程实验站公报》(1941 年 12 月和 1942 年 1 月)。

式(6-7)的通解为

$$\phi = A_1 \sin mz + A_2 \cos mz + A_3 \mathrm{e}^{nz} + A_4 \mathrm{e}^{-nz} \tag{a}$$

其中 m 和 n 是正值,定义为

$$m = \sqrt{-\alpha + \sqrt{\alpha^2 + \beta}} \ , \ n = \sqrt{\alpha + \sqrt{\alpha^2 + \beta}} \tag{b}$$

根据梁的端部条件确定积分常数 A_1、A_2、A_3 和 A_4。假设梁的端部不能绕 z 轴旋转(见图 6-1),但可以自由弯曲。发现端部的条件如下(见第 5.4 节):

$$(\phi)_{z=0, \ z=l} = \left(\frac{\mathrm{d}^2 \phi}{\mathrm{d}z^2}\right)_{z=0, \ z=l} \tag{c}$$

当 $z = 0$ 时,可以得出

$$A_2 = 0, \ A_3 = -A_4$$

因此扭转角 ϕ 可以表示以下:

$$\phi = A_1 \sin mz - 2A_4 \sinh nz$$

当 $z = l$ 时,得到

$$\left.\begin{array}{l} A_1 \sin ml - 2A_4 \sinh nl = 0 \\ A_1 m^2 \sin ml + 2A_4 n^2 \sinh nl = 0 \end{array}\right\} \tag{d}$$

将方程组(d)的行列式设置为零,即

$$(\sin ml)(n^2 \sinh nl + m^2 \sinh nl) = 0$$

由于 m 和 n 是正的非零数,得出

$$\sin ml = 0 \tag{e}$$

通过方程组(d)也得到 $A_4 = 0$。 因此,屈曲形式由以下方程给出:

$$\phi = A_1 \sin mz$$

并且梁弯曲成正弦波的形状。

满足式(e)的 m 的最小值为

$$m = \frac{\pi}{l}$$

或者,通过式(b)可得

$$-\alpha + \sqrt{\alpha^2 + \beta} = \frac{\pi^2}{l^2}$$

将式(6-8)代入上式,得到力矩 M_0 的临界值为[①]

$$(M_0)_{\mathrm{cr}} = \frac{\pi}{l} \sqrt{EI_\eta C \left(1 + \frac{C_1}{C} \frac{\pi^2}{l^2}\right)} \tag{6-9}$$

---

① 在第 5.7 节中得到了同样的结果[见式(5-85)]。

临界载荷的表达式可以表示如下：

$$(M_0)_{cr} = \gamma_1 \frac{\sqrt{EI_\eta C}}{l} \tag{6-10}$$

式中，γ_1 为一个无量纲因子，定义为

$$\gamma_1 = \pi \sqrt{1 + \frac{C_1}{C} \frac{\pi^2}{l^2}} \tag{6-11}$$

γ_1 的值见表 6-2。

表 6-2　纯弯曲情况下 I 型梁的系数 γ_1 的值 [式(6-11)]

$\dfrac{l^2 C}{C_1}$	0	0.1	1	2	4	6	8	10	12
γ_1	∞	31.4	10.36	7.66	5.85	5.11	4.70	4.43	4.24

$\dfrac{l^2 C}{C_1}$	16	20	24	28	32	36	40	100	∞
γ_1	4.00	3.83	3.73	3.66	3.59	3.55	3.51	3.29	π

通过对方程(e)进行高次根运算，可得比方程(6-9)给出的临界弯矩更大的值。这些临界弯矩对应于具有一个或多个拐点的屈曲形状，例如发生在当梁在中间点横向支撑时的情况。

方程(6-9)给出的临界弯矩的大小，不依赖于梁在垂直平面上的弯曲刚度 EI_ξ。这个结论是在假设垂直平面挠度很小的情况下得出的，当弯曲刚度 EI_ξ 远远大于刚度 EI_η 时，这个假设是合理的。如果刚度大小相当，垂直 yz 平面的弯曲效应可能是重要的，应该予以考虑[①]。一些考虑了这种效应的计算结果在第 6.3 节中给出，其针对的是窄矩形横截面的梁。

从式(6-10)中确定临界弯矩值后，由挠度公式求出临界应力为

$$\sigma_{cr} = \frac{(M_0)_{cr}}{Z_\xi} \tag{f}$$

式中，Z_ξ 为相对于 ξ 轴取的梁截面的截面模量。根据方程(f)计算得到的应力，仅在低于材料的比例极限时代表临界应力的真实值。

窄矩形梁

对于窄矩形截面[②]的梁(图 6-4c)，可以将扭转刚度 C_1 取零(见第 5.3 节)，并且不使用方程(6-7)，而是得到以下方程：

$$\frac{d^2 \phi}{dz^2} + \frac{M_0^2}{EI_\eta C} \phi = 0 \tag{6-12}$$

---

① 这个问题被 H. Reissner 在 *Sitzber. Berlin Math. Ges.* (1904 年，第 53 页)中进行了讨论。还可以参考 A. N. Dinnik 在 *Bull. Don. Polytech. Inst.* (Novotcherkassk，第 2 卷，1913 年)和 K. Federhofer 在 *Sitzber. Akad. Wiss. Wien*（第 140 卷，Abt. IIa，第 237 页，1931 年)中的研究。

② 这个问题被 L. Prandtl 在他的论文 *Kipperscheinungen*（慕尼黑，1899 年)中讨论过，还可参见 A. G. M. Michell 在 *Phil. Mag.*（第 48 卷，1899 年)中的研究。

由方程(6-12)可以很容易地求解出 ϕ，由于角度 ϕ 在梁的端部必须为零，因此得到以下用于确定临界载荷的超越方程：

$$\sin l \sqrt{\frac{M_0^2}{EI_\eta C}} = 0$$

这个方程的最小根给出了最低的临界负载：

$$(M_0)_{cr} = \frac{\pi}{l}\sqrt{EI_\eta C} \qquad (6-13)$$

在方程(6-13)中，对于一个薄矩形，扭转刚度 C 通常可以通过下式来获得足够准确的值：

$$C = GJ = \frac{1}{3}hb^3 G \qquad (g)$$

6.3　悬臂梁的侧向屈曲

1) I 型梁

下面从考虑一个悬臂梁开始，该梁受到施加在端部截面质心处力 P 的作用(图6-5)。随着载荷 P 逐渐增加，最终达到在 yz 平面中挠曲形状不稳定且发生侧向屈曲的临界条件，如图所示。为了确定临界载荷，再次使用三个平衡方程，即方程(6-1)~(6-3)。考虑悬臂梁右侧截面 mn 之后部分的平衡(图6-5b)，得到对于通过截面 mn 质心且平行于坐标轴 x、y、z 轴的垂直载荷 P 的力矩为

$$M_x = -P(l-z), \ M_y = 0, \ M_z = P(-u_1 + u) \qquad (a)$$

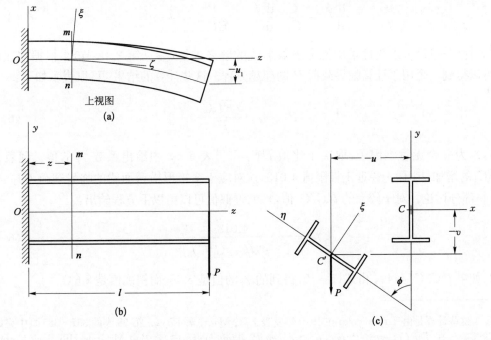

图 6-5

式中，u_1 代表梁自由端的挠度，假设沿 x 轴正向为正。通过使用表 6-1 中轴线之间角度的余弦值，将力矩(a)分解为 ξ、η 和 ζ 轴的分量，并忽略比一阶小的高阶小量，得到

$$M_\xi = -P(l-z), \quad M_\eta = -P\phi(l-z)$$

$$M_\zeta = P(l-z)\frac{\mathrm{d}u}{\mathrm{d}z} - P(u_1 - u)$$

把这些力矩代入方程(6-1)~(6-3)，得到以下三个微分方程：

$$EI_\xi \frac{\mathrm{d}^2 v}{\mathrm{d}z^2} + P(l-z) = 0 \tag{6-14}$$

$$EI_\eta \frac{\mathrm{d}^2 u}{\mathrm{d}z^2} + P\phi(l-z) = 0 \tag{6-15}$$

$$C_1 \frac{\mathrm{d}^3 \phi}{\mathrm{d}z^3} - C\frac{\mathrm{d}\phi}{\mathrm{d}z} + P(l-z)\frac{\mathrm{d}u}{\mathrm{d}z} - P(u_1 - u) = 0 \tag{6-16}$$

对方程(6-16)关于 z 求导，并结合方程(6-15)消除 $\mathrm{d}^2 u/\mathrm{d}z^2$，可得关于扭曲角度 ϕ 的方程为

$$C_1 \frac{\mathrm{d}^4 \phi}{\mathrm{d}z^4} - C\frac{\mathrm{d}^2 \phi}{\mathrm{d}z^2} - \frac{P^2}{EI_\eta}(l-z)^2 \phi = 0 \tag{b}$$

引入一个新变量　　　　　　　　　　　$s = l - z$

方程(b)可改写为

$$\frac{\mathrm{d}^4 \phi}{\mathrm{d}s^4} - \frac{C}{C_1}\frac{\mathrm{d}^2 \phi}{\mathrm{d}s^2} - \frac{P^2}{EI_\eta C_1}s^2 \phi = 0 \tag{6-17}$$

方程(6-17)可以通过采用无穷级数形式的解来求解(参见第 2.12 节)。根据端点的条件，可以得到一个用于计算临界载荷 P 的超越方程。这些计算的结果[①]可以表示如下：

$$P_{cr} = \gamma_2 \frac{\sqrt{EI_\eta C}}{l^2} \tag{6-18}$$

式中，γ_2 为一个无量纲因子，取决于比值 $l^2 C/C_1$。表 6-3 中给出系数 γ_2 的值。随着比值 $l^2 C/C_1$ 的增加，因子 γ_2 趋近于极限值 4.013，这对应于窄矩形横截面梁的临界载荷($C_1 = 0$)，见下一部分讨论。对于较大的 $l^2 C/C_1$ 值，γ_2 的近似值可以由以下方程给出：

$$\gamma_2 = \frac{4.013}{[1 - \sqrt{C_1/(l^2 C)}]^2} \tag{6-19}$$

例如，如果 $l^2 C/C_1 = 40$，由式(6-19)得到的 γ_2 的值是 5.66，而精确值是 5.64。

---

① 这些计算是由 Timoshenko 在 1910 年发表于 *Z. Math. u. Physik* 第 58 卷的 337-385 页中完成的。这篇论文收录在 *The Collected Papers of Stephen P. Timoshenko* 中，该书由 McGraw-Hill Book Company，Inc. 于 1954 年在纽约出版。

表 6-3　I 型截面悬臂梁的系数 γ_2 的值[式(6-18)]

$\dfrac{l^2C}{C_1}$	0.1	1	2	3	4	6	8
γ_2	44.3	15.7	12.2	10.7	9.76	8.69	8.03

$\dfrac{l^2C}{C_1}$	10	12	14	16	24	32	40
γ_2	7.58	7.02	6.96	6.73	6.19	5.87	5.64

由式(6-18)确定临界载荷值后,由下式可得到相应的临界应力值:

$$\sigma_{cr} = \frac{P_{cr}l}{Z_\xi} \tag{c}$$

为了使方程(6-18)成立,这种应力必须低于材料的比例极限。

2) 窄矩形梁

如果图 6-5 中梁的横截面由宽度为 b、高度为 h 的窄矩形组成,则得到以下方程来计算扭曲角度 ϕ,而不是方程(b):

$$C\frac{\mathrm{d}^2\phi}{\mathrm{d}z^2} + \frac{P^2}{EI_\eta}(l-z)^2\phi = 0 \tag{d}$$

再次引入新变量 $s = l - z$,并使用符号

$$\beta_1 = \sqrt{\frac{P^2}{EI_\eta C}} \tag{6-20}$$

式(d)变成

$$\frac{\mathrm{d}^2\phi}{\mathrm{d}s^2} + \beta_1^2 s^2 \phi = 0 \tag{6-21}$$

式(6-21)的通解为

$$\phi = \sqrt{s}\left[A_1 J_{\frac{1}{4}}\left(\frac{\beta_1}{2}s^2\right) + A_2 J_{-\frac{1}{4}}\left(\frac{\beta_1}{2}s^2\right)\right] \tag{6-22}$$

式中,$J_{\frac{1}{4}}$ 和 $J_{-\frac{1}{4}}$ 分别代表贝塞尔函数的第一类 $\frac{1}{4}$ 阶和 $-\frac{1}{4}$ 阶。

通解(6-22)中的常数 A_1 和 A_2 是通过端点条件得到的。在内置端点处,扭转角为零,因此第一个条件为

$$(\phi)_{s=l} = 0 \tag{e}$$

在自由端,转矩 M_ζ 为零,因此第二个条件[见式(6-3)]为

$$\left(\frac{\mathrm{d}\phi}{\mathrm{d}s}\right)_{s=0} = 0 \tag{f}$$

利用条件(f)和通解(6-22)得到 $A_1 = 0$,然后由条件(e)可得

$$J_{-\frac{1}{4}}\left(\frac{\beta_1}{2}l^2\right)=0 \tag{g}$$

这个方程的最小根[1]为

$$\frac{\beta_1}{2}l^2=2.006\,3$$

由此得[2]

$$P_{cr}=\frac{4.013}{l^2}\sqrt{EI_\eta C} \tag{6-23}$$

图 6-5 中显示的屈曲对应于该载荷值。通过取方程(g)的较大根,可以得到具有一个或多个拐点的挠曲曲线。除非梁的某些中间点有横向支撑,否则这些更高形式的不稳定平衡对实际意义没有影响。

式(6-23)仅在弹性区间内给出临界载荷的正确值。超过弹性极限时,屈曲发生在比该公式给出的载荷更小的情况下。为了确定可以使用式(6-23)的悬臂梁的比例,下面计算悬臂梁中的最大弯曲应力。观察到最大弯矩为 $P_{cr}l$、截面模量为 $2I_\xi/h$,可得

$$\sigma_{cr}=\frac{P_{cr}lh}{2I_\xi}=2.006\,\frac{h}{lI_\xi}\sqrt{EI_\eta C}$$

或代入 $I_\eta=hb^3/12$、$I_\xi=bh^3/12$,使用第 6.2 节的表达式(g),泊松比取 0.3,可得

$$\sigma_{cr}=2.487\,\frac{b^2}{hl}E \tag{h}$$

从这个结果可以看出,对于像钢这样的材料,弹性区域内的屈曲只有在 $b^2/(hl)$ 非常小的情况下才会发生。

通常只有在 b/h 很小的非常窄的矩形截面的情况下,才需要考虑侧向屈曲。理论上[参见方程(h)],当 b/h 不是非常小但长度 l 非常大时,也可能发生屈曲。在这种情况下,在侧向屈曲发生之前,将在腹板平面上产生较大的挠曲,因此在平衡微分方程的推导中应考虑这种挠曲。更详细的研究[3]显示,在这种情况下,由式(6-23)得到的不再是常数因子 4.013,而是一个与 b/h 比值有关的变量因子。当取 b/h 取 $\frac{1}{10}$、$\frac{1}{5}$ 和 $\frac{1}{3}$ 时,得到该因子的值分别为 4.085、4.324 和 5.030。

在前面的讨论中,假设载荷 P 施加在截面的质心上,并研究了载荷施加点位于质心上方或下方对临界载荷的影响[4]。如果用 a 表示载荷施加点相对质心的垂直距离(图 6-5),计算临界载荷的近似公式可以写作

$$P_{cr}=\frac{4.013\sqrt{EI_\eta C}}{l^2}\left(1-\frac{a}{q}\sqrt{\frac{EI_\eta}{C}}\right) \tag{6-24}$$

可以看出,将载荷施加在截面质心上方会降低临界载荷的值。式(6-24)也适用于将载荷施加

---

① 例如,可以参考贝塞尔函数的零点表,Jahnke 和 Emde 的 *Tables of Functions*,第 4 版,第 167 页,Dover 出版社,1945 年,纽约。

② 这个结果是由 Prandtl 在文献中得出的。

③ 请参阅 Dinnik 和 Federhofer 的文献。

④ 请参阅 Timoshenko 的文献,*Polytech. Inst*,*Kier*(1910 年),以及 A. Koroboff 的文献(id,1911 年)。

在质心下方的情况，此时只需改变位移 a 的符号。

如果在悬臂梁上施加分布载荷，当载荷接近某个临界值时，可能会出现侧向屈曲现象。假设均匀强度为 q 的分布载荷沿悬臂的中心线分布，根据屈曲悬臂的平衡方程[①]，可以得到该载荷的临界值，如下所示：

$$(ql)_{cr} = \frac{12.85\sqrt{EI_\eta C}}{l^2} \tag{6-25}$$

将这个结果与式(6-23)进行比较，可以得出结论：总均匀分布载荷的临界值大约是施加在端点的集中载荷临界值的 3 倍。

如果分布载荷的强度由以下方程给出：

$$q = q_0\left(1 - \frac{z}{l}\right)^n \tag{i}$$

总载荷的临界值可以用类似于式(6-25)的公式表示[②]。只需用另一个因子替换数值 12.85，该因子的值取决于方程(i)中的指数 n。当 $n = \frac{1}{4}$、$\frac{1}{2}$、$\frac{3}{4}$ 和 1 时，这些因子分别为 15.82、19.08、22.64 和 26.51。

窄矩形截面的悬臂屈曲问题也已经解决，其中截面深度按照以下规律变化[③]：

$$h = h_0\left(1 - \frac{z}{l}\right)^n \tag{j}$$

在所有情况下，总载荷的临界值都可以用下式表示：

$$Q_{cr} = \frac{\gamma_3\sqrt{EI_\eta C}}{l^2} \tag{k}$$

式中，因子 γ_3 的数值取决于载荷类型和方程(j)中的 n 值；EI_η 和 C 分别为悬臂固定端的弯曲和扭转刚度。表 6-4 中给出了几个 γ_3 的值。

表 6-4　在式(k)中因子 γ_3 的值

n	0	$\frac{1}{4}$	$\frac{1}{2}$	$\frac{3}{4}$	1
均布载荷	12.85	12.05	11.24	10.43	9.62
自由端集中载荷	4.013	3.614	3.214	2.811	2.405

从表 6-4 中可以看出，在悬臂的情况下，对于截面恒定的悬臂，如果截面深度在自由端均匀减小到零[方程(j)中的 $n=1$]，则集中载荷的临界值约为负荷计算值的 60%，均匀分布载荷的临界值约为负荷计算值的 75%[方程(j)中的 $n=0$]。

---

① 这个结果是由 Prandtl 在文献中得出的。
② 这类情况已经被 Dinnik 和 Federhofer 等人调查过。
③ 参见 K. Federhofer，《国际应用力学大会报告》，斯德哥尔摩，1930 年。

6.4　简支 I 型梁的横向屈曲

1) 中央集中载荷

如果一个简支梁在 yz 平面上由于施加在中央截面重心的载荷 P 而弯曲(图 6-6),当载荷达到一定的临界值时,横向屈曲可能会发生。在变形过程中,假设梁的两端可以自由地绕平行于 x 轴和 y 轴的惯性主轴旋转,而绕 z 轴的旋转被某种约束所阻止(图 6-6)。因此,横向屈曲伴随着梁的扭转。在计算临界载荷值时,假设已经发生了轻微的横向屈曲,然后通过平衡微分方程和端部条件确定使梁保持在这种轻微屈曲形态所需的最小载荷大小。

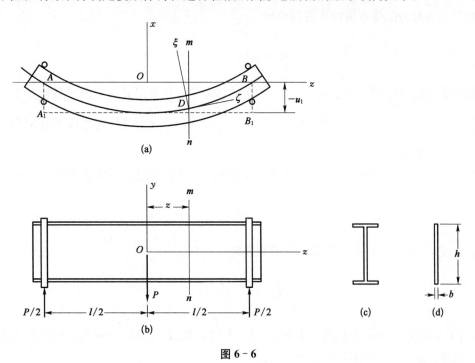

图 6-6

考虑梁截面 mn 右侧的部分,可以看到作用在该部分上的外力可以简化为在点 B_1 处作用的单个垂直力 $P/2$。该力相对于通过截面 mn 的重心,与 x 轴、y 轴和 z 轴平行的坐标轴的力矩分别为

$$M_x = \frac{P}{2}\left(\frac{l}{2} - z\right), \ M_y = 0, \ M_z = -\frac{P}{2}(-u_1 + u) \tag{a}$$

在 M_z 的表达式中,u_1 代表中央截面重心的横向挠度,u 代表任意截面 mn 的挠度,这两个量都取正值为沿着 x 轴的正方向。使用与第 6.3 节中相同的 ξ、η 和 ζ 坐标系,并通过使用余弦表(见第 6.1 节表 6-1)将力矩(a)投影到这些轴上,可以得到

$$M_\xi = \frac{P}{2}\left(\frac{l}{2} - z\right), \ M_\eta = \frac{P}{2}\left(\frac{l}{2} - z\right)\phi, \ M_\zeta = -\frac{P}{2}\left(\frac{l}{2} - z\right)\frac{\mathrm{d}u}{\mathrm{d}z} + \frac{P}{2}(u_1 - u) \tag{b}$$

将式(b)代入方程(6-1)~(6-3),可得屈曲梁的平衡微分方程(图 6-6)为

$$EI_\xi \frac{\mathrm{d}^2 v}{\mathrm{d}z^2} - \frac{P}{2}\left(\frac{l}{2} - z\right) = 0 \tag{6-26}$$

$$EI_\eta \frac{\mathrm{d}^2 u}{\mathrm{d}z^2} - \frac{P}{2}\left(\frac{l}{2} - z\right)\phi = 0 \qquad (6-27)$$

$$C\frac{\mathrm{d}\phi}{\mathrm{d}z} - C_1\frac{\mathrm{d}^3\phi}{\mathrm{d}z^3} + \frac{P}{2}\left(\frac{l}{2} - z\right)\frac{\mathrm{d}u}{\mathrm{d}z} - \frac{P}{2}(u_1 - u) = 0 \qquad (6-28)$$

把 u 从方程(6-27)、(6-28)消去,得到

$$C_1\frac{\mathrm{d}^4\phi}{\mathrm{d}z^4} - C\frac{\mathrm{d}^2\phi}{\mathrm{d}z^2} - \frac{P^2}{4EI_\eta}\left(\frac{l}{2} - z\right)^2\phi = 0 \qquad (6-29)$$

用无穷级数的方法对这个方程进行积分,并利用梁端部的条件,可以证明[1]临界载荷的值可以再次表示为式(6-18)的形式。表 6-5 给出了几个 γ_2 因子的值。

表 6-5　中间集中载荷的简支 I 型梁的系数 γ_2 的值[式(6-18)]

载荷施加于	$\dfrac{l^2 C}{C_1}$						
	0.4	4	8	16	24	32	48
上翼缘	51.5	20.1	16.9	15.4	15.0	14.9	14.8
质心轴线	86.4	31.9	25.6	21.8	20.3	19.6	18.8
下翼缘	147	50.0	38.2	30.3	27.2	25.4	23.5

载荷施加于	$\dfrac{l^2 C}{C_1}$						
	64	80	96	160	240	320	400
上翼缘	15.0	15.0	15.1	15.3	15.5	15.6	15.8
质心轴线	18.3	18.1	17.9	17.5	17.4	17.2	17.2
下翼缘	22.4	21.7	21.1	20.0	19.3	19.0	18.7

　　在多数情况下,梁的横向屈曲的临界载荷可以通过应变能方法来确定,而不是通过积分微分方程[2]。将这种方法应用于图 6-6 中的梁。当横向弯曲时,应变能增加,因为在横向方向的弯曲和绕纵向轴线的扭转被加到在腹板平面内的弯曲中。同时,载荷 P 的作用点下降,载荷产生一定量的功。临界载荷的值由这个功等于横向弯曲和扭转的应变能的条件确定[参见式(2-31)]。在应用能量法时,可以忽略在屈曲过程中梁在平面内弯曲应变能的微小变化。这相当于先前的假设,即在推导平衡微分方程时,平面内的曲率是无限小且可以忽略不计的。如果梁在平面内的刚度无限大,则基于这个假设得到的结果是精确的。对于在平面内的刚度与横向方向的刚度相比非常大的梁,这种假设将给出在实际中足够准确的结果。

　　在计算弯曲和扭转的应变能时,使用了应变能的一般表达式

$$U = \frac{EI_\eta}{2}\int_0^l \left(\frac{\mathrm{d}^2 u}{\mathrm{d}z^2}\right)^2 \mathrm{d}z + \frac{C}{2}\int_0^l \left(\frac{\mathrm{d}\phi}{\mathrm{d}z}\right)^2 \mathrm{d}z + \frac{C_1}{2}\int_0^l \left(\frac{\mathrm{d}^2\phi}{\mathrm{d}z^2}\right)^2 \mathrm{d}z \qquad (6-30)$$

---

[1]　参见 Timoshenko, *Z. Math. u. Physik*, vol.58, p.337-385, 1910。

[2]　这种方法的几个示例可以在 Timoshenko, Bull. Polytech., Inst., Kien, 1910(俄文)和后来的 Sur la stabilite des systemes elastiques, Ann. Ponts et chaussees, Paris, 1913 中找到。

等号右边三项分别表示由横向弯曲、扭转和翘曲引起的梁的应变能[1]。考虑到梁的弯曲形式的对称性(图 6-6),可以发现由于横向弯曲而引起的应变能增加为

$$\Delta U = EI_\eta \int_0^{l/2} \left(\frac{\mathrm{d}^2 u}{\mathrm{d}z^2}\right)^2 \mathrm{d}z + C\int_0^{l/2} \left(\frac{\mathrm{d}\phi}{\mathrm{d}z}\right)^2 \mathrm{d}z + C_1\int_0^{l/2} \left(\frac{\mathrm{d}^2\phi}{\mathrm{d}z^2}\right)^2 \mathrm{d}z \qquad (6-31)$$

为了确定横向弯曲时负荷 P 的降低,下面考虑梁纵轴上点 D 处的一个 $\mathrm{d}z$ 元素(图 6-6a)。由于该元素在平面 $\xi\zeta$ 内的弯曲,并且假设截面 mn 是固定的,梁的端点 B 描述了一个无限小的弧线

$$\frac{\mathrm{d}^2 u}{\mathrm{d}z^2}\left(\frac{l}{2}-z\right)\mathrm{d}z$$

在平面 $\xi\zeta$ 上,它的竖直分量为

$$\phi\,\frac{\mathrm{d}^2 u}{\mathrm{d}z^2}\left(\frac{l}{2}-z\right)\mathrm{d}z \qquad (c)$$

梁的横向弯曲导致负荷 P 的作用点下降,可以通过对 $z=0 \sim z=l/2$ 之间所有梁元素的垂直分量(c)进行求和,来获得负荷 P 在横向弯曲过程中所做的功为

$$\Delta T = P\int_0^{l/2} \phi\,\frac{\mathrm{d}^2 u}{\mathrm{d}z^2}\left(\frac{l}{2}-z\right)\mathrm{d}z \qquad (6-32)$$

确定载荷临界值的公式[见式(2-31)]变为

$$P\int_0^{l/2} \phi\,\frac{\mathrm{d}^2 u}{\mathrm{d}z^2}\left(\frac{l}{2}-z\right)\mathrm{d}z = EI_\eta \int_0^{l/2}\left(\frac{\mathrm{d}^2 u}{\mathrm{d}z^2}\right)^2\mathrm{d}z + C\int_0^{l/2}\left(\frac{\mathrm{d}\phi}{\mathrm{d}z}\right)^2\mathrm{d}z + C_1\int_0^{l/2}\left(\frac{\mathrm{d}^2\phi}{\mathrm{d}z^2}\right)^2\mathrm{d}z$$

或将式(6-27)中的 $\mathrm{d}^2 u/\mathrm{d}z^2$ 代入式(6-32),可得

$$\frac{P^2}{4EI_\eta}\int_0^{l/2}\phi^2\left(\frac{l}{2}-z\right)^2\mathrm{d}z = C\int_0^{l/2}\left(\frac{\mathrm{d}\phi}{\mathrm{d}z}\right)^2\mathrm{d}z + C_1\int_0^{l/2}\left(\frac{\mathrm{d}^2\phi}{\mathrm{d}z^2}\right)^2\mathrm{d}z \qquad (6-33)$$

为了确定负荷的临界值,需要假设一个适当的 ϕ 表达式,满足梁的端点条件,并将其代入式(6-33)中。将这个表达式带有一个或多个参数,并调整这些参数,使得式(6-33)中得到的 P 达到最小值,从而可以非常准确地计算出 P_{cr}。

如果约束条件如图 6-6 所示,可以将扭转角 ϕ 表示为一个三角级数:

$$\phi = a_1\cos\frac{\pi z}{l} + a_2\cos\frac{3\pi z}{l} + \cdots \qquad (d)$$

在级数(d)中,每个项及其二阶导数在梁的端点处都为零,符合约束条件的要求。通过取级数的一个、两个或更多个项,计算出相应的 P_{cr} 值[根据式(6-33)],并将其与通过积分公式(6-26)~(6-28)得到的结果进行比较,从而研究能量法的准确性。通过这种方法可以证明,当只取级数(d)的第一项时,从式(6-33)得到的临界负荷误差仅为 1% 的一半。当取级数(d)的两个项时,临界负荷的误差小于 1% 的 1/10。因此,能量法极大地简化了临界负荷的计算,

———————————

① 在式(6-30)中,最后一项可以通过将式(5-10)中的 σ_z 代入应变能表达式 $U = \int \frac{\sigma_z^2}{2E}\mathrm{d}V$ 中,并对梁的体积 V 进行积分来得到。

并且给出的结果对于实际应用而言足够准确。正如第 2.9 节中所解释的,用能量法得到的临界负荷的近似值总是大于精确值[①]。

前述推导中,假设负荷 P 施加在梁的中间横截面的质心上。显然,当施加点提高时,临界负荷值减小;当施加点降低时,临界负荷值增加。这个影响的大小可由能量法来得到;只需考虑由于中间横截面的旋转而引起的负荷 P 的额外降低或提高。如果 ϕ_0 为这个旋转角度,a 为负荷施加点到横截面质心的垂直距离,当在质心上方时为正,那么负荷的额外降低为

$$a(1-\cos\phi_0) \approx \frac{a\phi_0^2}{2}$$

然后,代替式(6-33),得到

$$\frac{Pa\phi_0^2}{2} + \frac{P^2}{4EI_\eta}\int_0^{l/2}\phi^2\left(\frac{l}{2}-z\right)^2\mathrm{d}z = C\int_0^{l/2}\left(\frac{\mathrm{d}\phi}{\mathrm{d}z}\right)^2\mathrm{d}z + C_1\int_0^{l/2}\left(\frac{\mathrm{d}^2\phi}{\mathrm{d}z^2}\right)^2\mathrm{d}z \quad (6-34)$$

方程(6-34)可以通过采用级数(d)中的 ϕ 来解得 P 的临界值。计算结果在表 6-5 中给出,分为两种情况:① 负载施加在梁的上翼缘;② 负载施加在下翼缘。可以看到,当 l^2C/C_1 很小时,提高或降低负载施加点对临界载荷的影响最大。

2) 均布载荷

上述描述中间集中载荷的方法也适用于梁(图 6-6)承载均匀分布载荷的情况。这种载荷的临界值可以表示如下:

$$(ql)_{cr} = \gamma_4\frac{\sqrt{EI_\eta C}}{l^2} \quad (6-35)$$

式中,γ_4 的数值取决于 l^2C/C_1 的比值和负载的位置。表 6-6 中列出了当负载分别施加在上翼缘、质心轴线和下翼缘上时,因子 γ_4 的数值。

表 6-6　均布载荷的简支 I 型梁的系数 γ_2 的值[式(6-35)]

载荷施加于	$\dfrac{l^2C}{C_1}$						
	0.4	4	8	16	24	32	48
上翼缘	92.9	36.3	30.4	27.5	26.6	26.1	25.9
质心轴线	143	53.0	42.6	36.3	33.8	32.6	31.5
下翼缘	223	77.4	59.6	48.0	43.6	40.5	37.8

载荷施加于	$\dfrac{l^2C}{C_1}$						
	64	80	128	200	280	360	400
上翼缘	25.9	25.8	26.0	26.4	26.5	26.6	26.7
质心轴线	30.5	30.1	29.4	29.0	28.8	28.6	28.6
下翼缘	36.4	35.1	33.3	32.1	31.3	31.0	30.7

[①]　在研究梁的侧向屈曲时,也可以采用类似于柱体章节中讨论的逐步逼近法(参见第 2.15 节)。请参考 F. Stüssi 在 1935 年发表的文章 *Schweiz. Bauztg* 第 105 卷,第 123 页以及 *Publ. Intern. Assoc. Bridge Structural Eng.* 第 3 卷,第 401 页。

6.5 窄矩形截面的简支梁的侧向屈曲

如果一个窄矩形截面的梁被负载 P 施加在中间截面重心处而弯曲(图 6‐6d),就可以使用上一节中的式(6‐26)~(6‐29)来研究侧向屈曲,且只需省略方程中包含扭转刚度 C_1 的项。因此,扭转角的方程变为

$$C\frac{\mathrm{d}^2\phi}{\mathrm{d}z^2}+\frac{P^2}{4EI_\eta}\left(\frac{l}{2}-z\right)^2\phi=0 \tag{a}$$

引入新变量 $t=l/2-z$ 并使用符号

$$\beta_2=\sqrt{\frac{P^2}{4EI_\eta C}} \tag{b}$$

式(a)变成

$$\frac{\mathrm{d}^2\phi}{\mathrm{d}t^2}+\beta_2^2 t^2\phi=0 \tag{c}$$

通解

$$\phi=\sqrt{t}\left[A_1 J_{\frac{1}{4}}\left(\frac{\beta_2}{2}t^2\right)+A_2 J_{-\frac{1}{4}}\left(\frac{\beta_2}{2}t^2\right)\right] \tag{d}$$

式中,$J_{\frac{1}{4}}$ 和 $J_{-\frac{1}{4}}$ 分别代表贝塞尔函数的第一类 $\frac{1}{4}$ 阶和 $-\frac{1}{4}$ 阶。对于端部简支的梁,条件为

$$(\phi)_{t=0}=0,\ \left(\frac{\mathrm{d}\phi}{\mathrm{d}t}\right)_{t=\frac{l}{2}}=0$$

由第一个条件可得 $A_2=0$,又由

$$\frac{\mathrm{d}\phi}{\mathrm{d}t}=A_1\beta_2 t^{\frac{3}{2}}J_{-\frac{3}{4}}\left(\frac{\beta_2}{2}t^2\right)$$

由第二个条件可得

$$J_{-\frac{3}{4}}\left(\frac{\beta_2 l^2}{8}\right)=0$$

从 $-\frac{3}{4}$ 阶贝塞尔函数的零点表[①]中,可知

$$\frac{\beta_2 l^2}{8}=1.058\,5$$

或[见式(b)]

$$P_{cr}=\frac{16.94\sqrt{EI_\eta C}}{l^2} \tag{6‐36}$$

通过使用能量法,也可以找到负载的临界值,就像前一节中描述的那样。已经证明[②],如果将级数(d)(第 6.4 节)的一个项作为第一次近似值,误差约为 1.5%;如果取两个项,误差小

---

① 这样的表格可以在 1948 年纽约哥伦比亚大学出版社的 *Tables of Bessel Functions of Fractional Order*,第 1 卷的第 384 页找到。

② 参见 Timoshenko 的相关文献。

于 0.1%。

如果负载 P 施加在梁中间截面的重心上方距离 a 的位置，则可以使用等于零的 C_1 的方程(6-34)。如果距离 a 很小，方程(6-34)左边的第一项与其他项相比较小，将式(6-36)的 P 值代入该项足够精确。然后，使用级数(d)的一个项(第 6.4 节)，可得以下近似公式：

$$P_{cr} = \frac{16.94\sqrt{EI_\eta C}}{l^2}\left(1 - \frac{1.74a}{l}\sqrt{\frac{EI_\eta}{C}}\right) \tag{6-37}$$

当载荷 P 被施加在距离一个支座的距离 c 处，而不是在跨度的中间，可用下式表示临界载荷：

$$P_{cr} = \gamma_5 \frac{\sqrt{EI_\eta C}}{l^2} \tag{6-38}$$

式中，数值因子 γ_5 取决于 c/l 的比值。表 6-7 中给出 γ_5 的数值[①]。可以看到，当负载施加点在跨度的一侧时，临界载荷的值会增加。然而，只要负载仍然位于跨度的中间 $1/3$ 内，这种影响并不大。

表 6-7　式(6-38)中系数 γ_5 的值

$\frac{c}{l}$	0.05	0.10	0.15	0.20	0.25	0.30	0.35	0.40	0.45	0.50
γ_5	112	56.0	37.9	29.1	24.1	21.0	19.0	17.8	17.2	16.94

当简支梁承受沿质心轴均匀分布的载荷时，总载荷的临界值由下式[②]给出：

$$(ql)_{cr} = \frac{28.3\sqrt{EI_\eta C}}{l^2} \tag{6-39}$$

6.6　其他横向屈曲情况

1) 具有中间横向支撑的梁

为了增加梁在横向方向上的抗屈曲稳定性，使用了各种类型的横向约束。这些约束对临界应力大小的影响，可以通过使用前文讨论的相同方法来进行研究。下面考虑这样一种情况，即由于额外的约束，梁的中间截面无法相对于梁的中心线旋转。如图 6-7a 所示，当两个平行梁在中点联结起来，就可以实现这种条件。由于这种加强支撑，横向屈曲的梁的挠曲曲线必须具有一个拐点，如图 6-7b 梁的上视图所示。假设梁在 yz 平面内发生纯弯曲，并且具有狭长的矩形截面，弯矩的临界值可以从式(6-12)中获得。为了考虑横向约束，在讨论得到的超越方程时，需要将根设为 2π，而不是之前在中间没有横向约束时取最小根 π。通过这种方式，得到

$$(M_0)_{cr} = \frac{2\pi\sqrt{EI_\eta C}}{l} \tag{a}$$

---

① 参见 Koroboff 的相关文献，还有 A. N. Dinnik 的文章 *Bull. Don. Polytech. Inst，Novo-tcherkassk* 第 2 卷，1913 年。

② 这个解法归功于 Prandtl，参见相关文献。

因此,由于横向约束,在这种情况下,弯矩的临界值加倍。类似地,对于 I 型截面和其他类型的载荷,可以类似方式处理具有中间约束梁的横向屈曲问题。

如果在图 6-7 所示 I 型梁中间截面的质心处施加一个载荷 P,那么在计算临界载荷的时候必须使用式(6-18)。在这个公式中,数值因子 γ_2 的值比没有横向约束的梁的情况要大,见表 6-8。

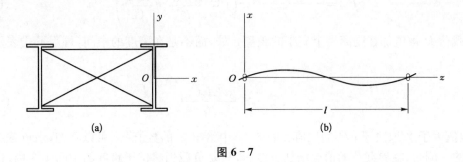

图 6-7

表 6-8 中间具有横向支撑且具有集中载荷的简支 I 型梁的系数 γ_2 的取值[式(6-18)]

$\dfrac{l^2 C}{C_1}$	0.4	4	8	16	32	96	128	200	400
γ_2	466	154	144	86.4	69.2	54.5	52.4	49.8	47.4

如果梁均匀受载,总载荷的临界值由式(6-35)给出。表 6-9 给出因子 γ_4 的值,分别对应于载荷分布在上翼缘、质心轴线和下翼缘的情况。

表 6-9 中间具有横向支撑且具有均布载荷的简支 I 型梁的系数 γ_4 的值[式(6-35)]

载荷施加于	$\dfrac{l^2 C}{C_1}$							
	0.4	4	8	16	64	96	128	200
上翼缘	587	194	145	112	91.5	73.9	71.6	69.0
质心轴线	673	221	164	126	101	79.5	76.4	72.8
下翼缘	774	251	185	142	112	85.7	81.7	76.9

2) 具有端部横向约束的梁

下面考虑这样一种情况,即在屈曲过程中,梁的两端无法相对于垂直 y 轴旋转,使得横向挠曲曲线具有两个拐点(图 6-8)。假设不存在阻止两端绕水平 x 轴旋转的约束,因此,在考虑 yz 平面内的弯曲时,该梁是简支的。

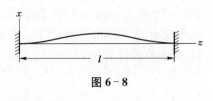

图 6-8

对于在中间截面质心处施加载荷 P 的 I 型梁的情况,其临界载荷的值由式(6-18)给出。表 6-10 给出因子 γ_2 的值。将该表中的数据与表 6-5 中的数据进行比较,可以看出在短梁的情况下,端部的横向约束效应比长梁情况的更大。

表 6 - 10　具有端部横向约束(图 6 - 8)并且中间具有集中
载荷 I 型梁的系数 γ_2 的取值[式(6 - 18)]

$\dfrac{l^2C}{C_1}$	0.4	4	8	16	24	32	64	128	200	320
γ_2	268	88.8	65.5	50.2	43.6	40.2	34.1	30.7	29.4	28.4

表 6 - 11 给出一个沿质心轴线均匀受载并具有如图 6 - 8 所示横向约束 I 型梁的数据。

表 6 - 11　具有端部横向约束(图 6 - 8)并且均布载荷 I 型梁的
系数 γ_4 的取值[式(6 - 35)]

$\dfrac{l^2C}{C_1}$	0.4	4	8	16	32	96	128	200	400
γ_4	488	161	119	91.3	73.0	58.0	55.8	53.5	51.2

对于一个具有窄矩形截面的梁,在中间截面的质心处施加载荷 P 的情况下,临界载荷的值为[1]

$$P_{cr} = \frac{26.6\sqrt{EI_\eta C}}{l^2} \tag{6-40}$$

如果梁在 yz 平面上的两端受到施加在其上的力矩 M_0 的作用,那么在距离两端 $l/4$ 的地方将会出现拐点。因此,梁的中间部分、长度为 $l/2$ 处,处于与图 6 - 4 所示梁相同的状态。在这种情况下,通过将方程(6 - 13)中 l 替换为 $l/2$,可以找到力矩 M_0 的临界值

$$(M_0)_{cr} = \frac{2\pi}{l}\sqrt{EI_\eta C} \tag{6-41}$$

在前述讨论中,假设梁的最大应力低于材料的比例极限。否则,就需要考虑非弹性侧向屈曲,这将在下节讨论。

6.7　I 型梁的非弹性侧向屈曲

如果一个 I 型梁的应力超过材料的比例极限,临界载荷可以通过使用随应力变化的剪切模量 E_t 来计算,而不是使用恒定的弹性模量 E。该方法类似于之前在研究超过弹性限度的柱子屈曲时使用的方法(见第 3 章)。在前几节中已经表明,弹性区域内侧向屈曲的临界载荷取决于侧向挠曲刚度 EI_η 的大小(该刚度与拉伸模量 E 成正比),以及扭转刚度 C 的大小(该刚度与剪切模量 G 成正比)。超过比例极限后,侧向挠曲刚度按比例 E_t/E 减小。下述讨论假设扭转刚度也按相同比例减小[2],因此比例 l^2C/C_1 保持不变。

首先从纯弯曲开始。由于在这种情况下,翼缘上的应力沿跨度是恒定的,所以剪切模

---

① 这个解法归功于 Prandtl,参见相关文献。

② 这个假设可以被认为是保守的。侧向挠曲刚度主要由翼缘的刚度决定,因此在超过比例极限后,它按照 E_t/E 的比例减小。扭转刚度取决于腹板和翼缘的刚度,由于一部分腹板始终保持弹性并保持其初始刚度,可以认为扭转刚度按比例减小的程度小于 E_t/E。

量对于超过比例限制弯曲的梁的所有截面都是相同的，可以使用与弹性区域相同的平衡微分方程。只需使用剪切模量获得的相应值，替换梁的挠曲和扭转刚度。弯矩的临界值由以下方程给出：

$$(M_0)_{cr} = \frac{\pi}{l} \sqrt{E_t I_\eta C_t \left(1 + \frac{C_1}{C} \frac{\pi^2}{l^2}\right)} \tag{6-42}$$

其形式与式(6-9)相同，只是 E 被 E_t 代替，并且引进符号

$$C_t = C \frac{E_t}{E} \tag{a}$$

由于比例限制后 C_1/Cl^2 的比率保持不变，可以从方程(6-42)中得出结论，临界弯矩值小于在完全弹性假设下计算的相同弯矩值，比例为 E_t/E。如果对于每个应力值，该比率的大小已知，可以通过试错法轻松计算出每个应力值下的临界弯矩。假设一个 $(M_0)_{cr}$ 的值，计算最大弯曲应力的值，并取相应的剪切模量 E_t。使用这个模量，从式(6-42)得到临界弯矩的值。如果以这种方式计算得到的值与假设的值相符，则表示 $(M_0)_{cr}$ 为真实值；否则，应该对 $(M_0)_{cr}$ 进行新的假设，并重复计算。这样的计算应该重复多次，直到假设的 $(M_0)_{cr}$ 值与从式(6-42)计算得到的值达到满意的一致性。

在梁受集中或分布载荷弯曲的情况下，梁的弯矩和翼缘应力沿着跨度变化。因此，超过比例极限后，剪切模量 E_t 也会沿着跨度变化，并且用于侧向屈曲的平衡微分方程将与变截面梁的方程相同。为了简化这个问题并得到临界应力的近似值，取 E_t 的常数值，即对应于最大弯曲弯矩的值，并将其代入屈曲梁的平衡微分方程中。通过这种方式，临界载荷将以与之前相同的形式得到[参见式(6-18)、(6-35)]，只需使用弯曲刚度 $E_t I_\eta$ 和扭转刚度 C_t。显然，以这种方式计算临界应力，永远偏于安全，因为将梁的侧向和扭转刚度沿着跨度按照常数比例 E_t/E 减小，而这种减小实际上只发生在具有最大弯曲弯矩的截面上。在超过比例极限的其他截面中，减小的程度将更大，并且在应力低于比例极限的梁的部分中将不会有减小。在上述假设下，可以通过试错法，以与纯弯曲情况相同的方式获得临界载荷的值。

实际应用中为了方便，通常使用临界应力而不是临界载荷。假设在弹性限度之外，I 型梁的翼缘应力可以通过将最大弯矩除以横截面的截面模量来获得。这个假设是保守的，因为在弹性限度之外，翼缘的实际应力以及弯曲和扭转刚度的实际减小，将会比假设的要小。

临界应力 σ_{cr} 在比例限度之外的计算将通过下面第一个例子来说明。以一个 I 型梁为例，其横截面被假设为由三个窄长矩形组成。横截面的假设比例为

$$\frac{t_f}{t_w} = 2, \quad \frac{b}{t_f} = 10, \quad \frac{h}{b} = 3 \tag{b}$$

式中，$t_f =$ 翼缘厚度；$t_w =$ 腹板厚度；$b =$ 翼缘宽度；$h =$ 梁的深度。扭转和翘曲刚度约为（见附录表 A-3）

$$C = \frac{G}{3}(2bt_f^3 + ht_w^3), \quad C_1 = \frac{E t_f h^2 b^3}{24}$$

将式(b)代入上述公式，并假设 $G/E = 0.4$，可得

$$\frac{l^2 C}{C_1} = 0.076 \left(\frac{l}{h}\right)^2$$

针对不同的 l/h 值,这个数的数值在表 6-12 中给出。如果假设梁承载的是沿着梁的质心轴均匀分布的载荷,则可根据式(6-35)得到临界载荷的值,前提是屈曲发生在弹性限度内。利用这个公式,可以将临界应力的表达式写作

$$\sigma_{cr} = (ql)_{cr} \frac{l}{8} \frac{h}{2I_\xi} = \gamma_4 \frac{h\sqrt{EI_\eta C}}{16lI_\xi} \tag{c}$$

表 6-12　当 $t_f/t_w=2$、$b/t_f=10$、$h/b=3$、$E=30\times10^6$ psi、$G=0.4E$ 时的均布载荷 I 型梁的数据

$\dfrac{l}{h}$	4	6	8	10	12	14	16	18	20
$\dfrac{l^2C}{C_1}$	1.22	2.74	4.86	7.60	10.9	14.9	19.5	24.6	30.4
σ_{cr}/psi	181 000	85 600	52 200	36 400	27 700	22 100	18 400	15 900	13 900

表 6-12 中 γ_4 的取值见表 6-6。观察到截面的主转动惯量为

$$I_\eta = \frac{1}{6}b^3t_f, \quad I_\xi = \frac{1}{12}h^3t_w + \frac{t_f}{2}(b-t_w)(h-t_f)^2$$

并且使用式(b)的关系式,又由 $E=30\times10^6$ psi、$G=0.4E$,式(c)变成

$$\sigma_{cr} = 8\,416\gamma_4 \frac{h}{l} \tag{d}$$

从方程(d)中得到的 σ_{cr} 的数值见表 6-12,并且在图 6-9 中以曲线 I 的形式绘制出来。

通过 $h/b=4$、5 分别计算得到图 6-9 中的曲线 II 和 III,计算方法与曲线 I 类似。这些曲线表明,如果保持 h/b 不变,I 型梁的临界应力随着 l/h 的增加而减小,并且如果保持 l/h 不变,临界应力随着 h/b 的增加而减小。具有恒定 l/b 比值的点在图中用虚线连接,并显示出对于恒定 l/b 比值,临界应力随着 l/h 减小而减小。

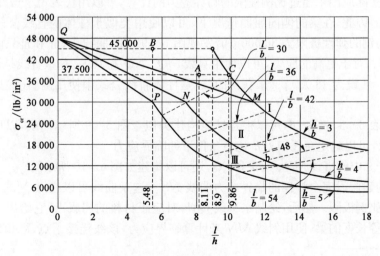

图 6-9

如果在具有比例极限为 30 000 psi 结构钢的情况下使用表 6-12,可以看到当 $l/h \leqslant 10$ 时,计算得到的临界应力超过比例极限。为了考虑材料的塑性变形,必须提供关于剪切模量 E_t 的信息。假设在这个数值示例中,当压应力为 37 500 psi 和 45 000 psi 时,E_t/E 的值分别为 $\dfrac{36}{49}$ 和 $\dfrac{4}{9}$ [①]。为了确定临界应力为 37 500 psi 时梁应具有的 l/h 比值,注意到在曲线 Ⅰ(图 6-9)上,点 C 对应于这个应力,由图得到 $l/h=9.86$。然而,已知曲线 Ⅰ 在弹性极限之外给出的 σ_{cr} 值偏大。对于 $l/h=9.86$,真实值 σ_{cr} 将小于 37 500 psi;而对应于 $\sigma_{cr}=37\ 500$ psi 的 l/h 比值将小于 9.86。下面通过试错法找到它的值。例如,假设这个真实值是 $l/h=8$。然后,将表 6-12 中的弹性屈曲临界应力乘以 E_t/E,得到临界应力

$$\sigma_{cr} = 52\ 200\left(\frac{36}{49}\right) = 38\ 400 \text{ psi}$$

略大于假设的 37 500 psi 的应力值。因此,l/h 的真实比值大于假设的值 8。作为第二次尝试,假设 $l/h=8.2$,并从表 6-12 中进行插值,可得

$$\sigma_{cr} = 50\ 000\left(\frac{36}{49}\right) = 36\ 800 \text{ psi}$$

略小于假设的 37 500 psi 的应力值。因此,l/h 的真实比值小于 8.2。从这两次尝试中,得出结论,l/h 的真实比值介于 8 和 8.2 之间,通过线性插值,得到 $l/h=8.11$。这个结果在图 6-9 中由点 A 表示,该点远低于基于假设完全弹性的曲线 Ⅰ。

作为第二个例子,假设临界应力等于 45 000 psi 进行相同的梁的计算,在这种情况下,$E_t/E=\dfrac{4}{9}$。从曲线 Ⅰ(图 6-9)中,可以得到这种情况下 $l/h=8.9$。由于塑性变形,这个比值的真实值要小得多。假设 $l/h=5.6$ 并按照之前的方法进行计算,得到 $\sigma_{cr}=43\ 100$ psi,小于假设值;因此,l/h 的真实值要小于 5.6。以 $l/h=5.4$ 为第二次尝试,得到临界应力的值为 46 100 psi。通过这两次尝试与插值,发现 $l/h=5.48$。这个结果在图 6-9 中由点 B 表示。

以同样的方式,可以找到任何其他超过弹性极限的假设临界应力的 l/h 值。因此,只要知道对于任何应力 σ_{cr} 值的比率 E_t/E,就可以构建表示 σ_{cr} 与 l/h 比值关系的曲线。

为了简化实际应用中超过比例极限的临界应力的计算,可以用代表 σ_{cr} 与 l/h 比值关系的直线替代曲线。因此,在梁的侧向屈曲情况下,可以使用类似于柱体的直线公式(参见第 4.3 节)。假设结构钢的弹性极限为 30 000 psi,发现图 6-9 中的曲线 Ⅰ、Ⅱ 和 Ⅲ 只能在点 M、N 和 P 以下使用。对于更高的应力,可以使用直线 MQ、NQ 和 PQ。这些直线是通过将最高应力(对于 $l/h=0$)设为 48 000 psi 来获得的,这是柱体直线公式中使用的值[参见方程(d),第 4.3 节]。

通过使用表 6-5、表 6-6,可以很容易地构建类似于图 6-9 所示曲线,以用于任何截面的 I 型梁,因此,可以确定在任何 l/h 比值条件下的临界应力。

除了图 6-9 中的直线 MQ、NQ 和 PQ,还可以构建如图 6-10 所示图表。为了得到这样的图表,首先构建假设完全弹性的临界应力曲线 NS。这条曲线可以在点 N 之上使用,点 N 对应于材料的比例极限。然后,绘制水平线 QM,对应于材料的屈服点,它给出了短梁的临界应力。对于中等长度的梁,使用斜线 MN 来计算临界应力,该线连接了点 N 和在水平屈服点

[①] E_t/E 的真实值只能通过使用材料的应力-应变图来获得,如第 3.3 节所述。

线上任意选择的点 M。图 6 - 10 中，选择点 M 时，梁的跨度为临界应力等于材料比例极限时的跨度的 0.6 倍。有了这样的图表，并使用与柱体相同的可变安全系数，可以轻松地获得给定截面梁的任何跨度的安全应力[1]。

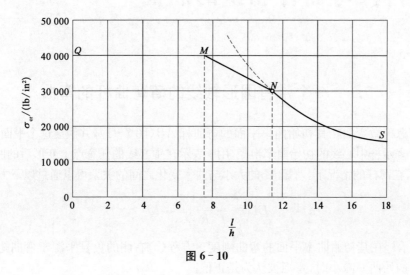

图 6 - 10

①　Stissi 在其论文中进行了基于假设初始侧向曲率的 I 型梁的允许载荷计算。

第7章
环形结构、弯曲杆和拱的屈曲

7.1　一个带有圆形轴线的薄弯曲杆的弯曲

下面考虑稍微弯曲在其初始曲率平面的弯曲杆 AB（图 7-1），并假设这个平面是杆的对称平面。用 R 表示杆中心线的初始曲率半径，用 ρ 表示在中心线的任意点上变形后的曲率半径，由角度 θ 定义，在薄杆的情况下，弯矩 M 的大小与曲率变化之间的关系可以通过以下方程表示：

$$EI\left(\frac{1}{\rho}-\frac{1}{R}\right)=-M \tag{a}$$

式中，EI 表示杆在其初始曲率平面的弯曲刚度。方程（a）右侧的负号来源于弯曲矩的符号，当它导致杆的初始曲率减小时，弯矩被认为是正值。

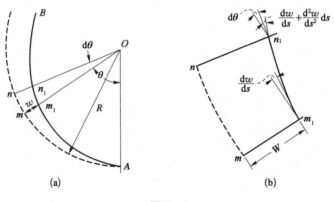

图 7-1

通过考虑位于两个半径之间的小元素 mn 的变形，可以找到杆的曲率变化。该元素的初始长度和初始曲率分别为

$$\mathrm{d}s=R\mathrm{d}\theta, \quad \frac{\mathrm{d}\theta}{\mathrm{d}s}=\frac{1}{R} \tag{b}$$

在弯曲过程中，假设点 m 的径向位移 w 是一个很小的量，当它指向中心时，被认为是正的。点 m 在切向方向也会有一些位移，忽略这个位移，并假设在变形后，元素 mn 的曲率与位于相同半径 mO 和 nO 之间的元素 m_1n_1 的曲率相同。后者的曲率由以下方程给出：

$$\frac{1}{\rho}=\frac{\mathrm{d}\theta+\Delta\mathrm{d}\theta}{\mathrm{d}s+\Delta\mathrm{d}s} \tag{c}$$

式中，$\mathrm{d}\theta+\Delta\mathrm{d}\theta$ 表示变形杆的正常截面 m_1 和 n_1 之间的角度；$\mathrm{d}s+\Delta\mathrm{d}s$ 表示元素 m_1n_1 的长度。在计算小角度 $\Delta\mathrm{d}\theta$ 时，注意到在 m_1 处中心线上的切线与半径 mO 的垂直线之间的角度是

$\mathrm{d}w/\mathrm{d}s$（图 7-1b）。在横截面 n_1 处的相应角度是

$$\frac{\mathrm{d}w}{\mathrm{d}s}+\frac{\mathrm{d}^2w}{\mathrm{d}s^2}\mathrm{d}s$$

由此可得
$$\Delta\mathrm{d}\theta=\frac{\mathrm{d}^2w}{\mathrm{d}s^2}\mathrm{d}s \tag{d}$$

当将元素 m_1n_1 的长度与元素 mn 的长度进行比较时，忽略小角度 $\mathrm{d}w/\mathrm{d}s$，并将长度 m_1n_1 取为 $(R-w)\mathrm{d}\theta$。那么，可以得到以下关系：

$$\Delta\mathrm{d}s=-w\mathrm{d}\theta=-\frac{w\mathrm{d}s}{R} \tag{e}$$

将式（d）、（e）代入方程（c），可以得到

$$\frac{1}{\rho}=\frac{\mathrm{d}\theta+(\mathrm{d}^2w+\mathrm{d}s^2)\mathrm{d}s}{\mathrm{d}s(1-w/R)}$$

或者，忽略高阶小量后，可以得到

$$\frac{1}{\rho}=\frac{1}{R}\left(1+\frac{w}{R}\right)+\frac{\mathrm{d}^2w}{\mathrm{d}s^2}$$

将这个式子代入方程（a），得到

$$\frac{\mathrm{d}^2w}{\mathrm{d}s^2}+\frac{w}{R^2}=-\frac{M}{EI} \tag{f}$$

或者
$$\frac{\mathrm{d}^2w}{\mathrm{d}\theta^2}+w=-\frac{MR^2}{EI} \tag{7-1}$$

这是描述具有圆心线的薄杆挠曲曲线的微分方程。对于半径无限大的情况，该方程与直杆的方程相一致[①]。

作为方程（7-1）的应用举例，下面考虑一个半径为 R 的环，在沿直径方向作用着两个力 P 的压缩力（图 7-2a）。用 M_0 表示 A 点和 B 点处的弯矩，可以发现任意截面 m 上的弯矩为（图 7-2b）

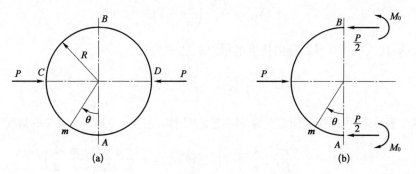

图 7-2

① 这个方程由 J. Boussinesq 在 1883 年的 *Compt. rend.*（第 97 卷，第 843 页）中建立。另请参考 H. Lamb 在 1888 年的 *Proc. London Math. Soc.*（第 19 卷，第 365 页）和 R. Mayer 在 1913 年的 *Z. Math. u. Physik*（第 61 卷，第 246 页）。

$$M = M_0 + \frac{PR}{2}(1 - \cos\theta) \tag{g}$$

式(7-1)变为

$$\frac{\mathrm{d}^2 w}{\mathrm{d}\theta^2} + w = -\frac{M_0 R^2}{EI} - \frac{PR^2}{2EI}(1 - \cos\theta) \tag{h}$$

方程(h)的一般解是

$$w = A_1 \sin\theta + A_2 \cos\theta - \frac{M_0 R^2}{EI} \frac{PR^2}{2EI} + \frac{PR^2}{4EI}\theta\sin\theta \tag{i}$$

积分常数由对称条件确定:

$$\frac{\mathrm{d}w}{\mathrm{d}\theta} = 0 \quad \left(在 \theta = 0 \text{ 和 } \theta = \frac{\pi}{2}\right)$$

根据这些条件,可以得到

$$A_1 = 0, \; A_2 = \frac{PR^2}{4EI} \tag{j}$$

弯矩 M_0 可以通过 Castigliano 定理[①]来求解。对于薄环的应变能 U,可以使用与直杆相同的公式来计算。因此,对于图 7-2 中的环,有

$$U = \int_0^{2\pi} \frac{M^2 R \mathrm{d}\theta}{2EI} = \frac{2R}{EI}\int_0^{\frac{\pi}{2}} M^2 \mathrm{d}\theta$$

根据 Castigliano 定理,应变能对弯矩 M_0 的偏导数等于环截面 A 的转角(图 7-2b),且在这种情况下为零。因此,方程变为

$$\frac{\partial U}{\partial M_0} = \frac{2R}{EI}\int_0^{\pi/2} 2M\frac{\partial M}{\partial M_0}\mathrm{d}\theta = 0$$

或者

$$\int_0^{\pi/2} M\frac{\partial M}{\partial M_0}\mathrm{d}\theta = 0$$

将式(g)替换为 M 并进行积分,得到

$$M_0 = \frac{PR}{2}\left(\frac{2}{\pi} - 1\right) \tag{k}$$

将关系(j)、(k)代入(i)中,得到径向挠度的最终表达式为

$$w = \frac{PR^2}{4EI}\left(\cos\theta + \theta\sin\theta - \frac{4}{\pi}\right)$$

根据这个表达式,可以找到任意点的径向挠度。例如,在 $\theta = 0$ 和 $\theta = \pi/2$ 的情况下,可以得到

$$(w)_{\theta=0} = -\frac{PR^3}{4EI}\left(\frac{4}{\pi} - 1\right), \; (w)_{\theta=\pi/2} = -\frac{PR^3}{4EI}\left(\frac{\pi}{2}\frac{4}{\pi}\right)$$

并且 AB 直径的延伸量为

---

① 参考 Timoshenko 的《强度学》第三版,第一部分,第 328-330 页,D. Van Nostrand Company 出版,1955 年,位于新泽西州普林斯顿。

$$\frac{PR^3}{2EI}\left(\frac{4}{\pi}-1\right) \tag{7-2}$$

而 CD 直径的缩短量为

$$\frac{PR^3}{4EI}\left(\pi-\frac{8}{\pi}\right) \tag{7-3}$$

类似于式(7-1),对于长圆管的弯曲,如果载荷沿管轴不变,则可得到类似方程。在这种情况下,考虑通过两个垂直于管轴并相距单位距离的横截面切出的元环。由于该环是长管的一部分,环的矩形横截面在弯曲过程中不会发生形变,而是像隔离环的情况一样。因此,在式(7-1)中,应该用 $E/(1-\nu^2)$ 取代 E,其中 ν 是泊松比。如果管的厚度用 h 表示,元环的截面积惯性矩 $I=h^3/12$,则对于此类环的挠度的微分方程为

$$\frac{\mathrm{d}^2 w}{\mathrm{d}\theta^2}+w=-\frac{12(1-\nu^2)MR^2}{Eh^2} \tag{7-4}$$

这个方程代替方程(7-1),用于研究长圆管的弯曲。在这种情况下,M 表示单位长度管的弯曲力矩。

7.2 三角级数在薄圆环分析中的应用

在讨论薄圆环在其平面内的小挠曲时,将环心线上任意点 m 的位移分解为两个分量:径向位移 w 和切向位移 v,其中径向位移 w 朝向中心为正,切向位移 v 沿着逆时针方向为正(图7-3)。在最一般的情况下,径向位移 w 可以表示为三角级数的形式:

$$w=a_1\cos\theta+a_2\cos2\theta+\cdots+b_1\sin\theta+b_2\sin2\theta+\cdots \tag{a}$$

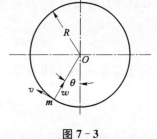

图 7-3

切向位移将采取一种形式,使得圆环的中心线的延长为零。通过这种方式,实际的圆环被一个具有不可延展中心线的假想圆环所代替。对于环和壳的不可延展变形的讨论,最初由瑞利勋爵[1]提出。他观察到,在薄环弯曲的情况下,由于圆环中心线的延伸引起的位移与弯曲引起的位移相比非常小,通常可以忽略不计。

在薄环弯曲过程中,中心线的单位伸长一般由两部分组成:① 切向位移 v 引起的部分,等于 $\mathrm{d}v/\mathrm{d}s$;② 径向位移引起的部分,等于 $-w/R$。因此有以下关系式:

$$\theta=\frac{1}{R}\left(\frac{\mathrm{d}v}{\mathrm{d}\theta}-w\right)$$

环的不可延展变形的条件为

$$\frac{\mathrm{d}v}{\mathrm{d}\theta}-w=0 \tag{b}$$

从中,通过使用方程(a),可以得到

---

① 瑞利勋爵,《声学理论》,第 2 版,第 X 章,1894 年。另请参阅蒂莫申科,《基辅理工学院公报》,1910 年(俄文版)。

$$v = a_1 \sin\theta + \frac{1}{2} a_2 \sin 2\theta + \cdots - b_1 \cos\theta - \frac{1}{2} b_2 \cos 2\theta - \cdots \tag{c}$$

因此,环的弯曲问题可以归结为计算式(a)、(c)中的系数 a_1、a_2、$\cdots$ 和 b_1、b_2、$\cdots$ 的问题。在这个计算中,将使用与直杆情况相同的方法(参见第1.11节)。通过使用虚位移原理推导出环在弯曲时的应变能表达式,并确定上述级数的系数。

获取薄环弯曲的应变能可以使用与直杆情况下相同的公式,然后通过方程(7-1)来得到:

$$U = \int_0^{2\pi} \frac{M^2 R \, d\theta}{2EI} = \frac{EI}{2R^2} \int_0^{2\pi} \left(\frac{d^2 w}{d\theta^2} + w \right)^2 \theta$$

将式(a)代入上式,并进行积分,得到

$$U = \frac{EI}{2R^2} \sum_{n=2}^{\infty} (n^2 - 1)^2 (a_n^2 + b_n^2) \tag{7-5}$$

级数(7-5)不包含带有系数 a_1 和 b_1 的项,此时相应的位移

$$\left.\begin{array}{l} w = a_1 \cos\theta + b_1 \sin\theta \\ v = a_1 \sin\theta - b_1 s \cos\theta \end{array}\right\} \tag{d}$$

代表了环在其平面内作为一个刚体的位移。很容易看出,如果 a_1 和 b_1 是后一位移的垂直和水平分量,式(d)代表了任意点 m 的径向和切向位移(图7-3)。

用式(7-5),对于每个特定情况,可以很容易地计算出系数 a_2、a_3、$\cdots$ 和 b_2、b_3、$\cdots$。以图7-2中所示情况作为例子。根据对称性的条件,可以得出式(a)中的系数 b_1、b_2、$\cdots$ 为零。在计算任何系数 a_n 时,假设该系数通过增加一个量 δa_n,会导致环的相应挠度变为 $\delta a_n \cos n\theta$,在这个位移过程中,力 P 所产生的功为

$$P \delta a_n \left(\cos \frac{n\pi}{2} + \cos \frac{3n\pi}{2} \right)$$

对于奇数 n,这个功为零;对于偶数 n,则有

$$\cos \frac{n\pi}{2} = \cos \frac{3n\pi}{2} = (-1)^{\frac{n}{2}}$$

于是上面的功的表达式等于

$$(-1)^{\frac{n}{2}} 2P \delta a_n \tag{e}$$

当应用虚功原理时,对于偶数 n,确定系数 a_n 的方程变为

$$\frac{\partial U}{\partial a_n} \delta a_n = (-1)^{\frac{n}{2}} 2P \delta a_n$$

将 U 的表达式(7-5)代入,得到

$$a_n = \frac{(-1)^{\frac{n}{2}} 2PR^3}{\pi (n^2 - 1)^2 EI} \tag{f}$$

以同样的方式可以证明,当 n 为奇数时,所有系数都为零[①]。因此,代表环的中心线偏转

---

① 从对称性条件可得出相同结论,以环的水平直径为对称。

的级数(a)、(c)只包含 $n = 2, 4, 6, \cdots$ 的系数 a_n。对于径向位移,可以从(a)得出以下结果:

$$w = \frac{2PR^3}{\pi EI} \sum_{n=2, 4, 6, \cdots}^{n} \frac{(-1)^{n/2} \cos n\theta}{(n^2-1)^2} \tag{7-6}$$

点 C 和 D 在力 P 作用的位置将接近彼此的量:

$$\delta = (w)_{\theta=\pi/2} + (w)_{\theta=3\pi/2} = \frac{4PR^3}{\pi EI} \sum_{n=2, 4, 6, \cdots}^{n} \frac{1}{(n^2-1)^2} \tag{7-7}$$

可以证明,级数(7-7)给出了与式(7-3)相同的结果。

作为第二个示例,下面考虑圆环受静水压力弯曲(图 7-4)。环的中心通过力 P 保持在恒定深度 d。然后,假设环在与图中平面垂直方向上的宽度为一单位长,并用 γ 表示单位体积液体的重量,可得任意点 m 处的静水压力强度为

$$\gamma(d + R\cos\theta)$$

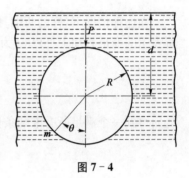

图 7-4

由静力平衡方程,可得力 $P = \pi R^2 \gamma$。再次使用虚位移原理,并注意到静水压力只对径向位移 w 做功,从而可得计算式(a)、(c)中系数 a_n 的方程为

$$\frac{\partial U}{\partial a_n} \delta a_n = \delta a_n \left[P\cos n\pi + \int_0^{2\pi} (d + R\cos\theta)\cos n\theta \mathrm{d}\theta \right] = \delta a_n P(-1)^n \quad (n > 1)$$

$n > 1$ 时,上述方程对应着环作为刚体的位移,方程右侧变为零。将 U 的表达式(7-5)代入上式,得到

$$a_n = \frac{(-1)^n 2PR^3}{\pi(n^2-1)^2 EI} \quad (n > 1 \text{ 时}, a_1 = 0)$$

所有系数 b_n 在级数(a)、(c)中都为零,这可以从对称条件中看出。因此得到

$$w = \frac{2PR^3}{\pi EI} \sum_{n=2, 3, 4, \cdots}^{n} \frac{(-1)^n \cos n\theta}{(n^2-1)^2}$$

$$v = \frac{2PR^3}{\pi EI} \sum_{n=2, 3, 4, \cdots}^{n} \frac{(-1)^n \sin n\theta}{n(n^2-1)^2}$$

可以使用这些关系式计算出任意 θ 值下的位移。在这个分析中,完全忽略了环上压缩力对弯曲的影响,这仅在与环屈曲的临界压缩力相比,该压缩力较小的情况下是合理的。关于这个问题,可以在下一节进一步讨论。

对于不是完整圆环,而是带有中心线和铰接端的弯曲杆的情况(图 7-5),可以应用与上述讨论相同的方法。当拱的中心角由 α 表示时,径向位移 w 可以用级数形式表示为

$$w = a_1 \sin\frac{\pi\theta}{\alpha} + a_2 \sin\frac{2\pi\theta}{\alpha} + a_3 \sin\frac{3\pi\theta}{\alpha} + \cdots \tag{g}$$

观察到这个级数及其二阶导数在末端等于零,满足

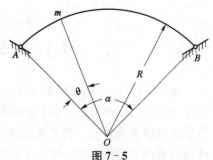

图 7-5

了关于径向位移和弯矩的铰接条件。切向位移 v 可以通过方程(b)计算：

$$v = -\frac{\alpha}{\pi}\left(a_1 \sin\frac{\pi\theta}{\alpha} + \frac{1}{2}a_2 \sin\frac{2\pi\theta}{\alpha} + \frac{1}{3}a_3 \sin\frac{3\pi\theta}{\alpha} + \cdots\right) \tag{h}$$

这个位移通常在末端不会消失。

通过只考虑式(g)、(h)中具有偶数次系数的项，可知

$$(v)_{\theta=0} = (v)_{\theta=\alpha} = -\frac{\alpha}{\pi}\left(\frac{1}{2}a_2 + \frac{1}{4}a_4 + \cdots\right)$$

在这种情况下，杆的两端具有相等的切向位移，并且可以使这些位移等于 0，只需对级数所表示的变形叠加上杆以 O 为中心的一刚体转动，该角度等于

$$\frac{\alpha}{\pi R}\left(\frac{1}{2}a_2 + \frac{1}{4}a_4 + \cdots\right)$$

从而得到一个满足所有末端条件的无膨胀的圆拱变形情况：

$$w = a_2 \sin\frac{2\pi\theta}{\alpha} + a_4 \sin\frac{4\pi\theta}{\alpha}$$

$$v = \frac{\alpha}{\pi}\left[\frac{1}{2}a_2\left(1 - \cos\frac{2\pi\theta}{\alpha}\right) + \frac{1}{4}a_4\left(1 - \cos\frac{4\pi\theta}{\alpha}\right) + \cdots\right] \tag{i}$$

对于这些级数的每个系数，都对应着一个具有杆中心处拐点的无膨胀挠曲曲线。稍后在讨论压缩曲线杆的稳定性时将使用这样的挠曲曲线（参见第 7.6 节）。

如果只取式(g)中奇数次系数(a_1, a_3, $\cdots$)的项，得到的挠曲曲线将在杆的中心对称。从式(h)可以看出，对应于上述各项的位移 v 在端点处不为零，只能通过取一系列具有系数之间确定关系的这种项来满足铰接端的条件(a_1, a_3, a_5, $\cdots$)。

根据非延展性变形的一般要求[式(b)]，可推断切向位移 v 仅在末端处为零：

$$\int_0^\alpha w\,\mathrm{d}\theta = 0 \tag{j}$$

由此可推断，在关于屈曲杆中点对称的挠曲曲线的情况下，半波不能相等。这种类型的最简单曲线可以通过选取三个半波来获得。然后，根据式(j)的推导，中间半波的面积必须大于剩余两个半波的面积；如果将 w 表示为 θ 的函数，将得到图 7-6 所示曲线。在这条曲线上，中间波的面积等于其他两个波的面积之和。

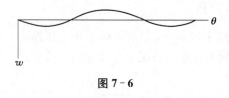

图 7-6

7.3 均匀压力对圆环弯曲的影响

前述讨论中，忽略了压缩或张力对圆环弯曲的影响。例如，在图 7-4 所示问题的讨论中，完全忽略了由于静液压力引起的环的压缩；尽管在薄环的情况下，压力的作用可能导致屈曲，且压缩可能非常重要。为了考虑统一压力对环的变形的影响，再次只考虑非延展变形，并假设环任何截面上的内力减小为一个恒定的轴向力 S 和一个弯矩。例如，考虑单位宽度的环在静

液压力下(图 7-4),首先假设一个强度为 γd 的均匀压力,它在环中产生一个均匀的压缩力 $S = \gamma R d$。在这个均匀压缩上,叠加一非均匀压力 $S = \gamma R \cos\theta$ 引起的弯曲,假设这种弯曲是非延展的,以便保持轴向压缩力 S 不变,仅产生弯矩。

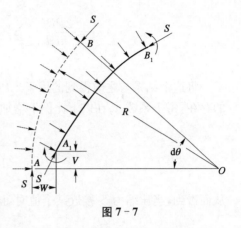

图 7-7

力 S 对环的弯曲作用可以用一个等效的分布载荷来替代,该分布载荷沿径向作用,其强度可以通过考虑一个均匀压缩环的微段 AB(图 7-7)来确定。轴向压缩力 S 使得作用在 AB 上的均匀分布压力保持平衡。现在假设环非延展变形,使得 AB 处于位置 A_1B_1。在截面 A_1 中会产生一些弯矩,其大小可以根据式(7-1)来确定,前提是已知位移 w。由于第 7.1 节方程(f)左边曲率的变化,环的截面 B 与参考点 A 进行了旋转。

截面 B 绕截面 A 旋转的角度为

$$R\,\mathrm{d}\theta\left(\frac{\mathrm{d}^2 w}{\mathrm{d}s^2} + \frac{w}{R^2}\right)$$

由于这种旋转,轴向力 S 不再与均匀压力处于平衡状态,它们会产生一个额外的力,沿径向远离中心 O 的方向作用,其大小为

$$SR\,\mathrm{d}\theta\left(\frac{\mathrm{d}^2 w}{\mathrm{d}s^2} + \frac{w}{R^2}\right)$$

因此,为了考虑压缩力 S 对环弯曲的影响,必须将给定的外部载荷增加一个分布虚拟载荷强度即

$$S\left(\frac{\mathrm{d}^2 w}{\mathrm{d}s^2} + \frac{w}{R^2}\right) = \frac{S}{R^2}\left(\frac{\mathrm{d}^2 w}{\mathrm{d}\theta^2} + w\right) \tag{a}$$

将这种一般推理应用到图 7-2 所示情况,并考虑均匀外部压力对环的挠度的影响,该压力在环中产生一个压缩力 S。使用第 7.2 节中的三角级数(a)表示位移 w,考虑虚拟位移 $w = \delta a_n$(当 n 为偶数时)的方程为

$$\frac{\partial U}{\partial a_n}\delta a_n = 2P\delta a_n(-1)^{n/2} - \frac{S}{R}\delta a_n\int_0^{2\pi}\left(\frac{\mathrm{d}^2 w}{\mathrm{d}\theta^2} + w\right)\cos n\theta\,\mathrm{d}\theta \tag{b}$$

方程(b)右侧的第二项表示通过虚拟位移进行的虚拟负荷的功(a)。它带有负号,因为负荷的方向与正的 w 方向相反。

将第 7.2 节中的式(a)代入上述方程(b)并进行积分,得到

$$a_n = \frac{2PR^3(-1)^{n/2}}{\pi EI(n^2-1)^2\left[1 - \dfrac{SR^2}{(n^2-1)EI}\right]} \tag{c}$$

在方程(c)中,n 是偶数。在图 7-7 中所示对称加载情况下,奇数阶的系数 a_n 和所有系数 b_n 在级数中都为零,因此得到

$$w = \frac{2PR^3}{\pi EI} \sum_{n=2,4,\cdots}^{n} \frac{(-1)^{n/2}\cos n\theta}{(n^2-1)^2\left[1-\dfrac{SR^2}{(n^2-1)EI}\right]} \qquad (7-8)$$

将这个结果与之前得到的用于未压缩环的方程(7-6)进行比较,可以看出,由于压缩力 S 的存在,每个系数 a_n 在以下比例下增加:

$$\frac{1}{1-\dfrac{SR^2}{(n^2-1)EI}}$$

从而看到,当压缩力 S 接近某个值时,挠度会无限增加:

$$S = \frac{(n^2-1)EI}{R^2} \qquad (d)$$

当 $n=2$ 时,可以得到使其发生的最小力值,即压缩力的临界值为

$$S_{\mathrm{cr}} = \frac{3EI}{R^2} \qquad (7-9)$$

当 S 接近 S_{cr} 时,级数(7-8)中的第一项就更明显,通过仅考虑该项,得到径向位移的表达式为

$$w = -\frac{2PR^3}{9\pi EI}\frac{\cos 2\theta}{1-S/S_{\mathrm{cr}}} \qquad (7-10)$$

从而得到一个类似于第 1.11 节中用于侧向加载下受压直梁的方程(a)的类似方程。

在均匀受外部压力压缩的长圆管的情况下,考虑一个单位宽度的元环,使用 $E/1-\nu^2$ 代替 E,并取 $I=A^3/12$ 来获得该环中压缩力的临界值 S_{cr};然后,根据方程(7-9),可以得到

$$S_{\mathrm{cr}} = \frac{Eh^3}{4(1-\nu^2)R^2} \qquad (7-11)$$

观察到单位宽度元环中的压缩力等于 qR,其中 q 是均匀压力,可以通过方程(7-11)得到关于该压力的临界值:

$$q_{\mathrm{cr}} = \frac{E}{4(1-\nu^2)}\left(\frac{h}{R}\right)^3 \qquad (7-12)$$

7.4　圆环和圆管在均匀外部压力下的失稳现象

对于圆环在外部力作用下承受均匀压缩和弯曲时的情况,在前述讨论中,如果均匀压力接近某个临界值,挠度将无限增加,该临界值可以通过方程(7-9)计算得出。通过考虑一个理想的均匀压缩环,并假设稍微偏离圆形平衡形状的挠度产生,可以另一种方式获得相同的临界压力值。然后,均匀压力的临界值是保持环形在假设的稍微变形形状中处于平衡状态所必需的值。

图 7-8 显示了环的一半,虚线表示环的初始圆形形状,实线表示受到均匀分布压力作用下稍微偏转的环。假设 AB 和 OD 是失稳环的对称轴,那么被去掉的环的下部对上部的作用,

可以用纵向压缩力 S 和作用在每个横截面 A 和 B 上的弯矩 M_0 来表示。设 q 为环的中心线每单位长度上的均匀法向压力，w_0 为 A 和 B 处的径向位移，那么 A 和 B 处的压缩力为[①]

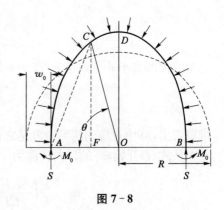

图 7-8

$$S = q(R - w_0) = q\overline{AO}$$

在失稳环的任意横截面 C 上的弯矩为

$$M = M_0 + q\overline{AO} \cdot \overline{AF} - \frac{q}{2}\overline{AC}^2 \qquad (a)$$

$\triangle ACO$ 中，

$$\overline{OC}^2 = \overline{AC}^2 + \overline{AO}^2 - 2\overline{AO} \cdot \overline{AF}$$

或

$$\frac{1}{2}\overline{AC}^2 - \overline{AO} \cdot \overline{AF} = \frac{1}{2}(\overline{OC}^2 - \overline{AO}^2)$$

将其代入弯矩的表达式(a)中，得到

$$M = M_0 - \frac{1}{2}q(\overline{OC}^2 - \overline{AO}^2) \qquad (b)$$

观察到 $AO = R - w_0$ 和 $OC = R - w$，并忽略小量 w 和 w_0 的平方，可得弯矩变为

$$M = M_0 - qR(w_0 - w) \qquad (c)$$

使用这个弯矩表达式，挠曲曲线的微分方程(7-1)变为

$$\frac{\mathrm{d}^2 w}{\mathrm{d}\theta^2} + w = -\frac{R^2}{EI}[M_0 - qR(w_0 - w)] \qquad (d)$$

现在通过积分这个方程来得到均匀压力的临界值。将方程(d)写成

$$\frac{\mathrm{d}^2 w}{\mathrm{d}\theta^2} + w\left(1 + \frac{qR^3}{EI}\right) = \frac{-M_0 R^2 + qR^3 w_0}{EI}$$

并记

$$k^2 = 1 + \frac{qR^3}{EI} \qquad (e)$$

得到的一般解为

$$w = A_1 \sin k\theta + A_2 \cos k\theta + \frac{-M_0 R^2 + qR^3 w_0}{EI + qR^3} \qquad (f)$$

考虑起皱环的截面 A 和 D 处的条件，从对称性可以推断出

$$\left(\frac{\mathrm{d}w}{\mathrm{d}\theta}\right)_{\theta=0} = 0, \ \left(\frac{\mathrm{d}w}{\mathrm{d}\theta}\right)_{\theta=\pi/2} = 0$$

从这些条件中，可以得出 $A_1 = 0$ 的结论，并且从第二个条件可以得到

[①] 在这里，我们考虑了由于屈曲而引起的 S 的变化，而在前面例子中假设 S 是恒定的。更详细的研究（参见 Timoshenko 的文献）表明，在图 7-8 的问题中，必须考虑 S 的微小变化才能得到 S_{cr} 的正确结果。

$$\sin \frac{k\pi}{2} = \mathbf{0} \tag{g}$$

这个方程的最小非零根是 $k\pi/2 = \pi$ 和 $k = 2$。将其代入式(e)中,得到临界压力[1]的值为

$$q_{cr} = \frac{3EI}{R^3} \tag{7-13}$$

可以看出,环中对应的压缩力就是之前得到的式(7-9)给出的压缩力。

从式(f)开始,环的径向挠曲为

$$w = \frac{1}{4}\left(\frac{M_0 R^2}{EI} + w_0\right)\cos 2\theta - \frac{M_0 R^2}{4EI} + \frac{3}{4}w_0 \tag{h}$$

然后,根据不可伸长条件(参见图7-2b),得到

$$v = \frac{1}{8}\left(\frac{M_0 R^2}{EI} + w_0\right)\sin 2\theta + \left(-\frac{M_0 R^2}{4EI} + \frac{3}{4}w_0\right)\theta \tag{i}$$

当 $\theta = 0$ 和 $\theta = \pi/2$ 时,对称性要求位移 v 为零,因此有

$$-\frac{M_0 R^2}{4EI} + \frac{3}{4}w_0 = 0$$

或者

$$M_0 = \frac{3w_0 EI}{R^2} = q_{cr}w_0 R \tag{j}$$

将式(j)代入式(h)、(i)中,得到

$$w = w_0 \cos 2\theta, \quad v = \frac{1}{2}w_0 \sin 2\theta \tag{7-14}$$

从式(j)看出,可以通过在 A 点和 B 点(参见图7-8)施加具有偏心距离 W_0 的压缩力 S 来产生力矩。在这种情况下,图7-8中的虚线圆可以被视为均匀压力的杆面曲线,而该曲线与环的中心线之间的区域代表环的弯曲力矩图。通过将式(j)代入方程(c)中,也可以得到同样的结果。当 $\theta = \pm\pi/4$ 和 $\theta = \pm 3\pi/4$ 时,径向位移 w 为零,弯曲力矩消失。

到目前为止,只讨论了方程(d)对应方程(g)的最小根的解决方案。通过取 $k = 4, 6, \cdots$,可以得到一系列带有弯曲环更多波浪的可能形状。

上述讨论引入的另一个局限性是关于弯曲环相对于水平和垂直轴的对称条件。由此,只得到偶数 k 值的解。假设只有一个轴是对称轴,例如水平轴 AB(图7-8),并且在垂直轴的两端弯曲力矩为零,可以得到具有奇数 k 值的解,例如 $k = 3, 5, \cdots$。已经讨论过 $k = 1$ 的情况 [参见方程(d),第7.2节];已经证明这种情况表示环的刚体平移,不应考虑在讨论环的屈曲时。因此,$k = 2$ 是最小的根,对应的负荷[方程(7-13)]是临界负荷。与较大根相对应的更高阶屈曲形式只能通过引入某些额外约束条件来获得。如果没有这些约束条件,屈曲形式始终将是图7-8所示类型[2]。

---

① 这个结果是由 Bresse 得出的,可以参考他的《应用力学课程》,第二版,第334页,1866年。还可以参考利维(Lévy)的《纯粹与应用数学杂志》(Liouville),第3系列,第10卷,第5页,1884年,以及格林希尔(Greenhill)的《数学年鉴》,第52卷,第465页,1899年。

② C. B. Biezeno 和 J. J. Koch 在1945年发表的 *Konink. Ned. Akad. van Wetenschap. Proc.*第48卷,第447-468页,讨论了环在更一般的载荷系统下的屈曲问题。

在研究长圆环[1]受均匀外部压力[2]作用下的屈曲时,得到的结果也可以应用于研究较短管道的情况。为了得到管道的 q_{cr},只需将式(7-13)中的 E 替换为 $E/(1-\nu^2)$、将 I 替换为 $h^3/12$ 即可;通过这种方式,得到式(7-12)。

式(7-12)可用于计算压力 q 的临界值,只要相应的压缩应力不超过材料的比例极限。通过将方程(7-11)除以单位宽的环的截面积,得到可以使用该公式的比值 $2R/h$ 的极限值,并有

$$\sigma_{cr} = \frac{E}{1-\nu^2}\left(\frac{h}{2R}\right)^2 \tag{7-15}$$

以钢为例,假设 $E=30\times10^6$ psi 和 $\nu=0.3$,并绘制 σ_{cr} 关于 $2R/h$ 的图像,得到曲线如图 7-9所示。该曲线只在临界应力不超过比例极限时给出实际的临界应力。超过这个极限后,曲线将给出偏大的临界应力值。要找到真实的临界应力值,须照柱的情况(第 3.3 节)进行操作,并在方程(7-15)中使用剪切模量 E_t 来代替 E。如果材料的压缩实验曲线已知,可以轻松计算出任何 σ_{cr} 下的 E_t 值,然后从方程中找到相应的 $2R/h$ 值:

$$\sigma_{cr} = \frac{E_t}{1-\nu^2}\left(\frac{h}{2R}\right)^2 \tag{7-16}$$

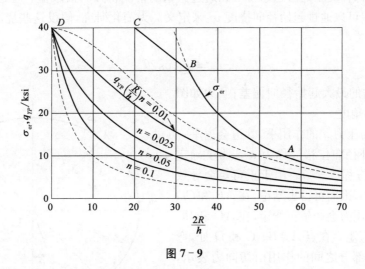

图 7-9

通过这种方式可以获得超过比例极限的临界应力曲线。作为实际应用,这个曲线可以被两条直线替代。对于有明显屈服点的材料,屈服点的应力须作为较厚管材的临界应力。例如,假设钢材的屈服点为 40 000 psi,比例极限为 30 000 psi,则方程式(7-15)中可以使用的最小的 $2R/h$ 值约为 33(图 7-9),这对应于曲线 AB 上的点 B。对于较厚的管材,可以使用水平线 DC 表示 $\sigma_{cr}=\sigma_{YP}$。对于中等厚度的管材,其中 $20<2R/h<33$,可以使用斜线 BC 来确定临界应力。因此,折线 $ABCD$ 给出所有管材比例的压缩应力临界值,如果决定了安全系数,那么在每个特定情况下找到管材的安全厚度就轻而易举了。

有时候,与其使用折线 $ABCD$,不如使用连续曲线会更有用,比如由下列方程[3]给出的

---

① 短管的情况在第 11.5 节中进行了讨论。
② 参见 G. H. Bryan 在 1888 年发表于 *Cambridge Phil. Soc.* 第 6 卷第 287 页上的论文。
③ 这个曲线是由 R. V. Southwell 在 1915 年发表于 *Phil. Mag.* 第 29 卷第 67 页中提出的。

曲线：

$$\sigma_{cr} = \frac{\sigma_{YP}}{1 + \dfrac{\sigma_{YP}(1-\nu^2)}{E}} \frac{4R^2}{h^2} \tag{7-17}$$

在图7-9中，该曲线以虚线表示。式(7-17)类似于Rankine公式用于柱的情况[方程(a)，第4.3节]。对于较厚的管材，它给出的临界应力接近σ_{YP}，对于较薄的管材则接近方程(7-16)给出的值。对于通常的管材比例，该曲线给出的应力要比折线$ABCD$给出的低得多。式(7-17)引入的额外安全性可以视为补偿在实际中管材初始椭圆度的影响。

7.5 基于假设的不准确性对受均匀外部 压力作用下的管道设计

由于受均匀外部压力影响的管道的破坏非常依赖于其中的各种缺陷，因此推导出一个设计公式，其中明确地考虑到了与缺陷相关的量，似乎是合理的。在管道中最常见的不完美因素是起始椭圆度，每种类型的管道通常可以通过大量的检测得知其极限值。管道形状与完善的圆形之间的偏差可以通过起始径向挠度w_i来定义。为简化研究，假设这些挠度由以下方程[1]给出：

$$w_i = w_1 \cos 2\theta \tag{a}$$

式中，w_1为离圆的最大起始径向偏差；θ为如图7-10所示中心角度。

在外部均匀压力q的作用下，管道会扁平一些。相应的额外径向位移被称为w。为了确定w，将使用微分方程(7-4)。由于正弯矩会导致起始曲率的减小，因而可得出结论，在AB和CD部分，均匀外部压力会产生正弯矩，在AD和BC部分会产生负弯矩。在点A、B、C和D处，弯矩为零，管道各部分之间的作用由切向力表示，切向力与表示管道理想形状的虚线圆相切。这个圆可以被视为外部压力的索曲线（参见第7.4节）。沿着这条曲线的压缩力保持不变且等于S。因此，在任何截面处，弯矩都可以通过将S乘以该截面上的总径向位移$w_i + w$来获得。将

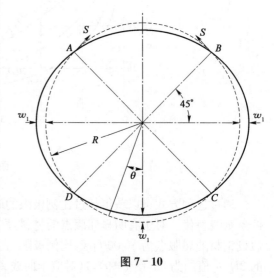

图7-10

$$M = qR(w + w_1 \cos 2\theta) \tag{b}$$

代入方程(7-4)中，得到

$$\frac{d^2 w}{d\theta^2} + w = -\frac{12(1-\nu^2)}{Eh^3} qR^3(w + w_1 \cos 2\theta)$$

---

[1] 参考Timoshenko的论文，发表在ASME的《应用力学分册》第1卷第173页，1933年。

或者
$$\frac{\mathrm{d}^2 w}{\mathrm{d}\theta^2} + w\left[1 + \frac{12(1-\nu^2)}{Eh^3}qR^3\right] = -\frac{12(1-\nu^2)}{Eh^3}qR^3 w_1 \cos 2\theta$$

该方程的解满足在点 A、B、C 和 D 处的连续性条件为

$$w = \frac{w_1 q}{q_{cr} - q}\cos 2\theta \tag{7-18}$$

式中，q_{cr} 为由方程(7-12)给出的均匀压力的临界值。可以看出，在点 A、B、C 和 D 处，w 和 $\mathrm{d}^2 w/\mathrm{d}\theta^2$ 均为零。因此，如上面所假设的，这些点处的弯矩为零。最大弯矩发生在 $\theta = 0$ 和 $\theta = \pi$ 的地方，其中

$$M_{max} = qR\left(w_1 + \frac{w_1 q}{q_{cr} - q}\right) = qR\,\frac{w_1}{1 - q/q_{cr}} \tag{7-19}$$

从方程(7-19)可以看出，对于比值 q/q_{cr} 的小值，由于压力 q 引起的管道椭圆度的变化可以忽略不计，并且最大弯矩可以通过将压缩力 qR 乘以初始挠曲量来获得。当 q/q_{cr} 的比值不小的时候，应考虑管道初始椭圆度的变化，并且在计算 M_{max} 时必须使用方程(7-19)。

最大的压应力是通过将由压缩力 qR 产生的应力与由弯矩 M_{max} 产生的最大压应力相加而获得的，因此有

$$\sigma_{max} = \frac{qR}{h} + \frac{6qR}{h^2}\,\frac{w_1}{1 - q/q_{cr}} \tag{c}$$

假设该方程在材料的屈服点应力之前具有足够的准确性，则有

$$\sigma_{YP} = \frac{q_{YP}R}{h} + 6q_{YP}\,\frac{R^2}{h^2}\,\frac{w_1}{R}\,\frac{1}{1 - q_{YP}/q_{cr}} \tag{d}$$

从式(d)中可以计算出在外层纤维开始屈服的均匀压力 q_{YP} 的值。当使用符号 $R/h = m$ 和 $w_1/R = n$ 时，计算 q_{YP} 的方程变为

$$q_{YP}^2 - \left[\frac{\sigma_{YP}}{m} + (1 + 6mn)q_{cr}\right]q_{YP} + \frac{\sigma_{YP}}{m}q_{cr} = 0 \tag{e}$$

应注意的是，以这种方式确定的屈服压力 q_{YP} 小于导致管道塌陷的压力，并且仅在完全圆形的管道情况下两者才相等。因此，通过使用从方程(e)计算得到的 q_{YP} 值作为压力的最大值，是偏于安全的[①]。

图 7-9 中显示了几条曲线，它们给出了平均切向压应力 $q_{YP}(R/h)$ 开始屈服的值，通过方程(e)进行计算，取 $n = 0.1$、0.05、0.025、0.01，并且 $\sigma_{YP} = 40\,000$ psi。

如果管道的椭圆度已知，并且选择了适当的安全系数，可以使用这些曲线来计算管道的安全压力。

7.6 均匀受压的圆形拱弯曲

如果一根带有铰接端部，中心线呈圆弧形状的弯曲杆件受到均匀分布的压力 q 的作用，它

---

① R. T. Stewart 在 1906 年的 *Trans. ASME*, *vol.27* 中进行了对长管道受均匀外部压力的实验。此外，还可以参考 H. A. Thomas 在 1924 年的 *Bull. Am. Petroleum Inst.*, *vol.5*, *p.79* 和 B. V. Bulgakov 在 1930 年的 *Nauch.-Tehn. Upravl. V.S.N.H.*, *Moscow*, *no.343* 的相关研究。

将如图 7-11 中虚线所示产生屈曲。可以通过求解
屈曲杆件挠曲曲线的微分方程，来找到出现屈曲的
临界压力 q 值。与之前一样，将起始圆弧视为均匀
压力下的索曲线，方程(7-1)变为

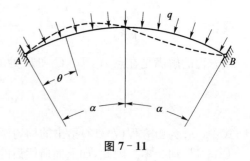

图 7-11

$$\frac{\mathrm{d}^2 w}{\mathrm{d}\theta^2} + w = -\frac{R^2 S w}{EI} \qquad (a)$$

式中，$S = qR$，为轴向压缩力；w 为向心的径向位移。
使用以前的符号表示，方程可以重写为

$$k^2 = 1 + \frac{qR^3}{EI} \qquad (b)$$

可得
$$\frac{\mathrm{d}^2 w}{\mathrm{d}\theta^2} + k^2 w = 0$$

这个方程的一般解是

$$w = A \sin k\theta + B \cos k\theta$$

为了满足左端 $(\theta = 0)$ 的条件，必须取 $B = 0$。如果取

$$\sin 2\alpha k = 0 \qquad (c)$$

右端 $(\theta = 2\alpha)$ 的条件将满足。满足杆件中心线不可伸展条件的方程的最小根为

$$k = \frac{\pi}{\alpha}$$

使用符号(b)，得到[1]

$$q_{cr} = \frac{EI}{R^3}\left(\frac{\pi^2}{\alpha^2} - 1\right) \qquad (7-20)$$

通过取 $\alpha = \pi/2$，可以发现式(7-20)给出的 q_{cr} 值与完整环形的值相同[方程(7-13)]。
这个结果是可以预期的，因为在 α 取该值时，图 7-11 所代表的杆恰与在两相对反曲点周的半
个屈曲环(图 7-8)的状况相同。

当 α 接近 π，即当弧逼近完整环形时，式(7-20)中 q_{cr} 的值接近零。这可以解释为，当 $\alpha = \pi$ 时，两个铰链重合，环将像刚体一样绕着这个共同的铰链自由旋转。

当 α 相对于 π 来说很小时，与式(7-20)括号中的 π^2/α^2 可以忽略。因此，临界压缩力 q_{cr}
等于具有铰接端部和长度为 $R\alpha$ 的棱柱形杆件的临界载荷。

在推导式(7-20)时，假设屈曲的拱形结构在中间有一个拐点(图 7-11)。根据对拱形结
构的非展性挠曲的一般讨论可知(第 7.2 节)，还可以有关于杆件中间对称的非展性挠曲曲线。
其中最简单的曲线有两个拐点。如果将这样的曲线作为计算临界载荷的基础，得到的临界值
将大于由式(7-20)[2]给出的。因此，应该使用后者来计算 q_{cr}。

---

① 这个解由 E. Hurlbrink 在 1908 年的 *Schiffbau* 杂志第 9 卷第 517 页获得；也可参见 Timoshenko 于
1910 年在 *Polytech. Inst.* 的发表论文《均匀压缩圆拱的屈曲》。

② 这种计算方法是由 E. Chwalla 在 1927 年发表于"《维也纳科学院报告》，第 136 卷，第 645 页，部分
IIa"中进行的。

　　如果用一个扁平的抛物线形拱替代圆形拱,并且在跨度 AB 上均匀分布垂直载荷(图 7-11),则可以忽略沿拱长度变化的压缩力,并且可以通过取拱的一半长度并应用欧拉公式来计算其临界值[①],就像处理具有铰接端的杆件一样。

　　在推导式(7-20)时,假设曲线杆件在屈曲之前,其中心线呈圆弧形。只有在将杆件端部固定在支座上之前,才能满足这种条件,使得杆件中心线受到均匀单位压缩 $q_{cr}R/(AE)$ 的作用;否则,在加载的开始阶段就会产生一些由均匀压力引起的弯曲。只要压缩力 q 相对于 q_{cr} 较小,并且条件类似于由于各种缺陷而导致的柱的弯曲,这种弯曲是非常小的。

　　在式(7-20)中用 $E/(1-\nu^2)$ 替代 E,并用 $h^3/12$ 替代 I,得到以下方程:

$$q_{cr} = \frac{Eh^3}{12(1-\nu^2)R^3}\left(\frac{\pi^2}{\alpha^2} - 1\right) \tag{7-21}$$

方程(7-21)可以用于计算沿着边界 $\theta = 0$ 和 $\theta = 2\alpha$ (图 7-11)铰接的圆柱壳受均匀压力作用时的临界载荷。

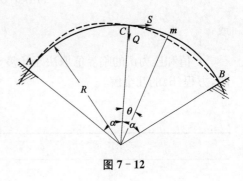

图 7-12

　　如果一个均匀压缩的拱门的两端是内置的(假设在固定两端之前拱门是均匀压缩的)[②](图 7-12),则屈曲的形状将如虚线所示。在中点 C 之后,除了水平压缩力 S 之外,还将产生垂直剪切力 Q。再次考虑初始圆弧作为均匀压力的悬链线曲线,并用 w 表示指向中心的径向位移,则任意截面的弯矩由角度 θ 定义为

$$M = Sw - QR\sin\theta$$

微分方程(7-1)可以变为下式:

$$\frac{\mathrm{d}^2 w}{\mathrm{d}\theta^2} + w = -\frac{R^2}{EI}(Sw - QR\sin\theta)$$

或者使用符号(b)来表示,则可以写成

$$\frac{\mathrm{d}^2 w}{\mathrm{d}\theta^2} + k^2 w = \frac{QR^3\sin\theta}{EI}$$

这个方程的一般解为

$$w = A\sin k\theta + B\cos k\theta + \frac{QR^3\sin\theta}{(k^2-1)EI} \tag{d}$$

---

　　① 实验结果与这些计算的结果有令人满意的一致性;参见 R. Mayer 在 1913 年发表于 *Der Eisenbau* (第 4 卷,第 361 页),以及 1921 年出版的 *Die Knickfestigkeit*。这里考虑了一个带有三个铰接点的拱门的情况,并讨论了拱顶中心线的压缩和中部铰接点的降低对临界载荷的影响。E. Gaber 在 1934 年的 *Bautechnik* 杂志中对带有三个铰接点的均匀载荷的拱门进行了测试。这些测试的结果与式(7-20)相吻合。E. Chwalla 在 1935 年的 *Der Stahlbau* 杂志中讨论了非对称载荷作用下带有三个铰接点的拱门的屈曲问题。

　　② 再次假设在固定端之前,拱形结构受到均匀压缩。

确定常数 A 和 B 以及力 Q 的条件如下：

$$w = \frac{\mathrm{d}^2 w}{\mathrm{d}\theta^2} = 0 \quad (\theta = 0) \tag{e}$$

$$w = \frac{\mathrm{d}w}{\mathrm{d}\theta} = 0 \quad (\theta = \alpha) \tag{f}$$

在解(d)中取 $B=0$，可以满足条件(e)。根据条件(f)，可以得到

$$A\sin k\alpha + Q\frac{R^3 \sin\alpha}{(k^2-1)EI} = 0, \quad Ak\cos k\alpha + Q\frac{R^3 \cos\alpha}{(k^2-1)EI} = 0 \tag{g}$$

通过将方程(g)的行列式等于零来计算均匀压力 q 的临界值方程，得到

$$\sin k\alpha \cos\alpha - k\sin\alpha\cos k\alpha = 0$$

或

$$k\tan\alpha\cot k\alpha = 1 \tag{h}$$

k 值和压力 q 的临界值取决于角度 α 的大小。对于不同的值，表 7-1[①] 列出了不同角度 α 时，方程(h)的几个解。

表 7 - 1

α	30°	60°	90°	120°	150°	180°
k	8.621	4.375	3	2.364	2.066	2

上述解是由 E. L. Nicolai 在 1918 年的 *St. Petersburg Polytech. Inst. Bulletin* 中提出的。当表 7-1 中的数值代入方程(b)时，可以得到均匀压力的临界值

$$q_{cr} = \frac{EI}{R^3}(k^2 - 1) \tag{7-22}$$

q_{cr} 的值始终大于从方程(7-20)中得到的值。

均匀压缩的具有恒定横截面圆形拱的弯曲问题，也已经由对称的三铰节点和单铰节点拱进行了解决[②]。在三个铰节点的情况下，弯曲的一种形式与两个铰节点拱的情况相同（图7-11）。拱冠处铰链的存在并不改变此情况下的临界载荷。另一种可能的弯曲形式是对称的，并且与图 7-13 所示中央铰链的下降有关。对于较小的 h/l 值，第二种弯曲形式需要较小的载荷，从而给出限制值 q_{cr}。

对于所研究的这四种情况，临界压力 q_{cr} 可以表示为

$$q_{cr} = \gamma_1 \frac{EI}{R^3} \tag{7-23}$$

---

① 这个解是由 E. L. Nicolai 在 1918 年的 *St. Petersburg Polytech. Inst. Bulletin* 中提出的，详见第 27 卷。还可以参考 1923 年《应用数学与机械学杂志》(*Z. angew. Math. u. Meeh.*)，第 3 卷，第 227 页。

② 参考 A. N. Dinnik 在 1934 年的《工程师新闻》第 6 期中的论文，以及他的著作《弯曲和扭转》第 160 - 163 页，莫斯科，1955 年。

表 7-2 给出不同中心角 2α 值下因子 γ_1 的数值。无铰链和两个铰链的拱的数值分别从式 (7-22)、(7-20) 中获得。其余数值由 Dinnik 计算得出[1]。

表 7-2 对于均匀压缩的具有恒定横截面的圆形拱因子 γ_1 的值 [式(7-23)]

$2\alpha/°$	无铰链	单铰链	双铰链	三铰链
30	294	162	143	108
60	73.3	40.2	35	27.6
90	32.4	17.4	15	12.0
120	18.1	10.2	8	6.75
150	11.5	6.56	4.76	4.32
180	8.0	4.61	3.00	3.00

为了便于实际应用,可以将临界压力表示为跨度 l 和拱的升距 h 的函数(图 7-13)。q_{cr} 的公式可以为

$$q_{cr} = \gamma_2 \frac{EI}{l^3} \qquad (7-24)$$

式中,γ_2 取决于升距 h/l 的比值和铰链的数量。表 7-3 给出因子 γ_2 的数值。从表 7-2、表 7-3 可以看出,随着铰链数量的增加,临界载荷会减小。唯一的例外是当 $2\alpha = 180°$

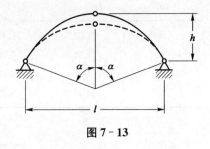

图 7-13

(或者 $h/l = 0.5$)时,在这种情况下,两铰链和三铰链拱的临界载荷是相同的,因为两种拱具有相同的临界屈曲形态(见图 7-11)。

表 7-3 对于均匀压缩的具有恒定横截面的圆形拱因子 γ_2 的值 [式(7-24)]

$\dfrac{h}{l}$	无铰链	单铰链	双铰链	三铰链
0.1	58.9	33	28.4	22.2
0.2	90.4	50	39.3	33.5
0.3	93.4	52	40.9	34.9
0.4	80.7	46	32.8	30.2
0.5	64.0	37	24.0	24.0

在之前对圆拱屈曲的讨论中,假设在屈曲过程中,外部力保持垂直于拱形的屈曲轴,就像水压力的情况一样。有时会遇到一种情况,即在屈曲过程中力的方向保持不变。对这个问题的研究表明,屈曲过程中力的方向的轻微变化对临界压力[2]的值只有很小的影响。

弹性稳定性问题在某些情况下也适用于具有变化横截面的拱形结构,如图 7-11 所示。

---

[1] 参考 A. N. Dinnik 在 1934 年的《工程师新闻》第 6 期中的论文,以及他的著作《弯曲和扭转》第 160-163 页,莫斯科,1955 年。

[2] 同前第 3.1 节。

例如,假设对于对称拱形左侧横截面的惯性矩沿着弧长方向变化,遵循以下定律:

$$I = I_0 \left[1 - \left(1 - \frac{I_1}{I_0} \right) \frac{\theta}{\alpha} \right] \tag{7-25}$$

式中,I_0 和 I_1 分别为 $\theta = 0$ 和 $\theta = \alpha$ 处的惯性矩,那么可以得到临界压力的表达式为

$$q_{cr} = \gamma_3 \frac{EI_0}{\alpha^2 R^3} \tag{7-26}$$

式中,γ_3 为一个与角度 α 和比值 I_1/I_0 有关的数值因子,这个因子的几个值可以在表 7-4 中找到。表中的第一行 ($\alpha=0$) 给出变截面直杆在中点处呈现拐点屈曲时系数 γ_3 的值。表中最后一列给出了恒定截面的拱形结构的系数 γ_3 [参见方程(7-20)]。

表 7-4　均匀压缩的变截面圆形双铰拱的因子的值[式(7-26)]

$2\alpha/°$	I_1/I_0 0.1	I_1/I_0 0.2	I_1/I_0 0.4	I_1/I_0 0.6	I_1/I_0 0.8	I_1/I_0 1
0	4.67	5.41	6.68	7.80	8.85	π[1]
60	4.54	5.20	6.48	7.58	8.62	9.60
120	4.16	4.82	5.94	6.94	7.89	8.77
180	3.53	4.08	5.02	5.86	6.66	7.40

7.7　其他形式的拱构造

前面考虑了具有圆形轴的均匀压缩拱。还有其他几种形式的拱,其屈曲问题得到了解决,并且给出了其中一些结果[2]。

1) 抛物线拱

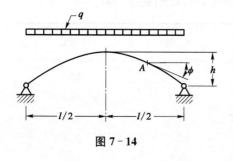

图 7-14

如果一个抛物线拱受到沿着跨度均匀分布的负荷 q 的作用(图 7-14),将会有轴向压缩但没有弯曲,因为抛物线是均匀载荷的函数曲线。通过逐渐增加负荷的强度,可以达到抛物线平衡形态不稳定的条件,拱将以类似于圆形拱的形式屈曲。考虑到对称的均匀截面的拱,不带铰链或带有一个、两个和三个铰链,可以用下式表示负荷强度的临界值:

$$q_{cr} = \gamma_4 \frac{EI}{l^3} \tag{7-27}$$

式中,数值因子 γ_4 取决于拱的升高 h 和跨度 l 之比(图 7-14)。数值因子的数值[3]见表 7-5。

① 参见 A. N. Dinnik, *Vestnik Inzhenerov*,1933 年第 8 和 12 期;另见 I. J. Steurman, Bull. Polytech. Inst., Kiev, 1929 以及《拱形结构的稳定性》,Kiev, 1929。

② 请参考文献: K. Federhofer, "Sitzber. Akad. TTfss. Wien, 1934"; K. Federhofer, "Bautechnik, no. 41, 1936"; A. N. Dinnik, "*Vestnik Inzhenerov*, nos. 1 and 12, 1937"; A. N. Dinnik, "*Buckling and Torsion*", p.171-193, Moscow, 1955。

③ 这些数值是由 Dinnik 在引用文献中计算得出的。

可以看出,对于扁平的抛物线拱 ($h/l < 0.2$),数值因子 γ_4 的值与表 7-3 中圆形拱的数值相比,只有轻微的差异。

数值因子 γ_4 可以通过图 7-15 中 h/l 的函数图形表示。曲线的虚线部分对应对称屈曲形式。在这些情况下,将发生非对称屈曲,并且在获取数值 γ_4 的过程中,必须使用没有中央铰链的拱的曲线。例如,在 $h/l > 0.3$ 的三铰拱的情况下,可以从两铰拱的曲线上取 γ_4 的值。使用拱模型进行的实验[1]与以上给出的理论值高度一致。

对于矩形横截面的抛物线拱,其宽度恒定,深度与切线与任意点 A 处的拱轴之间的角度 ϕ 成正比(图 7-14),仍使用式(7-27)。在这种情况下,I 表示拱顶 ($\theta = 0$) 处横截面的惯性矩。因子 γ_4 的数值可以在表 7-6[2] 中找到。

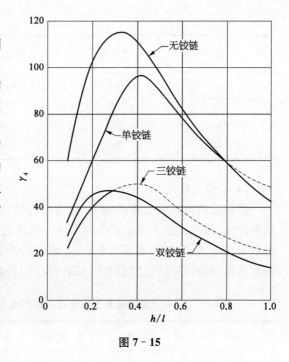

图 7-15

表 7-5　均匀负载下具有恒定截面抛物线拱的因子 γ_4 数值[方程(7-27)]

h/l	无铰链	单铰链	双铰链	三铰链
0.1	60.7	33.8	28.5	22.5
0.2	101	59	45.4	39.6
0.3	115		46.5	46.5
0.4	111	96	43.9	43.9
0.5	97.4		38.4	38.4
0.6	83.8	80	30.5	30.5
0.8	59.1	59.1	20.0	20.0
1.0	43.7	43.7	14.1	14.1

表 7-6　具有不同截面的抛物线拱在均布载荷条件下的因子 γ_4 数值[式(7-27)]

h/l	无铰链	单铰链	双铰链	三铰链
0.1	65.5	36.5	30.7	24
0.2	134	75.8	59.8	51.2
0.3	204		81.1	81.1

① 请参考以下文献:E. Gaber, "*Bautechnik*,1934",第 646-656 页;C. F. Kollbrunner, "*Schweiz. Bauztg.*, vol.120, 1942",第 113 页;Kollbrunner and M. Meister, "*Knicken*," 第 191-200 页,Springer-Verlag, Berlin, 1955。

② 请参考文献:A. N. Dinnik, "*Buckling and Torsion*",莫斯科,1955 年。

(续表)

h/l	无铰链	单铰链	双铰链	三铰链
0.4	277	187	101	101
0.6	444	332	142	142
0.8	587	497	170	170
1.0	700	697	193	193

2) 拱形悬链线

假设负荷均匀分布在拱轴上,就像均匀横截面的拱的自重情况。那么悬链线就是该负荷的索曲线,该形状的拱不会产生弯曲[1]。当负荷强度达到临界值时,拱将发生屈曲,该临界值可以再次用式(7-27)表示。表7-7给出因子 γ_4 的值[2]。与表7-5进行比较,可以看到对于扁平曲线,两种拱形式之间的 γ_4 只有很小的差异。

表 7-7　具有恒定横截面的悬链线拱在拱轴上均匀分布载荷时因子 γ_4 的取值[式(7-27)]

h/l	无铰链	双铰链	h/l	无铰链	双铰链
0.1	59.4	28.4	0.4	92.3	35.4
0.2	96.4	43.2	0.5	80.7	27.4
0.3	112.0	41.9	1.0	27.8	7.06

在设计拱时,必须考虑多种类型的载荷,其中一些只产生拱的压缩,而另一些还会产生弯曲。只要压缩力与其临界值相比较小,就可忽略其对弯曲的影响,并在确定应力时忽略拱的变形。然而,在跨度较长细长拱的情况下,轴向压缩力可能接近临界值。此时,轴向力对弯曲的影响变得重要起来,并且在进行应力分析时必须考虑拱的变形。

7.8　弯曲极为扁平的杆件的屈曲[3]

前面只考虑了曲线杆件的无伸长形式的屈曲。在非常扁平的曲线杆件的情况下,考虑轴向应变的屈曲可能会在比无伸长屈曲更小的载荷下发生,因此必须加以研究。作为这种屈曲的一个示例,下面考虑一个带有铰接端的扁平均匀受载拱(图7-16),其初始中心线的方程是给定的:

$$y = a \sin \frac{\pi x}{l} \qquad (a)$$

如果拱的升高 a 较大,可以忽略载荷作用下拱的轴向变形,并且可以假设在屈曲过程中拱的中点存在

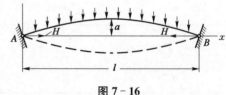

图 7-16

---

① 如同我们之前的讨论,假设在施加末端约束之前拱轴的收缩已经发生。

② 请参考文献:A. N. Dinnik, "*Buckling and Torsion*",莫斯科,1955 年。

③ 参考 J. Appl. Mech.(应用力学),卷 2,第 17 页的 Timoshenko 的文章。该文章中详细解释了上述方程。

一个拐点,从而得到临界载荷(参见第 7.6 节)。然而,如果 a 非常小,加载过程中就不能忽略拱的轴向变形,拱可以以图 7-16 中虚线所示的对称形式屈曲。

在研究拱的变形时,首先假设其中一个铰链点位于滚动支座上;然后加载后的拱的中心线可以充分准确地表示(详见第 1.11 节),其方程为

$$y_1 = \left(a - \frac{5}{384} \frac{ql^4}{EI}\right)\sin\frac{\pi x}{l} = a(1-u)\sin\frac{\pi x}{l} \tag{b}$$

式中,q 为均匀载荷的强度;EI 为杆件在中心线平面内的弯曲刚度,而

$$u = \frac{5}{384}\frac{ql^4}{EIa} \tag{c}$$

在固定铰链的情况下,加载将产生一个推力 H,并且最终的拱中心线方程为(参见第 1.12 节)

$$y_2 = \frac{a(1-u)}{1-\alpha}\sin\frac{\pi x}{l} \tag{d}$$

其中

$$\alpha = \frac{Hl^2}{\pi^2 EI} \tag{e}$$

式(e)不仅适用于 $u<1$ 的情况,还适用于 $u>1$ 的情况,即在弯曲杆件的挠曲大于拱的初始升起的情况下。量 α 也可以大于 1,但必须小于 4,因为当 $\alpha=4$ 时,拱会出现中间点为拐点的屈曲,而方程(d)即拱关于中间对称的假设将不再成立。

首先假设 $u<1$,从方程(d)中可以得出结论:如果 $\alpha<1$,则 $y_2>0$,如果 $\alpha>1$,则 $y_2<0$。这意味着,如果推力小于具有铰接端杆件的欧拉载荷,拱的形状将如图 7-16 中实线所示。如果施加大于欧拉载荷的推力,可以使相同的拱向下挠曲,如图 7-16 中虚线所示。当 $u>1$ 时,对于 $\alpha>1$,$y_2>0$,并在 $\alpha<1$ 时变为负数。

在加载后,拱的实际形状只能在已知推力 H 的情况下确定。计算推力 H 的方程,可通过将由于挠曲而导致跨距长度的变化与由于推力而导致杆件的压缩相等得到。假设对于平坦曲线,沿杆件长度的压缩力是恒定的且等于 H,则有

$$\frac{Hl}{AE} = \frac{1}{2}\int_0^l \left(\frac{\mathrm{d}y}{\mathrm{d}x}\right)^2 \mathrm{d}x - \frac{1}{2}\int_0^l \left(\frac{\mathrm{d}y_2}{\mathrm{d}x}\right)^2 \mathrm{d}x \tag{f}$$

式中,A 为杆件的横截面积。将 y 和 y_2 用它们的表达式(a)、(d)分别代入并进行积分,得到

$$(1-u)^2 = (1-m\alpha)(1-\alpha)^2 \tag{g}$$

其中

$$m = \frac{4I}{Aa^2} \tag{h}$$

对于给定的拱,量 m 可以很容易地计算出来,如果给定了载荷 q,可以由方程(c)确定量 u。然后根据方程(g)得到相应的 α 值,从而得到推力 H。由于这个方程不是线性的,在某些条件下可以得到多个实根,这表示存在几种可能的平衡形式,而这些形式的稳定性必须进行调查。

将方程(g)右边视为 α 的函数,可发现对于 $m<1$,该函数在 $\alpha=1$ 时有一个最小值为 0,并且在 $\alpha=(2+m)/(3m)$ 时有一个最大值。这个最大值的大小为

$$\frac{4}{27}\frac{(1-m)^3}{m^2} \tag{i}$$

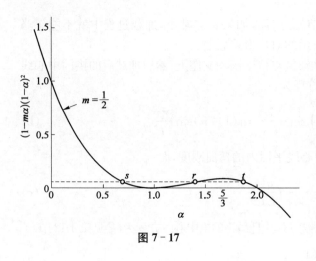

图 7-17

在图 7-17 中，曲线表示了 $m=1/2$ 时方程 (g) 的右边。对于这个 m 值，最大值发生在 $\alpha=5/3$ 处，根据数 (i)，这个最大值的大小等于 2/27。

如果载荷 q 的大小使得方程 (g) 的左边大于上述最大值，则只得到一个实数解 α，这表明只有一种平衡形式可能且该平衡是稳定的。如果方程 (g) 的左边小于数 (i)，则得到三个解 α，如图 7-17 中的交点 s、r 和 t 所示，就必须考虑相应平衡形式的稳定性问题。将这些结论应用于上面的数值示例，发现如果

$$(1-u)^2 > \frac{2}{27}$$

这相当于以下条件：

$$\left.\begin{array}{l} u < 1 - \sqrt{\dfrac{2}{27}} \\[2mm] u > 1 + \sqrt{\dfrac{2}{27}} \end{array}\right\} \tag{j}$$

第一个条件对应于凸向上的平衡形式，如图 7-16 中的实线所示；而第二个条件对应于凸向下的形式，如图 7-16 中的虚线所示。

对于任何 $m < 1$，稳定性条件等价于条件 (j)：

$$\left.\begin{array}{l} u < 1 - \sqrt{\dfrac{4}{27}\,\dfrac{(1-m)^3}{m^2}} \\[3mm] u > 1 + \sqrt{\dfrac{4}{27}\,\dfrac{(1-m)^3}{m^2}} \end{array}\right\} \tag{k}$$

因此，使得存在多种平衡形式并需要进行稳定性调查的条件为

$$\left.\begin{array}{l} u > 1 - \sqrt{\dfrac{4}{27}\,\dfrac{(1-m)^3}{m^2}} \\[3mm] u < 1 + \sqrt{\dfrac{4}{27}\,\dfrac{(1-m)^3}{m^2}} \end{array}\right\} \tag{l}$$

如果 $m > 1$，在图 7-18 中，式 (g) 只有一个实根。从图中可以看出，当 $m=2$ 和 $m=1$ 时，对于任何正值的 $(1-u)^2$，α 只有一个值，并且该值小于 1。因此，对于 $m > 1$，只有一种可能的平衡形式是稳定的。不稳定性问题仅在 $m < 1$ 且负载位于条件 (l) 所示范围内才会出现。

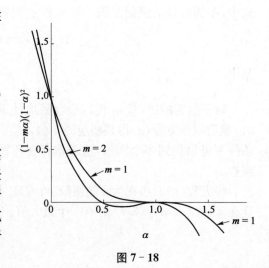

图 7-18

在对拱的稳定性进行考查时,将拱的升高表示为负载或数量 u 的函数,以图形方式呈现是有优势的。通过方程(d),可以看到这个升高为

$$a_1 = \frac{a(1-u)}{1-\alpha} \tag{m}$$

通过在每个特定情况下取一系列的 α 值,可以根据方程(g)计算出相应的 u 值,并根据方程(m)计算出升高 a_1。图 7-19 给出 $a_1/\alpha - u$ 关系图。实线代表 $m=1/2$,两个虚线分别代表 $m=1/4$ 和 $m=1$ 的情况。考虑 $m=1/2$,从曲线可以看出,随着负载的增加,挠度逐渐增加,直到点 A 处,该点对应于图 7-17 中曲线上的最大值 $\alpha = 5/3$。从该点开始,随着 u 的减小即负载 q 的减小,挠度继续增加。这一事实表明,在点 A 处

$$(1-u)^2 = \frac{2}{27}$$

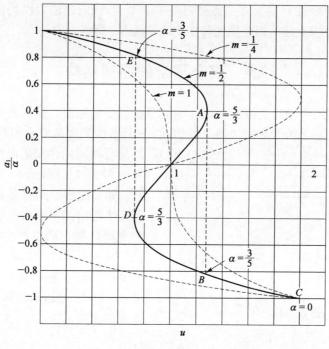

图 7-19

如图 7-16 中实线所示,拱的平衡形式变得不稳定,并且拱向下弯曲,如图 7-16 中虚线所示。对于这种新形式的平衡,在图 7-19 中点 B 的位置给出了它的挠度。这种新的平衡形式是稳定的,任何进一步增加的负载都会导致挠度逐渐增加,如图 7-19 中曲线 BC 所示。在此负荷下,推力 H 逐渐减小,在点 C 处变为零,并随着负载的进一步增加而变为负值。如果从点 B 开始减小负载,拱的挠度会逐渐减小,直到点 D 处。在 D 点,负载不足以使拱向下呈现凸形,而是向上弯曲,如图 7-19 中点 E 所示。由此可以看出,在由垂直线 ED 和 AB 限定的区域内,存在多种平衡形式的可能性,这对应于条件项。在一般情况下,该区域由条件 Z 定义,可以得出结论,拱将呈凸形变形的临界负载由方程[1]决定:

---

[1]　本节所得到的结果与 Dinnik 进行的实验高度一致;详见 Dinnik 的引用,第 5.5 节。

$$u = 1 + \sqrt{\frac{4}{27} \frac{(1-m)^3}{m^2}} \tag{7-28}$$

从图 7-19 中的曲线可以得出结论,当 m 增大时,可能存在多种平衡形式的区域变得越来越小,并且当 $m=1$ 时,由条件(1)给出的两个限制重合;因此,从 $m=1$ 开始,总是只有一种可能的平衡形式。

上述讨论假设拱上受到均匀分布的负载作用,但是所得到的结果可以适用于所有情况,其中将拱视为梁时,其挠度可以用正弦级数的第一项来足够准确地表示(参见第 1.11 节)。例如,考虑一个集中垂直负载 P 施加在拱的中点处,该负载的临界值可以从方程(7-28)[1]中获得,只需要在该方程中进行以下替换

$$u = \frac{Pl^3}{48EI} \frac{1}{a} \tag{n}$$

类似地,如果将负载 P 施加在中点处以外的某个点,该问题也可以类似的方式解决。只需在方程(n)中用梁中点处的相应挠度替换 $Pl^3/(48EI)$ 即可。

7.9 双金属带的屈曲结构

上述结果可以用于研究受温度变化影响的双金属带的屈曲。这样的带状物在温度调节器中用于调控温度。下面考虑一个简单的情况,一个单位宽度的双金属带由两种相等厚度

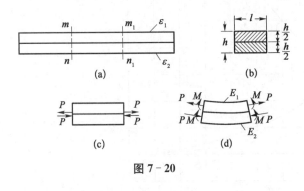

图 7-20

且具有相同弹性模量但热膨胀系数不同 ε_1 和 ε_2 的金属组成(图 7-20)。如果 $\varepsilon_2 > \varepsilon_1$,从初始温度增加到温度 t,带状物将向下凸起产生弯曲。考虑到由于膨胀差异而在两种金属接触表面上产生的反作用力 P(图 7-20c),可以计算出相应的曲率。将这些力替换为集中施加的力和力矩 $M = Ph/4$(图 7-20d),可以从已知方程中计算出每种金属的曲率:

$$\frac{1}{\rho} = \frac{M}{EI} = \frac{24Ph}{Eh^3} \tag{a}$$

从纵向纤维在接触表面的长度相等这个条件出发,可以得到另一个用于确定 ρ 和 P 的方程:

$$\varepsilon_1(t-t_0) + \frac{2P}{Eh} + \frac{h}{4\rho} = \varepsilon_2(t-t_0) - \frac{2P}{Eh} - \frac{h}{4\rho} \tag{b}$$

通过从方程(a)、(b)中消除 P,可以得到

---

① 这个特定问题已经被 Navier 在《关于力学应用的总结》(第二版,巴黎,1833 年,第 273 页)进行了讨论。另请参见 C. B. Biezeno 的《科学院学报》(阿姆斯特丹,第 32 卷,第 990 页,1929 年),以及《应用数学和力学期刊》(第 18 卷,第 21 页,1938 年)。当拱的中心线不是平面曲线时,A. Nadai 在 1915 年的《技术文献汇编》(布拉格,第 3 号和第 4 号)中进行了考虑。

$$\frac{1}{\rho} = \frac{3}{2} \frac{(\varepsilon_2 - \varepsilon_1)(t - t_0)}{h} \tag{7-29}$$

因此,由加热产生的双金属带的曲率,与温度上升和两种膨胀系数之间的差异成正比,并且与带状物的厚度成反比。方程(7-29)也可以在材料弹性模量略有不同的情况下使用,例如,蒙乃尔合金和镍钢[①]的情况下,也可以得到足够准确的结果。

已知曲率后,由于温度升高 $t - t_0$ 而引起的双金属带在中间位置(两端支撑)的挠度可以类比于弧形圆弧的扁平部分,且有

$$\delta = \frac{l^2}{8\rho} \tag{c}$$

式中,L 为带的长度;ρ 为由方程(7-29)确定的曲率半径。

下面考虑一个具有轻微初始曲率的双金属带。假设带的两端如图 7-16 中的实线所示是铰接的。如果凹侧的金属比凸侧的金属具有更大的热膨胀系数,那么加热过程中带子将向下偏转,并产生一定的推力 H。在特定的温度下,这取决于带子的比例和两种金属膨胀系数之间的差异,图 7-16 中实线所示的带子形状变得不稳定,并且带子突然向下褶曲,如图 7-16 中虚线所示。在温度控制器中,当带子开始褶曲时,加热源会立即关闭,并开始冷却,最终导致带子向上褶曲,从而再次启动加热源。这种现象类似于上一节中讨论的在加载和卸载过程中平拱的褶曲现象。为了确定褶曲发生的温度,只需使用挠度(c)而不是由载荷产生的挠度,则方程(7-28)变为

$$\frac{l^2}{8\rho a} = 1 + \sqrt{\frac{4}{27} \frac{(1-m)^3}{m^2}}$$

利用方程(7-29)表示的曲率,可以通过以下方程求得带子向下褶曲的温度 t_1:

$$\frac{3}{16} \frac{l^2}{ah}(\varepsilon_2 - \varepsilon_1)(t_1 - t_0) = 1 + \sqrt{\frac{4}{27} \frac{(1-m)^3}{m^2}} \tag{7-30}$$

带子冷却后向上褶曲的温度 t_2 可以通过第 7.8 节中不等式(k)的第一个式子求得,因此得到

$$\frac{3}{16} \frac{l^2}{ah}(\varepsilon_2 - \varepsilon_1)(t_2 - t_0) = 1 - \sqrt{\frac{4}{27} \frac{(1-m)^3}{m^2}} \tag{7-31}$$

以 $l/h = 100$,$\varepsilon_2 - \varepsilon_1 = 4 \times 10^{-6}$ 为例,并且参考表 7-8 第一行给出的 $m = h^2/a^2$ 的值,计算得到条带的初始振幅 a 与其厚度的比值。

表中最后两行给出根据式(7-30)计算得到的 $t_1 - t_0$ 的值和根据式(7-31)计算得到的 $t_2 - t_0$ 的值,以℃表示。从表 7-8 可见,屈曲温度 t_1 随着初始曲率的增加而升高,同时温度 t_2 降低,因此,由差值 $t_1 - t_2$ 给出的温控器灵敏度随着温度 t_1 的升高而降低。可以通过为双金属带引入弹性支撑来改善这些条件。

---

① 铁摩辛柯(Timoshenko)在 1925 年的《美国光学学会杂志》第 11 卷第 233 页中,对双金属带的弯曲和褶曲进行了更一般的研究。此外,A. M. Wahl 在 1944 年的《应用力学杂志》第 11 卷第 183 页也有相关研究。关于环形双金属板的褶曲情况,W. H. Wittrick 在 1953 年的《季度应用力学与应用数学杂志》第 6 卷中进行了讨论。

表 7-8 双金属带屈曲的数值

m	2/3	1/2	1/3	1/4
a/h	0.707	0.814	1.000	1.154
$t_1-t_0/℃$	104	137	217	307
$t_2-t_0/℃$	83	79	50	0

如果在推力 H 的作用下,支撑点之间的距离增加了一定量 βH,与计算推力的方程成比例,则推力的计算方程变为

$$\frac{Hl}{AE} + \beta H = \frac{1}{2}\int_0^l \left(\frac{\mathrm{d}y}{\mathrm{d}x}\right)^2 \mathrm{d}x - \frac{1}{2}\int_0^l \left(\frac{\mathrm{d}y_2}{\mathrm{d}x}\right)^2 \mathrm{d}x$$

代替第 7.8 节中的公式(g),得到方程

$$(1-u)^2 = (1-m_1\alpha)(1-\alpha)^2 \tag{d}$$

其中

$$m_1 = m\left(1 + \frac{\beta AE}{l}\right) \tag{e}$$

可以看出,带有弹性支撑双金属带的运作方式可以与之前的方式进行类似的研究。唯一需要做的是引入一个新的量 m_1,而不是量 m,该量取决于支撑的弹性。通过适当调节这种弹性,可以获得所需的温控器灵敏度[1]。

7.10　圆轴曲线杆件的侧向屈曲

在第 6 章中讨论直杆的纵轴呈曲线状时,其在最大刚度平面内弯曲时可能发生侧向屈曲。为了建立这类情况下的临界载荷公式,下面首先考虑一条曲线条带在其初始曲率平面之外的弯曲,并且推导出必要的微分方程来描述这种弯曲[2]。

图 7-21 示出这一类简单问题。一根狭窄矩形横截面的曲线杆 AB,其中心线位于水平平面 DAB 中,以 A 点为基准点固定,并通过沿轴线 AB 上分布任意形式的载荷而弯曲。如果变形很小,杆件的变形形状完全由每个截面重心的位移和每个截面相对于中心线的旋转确定。对于由角度 ψ 定义的杆件的任何截面,选择以重心 O 为原点的直角坐标系,坐标轴的方向使得 x 和 y 与截面的主轴一致,而 z 与中心线的切线一致。

假设最初的 xz 平面与杆件的曲率平面重合,x 轴的正方向指向曲率中心,z 轴正方向取为与角度 ψ 增加方向一致,弧长 s 沿中心线从固定端 A 开始测量。重心 O

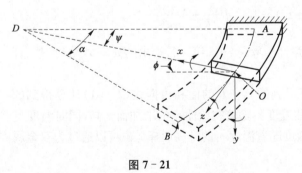

图 7-21

---

[1]　请参阅 Timoshenko 的相关文献。

[2]　天然弯曲杆件的小变形理论由 Saint-Venant 提出,可参考他在 1843 年发表的一系列论文。另外,也可以查阅 A. E. H. Love 在他《弹性力学数学理论》第四版中的第 444 页(1927 年)。

的位移分解为三个分量,分别是 x 轴方向的 u、y 轴方向的 v 和 z 轴方向的 w。截面绕 z 轴的旋转角度被称为 ϕ,在图中所示方向旋转时取正值。由相邻两个截面切割出的弯曲杆件的变形,通常包括在 xz 和 yz 两个主平面上的弯曲以及绕 z 轴的扭转。设在点 O 处的杆件中心线经变形后在 yz 和 xz 主平面上的曲率分别为 $1/\rho_1$ 和 $1/\rho_2$,而扭转角每单位长度为 θ。那么,如果 $1/R$ 表示杆件中心线的初始曲率,则计算曲率和扭转的方程可以写为

$$\frac{EI_x}{\rho_1}=M_x, \; EI_y\left(\frac{1}{\rho_2}-\frac{1}{R}\right)=M_y, \; C\theta=M_z \tag{a}$$

式中,M_x、M_y 和 M_z 分别为截面在 O 点处绕 x 轴、y 轴和 z 轴的力矩,如图中所示,取正值;EI_x 和 EI_y 为两个主要弯曲刚度;C 为杆件的扭转刚度。

为了得到计算位移 u、v、w 和角度 ϕ 的微分方程,需要将曲率和单位扭转 θ 的表达式建立为 u、v、w 和 ϕ 的函数,并将这些表达式代入方程(a)中。在小位移情况下,可以分别考虑每个位移分量,并通过将各个分量产生的效应相加来得到曲率和单位扭转的最终变化。

分量 u 和 w 表示杆件初始曲率的平面上的位移。它们只在 xz 平面上产生曲率变化,这在第 7.1 节中已经讨论过。因此有以下关系:

$$\frac{1}{\rho_2}=\frac{1}{R}+\frac{u}{R^2}+\frac{\mathrm{d}^2u}{\mathrm{d}s^2} \tag{b}$$

下面来考虑角位移 ϕ。可以看出,这个位移会产生一个单位扭转

$$\theta=\frac{\mathrm{d}\phi}{\mathrm{d}s} \tag{c}$$

它还在主平面 yz 上产生一些弯曲。由于旋转 ϕ,杆的表面变成一个圆锥面,其曲率为

$$\frac{\sin\phi}{R}\approx\frac{\phi}{R} \tag{d}$$

位移 v 在主平面 yz 上产生了曲率量,其值为

$$-\frac{\mathrm{d}^2v}{\mathrm{d}s^2} \tag{e}$$

类似于直杆的情况,式(e)中的负号来自对力矩和曲率正负号的假设,如图 7-21 和式(a)所示。从这些信息可以看出,当 M_x 为正且 $1/\rho$ 为正时,yz 平面上呈向上凹的弯曲,而 $\mathrm{d}^2v/\mathrm{d}s^2$ 的正值对应着向下凹的弯曲;因此在式(e)中使用负号。

同时从图 7-22 中可以看出,位移 v 会产生一定的扭转。该图表示曲杆在两个相邻的截面 O 和 O_1 之间的微段,距离为 $\mathrm{d}s$。由于位移 v,该元素相对于轴线 Ox 绕角度 $\mathrm{d}v/\mathrm{d}s$ 旋转。由于这种旋转,相邻截面 O_1 的轴线 O_1x_1 会变为位置 O_2x_2。O_1x_1 和 O_2x_2 之间的角度等于 $\mathrm{d}v/R$。因此,单位长度的扭转角等于

$$\frac{1}{R}\frac{\mathrm{d}v}{\mathrm{d}s} \tag{f}$$

如果沿着杆的长度保持角度 $\phi=0$,则由于位移 v 而发生的扭转角如上。

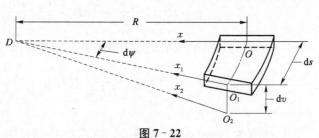

图 7-22

总结式(b)到式(e)给出的结果,在一般情况下,曲杆变形后的曲率和扭转由以下方程给出:

$$\left.\begin{array}{l}\dfrac{1}{\rho_1}=\dfrac{\phi}{R}-\dfrac{\mathrm{d}^2 v}{\mathrm{d}s^2}\\[3mm]\dfrac{1}{\rho_2}=\dfrac{1}{R}+\dfrac{u}{R^2}+\dfrac{\mathrm{d}^2 u}{\mathrm{d}s^2}\\[3mm]\theta=\dfrac{\mathrm{d}\phi}{\mathrm{d}s}+\dfrac{1}{R}\dfrac{\mathrm{d}v}{\mathrm{d}s}\end{array}\right\}\qquad(7-32)$$

将这些分别代入式(a)中,可以得到三个确定位移的方程。

根据这些方程,下面考虑一个狭窄矩形横截面的杆材在平面上受到两个相等且相反的弯矩 M_0 作用的屈曲问题(图 7 - 23)[①]。假设杆的两端仅支撑,在惯性主轴方向上可以自由旋转,但不能相对于杆在 A 和 B 处中心线的切线旋转。在计算弯矩 M_0 的临界值时,假设发生了轻微的侧向屈曲,并确定了保持杆处于这种屈曲形式所需的 M_0 值。取图7-23c所示的在屈曲过程中通过角度 ϕ 旋转的横截面 mn,使得轴线 x、y 和 z 分别取方向 x'、y' 和 z',并考虑在这个横截面左侧的条带部分。施加在条带左端并与条带初始平面垂直的矢量 M_0 在 x'、y' 和 z' 轴上的投影分别为

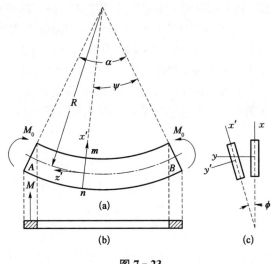

图 7 - 23

$$M_{z'}=M_0\phi,\ M_{y'}=M_0,\ M_{z'}=M_0\frac{\mathrm{d}v}{\mathrm{d}s}$$

利用这些表达式与式(a)以及式(7-32),可以得到

$$\left.\begin{array}{l}\phi M_0=EI_x\left(\dfrac{\phi}{R}-\dfrac{\mathrm{d}^2 v}{\mathrm{d}s^2}\right)\\[3mm]M_0=EI_y\left(\dfrac{u}{R^2}+\dfrac{\mathrm{d}^2 u}{\mathrm{d}s^2}\right)\\[3mm]M_0\dfrac{\mathrm{d}v}{\mathrm{d}s}=C\left(\dfrac{\mathrm{d}\phi}{\mathrm{d}s}+\dfrac{1}{R}\dfrac{\mathrm{d}v}{\mathrm{d}s}\right)\end{array}\right\}\qquad(g)$$

通过消除第一个和第三个方程中的 v,得到以下关于角度的方程:

$$EI_xC\frac{\mathrm{d}^2\phi}{\mathrm{d}s^2}-\left(M_0-\frac{C}{R}\right)\left(\frac{EI_x}{R}-M_0\right)\phi=0\qquad(h)$$

当 $R=\infty$ 时,方程(h)与窄矩形横截面直杆的方程(6-12)相吻合。记

$$k^2=-\frac{1}{EI_xC}\left(M_0-\frac{C}{R}\right)\left(\frac{EI_x}{R}-M_0\right)\qquad(i)$$

---

① 请参考 Timoshenko 1910 年在《基辅理工学院通报》发表的论文。

式(h)变为

$$\frac{\mathrm{d}^2 \phi}{\mathrm{d}s^2} + k^2 \phi = 0$$

然后可得
$$\phi = A\sin ks + B\cos ks \tag{j}$$

根据两端的条件,得出以下结论:

$$\phi = 0 \quad (s=0 \text{ 和 } s=\alpha R)$$

这些条件给出了 $B=0$ 和

$$\sin k\alpha R = 0 \tag{k}$$

从三角函数方程(k)中可以得到 M_0 的临界值。这个方程的最小非零根为

$$k\alpha R = \pi$$

通过使用符号(i),可以得到计算 M_{cr} 的方程

$$M_{cr2} - \frac{EI_x + C}{R}M_{cr} + \frac{EI_xC}{R^2}\left(1 - \frac{\pi^2}{\alpha^2}\right) = 0$$

方程的两个实根为

$$M_{cr} = \frac{EI_x + C}{2R} \pm \sqrt{\left(\frac{EI_x - C}{2R}\right)^2 + \frac{EI_xC}{R^2}\frac{\pi^2}{\alpha^2}} \tag{7-33}$$

将 $R=\infty$ 和 $R\alpha = l$ 代入,得到

$$M_{cr} = \pm\frac{\pi}{l}\sqrt{EI_xC}$$

这与直杆所得到的式(6-13)相吻合。

当角度 α 和杆中心线的初曲率(图7-23)很小时,在式(7-33)中,根号下的第一项与第二项相比可以忽略不计;然后,通过代入 $R\alpha = l$,得到

$$M_{cr} = \frac{EI_x + C}{2R} \pm \frac{\pi}{l}\sqrt{EI_xC} \tag{7-34}$$

式(7-34)中的加号对应图7-23中显示的弯矩方向,减号对应反向弯矩方向。因此,与相同长度的直杆相比,图7-23中指示方向上的轻微曲率增加临界弯矩的值,相反方向上的曲率会减小临界弯矩的值。

当 $\alpha=\pi$ 时,式(7-33)所给出的弯矩有两个值,其中一个等于0。这个结果对应于半圆形条的自由度,可以围绕连接两个端点的直径旋转。当 $\alpha > \pi$ 时,式(7-33)计算出的所有弯矩值都变为正值;要获得负的弯矩值,需要考虑方程(k)的更高次根。

如果圆轴杆受到沿中心线均匀分布且径向指向的连续载荷(图7-24)的作用,圆轴杆的横向屈曲问

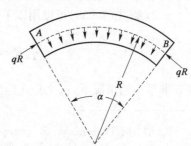

图 7-24

题[1]也可以得到解决。如果杆的两端采用简支支撑,即在其主轴方向上可以自由旋转,但无法对中心线在 A 和 B 点处的切线方向上旋转,杆中发生横向屈曲时的临界压缩力值由下式给出:

$$q_{cr}R = \frac{EI_x}{R^2} \frac{(\pi^2 - \alpha^2)^2}{\alpha^2[\pi^2 + \alpha^2(EI_x/C)]} \tag{7-35}$$

在推导这个公式时,假设横向载荷 q 的方向在屈曲期间不发生变化,仅在横向有位移且保持平行于它们的初始方向。

当 α 非常小时,将 $\alpha R = l$ 代入式(7-35),得到以下结果:

$$q_{cr}R = \frac{\pi^2 EI_x}{l^2}$$

当 $\alpha = \pi/2$ 时,从式(7-35)中得到已知的欧拉公式:

$$q_{cr}R = \frac{EI_x}{R^2} \frac{9}{4 + EI_x/C} \tag{7-36}$$

这表示一个完整环在受到径向压力作用下发生屈曲时的临界压缩力,具有四个半波,每个半波对应于 $\alpha = \pi/2$。 当 $\alpha = \pi$ 时,临界载荷变为零,因为在这种情况下,杆可以相对于连接杆两端的直径自由旋转。

假设在杆屈曲过程中,载荷 q 稍微改变方向,始终指向杆的初始曲率中心,那么临界压缩力的值为

$$q_{cr}R = \frac{\pi^2 EI_x}{R^2} \frac{\pi^2 - \alpha^2}{\alpha^2[\pi^2 + \alpha^2(EI_x/C)]} \tag{7-37}$$

对于一个完整的圆环分为四个半波的屈曲情况 $(\alpha = \pi/2)$,式(7-37)给出的结果[2]为

$$q_{cr}R = \frac{EI_x}{R^2} \frac{12}{4 + EI_x/C} \tag{7-38}$$

由于假设载荷方向的轻微变化,可以看出环的稳定性大大增加。

如果杆的两端内嵌(图7-24),在第一种情况的屈曲过程中载荷保持原方向,则临界压缩力的计算公式如下:

$$q_{cr} = \gamma_5 \frac{EI_x}{R^3} \tag{7-39}$$

式中, γ_5 是一个数值因子,取决于角度 α 的大小。表7-9中给出了该因子的几个值。如果 $\alpha < \pi/2$,则式(7-39)可以用以下近似公式代替:

$$q_{cr}R = \frac{EI_x}{R^2} \frac{(4\pi^2 - \alpha^2)^2}{\alpha^2[4\pi^2 + \alpha^2(EI_x/C)]}$$

在 α 非常小的情况下,这个公式给出了在两端内嵌的杆件中临界载荷的欧拉值。

---

[1]　请参阅 Timoshenko, *Z. angew. Math. u. Meeh.*,第 3 卷,第 358 页,1923 年。L. Östlund 在 *Trans. Roy. Inst. Technol. Stockholm* 第 84 期(1954 年)中讨论了与桥梁拱的横向稳定性相关的特殊问题。

[2]　这个公式是由 H. Hencky 在 1921 年发表在《应用数学和力学杂志》第 1 卷第 451 页中得出的。

表 7-9　式(7-39)中因子 γ_5 的数值

$\dfrac{\alpha}{\pi}$	0.25	0.5	1	1.063	1.10	1.24	1.50	2
γ_5	60.1	12.6	1.85	1.54	1.40	1.00	0.69	0.60

　　在处理具有圆轴的杆件屈曲问题时,能量法也可以用于计算临界载荷。例如,它可以应用于对具有 I 型截面杆件的稳定性的近似研究,在这种情况下,类似于方程(g)的平衡微分方程的积分变得非常复杂。

第 8 章
薄板的弯曲

8.1 板材的纯弯曲

在棱柱形杆的纯弯曲情况下,假设杆的横截面在弯曲过程中保持平面且只绕其中性轴旋转,始终垂直于挠曲曲线,可以得到应力分布的准确解。在纯弯曲的板材中,以两个垂直方向上的弯曲组合为例。下面从沿板材边缘均匀分布的力矩引起的矩形板的纯弯曲开始,如图 8-1 所示。位于板面之间的平面,即所谓板的中间平面,被取为 xy 平面,x 轴和 y 轴沿板的边缘方向。z 轴垂直于中间平面,且向下为正方向。与 y 轴平行的边缘上的单位长度的弯矩记为 M_x,与 x 轴平行的边缘上的单位长度的弯矩记为 M_y。当这些弯矩在板的上表面产生压缩力而在下表面产生张力时,为正值。板的厚度用 h 表示,并且相对于其他尺寸而言很小。

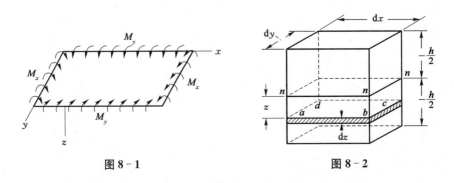

图 8-1　　　　　　　　　　　　图 8-2

考虑图 8-2 所示通过两对平行于 xz 和 yz 平面切割得到的体元素。假设在板材弯曲过程中,该体元素的侧边保持平面,并绕中性轴 $n-n$ 旋转,始终与挠度表面正交,可以得出结论:在此弯曲过程中,板材的中间平面不发生任何变形,因此是中性面。假设 $1/\rho_x$ 和 $1/\rho_y$ 分别表示沿 zx 和 yz 平面平行截面上的中性面的曲率,正曲率对应向下凸曲,那么距离中性面 z 处的元素 $abcd$(图 8-2)在 x 和 y 方向的单位伸长可以像梁那样找到,因此得到

$$\varepsilon_x = \frac{z}{\rho_x}, \ \varepsilon_y = \frac{z}{\rho_y} \tag{a}$$

根据胡克定律,有以下关系:

$$\varepsilon_x = \frac{1}{E}(\sigma_x - \nu\sigma_y), \ \varepsilon_y = \frac{1}{E}(\sigma_y - \nu\sigma_x) \tag{b}$$

式中,ν 表示泊松比。因此在 $abcd$ 层的相应应力为

$$\left. \begin{aligned} \sigma_x &= \frac{Ez}{1-\nu^2}\left(\frac{1}{\rho_x} + \nu\,\frac{1}{\rho_y}\right) \\ \sigma_y &= \frac{Ez}{1-\nu^2}\left(\frac{1}{\rho_y} + \nu\,\frac{1}{\rho_x}\right) \end{aligned} \right\} \tag{c}$$

这些应力与离中性轴的距离 z 成正比,并且大小取决于弯曲板的曲率。

图 8-2 中分布在体元素侧边的正应力,可以化简为必须等于外部力矩的力偶。通过这种方式,得到方程组

$$\left.\begin{array}{r} \displaystyle\int_{-h/2}^{h/2} \sigma_x z \, \mathrm{d}y \mathrm{d}z = M_x \mathrm{d}y \\[3mm] \displaystyle\int_{-h/2}^{h/2} \sigma_y z \, \mathrm{d}x \mathrm{d}z = M_y \mathrm{d}x \end{array}\right\} \qquad (\mathrm{d})$$

将式(c)中 σ_x 和 σ_y 的值代入上式,得

$$M_x = D \left(\frac{1}{\rho_x} + \nu \frac{1}{\rho_y} \right) \qquad (8-1)$$

$$M_y = D \left(\frac{1}{\rho_y} + \nu \frac{1}{\rho_x} \right) \qquad (8-2)$$

其中

$$D = \frac{E}{1-\nu^2} \int_{-h/2}^{h/2} z^2 \, \mathrm{d}z = \frac{Eh^3}{12(1-\nu^2)} \qquad (8-3)$$

这个数值被称为板的弯曲刚度。

假设在弯曲过程中板材的中间平面没有应变。通常只要板材的挠度与厚度 h 相比较小,这个假设就足够准确。如果不满足这个条件,通常会在板材的中间表面产生一些变形[1],并且在研究板材的应力分布时应予考虑。对于板材的弯曲问题将在后面进行更复杂的讨论(见第 8.7 节)。

将板的偏转表示为 w,类似于梁的曲率的已知公式的近似公式为

$$\frac{1}{\rho_x} = -\frac{\partial^2 w}{\partial x^2}, \quad \frac{1}{\rho_y} = -\frac{\partial^2 w}{\partial y^2}$$

将其代入方程(8-1)、(8-2),得到

$$M_x = -D \left(\frac{\partial^2 w}{\partial x^2} + \nu \frac{\partial^2 w}{\partial y^2} \right) \qquad (8-4)$$

$$M_y = -D \left(\frac{\partial^2 w}{\partial y^2} + \nu \frac{\partial^2 w}{\partial x^2} \right) \qquad (8-5)$$

这些方程定义了提供弯矩 M_x 和 M_y 的平板的挠曲面。在 $M_y = 0$ 的特殊情况下,矩形平板(图 8-1)会像梁一样弯曲。根据方程(8-5)有

$$\frac{\partial^2 w}{\partial y^2} = -\nu \frac{\partial^2 w}{\partial x^2}$$

该板材具有两种相反符号的曲率,因此它弯曲成反曲面。

当 $M_x = M_y = M$ 时,偏转面在两个垂直方向上的曲率相等,并且表面呈球形。根据方程(8-1),球的曲率为

---

[1] 只有当挠曲面是可展曲面,例如圆柱面或锥面时,才有可能在板的中间表面上产生大量的挠曲而没有应变。

$$\frac{1}{\rho}=\frac{M}{D(1+\nu)} \tag{8-6}$$

下面考虑对于一个弯曲的板材，在与 z 轴平行且倾斜于 x 轴和 y 轴的截面上发生的应力。如果 acd（图 8-3）表示被这样一个截面剖开的薄片 $abcd$（图 8-2）的一部分，那么作用于边 a 上的应力可以从静力平衡方程中得到。当这个应力被分解成一个垂直分量 σ_n 和一个剪切分量 τ_{nt} 时，这些分量的大小由以下方程给出：

$$\left.\begin{array}{l}\sigma_n=\sigma_x\cos^2\alpha+\sigma_y\sin^2\alpha\\\tau_{nt}=\dfrac{1}{2}(\sigma_y-\sigma_x)\sin2\alpha\end{array}\right\} \tag{e}$$

式中，α 为方向 n 和 x 轴之间或方向 t 和 y 轴之间的角度（图 8-3a）。如果按顺时针方向测量，这个角度被认为是正值。

考虑到板的厚度（图 8-3b）上的所有叠层，例如 acd，下面给出板的截面 σ_n 上作用的弯曲力矩产生的法向应力，在沿 ac 方向上单位长度的值为：

$$M_n=\int_{-h/2}^{h/2}\sigma_n z\mathrm{d}z=M_x\cos^2\alpha+M_y\sin^2\alpha \tag{8-7}$$

剪切应力 τ_{nt} 给予作用在板材截面上的扭矩，其沿 ac 方向上单位长度的值为

$$M_{nt}=-\int_{-h/2}^{h/2}\tau_{nt}z\mathrm{d}z=\frac{1}{2}\sin2\alpha(M_x-M_y) \tag{8-8}$$

M_n 和 M_{nt} 的符号选取方式如下：如果使用右手法则，这些力矩的正值将用在 n 和 t 正方向上的向量来表示，如图 8-3a 所示。

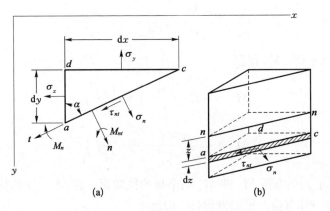

图 8-3

当 α 等于零或 π 时，根据方程（8-7），得到 $M_n=M_x$。当 α 等于 π/2 或 3π/2 时，得到 $M_n=M_y$。对于这些 α 的数值，弯矩 M_{nt} 均为零。因此，得到图 8-1 中所示的条件。

方程（8-7）、（8-8）类似于方程（e），可以用来计算任意 α 值下的弯曲和扭转力矩。也可以很容易地解决以下问题：给定两个彼此垂直的截面上的 M_n 和 M_{nt}，求解定义主平面的两个 α 值，即只有弯曲力矩 M_x 和 M_y 作用且扭转力矩为零的平面。

将 M_n 和 M_{nt} 表示为板的挠度 w 的函数。根据假设，如图 8-2 所示微体元的侧面在板弯曲时保持为平面而仅绕中性轴 n-n 旋转，以保持与挠度曲面垂直，所以每一垂直于中间面的

线元素当板弯曲时仍保持直线且垂直于板的挠度曲面,与中性轴 n 和 t 方向平行、距离中性面距离为 z 的纤维的单位伸长(图 8 - 3a)可由下列公式表示:

$$\varepsilon_n = \frac{z}{\rho_n}, \ \varepsilon_t = \frac{z}{\rho_t} \tag{f}$$

式中,ρ_n 和 ρ_t 分别表示在 nz 和 tz 平面上偏转曲面的曲率半径。方程(f)类似于方程(a),结合胡克定律[参考方程(b)],得出

$$\sigma_n = \frac{Ez}{1-\nu^2}\left(\frac{1}{\rho_n} + \nu\,\frac{1}{\rho_t}\right)$$

将其代入方程(8-7),发现

$$M_n = D\left(\frac{1}{\rho_n} + \nu\,\frac{1}{\rho_t}\right)$$

或者,使用近似表达式来表示曲率:

$$M_n = -D\left(\frac{\partial^2 w}{\partial n^2} + \nu\,\frac{\partial^2 w}{\partial t^2}\right) \tag{8-9}$$

其与之前得到的方程(8-4)、(8-5)类似。通过将式(8-4)、(8-5)替换掉方程(8-7)中的 M_x 和 M_y,并利用两个垂直方向上曲率之间的已知关系,得到相同的结果:

$$\left.\begin{array}{l} \dfrac{1}{\rho_n} = \dfrac{1}{\rho_x}\cos^2\alpha + \dfrac{1}{\rho_y}\sin^2\alpha \\[2mm] \dfrac{1}{\rho_t} = \dfrac{1}{\rho_x}\sin^2\alpha + \dfrac{1}{\rho_y}\cos^2\alpha \end{array}\right\} \tag{g}$$

为了获得扭转力矩 M_{nt} 的表达式,想象一个薄片 $abcd$ 的扭曲,其中边 ab 和 ad 与 n 和 t 方向平行,并且距离中间平面 z 个单位(图 8 - 4a)。在板材弯曲过程中,点 a、b、c 和 d 经历了微小的位移。用 u_1 和 v_1 表示点 a 在 n 和 t 方向上的位移分量,那么点 d 在 n 方向上的位移是 $u_1 + (\partial u_1/\partial t)dt$,点 b 在 t 方向上的位移是 $v_1 + (\partial v_1/\partial t)dt$。由于这些位移,得到剪切应变的表达式

$$\gamma_{nt} = \frac{\partial u_1}{\partial t} + \frac{\partial v_1}{\partial t} \tag{h}$$

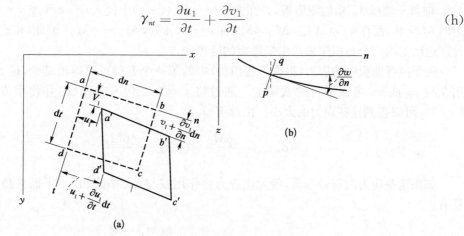

图 8 - 4

相应的剪切应力为

$$\tau_{nt} = G\left(\frac{\partial u_1}{\partial t} + \frac{\partial v_1}{\partial t}\right) \tag{i}$$

从图 8 - 4b(表示通过 n 轴的垂直平面所截出的面)可以看出,初始与 xy 平面垂直的元素 pq 在该平面上的旋转角度等于 $\partial w/\partial n$。由于这个旋转,距离中性面距离为 z 处的点在 n 方向上有位移,位移大小等于

$$u_1 = -z\,\frac{\partial w}{\partial n}$$

考虑由通过 t 轴的垂直平面所截出的面,可以看出同一点在 t 方向上具有的位移等于

$$v_1 = -z\,\frac{\partial w}{\partial t}$$

将位移 u 和 v 的这些值代入式(i),则有

$$\tau_{nt} = -2Gz\,\frac{\partial^2 w}{\partial n \partial t} \tag{8-10}$$

并且扭转力矩的表达式(8-8)变为

$$M_{nt} = -\int_{-h/2}^{h/2}\tau_{nt}z\,\mathrm{d}z = \frac{Gh^3}{6}\,\frac{\partial^2 w}{\partial n \partial t} = D(1-\nu)\,\frac{\partial^2 w}{\partial n \partial t} \tag{8-11}$$

式(8-9)、(8-11)用于弯曲和扭转力矩的计算,将在后面讨论板材弯曲更一般的情况时使用。

上述有关板的纯弯曲的讨论从矩形板的情况开始,边缘上有均匀分布的弯曲力矩。为了得到板的纯弯曲的一般情况,假设通过与该板垂直的圆柱面切割出任意形状的部分。只要以方程(8-7)、(8-8)给出的弯曲和扭转力矩沿着隔离部分板的边界分布,该部分的弯曲条件将保持不变。因此,得到任意形状的板的纯弯曲情况,结论如下:如果板的边缘有以方程(8-7)、(8-8)给出方式分布的弯曲力矩 M_n 和扭转力矩 M_{nt},那么板的纯弯曲始终会产生。例如,当 $M_x = M_y = M$ 时,根据方程(8-7)、(8-8),如果沿着边缘均匀分布弯曲力矩 M,板的形状将弯曲成一个球面。另一个特殊情况是当 $M_x = -M_y = M$ 时,从图 8-1 所示板中切割出与 x 轴和 y 轴成 45°角的矩形板,并在方程(8-7)、(8-8)中代入 $\alpha = \pi/4$ 或 $\alpha = 3\pi/4$,得到两边的 $M_n = 0$,而在 $\alpha = \pi/4$ 处,$M_{nt} = M$;在 $\alpha = 3\pi/4$ 处,$M_{nt} = -M$。因此,在这种情况下,通过在边缘上均匀分布扭矩来产生矩形板的纯弯曲。

关于纯弯曲板中的应力,根据方程组(e)中的第一个方程可以得出结论,最大的正应力作用在与 xz 或 yz 平面平行的截面上。通过将 $z = h/2$ 代入方程(c)并使用方程(8-1)～(8-3),可以得到这些应力的大小。由此可得

$$(\sigma_x)_{\max} = \frac{6M_x}{h^2}, \quad (\sigma_y)_{\max} = \frac{6M_y}{h^2} \tag{8-12}$$

如果这些应力的符号相反,最大切应力将作用在与 xz 平面和 yz 平面夹角的平分面上,且有

$$\gamma_{\max} = \frac{1}{2}(\sigma_x - \sigma_y) = \frac{3(M_x - M_y)}{h^2}$$

如果式(8-12)中应力符号相同,则最大剪应力作用在等分 xy 和 xz 两平面夹角的平面内,或者作用在等分 xy 和 yz 两平面夹角的平面内,大小等于 $(\sigma_y)_{max}/2$ 或 $(\sigma_x)_{max}/2$,具体须取决于两个正应力 $(\sigma_y)_{max}$ 和 $(\sigma_x)_{max}$ 中哪个更大。

8.2　板材在分布侧向载荷下的弯曲

考虑板材被垂直于板的中间平面作用的分布载荷弯曲的情况。假设中间平面是水平的,包含 x 轴和 y 轴,而 z 轴垂直向下。用 q 表示负荷的强度,一般来说,它可以沿着板的表面变化,因此被认为是关于 x 和 y 的函数。以平行于 xz 及 yz 坐标面的两对平面自板截出一体元素(图 8-5),根据静力学,可以得出由于负荷 q 的作用,该体元素的侧边将产生弯曲和扭转力矩,如前一节所讨论的,还会产生垂直切割力,其单位长度的大小由以下公式确定:

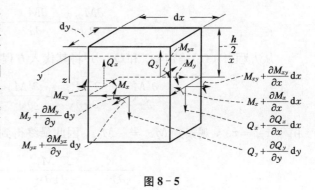

图 8-5

$$Q_x = \int_{-h/2}^{h/2} \tau_{xz} \, dz, \quad Q_y = \int_{-h/2}^{h/2} \tau_{yz} \, dz \quad (a)$$

在极小的距离 dy 和 dx 上,τ_{xz} 和 τ_{yz} 的变化可以忽略不计,并假设结果剪切力 $Q_x dy$ 和 $Q_y dx$ 通过元素的边的质心。对于单位长度的弯曲和扭转力矩,采用与前一节相同的定义,并假设

$$M_x = \int_{-h/2}^{h/2} \sigma_x z \, dz, \quad M_y = \int_{-h/2}^{h/2} \sigma_y z \, dz \quad (b)$$

$$M_{xy} = -\int_{-h/2}^{h/2} \tau_{xy} z \, dz, \quad M_{yx} = -\int_{-h/2}^{h/2} \tau_{yz} z \, dz \quad (c)$$

剪切力(a)、弯矩(b)和扭矩(c)都是坐标 x 和 y 的函数。因此,在使用图 8-5 中元素左侧的符号 Q_x、M_x 和 M_{xy} 时,元素右侧距离左侧 dx 的对应量将为

$$Q_x + \frac{\partial Q_x}{\partial x} dx, \quad M_x + \frac{\partial M_x}{\partial x} dx, \quad M_{xy} + \frac{\partial M_{xy}}{\partial x} dx$$

对于与 xz 平面平行的元素的面,也将得出类似的结论。

在考虑元素的平衡条件时,注意到作用在元素上的所有力都与 z 轴平行,并且力偶由与 z 轴垂直的向量表示。因此,只需考虑三个静态平衡方程:所有力在 z 轴上的投影以及所有力相对于 x 和 y 轴的力矩。根据图 8-5 中指出的力的方向,可知它们在 z 轴上的投影方程

$$\frac{\partial Q_x}{\partial x} dx \, dy + \frac{\partial Q_y}{\partial y} dy \, dx + q \, dx \, dy = 0$$

简化后为

$$\frac{\partial Q_x}{\partial x} + \frac{\partial Q_y}{\partial y} + q = 0 \quad (d)$$

板本身的重量可以认为已经包含在 q 值内。以 x 轴为参考,计算作用在元素上所有力的力矩,并观察图中指出的方向,得到

$$\frac{\partial M_{xy}}{\partial x} \mathrm{d}x \mathrm{d}y - \frac{\partial M_y}{\partial y} \mathrm{d}y \mathrm{d}x + Q_y \mathrm{d}x \mathrm{d}y = 0$$

在推导这个方程时,忽略载荷 q 的瞬时矩和由于力 Q_y 变化而产生的矩,因为它们是比保留下来的量更高阶的小量。简化后,方程变为

$$\frac{\partial M_{xy}}{\partial x} - \frac{\partial M_y}{\partial y} + Q_y = 0 \tag{e}$$

以同样的方式,通过相对于 y 轴取矩,得到

$$\frac{\partial M_{yx}}{\partial y} + \frac{\partial M_x}{\partial x} - Q_x = 0 \tag{f}$$

从方程(f)、(e)确定 Q_x 和 Q_y,并将其代入方程(d)中,得到

$$\frac{\partial^2 M_x}{\partial x^2} + \frac{\partial^2 M_{yx}}{\partial x \partial y} + \frac{\partial^2 M_y}{\partial y^2} - \frac{\partial^2 M_{xy}}{\partial x \partial y} = -q$$

由于 $\tau_{xy} = \tau_{yx}$,观察到 $M_{yx} = -M_{xy}$,因此最终得到以下平衡方程:

$$\frac{\partial^2 M_x}{\partial x^2} - \frac{2\partial^2 M_{yx}}{\partial x \partial y} + \frac{\partial^2 M_y}{\partial y^2} = -q \tag{g}$$

忽略剪切力 Q_x 和 Q_y 对板曲率的影响[①],并使用针对纯弯曲情况的公式(8-9)、(8-11),得到以下弯矩和扭矩的表达式:

$$M_x = -D \left(\frac{\partial^2 w}{\partial x^2} + \nu \frac{\partial^2 w}{\partial y^2} \right), \ M_y = -D \left(\frac{\partial^2 w}{\partial y^2} + \nu \frac{\partial^2 w}{\partial x^2} \right) \tag{8-13}$$

$$M_{xy} = -M_{yx} = D(1-\nu) \frac{\partial^2 w}{\partial x \partial y} \tag{8-14}$$

将上式代入方程(g),得到

$$\frac{\partial^4 w}{\partial x^4} + 2 \frac{\partial^4 w}{\partial x^2 \partial y^2} + \frac{\partial^4 w}{\partial y^4} = \frac{q}{D} \tag{8-15}$$

因此,确定板的挠度曲面将归为求方程(8-15)的积分。

若对于任一特定情形已得到此方程的解,则由方程(8-13)、(8-14)可计算出弯矩和扭矩。然后,通过方程(e)、(f)可得到剪力。将弯矩和扭矩的表达式(8-13)、(8-14)代入方程(e)、(f)中,得到

$$Q_x = \frac{\partial M_x}{\partial x} - \frac{\partial M_{yx}}{\partial y} = -D \frac{\partial}{\partial x} \left(\frac{\partial^2 w}{\partial x^2} + \frac{\partial^2 w}{\partial y^2} \right) \tag{8-16}$$

$$Q_y = \frac{\partial M_y}{\partial y} - \frac{\partial M_{xy}}{\partial x} = -D \frac{\partial}{\partial y} \left(\frac{\partial^2 w}{\partial x^2} + \frac{\partial^2 w}{\partial y^2} \right) \tag{8-17}$$

---

① 我们知道,在梁的情况下,如果梁的深度与跨度相比很小,这种效应是很小的。在板的情况下,如果板的厚度与其他尺寸相比很小,也可以得出类似的结论。关于板弯曲的更精确的理论,考虑了剪切应力对挠度的影响,由 J. H. 米契尔(Proc.伦敦数学学会,第 31 卷,1900 年)和 A. E. H. 洛夫("弹性理论"第 4 版,第 465 页,1927 年)发展而来;另请参阅 E. Reissner 的论文(J. Appl. Mech.,第 12 卷,p.A-68,1945 年)。

具有弯曲和扭转力矩时,通过式(8-12)得到法向应力 $(\sigma_x)_{max}$ 和 $(\sigma_y)_{max}$。平行于 x 和 y 轴的剪切应力通过式(8-10)通过在 x 和 y 方向上取 n 和 t 来获得。沿 z 轴的剪切应力通过假设剪切力 Q_x 和 Q_y 沿板的厚度按照抛物线定律分布而得到,如矩形横截面梁的情况。然后

$$(\tau_{xz})_{max} = \frac{3}{2h}(Q_x)_{max},\ (\tau_{yz})_{max} = \frac{3}{2h}(Q_y)_{max}$$

因此,只要板材的挠曲面已知,就可以计算出所有的应力。

对于每一特定情形,已知载荷 q 的分布及板的边界条件,板的挠度曲面的决定需求出偏微分方程(8-15)的积分。下面将主要讨论矩形板,并研究这种板的各种边界条件。

1) 固定边

如果板的边缘内置,则沿该边的挠度为零,并且沿该边挠度曲面的切平面与板中间平面的初始位置重合。取中间平面上的 x 轴和 y 轴分别指向板的两个边缘,并假设与 x 轴重合的边内置,则沿该边的边界条件为

$$(w)_{y=0} = 0,\ \left(\frac{\partial w}{\partial y}\right)_{y=0} = 0 \tag{8-18}$$

2) 简支边

如果板的边缘 $y=0$ 简支,则沿着这条边的挠度 w 必须为零。同时,这条边可以自由地绕 x 轴旋转,即沿着这条边没有弯矩 M_y。这种支撑方式如图 8-6 所示。在这种情况下,边界条件的解析表达式为

$$(w)_{y=0} = 0,\ \left(\frac{\partial^2 w}{\partial y^2} + v\,\frac{\partial^2 w}{\partial x^2}\right)_{y=0} = 0 \tag{8-19}$$

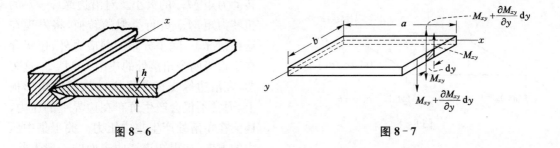

图 8-6　　　　　　　　　　　　　　图 8-7

3) 自由边

如果一个平板的一个边缘,比如边缘 $x=a$ (图 8-7),完全是自由的,那么可以合理地假设沿着这个边缘不会有弯曲和扭转力矩,也不会有垂直剪切力,即

$$(M_x)_{x=a} = 0,\ (M_{xy})_{x=a} = 0,\ (Q_x)_{x=a} = 0$$

在这个形式中,Poisson[1] 讨论了边界条件。但后来,Kirchhoff[2] 证明了三个边界条件太多,而两个条件足以完全确定挠度 w,他还表明扭矩和剪力可以被替换为一个边界条件。关

① 在 I. Todhunter 和 K. Pearson 的著作《弹性理论的历史》(第 1 卷,第 250 页)中讨论了这个主题。此外,Clebsch 在其《固体弹性理论》的 §73 的最后一条注记中还提到了圣维南的讨论,参考第 689 页,1883 年。

② 参考 J.德克雷勒,第 40 卷,1850 年。

于边界条件数量减少的物理意义已经由 Thomson 和 Tait[1] 解释过,他们指出,如果在 $x=a$ 边缘的长度为 dy 的元素上施加给扭转力矩 $M_{xy}\mathrm{d}y$ 的水平力被两个距离为 dy 的垂直力 M_{xy} 替代,如图 8-7 所示,则板的弯曲不会改变。这种替换不会改变扭转力矩的大小,只会在板的边缘产生局部应力分布的变化,不影响板的其他地方。通过上述替换边缘处的扭转力矩,可以发现,根据图中所示两个相邻元素的考虑,扭转力矩 M_{xy} 的分布在静力学上等效于剪力的分布:

$$(Q'_x)_{x=a}=-\left(\frac{\partial M_{xy}}{\partial y}\right)_{x=a}$$

因此,关于自由边界 $x=a$ 处的扭矩和剪力的联合要求如下所示:

$$\left(Q_x-\frac{\partial M_{xy}}{\partial y}\right)_{x=a}=0 \tag{h}$$

用方程(8-16)、(8-14)替换 Q_x 和 M_{xy},最终可得自由边缘($x=a$)

$$\left[\frac{\partial^3 w}{\partial x^3}+(2-\nu)\frac{\partial^3 w}{\partial x\partial y^2}\right]_{x=a}=0 \tag{8-20}$$

沿着自由边缘的弯矩为零的条件要求为

$$\left(\frac{\partial^2 w}{\partial x^2}+\nu\frac{\partial^2 w}{\partial x^2}\right)_{x=a}=0 \tag{8-21}$$

方程(8-20)、(8-21)表示了板的自由边 $x=a$ 上的两个必要边界条件。

根据上述讨论和图 8-7 所示转动力矩的转换,不仅得到了沿边缘 $x=a$ 分布的剪应力 Q'_x,还得到了该边缘两端的两个集中力,如图 8-8 所示。这些力的大小等于板对应角落处的

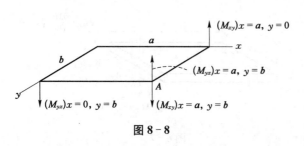

图 8-8

转动力矩 M_{xy} 的大小。对沿边缘 $y=b$ 的扭转力矩 M_{yx} 进行类似的转换,将发现在这种情况下,除了分布的剪应力外,还将存在于边缘两个角落处的集中力 M_{yx}。这表明,在沿边缘支撑并受横向加载的矩形板上,通常不仅会产生分布在边界上的压力,还会在角落处产生集中压力。关于集中压力的方向,如果知道挠曲表面的一般形状,则可以得出结论。例如,考虑一均匀加载的矩形板,其沿边缘简支。挠曲表面的一般形状如图 8-9a 所示,其中虚线表示与 xz 和 yz 坐标平面平行的截面。考虑这些线,可以看到在角落 A 附近,表示挠曲表面在 x 方向上斜率的导数 $\partial w/\partial x$ 为负值,并且随着增大 y 而数值减小。因此,在角落 A 处,$\partial^2 w/(\partial x\partial y)$ 为正值;根据方程(8-14),得出 M_{xy} 为正值,而 M_{yx} 为负值。由上述结论以及 M_{xy} 和 M_{yx} 的方向(图 8-5)得出,在图 8-8 中标示的角落 A 处两个集中力都是向下的方向。根据对称性还得出,在板的四个角落处,力的方向和大小都相同。因此,条件如图 8-9b 所示,其中

$$R=2D(1-\nu)\left(\frac{\partial^2 w}{\partial x\partial y}\right)$$

① 参考《自然哲学》,卷 1,第 2 部分,第 188 页,1883 年。

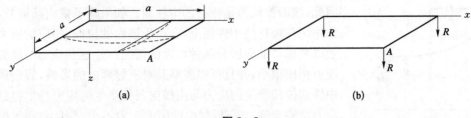

图 8-9

当一个正方形的板块均匀加载时,角落会有上升的倾向,这被如图 8-9b 所示角落处的集中反力来阻止。

4) 弹性支撑及弹性固定边

如果长方形板的边缘 $x=a$ 与支撑梁(图 8-10)刚性连接在一起,沿着这个边缘的挠度不为零,并且等于梁的挠度。边缘的旋转也等于梁的扭转。设 EI 为梁的弯曲刚度,C 为梁的扭转刚度。根据式 (h),从板传递给支撑梁的压力为

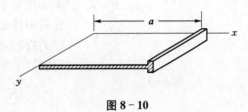

图 8-10

$$-\left(Q_x - \frac{\partial M_{xy}}{\partial y}\right)_{x=a} = D\,\frac{\partial}{\partial x}\left[\frac{\partial^2 w}{\partial x^2} + (2-\nu)\,\frac{\partial^2 w}{\partial y^2}\right]_{x=a}$$

梁的挠曲曲线的微分方程为

$$EI\left(\frac{\partial^4 w}{\partial y^4}\right)_{x=a} = D\,\frac{\partial}{\partial x}\left[\frac{\partial^2 w}{\partial x^2} + (2-\nu)\,\frac{\partial^2 w}{\partial y^2}\right]_{x=a} \tag{8-22}$$

这个方程代表了板沿 $x=a$ 这条边的边界条件之一。

为了获得第二个条件,应考虑梁的扭转。梁的任何截面的旋转角度是 $-(\partial w/\partial x)_{x=a}$,而沿边缘的这个角度的变化速率为

$$-\left(\frac{\partial^2 w}{\partial x \partial y}\right)_{x=a}$$

因此,梁上的扭矩为 $-C[\partial^2 w/(\partial x \partial y)]_{x=a}$。此扭矩沿着边缘变化,这是因为与梁刚性连接的板传递扭矩给梁。单位长度内这些扭矩的大小必须等于并且与板上的弯曲弯矩 M_x 相反。因此,从对支撑梁的扭转的考虑中,得到

$$-C\,\frac{\partial}{\partial y}\left(\frac{\partial^2 w}{\partial x \partial y}\right)_{x=a} = -(M_x)_{x=a}$$

或者,代入 M_x 的表达式(8-13),可得

$$-C\,\frac{\partial}{\partial y}\left(\frac{\partial^2 w}{\partial x \partial y}\right)_{x=a} = D\left(\frac{\partial^2 w}{\partial x^2} + \nu\,\frac{\partial^2 w}{\partial y^2}\right)_{x=a} \tag{8-23}$$

这是板在 $x=a$ 处的第二个边界条件。

8.3 复合弯曲与拉压板

在上述讨论中,假设板材由横向载荷弯曲,并且挠曲很小,可以忽略板材中性面的拉伸。

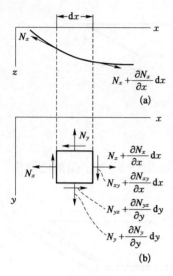

图 8-11

因此,该面被认为是板材的中性面。如果除了横向载荷外,还有力作用在板材的中性面上,会产生该面的拉伸,相应的应力则应予以考虑。下面区分两种可能的情况:① 这些应力与临界屈曲应力相比很小,并且可以忽略其对板材弯曲的影响,假设通过对中性面拉伸产生的应力与由横向载荷产生的应力叠加得到的总应力足够准确。② 板材中性面的应力不小,并且必须考虑其对板材弯曲的影响。在推导出对于这种情况的挠曲曲面的相应微分方程时,再次考虑从板材中切割出的一个微小元素的平衡,该元素由与 xz 和 yz 坐标面平行的两对平面切割(见图 8-5)。除了在第 8.2 节中考虑到的力(见图 8-5)外,现在将有作用于板的中性面内的力,其单位长度的标记如图 8-11 所示。将这些力投影到 x 和 y 轴上,并假设在这些方向上没有体积力作用,得到以下平衡方程:

$$\left.\begin{array}{l} \dfrac{\partial N_x}{\partial x} + \dfrac{\partial N_{yx}}{\partial y} = 0 \\[2mm] \dfrac{\partial N_y}{\partial y} + \dfrac{\partial N_{xy}}{\partial x} = 0 \end{array}\right\} \tag{8-24}$$

可以看到,这些方程完全独立于第 8.2 节中考虑的平衡方程,因此正如以后所述(参阅第 8.7 节)可以分开来处理。

在考虑图 8-11 所示力在 z 轴上的投影时,必须考虑板的偏转。由于 xz 平面上板的曲率(图 8-11a),法向力 N_x 在 z 轴上的投影给出为

$$-N_x \mathrm{d}y \frac{\partial w}{\partial x} + \left(N_x + \frac{\partial N_x}{\partial x}\mathrm{d}x\right)\left(\frac{\partial w}{\partial x} + \frac{\partial^2 w}{\partial x^2}\mathrm{d}x\right)\mathrm{d}y$$

简化并忽略高阶小量后,这个投影将是

$$N_x \frac{\partial^2 w}{\partial x^2}\mathrm{d}x\mathrm{d}y + \frac{\partial N_x}{\partial x}\frac{\partial w}{\partial x}\mathrm{d}x\mathrm{d}y \tag{a}$$

以相同的方式,法向力 N_y 在 z 轴上的投影给出为

$$N_y \frac{\partial^2 w}{\partial y^2}\mathrm{d}x\mathrm{d}y + \frac{\partial N_y}{\partial y}\frac{\partial w}{\partial y}\mathrm{d}x\mathrm{d}y \tag{b}$$

讨论剪切力 N_{xy} 在 z 轴上的投影时,考虑图 8-12 所示中间平面上元素 $\mathrm{d}x\mathrm{d}y$ 的偏转。可以看到,由于角度变化,该元素的一侧受到了正向的剪切力,而另一侧受到了反向的剪切力。因此,该元素在 z 轴上的投影 N_{xy} 可以表示为

$$\frac{\partial w}{\partial y} \quad \text{和} \quad \frac{\partial w}{\partial y} + \frac{\partial^2 w}{\partial x \partial y}\mathrm{d}x$$

剪切力 N_{xy} 在 z 轴上的投影为

$$N_{xy}\frac{\partial^2 w}{\partial x \partial y}\mathrm{d}x\mathrm{d}y + \frac{\partial N_{xy}}{\partial y}\frac{\partial w}{\partial y}\mathrm{d}x\mathrm{d}y$$

对于剪切力 $N_{yx} = N_{xy}$ 在 z 轴上的投影,可以得到类似的表达式。所有剪切力在 z 轴上投影的最终表达式为

$$2N_{xy}\frac{\partial^2 w}{\partial x \partial y}\mathrm{d}x\mathrm{d}y + \frac{\partial N_{xy}}{\partial x}\frac{\partial w}{\partial y}\mathrm{d}x\mathrm{d}y + \frac{\partial N_{xy}}{\partial y}\frac{\partial w}{\partial x}\mathrm{d}x\mathrm{d}y \qquad (c)$$

将表达式(a)、(b)、(c)加于作用在微面积上的载荷 $q\mathrm{d}x\mathrm{d}y$,并使用式(8-24),得到第 8.2 节中方程(g)的替代方程:

$$\frac{\partial^2 M_x}{\partial x^2} - 2\frac{\partial^2 M_{xy}}{\partial x \partial y} + \frac{\partial^2 M_y}{\partial y^2} = -\left(q + N_x\frac{\partial^2 w}{\partial x^2} + N_y\frac{\partial^2 w}{\partial y^2} + 2N_{xy}\frac{\partial^2 w}{\partial x \partial y}\right)$$

替换 M_x、M_y 和 M_{xy} 的表达式(8-13)、(8-14),得到[1]:

$$\frac{\partial^4 w}{\partial x^4} + 2\frac{\partial^4 w}{\partial x^2 \partial y^2} + \frac{\partial^4 w}{\partial y^4} = \frac{1}{D}\left(q + N_x\frac{\partial^2 w}{\partial x^2} + N_y\frac{\partial^2 w}{\partial y^2} + 2N_{xy}\frac{\partial^2 w}{\partial x \partial y}\right) \quad (8-25)$$

如果力 N_x、N_y 和 N_{xy} 与这些力的临界值相比不小,则应该使用微分方程(8-25)而不是方程(8-15)来确定板的挠曲曲面。

如果在板的中间平面上存在体力作用,则图 8-11 所示元素的平衡微分方程变为

$$\left.\begin{array}{l}\dfrac{\partial N_x}{\partial x} + \dfrac{\partial N_{xy}}{\partial y} + X = 0\\[2mm]\dfrac{\partial N_{xy}}{\partial x} + \dfrac{\partial N_y}{\partial y} + Y = 0\end{array}\right\} \qquad (8-26)$$

式中,X 和 Y 代表平板中间平面单位面积上体积力的两个分量。

将式(a)、(b)和(c)加到载荷 $q\mathrm{d}x\mathrm{d}y$ 中并使用方程(8-26)替代方程(8-24),得到以下方程,而不是方程(8-25):

$$\frac{\partial^4 w}{\partial x^4} + 2\frac{\partial^4 w}{\partial x^2 \partial y^2} + \frac{\partial^4 w}{\partial y^4}$$
$$= \frac{1}{D}\left(q + N_x\frac{\partial^2 w}{\partial x^2} + N_y\frac{\partial^2 w}{\partial y^2} + 2N_{xy}\frac{\partial^2 w}{\partial x \partial y} - X\frac{\partial w}{\partial x} - Y\frac{\partial w}{\partial y}\right) \quad (8-27)$$

8.4 板的弯曲应变能

在稳定薄板的研究中,能量法(见第 2.8 节)常为一种有效的途径。下面将推导出在不同加载条件下弯曲板的应变能表达式。

1) 纯弯曲

如果一块板通过均匀分布的弯曲力矩 M_x 和 M_y 弯曲(图 8-1),则在如图 8-2 所示元素中积累的应变能可以通过计算板弯曲过程中力矩 $M_x\mathrm{d}y$ 和 $M_y\mathrm{d}x$ 对元素的做功来获得。由于元素的边保持平面,力矩 $M_x\mathrm{d}y$ 对应的做功可以通过取力矩与元素边弯曲后的夹角一半的乘积来获得。由于 $-\partial^2 w/\partial x^2$ 近似代表板在 xz 平面上的曲率,对应于力矩 $M_x\mathrm{d}y$ 的角度为 $-(\partial^2 w/\partial x^2)\mathrm{d}x$,这些力矩做的功为

---

① 这个微分方程由圣维南特导出;请参考圣维南特引文的第 704 页。

$$-\frac{1}{2}M_x\frac{\partial^2 w}{\partial x^2}\mathrm{d}x\,\mathrm{d}y$$

对于通过力矩 $M_y\mathrm{d}x$ 产生的功,也可以得到类似的表达式。然后,总的功等于元素的势能:

$$\mathrm{d}U=-\frac{1}{2}\left(M_x\frac{\partial^2 w}{\partial x^2}+M_y\frac{\partial^2 w}{\partial y^2}\right)\mathrm{d}x\,\mathrm{d}y$$

用式(8-4)、(8-5)替换时,元素的应变能将表示为

$$\mathrm{d}U=\frac{1}{2}D\left[\left(\frac{\partial^2 w}{\partial x^2}\right)^2+\left(\frac{\partial^2 w}{\partial y^2}\right)^2+2\nu\frac{\partial^2 w}{\partial x^2}\frac{\partial^2 w}{\partial y^2}\right]\mathrm{d}x\,\mathrm{d}y \tag{a}$$

然后,通过对式(a)进行积分,可以得到板的总应变能为

$$U=\frac{1}{2}D\iint\left[\left(\frac{\partial^2 w}{\partial x^2}\right)^2+\left(\frac{\partial^2 w}{\partial y^2}\right)^2+2\nu\frac{\partial^2 w}{\partial x^2}\frac{\partial^2 w}{\partial y^2}\right]\mathrm{d}x\,\mathrm{d}y \tag{8-28}$$

其中积分必须延伸到板的全部面积。

2) 通过横向载荷使板材弯曲

再次考虑板材的一个元素(如图 8-5 所示),忽略剪切力 Q_x 和 Q_y 的应变能量,发现该元素的应变能量等于弯曲力矩 $M_x\mathrm{d}y$ 和 $M_y\mathrm{d}x$ 以及扭转力矩 $M_{xy}\mathrm{d}y$ 和 $M_{yx}\mathrm{d}x$ 对该元素所做的功。由于忽略了垂直剪切力对挠度曲面曲率的影响,弯曲力矩引起的应变能量将由上述纯弯曲情况下推导出的表达式(8-28)表示。

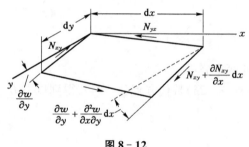

图 8-12

在推导出由扭转力矩 $M_{xy}\mathrm{d}y$ 引起的应变能量的表达式时,注意到相应的扭转角(图 8-12)为 $(\partial w^2/\partial x\partial y)\mathrm{d}x$,因此,由 $M_{xy}\mathrm{d}y$ 引起的应变能量为

$$\frac{1}{2}M_{xy}\frac{\partial^2 w}{\partial x\partial y}\mathrm{d}x\,\mathrm{d}y=\frac{1}{2}D(1-\nu)\left(\frac{\partial^2 w}{\partial x\partial y}\right)^2\mathrm{d}x\,\mathrm{d}y$$

相同的能量也将由 $M_{xy}\mathrm{d}y$ 造成,因此由两对扭矩引起的应变能为

$$D(1-\nu)\left(\frac{\partial^2 w}{\partial x\partial y}\right)^2\mathrm{d}x\,\mathrm{d}y$$

由于扭转不影响弯矩产生的工作,因此板元件的总应变能是通过将弯曲能和扭转能相加得到,因此得到

$$\mathrm{d}U=\frac{1}{2}D\left[\left(\frac{\partial^2 w}{\partial x^2}\right)^2+\left(\frac{\partial^2 w}{\partial y^2}\right)^2+2\nu\frac{\partial^2 w}{\partial x^2}\frac{\partial^2 w}{\partial y^2}\right]\mathrm{d}x\,\mathrm{d}y+D(1-\nu)\left(\frac{\partial^2 w}{\partial x\partial y}\right)^2\mathrm{d}x\,\mathrm{d}y \tag{b}$$

整个平面的应变能则通过积分得到:

$$U=\frac{1}{2}D\iint\left[\left(\frac{\partial^2 w}{\partial x^2}\right)^2+\left(\frac{\partial^2 w}{\partial y^2}\right)^2+2\nu\frac{\partial^2 w}{\partial x^2}\frac{\partial^2 w}{\partial y^2}+2(1-\nu)\left(\frac{\partial^2 w}{\partial x\partial y}\right)^2\right]\mathrm{d}x\,\mathrm{d}y$$

或
$$U = \frac{1}{2}D\iint \left\{ \left(\frac{\partial^2 w}{\partial x^2} + \frac{\partial^2 w}{\partial y^2} \right)^2 - 2(1-\nu) \left[\frac{\partial^2 w}{\partial x^2} \frac{\partial^2 w}{\partial y^2} - \left(\frac{\partial^2 w}{\partial x \partial y} \right)^2 \right] \right\} \mathrm{d}x \mathrm{d}y \quad (8-29)$$

3）平板的组合弯曲和拉伸或压缩

在平板承受横向载荷和施加在平板中间平面的力的同时弯曲的情况下，假设平板中间平面的力先施加。通过这种方式，得到一个二维弹性理论问题。解决这个问题，确定了 N_x、N_y 和 N_{xy}（图 8-11）以及应变的分量如下：

$$\varepsilon_x = \frac{1}{hE}(N_x - \nu N_y), \quad \varepsilon_y = \frac{1}{hE}(N_y - \nu N_x), \quad \gamma_{xy} = \frac{N_{xy}}{hG}$$

然后，由于在该平面上施加的力导致板的中间平面变形的能量 U_0 为

$$U_0 = \frac{1}{2}\iint (N_x \varepsilon_x + N_y \varepsilon_y + N_{xy} \gamma_{xy}) \mathrm{d}x \mathrm{d}y$$

$$= \frac{1}{2hE}\iint [N_x^2 + N_y^2 - 2\nu N_x N_y + 2(1+\nu)N_{xy}^2] \mathrm{d}x \mathrm{d}y \quad (8-30)$$

在进一步讨论薄板的小挠曲时，假设 N_x、N_y 和 N_{xy} 保持不变，因此在弯曲过程中应变能的部分 U_0 保持恒定，在下面的讨论中无须考虑。

对板材施加一些侧向载荷，使其产生弯曲。在弯曲过程中，板材中间表面上任意点在 x、y 和 z 方向上的位移分量将分别用 u、v 和 w 表示。考虑在 x 方向上的一个线性元素 AB（图 8-13），可以看出由于位移 u 导致的元素的伸长量等于 $(\partial u / \partial x)\mathrm{d}x$。由于位移 w 导致同一元素的伸长量等于 $\frac{1}{2}(\partial w / \partial x)^2 \mathrm{d}x$，这可以通过比较图 8-13 中元素 $A_1 B_1$ 的长度与其在 x 轴上的投影长度得到。因此，板材中间平面上取得的元素在 x 方向上的总单位伸长量为

$$\varepsilon_x' = \frac{\partial u}{\partial x} + \frac{1}{2}\left(\frac{\partial w}{\partial x} \right)^2 \quad \text{(c)}$$

同样，y 方向的应变为

$$\varepsilon_y' = \frac{\partial v}{\partial y} + \frac{1}{2}\left(\frac{\partial w}{\partial y} \right)^2 \quad \text{(d)}$$

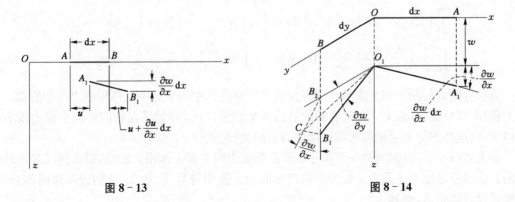

图 8-13　　　　　　　　　　　　　　图 8-14

由第 8.1 节中方程（h）求得由位移 u 和 v 引起的剪切应变。为了确定由位移 w 引起的剪切应变，分别沿 x 和 y 方向取两个无限小的线元 OA 和 OB，如图 8-14 所示。由于位移 w，这

些线元分别变为 O_1A_1 和 O_1B_1。$\angle A_1O_1B_1$ 与 $\pi/2$ 之差即为与位移 w 相对应的剪切应变。为了确定这个差值,考虑直角 $B_2O_1A_1$。将这个角以小角 $\partial w/\partial y$ 绕 O_1A_1 旋转,使平面 $B_2O_1A_1$ 与平面 $B_1O_1A_1$ 重合,点 B_2 则变为 C。位移 B_2C 等于 $(\partial w/\partial y)\mathrm{d}y$,并在垂直线 B_2B_1 上以小角 $\partial w/\partial x$ 倾斜。然后,从 $\triangle B_2CB_1$ 中可以看出 CB_1 等于

$$\frac{\partial w}{\partial x}\frac{\partial w}{\partial y}\mathrm{d}y$$

而表示相应于位移 w 剪应变的 $\angle CO_1B_1 = (\partial w/\partial x)(\partial w/\partial y)$。将其与由位移 u 和 v 引起的剪应变相加,得到

$$\gamma'_{xy} = \frac{\partial u}{\partial y} + \frac{\partial v}{\partial x} + \frac{\partial w}{\partial x}\frac{\partial w}{\partial y} \tag{e}$$

下面假设中间平面上的应变 ε'_x、ε'_y 和 γ'_{xy},由于弯曲与 ε_x、ε_y 和 γ_{xy} 相比较小。假设在弯曲过程中力 N_x、N_y 和 N_{xy} 保持不变,中间表面由于附加拉伸而产生的应变能为

$$\iint (N_x\varepsilon'_x + N_y\varepsilon'_y + N_{xy}\gamma'_{xy})\mathrm{d}x\,\mathrm{d}y$$

将其加上由方程(8-29)表示的弯曲能量,并用 ε'_x、ε'_y 和 γ'_{xy} 的表达式(c)、(d)和(e)做相应替换,可以用下式表示在弯曲过程中板的应变能的总变化:

$$U = \iint \left[N_x\frac{\partial u}{\partial x} + N_y\frac{\partial v}{\partial y} + N_{xy}\left(\frac{\partial u}{\partial y} + \frac{\partial v}{\partial x}\right) \right]\mathrm{d}x\,\mathrm{d}y +$$
$$\frac{1}{2}\iint \left[N_x\left(\frac{\partial w}{\partial x}\right)^2 + N_y\left(\frac{\partial w}{\partial y}\right)^2 + 2N_{xy}\frac{\partial w}{\partial x}\frac{\partial w}{\partial y} \right]\mathrm{d}x\,\mathrm{d}y +$$
$$\frac{1}{2}D\iint \left\{ \left(\frac{\partial^2 w}{\partial x^2} + \frac{\partial^2 w}{\partial y^2}\right)^2 - 2(1-\nu)\left[\frac{\partial^2 w}{\partial x^2}\frac{\partial^2 w}{\partial y^2} - \left(\frac{\partial^2 w}{\partial x\partial y}\right)^2\right] \right\}\mathrm{d}x\,\mathrm{d}y \tag{8-31}$$

通过分部积分,可以证明方程右侧的第一个积分表示板材中间平面上作用的力弯曲所做的功。以矩形板为例,如图 8-9a 所示,可以得到

$$\int_0^b\int_0^a \left[N_x\frac{\partial u}{\partial x} + N_y\frac{\partial v}{\partial y} + N_{xy}\left(\frac{\partial u}{\partial y} + \frac{\partial v}{\partial x}\right) \right]\mathrm{d}x\,\mathrm{d}y$$
$$= \int_0^b \left(\left| N_x u \right|_0^a + \left| N_{xy} v \right|_0^a \right)\mathrm{d}y + \int_0^a \left(\left| N_y v \right|_0^b + \left| N_{xy} u \right|_0^b \right)\mathrm{d}x -$$
$$\int_0^b\int_0^a u\left(\frac{\partial N_x}{\partial x} + \frac{\partial N_{xy}}{\partial y}\right)\mathrm{d}x\,\mathrm{d}y - \int_0^b\int_0^a v\left(\frac{\partial N_{xy}}{\partial x} + \frac{\partial N_y}{\partial y}\right)\mathrm{d}x\,\mathrm{d}y$$

上一方程右侧的前两个积分表示作用在板边界上并在其中间平面中起作用的力所做的功。如果方程(8-24)成立,则上一方程右侧的最后两个积分消失,即如果在板的中间平面上没有作用体力,则这些积分表示板的弯曲过程中力做的功[见式(8-26)]。

如果式(8-31)右侧的第一个积分表示在板的中间平面上作用力的功,那么同样表达式右侧的其余部分必须等于垂直于板的载荷产生的功。使用符号 T_1 和 T_2 分别表示这两部分功,并假设没有体积力,得到

$$T_1 = \iint \left[N_x\frac{\partial u}{\partial x} + N_y\frac{\partial v}{\partial y} + N_{xy}\left(\frac{\partial u}{\partial y} + \frac{\partial v}{\partial x}\right) \right]\mathrm{d}x\,\mathrm{d}y \tag{f}$$

$$T_2 = \frac{1}{2} \iint \left[N_x \left(\frac{\partial w}{\partial x} \right)^2 + N_y \left(\frac{\partial w}{\partial y} \right)^2 + 2N_{xy} \frac{\partial w}{\partial x} \frac{\partial w}{\partial y} \right] \mathrm{d}x \mathrm{d}y + $$

$$\frac{1}{2} D \iint \left\{ \left(\frac{\partial^2 w}{\partial x^2} + \frac{\partial^2 w}{\partial y^2} \right)^2 - 2(1-\nu) \left[\frac{\partial^2 w}{\partial x^2} \frac{\partial^2 w}{\partial y^2} - \left(\frac{\partial^2 w}{\partial x \partial y} \right)^2 \right] \right\} \mathrm{d}x \mathrm{d}y \qquad \text{(g)}$$

如果在讨论板的弯曲时,忽略中间平面的拉伸,那么根据式(c)、(d)和(e)得出

$$\frac{1}{2} \left(\frac{\partial w}{\partial x} \right)^2 = -\frac{\partial u}{\partial x}, \ \frac{1}{2} \left(\frac{\partial w}{\partial y} \right)^2 = -\frac{\partial v}{\partial y}$$

$$\frac{\partial w}{\partial x} \frac{\partial w}{\partial y} = -\frac{\partial u}{\partial y} - \frac{\partial v}{\partial x}$$

由此得出结论,作用于板的中间平面的力可以表示为

$$T_1 = -\frac{1}{2} \iint \left[N_x \left(\frac{\partial w}{\partial x} \right)^2 + N_y \left(\frac{\partial w}{\partial y} \right)^2 + 2N_{xy} \frac{\partial w}{\partial x} \frac{\partial w}{\partial y} \right] \mathrm{d}x \mathrm{d}y \qquad (8-32)$$

以及

$$T_1 + T_2 = \frac{1}{2} D \iint \left\{ \left(\frac{\partial^2 w}{\partial x^2} + \frac{\partial^2 w}{\partial y^2} \right)^2 - 2(1-\nu) \left[\frac{\partial^2 w}{\partial x^2} \frac{\partial^2 w}{\partial y^2} - \left(\frac{\partial^2 w}{\partial x \partial y} \right)^2 \right] \right\} \mathrm{d}x \mathrm{d}y$$

$$(8-33)$$

通过使用式(8-33),结合虚位移原理,可以与梁的情况相同的方式获得板的挠度(参考第1.11 节)。该方法的应用示例将在以下两节进行讨论①。

8.5　边缘简支的矩形板的挠度

对于具有边缘简支的矩形板(图8-15),挠度曲面可以用双三角级数表示为

$$w = \sum_{m=1}^{\infty} \sum_{n=1}^{\infty} a_{mn} \sin \frac{m\pi x}{a} \sin \frac{n\pi y}{b} \qquad (8-34)$$

该级数的每一项在 $x=0$、$x=a$ 和 $y=0$、$y=b$ 时都会变为零。因此,按要求,边界上的挠度 w 为零。

计算 $\partial^2 w/\partial x^2$ 和 $\partial^2 w/\partial y^2$ 的导数时,可发现计算级数的每个项在边界处变为零。由此可以得出结论,弯矩[见式(8-13)]在边界上为零,这对于简支边也是必然的。因此,式(8-34)满足所有边界条件。对于这种情况的弯曲的势能表达式为[见式(8-29)]

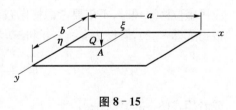

图 8-15

$$U = \frac{1}{2} D \int_0^a \int_0^b \left\{ \left(\frac{\partial^2 w}{\partial x^2} + \frac{\partial^2 w}{\partial y^2} \right)^2 - 2(1-\nu) \left[\frac{\partial^2 w}{\partial x^2} \frac{\partial^2 w}{\partial y^2} - \left(\frac{\partial^2 w}{\partial x \partial y} \right)^2 \right] \right\} \mathrm{d}x \mathrm{d}y$$

将式(8-34)代入上式,可以证明上式右侧括号中项的积分为零,得到

---

① 方程(8-33)是由 G. H. Bryan 在 1891 年的《伦敦数学学会论文集》(卷 22,第 54 页)中建立的。H. Reissner在 1925 年的《应用数学和力学杂志》(卷 5,第 475 页)中进一步讨论了这个方程。

$$U = \frac{1}{2}D \int_0^a \int_0^b \left[\sum_{m=1}^{\infty} \sum_{n=1}^{\infty} a_{mn} \left(\frac{m^2\pi^2}{a^2} + \frac{n^2\pi^2}{b^2} \right) \sin \frac{m\pi x}{a} \sin \frac{n\pi y}{b} \right]^2 dx\,dy$$

只有无限级数的项的平方给出与零不同的积分[见式(1-56)附近]。又由

$$\int_0^a \int_0^b \sin^2 \frac{m\pi x}{a} \sin^2 \frac{n\pi y}{b} dx\,dy = \frac{ab}{4}$$

得到
$$U = \frac{ab}{8} D \sum_{m=1}^{\infty} \sum_{n=1}^{\infty} a_{mn}^2 \left(\frac{m^2\pi^2}{a^2} + \frac{n^2\pi^2}{b^2} \right)^2 \tag{8-35}$$

有了式(8-35),就可以通过应用虚位移原理来获得任何类型加载下板的挠度,就像在梁的弯曲情况下一样(参考第1.11节)。假设,有一个集中力 Q 在坐标点 A 处作用(见图8-15)。为了确定级数(8-34)中的任何系数 a_{mn},给该系数一个小增量 δa_{mn},则相应的板的虚挠度为

$$\delta a_{mn} \sin \frac{m\pi x}{a} \sin \frac{n\pi y}{b}$$

负载 Q 在这个位移过程中所做的功为

$$Q\delta a_{mn} \sin \frac{m\pi \xi}{a} \sin \frac{n\pi \eta}{b}$$

根据虚位移原理,可以得出

$$Q\delta a_{mn} \sin \frac{m\pi \xi}{a} \sin \frac{n\pi \eta}{b} = \frac{\partial U}{\partial a_{mn}} \delta a_{mn} = \frac{ab}{4} Da_{mn} \left(\frac{m^2\pi^2}{a^2} + \frac{n^2\pi^2}{b^2} \right)^2 \delta a_{mn} \tag{a}$$

其中
$$a_{mn} \sin \frac{m\pi \xi}{a} \sin a_{mn} = \frac{4Q \sin \dfrac{m\pi \xi}{a} \sin \dfrac{n\pi \eta}{b}}{abD\pi^4 \left(\dfrac{m^2}{a^2} + \dfrac{n^2}{b^2} \right)^2} \tag{b}$$

将式(b)代入式(8-34),可以得到由集中载荷 Q 产生的板的挠度。利用这个挠度和叠加原理,就可以确定任何类型加载的挠度。

如果图8-15中的板在 x 方向上均匀压缩,则可以使用与上述相同的方法计算挠度。在应用虚位移原理时,不仅要考虑横向载荷所做的功,还要考虑压缩力所做的功[见式(8-33)]。根据式(8-32),假设边界 $x=0$ 和 $x=a$ 处单位长度的压缩力为 N_x,得到

$$T_1 = \frac{1}{2} \int_0^a \int_0^b N_x \left(\frac{\partial w}{\partial x} \right)^2 dx\,dy$$

或者用式(8-34)代替 w:

$$T_1 = \frac{ab}{8} N_x \sum_{m=1}^{\infty} \sum_{n=1}^{\infty} a_{mn}^2 \frac{m^2\pi^2}{a^2} \tag{c}$$

使系数 a_{mn} 有一增量 δa_{mn},相应压力所做的功为

$$\frac{\partial T_1}{\partial a_{mn}} \delta a_{mn} = \frac{\pi^2 b N_x}{4a} m^2 a_{mn} \delta a_{mn}$$

将此功添加到等式(a)的左侧,则在压缩板通过集中力 Q 弯曲的情况下,偏斜的一般表达式(8-34)中的系数 a_{mn} 由下式确定:

$$a_{mn} = \frac{4Q\sin\dfrac{m\pi\xi}{a}\sin\dfrac{n\pi\eta}{b}}{abD\pi^4\left[\left(\dfrac{m^2}{a^2}+\dfrac{n^2}{b^2}\right)^2-\dfrac{m^2N_x}{\pi^2a^2D}\right]} \tag{d}$$

将式(b)与式(d)进行比较,可以得出结论,由于压缩力 N_x 的作用,所有系数都增加。因此,压缩板的挠度大于无压缩的相同板的挠度。还可以看到,通过逐渐增加压力,将得到一个使系数(d)变为无穷大的 N_x 值。这些 N_x 值中最小的被称为临界值,其由下列方程确定:

$$\left(\frac{m^2}{a^2}+\frac{n^2}{b^2}\right)^2-\frac{m^2N_x}{\pi^2a^2D}=0 \tag{e}$$

其中
$$N_x = \frac{\pi^2D}{a^2}\left(m+\frac{n^2}{m}\frac{a^2}{b^2}\right)^2 \tag{f}$$

要找到 N_x 的临界值,即满足方程(e)的最小值,需要取 $n=1$,并且取 m 为整数值,使得式(f)右侧括号中的数值最小。例如,在正方形板的情况下,必须取 $m=1$ 使得式(f)最小,结果为

$$N_{cr} = \frac{4\pi^2D}{a^2} \tag{8-36}$$

这个公式类似于欧拉公式,可用来计算柱的屈曲。由于 N_{cr} 为板条单位宽度的压缩载荷,D 为板条的弯曲刚度,因此可以得出结论:由于板的连续性,每个纵向条可以承受比欧拉公式中独立条更大的 4 倍载荷。关于受压板的横向屈曲,将在第 9 章中详细讨论。

在上面的讨论中,假设受压力作用在一块钢板上。如果不是压缩,而是拉力作用在上面,可以再次使用式(d)来计算系数 a_{mn}。只需将 $-N_x$ 替换为 N_x。从而可以看出,拉力会减小钢板的挠度。

在更一般的情况下,法向力 N_x 和 N_y 和剪切力 N_{xy} 作用在钢板边界上,可以使用相同的一般方法计算挠度。只要边界上的力均匀分布,计算就不会有困难。如果分布不均匀,求解相应的二维问题[1]并确定 N_x 和 N_y 和 N_{xy} 作为 x 和 y 的函数可能会有困难。但是,如果解决了二维问题并确定了力 N_x、N_y 和 N_{xy},就可使用相同的表达式(8-34)来确定钢板的挠度曲面,并通过应用原理来确定系数 a_{mn}。

8.6　带有微小初始弯曲度的板材弯曲[2]

假设一块板材具有中心面的某些初始翘曲,以便在任意点上都有大小为 w_0 的初始偏转,这与板材的厚度相比较小。如果这样一块板材受到横向加载的作用,会产生一些额外的挠曲 w_1,则板材中心面的任意点的总挠曲都将是 w_0+w_1。在计算挠曲 w_1 时,使用之前针对平板推导的方程(8-15)。如果初始挠曲 w_0 很小,那么这个过程是可行的,因为可以将其视为由某个虚构的横向载荷产生,然后可以使用叠加原理[3]。

---

①　对于二维问题的讨论,请参考 S. P. Timoshenko 和 J. N. Goodier 的《弹性理论》,第 2 章,McGraw-Hill Book Company,Inc.,NewYork,1951。
②　参考 1915 年圣彼得堡通信工程师学会的 Timoshenko 的论文(俄文),发表于《工程师通信学会的研究论文集》第 89 卷。
③　在大偏转的情况下,偏转的大小不再与负载成比例,叠加原理则不再适用。

如果除了横向载荷外,还有作用在板的中间平面上的力,这些力对弯曲的影响不仅取决于 w_1,还取决于 w_0。考虑到这一点,在使用式(8-25)时,在等式的右侧取总挠度 $w = w_0 + w_1$。同一等式的左侧可以从弯矩的表达式中得到,由于这些弯矩仅仅依赖于板的曲率变化而不是总曲率,所以该左侧应使用挠度 w_1 而不是 w。因此,对于初始弯曲板的情况,式(8-25)变为

$$\frac{\partial^4 w_1}{\partial x^4} + 2\frac{\partial^4 w_1}{\partial x^2 \partial y^2} + \frac{\partial^4 w_1}{\partial y^4}$$
$$= \frac{1}{D}\left[q + N_x \frac{\partial^2 (w_0 + w_1)}{\partial x^2} + N_y \frac{\partial^2 (w_0 + w_1)}{\partial y^2} + 2N_{xy} \frac{\partial^2 (w_0 + w_1)}{\partial x \partial y}\right] \quad (8-37)$$

根据观察,初始曲率对挠度的影响等价于以下等效的虚构侧向载荷的影响:

$$N_x \frac{\partial^2 w_0}{\partial x^2} + N_y \frac{\partial^2 w_0}{\partial y^2} + 2N_{xy} \frac{\partial^2 w_0}{\partial x \partial y}$$

因此,仅在有初始曲率的情况下,板材在受到轴向力作用时会发生弯曲。

以简支矩形板为例(图8-15),假设板的初始挠曲由下式定义:

$$\omega_0 = a_{11} \sin\frac{\pi x}{a} \sin\frac{\pi y}{b} \tag{a}$$

如果在边缘 $x=0$ 和 $x=a$ 处,这个板受到均匀分布的压缩力 N_x 作用,则式(8-37)变为

$$\frac{\partial^4 w_1}{\partial x^4} + 2\frac{\partial^4 w_1}{\partial x^2 \partial y^2} + \frac{\partial^4 w_1}{\partial y^4} = \frac{1}{D}\left(N_x \frac{a_{11}\pi^2}{a^2} \sin\frac{\pi x}{a} \sin\frac{\pi y}{b} - N_x \frac{\partial^2 w_1}{\partial x^2}\right) \tag{b}$$

取这方程的解为

$$w_1 = A \sin\frac{\pi x}{a} \sin\frac{\pi y}{b} \tag{c}$$

将式(c)代入方程(b)中,得到

$$A = \frac{a_{11} N_x}{\dfrac{\pi^2 D}{a^2}\left(1 + \dfrac{a^2}{b^2}\right)^2 - N_x}$$

对于 A 的这个值,式(c)给出了由压缩力 N_x 产生的板的挠度。将这个挠度与初始挠度(a)相加,得到板的总挠度表达式为

$$w = w_0 + w_1 = \frac{a_{11}}{1-\alpha} \sin\frac{\pi x}{a} \sin\frac{\pi y}{b} \tag{d}$$

其中

$$\alpha = \frac{N_x}{\dfrac{\pi^2 D}{a^2}\left(1 + \dfrac{a^2}{b^2}\right)^2} \tag{e}$$

最大挠度将出现在中心位置,可以得到

$$w_{\max} = \frac{a_{11}}{1-\alpha} \tag{f}$$

式(f)与第1.11节中式(a)类似,用于推导最初曲线梁的挠曲。

在更一般的情况下,可以将矩形板的初始挠度面取为以下级数形式:

$$w_0 = \sum_{m=1}^{\infty} \sum_{n=1}^{\infty} a_{mn} \sin \frac{m\pi x}{a} \sin \frac{n\pi y}{b} \tag{g}$$

将这个级数代入方程(8-37),得到板上任一点的附加挠度为

$$w_1 = \sum_{m=1}^{\infty} \sum_{n=1}^{\infty} b_{mn} \sin \frac{m\pi x}{a} \sin \frac{n\pi y}{b} \tag{h}$$

其中

$$b_{mn} = \frac{a_{mn} N_x}{\dfrac{\pi^2 D}{a^2} \left(m + \dfrac{n^2}{m} \dfrac{a^2}{b^2} \right)^2 - N_x} \tag{i}$$

从而发现所有系数 b_{mn} 随 N_x 的增加而增加。当 N_x 接近临界值[见第 8.5 节式(f)]时,级数 (h)中与板侧屈曲形状相对应的项变得最为重要。这与有初始弯曲的压杆的弯曲(参考第 1.12 节)完全类似。因此,在实验测定压缩力临界值时,可以使用 Southwell 推荐的方法[见第 4.1节式(b)下方段落]。

如果在板材的中间平面施加拉力而不是压缩力,则可以相同的方式处理问题。只需改变上述方程中 N_x 的符号即可。在没有任何困难的情况下,还可以得到当板材边缘不仅受到力 N_x,还受到力 N_y 和 N_{xy} 均匀分布时的挠度。

8.7　板材的大挠度

如果板材的挠曲不小,那么对于板材中间平面的不可增长性的假设只有在挠曲面是可展开面的情况下才成立。一般情况下,板材的大挠曲都伴随着中间平面的某种拉伸。为了给出一些关于由此拉伸引起的应力大小的概念,可提及,在一个圆形板材纯弯曲的情况下,若其最大挠曲等于 $0.6h$,则由于中间平面的拉伸而产生的最大应力大约是最大弯曲应力的 18%[1]。对于一个带有夹紧边缘且最大挠曲等于 h 的均匀加载的圆形板材,由于拉伸而产生的最大应力约为忽略拉伸计算得到的最大弯曲应力的 23%[2]。因此,在这些情况下,只有在小挠曲(例如不超过 $0.4h$)的情况下,才可以忽略中间平面的拉伸而不致引起显著的最大应力的误差。

在考虑板的大挠度时[3],可以继续使用方程(8-25),它是由平衡元素在垂直于板的方向上的条件导出的,但是力 N_x、N_y 和 N_{xy} 不仅取决于作用在 zy 平面上的外部力,还取决于由于弯曲引起的板中面的拉伸。假设 xy 平面中没有体积力,那么在此平面上的平衡方程为[参考方程(8-24)]

$$\left. \begin{array}{l} \dfrac{\partial N_x}{\partial x} + \dfrac{\partial N_{xy}}{\partial y} = 0 \\[3mm] \dfrac{\partial N_y}{\partial y} + \dfrac{\partial N_{xy}}{\partial x} = 0 \end{array} \right\} \tag{a}$$

使用考虑弯曲时板的中性面应变的方法,可以得到求解 N_x、N_y 和 N_{xy} 的第三个方程。相应的应变分量为[参考式(8-30)下面的式(c)、(d)]

---

[1]　在大偏转的情况下,偏转的大小不再与负载成比例,叠加原理则不再适用。

[2]　见 s. Way, Trans. ASME, 1934, p.627。

[3]　也就是说,偏转与板的厚度相比不再小,但同时也足够小,以保证可以使用简化公式来计算板的曲率(参考[2]中文献的第 321 页)。

$$\left.\begin{aligned}
\varepsilon_x &= \frac{\partial u}{\partial x} + \frac{1}{2}\left(\frac{\partial w}{\partial x}\right)^2 \\
\varepsilon_y &= \frac{\partial v}{\partial y} + \frac{1}{2}\left(\frac{\partial w}{\partial y}\right)^2 \\
\gamma_{xy} &= \frac{\partial u}{\partial y} + \frac{\partial v}{\partial x} + \frac{\partial w}{\partial x}\frac{\partial w}{\partial y}
\end{aligned}\right\}$$ (b)

通过区分这些表达式,可以证明

$$\frac{\partial^2 \varepsilon_x}{\partial y^2} + \frac{\partial^2 \varepsilon_y}{\partial x^2} - \frac{\partial^2 \gamma_{xy}}{\partial x \partial y} = \left(\frac{\partial^2 w}{\partial x \partial y}\right)^2 - \frac{\partial^2 w}{\partial x^2}\frac{\partial^2 w}{\partial y^2}$$ (c)

用应力的表达式替换应变分量,可以得到关于 N_x、N_y 和 N_{xy} 的第三个方程。

通过引入应力函数[①],可以大大简化这三个方程的解决方案。可以看出,通过取以下式子中的 F 为 x 与 y 的函数,则方程(a)恒等地满足

$$N_x = h\frac{\partial^2 F}{\partial y^2}, \ N_y = h\frac{\partial^2 F}{\partial x^2}, \ N_{xy} = -h\frac{\partial^2 F}{\partial x \partial y}$$ (d)

使用这些力的表达式,应变分量成为

$$\left.\begin{aligned}
\varepsilon_x &= \frac{1}{hE}(N_x - \nu N_y) = \frac{1}{E}\left(\frac{\partial^2 F}{\partial y^2} - \nu\frac{\partial^2 F}{\partial x^2}\right) \\
\varepsilon_y &= \frac{1}{hE}(N_y - \nu N_x) = \frac{1}{E}\left(\frac{\partial^2 F}{\partial x^2} - \nu\frac{\partial^2 F}{\partial y^2}\right) \\
\gamma_{xy} &= \frac{1}{hG}N_{xy} = -\frac{2(1+\nu)}{E}\frac{\partial^2 F}{\partial x \partial y}
\end{aligned}\right\}$$ (e)

将这些表达式代入方程(c),得到

$$\frac{\partial^4 F}{\partial x^4} + 2\frac{\partial^4 F}{\partial x^2 \partial y^2} + \frac{\partial^4 F}{\partial y^4} = E\left[\left(\frac{\partial^2 w}{\partial x \partial y}\right)^4 - \frac{\partial^2 w}{\partial x^2}\frac{\partial^4 w}{\partial y^2}\right]$$ (8-38)

代入式(d),方程(8-25)变为

$$\frac{\partial^4 w}{\partial x^4} + 2\frac{\partial^4 w}{\partial x^2 \partial y^2} + \frac{\partial^4 w}{\partial y^4} = \frac{h}{D}\left(\frac{q}{h} + \frac{\partial^2 F}{\partial y^2}\frac{\partial^2 w}{\partial x^2} + \frac{\partial^3 F}{\partial x^2}\frac{\partial^2 w}{\partial y^2} - 2\frac{\partial^2 F}{\partial x \partial y}\frac{\partial^2 w}{\partial x \partial y}\right)$$

(8-39)

方程(8-38)、(8-39),加上边界条件,确定了两个函数 F 和 w[②]。通过应力函数 F,可以使用方程(d)确定板的中间面上的应力。通过定义板的挠曲面的函数 w,可以用与小挠曲板相同的公式获得弯曲和剪切应力(详见第 8.2 节)。因此,板的大挠曲问题可简化为解决方程(8-38)、(8-39)。上述仅对最简单情况(即均匀受载的矩形板和均匀受载的圆形板[③])讨论,得到这些方程的一些近似解。

---

① 参见 Timoshenko 和 Goodier,见上文。

② 板的大挠度理论由 G. R. Kirchhoff(参见他的著作《力学》,第 2 版,第 450 页,1877 年)发展而来。应力函数 F 的使用是由 A. Föppl 引入的(参见他的著作《技术力学》,第 5 卷,第 132 页,1907 年)。方程(8-38)、(8-39)的最终形式是由 T. V. Krmin 在他的著作《数学科学百科全书》(第四卷,第 349 页,1910 年)中给出的。

③ 关于大变形板理论的更多信息,请参阅 Timoshenko 的《板壳理论》第二版,与 S. Woinowsky-Krieger 合作,第 415-428 页,麦格劳-希尔图书公司,1959 年,纽约。

第 9 章
薄板的屈曲

9.1　临界载荷的计算方法

在计算平板平衡变得不稳定且平板开始屈曲，施加在平板中间平面上的力的临界值时，可以使用与压杆相同的方法。

从第 8.5 节、第 8.6 节的讨论可以看出，作用于板中间平面的力的临界值可以通过假设板从一开始就具有一些初始曲率或横向载荷来得到。然后，挠度趋向于无限增长的中间平面上的力值通常是临界值。

研究这种稳定性问题的另一种方法是，假设板在其中间平面上施加力的作用下轻微弯曲，然后计算力的大小，以使板保持这种轻微弯曲的形状。在这种情况下，偏转表面的微分方程由式(8-25)得出，设 $q=0$，即假设没有横向载荷。如果没有外力[①]，那么屈曲板的方程就变成

$$\frac{\partial^4 w}{\partial x^4} + 2\frac{\partial^4 w}{\partial x^2 \partial y^2} + \frac{\partial^4 w}{\partial y^4} = \frac{1}{D}\left(N_x \frac{\partial^2 w}{\partial x^2} + N_y \frac{\partial^2 w}{\partial y^2} + 2N_{xy}\frac{\partial^2 w}{\partial x \partial y}\right)$$

$$(9-1)$$

最简单的情况是，当力 N_x、N_y 和 N_{xy} 在整个板中是恒定的。假设这些力之间有给定的比率，使得 $N_y = \alpha N_x$ 和 $N_{xy} = \beta N_x$，并对给定的边界条件求解方程(9-1)，可以看到，假设的板屈曲仅在 N_x 的某些确定值下是可能的。这些值中最小的值决定了所需的临界值。

如果力 N_x、N_y 和 N_{xy} 不恒定，则问题变得更加复杂，因为方程(9-1)在这种情况下具有可变系数，但一般性的结论并不改变。在这种情况下，可以假设力 N_x、N_y 和 N_{xy} 的表达式具有一个共同的因子 γ，通过增加该因子可以获得载荷的逐渐增加。根据式(9-1)，以及给定的边界将得出结论，曲线形式的平衡仅对于因子 γ 的某些值是可能的，并且这些值中的最小值将定义临界载荷。

能量法也可用于研究板的屈曲。该方法特别适用于方程(9-1)严格解未知的情况，或者有一块由加强肋加固的板，并且只需找到临界载荷近似值的情况[②]。在应用该方法时，与钢筋屈曲的情况一样进行(见第 2.8 节)，并假设在给定的边界条件下，板在中间平面上受到应力，会发生一些小的侧向弯曲。这样的有限弯曲可以在不拉伸中间平面的情况下产生，只需考虑弯曲能量和作用于板中间平面的力所做的相应功。如果这些力所做的功小于每种可能的横向屈曲形状的弯曲应变能，则板的平衡形式是稳定的。如果对于任何形状的横向变形，相同的功变得大于弯曲能量，则板不稳定并发生屈曲。用 ΔT_1 表示上述外力功，用 ΔU 表示弯曲的应变能，从方程中得出力的临界值

---

①　如果在板的中间平面上作用体力，则必须使用式(8-27)。

②　Timoshenko 讨论了这类问题中的各种情况；参见他的论文《塑性系统的稳定性》，Ann. ponts et chaussees，1913；带加强肋的矩形板的稳定性，Mem. Inst. Engrs. 社区方式，第 891915 卷；和 Der Eisenbau，1921 年第 12 卷。

$$\Delta T_1 = \Delta U \tag{a}$$

将 ΔT_1 表达式(8-32)和 ΔU 表达式(8-29)代入式(a),得到

$$-\frac{1}{2}\iint\left[N_x\left(\frac{\partial w}{\partial x}\right)^2 + N_y\left(\frac{\partial w}{\partial y}\right)^2 + 2N_{xy}\frac{\partial w}{\partial x}\frac{\partial w}{\partial y}\right]\mathrm{d}x\,\mathrm{d}y$$

$$= \frac{D}{2}\iint\left\{\left(\frac{\partial^2 w}{\partial x^2} + \frac{\partial^2 w}{\partial y^2}\right)^2 - 2(1-\nu)\left[\frac{\partial^2 w}{\partial x^2}\frac{\partial^2 w}{\partial y^2} - \left(\frac{\partial^2 w}{\partial x\partial y}\right)^2\right]\right\}\mathrm{d}x\,\mathrm{d}y \tag{9-2}$$

假设力 N_x、N_y 和 N_{xy} 由具有公共因子 γ 的某些表达式表示,使得

$$N_x = \gamma N'_x, \ N_y = \gamma N'_y, \ N_{xy} = \gamma N'_{xy} \tag{b}$$

增大 γ 使这些力同时增加。然后从式(9-2)中获得该因子的临界值,其中

$$\gamma = \frac{D\iint\left\{\left(\frac{\partial^2 w}{\partial x^2} + \frac{\partial^2 w}{\partial y^2}\right)^2 - 2(1-\nu)\left[\frac{\partial^2 w}{\partial x^2}\frac{\partial^2 w}{\partial y^2} - \left(\frac{\partial^2 w}{\partial x}\frac{\partial y}{\partial y}\right)^2\right]\right\}\mathrm{d}x\,\mathrm{d}y}{-\iint N'_x\left(\frac{\partial w}{\partial x}\right)^2 + N'_y\left(\frac{\partial w}{\partial y}\right)^2 + 2N'_{xy}\frac{\partial w}{\partial x}\frac{\partial w}{\partial y}\,\mathrm{d}x\,\mathrm{d}y} \tag{9-3}$$

对于 γ 的计算,在每种特定情况下,必须找到 w 的表达式,该表达式满足给定的边界条件并使式(9-3)最小,也即,分数(9-3)的变分必须为零。用 I_1 表示数字,用 I_2 表示分母,式(9-3)可变为

$$\delta\gamma = \frac{I_2\delta I_1 - I_1\delta I_2}{I_2^2}$$

当它等于零并且 $I_1/I_2 = \gamma$ 时,可得

$$\frac{1}{I_2}(\delta I_1 - \gamma\delta I_2) = 0 \tag{c}$$

通过上述变分并无体积力,将得出式(9-1)。因此,能量法导致之前所讨论过的积分。对于通过能量法近似计算临界载荷,将按照支柱的原理进行,并假设 w 为级数形式:

$$w = a_1 f_1(x, y) + a_2 f_2(x, y) + \cdots \tag{d}$$

式中,函数 $f_1(x, y)$,$f_2(x, y)$,$\cdots$ 满足 w 的边界条件,并应选择适当表示板的屈曲面。在每种特定情况下,将通过关于弯曲板形状的实验数据来指导选择这些函数。现在必须选择 a_1,a_2,$\cdots$ 这些系列中的一个,以便使式(9-3)为最小值。使用最小值的这个条件,并按照上面公式(c)的推导进行,得到以下方程:

$$\left.\begin{array}{l}\dfrac{\partial I_1}{\partial a_1} - \gamma\dfrac{\partial I_2}{\partial a_1} = 0 \\[2mm] \dfrac{\partial I_1}{\partial a_2} - \gamma\dfrac{\partial I_2}{\partial a_2} = 0 \\[2mm] \cdots\cdots\end{array}\right\} \tag{9-4}$$

从式(9-3)中可以看出,积分后,I_1 和 I_2 的表达式将由 a_1,a_2,$\cdots$ 的二阶齐次函数表示。因此,方程(9-4)将是 a_1,a_2,$\cdots$ 的齐次线性方程组。这样的方程可以产生 a_1,a_2,$\cdots$。只有当这些方程的行列式为零时,才为非零解。当行列式等于零时,将得到一个确定 γ 临界值的方程。以下数节中的几个例子将说明临界载荷的计算方法。

可以通过假设在屈曲期间防止板的边缘在 xy 平面中移动,以另一种方式得出方程 $(9-2)$。然后在边界处的位移 u 和 v 消失,并且功 ΔT_1 也消失。在这种情况下,横向屈曲与板中间平面的一些拉伸有关,必须使用第 8.4 节中的等式(g)。由于没有侧向力,T_2 消失,则得到

$$\frac{1}{2}\iint\left[N_x\left(\frac{\partial w}{\partial x}\right)^2+N_y\left(\frac{\partial w}{\partial y}\right)^2+2N_{xy}\frac{\partial w}{\partial x}\frac{\partial w}{\partial y}\right]\mathrm{d}x\mathrm{d}y+$$

$$\frac{D}{2}\iint\left\{\left(\frac{\partial^2 w}{\partial x^2}+\frac{\partial^2 w}{\partial y^2}\right)^2-2(1-\nu)\left[\frac{\partial^2 w}{\partial x^2}\frac{\partial^2 w}{\partial y^2}-\left(\frac{\partial^2 w}{\partial x\partial y}\right)^2\right]\right\}\mathrm{d}x\mathrm{d}y=0 \quad (9-5)$$

该方程左侧的第一个积分表示在屈曲过程中由于板的中间平面的拉伸而引起的应变能的变化,第二个积分表示板的弯曲能量。方程$(9-5)$与方程$(9-2)$相同,但现在不讨论在这种情况下消失的功 ΔT_1,而是强调,当屈曲过程中释放的板的拉伸应变能等于板的弯曲应变能时,板的平坦平衡条件变得至关重要。

9.2　简支矩形板的屈曲

假设均匀矩形板(沿一个方向压缩,图 $9-1$)在其中间平面内受到沿边 $x=0$ 和 $x=a$ 均匀分布的力的压缩[1]。

单位边缘长度的压缩力的大小用 N_x 表示。通过逐渐增加 N,得到压缩板的平衡平面形式变为不稳定并发生屈曲的条件。在这种情况下,压缩力的相应临界值可以通过方程$(9-1)$的积分得出[2]。同样的结果也可以从系统能量的考虑中得出。在简单支撑边缘的情况下,弯曲板的偏转表面可以用双重级数$(8-34)$表示(见第 8.5 节):

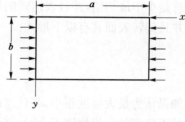

图 9-1

$$w=\sum_{m=1}^{\infty}\sum_{n=1}^{\infty}a_{mn}\sin\frac{m\pi x}{a}\sin\frac{n\pi y}{b} \tag{a}$$

根据式$(8-35)$,在这种情况下弯曲的应变能为

$$\Delta U=\frac{\pi^4 ab}{8}D\sum_{m=1}^{\infty}\sum_{n=1}^{\infty}a_{mn}^2\left(\frac{m^2}{a^2}+\frac{n^2}{b^2}\right)^2 \tag{b}$$

根据式$(8-32)$和第 8.5 节中式(c),板屈曲过程中压缩力所做的功为

$$\frac{1}{2}N_x\int_0^a\int_0^b\left(\frac{\partial w}{\partial x}\right)^2\mathrm{d}x\mathrm{d}y=\frac{\pi^2 b}{8a}N_x\sum_{m=1}^{\infty}\sum_{n=1}^{\infty}m^2 a_{mn}^2 \tag{c}$$

因此,用于确定压缩力临界值的等式$(9-2)$变为

$$\frac{\pi^2 b}{8a}N_x\sum_{m=1}^{\infty}\sum_{n=1}^{\infty}m^2 a_{mn}^2=\frac{\pi^4 ab}{8}D\sum_{m=1}^{\infty}\sum_{n=1}^{\infty}a_{mn}^2\left(\frac{m^2}{a^2}+\frac{n^2}{b^2}\right)^2$$

---

[1]　这个问题的解决方案由 G. H Bryan,Proc 提供。伦敦数学学会,第 22 卷,第 54 页,1891 年。

[2]　见 Timoshenko, Bull.Polytech.Inst,基辅,1907 年。

其中

$$N_x = \frac{\pi^2 a^2 D \sum\limits_{m=1}^{\infty} \sum\limits_{n=1}^{\infty} a_{mn}^2 \left(\dfrac{m^2}{a^2} + \dfrac{n_1^2}{b^2}\right)^2}{\sum\limits_{m=1}^{\infty} \sum\limits_{n=1}^{\infty} m^2 a_{mn}^2} \qquad (d)$$

通过与压缩条情况相同的推理，可以表明，如果除 1 之外的所有系数 a_{mn} 都等于零，则式 (d) 变为最小值，然后有

$$N_x = \frac{\pi^2 a^2 D}{m^2} \left(\frac{m^2}{a^2} + \frac{n^2}{b^2}\right)^2$$

很明显，N_x 的最小值将通过取 $n=1$ 来获得。这里的物理意义是，板弯曲在压力方向上可能有几个半波，但在垂直方向上只有一个半波。因此，压缩力临界值的表达式变为

$$(N_x)_{\text{cr}} = \frac{\pi^2 D}{a^2} \left(m + \frac{1}{m} \frac{a^2}{b^2}\right)^2 \qquad (e)$$

式 (e) 右侧的第一个因子表示单位宽度和长度为 a 条带的欧拉载荷。第二个因子表示连续板的稳定性在多大比例上大于各向异性条带的稳定性，该因子的大小取决于比值 a/b 的大小，也取决于数值 m，该数值给出了板弯曲的半波的数量。如果 $a < b$，则式 (e) 括号中的第二项总是小于最初值，并且表达式的最小值是通过取 $m=1$ 来获得，即，通过假设板在半波中弯曲，并且偏转表面具有以下形式：

$$w = a_{11} \sin \frac{\pi x}{a} \sin \frac{\pi y}{b} \qquad (f)$$

如果认为最大挠度很小，并且忽略了屈曲过程中板的中间平面的拉伸，那么最大挠度 a 仍然是不确定的。当挠度不小时，其计算方法将在第 9.13 节讨论。

式 (e) 中，$m=1$ 的临界载荷最终可以表示为

$$(N_x)_{\text{cr}} = \frac{\pi^2 D}{b^2} \left(\frac{b}{a} + \frac{a}{b}\right)^2 \qquad (g)$$

保持板的宽度不变，并逐渐改变长度 a，则式 (g) 右侧括号前的因子保持不变，括号内的因子则随比率 a/b 的变化而变化。可以看出，当 $a=b$ 时，该因子获得其最小值。

如果板为正方形，则载荷的临界值最小。在这种情况下

$$(N_x)_{\text{cr}} = \frac{4\pi^2 D}{b^2} \qquad (h)$$

这与之前在考虑弯曲和压缩对板的同时作用时获得的结果相同 [参见等式 (8-36)]。对于板的其他比例，式 (g) 可以表示为

$$(N_x)_{\text{cr}} = k \frac{\pi^2 D}{b^2} \qquad (9-6)$$

式中，k 为一个数值因子，其大小取决于比值 a/b。该系数在图 9-2 中由标记为 $m=1$ 的曲线表示。由图可见，对于 a/b 的小值，它是大的，并且随着 a/b 的增加而减少，对于 $a=b$，它变成最小值，然后再次增加。

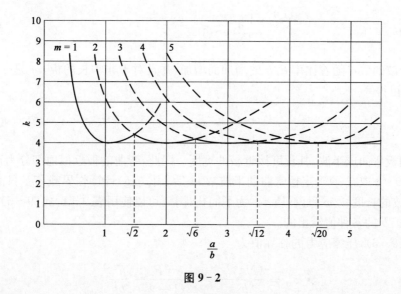

图 9 - 2

下面假设板弯曲成两个半波,并且偏转表面表示为

$$w = a_{21} \sin \frac{2\pi x}{a} \sin \frac{\pi y}{b}$$

我们有一条将板一分为二的拐点,每一半的条件与长度为 $a/2$ 的简支梁板完全相同。为了计算临界载荷,我们可以再次使用等式(g),将 $a/2$ 代替 a。然后

$$(N_x)_{cr} = \frac{\pi^2 D}{b^2} \left(\frac{2b}{a} + \frac{a}{2b} \right)^2 \qquad (i)$$

式(i)右侧的第二个因子,取决于比率 a/b,如图 9 - 2 中的曲线 $m = 2$ 所示。可以看出,通过保持纵坐标不变并使横坐标加倍,可以从曲线 $m = 1$ 容易地得到曲线 $m = 2$。以同样的方式继续,假设 $m = 3$、$m = 4$,依此类推,得到图 9 - 2 所示一系列曲线。有了这些曲线,可以很容易地确定任意比值 a/b 下的临界载荷和半波的数量。只需在横坐标轴上取相应的点,并为该点选择具有最小纵坐标的曲线。图 9 - 2 中,定义载荷临界值的曲线部分用实线表示。可以看出,对于非常短的板,曲线 $m = 1$ 给出最小的纵坐标,即方程(9 - 6)中 k 的最小值。从曲线 $m = 1$ 和 $m = 2$ 的交点开始,第二条曲线具有最小的纵坐标;也即,板弯曲成两个半波,并且一直保持到曲线 $m = 2$ 和 $m = 3$ 的交点。从这一点开始,板块弯曲成三个半波,依此类推。当图 9 - 2 中的两条对应曲线具有相等的纵坐标时,从 m 到 $m + 1$ 半波的转变明显发生,此时

$$\frac{mb}{a} + \frac{a}{mb} = \frac{(m+1)b}{a} + \frac{a}{(m+1)b}$$

从这个方程得到

$$\frac{a}{b} = \sqrt{m(m+1)} \qquad (j)$$

代入 $m = 1$,得到

$$\frac{a}{b} = \sqrt{2} = 1.41$$

在这个比例下,可以从一个半波过渡到两个半波。通过取 $m = 2$,可以看出发生了从两个半波到三个半波的转变,此时

$$\frac{a}{b} = \sqrt{6} = 2.45$$

由此可见,半波的数量随着比率 a/b 的增加而增加,并且对于非常长的板,m 是一个很大的数字。由式(j)可得

$$\frac{a}{b} \approx m$$

即,非常长的板弯曲成半波,其长度接近板的宽度。因此,弯曲的板近似地细分为正方形。

根据图 9-2 或式(j)确定板弯曲的半波数 m 后,由式(g)计算临界载荷。只需在式(g)中代入一个半波的长度 a/m,而不是 a。为了简化计算,可以使用表 9-1,式(9-6)中因子 k 值是针对比率 a/b 的各种值给出的。

根据式(9-6),压缩应力的临界值为

$$\sigma_{cr} = \frac{(N_x)_{cr}}{h} = \frac{k\pi^2 E}{12(1-\nu^2)} \frac{h^2}{b^2} \tag{9-7}$$

对于给定的比率 a/b,系数 k 是常数,并且 σ_{cr} 与材料的模量和比率 h/b 的平方成比例。在表 9-1 的第三行中,给出了钢板的临界应力。对于模量为 EI 的任何其他材料和比例为 h/b 的任何其他值,临界应力可由表中数值乘以下列因子所得[①]:

$$\frac{E_1}{30 \times 10^2} \left(\frac{h}{b} \right)^2$$

表 9-1 式(9-6)中因子 k 和 σ_{cr}的值

a/b	0.2	0.3	0.4	0.5	0.6	0.7	0.8
k	27.0	13.2	8.41	6.25	5.14	4.53	4.20
σ_{cr}	73 200	35 800	22 800	16 900	13 900	12 300	11 400
a/b	0.9	1.0	1.1	1.2	1.3	1.4	1.41
k	4.04	4.00	4.04	4.13	4.28	4.47	4.49
σ_{cr}	11 000	10 800	11 000	11 200	11 600	12 100	12 200

注:对于均压简支矩形板,且 $E = 30 \times 10^6$ psi、$\nu = 0.3$、$h/b = 0.01$。

比较相同尺寸 a 和 b 的钢和硬铝板,对于相同的重量,硬铝板将比钢板厚大约 3 倍;由于硬铝的弹性模量约为钢的 1/3,因此从式(9-7)可以得出结论,硬铝板的临界应力将比相同重量的钢板大约 3 倍,临界载荷将大约 9 倍。从而可以看出,当结构重量为首要条件,例如在飞机结构中,使用轻质铝合金板是多么重要。

用表 9-1 计算的 σ_x 的临界值表示真实的临界应力,前提是它们低于材料的比例极限。极限公式(9-7)给出了 σ_{cr} 的偏大值,而该应力的真实值只能通过考虑材料的塑性变形来获得(见第 9.12 节)。在每种特定情况下,假设式(9-7)在材料屈服点之前足够准确,则可以应用式(9-7)中比值 h/b 的极限值,通过在其中代入 $\sigma_{cr} = \sigma_{YP}$,而获得 h/b 的极限值。以 $a_{YP} = 40\,000$ psi、$E = 30 \times 10^6$ psi、$\nu = 0.3$ 的钢为例,假设板足够长,因此 $k \approx 4$,从式

---

① 假设泊松比可以被认为是一个常数。

(9-7)中发现 $b/h \approx 52$。低于比值 b/h 的该值，材料在获得由式(9-7)给出的临界应力之前开始屈服。

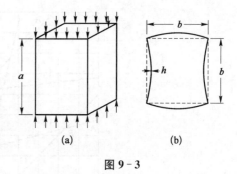

　　上述问题中假设的边缘条件是在方形横截面薄壁均匀压缩的情况下实现的(图9-3)。当压缩应力等于其临界值(9-7)时，如图9-3b所示，屈曲开始，管的横截面变得弯曲。屈曲管的侧面之间不会沿着拐角产生弯矩，并且每一侧都处于具有简单支撑边缘的压缩矩形板的状态。

图 9-3

9.3　两垂直方向受压简支矩形板的屈曲

　　如果具有简支边缘的矩形板(图9-4)受到均匀分布的压力 N_x 和 N_y 的作用，则挠度 ω 表达式可与前相同，再次证明在计算 N_x 和 N_y 的临界值时，只应考虑 ω 的双级数中的一项。应用能量法，方程(9-2)变为

$$N_x \frac{m^2\pi^2}{a^2} + N_y \frac{n^2\pi^2}{b^2} = D\left(\frac{m^2\pi^2}{a^2} + \frac{n^2\pi^2}{b^2}\right)^2 \quad \text{(a)}$$

式中，m 决定在 x 方向上半波的数目；n 决定在 y 方向上的数目。将式(a)除以板的厚度并引入符号

$$\frac{\pi^2 D}{a^2 h} = \sigma_e \quad \text{(b)}$$

可得

$$\sigma_x m^2 + \sigma_y n^2 \frac{a^2}{b^2} = \sigma_e\left(m^2 + n^2 \frac{a^2}{b^2}\right)^2 \quad \text{(c)}$$

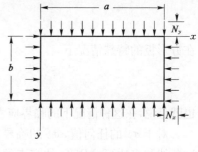

图 9-4

对 m 和 n 取任意整数，相应的屈曲板挠度曲面由以下方程给出：

$$w_{mn} = a_{mn} \sin \frac{m\pi x}{a} \sin \frac{n\pi y}{b}$$

并且相应的 σ_x 和 σ_y 满足式(c)。以 σ_x 和 σ_y 为直角坐标，式(c)将用直线表示。对于 m 和 n 的不同值以及正方形板($a=b$)的情况，这种类型的曲线如图9-5所示。这些线表示 m 和 n 的值，σ_x 和 σ_y 的正值表示压应力。由于寻找可能发生屈曲的 σ_x 和 σ_y 的最小值，因此只需考虑图中实线所示直线部分，并形成多边形 $ABCD$。对于任何给定的比率 a/b，可以通过一个类似于图 9-5的图，从图中获得 σ_x 和 σ_y 的相应临界值。可以看出，线 BC 与横坐标轴的交点给出上一节讨论中 $\sigma_y=0$ 情况下 σ_x 的临界值。当 $\sigma_x=0$ 时，同一条线与纵轴的交点给出 $(\sigma_y)_{cr}$。

　　当 $a_x=a_y=a$ 时，设想通过原点 O 画一条线，该线与水平轴成45°角。然后，这条线和直线 BC 的交点决定了在这种情况下 a 的临界值。

　　在这种情况下，方程(c)变为

$$\sigma = \sigma_e\left(m^2 + n^2 \frac{a^2}{b^2}\right)$$

a 的最小值是通过取 $m=n=1$ 来获得的。因此

$$\sigma_{cr} = \sigma_e\left(1 + \frac{a^2}{b^2}\right) \quad \text{(9-8)}$$

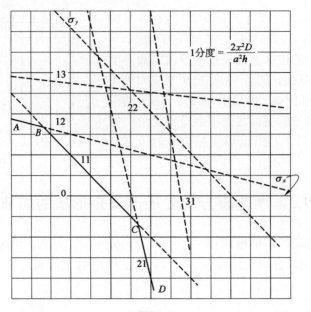

$$1分度 = \frac{2x^2 D}{a^2 h}$$

图 9 - 5

在方形板的特殊情况下

$$\sigma_{cr} = 2\sigma_e$$

也就是说,在这种情况下的临界应力,只是在一个方向上压缩方形板的情况的一半。

对于 σ_x 的任何值,σ_y 的临界值是通过在横坐标轴上画一条过相应点的垂直线来获得的。这条线与多边形 ABCD 的交点的纵坐标(图 9-5)给出 $(\sigma_y)_{cr}$ 的值。如果在正方形板的情况下,$\sigma_x > 4\sigma_e$,$(\sigma_y)_{cr}$ 则变为负值。这表明,只要在垂直方向上有足够的拉应力作用,板可以承受比简单压缩情况下临界值更大的压应力(参见第 9.2 节)。

在方程(c)的实际应用中,知道图 9-5 中多边形 ABCD 顶点的 B、C 等点的坐标是有用的。在确定 σ_y 的临界值时,可以使用 BC 线($m=1$, $n=1$)的 σ_x 的最大值,它是由点 C 的横坐标定义的,点 C 是线 11 和 21 的交点。通过使用式(c),这些直线的方程分别为

$$\sigma_x + \sigma_y \frac{a^2}{b^2} = \sigma_e \left(1 + \frac{a^2}{b^2}\right)^2 \quad (m=1,\ n=1)$$

$$4\sigma_x + \sigma_y \frac{a^2}{b^2} = \sigma_e \left(4 + \frac{a^2}{b^2}\right)^2 \quad (m=2,\ n=1)$$

求解这些方程时,σ_x 的上限(可以使用线 11)为

$$\sigma_x = \sigma_e \left(5 + 2\frac{a^2}{b^2}\right) \tag{d}$$

以同样的方式,σ_x 的下限从以下方程中获得:

$$\sigma_x + \sigma_y \frac{a^2}{b^2} = \sigma_e \left(1 + \frac{a^2}{b^2}\right)^2 \quad (m=1,\ n=1)$$

$$\sigma_x + 4\sigma_y \frac{a^2}{b^2} = \sigma_e \left(1 + \frac{4a^2}{b^2}\right)^2 \quad (m=1,\ n=2)$$

其中
$$\sigma_x = \sigma_e \left(1 - 4\,\frac{a^4}{b^4}\right) \tag{e}$$

因此,如果以下不等式成立,则在计算 $(\sigma_y)_{cr}$ 时应使用线 $m=1$、$n=1$:

$$\sigma_e \left(1 - 4\,\frac{a^4}{b^4}\right) < \sigma_x < \sigma_e \left(5 + 2\,\frac{a^2}{b^2}\right) \tag{f}$$

取 $a=0.5b$ 和 $\sigma_x = \sigma_e$,并确定 σ_y 的相应临界值。将 $a/b=0.5$ 代入不等式(f),发现

$$0.75\sigma_e < \sigma_x < 5.5\sigma_e$$

由于给定的 σ_x 值在这些限制范围内,在方程(c)中代入 $m=n=1$。 那么

$$\sigma_x + \sigma_y\,\frac{a^2}{b^2} = \sigma_e \left(1 + \frac{a^2}{b^2}\right)^2$$

通过取 $a/b=0.5$ 和 $\sigma_x = \sigma_e$,可得

$$(\sigma_y)_{cr} = 2.25\sigma_e = 2.25\,\frac{\pi^2 D}{a^2 h}$$

如果给定值 σ_x 大于极限值(d),则需要考虑由式(c)取 $n=1$ 和 $m=2, 3, 4, \cdots$,获得直线。考虑 $n=1$ 和 $m=i$ 的直线,该线使用的下限由该线与 $m=i-1$、$n=1$ 的线的交点定义。根据方程(c)得到这些直线的方程为

$$\sigma_x i^2 + \sigma_y\,\frac{a^2}{b^2} = \sigma_e \left(i^2 + \frac{a^2}{b^2}\right)^2$$

$$\sigma_x (i-1)^2 + \sigma_y\,\frac{a^2}{b^2} = \sigma_e \left[(i-1)^2 + \frac{a^2}{b^2}\right]^2$$

其中 σ_x 的下限为
$$\sigma_x = \sigma_e \left(2i^2 - 2i + 1 + 2\,\frac{a^2}{b^2}\right)$$

以相同的方式,$m=i$、$n=1$ 和 $m=i+1$、$n=1$ 线的交点确定了 σ_x 的上限:

$$\sigma_x = \sigma_e \left(2i^2 + 2i + 1 + 2\,\frac{a^2}{b^2}\right)$$

因此,如果给定的 σ_x 值在以下限制范围内,则必须使用 $m=n=1$ 的直线来确定 σ_y 的临界值:

$$\sigma_e \left(2i^2 - 2i + 1 + 2\,\frac{a^2}{b^2}\right) < \sigma_x < \sigma_e \left(2i^2 + 2i + 1 + 2\,\frac{a^2}{b^2}\right) \tag{g}$$

同样,如果 σ_x 小于极限值(e),则必须考虑 $m=1$、$n=2, 3, 4, \cdots$ 的直线。参照前面的例子可知,如果以下不等式成立,则必须使用由 $m=1$、$n=i$ 定义的直线:

$$\sigma_e \left[1 - i^2(i-1)^2\,\frac{a^4}{b^4}\right] > \sigma_x > \sigma_e \left[1 - i^2(i+1)^2\,\frac{a^4}{b^4}\right] \tag{h}$$

例如,考虑 $a/b=0.5$ 的情况,并假设 $\sigma_x = 7\sigma_e$。 由于 σ_x 大于式(d)的值,因此使用一般不等式(g),该不等式取 $i=2$。 因此,代入式(c)中的 $m=2$、$n=1$,在这种情况下必须使用的直线为

$$4\sigma_x + \sigma_y\,\frac{a^2}{b^2} = \sigma_e \left(4 + \frac{a^2}{b^2}\right)^2$$

将 $\sigma_x = 7\sigma_e$ 和 $a=0.5b$ 代入这个方程,得到

$$(\sigma_y)_{cr} = -39.75\sigma_e$$

这表明,大于 $39.75\sigma_e$ 的拉伸应力[1]必须在 y 方向上作用,以防止板在给定压缩应力 σ_x 的作用下发生屈曲。

如果在同一块板上施加了 x 方向的拉伸应力,其大小为 $\sigma_x = -11\sigma_e$,则必须使用不等式(h),并取 $i=4$。σ_y 的相应临界值将由以下方程确定:

$$\sigma_x + 16\sigma_y \frac{a^2}{b^2} = \sigma_e\left(1 + 16\,\frac{a^2}{b^2}\right)^2$$

将 $\sigma_x = -11\sigma_e$ 和 $a = 0.5b$ 代入这个方程,得到

$$\sigma_{cr} = 9\sigma_e$$

9.4　均匀受压矩形板的屈曲:沿垂直于压力方向的两侧简支,且沿其他两侧具有不同边界条件

在讨论这个问题时,可以使用两种方法,即能量法和挠曲板微分方程积分法[2]。积分法可使用方程(9-1),它适用于沿 x 轴均匀压缩的情况(图9-6),N_x 被认为是正压力,方程变为

$$\frac{\partial^4 \omega}{\partial x^4} + 2\frac{\partial^4 \omega}{\partial x^2 \partial y^2} + \frac{\partial^4 \omega}{\partial y^4} = -\frac{N_x}{D}\frac{\partial^2 \omega}{\partial x^2} \qquad (a)$$

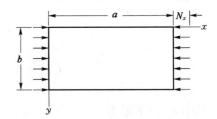

图9-6

假设在压缩力的作用下,板在 m 个正弦半波中弯曲,则方程(a)的解为

$$\omega = f(y)\sin\frac{m\pi x}{a} \qquad (b)$$

式中,$f(y)$ 为单独关于 y 的函数,后面会确定。

式(b)满足板的简支边 $x=0$ 和 $x=a$ 的边界条件,因为

$$\omega = 0 \quad \text{和} \quad \frac{\partial^2 \omega}{\partial x^2} + \nu\frac{\partial^2 \omega}{\partial y^2} = 0 \quad (x=0 \text{ 和 } x=a)$$

将式(b)代入方程(a)中,得到以下用于确定函数 $f(y)$ 的常微分方程:

$$\frac{d^4 f}{dy^4} - \frac{2m^2\pi^2}{a^2}\frac{d^2 f}{dy^2} + \left(\frac{m^4\pi^4}{a^4} - \frac{N_x}{D}\frac{m^2\pi^2}{a^2}\right)f = 0 \qquad (c)$$

注意到,由于沿着 $y=0$ 和 $y=b$ 边的一些约束,能够得到

$$\frac{N_x}{D} > \frac{m^2\pi^2}{a^2}$$

并使用符号

---

[1]　此处的压缩应力必须视为正应力。
[2]　问题首先由 Timoshenko 讨论,见 Bull. Polgtech. Inst, Kiev, 1907;另见 Z. Math. Physik, vol.58, p.343, 1910。能量法的使用在 Timoshenko, Sur la stabilite des systemes élastiques, Ann. ponts et chaussees, 1913 中也有介绍。

$$\alpha = \sqrt{\frac{m^2\pi^2}{a^2} + \sqrt{\frac{N_x}{D}\frac{m^2\pi^2}{a^2}}} \ , \ \beta = \sqrt{-\frac{m^2\pi^2}{a^2} + \sqrt{\frac{N_x}{D}\frac{m^2\pi^2}{a^2}}} \tag{d}$$

可以用以下形式给出方程(c)的一般解:

$$f(y) = C_1 e^{-\alpha y} + C_2 e^{\alpha y} + C_3 \cos\beta y + C_4 \sin\beta y \tag{e}$$

解决方案(e)中的积分常数必须在每种特定情况下根据沿着边 $y = 0$ 和 $y = b$ 的约束条件来确定。下面讨论沿着这些边的约束的几种特定情况。

1) 边 $y = 0$ 是简支的,边 $y = b$ 是自由的(图 9-6)

从这些条件可以得出[见方程(8-19)~(8-21)]

$$\omega = 0, \ \frac{\partial^2\omega}{\partial u^2} + \nu\frac{\partial^2\omega}{\partial r^2} = 0 \quad (y = 0) \tag{f}$$

$$\frac{\partial^2\omega}{\partial y^2} + \nu\frac{\partial^2\omega}{\partial x^2} = 0, \ \frac{\partial^3\omega}{\partial y^3} + (2-\nu)\frac{\partial^3\omega}{\partial x^2\partial y} = 0 \quad (y = b) \tag{g}$$

如果将通解(e)取作

$$C_1 = -C_2 \quad \text{和} \quad C_3 = 0$$

则边界条件(f)将得到满足。函数 $f(y)$ 可以写成

$$f(y) = A\sinh\alpha y + B\sin\beta y$$

式中,A 和 B 为常数。从边界条件(g)可以看出

$$\left.\begin{array}{l} A\left(\alpha^2 - \nu\frac{m^2\pi^2}{a^2}\right)\sinh\alpha b - B\left(\beta^2 + \nu\frac{m^2\pi^2}{a^2}\right)'\sin\beta b = 0 \\[2mm] A\alpha\left[\alpha^2 - (2-\nu)\frac{m^2\pi^2}{a^2}\right]\cosh\alpha b - B\beta\left[\beta^2 + (2-\nu)\frac{m^2\pi^2}{a^2}\right]\cos\beta b = 0 \end{array}\right\} \tag{h}$$

取 $A = B = 0$ 可以满足这些方程。然后,板上各点的挠度为零,得到板的平面平衡形式。只有当方程组(h)中 A 和 B 的解不等于零时,板的屈曲平衡形式才有可能。这要求这些方程的行列式变为零,也即

$$\beta\left(\alpha^2 - \nu\frac{m^2\pi^2}{a^2}\right)^2\tanh\alpha b = \alpha\left(\beta^2 + \nu\frac{m^2\pi^2}{a^2}\right)^2\tan\beta b \tag{i}$$

由于 α 和 β 包含 N_x[参见式(d)],所以,如果板的尺寸和材料的弹性常数已知,则方程(i)可用于计算 N_x 的临界值。这些计算表明,当 $m = 1$,即假设屈曲板只有一个半波时,可以得到最小的 N 值。相应临界压应力的大小为

$$(\sigma_x)_{cr} = \frac{(N_x)_{cr}}{h} = k\frac{\pi^2 D}{b^2 h} \tag{j}$$

式中,k 为取决于比率 a/b 大小的数值因子。表 9-2 的第二行给出了根据式(i)计算得出的该系数的几个值,其中 $v = 0.25$。对于长板,可以充分准确地假设

$$k = 0.456 + \frac{b^2}{a^2}$$

在表 9-2 的第三行中,给出了以 lb/in^2 为单位的临界应力,其计算条件为 $E=30\times10^6$ psi、$v=0.25$、$h/b=0.01$。对于任何其他具有 E_1 模量的材料和任何其他值的比值 h/b,都可通过相乘得到临界应力。

表 9-2　当边 $y=0$ 为简支且 $y=b$ 为自由边(图 9-6)时式(i)中因子 k 的数值

a/b	0.50	1.0	1.2	1.4	1.6	1.8	2.0	2.5	3.0	4.0	5.0
k	4.40	1.440	1.135	0.952	0.835	0.775	0.698	0.610	0.564	0.516	0.506
$(\sigma_x)_{cr}$	11 600	3 790	2 990	2 500	2 200	1 990	1 840	1 600	1 480	1 360	1 330

表 9-2 中数字基于以下因素:

$$\frac{E_1}{30\times10^2}\left(\frac{h}{b}\right)^2$$

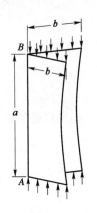

图 9-7

如图 9-7 所示,在压缩角度的情况下,实现了与上述假设类似的边缘条件。当均匀分布在角钢侧面宽度上的压应力等于式(j)给出的临界应力时,角钢的自由纵向边缘弯曲,而 AB 线保持直线,沿该线的边缘条件与沿简支边缘的边缘条件相同。压缩角度的实验与理论非常吻合[1]。在相对较短角度的情况下,如图 9-7 所示,会发生屈曲。对于具有这种角横截面的长支柱,临界压应力可能会小于式(j)给出的值,在这种情况下,支柱会像压缩柱一样弯曲。

2) 边 $y=0$ 是内置的,边 $y=b$ 是自由的(图 9-6)

在这种情况下,确定通解(e)中常数的边缘条件是

$$\omega=0,\ \frac{\partial\omega}{\partial y}=0\quad(y=0)\tag{k}$$

$$\frac{\partial^2\omega}{\partial y^2}+\nu\frac{\partial^2\omega}{\partial x^2}=0,\ \frac{\partial^3\omega}{\partial y^3}+(2-\nu)\frac{\partial^3\omega}{\partial x^2\partial y}=0\quad(y=b)\tag{l}$$

由条件(k)可知

$$C_1=-\frac{\alpha C_3-\beta C_4}{2\alpha},\ C_2=-\frac{\alpha C_3+\beta C_4}{2\alpha}$$

并且函数 $f(y)$ 可以表示为

$$f(y)=A(\cos\beta y-\cosh\alpha y)+B\left(\sin\beta y-\frac{\beta}{\alpha}\sinh\alpha y\right)$$

将该表达式代入条件(l),得到在 A 和 B 上的两个线性齐次方程。压应力的临界值通过将这些方程的行列式等于零来确定:

$$2ts+(s^2+t^2)\cos\beta b\cosh ab=\frac{1}{\alpha\beta}(\alpha^2t^2-\beta^2s^2)\sin\beta b\sinh ab\tag{m}$$

---

① 参见 F. J. Bridget, C. C. Jerome, and A. B. Vosseller, Trans. ASME, Applied Mechanics Division, vol. 56, p.569, 1934;另见 C. F. Kollbrun-ner, Zurich, 1935, and E. E. Lundquist, NACA Tech. Note 722, 1939。

其中
$$t = \beta^2 + \nu \frac{m^2 \pi^2}{a^2}, \quad s = \alpha^2 - \nu \frac{m^2 \pi^2}{a^2}$$

对于比值 a/b 和压应力临界值的给定值,可以由超越方程(m)计算,并且可以由方程(j)表示。计算表明,对于相对较短的长度,板在半波中弯曲,在计算中必须取 $m = 1$。对于比率 a/b 的各种值,式(j)中的数值因子 k 的几个值在表 9-3 中给出。

表 9-3　边 $y = 0$ 内置,边 $y = b$ 是自由端(图 9-6)且 $v = 0.25$ 时式(j)中因子 k 的数值

a/b	1.0	1.1	1.2	1.3	1.4	1.5	1.6	1.7	1.8	1.9	2.0	2.2	2.4
k	1.70	1.56	1.47	1.41	1.36	1.34	1.33	1.33	1.34	1.36	1.38	1.45	1.47
$(\sigma_x)_{cr}$	4 470	4 110	3 870	3 710	3 580	3 520	3 500	3 500	3 520	3 580	3 630	3 820	3 870

同样的值也在图 9-8 中用曲线 $m = 1$ 表示。可以看出,在开始时,k 的值随 a/b 比率的增加而减小。在 $a/b = 1.635$ 时,获得 k 的最小值($k = 1.328$),并且从该值开始,k 的值随着比率 a/b 的增加而增加。

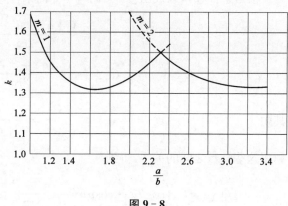

图 9-8

有了曲线 $m = 1$,可以构建 $m = 2$、$m = 3$、… 的曲线,如第 9.2 节所述。通过使用这样的曲线,在任何特定情况下都可以很容易地确定半波的数量。在相对较长的板的情况下,可以在方程(j)中以足够的精度取 $k = 1.328$。

表 9-3 的第三行给出临界应力的值(lb/in^2),根据式(j)计算,假设 $E = 30 \times 10^6$ psi、$v = 0.25$、$h/b = 0.01$。通过使用这些数字,可以很容易地计算出任何比例的板和任何模量值的临界应力。

3) 边 $y = 0$ 是弹性内置的,边 $y = b$ 是自由的(图 9-6)

在前面的讨论中,已经考虑了沿边 $y = 0$ 约束的两个极端假设,即简支边和内置边。在实际情况下,通常会有一些约束的中间条件。以 T 形截面的压缩构件为例(图 9-9)。虽然不能假设垂直腹板的上边缘在屈曲过程中自由旋转,但也不能将其视为刚性内置,因为在腹板屈曲过程中,翼缘会发生旋转。在这种情况下,可以将板的上边缘视为弹性内置,因为在沿该边缘屈曲期间出现的弯矩在每个点与边缘的旋转角度成比例。为了说明这一点,考虑图 9-9 所示构件法兰的扭转。腹板屈曲过程中该扇形件的旋转角度等于 $\partial w / \partial y$,该角度的变化率为 $\partial^2 w / \partial x \partial y$;因此,翼缘沿 x 轴的任何横截面上的扭转力矩为

$$C \frac{\partial^2 w}{\partial x \partial y}$$

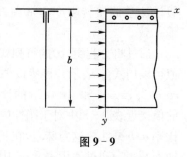

图 9-9

式中,C 为腹板的扭转刚度[①]。该扭转力矩的变化率在数值上等于腹板上边缘每单位长度的

---

① 在每种特定情况下,通过考虑由窄矩形组成的扇形截面,可以足够准确地计算该刚度(见第 5.2 节)。假设扭曲中心与腹板边缘重合。这里忽略了尖牙的翘曲刚度。

弯曲力矩 M_y。这两个矩以及 M_y 规定正方向的规则（见第 8 章）是相同的。因此，沿着腹板上边缘的相应边界条件为

$$-D\left(\frac{\partial^2 \omega}{\partial y^2}+\nu\frac{\partial^2 \omega}{\partial x^2}\right)=C\frac{\partial^3 \omega}{\partial x^2\partial y}$$

使用本节 ω 表达式(b)，观察到沿着腹板的上边缘 $\omega=0$ [①]，则上述边界条件可以采用以下形式 [②]：

$$D\frac{\partial^2 w}{\partial y^2}=C\frac{\pi^2}{a^2}\frac{\partial w}{\partial y}\quad(y=0)\tag{n}$$

也就是说，如前所述，沿着弯曲腹板上边缘的弯曲力矩 M_y 与旋转角度 $\partial w/\partial y$ 成比例。

根据条件(n)，以及当 $y=0$ 时 $\omega=0$ 的条件，发现式(e)中常数之间的关系如下：

$$C_1=\frac{C_3(\alpha^2+\beta^2-r\alpha)}{2r\alpha}+\frac{C_4\beta}{2\alpha}$$

$$C_2=-\frac{C_3(\alpha^2+\beta^2+r\alpha)}{2r\alpha}-\frac{C_4\beta}{2\alpha}$$

其中

$$r=\frac{C}{D}\frac{\pi^2}{a^2}\tag{o}$$

利用这些常数之间的关系，得到

$$f(y)=C_3\left(\cos\theta y-\cosh\alpha y-\frac{\alpha^2+\beta^2}{r\alpha}\sinh\alpha y\right)+C_4\left(\sin\beta y-\frac{\beta}{\alpha}\sinh\alpha y\right)$$

将其代入式(b)，以及沿腹板自由边缘的边界条件(l)中，得到

$$\left.\begin{array}{l}C_3(t\cos\beta b+s\cosh\alpha b+qs\sinh\alpha b)+C_4\left(t\sin\beta b+\dfrac{\beta}{\alpha}s\sinh\alpha b\right)=0\\[2mm]C_3(-\beta s\sin\beta b+\alpha t\sinh\alpha b+q\alpha t\cosh\alpha b)+C_4(\beta s\cos\beta b+\beta t\cosh\alpha b)=0\end{array}\right\}\tag{p}$$

其中

$$s=\alpha^2-\nu\frac{\pi^2}{a^2},\ t=\beta^2+\nu\frac{\pi^2}{a^2},\ q=\frac{\alpha^2+\beta^2}{\alpha r}$$

假设法兰的扭转刚度非常大，取 $q=0$，发现方程(p)与沿边缘 $y=0$ 刚性嵌入的板的方程一致。

通过将方程组(p)的行列式设置为 0，可以求出压缩力的临界值。这样可知压应力的临界值可以用式(j)表示。显然该公式中系数 k 的值取决于固定系数 r 的大小。表 9-4 给出了 $rb=2$、$rb=8$ 和 $v=0.25$ 的计算结果。可以看出，随着 r 的增加，系数 k 增加，对于 $rb=8$，k 的值接近表 9-3 中对于刚性内置边缘的计算值。还可以看出，随着 r 增加，k 达到最小值时，比率 a/b 减小。这意味着，在长板的情况下，板在屈曲过程中细分成的波浪的长度随着 r 的增加而减小。通过使用表 9-4 中给出的 k 值，可以构建类似于图 9-8 所示曲线，并且根据这些曲线，可以采用与前面相同的方式确定板在屈曲时细分的半波的数量。

----

① 假设翼缘在 xz 平面上的弯曲刚度非常大，从而忽略翼缘在该平面上的挠度。

② 假设 $m=1$，即屈曲腹板只形成一个半波。

表 9-4　当 $y=0$ 的边是弹性支撑,边 $y=b$ 是自由端且 $v=0.25$ 时方程(j)中因子 k 的数值

a/b	1.0	1.3	1.5	1.8	2.0	2.3	2.5	2.7	3.0	4.0
$rb=2$	1.49	1.13	1.01	0.92	0.90	0.89	0.90	0.93	0.98	0.90
$rb=8$	1.58	1.25	1.16	1.11	1.12	1.18	1.23	1.30	1.16	1.12

4）两侧 $y=0$ 和 $y=b$ 都是内置的

在这种情况下,边界条件为

$$\omega=0,\ \frac{\partial w}{\partial y}=0\quad（y=0\ 和\ y=b）$$

同前面情况,对于压缩力临界值的计算,存在以下超越方程：

$$2(1-\cos\beta b\cosh\alpha b)=\left(\frac{\beta}{\alpha}-\frac{\alpha}{\beta}\right)\sin\beta b\sinh\alpha b$$

压应力的临界值再次由式(j)给出。表 9-5 给出 a/b 在不同值时计算的因子 k 的值。

表 9-5　当 $y=0$, $y=b$ 都是固定端且 $v=0.25$ 时方程(j)中因子 k 的数值

a/b	0.4	0.5	0.6	0.7	0.8	0.9	1.0
k	9.44	7.69	7.05	7.00	7.29	7.83	7.69

可以看出,当 $0.6<a/b<0.7$ 时,k 的值最小;也就是说,在这种情况下,长的压缩板在相对较短的波浪中弯曲。半波的数量可以像以前一样,通过绘制类似于图 9-8 所示曲线来确定。

5）两侧 $y=0$ 和 $y=b$ 都由弹性梁支撑

取图 9-10 所示坐标轴,假设板的边缘 $x=0$ 和 $x=a$ 处的条件与之前相同。沿着边缘 $y=b/2$ 和 $y=-b/2$,板在屈曲过程中可以自由旋转,但在这些边缘的板的挠曲受到两个相等的弹性支撑梁的抵抗。旋转自由的条件要求

$$\frac{\partial^2 w}{\partial y^2}+\nu\,\frac{\partial^2 w}{\partial x^2}=0\quad\left(y=\pm\frac{b}{2}\right)\tag{q}$$

要想获得第二个条件的表达式,必须考虑支撑梁的弯曲。假设这些梁的端部是简单支撑的,如图 9-10 所示,它们与板具有相同的弹性模量,并且它们和板一起压缩,因此每个梁上的压缩力等于 $A\sigma_x$,其中 A 是一根梁的横截面面积。用 EI 表示梁的弯曲刚度,其挠度曲线的微分方程为

$$EI\,\frac{\partial^4\omega}{\partial x^4}=q-A\sigma_x\,\frac{\partial^2\omega}{\partial x^2}$$

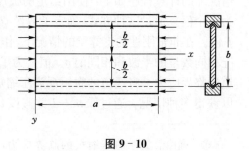

图 9-10

式中,q 为从板传递到梁的载荷的强度。根据剪切力的表达式(见第 8.3 节),该强度为

$$q = D\left[\frac{\partial^3 \omega}{\partial y^3} + (2-\nu)\frac{\partial^3 \omega}{\partial x^2 \partial y}\right] \quad \left(y = \frac{b}{2}\right)$$

$$q = -D\left[\frac{\partial^3 \omega}{\partial y^3} + (2-\nu)\frac{\partial^3 \omega}{\partial x^2 \partial y}\right] \quad \left(y = -\frac{b}{2}\right)$$

将上述方程中的 q 值代入挠度曲线,得到以下边界条件:

$$\left.\begin{aligned}
EI\frac{\partial^4 \omega}{\partial x^4} &= D\left[\frac{\partial^3 \omega}{\partial y^3} + (2-\nu)\frac{\partial^3 \omega}{\partial x^2 \partial y}\right] - A\sigma_x\frac{\partial^2 \omega}{\partial x^2}, \quad && y = \frac{b}{2}\\
EI\frac{\partial^4 \omega}{\partial x^4} &= -D\left[\frac{\partial^3 \omega}{\partial y^3} + (2-\nu)\frac{\partial^3 \omega}{\partial x^2 \partial y}\right] - A\sigma_x\frac{\partial^2 \omega}{\partial x^2}, \quad && y = -\frac{b}{2}
\end{aligned}\right\} \tag{r}$$

通过使用四个边界条件(q)和(r)来确定式(e)中的常数,并使这些方程的行列式等于零,获得计算压应力临界值的超越方程。假设在屈曲过程中,两个支撑梁在同一方向上挠曲,并且板的挠曲表面相对于 x 轴对称(图 9-10),则确定临界应力 σ_{cr} 的方程变为[1]

$$\beta\left(1-\nu+\frac{a}{m\pi}\sqrt{\frac{h\sigma_{cr}}{D}}\right)^2 \tan\frac{\beta b}{2} + \alpha\left(1-\nu-\frac{a}{m\pi}\sqrt{\frac{h\sigma_{cr}}{D}}\right)^2 \tanh\frac{\alpha b}{2}$$

$$= \frac{2m\pi}{a}\sqrt{\frac{h\sigma_{cr}}{D}}\left(\frac{EI}{D} - \frac{a^2 A\sigma_{cr}}{m^2\pi^2 D}\right) \tag{s}$$

式中,α 和 β 如前所述,由式(d)给出。

如果假设支撑梁在屈曲过程中会向相反的方向偏转,就会得到一个超越方程,该方程总是给出比对称假设更大的 σ_{cr} 值。因此,在这种情况下,只应考虑屈曲的对称情况。

为了简化方程的求解,引入以下符号:

$$\frac{m\pi b}{a} = \phi, \quad b\sqrt{\frac{h\sigma_{cr}}{D}} = \psi, \quad \frac{EI}{bD} - \frac{A}{bh}\frac{\psi^2}{\phi^2} = \theta$$

然后方程(s)变成

$$\sqrt{\psi-\phi}\,[\psi+(1-\nu)\phi]^2\tan\frac{1}{2}\sqrt{\psi\phi-\phi^2} + \sqrt{\psi+\phi}\,[\psi-(1-\nu)\phi]^2\tanh\frac{1}{2}\sqrt{\psi\phi+\phi^2} = 2\phi^{\frac{5}{2}}\psi\theta$$

$$\tag{t}$$

为了进一步简化方程(t)求解,图 9-11 中绘制了不同 ϕ 值下 ψ 的函数曲线。在每种特定情况下的计算程序如下:使用给定的板尺寸计算 $EI/(bD)$ 和 $A/(bh)$,并假设半波 m 的数量为某个值。通过这种方式,确定了数量 ψ,并且可以通过使用图 9-11 中的曲线通过试错找到 ϕ 值。在非常刚性的支撑梁的情况下,作为第一近似,可以采用与由绝对刚性梁支撑的板的情况相同数量的半波和相同的 σ_{cr} 值。为了说明图 9-11 中曲线的应用,计算了图 9-12 所示通道的临界应力。将通道的腹板视为压缩矩形板,将翼缘视为支撑梁,并改变翼缘的宽度 d,可以获得多种情况。通过取 $m=1$ 并假设 $d=1$ in、2 in、3 in,得到了坐标总是递减的曲线,如图

① 弹性梁支撑的压缩板的临界应力,由 K. Cališev, Mem. Inst. Engrs. Ways of Commun., St. Petersburg, 1914 进行首次计算。本书给出的计算曲线取自 A. J. Miles, presented at the University of Michigar, January, 1935。这两篇文章中独立地讨论了同样的问题: E. Melan, Repts. Intern. Congr. Appl. Mech., vol.3, p.59, 1930, and by L. Rendulič, Ingr.-Arch., vol.3, p.447, 1932。

9-12 所示。为了进行比较,还给出表示板的纵向边缘完全自由情况的曲线 $\theta=0$。对于 $d=4\,\text{in}$,图 9-12 中的相应曲线具有更复杂的形状,它具有 $a/b\approx1$ 的最小值;然后它增加并具有 $a/b\approx1.25$ 的最大值,之后纵坐标开始连续减小。通过用 $m=2$ 和 $m=3$ 进行计算,并绘制图 9-12 中的相应曲线,可以看出,在区域 $1.5<a/b<3.4$ 中,这些曲线的纵坐标小于曲线 $m=1$。因此,在计算 σ_{cr} 时,应使用这些曲线,如图 9-12 中的实线所示。为了进行比较,还显示了曲线 $\theta=\infty$,给出绝对刚性支撑梁的屈曲条件。可以看出,当 $d=4\,\text{in}$ 时,对于相对较短的通道,临界应力与刚性支撑板的临界应力大致相同。对于更大的长度,应在计算 σ_{cr} 时使用曲线 $m=1$,屈曲条件接近欧拉曲线所给出的条件,该曲线是为被视为支柱的通道计算的。

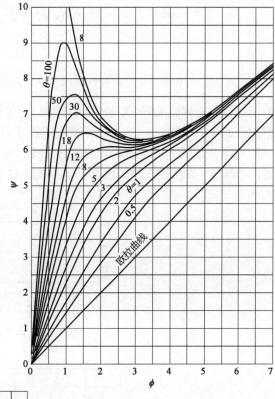

图 9-11

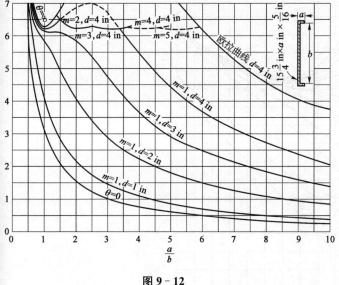

图 9-12

　　上述讨论中假设构件的凸缘在腹板屈曲过程中不会抵抗扭曲(见图 9-10)。通过考虑扭转阻力,可以获得一个更复杂的超越方程,其中包含翼缘的扭转刚度 C 与腹板的弯曲刚度 D 的比值[1],并可以计算扭转刚度对 σ_{cr} 大小的影响。

　　6) 边缘 $y=0$ 内置,边缘 $y=b$ 由弹性梁支撑(图 9-13)

　　与前面一样,且使用与前面相同的符号,对于临界应力得到以下超越方程:

---

① 这个案例已经被 E. Chwalla, Ingr.-Arch., vol.5, p.54, 1934 讨论过。

$$\theta\psi\phi^2\left(\sqrt{\psi\phi-\phi^2}\tanh\sqrt{\psi\phi+\phi^2}-\sqrt{\psi\phi+\phi^2}\tan\sqrt{\psi\phi-\phi^2}\right)$$

$$=\sqrt{\psi^2-\phi^2}\left[\frac{\psi^2-\phi^2(1-\nu)^2}{\cos\sqrt{\psi\phi-\phi^2}\cosh\sqrt{\psi\phi+\phi^2}}+\psi^2+\phi^2(1-\nu)^2\right]+$$

$$\phi[\psi^2(1-2\nu)-\phi^2(1-\nu)^2]\tan\sqrt{\psi\phi-\phi^2}\tanh\sqrt{\psi\phi+\phi^2}$$

为了简化该方程的求解,图 9-14 中绘制了不同 θ 数值下 ψ 作为 ϕ 函数的曲线。为了说明这些曲线的应用,对图 9-15 中所示情况进行了计算。使用图 9-14 中的曲线,在图 9-15 中绘制了不同 d 数值下 ψ 作为 a/b 函数的曲线。可以看出,对于 $d=3\,\text{in}$ 和相对较短的板,条件接近沿边缘 $y=b$ 刚性支撑的板($\theta=\infty$)的条件(图 9-13)。

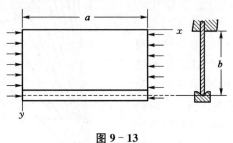

图 9-13

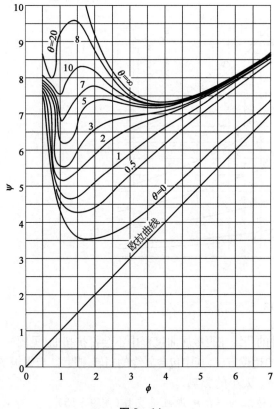

图 9-14

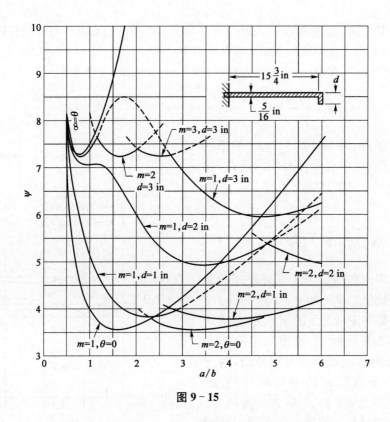

图 9 - 15

9.5 相对两侧简单支撑并在平行于两侧方向上 均匀压缩的矩形板的屈曲

如果板沿边缘 $x=0$ 和 $x=a$ 简支（图 9 - 16），并受到另外两个未支撑边缘均匀分布压缩力的作用，则屈曲板的方程为

$$\frac{\partial^4 \omega}{\partial x^4} + 2\frac{\partial^4 \omega}{\partial x^2 \partial y^2} + \frac{\partial^4 \omega}{\partial y^4} = -\frac{N_y}{D}\frac{\partial^2 \omega}{\partial y^2} \tag{a}$$

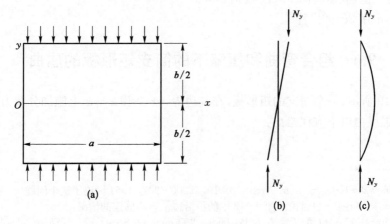

图 9 - 16

可以使用与上节相同形式的解决方法[1]。$x=0$ 和 $x=a$ 处的边缘条件与以前相同。如果屈曲后力 N_y 保持平行于 y 轴(图 9-16b),则弯矩消失,剪切力沿边缘 $y=-b/2$ 变为 $N_y \partial w/\partial y$。然后,通过使用类似于方程(8-20)的方程,得到 $y=\pm b/2$ 的边缘条件为

$$\frac{\partial^2 \omega}{\partial y^2} + \nu \frac{\partial^2 \omega}{\partial x^2} = 0, \quad \frac{\partial^3 \omega}{\partial y^3} + (2-\nu)\frac{\partial^3 \omega}{\partial x^2 \partial y} = -N_y \frac{\partial \omega}{\partial y} \tag{b}$$

根据这些边缘条件,得到计算 $(N_y)_{cr}$ 的超越方程。研究表明,屈曲有两种可能的形式,如图 9-16b、c 所示。这两种情况下的 $(N_y)_{cr}$ 值可以表示为

$$(N_y)_{cr} = k\frac{\pi^2 D}{a^2} \tag{c}$$

图 9-17 中的曲线给出了两种形式的屈曲和两种泊松比值($v=0$ 和 $v=0.3$)的因子 k 值。在计算任何特定情况下的临界力时,应该使用给出较小 k 值的曲线。在图 9-17 中,曲线的这些部分用实线表示。可以看出,对于 $v=0.3$,第一屈曲形式是不对称的,直到 $b/a=1.316$。 然后,从 $b/a=1.316$ 到 $b/a=2.632$,屈曲形式对称。随着 b/a 的进一步增加,k 的值保持接近 2.31。对于 $v=0$ 的情况,也得到了类似的结论。

需要注意的是,在板沿三条边支撑并沿第四条边均匀加载的情况下,也可以使用不对称屈曲曲线(图 9-17),该板可以自由偏转(图 9-18)。可以看出,屈曲后,板的状态与图 9-16 中不对称屈曲板的上半部分完全相同,因为沿 x 轴没有偏转和弯矩。要想获得图 9-18 所示情况下的 k 值,只需将图 9-17 反对称屈曲曲线中的 b/a 用 $2b/a$ 代替[2]。

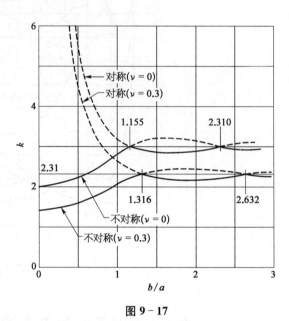

图 9-17

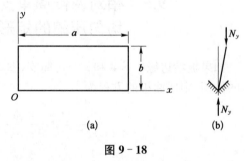

图 9-18

9.6 组合弯曲和压缩下的简支矩形板的屈曲[3]

如图 9-19 所示,一个简支的矩形板,在其边界 $x=0$ 和 $x=a$ 上施加分布力,作用在板的中平面上,其强度由以下方程给出:

---

[1] S. Woinowsky-Krieger, Ingr.-Arch., vol.19, p.200-207, 1951 讨论了这个问题。

[2] Woinowsky-Krieger 也讨论了图 9-18 中的板沿边 $y=0$ 固定的情况。

[3] 参见 Timoshenko, 也可以参考 J. Boobnov, "*Theory of Structure of Ships*", vol.2, p.515, St. Petersburg, 1914, 和 J. H. Johnson and R. G. Noel, J. Aeronaut.Sci., vol.20, p.535, 1953。

$$N_x = N_0 \left(1 - \alpha\, \frac{y}{b}\right) \qquad \text{(a)}$$

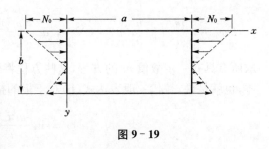

图 9-19

式中, N_0 为在 $y=0$ 边缘处的压缩力强度; α 为一个数值因子。通过改变 α, 可以得到各种特殊情况。例如, 取 $\alpha = 0$, 可以得到均匀分布的压缩力, 如第 9.2 节中所讨论。同样地, 当 $\alpha = 2$ 时, 可以得到纯弯曲情况。当 $\alpha < 2$ 时, 将得到弯曲和压缩的组合, 如图 9-19 所示。当 $\alpha > 2$ 时, 将会出现弯曲和拉伸的类似组合。

如前所讨论, 简支在所有边缘的弯曲板的挠度可以采用双三角级数的形式来表示:

$$\omega = \sum_{m=1}^{\infty} \sum_{n=1}^{\infty} a_{mn} \sin \frac{m\pi x}{a} \sin \frac{n\pi y}{b} \qquad \text{(b)}$$

为了计算压力 N_0 的临界值, 将使用能量法。由于挠度(b)引起的弯曲应变能, 使用前面推导的表达式[参见第 9.2 节式(b)]来表示:

$$\Delta U = \frac{D}{2}\, \frac{ab\pi^4}{4} \sum_{m=1}^{\infty} \sum_{n=1}^{\infty} a_{mn}^2 \left(\frac{m^2}{a^2} + \frac{n^2}{b^2}\right)^2 \qquad \text{(c)}$$

在板的屈曲过程中外力所做的功[参见式(8-32)]为

$$\Delta T = \frac{1}{2} \int_0^a \int_0^b N_0 \left(1 - \alpha\, \frac{y}{b}\right) \left(\frac{\partial \omega}{\partial x}\right)^2 \mathrm{d}x\,\mathrm{d}y \qquad \text{(d)}$$

将式(b)代入式(d), 则有

$$\int_0^b y \sin \frac{i\pi y}{b} \sin \frac{j\pi y}{b} \mathrm{d}y = \frac{b^2}{4} \quad (i=j)$$

$$\int_0^b y \sin \frac{i\pi y}{b} \sin \frac{j\pi y}{b} \mathrm{d}y = 0 \quad (i \neq j \text{ 且 } i \pm j \text{ 为偶数})$$

$$\int_0^b y \sin \frac{i\pi y}{b} \sin \frac{j\pi y}{b} \mathrm{d}y = -\frac{4b^2}{\pi^2}\, \frac{ij}{(i^2 - j^2)^2} \quad (i \neq j \text{ 且 } i \pm j \text{ 为奇数})$$

屈曲过程中外力所做的功为

$$\Delta T = \frac{N_0}{2}\, \frac{ab}{4} \sum_{m=1}^{\infty} \sum_{n=1}^{\infty} a_{mn}^2\, \frac{m^2\pi^2}{a^2} - \frac{N_0}{2}\, \frac{\alpha a}{2b} \sum_{m=1}^{\infty} \frac{m^2\pi^2}{a^2} \left[\frac{b^2}{4} \sum_{n=1}^{\infty} a_{mn}^2 - \frac{8b^2}{\pi^2} \sum_{n=1}^{\infty} \sum_{i} \frac{a_{mn}a_{mi}ni}{(n^2 - i^2)^2}\right]$$

式中, i 只取 $n \pm i$ 为奇数的数。

将此功等同于弯曲(c)的应变能, 得到一个 N_0 的临界值方程, 即 $(N_0)_{cr}$ 等于

$$\frac{\pi^4 D \sum\limits_{m=1}^{\infty} \sum\limits_{n=1}^{\infty} a_{mn}^2 \left(\dfrac{m^2}{a^2} + \dfrac{n^2}{b^2}\right)^2}{\sum\limits_{m=1}^{\infty} \sum\limits_{n=1}^{\infty} a_{mn}^2\, \dfrac{m^2\pi^2}{a^2} - \dfrac{\alpha}{2} \sum\limits_{m=1}^{\infty} \dfrac{m^2\pi^2}{a^2} \left[\sum\limits_{n=1}^{\infty} a_{mn}^2 - \dfrac{32}{\pi^2} \sum\limits_{n=1}^{\infty} \sum\limits_{i} \dfrac{a_{mn}a_{mi}ni}{(n^2 - i^2)^2}\right]} \qquad \text{(e)}$$

调整系数 a_{mn}, 使所得到的 $(N_0)_{cr}$ 最小。通过对每个系数 a_{mn} 取该表达式的导数并使这些导数等于零[参见式(9-4)], 最终得到如下形式的线性方程:

$$Da_{mn}\pi^4\left(\frac{m^2}{a^2}+\frac{n^2}{b^2}\right)^2=(N_0)_{cr}\left\{a_{mn}\frac{m^2\pi^2}{a^2}-\frac{\alpha}{2}\frac{m^2\pi^2}{a^2}\left[a_{mn}-\frac{16}{\pi^2}\sum_i^\infty\frac{a_{mi}ni}{(n^2-i^2)^2}\right]\right\}\quad\text{(f)}$$

取所有具有一定数值 m 的方程,这些方程将包含系数 a_{m1},a_{m2},a_{m3},…,所有其他系数等于零,也就是说,替代一般表达式(b)对于板的挠度,取这个表达式

$$\omega=\sin\frac{m\pi x}{a}\sum_{n=1}^\infty a_{mn}\sin\frac{n\pi y}{b}$$

这相当于假设屈曲板沿 x 轴被细分为 m 个半波[①]。

把两个节点线之间的一个半波看作一个简单的支撑板,它被弯曲成一个半波。使方程(f)中 $m=1$,并使用符号表示为

$$\sigma_{cr}=\frac{(N_0)_{cr}}{h}$$

得到
$$a_{1n}\left[\left(1+n^2\frac{a^2}{b^2}\right)^2-\sigma_{cr}\frac{a^2h}{\pi^2D}\left(1-\frac{\alpha}{2}\right)\right]-8\alpha\sigma_{cr}\frac{a^2h}{\pi^4D}\sum_i^\infty\frac{a_{1i}ni}{(n^2-i^2)^2}=0\quad\text{(g)}$$

求和时取所有的 i 值,使得 $n+i$ 是一个奇数。

上述是关于 a_{11}、a_{12}、… 的齐次线性方程,通过将 a_{11}、a_{12}、… 置为零来满足,这对应于板的平衡的平面形式。这表明板屈曲的可能性,为了求系数 a_{11}、a_{12}、… 不为 0 的解,方程组(g)的行列式必须为零。通过这种方式得到了计算压应力临界值的方程。计算可以通过逐步近似进行。首先只考虑方程组(g)中的第一个方程,并假设除 a_{11} 以外的所有系数都为零,可得

$$\left(1+\frac{a^2}{b^2}\right)^2-\sigma_{cr}\frac{a^2h}{\pi^2D}\left(1-\frac{\alpha}{2}\right)=0$$

其中
$$\sigma_{cr}=\frac{\pi^2D}{a^2h}\left(1+\frac{a^2}{b^2}\right)^2\frac{1}{1-\alpha/2}=\frac{\pi^2D}{b^2h}\left(\frac{b}{a}+\frac{a}{b}\right)^2\frac{1}{1-\alpha/2}\quad\text{(h)}$$

这个初步的近似仅在 α 值较小的情况下才能得到满意的结果,即在弯曲应力与均匀压应力相比较小的情况下[参见方程(a)]。在 $\alpha=0$ 的情况下,式(h)与均匀压缩板的临界应力表达式相一致[参见第 9.2 节方程(g)]。

为了得到第二个近似值,需要取方程组(g)中带有 a_{11} 和 a_{12} 系数的两个方程,得到

$$\begin{cases}a_{11}\left[\left(1+\frac{a^2}{b^2}\right)^2-\sigma_{cr}\frac{a^2h}{\pi^2D}\left(1-\frac{\alpha}{2}\right)\right]-8\alpha\sigma_{cr}\frac{a^2h}{\pi^4D}\frac{2}{9}a_{12}=0\\[2mm]-8\alpha\sigma_{cr}\frac{a^2h}{\pi^4D}\frac{2}{9}a_{11}+\left[\left(1+4\frac{a^2}{b^2}\right)^2-\sigma_{cr}\frac{a^2h}{\pi^2D}\left(1-\frac{\alpha}{2}\right)\right]a_{12}=0\end{cases}$$

使这些方程的行列式等于零,得到

$$\left(\frac{\sigma_{cr}a^2h}{\pi^2D}\right)^2\left[\left(1-\frac{\alpha}{2}\right)^2-\left(\frac{8\alpha}{\pi^2}\frac{2}{9}\right)^2\right]-\frac{\sigma_{cr}a^2h}{\pi^2D}\left(1-\frac{\alpha}{2}\right)\left[\left(1+\frac{a^2}{b^2}\right)^2+\left(1+4\frac{a^2}{b^2}\right)^2\right]+$$
$$\left(1+4\frac{a^2}{b^2}\right)^2+\left(1+\frac{a^2}{b^2}\right)^2\left(1+4\frac{a^2}{b^2}\right)^2=0\quad\text{(i)}$$

---

① 这个假设是合理的,因为方程组(f)可细分为若干组,每组有一个确定的 m 值,即表示板屈曲成若干个节点线平行于 y 轴的半波。整个方程组的行列式中如果其中一个群的行列式为零,则(f)变为零。

通过方程(i)可以计算出 σ_{cr} 的第二个近似值。随着 α 的增加,这个近似值的准确性会降低;对于纯弯曲,当 $\alpha=2$ 时,对于正方形板($a=b$),误差约为 8%,因此需要计算进一步的近似值以更准确。通过取系统(g)的三个方程并假设 $\alpha=2$,得到

$$\left(1+\frac{a^2}{b^2}\right)^2 a_{11}-16\sigma_{cr}\frac{a^2h}{\pi^4D}\frac{2}{9}a_{12}=0$$

$$-16\sigma_{cr}\frac{a^2h}{\pi^4D}\frac{2}{9}a_{11}+\left(1+4\frac{a^2}{b^2}\right)^2 a_{12}-16\sigma_{cr}\frac{a^2h}{\pi^4D}\frac{6}{25}a_{13}=0$$

$$-16\sigma_{cr}\frac{a^2h}{\pi^4D}\frac{6}{25}a_{12}+\left(1+9\frac{a^2}{b^2}\right)^2 a_{13}=0$$

令这些方程的行列式等于零,得到一个用于计算第三次近似的方程,对于纯弯曲情况来说已足够准确[1]。

最终 σ_{cr} 的表达式可以再次表示为

$$\sigma_{cr}=k\frac{\pi^2D}{b^2h} \tag{j}$$

表 9-6 给出不同 a/b 比值和不同 α 值对应的数值因子 k 的值。对于纯弯曲情况($\alpha=2$),使用了第三次近似;在其他情况下,使用了代表第二次近似的方程来计算 σ_{cr}。

表 9-6 方程(j)中系数 k 的值

	a/b	0.4	0.5	0.6	0.667	0.75	0.8	0.9	1.0	1.5
	2	29.1	25.6	24.1	23.9	24.1	24.4	25.6	25.6	24.1
	4/3	18.7		12.9		11.5	11.2		11.0	11.5
α	1	15.1		9.7		8.4	8.1		7.8	8.4
	4/5	13.3		8.3		7.1	6.9		6.6	7.1
	2/3	10.8		7.1		6.1	6		5.8	6.1

从表 9-6 中可以看出,在纯弯曲情况下,σ_{cr} 在 $a/b=2/3$ 时达到最小值。随着 α 的减小,使 σ_{cr} 达到最小值的 a/b 比值增加,并且趋近于之前得到的均匀压缩板的值。纯弯曲情况下的 k 值在图 9-20 中以曲线 $m=1$ 显示。

在前面的讨论中,假设板屈曲成一个半波,但所得的结果也适用于几个半波,只需构造曲线 $m=2$、$m=3$(见第 9.2 节)。图 9-20 中以整条线表示的这些曲线,部分应用于计算 σ_{cr} 和确定被节点线细分为屈曲板的半波数。可以看出,长板将以使得每个半波的长度大致等于 $2b/3$ 的方式弯曲。对于其他的 α 值,即压应力和弯曲应力的各种组合,也可以绘制出图 9-20 中类似的曲线。

如图 9-19 所示,可以解决以下情况的板的弯曲问题:① 当板材边缘 $y=0$,边缘 $y=b$ 固定时;② 当边缘 $y=0$ 简支而边缘 $y=b$ 固定时[2]。最大压应力的临界值可以用式(j)表示,这两种情况下使用能量法得到的纯弯曲因子 k 的值见表 9-7～表 9-9。

---

[1] 对纯弯曲情况的第四种近似计算表明,第三种近似和第四种近似之间的差别仅为 $(1/3)\%$ 左右。

[2] 见 K. Nölke, *Ingr.-Arch.*, vol.8, p.403, 1937。

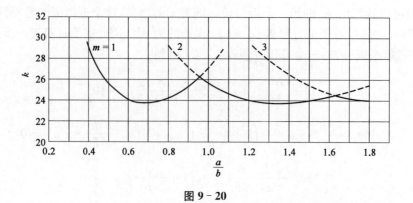

图 9–20

表 9–7　纯弯曲情况下边缘 $y=0$、$y=b$ 固定时的 k 值

a/b	0.30	0.35	0.40	0.45	0.47	0.48	0.50	0.60	0.70
$\alpha=2$	47.3	43.0	40.7	39.7	39.6	39.6	39.7	41.8	45.8

表 9–8　三角形加载情况下边缘 $y=0$、$y=b$ 固定时的 k 值

a/b	0.40	0.50	0.60	0.64	0.65	0.66	0.67	0.70	0.80	0.90
$\alpha=1$	17.7	14.7	13.7	13.57	13.56	13.57	13.58	13.65	14.3	15.4

表 9–9　纯弯曲情况下边缘 $y=0$ 简支、边缘 $y=b$ 固定时的 k 值

a/b	0.40	0.50	0.60	0.64	0.65	0.66	0.67	0.70	0.80	0.90	1.00
$\alpha=2$	29.5	26.0	24.65	24.48	24.48	24.48	24.6	25.3	26.6	26.6	28.3

　　将表 9–7 与表 9–6 中的 k 值进行比较可发现,当边缘固定时,在长板的情况下,临界应力增加了约 75%,波长由 $a/b=0.667$ 减小到 $a/b=0.47$。将表 9–9 与表 9–6 中的相应值进行比较可以看出,在板的拉伸侧固定边缘(图 9–19)对临界应力和波长的影响很小。

　　如果除了弯曲应力外,还有均匀分布的压应力 σ_y 沿着垂直方向作用在板上(图 9–21),最大弯曲应力 σ_{cr} 的临界值将会降低,根据之前的推导,其通过弯曲应力所做的功[式(d)]加上压应力 σ_y 所做的功来计算。结果表明,σ_y 对 σ_{cr} 的影响取决于 σ_y:$4\pi^2 D/(b^2 h)$ 和 $a:b$ 的比值。例如

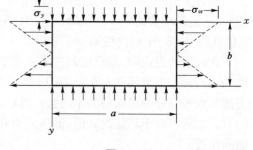

图 9–21

$$\frac{\sigma_y b^2 h}{4\pi^2 D} = \frac{1}{3} \quad 且 \quad a=b$$

如果除了弯曲应力外,还有均匀分布的压应力 σ_y 沿着垂直方向作用在板上,临界应力 σ_{cr} 的大

小约比仅受弯曲应力作用时小 25% 左右[1]。

9.7 矩形板在剪切应力作用下的屈曲

如图 9-22 所示，一个简单的矩形板受到沿边缘均匀分布的剪切力 N_{xy} 的作用[2]。在使用能量法计算板屈曲发生时的临界剪切应力 τ_{cr} 时，采用之前使用过的双重级数的表达式，将屈曲板的挠度曲面代入支撑边缘的边界条件，则对于屈曲板的屈曲应变能，有

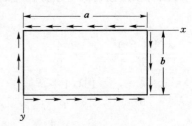

图 9-22

$$\omega = \sum_{m=1}^{\infty} \sum_{n=1}^{\infty} a_{mn} \sin \frac{m\pi x}{a} \sin \frac{n\pi y}{b} \qquad \text{(a)}$$

那么，对于屈曲板的弯曲应变能，得到（见第 8.5 节）

$$\Delta U = \frac{D}{2} \frac{\pi^4 ab}{4} \sum_{m=1}^{\infty} \sum_{n=1}^{\infty} a_{mn}^2 \left(\frac{m^2}{a^2} + \frac{n^2}{b^2} \right)^2 \qquad \text{(b)}$$

在板屈曲期间，外部力所做的功［参见方程(8-32)］为

$$\Delta T = -N_{xy} \int_0^a \int_0^b \frac{\partial w}{\partial x} \frac{\partial w}{\partial y} \mathrm{d}x \, \mathrm{d}y \qquad \text{(c)}$$

代入 ω 的表达式(a)，并注意到

$$\int_0^a \sin \frac{m\pi x}{a} \cos \frac{p\pi x}{a} \mathrm{d}x = 0 \quad (m \pm p \text{ 是偶数})$$

$$\int_0^a \sin \frac{m\pi x}{a} \cos \frac{p\pi x}{a} \mathrm{d}x = \frac{2a}{\pi} \frac{m}{m^2 - p^2} \quad (m \pm p \text{ 是奇数})$$

然后得到

$$\Delta T = -4N_{xy} \sum_m \sum_n \sum_p \sum_q a_{mn} a_{pq} \frac{mnpq}{(m^2 - p^2)(q^2 - n^2)} \qquad \text{(d)}$$

式中，m、n、p、q 是整数，且 $m \pm p$ 和 $n \pm q$ 是奇数。

令外力产生的功(d)与应变能(b)相等，得到用于确定临界剪切力的表达式为

$$N_{xy} = -\frac{abD}{32} \frac{\displaystyle\sum_{m=1}^{\infty} \sum_{n=1}^{\infty} a_{mn}^2 \left(\frac{m^2\pi^2}{a^2} + \frac{n^2\pi^2}{b^2} \right)^2}{\displaystyle\sum_m \sum_n \sum_p \sum_q a_{mn} a_{pq} \frac{mnpq}{(m^2 - p^2)(q^2 - n^2)}} \qquad \text{(e)}$$

需要选择适当的常数 a_{mn} 和 a_{pq}，使得 N_{xy} 最小化。通过使式(e)对每个系数的导数等于零，得到一个关于 N_{xy} 的齐次线性方程组。这个方程组可以分为两组，一组包含 $m+n$ 为奇数的常数 a_{mn}，另一组包含 $m+n$ 为偶数的常数 a_{mn}。计算表明，对于较短的板($a/b<2$)，第二组方

---

① Timoshenko 给出了几个这样计算的例子。

② 参考 Timoshenko, Ann. ponts et chaussées, p.372, 1913 和 Mem. Inst. Engrs. *Ways of Commun.*, vol.89, p.23, 1915 以及 Der Eisenbau, vol, 12, p.147, 1921。

程给出的 $(N_{xy})_{cr}$ 值最小。对于较长的板,应考虑两组方程[1]。

使用符号

$$\beta = \frac{a}{b}, \quad \lambda = -\frac{\pi^2}{32\beta}\frac{\pi^2 D}{b^2 h \tau_{cr}} \tag{f}$$

可以将较短板材的一组方程写成以下形式[2]:

a_{11}	a_{22}	a_{13}	a_{31}	a_{33}	a_{42}	
$\dfrac{\lambda(1+\beta^2)^2}{\beta^2}$	$\dfrac{4}{9}$	0	0	0	$\dfrac{8}{45}$	$=0$
$\dfrac{4}{9}$	$\dfrac{16\lambda(1+\beta^2)^2}{\beta^2}$	$-\dfrac{4}{5}$	$-\dfrac{4}{5}$	$\dfrac{36}{25}$	0	$=0$
0	$-\dfrac{4}{5}$	$\dfrac{\lambda(1+9\beta^2)^2}{\beta^2}$	0	0	$-\dfrac{24}{75}$	$=0$
0	$-\dfrac{4}{5}$	0	$\dfrac{\lambda(9+\beta^2)^2}{\beta^2}$	0	$\dfrac{24}{21}$	$=0$
0	$\dfrac{36}{25}$	0	0	$\dfrac{\lambda(9+9\beta^2)^2}{\beta^2}$	$-\dfrac{72}{35}$	$=0$
$\dfrac{8}{45}$	0	$-\dfrac{24}{75}$	$\dfrac{24}{21}$	$-\dfrac{72}{35}$	$\dfrac{\lambda(16+4\beta^2)^2}{\beta^2}$	$=0$

$$\tag{g}$$

令上述方程组的行列式等于 0 得到 τ_{cr} 的计算式,并通过迭代逼近进行计算。将计算限制在两个带有常数 a_{11} 和 a_{22} 的方程中,并将这些方程的行列式设为零,可以得到

$$\lambda = \pm\frac{1}{9}\frac{\beta^2}{(1+\beta^2)^2}$$

或者使用符号(f),可得

$$\tau_{cr} = \pm\frac{9\pi^2}{32}\frac{(1+\beta^2)^2}{\beta^3}\frac{\pi^2 D}{b^2 h} \tag{h}$$

正负符号表示在这种情况下,剪切应力的临界值不取决于应力的方向。

近似值(h)不够准确,因为对于正方形板材,误差约为 15%,并且随着 a/b 的增大而增大。为了获得更准确的近似值,必须考虑系统(g)中更多的方程。

通过取 5 个方程并将它们的行列式等于零,得到

$$\lambda^2 = \frac{\beta^4}{81(1+\beta^2)^4}\left[1+\frac{81}{625}+\frac{81}{25}\left(\frac{1+\beta^2}{1+9\beta^2}\right)^2+\frac{81}{25}\left(\frac{1+\beta^2}{9+\beta^2}\right)^2\right] \tag{i}$$

计算 λ 并将其代入方程(f)中,得到

$$\tau_{cr} = k\frac{\pi^2 D}{b^2 h} \tag{j}$$

---

① 参考 M. Stein 和 J. Neff,NACA Tech. Note 1222,1947 年。
② 为了简化,我们只写出应该与第一行中显示的常数相乘的因子。

式中,k 为取决于 $a/b=\beta$ 的常数。对于正方形板材,通过这种方式得到 $k=9.4$。 使用系统 (g)[1]中更多方程进行的计算表明,k 的精确值约为 9.34,因此在这种情况下,由方程 (i)表示的近似误差小于 1%。如果板材的形状与正方形相差不大,例如 $a/b \leqslant 1.5$,方程 (i)的近似值将更准确。对于更大的 a/b 比值,必须考虑更多的方程。这种计算的结果见表 9 - 10。

表 9 - 10　方程(j)中的 k 值

a/b	1.0	1.2	1.4	1.5	1.6	1.8	2.0	2.5	3	4
k	9.34	8.0	7.3	7.1	7.0	6.8	6.6	6.1	5.9	5.7

为了得到长而窄板材的近似解,要考虑具有简支边界的无限长板材这种极限情况。采用以下表达式作为板材的挠曲面,可以得到问题的近似解:

$$\omega = A\sin\frac{\pi y}{b}\sin\frac{\pi}{s}(x-\alpha y) \tag{k}$$

式(k)给出了 $y=0$、$y=b$ 以及沿着节点线上的零挠曲,其中 $(x-\alpha y)$ 为 s 的倍数。s 表示板材屈曲的半波长,因子 α 是节点线的斜率。由问题的精确解[2]可知,节点线不是直线,且屈曲板的挠曲形式如图 9 - 23 所示。式(k)不满足板纵向边缘弯矩为零的边界条件,因为在这些边界上 $\partial^2\omega/\partial y^2$ 不为零;但是它可以用于问题的近似解。将式(k)代入弯曲的应变能方程(8 - 29)和外力做功的方程[3]中,并将这两个量相等,得到

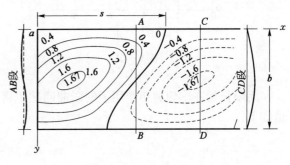

图 9 - 23

$$\tau_{cr} = \frac{\pi^2 D}{2ab^2h}\left[6\alpha^2 + 2 + \frac{s^2}{b^2} + \frac{b^2}{s^2}(1+\alpha^2)^2\right] \tag{l}$$

通过取 $s=b\sqrt{1+\alpha^2}$、$\alpha=1/\sqrt{2}$,可以得到 τ_{cr} 的最小值:

$$\tau_{cr} = 5.7\frac{\pi^2 D}{b^2 h} \tag{m}$$

对于具有简支边界的无限长条问题,其精确解

$$\tau'_{cr} = 5.35\frac{\pi^2 D}{b^2 h} \tag{9-9}$$

在这种情况下近似解的误差约为 6.5%。

---

① 几位作者进行了此类计算,例如参考 S. Bergmann and H. Reissner, Z. F'lugtech. M otorlujlsch., vol.23, p.6, 1932 以及 E. Seydel, Ingr.-Arch., vol.4, 1933, p.169,还有上述引用中的 Stein and Neff。
② 这个问题的精确解法由 R. V. Southwell 给出,参考 R. V. Southwell, Phil. Mag., vol. 48, p. 540, 1924, and also Proc. Roy. Soc., London, series A, vol.105, p.582。
③ 应考虑应变能和每个波所做的功。

对于无限长板和正方形板的方程(j),具有精准的 k 值,采用方程 $k=5.35+4(b/a)^2$ 的抛物线曲线(图 9-24)来近似表示其他比例板材[1]的 k 值。为了比较,还绘制了与表 9-10 中所列数字相对应的点。可以看到,对于较长的板材,表中给出的 k 值始终高于曲线。从曲线上获得的值可用于实际中。

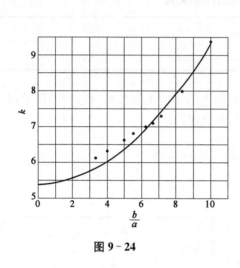

图 9-24

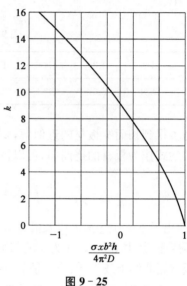

图 9-25

无限长板在均匀剪切作用下的屈曲问题也得到了解决[2],在边夹紧情况下临界应力的取值如下:

$$\tau_{cr}=8.98\frac{\pi^2 D}{b^2 h} \tag{9-10}$$

还研究了纯剪切与均匀纵向压缩和拉伸 σ_x 的组合,k 的值如图 9-25 中曲线所示,为确定 τ_{cr} 必须将其代入式(j)中。可以看到,任何压应力都会降低受剪切作用板的稳定性[3],而任何拉应力则会增加这种稳定性。当 $\sigma_x=0$ 时,从曲线上可以得到 $k=8.98$[参见方程(9-10)]。

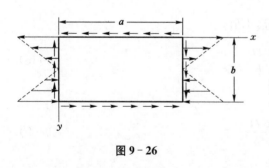

图 9-26

剪切与弯曲应力组合的情况(图 9-26)也具有实际意义,并且已经在具有简支边缘板的情况下进行了研究,通过式(a)来表示挠曲面,并采用能量法。这次研究[4]的结果用图 9-27[5] 中的曲线Ⅰ、Ⅱ、Ⅲ、Ⅳ表示。在绘制这些曲线时,以实际剪应力与表 9-10 确定的临界剪应力的比值作为横坐标,因子 k 的值作为纵坐标。因子 k 的值必须代入方程(j)(第 9.6 节)来确定弯曲应力的

---

① 这只是一个粗略的近似,因为 k 的精确值是由一个类似于图 9-2 中的相交曲线系统定义的。
② 出处同上。
③ 认为压应力 σ_x 是正的。
④ 参见 Timoshenko, Engineering, vol.138, p.207, 1934。也参见 O. Stein, DerStahlbau, vol.7, p.57, 1934。在后一篇论文中,与图 9-27 所示计算相比,式(a)中使用了较少的术语,因此结果不太准确。
⑤ 这些曲线是由 S. Way 计算的。在这些计算中使用了(f)和(g)的共 8 个方程式。

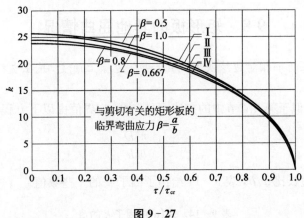

图 9-27

临界值。可以看到,在 τ/τ_{cr} 值较小时(即 $\tau/\tau_{cr} < 0.4$),剪切应力对弯曲应力的临界值影响较小。当 τ/τ_{cr} 接近 1 时,曲线 I、II、III、IV 变得陡峭,这表明某些弯曲应力可以添加到纯剪切中,而不会对剪切应力的临界值造成实质性的降低。

H. Wagner[1] 讨论了剪切应力与两个垂直方向的张力或压力相结合的情况。

矩形板在纯剪切作用下的屈曲问题也在下列条件下得到了解决[2]:① 边界 $y=0$,$y=b$ 有支撑(图 9-22),且另外两个边界简支;② 四个边界都有支撑。表 9-11、表 9-12 中分别给出方程(j)中计算得到的 k 值[3]。如果除 τ 之外,在图 9-22 中板的边界上施加了 $\sigma_x = \sigma_y = \sigma$ 的压应力,τ_{cr} 的值将取决于 σ/τ 的比值。表 9-13 中给出边界都有支撑的正方形板在方程(j)中的几个 k 值。

表 9-11 对于边界 $y=0$、$y=b$ 有支撑,边界 $x=0$、$x=a$ 情况下因子 k 的数值

a/b	1.0	1.5	2.0	2.5	3.0	∞
k	12.28	11.12	10.21	9.81	9.61	8.99

表 9-12 当四个边界都有支撑时,因子 k 的数值

a/b	1.0	1.5	2.0	2.5	∞
k	14.71	11.50	10.34	10.85	8.99

表 9-13 σ 和 τ 同时作用于一个正方形板上,因子 k 的数值

σ/τ	0	0.5	1.0	1.5	2
k	14.71	7.09	4.50	3.24	2.51

[1] H. Wagner, *Jahrb.Wiss. Ges.Lauftf.*, 1928, p.113。
[2] S. Iguchi, *Ingr.-Arch.* vol.9, p.1-12, 1938。
[3] 在表 9-12 中,引入一些基于 B. Budiansky 和 R. Connor 计算的校正(参见 *NACA Tech. Note* 1559, 1948)。

9.8　矩形板的其他屈曲情况

1) 一块矩形板在两个相对边缘夹紧,另外两个边缘上简支,并在支撑边缘方向上均匀受压[1](图 9-28)

这里可以使用类似于第 9.4 节中的方法,压应力的临界值由以下方程给出:

$$\sigma_{cr} = k \frac{\pi^2 D}{b^2 h} \tag{a}$$

式中,k 取决于板的边长比 a/b,表 9-14 给出了因子 k 的一些数值。

表 9-14　式(a)中因子 k 的值

a/b	0.6	0.8	1.0	1.2	1.4	1.6	1.7	1.73	1.8	2.0	2.5	2.83	3.0
k	13.38	8.73	6.74	5.84	5.45	5.34	5.33	5.33	5.18	4.85	4.52	4.50	4.41

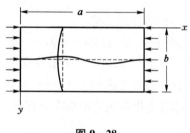

图 9-28

在 $a/b = 1.73$ 的值之前,板材会屈曲成半波。从 $a/b = 1.73$ 到 $a/b = 2.83$ 之间,会有两个半波,板材的形状如图 9-28 所示。一般来说,从 m 到 $m+1$ 个半波的过渡发生在 $a/b = \sqrt{m(m+2)}$ 时。可以看出,边缘夹紧对 σ_{cr} 大小的影响,随着 a/b 比值的增加而减小;对于 $a/b = 3$,表 9-14 中的 k 值比四个边缘都简单支撑的板材的值高出 10%。

2) 在两个垂直方向压力下边缘夹紧的矩形板

取图 9-28 所示坐标轴,假设板材的形状与正方形相差不大,并且应力 σ_x 和 σ_y 大致相等,预期板材的挠度表面可以用以下方程准确表示为

$$\omega = \frac{\delta}{4} \left(1 - \cos \frac{2\pi x}{a}\right) \left(1 - \cos \frac{2\pi y}{b}\right)$$

其满足边界条件。使用此挠度表达式,屈曲的应变能为

$$\Delta U = \frac{\pi^4 \delta^2 D}{8} ab \left(\frac{3}{a^4} + \frac{3}{b^4} + \frac{2}{a^2 b^2}\right)$$

板屈曲时压力所做的功为

$$\Delta T = \frac{\sigma_x h}{2} \int_0^a \int_0^b \left(\frac{\partial \omega}{\partial x}\right)^2 dx dy + \frac{\sigma_y h}{2} \int_0^a \int_0^b \left(\frac{\partial \omega}{\partial y}\right)^2 dx dy = \frac{3}{32} \pi^2 \delta^3 h \frac{b}{a} \left(\sigma_x + \frac{a^2}{b^2} \sigma_y\right)$$

令做功与屈曲的应变能相等,得到用于计算压应力 σ_x 和 σ_y 的临界值方程:

$$\left(\sigma_x + \frac{a^2}{b^2} \sigma_y\right)_{cr} = \frac{4}{3} \frac{\pi^2 D a^2}{h} \left(\frac{3}{a^4} + \frac{3}{b^4} + \frac{2}{a^2 b^2}\right) \tag{9-11}$$

---

[1]　F. Schleicher, Mitt. Forschungsanstalt. Gutehoffnungshitte Konzerns, vol.1, 1931.

正方形板在受均匀推力作用的特殊情况下，从上述方程得出

$$\sigma_{cr} = 5.33 \frac{\pi^2 D}{a^2 h}$$

在这种情况下，还有另一种问题的解决方案[1]给出了 σ_{cr} 的下限值：

$$\sigma_{cr} = 5.30 \frac{\pi^2 D}{a^2 h} \tag{9-12}$$

在这种情况下，近似解非常准确。

当长方形板只沿纵向受压的情况下，应考虑板上具有一个或多个与板长度垂直的节点线的弯曲。表 9-15 给出所有四个边缘夹紧并沿纵向受压的板的方程(a)中因子 k 的值[2]。如图 9-28 所示，对于一块长度较大的板，压应力的临界值显然必须接近于从表 9-5 中得到的 $a/b = 0.7$ 的值。

表 9-15　式(a)中因子 k 的值，用于所有侧面夹紧板

a/b	0.75	1.00	1.25	1.50	1.75	2.00	2.25	2.50	2.75	3.00	3.25	3.50	3.75	4.00
k	11.69	10.07	9.25	8.33	8.11	7.88	7.63	7.57	7.44	7.37	7.35	7.27	7.24	7.33

3）受两个大小相等且方向相反的力压缩的简支矩形板（图 9-29）[3]

通过采用以下级数来获得此问题的近似解，用于描述屈曲板的挠度表面：

$$\omega = \sin \frac{\pi y}{b} \sum_{m=1, 3, 5, \cdots}^{\infty} a_m \sin \frac{m \pi x}{a} \tag{b}$$

屈曲应变能的表达式为

$$\Delta U = \frac{abD}{8} \sum_{m=1, 3, 5, \cdots}^{\infty} a_m^2 \left(\frac{m^2 \pi^2}{a^2} + \frac{\pi^2}{b^2} \right)^2 \tag{c}$$

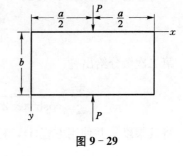

图 9-29

弯曲时压力所做的功为

$$\Delta T = \frac{P}{2} \int_0^b \left(\frac{\partial \omega}{\partial y} \right)^2_{x=a/2} \mathrm{d}y = \frac{\pi^2 P}{4b} (a_1 - a_3 + a_5 - \cdots)^2 \tag{d}$$

将此功等同于弯曲的应变能(c)，得到压缩力的临界值为

$$P_{cr} = \frac{\pi^2 D a b^2}{2} \frac{\displaystyle\sum_{m=1, 3, 5, \cdots}^{\infty} a_m^2 \left(\frac{m^2}{a^2} + \frac{1}{b^2} \right)^2}{(a_1 - a_3 + a_5 - \cdots)^2} \tag{e}$$

---

① G. I. Taylor, Z. angew. Math. u. Mech., vol. 13, p. 147, 1933；也参见 A. Weinstein, Compt. rend., 1935。

② 这些数值是由 S. Levy 在 J. Appl. Mech., vol. 9, p. 171, 1942 中计算得出的。该论文还包含了早期作者得到的结果以及他们的出版物的参考文献。

③ 请参阅 A. Sommerfeld, Z. Math. Physik, vol. 54, 1906 以及 Timoshenko, Z. Math. Physik, vol. 58, p. 357, 1910。有关该问题的进一步讨论，请参阅 D. M. A. Leggett, Proc. Cambridge Phil. Soc., vol. 33, p. 325, 1937 以及 H. G. Hopkins 在 1948 年伦敦举办的第七届国际应用力学大会上发表的论文。

使这个表达式对每个系数的导数等于零,得到如下形式的线性方程:

$$a_n = \frac{2P_{cr}}{\pi^2 Dab^2} \frac{(-1)^{(n-1)/2} \sum\limits_{m=1,\,3,\,5,\,\cdots}^{\infty} a_m (-1)^{(m-1)/2}}{\left(\dfrac{n^2}{a^2} + \dfrac{1}{b^2}\right)^2} \tag{f}$$

将这些方程中的每一个乘以 $(-1)^{(n-1)/2}$,再将它们相加,得到

$$P_{cr} = \frac{\pi^2 Dab^2}{2} \frac{1}{\sum\limits_{m=1,\,3,\,5,\,\cdots}^{\infty} \dfrac{1}{\left(\dfrac{n^2}{a^2} + \dfrac{1}{b^2}\right)^2}} \tag{g}$$

或者使用符号 $a/b = \beta$,表示为

$$P_{cr} = \frac{\pi^2 D}{2b} \frac{1}{\beta^3 \sum\limits_{m=1,\,3,\,5,\,\cdots}^{\infty} \dfrac{1}{(\beta^2 + n^2)^2}} \tag{h}$$

对于分母中级数的求和,有

$$\frac{e^{\pi z/2} + e^{-\pi z/2}}{2} = (1 + z^2)\left(1 + \frac{z^2}{9}\right)\left(1 + \frac{z^2}{25}\right) \cdot \cdots$$

取每边的对数并求导,得到

$$\frac{\pi}{4} \tan h \frac{\pi z}{2} = z \sum\limits_{m=1,\,3,\,5,\,\cdots}^{\infty} \frac{1}{m^2 + z^2} \tag{i}$$

第二次微分给出

$$\frac{\pi^2}{8} \frac{1}{\cosh^2 \pi z/2} = \sum\limits_{m=1,\,3,\,5,\,\cdots}^{\infty} \frac{1}{m^2 + z^2} - \sum\limits_{m=1,\,3,\,5,\,\cdots}^{\infty} \frac{2z^2}{(m^2 + z^2)^2}$$

将其乘以 z 并使用方程(i),得到

$$z^3 \sum\limits_{m=1,\,3,\,5,\,\cdots}^{\infty} \frac{1}{(m^2 + z^2)^2} = \frac{\pi}{8}\left(\tanh \frac{\pi z}{2} - \frac{\pi z/2}{\cos h^2 \dfrac{\pi z}{2}}\right)$$

这个方程的左边与方程(h)中的级数相同,可以通过使用双曲函数表格来计算每个比值 $\beta = a/b$ 的级数之和。随着 β 的增加,级数迅速接近极限值 $\pi/8$(对于 $a/b = 2$,这个和是 $0.973\pi/8$),对于长板,可以假设

$$P_{cr} = \frac{4\pi D}{b} \tag{9-13}$$

如果板的 $y = 0$ 和 $y = b$ 的两侧被夹紧,则将弯曲板的挠度表面采用以下级数形式表示:

$$\omega = \left(1 - \cos \frac{2\pi y}{b}\right) \sum\limits_{m=1,\,3,\,5,\,\cdots}^{\infty} a_m \sin \frac{m\pi x}{a}$$

然后按照之前的情况进行推导,则对于长板有

$$P_{cr} = \frac{8\pi D}{b} \tag{9-14}$$

9.9　圆形板的屈曲[①]

如图 9-30 所示为夹紧边缘的圆形板。为了确定均匀分布在板边缘的压力 N_r 的临界值，假设板已经发生轻微弯曲，使用板的挠度表面微分方程。假设挠度表面是一个旋转曲面，并用 ϕ 表示旋转轴与板上任意法线之间的角度，所需方程为[②]：

$$r^2 \frac{d^2 \phi}{dr^2} + r \frac{d\phi}{dr} - \phi = -\frac{Qr^2}{D} \qquad (a)$$

在方程(a)中，r 为从板中心测量的任意点的距离；Q 为单位长度的剪切力，其正方向如图 9-30 所示。由于板上没有横向载荷作用，则可以得出

$$Q = N_r \phi \qquad (b)$$

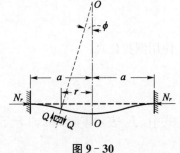

图 9-30

并使用符号

$$\frac{N_r}{D} = \alpha^2 \qquad (c)$$

方程(a)变为

$$r^2 \frac{d^2 \phi}{dr^2} + r \frac{d\phi}{dr} + (\alpha^2 r^2 - 1)\phi = 0 \qquad (d)$$

引入一个新变量

$$u = \alpha r \qquad (e)$$

代入方程(d)得到

$$u^2 \frac{d^2 \phi}{du^2} + u \frac{d\phi}{du} + (u^2 - 1)\phi = 0 \qquad (f)$$

这个方程的通解为

$$\phi = A_1 J_1(u) + A_2 Y_1(u) \qquad (g)$$

式中，$J_1(u)$ 和 $Y_1(u)$ 分别为一阶的第一类和第二类 Bessel 函数。在板的中心（$r = u = 0$）处，角度 ϕ 必须为零，以满足对称条件。由于函数 $Y_1(u)$ 在 u 趋近于零时变为无穷大，上述条件要求取 $A_2 = 0$。为了满足板的夹紧边缘的条件，必须有

$$(\phi)_{r=a} = 0 \qquad (h)$$

因此

$$J_1(\alpha a) = 0 \qquad (i)$$

方程(i)的最小根为[③]

$$\alpha a = 3.832$$

将这个值代入方程(c)有

$$(N_r)_{cr} = \frac{(3.832)^2 D}{a^2} = \frac{14.68 D}{a^2} \qquad (9-15)$$

比较后可知，对于单位宽度的两端夹紧且长度等于板直径的带材，其临界压缩力为

---

①　参见 G. H. Bryan, Proc. London Math. Soc., vol.22, p.54, 1891。也参见 A. Nadai, Z. Ver. deut. Ingr, vol.59, p.169, 1915。

②　参见 Timoshenko, "*Strength of Materials*", 3d ed., part 2, p.94, D. Van Nostrand Company, Inc. Princeton, N.J., 1956。

③　参考 Jahnke and Emde, "*Tables of Functions*", 4th ed., p.167, Dover Publications, New York, 1945。

$$\frac{\pi^2 D}{a^2}$$

因此,为了使板产生弯曲,应施加比带材高约 50% 的压应力。

方程(g)的解也可以用于压缩的圆形板在简支边缘处的弯曲。与前面的例子类似,常数 A_2 必须取 0 以满足板的中心条件。第二个条件是边缘处的弯矩必须为 0,因此[1]

$$\left(\frac{\mathrm{d}\phi}{\mathrm{d}r} + \nu\,\frac{\phi}{r}\right)_{r=a} = 0 \tag{j}$$

使用倒数公式

$$\frac{\mathrm{d}J_1}{\mathrm{d}u} = J_0 - \frac{J_1}{u} \tag{k}$$

式中,J_0 表示零阶 Bessel 函数。可以将边界条件(j)表示为

$$\alpha a J_0(\alpha a) - (1-\nu)J_1(\alpha a) = 0 \tag{l}$$

取 $\nu = 0.3$,并使用 J_0 和 J_1 的函数表,可得超越方程(l)的最小根为 2.05。然后根据式(c)得到

$$(N_r)_{\mathrm{cr}} = \frac{(2.05)^2 D}{a^2} = \frac{4.20D}{a^2} \tag{9-16}$$

也就是说,这种情况下的临界压应力比夹紧边缘的板的情况小 3.5 倍。

在板中心有孔的情况下[2],沿外边界均匀分布的力 N_r 所产生的压应力不再是常数,且由已知的拉梅公式确定。假设板对中心呈对称弯曲,板的挠曲表面微分方程可以再次通过 Bessel 函数积分,且 $(N_r)_{\mathrm{cr}}$ 的表达式为

$$(N_r)_{\mathrm{cr}} = k\,\frac{D}{a^2} \tag{m}$$

式中,k 为数值因子,其大小取决于 b/a 的值,其中 b 是孔的半径。图 9-31a 给出不同 b/a 比值下固定边板的 k 值,图 9-31b 给出一个沿外边界支撑的板。在两种情况下都假设孔的边界没有受到力的作用[3]。可以看到,具有钳制边缘的板,当 $b/a \approx 0.2$ 时,因子 k 达到最小值,而当 $b/a > 0.2$ 时,k 随着这个比值的增加而迅速增大,并且比没有孔的板要大。需要注意的是,在这个讨论中假设了板中心对称的弯曲情况,当 b/a 接近于 1 时,压缩环的边界钳制条件类似于一边被钳制而另一边自由的长方形板的条件。这样的板会出现多个波纹的弯曲(见第 9.4 节);对于环在狭窄的

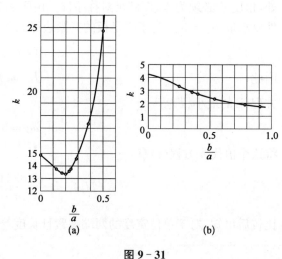

图 9-31

① 参见上述引文中的 Timoshenko。
② 这个案例在 E. Meissner, Schweiz. Bauztg., vol.101, p.87, 1933 进行了讨论。
③ 泊松比 ν 在此问题中被取为等于 1/3。

情况下,应预料到弯曲过程中会形成沿圆周的多个波,而在假设对称弯曲的情况下得到的 k 值会使得到的 $(N_r)_{cr}$ 值偏大。

对于具有不同厚度圆形板的弯曲问题,已经进行了讨论,包括有无中央孔的情况[①]。此外,还讨论了受到内外边界均匀分布剪切力作用的圆形板中央孔的情况[②]。

在没有孔的情况下,已经讨论了板材分为几个具有径向和圆形节点线波纹的弯曲,并且已经表明压缩力的临界值始终由方程(m)给出。利用这些结果,可以解决两个半径和两个同心圆支撑的板弯曲问题[③]。

9.10 其他形状板的屈曲

1) 钳制边缘的斜板受均匀压缩[④]

沿 x 轴方向压缩时(图9-32),其压应力的临界值为

$$(\sigma_x)_{cr} = k \frac{\pi^2 D}{b^2 h} \qquad (9-17)$$

图9-33中的曲线给出三个不同角度 α 下的因子 k 值。当 $\alpha = 0$ 时,对应于一个矩形板。

2) 夹持边缘的斜板受纯剪切作用[⑤]

假设剪切应力 τ_{xy} 作用于沿着平行于 x 轴的板的边缘(图9-34)。在其他边缘上,剪切和法向应力的大小足以使得板中产生纯剪切应力 τ_{xy}。计算表明,如果 τ_{xy} 沿着图中所示方向作用,即增加角度 α,那么 τ_{xy} 的临界值将较小,即为

$$(\tau_{xy})_{cr} = k \frac{\pi^2 D}{(b\cos\alpha)^2 h}$$

图9-35中给出当 $\alpha = 45°$ 时 k 值与 a/b 比值的关系。为了比较,还给出了矩形板($\alpha = 0°$)的 k 值。同时,还显示了对应于无限长板的水平渐近线[参见式(9-10)]。

3) 三角形板

研究发现[⑥],均匀受压的等边三角形板在简支边缘的情况下,压缩力的临界值为

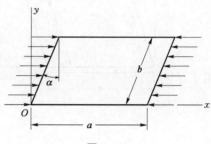

图 9-32

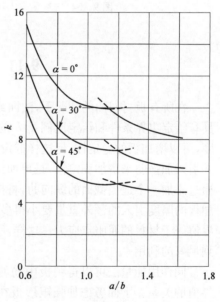

图 9-33

① 参考 R. Gran Olsson, Ingr.-Arch., vol.9, p.205, 1938 和 K. Federhofer, vol.11, p.224, 1940 和 H. Egger, vol.12, 1941 以及 A. Schubert, Z. angew.Math.u. Mech., vols.25-27, 1947。

② W. R. Dean 在 Proc.Roy. Soc., vol.106, p.268, 1924 中考虑了一个厚度恒定的平板情况。而 K. Federhofer在 Ingr.-Arch., vol.14, p.155, 1943 中考虑了一个厚度变化的情况。

③ B. Galerkin, Compt. rend., vol.179, p.1392, 1924。

④ 参考 W. H. Wittrick, Aeronaut. Quart., vol.4, p.151, 1953。

⑤ 出处同上,第5卷,第39页,1954年。

⑥ 参考 S. Woinowsky-Krieger, Ingr.-Arch., vol.4, p.254, 1933。有关三角形板的进一步数据,请参考 Wittrick, op.cit., vol.5, p.131, 1954 以及 J. M. Klitchieff, uart.J. M ech. Appl. Math., vol.4, p.257, 1951。

$$N_{cr} = \frac{4\pi^2 D}{a^2} \tag{9-18}$$

式中,a 为三角形的高度。可以看出,在这种情况下,临界应力与简支边缘和均匀受压的圆形板相似,其边界是等边三角形的内切圆、高度为 a。

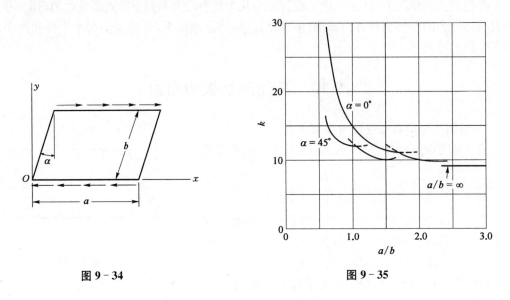

图 9 - 34   图 9 - 35

9.11   加筋板的稳定性[①]

在所有板材屈曲的情况下,法向或剪切力的临界值与板材的弯曲刚度成正比。因此,对于具有给定边界条件和给定比例 a/b 的矩形板,临界应力的大小与 h^2/b^2 成正比。通过增加厚度,可以增加板的稳定性,但这样的设计在材料重量方面不经济。通过尽可能减小板的厚度,并引入加强肋来增加稳定性,是更加经济的解决方案。在受压板的情况下,如图 9 - 36 所示,通过添加一个适当截面的纵向肋,将板的稳定性增加约 4 倍。这种肋骨重量通常要比通过增加板的厚度引入的额外重量要小得多。在实际设计中,所需要的加强肋的比例应使应力的临界值等于材料的屈服点应力。这样,所有材料的强度都能得到最好的利用[②]。

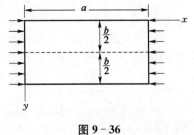

图 9 - 36

同样用能量法可以得到板中筋的横截面尺寸与应力临界值的关系。下面考虑加强矩形板在几种压缩和剪切作用下的情况。

1) 纵肋简支矩形板

在这种情况下,将板的挠曲面(图 9 - 36)采用双三角级数的形式:

---

① 查看 Timoshenko, Mem. Inst. Engrs. *Ways of Commun.*, St. Petersburg, vol. 89, 1915 和 Der Eisenbau, vol.12, p.147, 1921。参见 P. Seide, NACA Tech. Note2873, 1953,在其中列出了关于这个主题的出版物列表。

② 在轻型结构的情况下,考虑了板材在失稳后的强度,将在后面进行讨论(参考第 9.13 节)。

$$\omega = \sum_{m=1}^{\infty} \sum_{n=1}^{\infty} a_{mn} \sin \frac{m\pi x}{a} \sin \frac{n\pi y}{b} \tag{a}$$

板弯曲对应的应变能为

$$\Delta U = \frac{\pi^4 D}{2} \frac{ab}{4} \sum_{m=1}^{\infty} \sum_{n=1}^{\infty} a_{mn}^2 \left(\frac{m^2}{a^2} + \frac{n^2}{b^2} \right)^2 \tag{b}$$

假设存在多个纵向肋板，并用 EI_i 表示距离边缘 $y=0$ 处 c_i 的肋板[1]的弯曲刚度，那么当肋与板一起发生屈曲时，其弯曲应变能为

$$\Delta U_i = \frac{EI_i}{2} \int_0^a \left(\frac{\partial^2 \omega}{\partial x^2} \right)_{y=c_i}^2 \mathrm{d}x = \frac{\pi^4 EI_i}{4a^3} \sum_{m=1}^{\infty} m^4 \left(a_{m1} \sin \frac{\pi c_i}{b} + a_{m2} \sin \frac{2\pi c_i}{b} + \cdots \right)^2 \tag{c}$$

作用在板上的压力 N_x 在弯曲过程中所做的功为

$$\Delta T = \frac{N_x}{2} \frac{ab}{4} \sum_{m=1}^{\infty} \sum_{n=1}^{\infty} \frac{m^2 \pi^2}{a^2} a_{mn}^2 \tag{d}$$

作用在肋板上的压力 P_i 在弯曲过程中所做的功为

$$\Delta T_i = \frac{P_i}{2} \int_0^a \left(\frac{\partial \omega}{\partial x} \right)_{y=c_i}^2 \mathrm{d}x = \frac{P_i}{2} \frac{\pi^2}{a^2} \frac{a}{2} \sum_{m=1}^{\infty} m^2 \left(a_{m1} \sin \frac{\pi c_i}{b} + a_{m2} \sin \frac{2\pi c_i}{b} + \cdots \right)^2 \tag{e}$$

计算临界应力的一般方程[2]为

$$\Delta U + \Delta \sum_i U_i = \Delta T + \Delta \sum_i T_i \tag{f}$$

在这种情况下，必须对所有加强肋求和，使用以下符号：

$$\frac{a}{b} = \beta, \quad \frac{EI_i}{bD} = \gamma_i, \quad \frac{P_i}{bN_x} = \frac{A_i}{bh} = \delta_i \tag{g}$$

式中，bh 为板的横截面积；A 为一个肋板的横截面积。由方程(f)可得

$$\sigma_{\mathrm{cr}} = \frac{\pi^2 D}{b^2 h \beta^2} \frac{\sum_{m=1}^{\infty} \sum_{n=1}^{\infty} a_{mn}^2 (m^2 + n^2 \beta^2)^2 + 2 \sum_i \gamma_i \sum_{m=1}^{\infty} m^4 \left(\sum_{n=1}^{\infty} a_{mn} \sin \frac{n\pi c_i}{b} \right)^2}{\sum_{m=1}^{\infty} \sum_{n=1}^{\infty} m^2 a_{mn}^2 + 2 \sum_i \delta_i \sum_{m=1}^{\infty} m^2 \left(\sum_{n=1}^{\infty} a_{mn} \sin \frac{n\pi c_i}{b} \right)^2} \tag{h}$$

按照之前的步骤进行，将式(h)对于系数 a_{mn} 的导数置零，得到以下类型的齐次线性方程组：

$$\frac{\pi^2 D}{b^2 h} \left[a_{mn}(m^2 + n^2 \beta^2)^2 + 2 \sum_i \gamma_i \sin \frac{n\pi c_i}{b} m^4 \sum_{p=1}^{\infty} a_{mp} \sin \frac{p\pi c_i}{b} \right] -$$

$$\beta^2 \sigma_{\mathrm{cr}} \left(m^2 a_{mn} + 2 \sum_i \delta_i \sin \frac{n\pi c_i}{b} m^2 \sum_{p=1}^{\infty} a_{mp} \sin \frac{p\pi c_i}{b} \right) = 0 \tag{i}$$

通过将这个方程组的行列式置零，得到一个用于确定 σ_{cr} 的方程。

---

[1] 由于肋骨与板之间是刚性连接，计算 I_i 时必须考虑板的一部分（参见第 9.16 节）。另请参阅 Seide, op. cit.。

[2] 导致腹肋扭曲的能量，在这个讨论中被忽略。其对地板值的影响被 F. W. Bornscheuer 研究；请见 Dissertation, Darmstadt, 1946 年。

将板的宽度分为两半(图 9-36),此时 $c_i = b/2$。在不限制结论的一般性情况下,假设加固肋板只起一个半波,并且取 $m=1$,方程(i)可以简化为[①]:

$$
\left.
\begin{aligned}
&\frac{\pi^2 D}{b^2 h \beta^2}\left[a_1(1+\beta^2)^2 + 2\gamma(a_1 - a_3 + a_5 - \cdots)\right] - \sigma_{cr}\left[a_1 + 2\delta(a_1 - a_3 + a_5 - \cdots)\right] = 0 \\
&\frac{\pi^2 D}{b^2 h \beta^2}(1+4\beta^2)^2 a_2 - \sigma_{cr} a_2 = 0 \\
&\frac{\pi^2 D}{b^2 h \beta^2}\left[a_3(1+9\beta^2)^2 - 2\gamma(a_1 - a_3 + a_5 - \cdots)\right] - \sigma_{cr}\left[a_3 - 2\delta(a_1 - a_3 + a_5 - \cdots)\right] = 0 \\
&\frac{\pi^2 D}{b^2 h \beta^2}(1+16\beta^2)^2 a_4 - \sigma_{cr} a_4 = 0
\end{aligned}
\right\}
$$

$$(j)$$

其中,偶数阶的方程中每个方程只包含一个系数。对应的 σ_{cr} 是使板弯曲时具有与肋板重合的节点线,且在板的弯曲过程中肋板保持直线的值。为了建立肋板的弯曲刚度与压应力临界值之间的关系,必须考虑系统(j)中奇数阶的方程。通过取系统的第一个方程,并假设只有一个系数 a_1 不等于零,可以得到 σ_{cr} 的一级近似值,即只取表示屈曲板挠度曲面的双重级数(a)的第一项,即

$$
\sigma_{cr} = \frac{\pi^2 D}{b^2 h} \frac{(1+\beta^2)^2 + 2\gamma}{\beta^2(1+2\delta)} \tag{9-19}
$$

以下计算考虑方程组(j)。计算表明,对于较长的板($\beta > 2$),这个第一次近似非常准确。对于较短的板,必须考虑方程组(j)。通过取系数 a_1 和 a_2 不等于零的第一个和第三个方程,并将这两个方程的行列式置零,得到 σ_{cr} 的第二次近似的二次方程:

$$
(k\beta^2)^2(1+4\delta) - k\beta^2\left[(1+2\delta)(c+d) - 8\gamma\delta\right] + cd - 4\gamma^2 = 0 \tag{k}
$$

其中　　　　　$k = \dfrac{\sigma_{cr} b^2 h}{\pi^2 D}$,$c = (1+\beta^2)^2 + 2\gamma$,$d = (1+9\beta^2)^2 + 2\gamma$

通过取系统(j)的三个系数 a_1、a_3 和 a_5 不等于零的方程,得到 σ_{cr} 的第三次近似的三次方程。计算表明,第二次近似和第三次近似之间的差异很小,因此方程(k)对于计算带有一个肋板的受压板的临界应力是足够准确的。这些应力可以用下式表示:

$$
\sigma_{cr} = k \frac{\pi^2 D}{b^2 h} \tag{l}
$$

式中,因子 k 取决于板和肋的比例,该比例由(g)定义。表 9-16 中给出了该因子的几个值。可以看出,对于定义的值 γ 和 δ,因子 k 随着 a/b 比率的变化而变化,并且在某个特定的比率值下达到最小值。这表明,长板通常会弯曲成几个半波,使得一个半波的长度与板的宽度之比接近 k 的最小值。从表中可以看出,半波的长度随着肋的弯曲刚度增加而增加。通过使用第一近似值 σ_{cr}[式(9-19)],可以证明当 $\beta^2 = \sqrt{1+2\gamma}$ 时 k 变为最小值。

表 9-16 中下面画横线的 k 值与宽度等于 $b/2$ 的简支板的 k 值相同。这表明,在板弯曲时,肋和板的比例使得肋保持直线。

---

① 在下面的推导中,系数 a_{mn} 的第一个下标被省略。

表 9 - 16 方程(I)中因子 k 的数值[对于一块由一个纵向肋加固的板材(图 9 - 36)]

β	γ = 5			γ = 10			γ = 15			γ = 20			γ = 25		
	δ = 0.05	δ = 0.10	δ = 0.20	δ = 0.05	δ = 0.10	δ = 0.20	δ = 0.05	δ = 0.10	δ = 0.20	δ = 0.05	δ = 0.10	δ = 0.20	δ = 0.05	δ = 0.10	δ = 0.20
0.6	16.5	16.5	16.5	16.5	16.5	16.5	16.5	16.5	16.5	16.5	16.5	16.5	16.5	16.5	16.5
0.8	15.4	14.6	13.0	16.8	16.8	16.8	16.8	16.8	16.8	16.8	16.8	16.8	16.8	16.8	16.8
1.0	12.0	11.1	9.72	16.0	16.0	15.8	16.0	16.0	16.0	16.0	16.0	16.0	16.0	16.0	16.0
1.2	9.83	9.06	7.88	15.3	14.2	12.4	16.5	16.5	16.5	16.5	16.5	16.5	16.5	16.5	16.5
1.4	8.62	7.91	6.82	12.9	12.0	10.3	16.1	15.7	13.6	16.1	16.1	16.1	16.1	16.1	16.1
1.6	8.01	7.38	6.32	11.4	10.5	9.05	14.7	13.6	11.8	16.1	16.1	14.4	16.1	16.1	16.1
1.8	7.84	7.19	6.16	10.6	9.70	8.35	13.2	12.2	10.5	15.9	14.7	12.6	16.2	16.2	14.7
2.0	7.96	7.29	6.24	10.2	9.35	8.03	12.4	11.4	9.80	14.6	13.4	11.6	16.0	15.4	13.3
2.2	8.28	7.58	6.50	10.2	9.30	7.99	12.0	11.0	9.45	13.9	12.7	10.9	15.8	14.5	12.4
2.4	8.79	8.06	6.91	10.4	9.49	8.15	11.9	10.9	9.37	13.5	12.4	10.6	15.1	13.8	11.9
2.6	9.27	8.50	7.28	10.8	9.86	8.48	12.1	11.1	9.53	13.5	12.4	10.6	14.8	13.6	11.6
2.8	8.62	7.91	6.31	11.4	10.4	8.94	12.5	11.5	9.85	13.7	12.6	10.8	14.8	13.6	11.6
3.0	8.31	7.62	6.53	12.0	11.1	9.52	13.1	12.0	10.3	14.1	13.0	11.1	15.2	13.9	11.9
3.2	8.01	7.38	6.32	11.4	10.5	9.05	13.9	12.7	10.9	14.8	13.5	11.6	15.6	14.3	12.3
3.6	7.84	7.19	6.16	10.6	9.70	8.35	13.2	12.2	10.5	15.9	14.7	12.6	16.2	15.7	13.5
4.0	7.96	7.29	6.24	10.2	9.35	8.03	12.4	11.4	9.8	14.6	13.4	11.6	16.0	15.4	13.3

根据表 9-16,可以在每个特定情况下计算受一根肋加固的板(图 9-36)的临界压应力。假设一个具有简支边缘的压缩钢板具有以下尺寸:$a = 48\,\text{in}$, $b = 80\,\text{in}$, $h = \dfrac{9}{16}\,\text{in}$, $E = 30 \times 10^6\,\text{psi}$, $v = 0.3$。则 $\beta = a/b = 0.6$,并且对于没有加固肋的板,由表 9-1 得到 $\sigma_{cr} = 6\,900\,\text{psi}$。现在假设一个绝对刚性的肋将板的宽度分为两半,在这种情况下,每一半可以被视为宽度为 $b/2 = 40\,\text{in}$ 的板。对于这个被视为简支的板,通过使用表 9-1,找到

$$\sigma_{cr} = 22\,100\,\text{psi}$$

为了确定肋必须具有什么截面尺寸才能在板弯曲时保持直线,使用表 9-16。从这个表中可以看出,对于 $a/b = 0.6$,可以通过使用一个加强肋来达到这种条件,该加强肋具有

$$\gamma = \frac{EI}{bD} = 5$$

且 $\delta = A/(bh) < 0.2$。在计算 EI 时,应注意加强肋是否铆接或焊接到一个宽度很大的板上,这会导致肋的弯曲刚度显著增加。如果将加强肋采用槽钢或 Z 型截面的条形材料,并通过一个翼缘铆接到板上,则由加强肋和板组成的截面的质心将非常接近板的表面。在计算 EI 时[1],应采用与翼缘外表面重合的轴的截面的惯性矩。假设肋采用标准的 4 in 深度和 1.56 in^2 截面积的槽钢,可得到 $I = 3.8 + 1.56 \times 4 = 10.0\,\text{in}^4$,$\gamma = EI/(bD) \approx 7.7$,而 $\delta = A/(bh) = 0.034$。从表 9-16 中可以看出,对于这样的比例,当 $\beta = 0.6$ 时,肋可以被认为是绝对刚性的。

如果板的长度是原来的 2 倍,那么 $a/b = 1.2$,从表中可以看出,为了消除加强肋的弯曲,比例 γ 必须大于 10。假设加强肋采用标准的 5 in 深度和 1.95 in^2 截面积的槽钢,可得到 $I = 7.4 + 1.95 \times 2.5^2 = 19.6\,\text{in}^4$,$\gamma = 15$,$\delta = 0.043$。从表中可以看出,对于这样的比例,肋可以被认为是绝对刚性的。

对于将板的宽度三等分的两个等长纵向肋,其稳定性问题可以类似方式进行分析。假设弯曲形式关于中轴对称($y = b/2$),可以根据方程(i)通过第一次近似得到:

$$\sigma_{cr} = \frac{\pi^2 D}{b^2 h} \frac{(1 + \beta^2)^2 + 3\gamma}{\beta^2 (1 + 3\delta)}$$

$$(9-20)$$

式(9-20)与上面给出的单肋板情况下的式(l)具有相同的形式。表 9-17 中给出了几个数值因子 k 的值。通过使用式(9-20),如果选择了加强肋的比例,可以在每个特定情况下确定在方程(l)中 k 最小的值,以及如果选择了加固件的比例,在弯曲时板材的波纹个数。图 9-37 中的曲线表示了

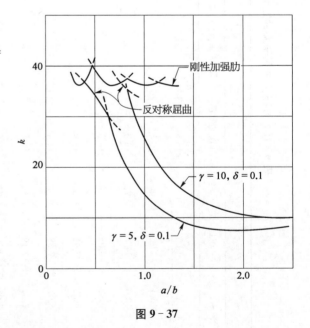

图 9-37

---

① 这个问题在 E. Chwalla 和 A. Novak 的文章 *Der Stahlbaru* 中进一步讨论,发表于 1937 年的第 10 和第 12 期。

k 的值。为了进行比较,还给出了有两个绝对刚性加强肋时的曲线。在讨论 a/b 和 γ 较小的板材时,应考虑可能出现的反对称弯曲形式,其中中轴线 $(y = b/2)$ 是一个节点线[1]。从图 9-37 中可以看出,对于 $0.37 < a/b < 0.66$ 和 $\gamma = 5$,这种弯曲形式有最小的 σ_{cr}。

表 9-17　方程(I)中 k 的值(对于将板材分成三个相等部分的两个纵向肋骨的情况)

β	$\gamma = \dfrac{10}{3}$		$\gamma = 5$		$\gamma = \dfrac{20}{3}$		$\gamma = 10$	
	$\delta = 0.05$	$\delta = 0.10$	$\delta = 0.05$	$\delta = 0.10$	$\delta = 0.05$	$\delta = 0.10$	$\delta = 0.05$	$\delta = 0.10$
0.6	26.8	24.1	36.4	33.2	36.4	36.4	36.4	36.4
0.8	16.9	15.0	23.3	20.7	29.4	26.3	37.2	37.1
1.0	12.1	10.7	16.3	14.5	20.5	18.2	28.7	25.6
1.2	9.61	8.51	12.6	11.2	15.5	13.8	21.4	19.0
1.4	8.32	7.36	10.5	9.32	12.7	11.3	17.2	15.2
1.6	7.70	6.81	9.40	8.31	11.1	9.82	14.5	12.8
1.8	7.51	6.64	8.85	7.83	10.2	9.02	12.9	11.4
2.0	7.61	6.73	8.70	7.69	9.78	8.65	11.9	10.6

　　在研究加筋板的弯曲时,除了能量法[2],还可以使用微分方程积分法,如第 9.4 节所示。通过积分得到的具有一个位于中央和纵向边缘的加强肋的板材的 k 值(图 9-36)在图 9-38 中给出。为了进行比较,还给出了无加强肋和刚性加强肋情况下的曲线。在后一种情况下,将板材的每一半视为宽度为 $b/2$,沿 x 轴平行的一侧被夹持,另一侧被简支支撑。

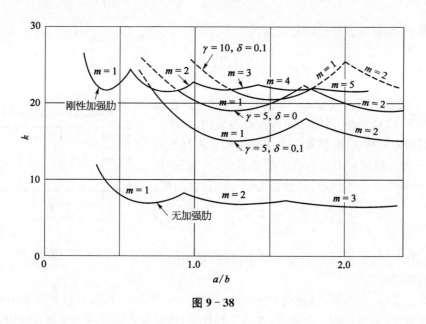

图 9-38

---

[1]　这种弯曲形式曾被 R. Barbré 在 1937 年的 *Ingr.-Arch.* 第 8 卷第 117 页中进行了考虑。

[2]　这种方法被 A. Lokshin 在 1935 年的 *J. Appl. Math. Mech.* 第 2 卷第 225 页(俄文)和 Barbre 在上述文献中使用。图 9-38 取自后者的论文。

如果等距的加强肋数量大于两个，并且加强肋相对柔软，从方程(i)左侧的第一个式子得到的临界应力的近似表达式为[1]

$$\sigma_{cr} = \frac{\pi^2 D}{b^2 h} \frac{(1+\beta^2)^2 + 2\sum_i \gamma_i \sin^2 \frac{\pi c_i}{b}}{\beta^2 \left(1 + 2\sum_i \delta_i \sin^2 \frac{\pi c_i}{b}\right)} \tag{9-21}$$

2) 简支受压板带有横向加强肋(图 9-39)

在这种情况下，将板材的挠曲表面采用级数形式[2]：

$$w = \sum_{m=1}^{\infty} a_m \sin \frac{m\pi x}{a} \sin \frac{\pi y}{b} \tag{m}$$

按照之前的方法并使用符号(g)，得到如下齐次线性方程组：

$$a_m(m^2 + \beta^2)^2 + \sum_i 2\gamma_i \beta^3 \sin \frac{m\pi c_i}{a} \left(a_1 \sin \frac{\pi c_i}{a} + a_2 \sin \frac{2\pi c_i}{a} + \cdots\right) = \sigma_{cr} \frac{b^2 h}{\pi^2 D} \beta^2 m^2 a_m \tag{n}$$

如果有许多等距且相对柔软的等刚度加强肋，以至于每个弯曲板的半波都会有几个加强肋，可以在式(m)中只取一个项，并假设

$$w = a_m \sin \frac{m\pi x}{a} \sin \frac{\pi y}{b}$$

则方程(n)变为　$a_m(m^2 + \beta^2)^2 + a_m 2\gamma\beta^3 \sum_i \sin^2 \frac{m\pi c_i}{a} = \sigma_{cr} \frac{b^2 h}{\pi^2 D} \beta^2 m^2 a_m$

在这种情况下，临界应力的近似公式为

$$\sigma_{cr} = \frac{\pi^2 D}{b^2 h} \frac{(m^2 + \beta^2)^2 + r\gamma\beta^3}{\beta^2 m^2} \tag{9-22}$$

式中，$\gamma - 1$ 代表肋板的数量；m 代表半波的数量。在每个特定情况下，应选择使式(9-22)达到最小值的 m 值。

在相对较短的板材中，只有一个横向肋板将板材一分为二(图 9-39)，假设只有式(m)中的系数 a_1 不为零，且从方程组(n)的第一个方程中，得到作为第一次近似的解：

$$\sigma_{cr} = \frac{\pi^2 D}{b^2 h} \frac{(1+\beta^2)^2 + 2\gamma\beta^3}{\beta^2} \tag{9-23}$$

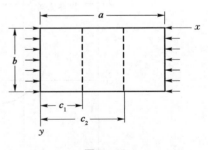

图 9-39

式(9-23)表明了如果板材弯曲成一个半波时，肋板的存在如何影响临界应力。

通过取 a_1 和 a_3 不为零，并使用方程组(n)的第一和第三个方程，可以得到更好的近似值。通过逐渐增加 γ，最终达到一个条件，在这个条件下，板材会弯曲成两个半波，而肋板成为几个

---

① 关于另一种分析方法，见后面几页。
② 屈曲过程中在 y 方向上只会形成一个半波。

限定值 γ 的节点线。在这些限定值下,肋板在板材弯曲时保持直线。通过使用方程组(n)中的两个方程,计算出了各种 γ 值下的几个临界值,见表 9-18[1]。可以看出,肋板对临界压应力大小的影响取决于板材的比例。如果取一个正方形板材,使用 $\gamma=1.19$ 的肋板,得到两个半波而不是一个半波,临界应力相对于未加强的板材增加,比例为 6.25(参见表 9-1)。如果板材的比例为 $\beta=1.41$,则未加强的板材在弯曲成一个或两个半波时的临界应力相同;因此,在这种情况下,将板材一分为二的横向肋板对临界应力的大小没有任何影响。

通过使用两个或三个等距离的相同肋板来加强板材的情况,可以类似方式进行讨论,并且可以计算出当板材弯曲成三个或四个相等半波时,肋板保持直线的限定值 γ。表 9-18 中给出了该情况下的几个限定值 γ。

表 9-18　对于一个、两个或三个横向肋板的限定值 γ

β	0.5	0.6	0.7	0.8	0.9	1.0	1.2	$\sqrt{2}$
一个肋板	12.8	7.25	4.42	2.82	1.84	1.19	0.435	0
两个肋板	65.5	37.8	23.7	15.8	11.0	7.94	4.43	2.53
三个肋板	177	102	64.4	43.1	30.2	21.9	12.6	7.44

上述用于计算肋板加固效果的方法,也可以应用于研究铆接连接(图 9-40)对临界应力的影响。例如,在船舶结构设计中会遇到这个问题[2]。

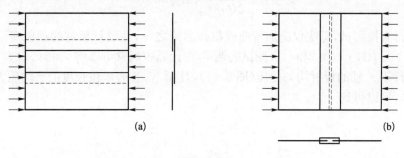

(a)　　　　　　　　　　　(b)

图 9-40

在一个由大量等距离的肋板平行于压缩矩形板的一侧时,可以将加固板视为在两个垂直方向上具有不同弯曲刚度的板[3]。对于这样的板材,如果在其中平面受力,其挠度曲面的一般微分方程为

$$D_1 \frac{\partial^4 w}{\partial x^4} + 2D_3 \frac{\partial^4 w}{\partial x^2 \partial y^2} + D_2 \frac{\partial^4 w}{\partial y^4} = N_x \frac{\partial^2 w}{\partial x^2} + N_y \frac{\partial^2 w}{\partial y^2} + 2N_{xy} \frac{\partial^2 w}{\partial x \partial y} \qquad (9-24)$$

在方程(9-24)中, $D_1 = (EI)_x/(1-\nu_x \nu_y)$ 是加固板的平均弯曲刚度,对应于弯矩 M_x, ν_x、ν_y

①　这个表格是由贝尔格莱德的 N. Naerlovich 女士计算得出,并在 1952 年 10 月通过信件传达。

②　这种类型的几个例子已经在 G. Schnadel 的文章 Werft, Reederei, Hafen 第 11 卷中进行了讨论,发表于 1930 年。

③　这种板材的弯曲问题曾被 M. T. Huber 在 1923 年的 Bauingenieur 第 354 页和 1926 年的 Repts. Intern. Congr. Appl. Mech. 中进行了考虑。另外,还可以参考 Timoshenko 与 S. Woinowsky-Krieger 合著的 Theory of Plates and Shells 第二版,该书由 McGraw-Hill Book Company 于 1959 年在纽约出版。

是对应于方向 x 和 y 的泊松比的值；$D_2 = (EI)_y/(1 - \nu_x \nu_y)$ 是对应于弯矩 M_y 的平均弯曲刚度；并且

$$D_3 = \frac{1}{2}(\nu_x D_2 + \nu_y D_1) + 2(GI)_{xy}$$

式中，$2(GI)_{xy}$ 是平均扭转刚度[见下面的方程(o)]。方程(9-24)由第 8.2 节的平衡方程(g)代入以下力矩表达式推导得出的：

$$\left.\begin{array}{l} M_x = -\dfrac{(EI)_x}{1 - \nu_x \nu_y}\left(\dfrac{\partial^2 w}{\partial x^2} + \nu_y \dfrac{\partial^2 w}{\partial y^2}\right) \\[3mm] M_y = -\dfrac{(EI)_y}{1 - \nu_x \nu_y}\left(\dfrac{\partial^2 w}{\partial y^2} + \nu_x \dfrac{\partial^2 w}{\partial x^2}\right) \\[3mm] M_{xy} = 2(GI)_{xy}\,\dfrac{\partial^2 w}{\partial x \partial y} \end{array}\right\} \tag{o}$$

而方程组(o)由以下方程组得到：

$$\left.\begin{array}{l} \dfrac{\partial^2 w}{\partial x^2} = -\dfrac{M_x}{(EI)_x} + \dfrac{\nu_y}{(EI)_y}M_y \\[3mm] \dfrac{\partial^2 w}{\partial y^2} = -\dfrac{M_y}{(EI)_y} + \dfrac{\nu_x}{(EI)_x}M_x \\[3mm] \dfrac{\partial^2 w}{\partial x \partial y} = \dfrac{1}{2(GI)_{xy}}M_{xy} \end{array}\right\} \tag{p}$$

对加强板进行直接测试，每次仅施加弯曲或扭转力矩之一，并测量板材的相应变形，可以确定 $(EI)_x$、$(EI)_y$、$(GI)_{xy}$、ν_x 和 ν_y。测试表明[1]，在计算中通常可以将 ν_x 和 ν_y 取为零。

如果平行于 x 轴的板材均匀受压(图 9-1)，且用 N_x 代表单位长度的平均压力大小，根据方程(9-24)，可以得到

$$D_1 \frac{\partial^4 w}{\partial x^4} + 2D_3 \frac{\partial^4 w}{\partial x^2 \partial y^2} + D_2 \frac{\partial^4 w}{\partial y^4} + N_x \frac{\partial^2 w}{\partial x^2} = 0 \tag{9-25}$$

假设板屈曲成半波，并代入方程(9-25)中，则有

$$w = A \sin\frac{\pi x}{a}\sin\frac{\pi y}{b}$$

从而得到

$$\sigma_{\text{cr}} = \frac{\pi^2}{b^2 h}\left(D_1 \frac{b^2}{a^2} + 2D_3 + D_2 \frac{a^2}{b^2}\right)$$

临界应力的最小值在以下情况得到：

$$\frac{a}{b} = \sqrt[4]{\frac{D_1}{D_2}} \tag{9-26}$$

临界应力的最小值为

$$\sigma_{\text{cr}} = \frac{2\pi^2}{b^2 h}(\sqrt{D_1 D_2} + D_3) \tag{9-27}$$

---

[1] 这篇论文可以在 1930 年出版的 *Jahrbuch der deutschen Versuchsanstalt für Luftfahrt* 中的第 235 页找到，作者是 E. Seydel。

由此可以得出,一个长方形板材在纵向受压并由平行纵向肋板加固时,会呈现出许多相等的半波形状,其长度满足方程(9-26)。可以通过方程(9-27)确定临界应力。对于各向同性的板材,$D_1 = D_2 = D_3$,且方程(9-27)与第 9.2 节中的方程(h)相一致。

3) 简支矩形板在剪切应力下的加固

这类问题中几个简单的情形已经被研究过。如一个简支矩形板受到均匀分布的剪切应力的作用,并由一根平分板材的肋板加固(图 9-41)。在研究肋板对临界剪切应力大小的影响时,可以像之前一样使用能量法。通过这种方式可以证明,如果肋板的刚度不足,板材的倾斜波会穿过肋板,且板材的弯曲伴随着肋板的弯曲。通过增加肋板的刚度,最终可以达到,板材的每一半都会像一个简支边界尺寸为 $a/2$ 和 b 的矩形板一样弯曲,而肋板保持直线[①]。考虑板材和肋板的弯曲应变能,可以得出相应的肋板弯曲刚度 EI 的极限值。表 9-19 给出将该弯曲刚度与板材弯曲成圆柱面时的刚度 Da 之比 γ 的几个值。

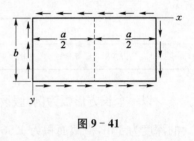

图 9-41

表 9-19　一根肋情况下,比值 γ 的极限值

a/b	1	1.25	1.5	2
$\gamma = EI/(Da)$	15	6.3	2.9	0.83

如果有两根肋将板三等分,当板弯曲时肋保持直线的比值 γ 的极限值可以通过类似的方法确定。表 9-20 给出几个这样的比值 γ。在板梁的情况下,利用这些结果来确定加固件的适当尺寸的一些应用将在后面展示(参见第 9.16 节)[②]。

表 9-20　两根肋情况下,比值 γ 的极限值

a/b	1.2	1.5	2	2.5	3
$\gamma = EI/(Da)$	22.6	10.7	3.53	1.37	0.64

如果将一块长方形板通过几根纵向肋加固,可以通过 9.7 节弯曲板的挠度表达式(k)来获得临界剪切应力的近似值。将弯曲板的应变能与肋的弯曲应变能相加,并令这个总和等于剪切力所做的功,可以得到

$$\tau_{cr} = \frac{\pi^2 D}{b^2 h} \frac{1}{2\alpha} \left\{ 2 + 6\alpha^2 + \frac{s^2}{b^2} + \frac{b^2}{s^2} \left[\gamma + (1+\alpha^2)^2 \right] \right\} \tag{9-28}$$

其中

$$\gamma = \frac{2 \sum_i (EI)_i \sin^2 \dfrac{\pi c_i}{b}}{Db} \tag{q}$$

式中,$(EI)_i$ 为距板边缘距离 c_i 处肋的弯曲刚度;b 为板的宽度。对于任何假设的 γ 值,都需要

①　在这种情况下,肋板的线不是板材弯曲时的节点线,肋板会有一些弯曲,但它对 τ_{cr} 的影响可以忽略不计;请参考 A. Kromm 在 1944 年的 *Der Stahlbau* 第 18 和 20 期的论文。

②　对于三个和四个加固件的情况,可以参考 Tsun Kuei Wang 在 1947 年的 *J. Appl. Mech* 第 14 卷第 269 页进行的讨论。另外,还可以参考 V. Brčič 在 1956 年的 *Der Stahlbar* 第 25 卷第 88 页的论文。

确定量 α 和 s，使得式(9-28)达到最小值。这样，剪切应力的临界值将由以下公式表示：

$$\tau_{cr} = k\,\frac{\pi^2 D}{b^2 h} \tag{r}$$

表 9-21 给出几个因子 k 的值。为了展示加固件对临界应力的影响，应将该表中给出的 k 值与未加固的长板所得到的近似值 5.7 进行比较[参见第 9.7 节中的方程(m)]。

表 9-21 方程(r)中 k 的值

γ	5	10	20	30	40	50	60	70	80	90	100
k	6.98	7.70	8.67	9.36	9.90	10.4	10.8	11.1	11.4	11.7	12.0

以一个长方形板为例，假设 $b=84$ in、$h=\dfrac{3}{8}$ in，且通过三个等距离的标准槽形肋加固，肋的深度为 4 in，横截面积为 1.56 in²。在这种情况下有

$$I = 3.8 + 1.56 \times 4 = 10 \text{ in}^4$$

根据方程(q)，得到 $\gamma \approx 98$，因此方程(r)中 $k \approx 12$。

长方形板材的剪切弯曲问题在飞机设计中非常重要，并且在该领域进行了大量的实验和理论研究[1]。

在具有大量平行、相等且等距的肋板的情况下，加肋板可以再次被视为在两个垂直方向上具有不同抗弯刚度的板材，并且可以使用式(9-24)。通过这种方式，Bergmann 和 Reissner 讨论了波纹板的弯曲问题[2]。假设波纹平行于简支矩形板的一侧(图 9-22)，并使用符号

$$\theta = \frac{\sqrt{D_1 D_2}}{D_3} \quad \text{和} \quad \beta = \frac{b}{a}\sqrt[4]{\frac{D_1}{D_2}}$$

从以下方程中得到剪切力 N_{xy} 在 $\theta > 1$ 的临界值为

$$(N_{xy})_{cr} = 4k\,\frac{\sqrt[4]{D_1 D_2^3}}{b^2} \tag{9-29}$$

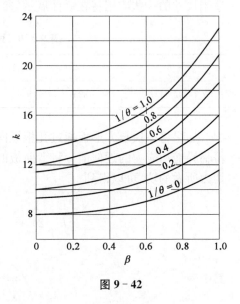

式中，k 取决于 θ 和 β 的值，可以从图 9-42 中的曲线[3]获取。在无限长各向同性板的情况下，$\beta=0$、$\theta=1$，并且从图 9-42 中得到一个值 k，使得方程(9-29)与之前得到的方程(9-9)相吻合。对于 $\theta<1$，从方程(9-29)中得到剪切力的临界值为

$$(N_{xy})_{cr} = 4k\,\frac{\sqrt{D_2 D_3}}{b^2} \tag{9-30}$$

图 9-42

表 9-22 中给出了无限长板的几个 k 值。

① 请参考 H. Crate 和 H. Lo 在 1948 年的 *NACA Tech. Note 1589*，以及 M. Stein 和 R. W. Fralich 在 1949 年的 *NACA Tech. Note 1851*。

② 请参考 S. Bergmann 和 H. Reissner 在 1929 年的 *Z. Flugtech. u. Motorluftsch.*第 20 卷第 475 页的论文。另外，请参考 Seydel 的相关文献。

③ 参见 E. Seydel, Z. Flugtech, Motorluftsch u, 1933 年，第 24 卷，第 78 页。

表 9 - 22　无限长板中方程(9 - 30)中 k 的数值

θ	0	0.2	0.5	1.0
k	11.7	11.8	12.2	13.17

方程(9 - 29)、(9 - 30)也可以用于边缘夹持的长板,此时 k 的值必须从表 9 - 23 中获取。

表 9 - 23　在方程(9 - 29)、(9 - 30)中,对于边缘夹持的无限长板,k 的数值

θ	0	0.2	0.5	1	2	3	5	10	20	40	∞
k	18.6	18.9	19.9	22.15	18.8	17.6	16.6	15.9	15.5	15.3	15.1

　　对于在其平面内受到纯弯曲的矩形板的加强问题(图 9 - 43),也进行了研究。最大压应力的临界值再次由方程(1)给出。该方程中的 k 值取决于 a/b 的比值,以及加强件的弯曲刚度和横截面积,由式(g)定义。计算[1]是针对距最大压缩边缘 $b/4$ 位置的加强件 AB(图 9 - 43)进行的。根据不同 γ 和 δ 的值得到的 k 值曲线如图 9 - 44 所示。为了比较,还显示了使用表 9 - 6 中 k 值构造的无加强板($\gamma = \delta = 0$)的曲线,以及

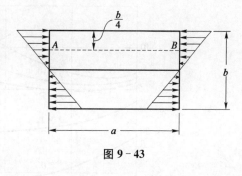

图 9 - 43

绝对刚性加强件的情况。使用这些曲线可以在每个特定情况下选择合适的加强件尺寸。图 9 - 45 中的曲线给出了在每种特定情况下所选择的 γ 值,k 的值与绝对刚性加强肋相同。图 9 - 46 给出了加强肋沿板中线时的 k 值[2]。

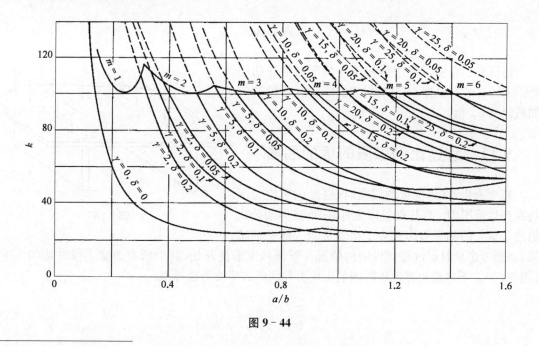

图 9 - 44

---

①　见 C. Massonnet。Assoc.《桥梁结构工程》,1940 年第 6 卷第 233 页。

②　M. Hampl,曾讨论过这个问题,见 *Der Stahlbau* 1937 年第 10 卷第 16 页。

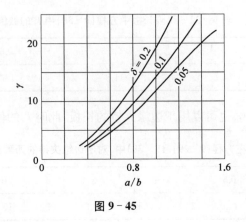

图 9-45

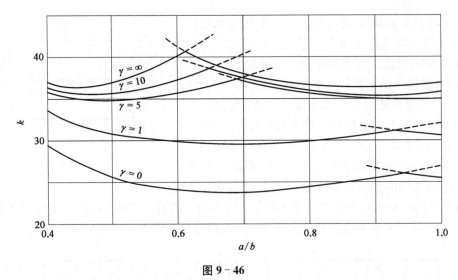

图 9-46

还研究了弯曲过程中钢板不均匀压缩的屈曲问题[1](图 9-47),根据一定的结构比例,建立了肋均匀加载时的 q_{cr} 值。

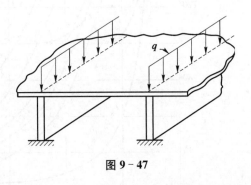

图 9-47

9.12 超过比例极限的板的屈曲

迄今为止,在讨论板的屈曲时,已经假定应力保持在弹性范围内。在比例极限之外,先前推导的公式给出了偏大的临界应力。为了得到更令人满意的结果,必须考虑材料超过比例极限的情况。下面从矩形板开始,其沿所有边缘支撑并均匀压缩(图 9-1)。下式给出弹性极限内的压应力和屈曲成半波的临界值:

$$\sigma_{cr} = \frac{\pi^2 D}{b^2 h}\left(\frac{a}{b} + \frac{b}{a}\right)^2 \tag{a}$$

---

① 见 V. Bogunović, *Der Stahlbau*,1955 年第 24 卷,第 8 页。

这个应力的最小值,对于一个给定的比值 h/b,是在一个正方形板的情况下得到的:

$$\sigma_{\rm cr}=\frac{4\pi^2 D}{b^2 h}=\frac{\pi^2 E}{3(1-v^2)}\,\frac{h^2}{b^2} \tag{b}$$

这个 $\sigma_{\rm cr}$ 值也可以用于长矩形板屈曲成许多波的情况。以 $E=30\times 10^6$ psi、$v=0.3$ 的钢结构为例,可以用图 9 - 48 所示曲线 AB 来表示 $\sigma_{\rm cr}$ 作为比值 b/h 的函数。这条曲线可用于在弹性区域内得到 $\sigma_{\rm cr}$。

实验表明,当压缩应力达到材料的屈服点时,假设这种情况为 34 000 psi,任何 b/h 比值都会屈曲,如图 9 - 48 中的水平线 BC 所示。如果材料有一个明确的屈服点,并遵循胡克定律,则水平线 BC 和曲线 BA 决定了任何比值 b/h 值的临界压应力值。在像结构钢这样的材料中,一些永久的组合通常在低于屈服点的应力下发生。假设图中 D 点对应于材料的比例极限,即开始发生永久变形的应力,那么图中一定有一些中间曲线,而不是 B 处的尖角。连接曲线 AD,对应于完全弹性的区域,用水平线表示塑性流动。为了得到这样的曲线,假设在一个方向上压缩超过比例极限的板会同样影响材料在所有其他方向上的力学性能。因此,板块仍然是各向同性的[①],使用材料的剪切模量(见第 3.3 节)。取屈服点和比例极限之间的几个初始应力值,并从板材料的压缩试验图中确定相应的 E_t 值。然后,将选择的 $\sigma_{\rm cr}$ 值和对应 E_t 值代入(而不是 E)式(b),可以计算出 b/h 的值,并构造出所需的曲线。不使用压缩测试图,而是通过使用适当的参数 c,可以从方程(3 - 17)中确定 E_t。

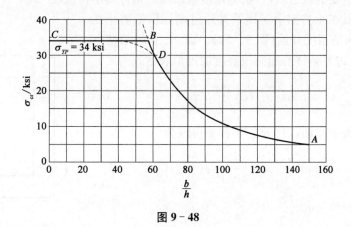

图 9 - 48

在板受到均匀平面应力作用的一般情况下,屈服点应力由下式[②]确定:

$$\sigma_1^2 - \sigma_1\sigma_2 + \sigma_2^2 = \sigma_{\rm YP}^2$$

式中,σ_1 和 σ_2 为主应力;$\sigma_{\rm YP}$ 为简单拉伸的屈服点应力。为了计算均匀受力板在各种情况下超过比例极限的临界应力,再次使用在弹性范围内所得的公式,将 E 替换为 E_t。如果没有实验数据来确定 E_t 的适当值,则等效拉应力的概念,由以下方程定义:

---

① 参见 E. Chwalla,在 1928 年维也纳举行的第二届国际桥梁结构工程大会上的报告,第 322 页,以及 M. Ro š 和 A. Eichinger,在 1932 年巴黎举行的第三届国际桥梁结构工程大会上的报告,第 144 页。

② 参见 Timoshenko 的《材料力学》,第 3 版,第 2 部分,第 454 页,D. Van Nostrand Company, Inc.,普林斯顿,新泽西州,1956 年。

$$\sigma_e = \sigma_1 \sqrt{1 - \frac{\sigma_2}{\sigma_1} + \left(\frac{\sigma_2}{\sigma_1}\right)^2}$$

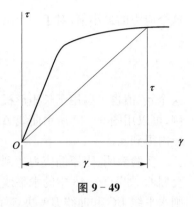

图 9-49

那么组合应力状态的 E_t 将被视为等于 σ_e 大小的简单拉应力的剪切模量。

一些铝合金板的应力超过剪切比例极限的实验表明[1]，通过使用比值 G_s/G 而不是 E_t/E，其中 G 是剪切模量、G_s 是剪切割线模量。后一个量是根据剪切测试图（图 9-49）中的每个 τ 值确定的，即 τ/γ 比率。

9.13 屈曲板的大变形

截至目前，在计算各种板屈曲情况的临界应力时，假设挠度非常小，并且可以忽略由屈曲引起的板中平面的应变。经验表明，屈曲后，板的行为与压缩支柱的行为有很大不同。支柱的临界载荷可被视为极限载荷，但薄屈曲板可以承受比屈曲开始时的临界载荷大得多的载荷。在飞机制造中，结构的重量是最重要的，通常利用屈曲后板的额外强度，并且板在使用条件下可能会经历相当大的屈曲。为了研究应力高于临界值时板的弯曲，应考虑中间平面。应用通用方程（8-38）、（8-39）解决这个问题非常困难，因为这些方程非常复杂。为了获得近似解，可使用屈曲板的应变能表达式，并根据该能量最小的条件确定其挠度[2]。

下面从简支板在 y 方向上受压缩并通过刚性框架防止在 x 方向上横向膨胀的情况开始（图 9-50）。取 x、y 轴的交点为坐标原点，满足边界条件的屈曲板挠度面近似表达式为

$$w = f \cos \frac{\pi x}{2b} \cos \frac{\pi y}{2a} \qquad (a)$$

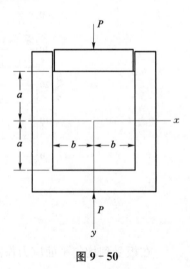

满足边界条件的板中平面位移分量 v 和 u 可取为

$$\left.\begin{array}{l} v = C_1 \sin \dfrac{\pi y}{a} \cos \dfrac{\pi x}{2b} - ey \\[2mm] u = C_2 \sin \dfrac{\pi x}{b} \cos \dfrac{\pi y}{2a} \end{array}\right\} \qquad (b)$$

图 9-50

式中，C_1、C_2 和 e 为常数。可以看出，位移 u 在边缘 $x = \pm b$ 和 $y = \pm a$ 处变为零。边界 $x = \pm b$ 和 $y = \pm a$ 处的位移 v 等于 y 方向上均匀压缩应变 e 产生的位移[3]。

板中平面的应变分量为[见第 8.7 节的式（b）]

---

① 参见 G. Gerard, J. Appl. Mech., vol.15, p.7, 1948。关于板材塑性屈曲的各种理论的比较可在 R. A. Pride 和 G. J. Heimerl 的论文中找到，题为 NACA Tech. Note 1817, 1949。另请参见 E. Z. Stowell 的 NACA Tech. Note 1681, 1948，以及 P. P. Bijlaard 的 J. Aeronaut. Sci., vol.16, p.529, 1949 和 vol.24, p.291, 1957。

② 另一种解决该问题的方法由 G. Schnadel 在 1930 年的 Repts. 3d Intern. Congr. Appl. Mech., Stockholm, vol.3, p.73 中给出。

③ 假设板的中心保持不动。

$$\left.\begin{aligned}
\varepsilon_x &= \frac{\partial u}{\partial x} + \frac{1}{2}\left(\frac{\partial w}{\partial x}\right)^2 \\
\varepsilon_y &= \frac{\partial v}{\partial y} + \frac{1}{2}\left(\frac{\partial w}{\partial y}\right)^2 \\
\gamma_{xy} &= \frac{\partial v}{\partial x} + \frac{\partial u}{\partial y} + \frac{\partial w}{\partial x}\,\frac{\partial w}{\partial y}
\end{aligned}\right\}$$ (c)

板相应的应变能为

$$\begin{aligned}
U_1 &= \frac{h}{2}\int_{-a}^{+a}\int_{-b}^{+b}(\sigma_x\varepsilon_x + \sigma_y\varepsilon_y + \tau_{xy}\gamma_{xy})\mathrm{d}x\mathrm{d}y \\
&= \frac{Gh}{1-v}\int_{-a}^{+a}\int_{-b}^{+b}\left[\varepsilon_x^2 + \varepsilon_y^2 + 2v\varepsilon_x\varepsilon_y + \frac{1}{2}(1-v)\gamma_{xy}^2\right]\mathrm{d}x\mathrm{d}y
\end{aligned}$$

使用位移 u、v 和 w 的表达式(a)和(b),并将中间平面的应变能量 U_1 与弯曲能量

$$U_2 = \frac{\pi^4 ab f^2 D}{32}\left(\frac{1}{a^2} + \frac{1}{b^2}\right)^2$$

相加,可得

$$\begin{aligned}
U = U_1 + U_2 &= \frac{\pi^4 ab f^2 D}{32}\left(\frac{1}{a^2} + \frac{1}{b^2}\right)^2 + \frac{Gh}{1-v}\left[4abe^2 - \frac{\pi^2 f^2 be}{4a} + \right.\\
&\quad \frac{\pi^4 f^4}{1\,024ab}\left(9\frac{a^2}{b^2} + 9\frac{b^2}{a^2} + 2\right) - C_1\frac{\pi^2 f^2}{6}\left(\frac{2b}{a^2} + \frac{1-3v}{2b}\right) - \\
&\quad C_2\frac{\pi^2 f^2}{6}\left(\frac{2a}{b^2} + \frac{1-3\nu}{2a}\right) + C_1^2\pi^2\left(\frac{b}{a} + \frac{1-\nu}{8}\frac{a}{b}\right) + \\
&\quad \left. C_2^2\pi^2\left(\frac{a}{b} + \frac{1-v}{8}\frac{b}{a}\right) + C_1 C_2\frac{16}{9}(1+v) - v\frac{\pi^2 f^2 ae}{4b}\right]
\end{aligned}$$ (d)

对于给定的板单位压缩 e,式(a)和(b)中的常数 C_1、C_2 和 f 由应变能 U 最小的条件求出,因此

$$\frac{\partial U}{\partial C_1} = 0, \quad \frac{\partial U}{\partial C_2} = 0, \quad \frac{\partial U}{\partial f} = 0$$ (e)

下面考虑方形板的情况。那么 $a = b$、$C_1 = C_2 = C$,而方程(e)的头两个方程成为

$$-\frac{\pi^2 f^2}{6a}\frac{5-3v}{2} + 2\pi^2 C\frac{9-v}{8} + \frac{16}{9}C(1+v) = 0$$

由 $v = 0.3$,得到

$$C = 0.141\,8\frac{f^2}{a}$$ (f)

将其带入式(e)的第三个,得到

$$f(4.058h^2 - 6.42a^2 e + 5.688f^2) = 0$$ (g)

该方程的解 $f = 0$ 对应于压缩板的平坦形式。给出屈曲板偏转的另一个解决方案是通过将方程(g)括号中的项等于零而获得的:

$$f = \sqrt{\frac{6.42a^2 e - 4.058h^2}{5.688}}$$ (h)

仅当以下条件满足时,才获得实数解:

$$6.42a^2e > 4.058h^2$$

限制条件为

$$6.42a^2e = 4.058h^2$$

给出

$$e_{cr} = 0.632\frac{h^2}{a^2} \tag{i}$$

相应的压应力为

$$\sigma_{cr} = \frac{e_{cr}E}{1-v^2} = \frac{0.632h^2E}{(1-v^2)a^2} \tag{j}$$

该应力等于在两个垂直方向上压缩的方形板的临界压应力 $(\sigma_y)_{cr}$,同第 9.3 节式(c)所示。这里取 $m=n=1$、$a=b$、$\sigma_x = v\sigma_y = 0.3\sigma_y$。

如果为 e 取一个比式(i)给出的值大 n 倍的值,可以从式(h)得到:

$$f = 0.845h\sqrt{n-1} \tag{k}$$

取 $n=10$,也即,使板的压缩比其临界值大 10 倍[由式(i)给出],可以发现 $f=2.535h$,即中心的挠度大约是板厚度的 2.5 倍。

将式(k)、(f)中的常数 f 和 C 的值代入式(a)和式(b)中,由式(c)求出相应板中平面应变并计算出相应的应力。对于 $y=a$,得到

$$(\sigma_x)_{y=a} = v(\sigma_y)_{y=a}$$

$$(\sigma_y)_{y=a} = \frac{E}{1-v^2}\left[(\varepsilon_y)_{y=a} + v(\varepsilon_x)_{y=a}\right]$$

$$= 0.714\frac{E}{1-v^2}\frac{h^2}{a^2}(n-1)\cos\frac{\pi x}{2a}\left(\frac{\pi^2}{8}\cos\frac{\pi x}{2a} - 0.142\pi\right) - 0.632\frac{E}{1-v^2}n\frac{h^2}{a^2}$$

$n=10$ 时计算的板边缘应力如图 9-51 所示。对于板的较大挠度,压应力的分布不再均匀,并且大部分载荷由板靠近边缘的部分承担。

板在单位压缩 ne_{cr} 下承受的总压缩力为

$$P = -h\int_{-a}^{a}\sigma_y dx = 2ah\left(0.623 + \frac{0.377}{n}\right)n\sigma_{cr}$$

上式括号的系数给出了由于屈曲而导致的板的抗压阻力的相对减小。可以说这个阻力相当于宽度

$$c = 2a\left(0.623 + \frac{0.377}{n}\right) \tag{9-31}$$

的平板的阻力。宽度 c 称为压缩板的有效宽度,在此计算时假设防止了板的横向膨胀。

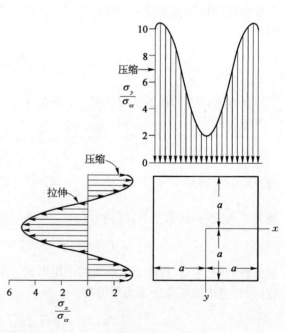

图 9-51

对于飞机制造中使用的相对较薄的板,其极限载荷可能比临界载荷大很多倍,不能指望这种近似解足够准确。通过在式(a)、(b)中加入更多的项来表示位移,可以改进解,但在这种情况下,进行计算所需的工作量会大大增加。通过在挠度表达式(a)中添加一项并取

$$w = f\cos\frac{\pi y}{2a}\cos\frac{\pi x}{2b} + f_1\cos\frac{3\pi y}{2a}\cos\frac{3\pi x}{2b} \tag{1}$$

然后,保留先前的 u 和 v 表达式,获得第二个近似值。这些计算表明,第一和第二近似值之间的差异很小,并且仅在 n 值非常大(例如 $n > 50$),即作用载荷比临界载荷大许多倍时,$(\sigma_y)_{max}$ 的大小差异才变得明显。

在前面的讨论中,假设框架是绝对刚性的并且压缩板边缘的横向位移被完全抑制。当板受压时,保持压缩板侧边直线的垂直杆可以在横向自由移动。问题可以类似的方式讨论,对于这种情况,取

$$\left. \begin{array}{l} w = f\cos\dfrac{\pi x}{2b}\cos\dfrac{\pi y}{2a} \\[2mm] v = C_1\sin\dfrac{\pi y}{a}\cos\dfrac{\pi x}{2b} - ey \\[2mm] u = C_1\sin\dfrac{\pi x}{b}\cos\dfrac{\pi y}{2a} + ex \end{array} \right\} \tag{m}$$

根据沿板垂直边缘的法向应力之和等于零的条件确定 α。给出

$$\alpha = -\frac{\pi^4 f^2}{16b^2} + \frac{2C_2}{b} + ve \tag{n}$$

将其代入式(m)的第三个并计算应变能,再次使用等式(e)用于确定 f、C_1 和 C_2。对于方形板,$v = 0.3$,从这些方程中的前两个得到

$$C_1 = 0.144\frac{f^2}{a}, \ C_2 = 0.121\ 5\frac{f^2}{a} \tag{o}$$

这些方程中的第三个变为

$$f(0.411h^2 - 0.455ea^2 + 0.320f^2) = 0$$

屈曲板的挠度为

$$f = \sqrt{\frac{0.455ea^2 - 0.411h^2}{0.320}} \tag{p}$$

通过将该偏转设置为零,可以得到板纵向压缩的临界值

$$e_{cr} = \frac{0.411}{0.455}\frac{h^2}{a^2} = 0.904\frac{h^2}{a^2}$$

这与式(9-6)中的值完全一致。对于纵向压缩的方形板,再次使用符号 $n = e/e_{cr}$,方程(p)给出[①]

---

　　①　该公式与实验结果符合得很好;见 W. L. Howlandand P. E. Sandorff, J. Aeronaut. Sci., vol.8, p.261, 1941。

$$f = 1.133h\sqrt{n-1} \tag{q}$$

将其代入式(o)中,并使用式(m),得到板中应力 σ_x、σ_y 的表达式。对于边界,这些应力为

$$\left.\begin{array}{l} (\sigma_x)_{x=a} = 1.41(n-1)E\,\dfrac{h^2}{a^2}\left[\left(1.234\cos\dfrac{\pi y}{2a}-0.382\right)\cos\dfrac{\pi y}{2a}-0.374\right] \\[4mm] (\sigma_y)_{y=a} = E\,\dfrac{h^2}{a^2}\left[1.74(n-1)\left(\cos\dfrac{\pi x}{2a}-0.366\right)\cos\dfrac{\pi x}{2a}-1.062n+0.158\right] \end{array}\right\} \tag{r}$$

在 $n=59.7$ 的特定情况下,这些应力的分布如图 9-52 所示。

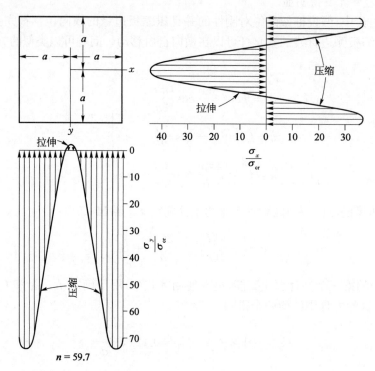

图 9-52

单位压缩力 ne_{cr} 下板承受的总载荷为

$$P = -h\int_{-a}^{a}\sigma_y\,\mathrm{d}x = 2ah\left(0.661+\frac{0.339}{n}\right)n\sigma_{cr}$$

而横向自由膨胀板的有效宽度为

$$c = 2a\left(0.661+\frac{0.339}{n}\right) \tag{9-32}$$

假设应力表达式(r)足够准确,直至板完全失效,并且当最大剪应力达到 τ_{YP} 时发生完全失效,可以根据该条件确定板所能承受的极限载荷

$$\tau_{max} = \frac{1}{2}(\sigma_x-\sigma_y)_{max} = \frac{1}{2}\sigma_{YP} \tag{s}$$

根据条件,确定板可以承受的极限载荷剪应力的最大值出现在 $x=\pm b$、$y=0$ 点处(图 9-50),

且最大值为

$$\tau_{\max} = \frac{1}{2}(\sigma_x - \sigma_y)_{\max} = E\,\frac{h^2}{2a^2}(1.38n - 0.473)$$

有了这个 $\tau_{\max}$ 值,可以从式(s)中得到

$$n = \frac{0.725}{E}\,\frac{a^2}{h^2}\sigma_{YP} + 0.34$$

将这个 n 值代入(r)第二个表达式,得到极限载荷的值

$$\begin{aligned}
P_{\text{ult}} &= 2h\int_0^a \sigma_y\,\mathrm{d}x = 0.867ah\sigma_{YP} + 1.02E\,\frac{h^3}{a}\\
&= ah\sigma_{YP}\left[0.434 + 2.04\,\frac{E}{\sigma_{YP}}\,\frac{h^2}{(2a)^2}\right]\\
&= 2ah\sigma_{YP}\left(0.434 + 0.566\,\frac{\sigma_{cr}}{\sigma_{YP}}\right)
\end{aligned} \qquad (9\text{-}33)$$

如果 n 不大,即 $n < 5$,则上述计算的减小宽度值是令人满意的[1]。然而,在非常薄的板的情况下,如在飞机制造中,实验给出的减小宽度值比理论上获得的值更小。造成这种差异的原因包含在假设(a)、(b)中,它们没有足够准确地定义板的变形,并给出了夸大的刚度值。还必须指出的是,在薄板实验中,各种缺陷可能会大大降低减小的宽度和极限强度的值。

基于板大挠度理论的进一步研究表明[2],如果假设板边界处的剪切应变(图 9-50)为零,则问题的求解可以简化。再次取挠度 w 的表达式(a)并将其代入式(8-38),可求出满足边界条件的应力函数和应力 σ_x、σ_y。 通过这种方式找到的相应的宽度减小值在以下两种情况下分别为

(1) 对于板的不可移动的纵向边缘:$c = \dfrac{9}{16}2a\left(1 + \dfrac{8}{9}\dfrac{1}{n}\right)$

(2) 用于板的自由移动的纵向边缘:$c = \dfrac{1}{2}2a\left(1 + \dfrac{1}{n}\right)$

情况(2)下的值比情况(1)时略小。

通过在 w 表达式(a)中使用三个三角项,可以看出板的有效宽度可用以下近似公式表示(在限制范围 $\sigma_{cr} < \sigma < 60\sigma_{cr}$ 内):

$$c = 1.54h\sqrt{\frac{E}{\sigma}} + 0.19(2a)$$

这似乎与实验结果令人满意地吻合[3]。

薄矩形板在纯剪切作用下的后屈曲行为问题在飞机设计中也具有重要的实际意义,并得

---

① 见 R. Lahde and H. Wagner, Luftfahrt-Forsch., vol.13, p.214, 1936(英文翻译见 NACA Tech. Mem.814,1936)。

② 见 K. Marguerre, Lufifahrt-Forsch., vol.14, p.121, 1937(英文翻译请参见 NACA Tech. Mem.833, 1937)。

③ 见 Lahde and Wagner,同上。

到了许多工程师的研究①。在此类研究中,选择了具有多个参数的 w 表达式,以表示具有简支边缘的板的屈曲形状。当这个表达式代入等式时,根据式(8-38),可以找到近似满足位移 u 和 v 的边缘条件的应力函数。使用 u 和 v 的表达式确定后,得到板的应变能表达式。该表达式将根据 w 表达式中使用的参数来表示。这些参数是根据最小应变能的条件找到的。这种分析方法需要针对每个具体情况进行大量的计算,因此,该理论只有当一系列选定案例的计算结果以表格或示意图的形式②表示时才有可能进行实际应用。所有这些计算都假设完全的弹性。对于屈曲板的极限强度的计算,应采用稍后讨论的经验公式(见第 9.15 节)。

还研究了均匀压缩圆板的后屈曲行为问题③。考虑对称形式的屈曲,结果表明,随着压应力与其临界值之比 n 的增加,周向压应力越来越集中在板的外环和板的内部,板产生拉应力。

9.14　屈曲板的极限强度

金属结构设计中的一般做法是确定薄板的比例,以消除使用条件下发生屈曲的所有可能性。然而,正如前面所讨论的,在某些情况下,屈曲后的板可能会承受比屈曲开始时临界载荷大许多倍的载荷而不会发生故障。因此,在重量经济问题至关重要的情况下,这是合乎逻辑的,例如飞机建造时,不仅要考虑临界载荷,还要考虑板在不完全失效的情况下可以承受的极限载荷。

在具有简单支撑边缘的矩形板受压的情况下,对于极限载荷的粗略计算,可以假设,通过刚性块传递到板的力(图 9-50)最终由两个宽度为 c 的条带承载,板的每一侧各一个,并且负载分布在这些条带上是均匀的(图 9-53)。然后,可以忽略该片材的中间部分,并且可以将两个条带作为宽度为 $2c$ 的长简支矩形板来处理④。这种板的临界应力为(见第 9.2 节)

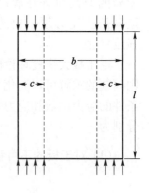

$$\sigma_{\text{cr}} = \frac{4\pi^2 D}{h(2c)^2} = \frac{\pi^2 E h^2}{12(1-v^2)c^2} \tag{a}$$

假设当 σ_{cr} 等于材料的屈服点应力 σ_{YP} 时达到极限载荷,从(a)中发现

$$c = \frac{\pi h}{\sqrt{12(1-v^2)}} \sqrt{\frac{E}{\sigma_{\text{YP}}}} \tag{b}$$

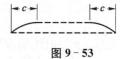

图 9-53

①　A. Kromm 和 K. Marguerre, Luftfahrt-Forsch., 第 14 卷, 第 627 页, 1937 年; W. T. Koiter, Natl. Luchtvaartlaboratorium, 阿姆斯特丹, 报告编号 295, 1944 年; S. Levy, K. L. Fienup 和 R. M. Woolley, N ACA Tech. Note 962, 1945 年; S. Levy, R. M. Woolley 和 J. N. Corrick, 同上, 编号 1009, 1946 年; S. G. A. Bergman, "*Behavior of Buckled Rectangular Plates under the Action of Shearing Forces*", Kungl. Tekniska Hogskola, 斯德哥尔摩, 1948 年。

②　阿姆斯特丹国家航空研究所在科伊特的理论工作基础上进行了这类广泛的工作, 见 W. K. G. Floor and T. J. Burgerhout, Rept. S. 370, Amsterdam, 1951, 也参见 W. K. G. Floor, Rept. S. 427, Amsterdam, 1953。

③　见 K. O. Friedrichs and J. J. Stoker, J. Appl. Mech., vol.9, p.7, 1942。

④　这种假设是 T. Von Karrn&n 提出的, 见论文 by Krman, E. E. Sechler, and L. H. Dormell, Trans. ASME, vol.54, p.53, 1932。

极限载荷为
$$P_{\text{ult}} = 2ch\sigma_{YP} = \frac{\pi h^2}{\sqrt{3(1-v^2)}} \sqrt{E\sigma_{YP}} \tag{9-34}$$

从上式可以看出,极限载荷与板材的宽度 b 无关,并且与其厚度的平方成正比。该结果与前文假设板的边缘在屈曲过程中保持笔直而获得的结果不同。如果没有这样的限制,实验(见第9.15节)与式(9-34)的吻合程度令人满意。在该公式中用一随板的比例而变化的因子 C 代替常数因子 $\pi/\sqrt{3(1-v^2)} = 1.90$(对于 $v = 0.3$),则与实验更为符合。因子 C 由图 9-61 所示曲线给出(第 9.15 节)。

为了将式(9-33)、(9-34)与实验进行比较,表 9-24 中给出了三种硬铝板获得的结果[①]。可以看出,式(9-34)给出的结果与实验吻合较好。式(9-33)给出了夸大的 P_{ult} 值,特别是对于 h/b 比值较小的情况。

表 9-24　三种压缩硬铝板的极限载荷比较

厚度 h/in	宽度 b/in	b/h	长度 a/in	E/psi	σ_{YP}	极限载荷/lb		
						式(9-33)	式(9-34)	测试
0.089 3	4.00	44.8	24	10.6×10^6	41 000	10 200	9 990	7 300
0.035 6	3.515	98.75	9	10×10^6	45 000	2 700	1 620	1 175
0.032 2	10.01	311	21	10×10^6	45 000	6 375	1 310	1 270

然而,应该指出的是,式(9-33)是在假设屈曲期间板的边缘保持笔直的情况下得出的,而测试中不存在这样的约束。在沿板边缘放置刚性肋的实际结构中,条件可能更接近前文推导中假设的条件,并且式(9-33)可能更令人满意。

在方形截面薄管的压缩实验中,管材平边的边缘在侧面屈曲时保持平直,实际情况接近式(9-33)推导中的假设。表 9-25 给出使用式(9-33)、(9-34)计算的极限载荷与黄铜管直接实验获得的极限载荷的比较[②]。可以看出,在这种情况下,式(9-33)比"V"形槽中板受压的情况更符合实验结果。也可看出,该相符结果变得不太令人满意,因为 h/b 比值减小。对于非常小的 h/b 值,式(9-33)总是给出极限载荷的夸大值。

表 9-25　压缩黄铜方管极限载荷比较

厚度 h/in	宽度 b/in	b/h	E/psi	σ_{YP}	极限载荷/lb		
					式(9-33)	式(9-34)	测试
0.006 5	1.0	154	16.4×10^6	31 400	391	231	290
0.005 6	1.0	178.5	16.0×10^6	28 600	300	161	210
0.096 5	2.0	308	16.4×10^6	31 400	726	231	340

---

①　第一个板的数据来自标准局系列测试(见第 9.15 节),另外两个板的数据来自论文 E. E. Sechler, GuggenheimAeronaut. Lab., Publ. 27, California Institute of Technology, Pasadena,1933。

②　这些实验数据已由 L. H. Donnell 传达给作者,并于 1933 年在帕萨迪纳加州理工学院古根海姆航空实验室获得。

在讨论承受剪切应力作用薄板的极限强度时,下面考虑一个由三个绝对刚性杆组成的系统,这些杆在接头处带有铰链(图 9 - 54a)[1]。

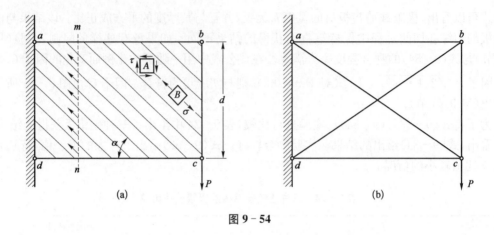

图 9 - 54

杆之间的区域 $abcd$ 由一个非常不能抵抗弯曲或压缩的薄板组成。在载荷 P 的作用下,情况类似于具有柔性对角线的系统(图 9 - 54b)。此时,受压的对角线 bd 向侧面弯曲,只有受拉的对角线 ac 起作用。由于薄板无法承受剪切应力,因此会侧向弯曲。这会导致皱纹的形成,如图 9 - 55 所示。

图 9 - 55　对角张力梁 NACA,Langley Field,弗吉尼亚州[2]

在皱纹中使用简单的张力,而不是如图 9 - 54a 中 A 点所示的纯剪切应力 τ,其方向如 B 点所示。将结构视为自由体并用 σ 表示皱纹中的拉应力,得到

$$\sigma hd \cos\alpha \sin\alpha = P$$

① 这个近似的理论见 H. Wagner, Z. Flugtech. Motorlujtsch., vol.20, p.200, 1929。
② 摘自 P. Kuhn 的《飞机和壳体结构中的应力》一书,图 3.1,第 48 页,McGraw-Hill 出版公司,纽约,1956 年。

其中

$$\sigma = \frac{2P}{hd\sin 2\alpha} \tag{c}$$

式中,d 为结构深度;h 为板材厚度。

下面考虑具有薄腹板的板梁(图 9-56)。从皱纹腹板传递到下翼缘的拉力如图 9-56 所示,看到分布的倾斜力的强度为

$$q = \sigma h \sin \alpha \tag{d}$$

将其分解为水平和垂直分量,得到

$$q_x = \sigma h \sin\alpha\cos\alpha = \frac{P}{d}, \quad q_v = \sigma h \sin^2\alpha = \frac{P}{d}\tan\alpha \tag{e}$$

式中,q_x 表示翼缘中每单位长度所加的轴向压缩力;q_y 为作用在翼缘上的横向载荷的强度。从图 9-56b 可以看出,垂直方向的压缩力 S_v 为

$$S_v = bq_y = P\frac{b}{d}\tan\alpha \tag{f}$$

翼缘上的力 F(图 9-56c)由两部分组成:① 力 $S_1 = \pm M/d$,与作用在梁横截面 mn 上的弯矩 $M = Px$ 平衡;② 力 $S_2 = -\frac{1}{2}\sigma hd\cos^2\alpha = -(P/2)\cot\alpha$,与对角张力平衡。这样就得到

$$F = \pm\frac{M}{d} - \frac{P}{2}\cot\alpha \tag{g}$$

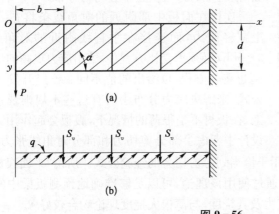

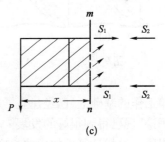

图 9-56

皱纹的角度 α(图 9-56)将由最小应变能的条件求出。首先假设翼缘和垂直件是绝对刚性的,仅需考虑腹板的应变能。由于腹板系处于简单对角线张力的条件[见方程(c)],故可得出结论,对于最小能量,必须取 $\sin 2\alpha = 1$,即 $\alpha = 45°$。在实际情况下,翼缘和垂直件也会变形。考虑到它们的应变能,得到稍小一些的 α 值。对于飞机结构中使用的大梁比例,α 通常不小于 $38°$。

梁的剪切变形(图 9-56),在腹板不屈曲的情况下,在剪应变的条件下为

$$\gamma = \frac{\tau}{G} = \frac{P}{dhG} \tag{h}$$

在腹板很薄且仅作用于简单拉力的情况下，从能量考虑可以找到梁在两个加强肋间部分的剪切挠度 γb（图 9 - 57），则有方程

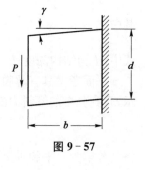

图 9 - 57

$$\frac{P\gamma b}{2} = \frac{\sigma^2}{2E}bhd$$

从而得到

$$\gamma = \frac{4\pi}{E} = \frac{4P}{hdE} \qquad\qquad (i)$$

方程（h）、（i）给出了腹板仅在纯剪切和仅在简单张拉作用这两种极端情况下梁的剪切变形。在实际情况中，必须考虑翼缘和垂线的变形，从而有

$$\gamma = \frac{\tau}{G_r}$$

式中，G_r 取决于结构的比例，并且位于如上面计算的极值 G 和 $E/4$ 之间。

上述对角的拉应力 σ 以及垂直件和翼缘上力的计算，基于腹板绝对柔性且翼缘和垂直件绝对刚性的假设。实验表明，只有在腹板非常薄且负载接近极限的情况下，才能达到这种条件[1]。为了在分析中获得更好的近似值，必须更详细地考虑结构单元的变形。考虑翼缘上力 q_y 的作用，如图 9 - 58a 所示，看到将产生作为连续梁的翼缘弯曲。由于这种弯曲，幅材中的对角张力不会均匀分布。

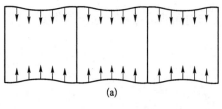

（a）

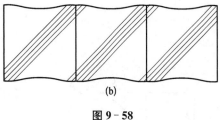

（b）

图 9 - 58

连接在面板中部附近的对角线条将在一定程度上减轻应力，而连接在垂直线附近的对角线条（图 9 - 58b）必须承受比方程（c）给出应力更高的应力。力 S_v 也将与方程（f）给出的值不同。已经开发出半经验公式，来解决应力分布中所有这些不规则现象。事实上，在板材不是很薄的情况下，腹板会起作用。在飞机设计中考虑了部分剪切力和部分对角线张力，并且在大量实验工作的基础上，已经建立了用于恰当划分剪切力的经验公式。所谓"平面腹板系统工程应力理论"现已得到很好的发展[2]，通过使用该理论，可以足够准确地预测板梁中的应力及其极限强度。这样计算出的屈曲板应力及其挠度，与薄板大挠度理论吻合较好[3]。

9.15　板的屈曲实验

1）矩形板的压缩

首先进行具有简单支撑边缘的板的实验，因为这种情况的理论解决方案非常简单。然

① 见 R. Lahde and H. Wagner，Luftfahrt-Forsch.，vol.13，p.262，1936。

② 见 Paul Kuhn，"*Stresses in Aircraft and Shell Structures*"，McGraw-Hill Book Company，Inc.，New York，1956，这本书还提供了关于这个主题的参考书目。

③ 见 Levy 等的论文。

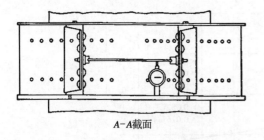

A-A截面

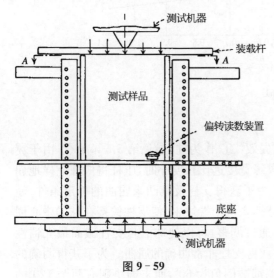

测试机器

装载杆

A

测试样品

偏转读数装置

底座

测试机器

图 9-59

而,实验角度这种情况非常复杂,因为在实验中很难实现简支边的条件。为了尽可能允许边缘完全自由旋转,使用带"V"形凹口的框架①(图 9-59)。然而,板的非圆形边缘不能完全自由地在这样的凹口中旋转,并且屈曲期间的任何旋转都伴随着垂直于板表面的中间平面的一些位移(图 9-60)。板的受载边缘有时制成半圆形,以实现载荷施加在板的中间平面上②。

由于板的初始曲率和施加载荷时的偏心率,侧向屈曲通常在非常小的载荷下出现。为了根据观察到的挠度确定载荷的临界值,在测

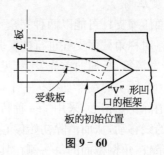

受载板

板的初始位置

"V"形凹口的框架

图 9-60

试柱中应用 R. V. Southwell 建议的方法是有利的。在讨论用压缩板弯曲时的初始曲率(参见第 8.6 节)表明,当载荷 P 接近其临界值时,代表挠度的双三角级数中的相应项变得占优势。该项随着负载的增加而增加,使得当将观测到的挠度 δ 相对于比率 δ/P 的值绘制出来时,可以获得一条直线。这条直线的斜率给出临界载荷的真实值。以这种方式获得的值通常与理论值高度一致。压缩板屈曲过程中获得的波形通常也与理论非常吻合③。

大多数关于板屈曲的实验都是用薄板(例如飞机结构中使用的薄板)进行的,主要目的是确定压缩板可以承受的极限载荷。这些实验表明,相当宽度的薄金属板可以承载比理论上预测的临界载荷大得多的载荷。负载的极限值可以通过下式以足够的精度计算[参见式(9-34)]:

$$P_{\text{ult}} = Ch^2 \sqrt{E\sigma_{\text{YP}}} \tag{9-35}$$

式中,h 为板的厚度;E 为材料的弹性模量;σ_{YP} 为其屈服点应力;C 为取决于材料特性和板比例的系数。系数 C 的实验值④如图 9-61 所示,并且还给出可用于薄压缩金属板极限强度的 C 曲线的实际计算。

---

① 图 9-59 表示标准局使用的测试仪器,参见 Figure 9-59 represents the testing apparatus used at the Bureau of Standards; see L. Schuman and G. Back, N ACA Tech. Rept.356,1930。

② 参见 Sechler 的论文。

③ 参见 Schuman 和 Back,同上。

④ 这些数值来自 Sechler 的文献。

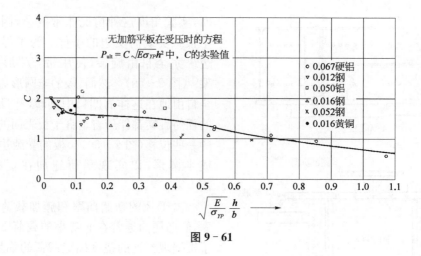

图 9-61

2）角度压缩[①]

角截面压缩支杆可能以两种完全不同的方式失效：① 作为柱（参见第 5.5 节）；② 由于翼缘的屈曲。对称角截面支柱进行的实验表明，当翼缘宽度远比长度小时，压杆将像柱一样地屈曲；而对于宽翼缘，板屈曲首先发生（见图 9-7）。为了获得支柱及其凸缘屈曲的确定条件，使用如图 9-62 所示的端部支撑。一个 (5/8)in 钢球插入每个端块中，使支柱铰接在球的中心周围。为了消除初始偏心，采用了一种特殊的安排，通过调整，可以使球沿与支柱截面最大惯性矩轴平行的线移动，从而消除初始偏心的影响，并获得支柱非常明确的屈曲。为了获得明确的翼缘边界条件，角钢截面的每一侧在其宽度的末端都被倒角为 60°，而末端块则有两个 120° 的 "V" 形槽，用于支撑支柱的末端，从而确保了翼缘的铰链边界条件。

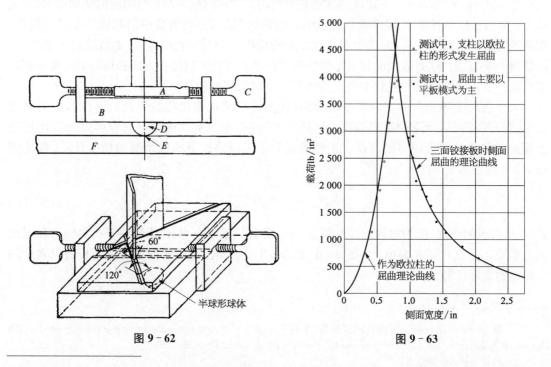

图 9-62

图 9-63

① 参见 Bridget、Jerome 和 Vosseller 的文献，ASME 的应用力学分部，第 56 卷，1934 年，第 569 页。关于角钢在屈服点之外的压缩屈曲现象，可参考 C. F. Kollbrunner 的论文，发表于 1935 年，苏黎世。

图 9-63 中展示了使用 24SRT 铝合金支柱所获得的实验结果。测试样品的长度为 22 in，厚度为 0.025 in；侧面的宽度从 0.405 in 到 2.025 in 不等。可以看出，对于侧面宽度较小的支柱，实验结果与欧拉曲线非常接近。对于宽度较大的情况，在柱屈曲之前发生了板屈曲，图中给出的临界载荷值是通过 Southwell 的方法计算得出的，并且与理论非常符合。

3）剪切力作用下板的屈曲

大多数此类实验都是使用非常长的条带进行的，其纵向边被夹住[1]。对于这种情况，有一个精确的解（见第 9.7 节），并且实验表明，关于波纹的形成，与理论有令人满意的一致性。如果应用 Southwell 方法，也能以足够的精度获得临界载荷的大小。

图 9-64 显示了方形硬铝板（0.2 mm×150 mm×150 mm）在纯剪切下进行的屈曲后挠度实验结果[2]。板的边缘可以自由旋转，但不能在板的平面内移动，因此该平面上的应力可以全部展开。由于某些初始曲率，偏转在低于临界值的载荷处开始，如图 9-64 所示。为了比较，还给出了以初挠度为 $\delta_0 = 0.5h$ 来计算[3]的板的理论曲线。该曲线令人满意地遵循实验曲线。

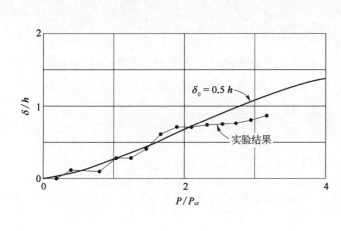

图 9-64

图 9-65

结合前面提到的平面腹板系统工程理论的发展，对薄板的剪切后屈曲阻力进行了一系列非常广泛的实验[4]。

另外，还对受到剪切作用的波纹矩形板[5]进行了一些实验。剪切力是通过使用铰接矩形框架来施加的，该框架沿其一条对角线施加外部拉力（图 9-65）。波纹的形成和临界载荷的大小，与基于波纹板可被视为非各向同性材料板的假设所发展的理论非常一致[6]。值得注意的是，在这种情况下，节点线仅与平行于波纹的侧面方向形成一个小角度，而不是像未加筋板那样大约为 45°。

---

①　参见 F. Bollenrath, Lutfahrt-Forsch., vol.6, p.1, 1929. See also H. J. Goughand H. L. Cox, Proc. Roy. Soc., London, series A, vol.137, p.145, 1932。

②　参见 E. Seydel, Z. Flugtech. u. Motorluftsch., vol.24, p.78, 1933.3。

③　这条曲线是由 S. G. A. 伯格曼计算出来的。

④　这些测试的说明和参考书目由 Kuhn 给出。

⑤　参见 "Deutsche Versuchsanstalt für Luftfahrt E. V.", 1931。

⑥　见 Bergmann 和 Reissner 等的论文。

9.16　板屈曲理论的实际应用

1) 受压构件设计中的应用

在讨论柱的屈曲时表明,对于实际比例的受压构件,当在最薄弱的横截面中,最大组合直

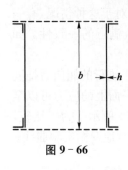

图 9-66

接应力和弯曲应力等于材料的屈服点应力时,就会发生失效。只有在支柱细长的情况下,才能在弹性极限内发生相当于完全失效的足够的屈曲。在设计由相对较薄的金属板制成的受压构件时,必须牢记这一事实。以受压件为例,其截面如图 9-66 所示。两块垂直腹板宽 b、厚 h,沿边缘有角度,由水平面中的对角线和板条连接、如虚线所示。为了保险起见,忽略角钢的扭转阻力,并将腹板视为具有简支边缘的均匀受压矩形板。由于这些板的长度与宽度相比较大,对于 $v=0.3$,在弹性极限内的临界应力由下式确定(见第 9.2 节):

$$\sigma_{cr} = \frac{\pi^2 E}{2.73} \frac{h^2}{b^2}$$

对于非常细长的支柱,例如 $l/r > 150$,可以合理地选择 b/h 的比值,使得板的临界应力等于整个支柱的临界应力。然后,利用欧拉支柱的公式,可以得到确定所需 b/h 比值的方程为

$$\frac{\pi^2 E}{2.73} \frac{h^2}{b^2} = \frac{\pi^2 E r^2}{l^2} \tag{a}$$

式中,l/r 为支柱的长径比。从方程(a)得到

$$\frac{b}{h} \approx 0.60 \frac{l}{r} \tag{b}$$

因此,要使腹板屈曲的安全系数等于一细长压杆屈曲的安全系数,腹板的比例必须满足条件(b)。

如果受压构件具有结构工程中常见的比例,则由于最弱横截面中材料的局部屈服而发生失效。由于各种不精确性,当支柱中的平均压应力远低于屈服点应力时,可能会产生这种屈服。在这种情况下,很明显,只有当板的比例使得它们在低于材料屈服点的应力下不会弯曲时,才可期望组合的压杆犹如一个整体一样。为了消除在低于屈服点应力下发生屈曲的可能性,如果屈服点应力为 34 000 psi,那么具有简单支撑边缘的结构钢长压缩板的比例必须为 $b/h \leqslant 36$。由于长压缩板在许多波中弯曲,沿一个半波的局部压缩实际上与整个板的均匀压缩具有相同的效果。因此,在压缩构件的情况下也可以推荐与图 9-66 所示相同的比率即 $b/h \leqslant 36$。还应指出的是,由于腹板的局部屈曲特性,通常沿受压构件的长度以一定间隔放置的横向隔膜,不会增加腹板的稳定性。

如果受压构件的竖向腹板与重型水平板刚性连接(图 9-67),则可以合理地考虑将竖向板内置于纵向边缘。在这种情况下,可以取 $b/h = 48$ 作为限制比。

受压构件的垂直腹板边缘处的条件(其横截面如图 9-68 所示)介于简支边缘和夹紧边缘条件之间。假设约束程度大约取决于比率

$$\frac{h^3 b_1}{h_1^3 b}$$

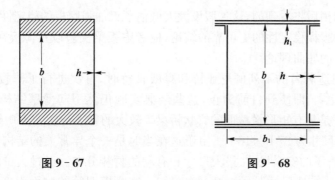

图 9-67　　　　　　　　　　　　　　图 9-68

大小,则通过在比率 36、48 之间进行插值,得到部分约束

$$\frac{b}{h} = 48\left(1 - \frac{h^3 b_1}{4 h_1^3 b}\right) \tag{c}$$

由此可以计算出 $h_1^3 b > (h^3 b_1)$ 任何比例的板所需的比值 b/h。当 $h_1^3 b = h^3 b_1$ 时,水平板的临界压应力与垂直腹板的临界压应力相同;因此,后者处于具有简单支撑边缘的板的状态。在这种情况下,方程(c)给出的值为 36。

在图 9-69 所示情况下,每个翼缘可以被视为沿着一个边缘简单支撑而沿着另一个边缘完全自由的板。在这种情况下,为了消除在低于屈服点的应力下发生屈曲的可能性,可以对结构钢 ($\sigma_{YP} = 34\,000\,\text{psi}$) 采取限制比 $b/h = 12$。在图 9-70 所示情况下,假设垂直腹板的上边缘是内置的,则限制比为 $b/h = 21$。

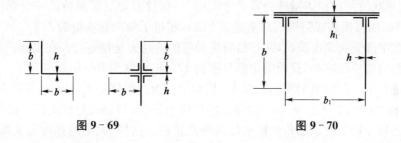

图 9-69　　　　　　　　　　　　　　图 9-70

2) 板梁设计中的应用[1]

板梁的配比目前在很大程度上基于经验规则。作为长期经验的结果,这些规则通常给出令人满意的比例同时又足够灵活,为个人判断留下相当大的自由度。因此得到了针对相同跨度和相同载荷设计的各种尺寸的板梁。

在设计特大尺寸的梁时,腹板厚度和加强肋间距的正确选择成为一个重要问题,只有在合理的理论基础上或通过模型实验才能令人满意地解决这个问题。

确定适当的幅材厚度和幅材刚度,其本质上是稳定性问题。众所周知,如果腹板不够厚或没有令人满意地加固,则可能会侧向弯曲并充当系杆;而加强件则充当支柱。考虑到这种屈曲的可能性,几位工程师建议[2]将与梁纵轴成 45° 角的窄腹板视为柱,其横截面承受的压应力等于中性轴处的剪切应力。该柱的长度取为 $h\sqrt{2}$,其中 h 是腹板的无支撑深度,柱的端部被认

---

①　见 Timoshenko, Engineering, vol.138, p.207, 1934。

②　例如参考 F. E. Turneaure, J. Western Soc. Erg., vol.12, p.788, 1907。

为是内置的。正如稍后将看到的,这种假设大大低估了无加强腹板的稳定性。

为了获得有关腹板稳定性的更可靠的结论,应考虑板梁实验以及薄板在其平面内法向应力和剪应力作用下的屈曲理论。

费尔贝恩在建造著名的不列颠尼亚桥和康威管桥时,首次进行了薄腹板屈曲传递剪切和弯曲应力的实验[1]。即使到目前为止,这些经典实验仍然引起薄壁结构工程师的极大兴趣。不列颠尼亚桥是具有矩形横截面的管状桥梁。较大的管子跨度为 450 英尺[1 英尺(ft)≈ 30.48 cm],横截面尺寸为 27 ft×16 ft。由于这在当时是一个异常大的结构,因此决定用模型进行实验,以确定管子的安全尺寸、最大尺寸和有利的材料分布。经过大量的初步实验后,决定测试大型模型,其线性尺寸是预期桥梁的 1/6。这些模型管的侧面由 3 ft 9 英寸[1 英寸 (in)≈25.4 cm]深、厚度仅为 0.1 in 的板材组成。最初的实验结果显示,在相对较小的载荷下,侧面出现了与底部线大约成 45°角的波动。

“从这些实验结果可以明显看出,底部的张力和顶部的压力相互作用,并通过侧面的对角应变进行传递。

“对角线的褶皱明显暴露了最严重的应变线。很明显,由于顶部和底部有互相趋近的倾向而使侧面形状改变,侧面受到过大的压力,如果可以保持形状的话,板则足够坚固;因此,在本次实验中,我们决定修改侧面的结构。这是通过在整个侧面的整个高度上添加角铁柱来完成的,这些角铁柱被铆接到它们上,具有加固它们的作用,同时将顶部和底部保持在适当的位置。它们是大型管中使用的 T 型铁柱的原型”。

进一步的实验说明了侧面支柱的重要性,因为管的重量虽有少许增加,但顶部和底部仍与以前完全相同,而最终强度却大大增加。从这些实验中我们了解到,“随着腹板深度的深度增加,保持侧面形状所需的预防措施变得非常困难”。在勃力德尼管洞桥的一个管道中,用于此目的的 T 型铁、加强板和加强脚的总重量达 215 t,超过了侧面总重量的 1/3。

实验管在中部受到集中载荷,并且沿跨度长度的剪切力是恒定的。在实际桥梁的设计中,考虑到最大剪力向中间减小,腹板的中部厚度为 1/2 in,两端为 5/8 in 厚[2]。

当时还进行了一些板梁的实验工作[3]。模型梁腹板的厚度为 1/4 in;总深度为中心 10 in、两端 6 in,支座之间的距离为 66 in。梁因腹板屈曲而失效。后来,对梁进行了修复,并通过在腹板垂直板的每个接头处添加角铁柱来加固垂直腹板。这样,大梁的强度大大增加。最终在更大的载荷下,顶部和底部同时倒塌而失效。

比利时工程师 Houbottc[4] 对板梁做了进一步的实验。测试了两根跨度为 1.50 m、腹板厚度为 0.5 cm、深度分别为 30 cm 和 49 cm 的板梁。在中间加载时,这两根梁都因腹板屈曲而失效,腹板没有加强肋。较大深度的梁在较小载荷下失效,尽管其截面模量是较小深度梁的 2 倍。

Lilly 完成了板梁的额外工作[5],建造了以下尺寸的板梁:深度为 9.5 in,长度为 5 ft 3 in。

---

① 见 William Fairbairn, "*An Account of the Construction of the Britannia and Conway Tubular Bridges*", London, 1849。

② 关于这些桥梁的进一步描述,见 For further description of these bridges, see Timoshenko, "*History of Strength of Materials*", McGraw-Hill Book Company, Inc., New York, 1953。

③ 见 Edwin Clark, "*The Britannia and Conway Tubular Bridges*", vols., London, 1850。

④ 参考 M. Houbotte, Der Civilingenieur, vol.4, 1856。

⑤ 参考 W. E. Lilly, Engincerinu, vol.83, p.136, 1907;也参考他的书 *The Design of Plate Girders and Columns*, 1908。

横梁由两块(2×3/8)in 的板材和两个(5/4×5/4×1/4)in 的角铁组成,并用螺栓固定于腹板。这种结构允许在实验中使用不同厚度的纤维网。然后对不同厚度的腹板和加强筋的间距进行了大量的测试。在中间施加载荷,获得了腹板中的波纹。

"我们发现,如果加强肋与腹板相比具有很大的强度,则波形的波长几乎与厚度无关。波浪的倾斜角度取决于加强肋的间距和加强肋的深度。加强肋防止波浪的形成,并产生围绕加强肋的端部的严重的局部应力,导致腹板的这一部分皱缩"。

Turncaurc[1] 对更大尺寸的板梁进行了实验。这些实验的主要结论是:① 当在弹性极限内受力时,带有加强肋腹板中的应力与理论应力非常一致,并且作为必然结果,垂直加强肋中的轴向应力不受到局部负载、几乎为零。② 不带加强肋腹板的弹性极限强度,大约是将欧拉柱公式应用于对角柱单元所得的极限强度的 2 倍(见第 9.16 节)。

摩尔和威尔逊对轧制工字梁和组合板梁进行了一系列实验[2]。带有屈曲腹板的测试板梁的一个示例如图 9-71 所示。这些实验人员得出的结论是,"没有中间加强肋的薄腹板的抗屈曲能力被低估了","如果没有中间加强肋的宽度与腹板厚度的比率不超过 60,那么建造没有中间加强肋的梁可能是安全的。然而,随着该比值的增大,有必要降低腹板允许的工作应力"。

图 9-71

斯德哥尔摩理工学院[3]对薄腹板(1 000 mm×2 000 mm×3.5 mm)板梁进行了一系列广泛测试。结果发现,由于各种缺陷,腹板在非常小的载荷下就开始弯曲,并且在大多数情况下,在临界载荷下腹板的行为没有变化。根据这些试验得出的结论是:"平面腹板的理论临界载荷与极限载荷没有直接关系,极限载荷与理论临界载荷的比值随着腹板的细长而增大"。研究还发现,"直到相对较大的部分腹板开始屈服时,腹板的承载能力才会耗尽"。

Liege 大学的 Massonnet[4] 对板梁加强肋的必要刚度进行了实验研究。

从已经进行的实验可以看出,板梁可以通过两种不同的方式将剪力传递到支座:① 如果载荷不足以形成波纹,梁的腹板传递由剪切作用产生的剪切力;② 在形成波纹的较大载荷的情况下,剪力的一部分像以前一样通过腹板中的剪应力传递,另一部分像在桁架中一样传递,其中腹板充当一系列拉杆和加强肋作为支柱。波纹开始形成时的载荷大小,取决于腹板的厚度以及加强肋的间距和尺寸。在腹板厚度足够且刚度令人满意的情况下,板梁可以承受其设计的总载荷,而腹板不会出现任何屈曲。在桥梁中通常有这样的比例。另一方面,有些结构的腹板非常薄,在加载之初就会弯曲,并且总负载实际上就像在桁架中一样传递。在飞机制造中

① Turncaure,参考他的文献。

② 参考 H. F. Moore,Univ. Illinois Bull. 68,1913 和 H. F. Moore and W. M. Wilson,Univ. Illinois Bull. 86,1916。

③ 参见 G. Wästlund and S. G. A. Bergman,"*Buckling of Webs in Deep Steel I-Girders*",Institution of Structural Engineering and Bridge Building,Stock-holm,1947。本书给出了广泛的参考书目。

④ 参考 C. Massonnet,Publ. Intern. As8oc. Bridge Structural Eng.,vol. 14,p. 125,1954。

有此类大梁的例子[1]。

尽管腹板的屈曲并不意味着梁会立即失效,但桥梁的尺寸通常是为了消除使用条件下的屈曲而确定的。一个常见的程序是,采用一定的剪切工作应力值,并在此基础上确定腹板厚度;然后确定加强肋的间距,使腹板能够传递剪应力而不发生屈曲。观察铁路梁中总载荷大致随跨度变化并假设深度与跨度之比恒定,可以看出上述过程将导致所有跨度的厚度几乎相同。假设这个厚度对于小跨度桥来说是令人满意的,但对于较大的跨度来说肯定是不够的,这在规范中有规定。例如,美国铁路工程协会(AREA)1950 年的规定和 1949 年的规定。美国钢结构协会(AISC)要求腹板厚度不小于 $d/170$,其中 d 表示法兰之间的(明确)距离,单位为英寸(in)。

对厚度的另一个限制通常是出于对腐蚀的考虑,以及非常薄的板如果又深又长,在施工中处理起来非常困难的事实。3/8 in 的厚度通常被认为是防止腐蚀并确保在施工和运输过程中令人满意地处理材料的最小厚度。

为了获得合理的设计依据,有必要对薄腹板的弹性稳定性进行研究。在讨论腹板的屈曲时,必须考虑三种情况:① 靠近支撑处,剪力是最重要的因素,两加强肋之间的腹板部分可视为承受均匀剪力作用的矩形板(图 9 - 72a);② 跨中点位置的剪应力与法向应力相比可以忽略不计,两加强肋之间的腹板部分处于纯弯曲状态(图 9 - 72b);③ 在中间截面中存在法向力和剪切力的组合(图 9 - 72c)。这三个案例已在第 9.6 节、第 9.7 节中分别讨论过。

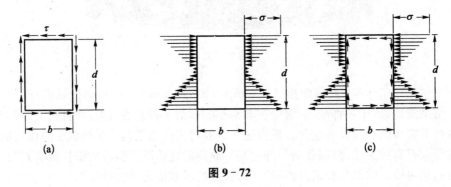

图 9 - 72

在应用之前获得的理论公式时,首先确定跨度中部腹板的厚度,其中仅需要考虑弯曲应力。由于承受弯曲的长矩形板在屈曲时细分为相对较短的波浪(见表 9 - 6),因此垂直加强肋的约束通常可以忽略不计,可以假设

$$\sigma_{cr} = 23.9 \frac{\pi^2 E}{12(1-\nu^2)} \frac{h^2}{d^2} \tag{d}$$

根据该公式,可以计算任意 σ_{cr} 值下腹板厚度与其深度之比的所需值[2]。为了消除在使用条件下腹板屈曲的任何可能性,σ_{cr} 值必须大于腹板中的最大弯曲应力。在选择必要的安全系数时,处理方式与压缩板的情况不同。对于柱的情况,板的任何局部屈曲通常意味着结构的完全失效,并且在之前讨论中建议对板采取这样的比例,即在屈服点应力以下不会发生屈曲。然

---

① 参考 H. Wagner, z. Flugtech. M otorluftsch., vol. 20,p. 200,1919。See also Eng. News, vol. 40,p. 154,1899。

② 在本讨论中,忽略了翼缘角度对腹板屈曲的阻力,将腹板视为宽度为 d 的简支矩形板,其中 d 为翼缘内表面之间的距离。

而,在板梁的情况下,腹板的屈曲并不代表对结构有任何直接的危险,而只是表明腹板不再承受全部的压弯应力。在这种情况下,使用较低的安全系数似乎是合理的。

下面考虑屈服点应力等于 34 000 psi 的结构碳钢的情况。在这种情况下,以 16 000 psi 作为基本拉伸应力,安全系数等于 $2\frac{1}{8}$。该因素不仅提供了一些增加载荷作用的可能性,还考虑了由于铆钉和横截面急剧变化而导致的任何应力集中以及由于应力波动而导致的任何疲劳效应。在考虑腹板的稳定性时,应忽略局部应力集中和疲劳效应。还考虑到式(d)中忽略了法兰和加强肋处的任何约束,采用低于 $2\frac{1}{8}$ 的抗屈曲安全系数似乎是合乎逻辑的。建议将其设为 1.5。然后,假设最大应力 16 000 psi 是通过扣除铆钉孔而获得的,铆钉孔可能占法兰面积的 15%,将 σ_{cr} 代入式(d),得 $16\,000 \times 0.85 \times 1.5 = 20\,400 (psi)$。这样就可以得到,当 $E = 30 \times 10^6$ psi 且 $\nu = 0.3$ 时,

$$\frac{d}{h} = \sqrt{23.9 \frac{\pi^2 E}{12(1-v^2)16\,000 \times 0.85 \times 1.5}} \approx 180 \qquad (e)$$

如前所述,AREA 和 AISC 将此比率限制为

$$\frac{d}{h} \leqslant 170 \qquad (f)$$

现在考虑通过肋对腹板进行加固。首先确定比率 d/h 的极限值,在该极限值下,不需要这种加固,当然,除了在重的集中载荷的应用点之外。在这种情况下,这些载荷之间的腹板部分可以被视为矩形板,其靠近支撑件将主要受到剪切应力的作用。忽略法兰处的约束并假设板很长,采用剪应力方程的临界值(9-9)。然后有

$$\tau_{cr} = 5.35 \frac{\pi^2 E}{12(1-r^2)} \frac{h^2}{d^2} \qquad (g)$$

用 τ_{cr} 代替屈服点应力[1],得到比率 d/h 下的极限值。再次采用 $\sigma_{YP} = 3\,400$ psi 的结构钢并假设

$$\tau_{YP} = 0.58\sigma_{YP}$$

得到

$$\frac{d}{h} = \sqrt{\frac{5.35\pi^2 E}{12(1-\nu^2)\tau_{YP}}} \approx 86 \qquad (h)$$

对于具有较高屈服点应力值的材料,将从式(h)中获得较小的 d/h 比值。以 $\tau_{YP} = 26\,000$ psi 的硅钢和 $\tau_{YP} = 29\,000$ psi 的镍钢为例,分别得到 $d/h = 75$ 和 $d/h = 71$。

在计算支撑附近的垂直加强肋之间所需的距离时,将两个加强肋之间的腹板部分视为长度等于深度 d 且宽度 b 等于加强肋轴线之间距离的简支板[2]。用图 9-24 中的曲线计算剪切临界值应力,然后得

---

① 由于腹板的屈曲并不意味着梁的立即破坏,使用式(g)直到屈服点应力,忽略了比例极限和屈服点之间过渡区域内材料的永久变形。

② 假设加强肋之间的距离小于深度 d。

$$\tau_{cr} = \left(5.35 + 4\,\frac{b^2}{d^2}\right) \frac{\pi^2 E}{12(1-\nu^2)}\,\frac{h^2}{b^2} \tag{i}$$

再次取安全系数等于 1.5，得到

$$\frac{b}{h} = \frac{1.16}{\sqrt{0.415(\tau/E) - (h^2/d^2)}} \tag{j}$$

式中，τ 为面板在支撑处的总剪切应力。假设 $E = 30 \times 10^6$ psi 且 $d/h = 170$，由式(j)得出

$$\frac{b}{h} = \frac{9\,850}{\sqrt{\tau - 2\,500}} \tag{k}$$

AREA 规范将垂直加强肋之间的净距离限制为 72 in，或由以下公式给出：

$$\frac{b}{h} = \frac{10\,500}{\sqrt{\tau}} \tag{l}$$

最大允许总剪切应力为 11 000 psi。AISC 规范给出公式

$$\frac{b}{h} = \frac{11\,000}{\sqrt{\tau}} \tag{m}$$

这些规范将距离 b 限制为 84 in，并给出允许的总剪切应力为 13 000 psi。如果总剪切应力等于 11 000 psi，则由式(k)、(l)和(m)分别得到 $b/h =$ 107、100 和 105。

当腹板厚度和支撑处加强肋间距确定后，可以考虑一些中间面板，并用图 9-27 所示曲线校核腹板的稳定性。

为了确定加强肋所需的抗弯刚度，应使用表 9-19、表 9-20。γ 的值由图 9-73 中的曲线[1]表示。可以看出，在三块面板的情况下，两个加强肋所需的 γ 比两块面板的情况要大，并且随着面板数量的增加，γ 应该有所增加。假设在所有实际情况下，所需的刚度不会大于表 9-19 给出的 2 倍，根据表 9-26 中给出的数值，得出在不同的腹板深度和厚度以及腹板间距为 $b = 60$ in[2] 时，加强肋截面所需的惯性矩。

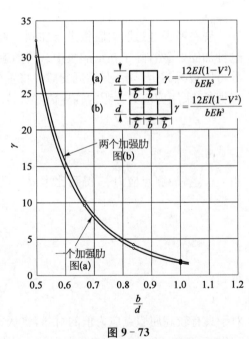

图 9-73

---

[1] 请注意，图中使用了 $\gamma = EI/(Db)$ 表示法。因此，表 9-19 中给出的 y 值必须乘以 2，表 9-20 中的值必须乘以 3。

[2] 对于稳定理论在板梁腹板设计中的应用，参见 F. Bleich, Prelim. Publs. 1st Congr. Intern. Assoc. Bridge Structural Eng., Paris, 1937; "*Buckling Strength of Metal Structures*", McGraw-Hill Book Company, Inc., New York, 1952; E. Chwalla, Prelim. Rept. 2d Congr. Intern. As8soc. Bridge Structural Eng., Berlin, 1936 P. P. Bijlaard, Publ. Intern. Assoc. Bridge Structural Eng., Zurich, vol.8, 1947; 以及 J. M. Young and R. E. Landau, Proc. Inst. CivilErgrs., vol.,4, p.299, 1955。

表 9‑26　加强肋（$b=60\text{ in}$）所需的惯性矩（in^4）

	$h=3/8\text{ in}$	$h=7/16\text{ in}$	$h=1/2\text{ in}$	$h=9/16\text{ in}$
$d=60\text{ in}$ $b/d=1$ $\gamma=3/8$	0.96	1.52	2.27	3.23
$d=80\text{ in}$ $b/d=3/4$ $\gamma=11.6$	3.36	5.34	8.00	11.4
$d=96\text{ in}$ $b/d=5/8$ $\gamma=25.2$	7.30	11.6	17.3	24.7
$d=120\text{ in}$ $b/d=1/2$ $\gamma=60.0$	17.4	27.6	41.3	58.8

第 10 章
薄壳体的弯曲

10.1   壳体单元的变形

设 $ABCD$（图 10-1）表示一个无限小的单元，该单元由两对与壳体中间表面垂直的相邻平面切出，且包含其主曲率。如图所示，取与主曲率线相切于 O 点的坐标轴 x 和 y，以及与中间曲面垂直的坐标轴 z，分别用 r_x 和 r_y 表示 xz 和 yz 平面上主曲率的半径。假设壳层的厚度是常数，用 h 表示。

在考虑壳体弯曲时，假设与壳体中面垂直的 AD、BC 等线性元保持直线，并与变形后的壳体中面垂直。下面从一个简单的例子开始。在弯曲过程中，单元 $ABCD$ 的侧面只相对于它们与中间表面的交线旋转。设 r'_x、r'_y 为变形后曲率半径值，则该单元薄片在距中表面 z 处的单位伸长量（如图 10-1 所示）为

$$\varepsilon_x = -\frac{z}{1-z/r_x}\left(\frac{1}{r'_x}-\frac{1}{r_x}\right),\ \varepsilon_y = -\frac{z}{1-z/r_y}\left(\frac{1}{r'_y}-\frac{1}{r_y}\right) \tag{a}$$

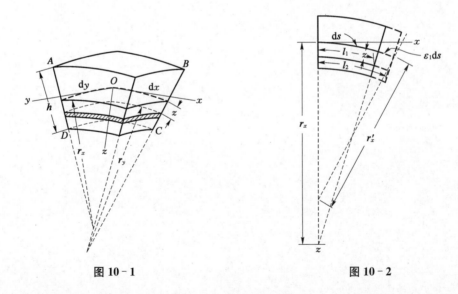

图 10-1   图 10-2

如果在旋转的同时，由于中间表面的伸缩，单元的侧边发生平行位移，中间表面在 z 和 y 方向上对应的单位伸长分别用 ε_1 和 ε_2 表示，则由图 10-2 可知，上述所考虑的薄片的伸长量

$$\varepsilon_x = \frac{l_2 - l_1}{l_1}$$

其中

$$l_1 = \mathrm{d}s\left(1-\frac{z}{r_x}\right),\ l_2 = \mathrm{d}s(1+\varepsilon_1)\left(1-\frac{z}{r'_x}\right)$$

从而得到

$$\varepsilon_x = \frac{\varepsilon_1}{1-z/r_x} - \frac{z}{1-z/r_x}\left[\frac{1}{(1-\varepsilon_1)r'_x} - \frac{1}{r_x}\right] \tag{b}$$

用同样的方法,求出 y 方向上的伸长量

$$\varepsilon_y = \frac{\varepsilon_2}{1-z/r_y} - \frac{z}{1-z/r_y}\left[\frac{1}{(1-\varepsilon_2)r'_y} - \frac{1}{r_y}\right] \tag{c}$$

在下面的讨论中,总是假定壳的厚度 h 与曲率半径相比较小。在这种情况下,与整体相比,z/r_x 和 z/r_y 可以忽略不计;也忽略 ε_1 和 ε_2 对曲率的影响。将上述表述代入式(b)、式(c),得到

$$\left. \begin{array}{l} \varepsilon_x = \varepsilon_1 - z\left(\dfrac{1}{r'_x} - \dfrac{1}{r_x}\right) = \varepsilon_1 - \chi_x z \\[3mm] \varepsilon_y = \varepsilon_2 - z\left(\dfrac{1}{r'_y} - \dfrac{1}{r_y}\right) = \varepsilon_2 - \chi_y z \end{array} \right\} \tag{10-1}$$

式中,χ_x 和 χ_y 为曲率的变化量。用式(10-1)表示薄板的应变分量,假设没有层间法向应力 $(\sigma_z = 0)$,得到应力分量表达式如下:

$$\left. \begin{array}{l} \sigma_x = \dfrac{E}{1-\nu^2}\left[\varepsilon_1 + \nu\varepsilon_2 - z(\chi_x + \nu\chi_y)\right] \\[3mm] \sigma_y = \dfrac{E}{1-\nu^2}\left[\varepsilon_2 + \nu\varepsilon_1 - z(\chi_y + \nu\chi_x)\right] \end{array} \right\} \tag{10-2}$$

在单元 $ABCD$ 的每一侧,相应的力可以用施加在该侧质心的法向力和弯矩来代替。由于壳体的厚度非常小,单元的侧面可以考虑为矩形;因此,合力将作用于壳体的中间表面。对于这些合力和单位长度的弯矩,使用与板的情况相同的符号(见第 8.1 和 8.2 节),分别为[①]

$$\left. \begin{array}{l} N_x = \displaystyle\int_{-h/2}^{+h/2} \sigma_x \mathrm{d}z = \dfrac{Eh}{1-\nu^2}(\varepsilon_1 + \nu\varepsilon_2) \\[4mm] N_y = \displaystyle\int_{-h/2}^{+h/2} \sigma_y \mathrm{d}z = \dfrac{Eh}{1-\nu^2}(\varepsilon_2 + \nu\varepsilon_1) \end{array} \right\} \tag{10-3}$$

$$\left. \begin{array}{l} M_x = \displaystyle\int_{-h/2}^{+h/2} z\sigma_x \mathrm{d}z = -D(\chi_x - \nu\chi_y) \\[4mm] M_y = \displaystyle\int_{-h/2}^{+h/2} z\sigma_y \mathrm{d}z = -D(\chi_y + \nu\chi_x) \end{array} \right\} \tag{10-4}$$

式中,D 与在第 8 章中的意义相同[见式(8-3)],表示壳的抗弯刚度。

图 10-1 中单元变形的一个更一般的情况是,假设除了正应力外剪切应力也作用于单元的侧面,使用与板的情况相同的符号,并考虑在垂直于 x 轴的一侧,剪切应力的分量为 τ_{xy} 和 τ_{xz},则得到合力和扭转力矩分别为

$$Q_x = \int_{-h/2}^{+h/2} \tau_{xz}\mathrm{d}z, \quad N_{xy} = \int_{-h/2}^{+h/2} \tau_{xy}\mathrm{d}z, \quad M_{xy} = -\int_{-h/2}^{+h/2} z\tau_{xy}\mathrm{d}z \tag{10-5}$$

---

① 板的弯曲弯矩和力的正方向如图 8-5、图 8-11 所示。

同理,对于垂直于 y 轴的一侧,得到

$$Q_y = \int_{-h/2}^{+h/2} \tau_{yz} dz, \quad N_{yx} = N_{xy} = \int_{-h/2}^{+h/2} \tau_{xy} dz, \quad M_{yx} = -M_{xy} = \int_{-h/2}^{+h/2} z\tau_{xy} dz \quad (10-6)$$

剪切应力 τ_{xy} 与单元 $ABCD$ 扭转之间关系(图10-1)的建立方法,与从板材上切下的单元的情况(见图8-4附近内容)类似,从而得到

$$\tau_{xy} = -2Gz\chi_{zy}, \quad M_{xy} = D(1-\nu)\chi_{xy} \quad (10-7)$$

式中,χ_{xy} 代替在平板情况下的 $\partial^2 w/\partial x \partial y$,表示的是单元 $ABCD$ 在壳体弯曲期间的扭转,从而 $\chi_{xy} dx$ 是边缘 BC 相对于 Oz 相对于 x 轴的旋转[1]。

如果,除了扭转外,在壳体的中间表面还有一个剪切应变 γ,得到

$$\tau_{xy} = (\gamma - 2z\chi_{xy})G, \quad N_{xy} = \int_{-h/2}^{+h/2} \tau_{xy} dz = \frac{\gamma hE}{2(1+\nu)}, \quad M_{xy} = -\int_{-h/2}^{+h/2} \tau_{xy} z dz = D(1-\nu)\chi_{xy}$$

$$(10-8)$$

因此,假设在壳体的弯曲过程中,垂直于中间表面的线性元素保持直线并垂直于变形的中间表面,可以用六个量来表示合力 N_x、N_y 和 N_{xy} 以及力矩 M_x、M_y 和 M_{xy}:壳体中面应变的三个参数 ε_1、ε_2、γ;代表曲率变化和中面扭转的三个变量 χ_x、χ_y、χ_{xy}。

变形壳的应变能由两部分组成:① 由于弯曲引起的应变能;② 由于中间表面伸缩引起的应变能。对于第一部分能量,可以使用式(8-29)。用曲率 χ_x、χ_y、χ_{xy} 的变化来代替曲率 $\partial^2 w/\partial x^2$、$\partial^2 w/\partial y^2$、$\partial^2 w/\partial x \partial y$,得到

$$U_1 = \frac{1}{2}D \iint [(\chi_x + \chi_y)^2 - 2(1-\nu)(\chi_x \chi_y - \chi_{xy}^2)] dA \quad (10-9)$$

式中,积分范围应是外壳的整个表面。

中间表面伸缩产生的那部分能量为

$$U_2 = \iint \frac{1}{2}(N_x \varepsilon_1 + N_y \varepsilon_2 + N_{xy}\gamma) dA$$

或者综合式(10-3)、(10-8),可得

$$U_2 = \frac{Eh}{2(1-\nu^2)} \iint \left[(\varepsilon_1 + \varepsilon_2)^2 - 2(1-\nu)\left(\varepsilon_1 \varepsilon_2 - \frac{1}{4}\gamma^2\right)\right] dA \quad (10-10)$$

变形总能量由式(10-9)和式(10-10)相加得到。这些表达式在讨论壳的弯曲和屈曲时的应用,将在第10.3节说明。

10.2 圆柱壳体的对称变形

在许多实际情况下,作用在圆柱壳体上的载荷相对于中心轴是对称分布的。受到均匀分布的内部压力作用的管子、装有液体的垂直圆柱形储液器,或受到离心力作用的旋转鼓,都是这种对称载荷的例子。由于在这些情况下,在垂直于对称轴的同一横截面上的壳体中间表面

---

[1] 根据右手法则,取 x、y、z 轴的旋转为正。

的所有点具有相同的位移,因此考虑一个由两个轴向截面①从壳体上切下具有单位宽度②的单元带 mn 就足够了(图 10 - 3)。取带上一单元片 $\mathrm{d}x$(图 10 - 3c),其受到中面上 N_x 和 $N_y \mathrm{d}x$,以及一个表面法向力 $q\mathrm{d}x$ 的作用,其中 q 是作用在壳上载荷的强度;也会有弯矩作用在元件的侧面。

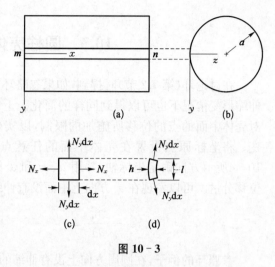

图 10 - 3

假设力 N_z 是恒定,即圆柱壳体受到均匀轴向拉力或压缩力的作用。力 N_y 将取决于壳体变形过程中带上点的径向位移。用 w 表示这些 z 向的位移,从而可知,中间表面的应变壳在周向上的半径为 $-w/a$,其中 a 为壳中表面的半径。通过使用式(10 - 3)得到

$$N_x = \frac{Eh}{1-\nu^2}\left(\varepsilon_1 - \nu\,\frac{w}{a}\right), \; N_y = \frac{Eh}{1-\nu^2}\left(-\frac{w}{a} + \nu\varepsilon_1\right)$$

所以
$$N_y = \nu N_x - \frac{w}{a}Eh \tag{a}$$

考虑带 mn 的弯曲,力(a)给出径向分量(图 10 - 3d),其单位长度的大小为

$$\frac{N_y}{a} = \frac{1}{a}\left(\nu N_x - \frac{w}{a}Eh\right)$$

由于带在 xz 平面上的曲率,纵向力 N_x 也给出了径向分量,其大小为

$$N_x\,\frac{\mathrm{d}^2 w}{\mathrm{d}x^2}$$

将每单位长度的所有横向载荷加起来,得到

$$q + \frac{1}{a}\left(\nu N_x - \frac{w}{a}Eh\right) + N_x\,\frac{\mathrm{d}^2 w}{\mathrm{d}x^2}$$

带弯曲的微分方程为

$$D\,\frac{\mathrm{d}^4 w}{\mathrm{d}x^4} = q + \frac{1}{a}\nu N_x - \frac{w}{a^2}Eh + N_x\,\frac{\mathrm{d}^2 w}{\mathrm{d}x^2} \tag{10 - 11}$$

式中,D 为带的抗弯刚度,因为相邻带的作用防止了截面的变形。

如果给出载荷 q 和力 N_x,则壳的挠度由式(10 - 11)求出。该方程在研究壳体屈曲中的应用将在后面展示(见第 11.1 节)。

---

① 这个术语以后将用来表示穿过圆柱体轴线的一段。
② 与半径 a 相比,这个宽度将被假设为非常小,并且条带的横截面将被认为是矩形的。

10.3 圆柱壳体的非伸缩形变[①]

在讨论环(第 7.2 节)时提到,如果忽略环中心线的延伸,则可以简化分析。在圆柱壳的非伸缩形变情况下也可以得到同样的简化。下面考虑必须对壳体中面的点的位移所施加的限制,以实现无伸缩形变。将坐标原点设置在壳体中面的任意点处,按照图 10 - 4所示方向确定坐标轴,并用 u、v 和 w 表示该点的位移分量。可以发现在 x 方向上中面没有伸缩的条件为

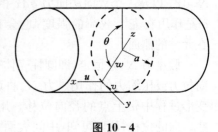

图 10 - 4

$$\varepsilon_1 = \frac{\partial u}{\partial x} = 0 \qquad (a)$$

参照环的例子,在圆周方向上没有伸缩的条件写成[见第 7.2 节式(b)]

$$\varepsilon_2 = \frac{\partial v}{a \partial \theta} - \frac{w}{a} = 0 \qquad (b)$$

中间表面无剪切应变的条件为

$$\gamma = \frac{\partial u}{a \partial \theta} + \frac{\partial v}{\partial x} = 0 \qquad (c)$$

这与板的小挠度情况相同,只是用 $a \, \mathrm{d}\theta$ 代替了 $\mathrm{d}y$。 条件(a)、(b)、(c)可以通过对位移分量取与圆环情况相同的表达式来满足(见第 7.2 节)。这些表达式可以是以下形式:

$$\left.\begin{aligned} u_1 &= 0 \\ v_1 &= \sum_{n=1}^{\infty} a(a_n \cos n\theta - a_n' \sin n\theta) \\ w_1 &= -\sum_{n=1}^{\infty} na(a_n \sin n\theta + a_n' \cos n\theta) \end{aligned}\right\} \qquad (d)$$

式中,a 为壳体中间表面的半径;θ 为圆心角;a_n 和 a_n' 必须为每个特定的加载情况计算的常数。位移(d)表示壳的所有截面变形相同的情况。在这些位移上,可以叠加沿着圆筒长度变化的位移,这些位移由下列级数给出:

$$\left.\begin{aligned} u_2 &= -\sum_{n=1}^{\infty} \frac{a}{n} (b_n \sin n\theta + b_n' \cos n\theta) \\ v_2 &= x \sum_{n=1}^{\infty} (b_n \cos n\theta - b_n' \sin n\theta) \\ w_2 &= -x \sum_{n=1}^{\infty} n(b_n \sin n\theta + b_n' \cos n\theta) \end{aligned}\right\} \qquad (e)$$

可以很容易地证明,这些表达式也满足非伸缩形变的条件。从而得到圆柱壳在伸缩形变

① 壳体的非伸缩形变理论是由 Lord Rayleigh 教授提出的。*London Math. Soc.*,第 13 卷,1881 年,Proc. Roy. Soc.,伦敦,1889 年第 45 卷。

时位移的一般表达式为

$$u = u_1 + u_2, \quad v = v_1 + v_2, \quad w = w_1 + w_2 \tag{f}$$

在计算给定受力系统作用下圆柱壳体的伸缩形变时,采用弯曲应变能的表达式是有利的 [式(10-9)]。式(10-9)中曲率 χ_x、χ_y 和 χ_{xy} 的变化,可以用下面的方法进行计算。

表示母线曲率变化的量 χ_x 等于零,这是因为从式(d)、(e)中可以看出母线保持直线。表示圆周曲率变化的量 χ_y 可以像环的情况一样确定(见第 7.1 节),故有

$$\chi_y = \frac{1}{a^2} \left(w + \frac{\partial^2 w}{\partial \theta^2} \right)$$

或者,使用条件(b),则有

$$\chi_y = \frac{1}{a^2} \left(\frac{\partial v}{\partial \theta} + \frac{\partial^2 w}{\partial \theta^2} \right) \tag{g}$$

在计算扭度时,注意到母线的一个单元在变形过程中,相对于 y 轴旋转的角度[1]等于 $-\partial w / \partial x$,相对于 z 轴旋转的角度等于 $\partial v / \partial x$。下面考虑一个类似的母线单元,与第一个单元的周向距离为 $a \mathrm{d} \theta$,可以看出它绕 y 轴的旋转,对应于位移 w,为

$$-\frac{\partial w}{\partial x} - \frac{\partial^2 w}{\partial \theta \partial x} \mathrm{d} \theta \tag{h}$$

同一单元在与壳体相切平面上的旋转为

$$\frac{\partial v}{\partial x} + \frac{\partial (\partial v / \partial x)}{\partial \theta} \mathrm{d} \theta$$

由于两个单元之间的圆心角为 $\mathrm{d} \theta$,在所有平面内的转角相对于 y 轴有一个分量,即

$$-\frac{\partial v}{\partial x} \mathrm{d} \theta \tag{i}$$

由结果(h)、式(i)可知,所考虑的两个单元之间的总扭转角为

$$-\left(\frac{\partial^2 w}{\partial \theta \partial x} + \frac{\partial v}{\partial x} \right) \mathrm{d} \theta$$

进而

$$\chi_{xy} = \frac{1}{a} \left(\frac{\partial^2 w}{\partial \theta \partial x} + \frac{\partial v}{\partial x} \right) \tag{j}$$

将式(10-9)中计算的曲率变化量代入应变弯曲能[2]并用于位移表达式(f),最后得到长度为 $2l$ 的圆柱壳的总变形能(图 10-5)为

$$U = \pi D l \sum_{n=2}^{\infty} \frac{(n^2-1)^2}{a^3} \left\{ n^2 \left[a^2 (a_n^2 + a_n'^2) + \frac{1}{3} l^2 (b_n^2 + b_n'^2) \right] + 2(1-v) a^2 (b_n^2 + b_n'^2) \right\} \tag{10-12}$$

---

[1]　在确定旋转符号时,采用右手规则。

[2]　壳体中表面拉伸引起的变形能量在这种情况下为零,因为变形是假定为非扩展的。

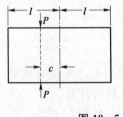
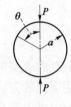

图 10-5

式(10-12)不包含 $n=1$，这是因为，在考虑环形变形（第7.2节）时，相应的位移与刚体相同，并且不影响应变能。

下面应用式(10-12)，来计算圆柱形壳体在距离中间距离 c 处由两个相等和相反的力 P 沿直径作用所产生的变形(图 10-5)。这些力只对其施加点的径向位移 w 做功，由于在 w_1 和 w_2 的表达式中，系数 a_n 和 b_n 在这些点上消失，只有系数 a_n' 和 b_n' 的项存在。利用虚位移原理，计算系数 a_n' 和系数 b_n' 的方程为

$$\frac{\partial U}{\partial a_n'}\delta a_n'=-na\delta a_n'(1+\cos n\pi)P$$

$$\frac{\partial U}{\partial b_n'}\delta b_n'=-nc\delta b_n'(1+\cos n\pi)P$$

代入式(10-12)，当 n 为偶数时，得到

$$a_n'=-\frac{a^2 P}{n(n^2-1)^2\pi Dl}$$

$$b_n'=-\frac{ncPa^3}{(n^2-1)^2\pi Dl\left[\dfrac{n^2 l^2}{3}+2(1-v)a^2\right]}$$

当 n 为奇数时，得到

$$a_n'=b_n'=0$$

假设壳的厚度 h 远小于半径 a，将 a_n'、b_n' 代入式(f)，并令 $a_n=b_n=0$，得到位移 u、v、w 的快速收敛级数。虽然这些表达式不能严格满足圆柱壳自由边缘处的条件，但计算得到的位移与实验结果吻合较好[①]。同样的方法有时也可用于计算半径为 a 的完整圆柱体上，通过两个轴向截面彼此成角 α 而切割出的部分圆柱壳的变形(图 10-6)。举个例子，位移的级数

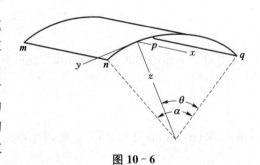

图 10-6

$$u=-\sum\frac{\alpha ab_n}{\pi n}\sin\frac{n\pi\theta}{\alpha}$$

$$v=\sum aa_n\cos\frac{n\pi\theta}{\alpha}+x\sum b_n\cos\frac{n\pi\theta}{\alpha}$$

$$w=-\sum\frac{n\pi}{\alpha}aa_n\sin\frac{n\pi\theta}{\alpha}-x\sum\frac{n\pi}{\alpha}b_n\sin\frac{n\pi\theta}{\alpha}$$

从而得到一个非伸展变形，使得位移 u 和 w 以及弯矩沿边缘 mn 和 pq 消失。

---

① 在密歇根大学，I. A. Wojtaszak 用直径 6 in，厚度 1/16 in，长度为 30 in 和 24 in 的黄铜管做了这样的实验。为 $\theta=90°$(图 10-5)绘制的挠度曲线仅略微偏离直线，其通过将 a_n' 和 b_n'(如上所示)代入式(f)给出的位移 w 的方程中得到。

10.4 圆柱壳体变形的一般情况[①]

为了建立定义壳体变形的位移 u、v、w 的微分方程(图 10-4),参考板的情况,从圆柱壳被两个相邻的轴向部分和两个垂直于圆柱体轴线的相邻部分切出的单元的平衡方程开始。变形后的壳体中表面对应单元如图 10-7a、b 所示。图 10-7a 中的合力见第 10.1 节。变形前,中表面任意点处的 x、y、z 轴分别为母线方向、周向正切方向和壳体中表面法线方向。变形后,假设变形很小,这些方向有轻微的变化,取 z 轴垂直于变形的中面,x 轴与可能变为曲线的母线相切,y 轴垂直于 xz 平面。合力的方向也会相应发生轻微变化,这些变化必须在给出单元 $OABC$ 的平衡方程时加以考虑。首先分别建立 BC 和 AB 两条边相对于单元 OA 和 OC 两条边的角位移公式。在这些计算中,认为位移 u、v 和 w 非常小,然后计算每一个产生的角位移,并通过叠加得到最终的角位移。从边 BC 相对于边 OA 的旋转开始。这个旋转可以分解成关于 x、y 和 z 轴的三个旋转分量。OA 和 BC 边相对于 x 轴的旋转是由位移 v 和 w 引起的。由于位移 v 表示 OA 和 BC 边在圆周方向上的运动(见图 10-4),而 a 是圆柱体中间表面的半径,因此 OA 边相对于 x 轴的旋转为 v/a,BC 边相对于 x 轴的旋转为

$$\frac{1}{a}\left(v + \frac{\partial v}{\partial x}\mathrm{d}x\right)$$

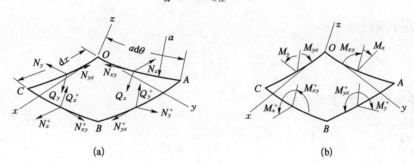

图 10-7

因此,由于位移 u,BC 相对 AO 在 x 轴上的相对角运动为

$$\frac{1}{a}\frac{\partial v}{\partial x}\mathrm{d}x \tag{a}$$

由于位移 w,OA 边相对于 x 轴旋转角为 $\partial w/(a\partial\theta)$,相对于边 BC 旋转角为

$$\frac{\partial w}{a\partial\theta} + \frac{\partial}{\partial x}\frac{\partial w}{a\partial\theta}\mathrm{d}x$$

因此,位移 w 的相对角位移为

$$\frac{\partial}{\partial x}\frac{\partial w}{a\partial\theta}\mathrm{d}x \tag{b}$$

[①] A. E. H. Love 在《弹性数学理论》(第 4 版,第 24 章,第 515 页,1927 年)中提出了薄壳弯曲的一般理论。

将式(a)、(b)相加,则边 BC 相对于边 OA 沿 x 轴的相对角位移为

$$\frac{1}{a}\left(\frac{\partial v}{\partial x}+\frac{\partial^2 w}{\partial x \partial \theta}\right)\mathrm{d}x \tag{c}$$

边 BC 相对于边 OA 绕 y 轴的旋转是由于轴向平面上母线的弯曲,等于[1]

$$-\frac{\partial^2 w}{\partial x^2}\mathrm{d}x \tag{d}$$

边 BC 相对于边 OA 绕 z 轴的旋转是由于切平面上母线的弯曲,等于

$$\frac{\partial^2 v}{\partial x^2}\mathrm{d}x \tag{e}$$

式(c)、(d)、(e)给出了边 BC 相对于边 OA 旋转的三个分量。

下面建立 AB 相对于 OC 的角位移的相应公式。由于圆柱壳的曲率,单元 $OABC$ 的这些侧面之间的初始角度为 $\mathrm{d}\theta$。然而,由于位移 v 和 w,这个角度将被改变,侧面 OC 相对于 x 轴的旋转变为

$$\frac{v}{a}+\frac{\partial w}{a\partial \theta} \tag{f}$$

侧面 AB 对应的旋转为

$$\frac{v}{a}+\frac{\partial w}{a\partial \theta}+\frac{\partial}{\partial \theta}\left(\frac{v}{a}+\frac{\partial w}{a\partial \theta}\right)\mathrm{d}\theta$$

因此,为代替初始角 $\mathrm{d}\theta$,必须采用

$$\mathrm{d}\theta+\mathrm{d}\theta\left(\frac{\partial v}{a\partial \theta}+\frac{\partial^2 w}{a\partial \theta^2}\right) \tag{g}$$

在计算 AB 边相对于 OC 边的 y 轴旋转角度时,使用前面扭转表达式(j)(见第 10.3 节),则所需角位移为

$$-\left(\frac{\partial^2 w}{\partial \theta \partial x}+\frac{\partial v}{\partial x}\right)\mathrm{d}\theta \tag{h}$$

AB 边相对于 OC 的 z 轴旋转是由于位移 v 和 w。由于位移 v,OC 边的旋转角度为 $\partial v/\partial x$,AB 边的旋转角度为

$$\frac{\partial v}{\partial x}+\frac{\partial}{a\partial \theta}\,\frac{\partial v}{\partial x}a\mathrm{d}\theta$$

所以相对角位移为

$$\frac{\partial}{a\partial \theta}\,\frac{\partial v}{\partial x}a\mathrm{d}\theta \tag{i}$$

由于位移 w,边 AB 在轴向面以角度 $\partial w/\partial x$ 旋转,这个旋转关于 z 轴的分量为

---

[1]　角位移在 x、y、z 坐标轴上的符号根据右手法则取得。

$$-\frac{\partial w}{\partial x}\mathrm{d}\theta \tag{j}$$

将式(i)、(j)相加,则 AB 边相对于 OC 边在 z 轴上的相对角位移为

$$\left(\frac{\partial^2 v}{\partial\theta\partial x}-\frac{\partial w}{\partial x}\right)\mathrm{d}\theta \tag{k}$$

有了上面的角度公式[1],下面可以通过在 z、y 和 z 轴上投射所有的力来得到单元 $OABC$ 的三个平衡方程[图 10-7(a)]。从平行于合力 N_x 和 N_{yx} 的力开始,并将它们投射到 x 轴上,得到 $(\partial N_x/\partial x)\mathrm{d}xa\,\mathrm{d}\theta$ 和 $(\partial N_{yx}/\partial\theta)\mathrm{d}\theta\mathrm{d}x$。由于式(k)给出的旋转角度,平行于 N_y 的力在 x 方向上给出一个分量

$$-N_y\left(\frac{\partial^2 v}{\partial\theta\partial x}-\frac{\partial w}{\partial x}\right)\mathrm{d}\theta\mathrm{d}x$$

由于由式(e)给出的旋转角度,平行于合力 N_{xy} 的在 x 方向上给出一个分量

$$-N_{xy}\frac{\partial^2 v}{\partial x^2}\mathrm{d}xa\,\mathrm{d}\theta$$

最后,由于式(d)、(h)给出的旋转角度,平行于 Q_x 和 Q_y 的力在 x 方向上给出分量

$$-Q_x\frac{\partial^2 w}{\partial x^2}\mathrm{d}xa\,\mathrm{d}\theta-Q_y\left(\frac{\partial^2 w}{\partial\theta\partial x}+\frac{\partial v}{\partial x}\right)\mathrm{d}\theta\mathrm{d}x$$

对于作用在元件上的外力,假设只有一个强度为 q 的法向压力,其在 x 轴上的投影为零。

把上面计算的所有投影加起来,得到

$$\frac{\partial N_x}{\partial x}\mathrm{d}xa\,\mathrm{d}\theta+\frac{\partial N_{yx}}{\partial\theta}\mathrm{d}\theta\mathrm{d}x-N_y\left(\frac{\partial^2 v}{\partial\theta\partial x}-\frac{\partial w}{\partial x}\right)\mathrm{d}\theta\mathrm{d}x-$$

$$N_{xy}\frac{\partial^2 v}{\partial x^2}\mathrm{d}xa\,\mathrm{d}\theta-Q_x\frac{\partial^2 w}{\partial x^2}\mathrm{d}xa\,\mathrm{d}\theta-Q_y\left(\frac{\partial^2 w}{\partial\theta\partial x}+\frac{\partial v}{\partial x}\right)\mathrm{d}\theta\mathrm{d}x=0$$

用同样的方法,可以写出另外两个平衡方程。化简后,三个方程表示如下:

$$\left.\begin{aligned}
&a\frac{\partial N_x}{\partial x}+\frac{\partial N_{yx}}{\partial\theta}-aQ_x\frac{\partial^2 w}{\partial x^2}-aN_{xy}\frac{\partial^2 v}{\partial x^2}-Q_y\left(\frac{\partial^2 w}{\partial\theta\partial x}+\frac{\partial v}{\partial x}\right)-N_y\left(\frac{\partial^2 v}{\partial\theta\partial x}-\frac{\partial w}{\partial x}\right)=0\\
&\frac{\partial N_y}{\partial\theta}+a\frac{\partial N_{xy}}{\partial x}+aN_x\frac{\partial^2 v}{\partial x^2}-Q_x\left(\frac{\partial v}{\partial x}+\frac{\partial^2 w}{\partial x\partial\theta}\right)+N_{yx}\left(\frac{\partial^2 v}{\partial x\partial\theta}-\frac{\partial w}{\partial x}\right)-\\
&\quad Q_y\left(1+\frac{\partial v}{a\partial\theta}+\frac{\partial^2 w}{a\partial x^2}\right)=0\\
&a\frac{\partial Q_x}{\partial x}+\frac{\partial Q_y}{\partial\theta}+N_{xy}\left(\frac{\partial v}{\partial x}+\frac{\partial^2 w}{\partial x\partial\theta}\right)+aN_x\frac{\partial^2 w}{\partial x^2}+N_y\left(1+\frac{\partial v}{a\partial\theta}+\frac{\partial^2 w}{a\partial\theta^2}\right)+\\
&\quad N_{yx}\left(\frac{\partial v}{\partial x}+\frac{\partial^2 w}{\partial x\partial\theta}\right)+qa=0
\end{aligned}\right\}$$

$$(10-13)$$

---

[1] 这些公式可以很容易地通过将 A. E. H. Love 的 "*Mathematical Theory of Elasticity*" 中第 523 页所给出的一般公式用于柱形壳而得到。

在上述方程的推导中,没有考虑由于中间表面的拉伸而引起的单元尺寸的变化。在求解稳定性问题时,有时会引入进一步的细化,并在编写单元的平衡方程时考虑到中间表面的应变 ε_1 和 ε_2。 由于 ε_1 和 ε_2 是由位移 u、v 和 w 的导数表示的小量[见式(10-15)],它们只能在等式(10-13)中未乘以位移的导数的项中引入。例如,考虑圆柱壳在侧向压力下的屈曲情况(第11.5节),会发现,与其他应力结果相比,应力结果 N_y 是非常大的;因此,在式(10-13)的第二个和第三个方程中,应该引入 $N_y(1+\varepsilon_1)$,而不是引入 N_y。 考虑到中间表面的拉伸,$q(1+\varepsilon_1)(1+\varepsilon_2)$ 应代替第三个方程中的 q。 在圆柱壳受扭屈曲的情况下(第11.11节),应力结果 N_{xy} 和 N_{yx} 成为最重要的;考虑到中间面拉伸的影响,在第一个和第二个方程中用 $N_{yx}(1+\varepsilon_1)$ 和 $N_{xy}(1+\varepsilon_2)$ 代替 N_{yx} 和 N_{xy}。 考虑中间面拉伸的问题,将在以后具体讨论。

下面考虑关于 x、y 和 z 轴的三个力矩方程(图10-7b),并再次考虑 BC 和 AB 边分别相对于 OA 和 OC 的小角位移,得到以下方程:

$$\left.\begin{array}{l} a\,\dfrac{\partial M_{xy}}{\partial x} - \dfrac{\partial M_y}{\partial \theta} - aM_x\,\dfrac{\partial^2 v}{\partial x^2} - M_{yx}\left(\dfrac{\partial^2 v}{\partial x\partial\theta} - \dfrac{\partial w}{\partial x}\right) + aQ_y = 0 \\[3mm] \dfrac{\partial M_{yx}}{\partial \theta} + a\,\dfrac{\partial M_x}{\partial x} + aM_{xy}\,\dfrac{\partial^2 v}{\partial x^2} - M_y\left(\dfrac{\partial^2 v}{\partial x\partial\theta} - \dfrac{\partial w}{\partial x}\right) - aQ_x = 0 \\[3mm] M_x\left(\dfrac{\partial v}{\partial x} + \dfrac{\partial^2 w}{\partial x\partial\theta}\right) + aM_{xy}\,\dfrac{\partial^2 w}{\partial x^2} + M_{yx}\left(1 + \dfrac{\partial v}{a\partial\theta} + \dfrac{\partial^2 w}{a\partial\theta^2}\right) - \\[3mm] M_y\left(\dfrac{\partial v}{\partial x} + \dfrac{\partial^2 w}{\partial x\partial\theta}\right) + a(N_{xy} - N_{yx}) = 0 \end{array}\right\} \quad (10-14)$$

通过使用上述前两个方程,可以从方程(10-13)中消去 Q_x 和 Q_y,并以这种方式得到三个方程,其中包含合力 N_x、N_y、N_{xy} 以及力矩 M_x、M_y、M_{xy}。 利用第10.1节中的公式,可以用中间表面的三个应变分量 ε_1、ε_2、γ 以及三个曲率变化量 χ_x、χ_y、χ_{xy} 来表示所有这些量,它们都用位移 u、v、w 表示如下(见第10.3节):

$$\left.\begin{array}{l} \varepsilon_1 = \dfrac{\partial u}{\partial x},\ \varepsilon_2 = \dfrac{\partial v}{a\partial\theta} - \dfrac{w}{a},\ \gamma = \dfrac{\partial u}{a\partial\theta} + \dfrac{\partial v}{\partial x} \\[3mm] \chi_x = \dfrac{\partial^2 w}{\partial x^2},\ \chi_y = \dfrac{1}{a^2}\left(\dfrac{\partial v}{\partial\theta} + \dfrac{\partial^2 w}{\partial\theta^2}\right),\ \chi_{xy} = \dfrac{1}{a}\left(\dfrac{\partial v}{\partial x} + \dfrac{\partial^2 w}{\partial x\partial\theta}\right) \end{array}\right\} \quad (10-15)$$

由此,最终得到了确定位移 u、v、w 的三个微分方程。

10.5　球壳的对称变形

假设垂直直径是一个球壳变形的对称轴(图10-8),考虑一个单元 $OABC$,它由两对相差 $\mathrm{d}\psi$ 角度的经线(子午线)和两个圆锥面切割而成,经线与对称轴的夹角分别为 θ 和 $\theta+\mathrm{d}\theta$。 将 z 轴和 y 轴分别作为与子午线和平行圆在 O 处的切线,z 轴是在径向上的切线,如图所示,使用 u、v 和 w 表示对应坐标系的位移,u、$v=0$,w 仅是角 θ 的函数。在元素的子午面 OA 和 BC 之间有一个小角 $\mathrm{d}\psi$,这个角可以通过子午面 OA 相对于 x 和 z 轴分别旋转 $\mathrm{d}\psi\sin\theta$ 和 $\mathrm{d}\psi\cos\theta$ 而得到。 单元的侧面 OC 和 AB 之间的夹角等于 $\mathrm{d}\theta$,面 AB 的方向由面 OC 相对于 y 轴旋转角度 $-\mathrm{d}\theta$ 得到[①]。 通过使用 $OABC$ 面间角度的这些初始值,以及如图所示的合力和力

[①]　右旋规则用于确定旋转的符号。

矩,可以很容易地写出该单元的平衡微分方程。

在对称变形的情况下,只需要考虑三个方程:x 轴和 z 轴上的力的投影以及相对于 y 轴的力的力矩。将所有力投射到 x 轴上,并假设任何外部载荷都垂直于壳体,得到

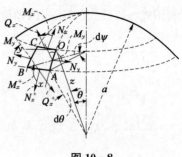

图 10-8

$$\left(N_x + \frac{\partial N_x}{\partial \theta}\mathrm{d}\theta\right)a\sin(\theta + \mathrm{d}\theta)\mathrm{d}\psi - N_x a\sin\theta\,\mathrm{d}\psi -$$

$$N_y a\,\mathrm{d}\theta\cos\theta\,\mathrm{d}\psi - Q_x a\sin\theta\,\mathrm{d}\psi\,\mathrm{d}\theta = 0$$

用同样的方法可以写出另外两个平衡方程。简化后的三个平衡方程为

$$\left.\begin{aligned}
&\frac{\partial N_x}{\partial \theta} + (N_x - N_y)\cot\theta - Q_x = 0 \\[2mm]
&\frac{\partial Q_x}{\partial \theta} + Q_x\cot\theta + N_x + N_y + qa = 0 \\[2mm]
&\frac{\partial M_x}{\partial \theta} + (M_x - M_y)\cot\theta - Q_x a = 0
\end{aligned}\right\} \tag{10-16}$$

式中,q 为外载荷的强度。这些方程应用于研究球壳在相对于直径轴对称分布的法向载荷作用下的变形。在编写壳体屈曲表面的平衡方程时,假设其相对于直径轴对称,应该考虑到由于变形而导致的单元(如 $OABC$)的侧面之间角度的微小变化。考虑元件的面 OC 和面 AB 之间夹角的变化,从假设的变形对称性中得出,只会有相对于 y 轴的旋转。OC 的旋转角度为

$$\frac{u}{a} + \frac{\mathrm{d}w}{a\,\mathrm{d}\theta}$$

变形后面 OC 和面 AB 之间的夹角为

$$\mathrm{d}\theta + \frac{\mathrm{d}}{\mathrm{d}\theta}\left(\frac{u}{a} + \frac{\mathrm{d}w}{a\,\mathrm{d}\theta}\right)\mathrm{d}\theta \tag{a}$$

下面考虑面 AO 和面 BC 之间角度的变化,可以观察到,由于变形的对称性,这些面只在它们自己的平面上旋转角度

$$-\left(\frac{u}{a} + \frac{\mathrm{d}w}{a\,\mathrm{d}\theta}\right)$$

面 BC 在平面上的旋转关于 x 轴和 z 轴的分量分别为

$$\left(\frac{u}{a} + \frac{\mathrm{d}w}{a\,\mathrm{d}\theta}\right)\cos\theta\,\mathrm{d}\psi, \quad -\left(\frac{u}{a} + \frac{\mathrm{d}w}{a\,\mathrm{d}\theta}\right)\sin\theta\,\mathrm{d}\psi$$

因此,变形后,面 BC 的方向为可以通过旋转面 AO 得到,相对于 x 轴和 z 轴旋转的角分别等于

$$\sin\theta\,\mathrm{d}\psi + \left(\frac{u}{a} + \frac{\mathrm{d}w}{a\,\mathrm{d}\theta}\right)\cos\theta\,\mathrm{d}\psi \tag{b}$$

$$\cos\theta\,\mathrm{d}\psi - \left(\frac{u}{a} + \frac{\mathrm{d}w}{a\,\mathrm{d}\theta}\right)\sin\theta\,\mathrm{d}\psi \tag{c}$$

利用式(a)、(b)、(c)给出的角度，而不是初始角度 $\mathrm{d}\theta$、$\sin\theta\,\mathrm{d}\psi$、$\cos\theta\,\mathrm{d}\psi$，$OABC$ 的平衡方程为

$$
\left.
\begin{aligned}
&\frac{\partial N_x}{\partial \theta} + (N_x - N_y)\cot\theta - Q_x + N_y\left(\frac{u}{a} + \frac{\mathrm{d}w}{a\,\mathrm{d}\theta}\right) - Q_x\left(\frac{\mathrm{d}^2 w}{a\,\mathrm{d}\theta^2} + \frac{w}{a}\right) = 0 \\
&\frac{\partial Q_x}{\partial \theta} + Q_x\cot\theta + N_x + N_y + qa + N_x\left(\frac{\mathrm{d}^2 w}{a\,\mathrm{d}\theta^2} + \frac{\mathrm{d}u}{a\,\mathrm{d}\theta}\right) + N_y\left(\frac{u}{a} + \frac{\mathrm{d}w}{a\,\mathrm{d}\theta}\right)\cot\theta = 0 \\
&\frac{\partial M_x}{\partial \theta} + (M_x - M_y)\cot\theta - Q_x a + M_y\left(\frac{u}{a} + \frac{\mathrm{d}w}{a\,\mathrm{d}\theta}\right) = 0
\end{aligned}
\right\}
$$

$$(10-17)$$

从这些方程中消去 Q_x，得到两个包含 N_x、N_y、M_x、M_y 的方程。所有这些量都可以通过第 10.1 节的方程(10-3)、(10-4)，用位移 u 和 w 表示。方程(10-3)中的量 ε_1 和 ε_2 可以很容易地从几何角度确定。在这种情况下，它们分别为

$$
\varepsilon_1 = \frac{\mathrm{d}u}{a\,\mathrm{d}\theta} - \frac{w}{a}, \quad \varepsilon_2 = \frac{u\cos\theta}{a\sin\theta} - \frac{w}{a} \tag{d}
$$

利用式(a)、(b)，得到曲率变化为

$$
\chi_x = \frac{\mathrm{d}^2 w}{a^2\,\mathrm{d}\theta^2} + \frac{\mathrm{d}u}{a^2\,\mathrm{d}\theta}, \quad \chi_y = \left(\frac{u}{a^2} + \frac{\mathrm{d}w}{a^2\,\mathrm{d}\theta}\right)\cot\theta \tag{e}
$$

有了 ε_1、ε_2、χ_x、χ_y 的值，最终从方程(10-17)中得到两个只包含 u 和 w 的方程。这些方程在讨论压缩球壳稳定性时的应用，将在第 11.13 节中做一说明。

在前两节中建立的平衡微分方程是基于 Love 的薄壳[1]小挠度一般理论，该理论忽略了薄壳中间表面的法向应力，并假设未变形的中间表面的法向仍然是变形的中间表面的法向。近年来，关于 Love 理论[2]的各种改进已经形成相当多的文献。考虑到剪力对壳的弯曲的影响，也对理论做了一些改进[3]，研究者倾向于通过省略某些项来进一步简化 Love 方程，从而使数学处理变得更简单。这种简化首先应用于薄圆柱壳的扭转情况[4]，并将在第 11 章中讨论。之后对于圆柱壳的其他屈曲情况，也提出了类似的简化方法[5]。

---

[1] 同本书第 349 页的文献。

[2] 这一主题的参考书目在 P. M. Naghdi 的论文中给出。*Appl. Mech. Rev.*，vol.9，p.365，1956。

[3] 参考 E. Reissner，J. Appl. Mech.，vol.12，p. A69，1945，and J. *Math. Phys*.，vol.31，p.109，1952；P. M. Naghdi，*Quart. Appl. Math.*，vols. 14 and 15，1956 and 1957；以及 V. L. Salerno and M. A. Goldberg，J. Appl. Mech.，vol.27，p.54，1960。

[4] L. H. Donnell，NACA Tech. Rept. 479，1933。简化方程的精度由 N. J. Hoff 在 J. Appl. Mech.中讨论，vol.22，p.329，1955。

[5] S. B. Batdorf，NACA Tech. Note 1341，1947。

第 11 章
壳体屈曲

11.1　均匀轴向压缩作用下圆柱壳的对称屈曲[①]

圆柱壳在轴向受到均匀压缩时,当压缩载荷达到一定值时,会出现相对于圆柱轴对称的屈曲(图 11 - 1),利用能量法可以求出壳体边缘单位长度的压缩力临界值[②]。只要壳保持圆柱形,总应变能就是轴向压缩能。然而,当屈曲开始时,除了轴向压缩外,还必须考虑中间表面的周向应变和壳的弯曲。因此,在壳的应变能增加的同时,在载荷的临界值处,能量的增加必须等于圆柱因屈曲而变短时压缩载荷所做的功。

假设屈曲过程中的径向位移为

$$w = -A \sin \frac{m\pi x}{l} \qquad (a)$$

式中,l 为圆柱体的长度。屈曲后轴向应变 ε_1 和周向应变 ε_2,由屈曲时轴向压缩力保持不变的条件可以求得。屈曲前的轴向应变表示为

$$\varepsilon_0 = -\frac{N_{cr}}{Eh} \qquad (b)$$

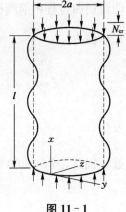

图 11 - 1

h 为壳层的厚度,可以得到

$$\varepsilon_1 + v\varepsilon_2 = (1 - v^2)\varepsilon_0$$

观察到

$$\varepsilon_2 = -v\varepsilon_0 - \frac{w}{a} = -v\varepsilon_0 + \frac{A}{a} \sin \frac{m\pi x}{l} \qquad (c)$$

发现有

$$\varepsilon_1 = \varepsilon_0 - v \frac{A}{a} \sin \frac{m\pi x}{l} \qquad (d)$$

轴向面的曲率变化量为

$$\chi_x = \frac{\partial^2 w}{\partial x^2} = A \frac{m^2 \pi^2}{l^2} \sin \frac{m\pi x}{l} \qquad (e)$$

将表达式(c)、(d)、(e) 代入应变能的方程(10 - 9)、(10 - 10),并注意到由于变形的对称性,

$$\gamma = \chi_y = \chi_{xy} = 0$$

发现屈曲过程中应变能的增加为

---

①　非对称屈曲,见第 11.3 节。

②　参考 Timoshenko, Z. *Math. Physik*, vol. 58, p. 378, 1910;也可以参考 R. Lorenz, Z. Ver. *deut. Ingr.*, vol. 52, p. 1766, 1908 和 *Phgsik. Z.*, vol. 13, p. 241, 1911。

$$\Delta U = -2\pi h E \nu \varepsilon_0 \int_0^l A \sin \frac{m\pi x}{l} \mathrm{d}x + \frac{\pi A^2 E h l}{2a} + A^2 \frac{\pi^4 m^4}{2l^4} \pi a l D \tag{f}$$

屈曲过程中压缩力所做的功为

$$\Delta T = 2\pi N_{cr} \left(\nu \int_0^l A \sin \frac{m\pi x}{l} \mathrm{d}x + \frac{a}{4} A^2 \frac{m^2\pi^2}{l} \right) \tag{g}$$

式（g）右侧括号中的第一项是由于 $\varepsilon_1 - \varepsilon_0$ 轴向应变，第二项是由于式（a）。将式（f）、（g）等价，得到

$$\sigma_{cr} = \frac{N_{cr}}{h} = D \left(\frac{m^2\pi^2}{hl^2} + \frac{E}{a^2 D} \frac{l^2}{m^2\pi^2} \right) \tag{h}$$

假设屈曲过程中沿圆柱体长度方向形成许多波，并将 σ_{cr} 视为 $\dfrac{m\pi}{l}$ 的连续函数，可得式（h）的最小值为

$$\sigma_{cr} = \frac{2}{ah} \sqrt{EDh} = \frac{Eh}{a\sqrt{3(1-\nu^2)}} \tag{11-1}$$

发生在

$$\frac{m\pi}{l} = \sqrt[4]{\frac{Eh}{a^2 D}}$$

处。因此，当 $v = 0.3$ 时，壳屈曲成的半波长度为

$$\frac{l}{m} = \pi \sqrt[4]{\frac{a^2 D}{Eh}} = \pi \sqrt[4]{\frac{a^2 h^2}{12(1-\nu^2)}} \approx 1.72\sqrt{ah} \tag{11-2}$$

由此可见，圆柱壳对称屈曲的计算结果与弹性棒材的屈曲计算结果相似（见第 2.10 节），那里关于杆的波的个数的讨论也可以应用在此处。还可以看出，本节所考虑的对称屈曲，只有对于非常薄的壳且在弹性极限内才可能发生。以 $E = 30 \times 10^6$ psi、$\sigma_{PL} = 60\,000$ psi、$v = 0.3$ 的钢壳为例，从式（11-1）中可以得到 $a/h = 303$，并从式（11-2）中可以得出结论，半波的长度小于半径的 1/10，并且对于长度不小于直径的圆柱体，半波的数量大于 20。在这种情况下，假设 m 是一个很大的数值是足够准确的。

对于临界载荷的计算，可以用圆柱壳对称挠度微分方程［式（10-11）］代替能量法。在应用该方程时，取 $q = 0$，并测量位移 w，而不是像推导方程时假设的那样，来自未应变的壳中面，而是来自均匀压缩后的壳中面。这要求用 $w + (\nu N_x a)/(Eh)$ 代替式（10-11）中的 w，并认为 N 在压缩时为正。从而圆柱壳对称屈曲的微分方程为

$$D \frac{\mathrm{d}^4 w}{\mathrm{d}x^4} + N_x \frac{\mathrm{d}^2 w}{\mathrm{d}x^2} + Eh \frac{w}{a^2} = 0 \tag{11-3}$$

把之前的 w 的表达式（a）代入方程并且令 $m\pi x/l$ 的系数等于 0，可以从这个方程得到由式（h）给出的临界应力。

当壳不是很薄且在超过弹性极限的应力下发生屈曲时，临界载荷可以从式（11-3）中再次得到，只需在抗弯刚度 D 的表达式中引入剪切模量 E_t，而不是 E[①]。然后，和前面一样，从式

---

① 假设式（11-3）左边最后一项 E 的值不变。

(11 - 3)得到

$$\sigma_{cr} = \frac{h\sqrt{EE_t}}{a\sqrt{3(1-\nu^2)}} \qquad (11-4)$$

通过取一系列 σ_{cr} 的值,并从压缩实验图(见第 3.3 节)中确定 E_t 的值,由式(11-4)可以计算出比值 a/h 的对应值。

在屈曲超过弹性极限的情况下,半波的长度表达式(11-2)变成

$$\frac{l}{m} = \pi\sqrt[4]{\frac{a^2h^2}{12(1-\nu^2)}}\sqrt[4]{\frac{E_t}{E}} \approx 1.72\sqrt{ah}\sqrt[4]{\frac{E_t}{E}} \qquad (11-5)$$

因此,当屈曲超过弹性极限时,波的长度变短。

假设超出弹性极限的材料在轴向和周向的力学性能相同,在式(11-3)的第一项和第三项中引入 E_t 而不是 E,则得到

$$\sigma_{cr} = \frac{E_t h}{a\sqrt{3(1-\nu^2)}} \qquad (11-6)$$

并且,超过比例限制后,波的长度保持不变。

在圆柱壳的实验中,压缩通常是由实验机的刚性块施加,而壳体的侧向膨胀是通过摩擦来防止。接下来的不是稳定性问题,而是有一个压缩力和弯曲力[1]同时作用的问题,如图 11-2 所示。假设压应力小于式(11-3)给出的临界应力,用符号记作

$$\frac{N_x}{N_{cr}} = t$$

式(11-3)的通解可表示为

$$w = C_1 e^{\alpha x}\sin(\beta x + \gamma_1) + C_2 e^{-\alpha x}\sin(\beta x + \gamma_2) \qquad (i)$$

其中 $\quad \alpha = \sqrt{1-t}\sqrt[4]{\dfrac{Eh}{4a^2D}}, \ \beta = \sqrt{1+t}\sqrt[4]{\dfrac{Eh}{4a^2D}}$

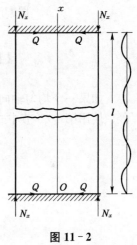

图 11 - 2

式中,C_1、C_2、γ_1、γ_2 为四个积分常数,它们在每个特定情况下由边缘的条件决定。假设这些边是简支的,有

$$\frac{\partial^2 w}{\partial x^2} = 0 \quad (x=0, \ x=l) \qquad (j)$$

$$w = \frac{\nu N_x a}{Eh} \quad (x=0, \ x=l) \qquad (k)$$

条件(k)表明,摩擦力 Q 完全抑制壳在边缘的横向膨胀。当圆柱体不短且载荷不接近临界值

---

[1] L. Föppl, Sitzsber. math. -physik. Kl. bayer. Akad. Wiss., M inchen, 1926, p.27 和 J. W. Geckeler, Z. angew. Math. u. Mech., vol.8, p.341, 1928 讨论了压缩和弯曲同时发生的问题。

时,考虑圆柱体末端 $x=0$,在通解(i)中可令 $C_1=0$ [1],然后以波的形式得到一个偏转,由于 $\mathrm{e}^{-\alpha x}$ 因素的存在,得到急剧衰减的波状挠曲,波长为

$$L=\frac{2\pi}{\beta}=\frac{2\pi}{\sqrt{1+t}}\sqrt[4]{\frac{4a^2D}{Eh}} \tag{l}$$

略大于屈曲情况下的长度[式(11-2)],并在 t 趋于 1 时接近后者。当负载接近其临界值和 t

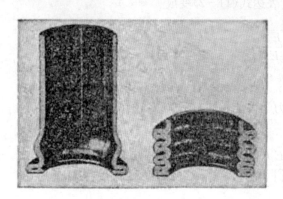

图 11-3

趋于 1 时,因子 $\mathrm{e}^{-\alpha x}$ 也趋于 1。波浪不再迅速衰减;不能单独处理每一端的边缘条件,必须考虑式(i)中的所有四个常数。挠度形式如图 11-2所示。当载荷接近其临界值时,最大挠度迅速增加,并且由于最靠近实验机块的波峰处材料的屈服而发生故障。当前半波由于塑性变形而变平时,后半波开始快速增长;以此类推,最终得到如图[2]所示的变形类型(图 11-3)。这种变形通常发生在较厚的管中,其中屈曲超过弹性极限。在薄管的情况下,通常会发生相对于轴线不对称的屈曲(见第 11.4 节)。

11.2 不稳定圆柱壳弯曲的非伸缩形式

如果一个均匀轴向压缩圆柱壳的边缘可以在侧面自由移动,可能会发生非伸展形式的侧弯。使用第 10.3 节中式(e),屈曲时取以下位移[3]:

$$\left.\begin{array}{l} u=-\displaystyle\sum_{n=2}^{\infty}\frac{a}{n}b_n\sin(n\theta+\beta_n) \\[2mm] v=x\displaystyle\sum_{n=2}^{\infty}b_n\cos(n\theta+\beta_n) \\[2mm] w=-x\displaystyle\sum_{n=2}^{\infty}nb_n\sin(n\theta+\beta_n) \end{array}\right\} \tag{a}$$

压缩力的临界值 N_{cr} 可以利用能量法得到。在由式(a)给出的变形过程中壳增加的量[见式(10-9)]

$$\Delta U=\pi Dl\sum_{n=2}^{\infty}b_{n2}\frac{(n^2-1)^2}{a^3}\left[\frac{n^2l^2}{3}+2(1-\nu)a^2\right] \tag{b}$$

在计算弯曲时压缩力所做的功时,注意到由于位移(a),圆柱壳的母线向 x 轴倾斜了角度

$$\frac{1}{x}\sqrt{v^2+w^2}$$

① 参考 Timoshenko, "*Strength of Materials*", 3d ed., part 2, p.2, D. Van Nostrand Company, Inc., Princeton, N.J., 1956。
② 这张照片摄于格克勒市。
③ 这些表达式中的系数 b_n 相当于第 10.3 节的 $\sqrt{b_n^2+(b_n')^2}$ 和 $\tan\beta_n=b_n'/b_n$。

那么做的功为

$$\Delta T = N_{\text{cr}} \frac{l}{2} \int_0^{2\pi} \frac{v^2 + w^2}{x^2} a \, \mathrm{d}\theta = \frac{\pi}{2} al N_{\text{cr}} \sum_{n=2}^{\infty} b_n^2 (1 + n^2) \tag{c}$$

令这个功等于应变能的增加(b),得到

$$N_{\text{cr}} = \frac{2D}{a^4} \frac{\sum\limits_{n=2}^{\infty} b_n^2 (n^2 - 1)^2 \left[\dfrac{n^2 l^2}{3} + 2(1 - \nu)a^2 \right]}{\sum\limits_{n=2}^{\infty} b_n^2 (1 + n^2)}$$

N_{cr} 的最小值,通过仅取序列中 $n = 2$ 的一项即可得到,即假设壳层的横截面平坦成椭圆形状。然后

$$\sigma_{\text{cr}} = \frac{N_{\text{cr}}}{h} = \frac{2D}{a^4 h} \frac{9}{5} \left[\frac{4}{3} l^2 + 2(1 - \nu)a^2 \right] = \frac{3Eh^2}{10(1 - \nu^2)a^2} \left[\frac{4}{3} \frac{l^2}{a^2} + 2(1 - \nu) \right]$$

可以看出,当 h/a 比较小,且 l/a 不太大时,该临界应力小于对称屈曲形式[式(11-1)][1]。

11.3　均匀轴向压力作用下圆柱壳的屈曲

一般情况下,虽然轴向压缩圆柱壳对称屈曲的情况前面已经讨论过(见第 11.1 节),但这里将使用方程(10-13)、(10-14)考虑一种更一般的情况。在这种情况下,假设除 N_x 外的所有合力(图 11-1)都很小,并且忽略这些力与位移 u、v、w 的导数的乘积(它们也很小),则从方程(10-13)中得到

$$\left. \begin{array}{l} a \dfrac{\partial N_x}{\partial x} + \dfrac{\partial N_{yx}}{\partial \theta} = 0 \\[2mm] \dfrac{\partial N_y}{\partial \theta} + a \dfrac{\partial N_{xy}}{\partial x} + a N_x \dfrac{\partial^2 v}{\partial x^2} - Q_y = 0 \\[2mm] a \dfrac{\partial Q_x}{\partial x} + \dfrac{\partial Q_y}{\partial \theta} + a N_x \dfrac{\partial^2 w}{\partial x^2} + N_y = 0 \end{array} \right\} \tag{a}$$

从方程(10-14)中忽略力矩和位移 u、v、w 导数的乘积,得到

$$\left. \begin{array}{l} Q_x = \dfrac{\partial M_x}{\partial x} + \dfrac{\partial M_{yx}}{a \partial \theta} \\[2mm] Q_y = \dfrac{\partial M_y}{a \partial \theta} - \dfrac{\partial M_{xy}}{\partial x} \end{array} \right\} \tag{b}$$

把方程(b)代入方程(a),轴向压缩圆柱壳屈曲的三个平衡方程为

$$\left. \begin{array}{l} a \dfrac{\partial N_x}{\partial x} + \dfrac{\partial N_{yx}}{\partial \theta} = 0 \\[2mm] \dfrac{\partial N_y}{\partial \theta} + a \dfrac{\partial N_{xy}}{\partial x} + a N_x \dfrac{\partial^2 v}{\partial x^2} + \dfrac{\partial M_{xy}}{\partial x} - \dfrac{\partial M_y}{a \partial \theta} = 0 \\[2mm] a N_x \dfrac{\partial^2 w}{\partial x^2} + N_y + a \dfrac{\partial^2 M_z}{\partial x^2} + \dfrac{\partial^2 M_{yz}}{\partial x \partial \theta} + \dfrac{\partial^2 M_y}{a \partial \theta^2} - \dfrac{\partial^2 M_{xy}}{\partial x \partial \theta} = 0 \end{array} \right\} \tag{c}$$

---

[1]　见 Timoshenko, Z. Math. Physik, vol.58, p.378, 1910。

所有进入这些方程的合力和力矩都可以用位移 u、v、w 来表示[见第 10.1 节和式(10-15)]，其正方向如图 10-4 所示。通过取压应力为正，并使用符号

$$\frac{h^2}{12a^2}=\alpha, \quad \frac{N_x(1-\nu^2)}{Eh}=\phi \tag{d}$$

最后得到

$$\left.\begin{array}{l}
\dfrac{\partial^2 u}{\partial x^2}+\dfrac{1+\nu}{2a}\dfrac{\partial^2 v}{\partial x\partial\theta}-\dfrac{\nu}{a}\dfrac{\partial w}{\partial x}+\dfrac{1-\nu}{2}\dfrac{\partial^2 u}{a^2\partial\theta^2}=0 \\[3mm]
\dfrac{1+\nu}{2}\dfrac{\partial^2 u}{\partial x\partial\theta}+\dfrac{a(1-\nu)}{2}\dfrac{\partial^2 v}{\partial x^2}+\dfrac{\partial^2 v}{a\partial\theta^2}-\dfrac{\partial w}{a\partial\theta}+ \\[3mm]
\quad\alpha\left[\dfrac{\partial^2 v}{a\partial\theta^2}+\dfrac{\partial^3 w}{a\partial\theta^3}+a\dfrac{\partial^3 w}{\partial x^2\partial\theta}+a(1-\nu)\dfrac{\partial^2 v}{\partial x^2}\right]-a\phi\dfrac{\partial^2 v}{\partial x^2}=0 \\[3mm]
-a\phi\dfrac{\partial^2 w}{\partial x^2}+\nu\dfrac{\partial u}{\partial x}+\dfrac{\partial v}{a\partial\theta}-\dfrac{w}{a}- \\[3mm]
\quad\alpha\left[\dfrac{\partial^3 v}{a\partial\theta^3}+(2-\nu)a\dfrac{\partial^3 v}{\partial x^2\partial\theta}+a^3\dfrac{\partial^4 w}{\partial x^4}+\dfrac{\partial^4 w}{a\partial\theta^4}+2a\dfrac{\partial^4 w}{\partial x^2\partial\theta^2}\right]=0
\end{array}\right\} \tag{11-7}$$

这些方程可以通过以下假设得到满足：

$$v=0, \quad \frac{\nu\partial u}{\partial x}=\frac{w}{a}=\text{const} \tag{e}$$

该解表示圆柱形式的平衡，其中压缩壳在横向方向均匀膨胀，const 表示为常数。

另一种解是假设 $v=0$，u 和 w 只是 x 的函数。这样就得到相对于第 11.1 节所讨论的圆柱体轴线对称屈曲的情况。考虑方程(11-7)的通解。假设这些方程中的 u、v、w 表示与上述圆柱体压缩平衡形式(e)偏离的很小的位移。以壳层的一端为坐标原点，像以前一样，用 a 和 l 分别表示壳层的半径和长度，求出方程(11-7)的解，表示如下：

$$\left.\begin{array}{l}
u=A\sin n\theta\cos\dfrac{m\pi x}{l} \\[3mm]
v=B\cos n\theta\sin\dfrac{m\pi x}{l} \\[3mm]
w=C\sin n\theta\sin\dfrac{m\pi x}{l}
\end{array}\right\} \tag{f}$$

假设在屈曲过程中，壳的母线细分为 m 个半波、周长细分为 $2n$ 个半波。在两端，有

$$w=0, \quad \frac{\mathrm{d}^2 w}{\mathrm{d}x^2}=0$$

这些是简支边的条件。所得结果也可以用于其他边缘条件，因为如果圆柱体的长度不短（假设 $l>2a$），这些条件对于临界载荷的大小只有很小的影响[1]。

将式(f)代入方程(11-7)并且使用代替符号

---

[1] 实验表明，对于较短的圆柱体，边缘条件的影响也较小；参见 L. H. Donnell 译，美国机械工程师学会，第 56 卷，第 795 页，1934 年。

$$\frac{m\pi a}{l}=\lambda \tag{g}$$

得到

$$A\left(\lambda^2+\frac{1-\nu}{2}n^2\right)+B\frac{n(1+\nu)\lambda}{2}+C\lambda=0 \left.\begin{array}{r}\\\\\end{array}\right\}$$

$$A\frac{n(1+\nu)\lambda}{2}+B\left[\frac{(1-\nu)\lambda^2}{2}+n^2+\alpha(1-\nu)\lambda^2+\alpha n^2-\lambda^2\phi\right]+C[n+\alpha n(n^2+\lambda^2)]=0$$

$$A\lambda+Bn\{1+\alpha[n^2+(2-\nu)\lambda^2]\}+C[1-\lambda^2\phi+\alpha(\lambda^2+n^2)^2]=0 \tag{h}$$

令方程组(h)的行列式等于零并忽略含有 α^2 和 ϕ^2 的少量高阶因子,得到

$$\phi=\frac{N_x(1-\nu^2)}{Eh}=\frac{R}{S} \tag{i}$$

其中

$$R=(1-\nu^2)\lambda^4+\alpha[(n^2+\lambda^2)^4-(2+\nu)(3-\nu)\lambda^4 n^2+$$
$$2\lambda^4(1-\nu^2)-\lambda^2 n^4(7+\nu)+\lambda^2 n^2(3+\nu)+n^4-2n^6]$$

$$S=\lambda^2\left\{\begin{array}{l}(n^2+\lambda^2)^2+\dfrac{2}{1-\nu}(\lambda^2+\dfrac{1-\nu}{2}n^2)[1+\alpha(n^2+\lambda^2)^2]-\\[2mm]\dfrac{2\nu^2\lambda^2}{1-\nu}+\dfrac{2\alpha}{1-\nu}(\lambda^2+\dfrac{1-\nu}{2}n^2)[n^2+(1-\nu)\lambda^2]\end{array}\right\}$$

实验表明(图 11-6),在压缩作用下,薄圆柱壳通常会屈曲成较短的纵波,从而导致 λ^2 是一个较大的数。然后,仅保留式(1)右侧分式子 R 括号中的第一项和分母 S 中的第一项,将式(i)简化为

$$\phi=\frac{N_x(1-\nu^2)}{Eh}=\alpha\frac{(n^2+\lambda^2)^2}{\lambda^2}+\frac{(1-\nu^2)\lambda^2}{(n^2+\lambda^2)^2} \tag{11-8}$$

当 $n=0$ 时,式(11-8)与第 11.1 节中对称屈曲型的式(h)一致。

得到式(11-8)的最小值的条件为

$$\frac{(n^2+\lambda^2)^2}{\lambda^2}=\sqrt{\frac{1-\nu^2}{\alpha}}=\frac{2a}{h}\sqrt{3(1-\nu^2)} \tag{j}$$

这种情况下,式(11-8)给出

$$\phi=\frac{N_x(1-\nu^2)}{Eh}=2\sqrt{\alpha(1-\nu^2)}$$

从中得到

$$\sigma_{cr}=\frac{(N_x)_{cr}}{h}=\frac{Eh}{a\sqrt{3(1-\nu^2)}} \tag{11-9}$$

这表明临界应力不取决于圆柱体的长度,而是与对称屈曲的情况具有相同的大小[见式(11-1)]。只要考虑 λ^2 和 n^2 为大数,并通过将式(11-8)视为 $(n^2+\lambda^2)^2/\lambda^2$ 的连续函数来确定其最小值,则屈曲过程中周界分为几个圆仍然是不确定的。对于 λ^2 小于 $2a\sqrt{3(1-\nu^2)}/h$ 的任何值,由式(j)都可得到 n^2 的对应值。

在较短圆柱壳体的情况下,不能假设 λ 是连续变化的,所以有必要对式(11-8)进行一些

额外讨论。如果圆柱壳很短，即

$$\left(\frac{\pi a}{l}\right)^2 > \frac{2a}{h}\sqrt{3(1-\nu^2)}$$

屈曲过程在轴向只会形成一个半波，取 $n=0$ 时，式(11-8)取最小值。也就是说，在这种情况下，壳体的屈曲形式相对于圆柱体的轴线是对称的。令圆柱的长度越来越短，会发现式(11-8)中的第二项与第一项相比变得越来越小。当 $n=0$ 时，忽略第二项可以得到

$$\phi = \alpha\lambda^2 \tag{k}$$

代入符号(d)，从中可以得到

$$\sigma_{cr} = \frac{\pi^2 E h^2}{12(1-\nu^2)l^2} \tag{l}$$

这是应用于元素带的欧拉公式。

当圆柱体的长度 $(\pi a/l)^2$ 略小于 $2a\sqrt{3(1-\nu^2)}/h$ 时，轴向仍有一个半波，但 n 不再为零，沿圆周出现几个圆。使式(11-8)最小的圆的个数将随着圆柱长度的增加而增加，直到在轴向形成两个半波，屈曲形式再次相对于轴对称时达到极限。随着长度的进一步增加，再次出现周向圆，依此类推。对于较长的圆柱体，压应力临界值在两个连续值之间只有很小的波动，可以假设该应力始终与对称屈曲的长圆柱体相等。

这种讨论只有在比值 h/a 非常小的情况下才有实际意义。在这种情况下，临界应力(11-9)低于材料的弹性极限。对于较厚的管子，材料是因为屈服而不是因为不稳定而发生破坏。

在长圆柱壳的情况下，可以预期母线会弯曲成长波。在这种情况下，λ 可能会变小。忽略式(i)分子中所有含有 α 的 λ 次幂大于 2 的乘积的项和分母中所有 λ 的次幂大于 2 的项，可以将式(i)表示为

$$\phi = \frac{(1-\nu^2)\lambda^4 + \alpha\{(n^4-n^2)^2 + \lambda^2[4n^6-(7+\nu)n^4+(3+\nu)n^2]\}}{\lambda^2 n^2(n^2+1)} \tag{m}$$

取 $n=1$，由式(m)可得

$$\phi = \frac{1-\nu^2}{2}\lambda^2$$

或者，用符号(d)表示为

$$\sigma_{cr} = \frac{\pi^2 E a^2}{2l^2}$$

这是支撑的欧拉公式，式中 $a^2/2$ 为细管截面旋转半径的平方。当 $n=1$ 时，截面保持圆形[见式(7-5)附近内容]，管作为支撑屈曲。

当 $n>1$ 时，忽略式(m)中附加的小项，得到

$$\phi = \frac{(1-\nu^2)\lambda^2}{n^2(n^2+1)} + \frac{\alpha n^2(n^2-1)^2}{\lambda^2(n^2+1)} \tag{n}$$

使式(n)成为最小值的 λ^2 的值为

$$\lambda^2 = \frac{\sqrt{\alpha}n^2(n^2-1)}{\sqrt{1-\nu^2}} = \frac{hn^2(n^2-1)}{2a\sqrt{3(1-\nu^2)}} \tag{o}$$

其对应的临界应力值,由式(m)可知为

$$\sigma_{cr} = \frac{Eh}{a\sqrt{3(1-\nu^2)}} \frac{n^2-1}{n^2+1} \tag{p}$$

该应力小于对称屈曲时的应力。当 $n=2$ 时,其最小值为

$$\sigma_{cr} = \frac{3}{5} \frac{Eh}{a\sqrt{3(1-\nu^2)}} \tag{11-10}$$

由式(o)可以看出,这种屈曲在轴向表现为较长的波形[1]。

如果比值 h/a 已知即 a 已知,则利用式(i),取表示屈曲壳叶数的 n 值,可得到 λ 与 ϕ 的关系曲线[2],如图 11-4 所示。图中,取 $l/(ma)=\pi/\lambda$ 的对数为横坐标,取 $\phi=\sigma_{cr}(1-\nu^2)/E$ 的对数为纵坐标。在左侧,曲线渐近地接近表示条件的斜线带材屈曲率[式(l)]。在右侧,曲线受 $n=1$ 的限制,$n=1$ 表示壳作为支柱的屈曲。可以看出,对于较短的圆柱壳,压应力临界值总是接近于长圆柱壳对称屈曲的计算值,如图中虚线所示。对于较长的圆柱壳,在比对称屈曲更小的应力下,屈曲成叶数相对较少的长波[式(p)]。

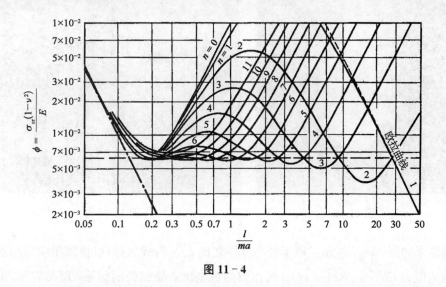

图 11-4

注意到一个完整的圆柱壳在均匀轴向压缩下细分为大量的小波,可以得出结论,在非圆形圆柱壳的情况下,屈曲将从这些曲率最小的部分开始。例如,对于椭圆截面的圆柱管,屈曲将从椭圆小轴的两端开始,将式(11-9)中较大的曲率半径代替圆柱半径 a,即可得到临界应力的近似值。

11.4　圆柱壳轴向压缩实验

从前面讨论可以看出,只有在非常薄的壳的情况下,在可以应用理论公式的弹性范围内才

---

① 这些波是由 Southwell, *loc. cit* 表示的。

② 这些曲线来自 W. Flügge, "*Statik und Dynamik der Schalen*",柏林,1934 年。它们是根据 $\alpha = h^2/(12a^2)=10^{-5}$ 和 $v=1/6$,从与式(i)略有不同的表达式中计算出来的。

会发生屈曲。然而,几乎所有早期的实验都是用比较厚的管子做的,如果纵向压缩,这些管子会因为材料的屈服而不是弯曲而破坏[①]。后来,为了在飞机结构中使用薄壳,用极薄的圆柱形壳在轴向压力下进行了实验,如图 11-5 所示为压力试验机的薄圆柱外壳[②]。

为了实现负荷的集中应用,如图 11-5 所示使用钢球。外壳的边缘被焊接到端板上。这种额外的约束,使通常发生在距末端一定距离的边缘处变得僵硬和屈曲。图 11-6 所示为钢和黄铜薄圆柱壳屈曲的几个例子。从理论上可以预料,图 11-6 所示比例的壳在相对较小的波中会发生屈曲。通常,这些波在轴向和周向的长度大致相同。

 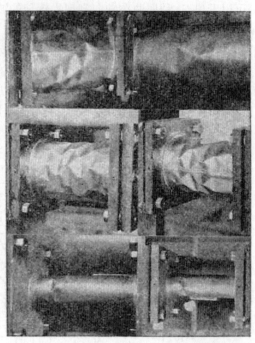

图 11-5　　　　　　　　　　　　　　　　　　图 11-6

实验结果如图 11-7 所示。取半径与壁厚之比 a/h 为横坐标,以极限压应力与根据短波计算得到的应力 $Eh/\left[a\sqrt{3(1-\nu^2)}\right]$ 的比值为纵坐标。硬铝壳的结果[③]用叉表示,钢壳和黄铜壳的结果[④]用圆圈表示。可以看出,在所有情况下,破坏都发生在远低于理论预测的应力下,没有一个案例的最终压力超过理论压力的 60%。并可以清楚地看到,极限应力与理论应力之比随着比值 a/h 增大而减小;也就是说,对于更薄的壳,实验和理论之间的差异更大。为了解释这种差异,提出了一种理论[⑤],该理论考虑了与理想圆柱表面的初始偏差,并考虑了由

---

① 钢管屈曲的第一个实验是由 W. Fairbain,*"An Account of the Construction of the Britannia and Conway Tubular Bridges"*,伦敦,1849;也可以见 E. Clark,*"The Britannia and Conway Tubular Bridges"*,2 卷.1850 年,伦敦。

② 第一个这样的实验和与理论公式的比较是由 Andrew Robertson 做的。Proc. Roy. Soc. 1928 年,伦敦,A 辑,第 121 卷,第 558 页。E. E. Lundquist (NACA 报告 473,1933)和 L. H. Donnell (Trans 美国机械工程师学会,第 56 卷,1934)用薄圆柱壳做了大量的实验。此处讨论的结果摘自后一篇论文。

③ 实验者 Lundquist, op. cit。

④ 实验者 Donnell, op. cit。

⑤ 同上面第④条。

于这种初始缺陷而导致的壳体弯曲,假设挠度不小。还假定,当材料开始屈服时,壳就会坍塌。将初始缺陷以轴向和周向等长波的形式与相对于轴对称的屈曲波相结合[1],可以发现,对于给定值的比率 $E/[\sigma_{YP}\sqrt{12(1-\nu^2)}]$,极限载荷可以作为半径厚度比 a/h 的函数。图 11-7 用虚线表示了 $E/[\sigma_{YP}\sqrt{12(1-\nu^2)}]=165$ 时硬铝壳和 $E/[\sigma_{YP}\sqrt{12(1-\nu^2)}]=80$ 时钢壳和黄铜壳的计算曲线[2]。可以看出,这些曲线与试验结果有很好的吻合。

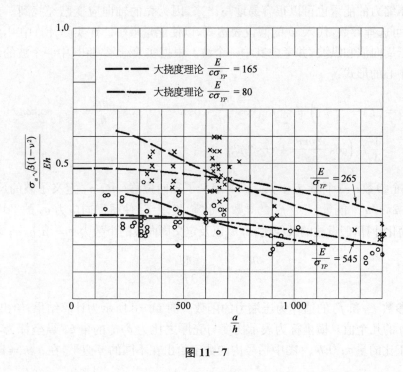

图 11-7

在已有实验数据的基础上,建立了圆柱壳轴压极限强度的经验计算公式。这个公式考虑了 a/h 和 E/σ_{YP} 的比率,并且给出

$$\sigma_{\text{ult}} = E\,\dfrac{0.6\,\dfrac{h}{a} - 10^{-7}\,\dfrac{a}{h}}{1 + 0.004\,\dfrac{E}{\sigma_{YP}}} \tag{11-11}$$

对于测试的壳,钢和黄铜的 $E/\sigma_{YP}=545$,硬铝的 $E/\sigma_{YP}=265$。表示这些公式的曲线如图 11-7 所示。

通过对理想压缩圆柱壳后屈曲行为的研究,进一步探讨了理论与实验不一致的原因[3]。以板的后屈曲行为为例(见第 9.13 节),使用的方程为

---

① Donnell 从变形能量的考虑中选择了这样一种组合。应该注意的是,由于两端的约束,在压缩过程中须防止壳的横向膨胀,因此总是存在相对于轴对称的波(见图 11-2)。

② 图中 $\sqrt{12(1-\nu^2)}$ 用字母 c 表示。这里考虑的是图中两条较陡的曲线。

③ 见 T. V. Karman and H. S. Tsien, J. Aeronaut. Sci., vol.8, p.303, 1941。用里兹积分法讨论同样的问题可以参考 P. Cicala, Quart. Appl. Math., vol.9, p.273, 1951,也可以参考 P. M. Finkelstein, Bull. Acad. Sci. Div. Tech. Sci., no.7, p.37, 1956 (Russian)。

$$\frac{\partial^4 F}{\partial x^4} + 2\frac{\partial^4 F}{\partial x^2 \partial y^2} + \frac{\partial^4 F}{\partial y^4} = E\left[\left(\frac{\partial^2 w}{\partial x \partial y}\right)^2 - \frac{\partial^2 w}{\partial x^2}\frac{\partial^2 w}{\partial y^2} - \frac{1}{a}\frac{\partial^2 w}{\partial x^2}\right] \tag{a}$$

式(a)与式(8-38)的不同之处在于,只有右边的最后一项。假设屈曲已经发生,取几个参数 w 的表达式代入式(a),可求出应力函数 F,计算中表面的应力和应变(见第 8.7 节)。把它们代入方程(10-15),可以发现曲率的变化,并且使用方程(10-9)、(10-10)可得出屈曲壳的总应变能。外部压缩力的能量也可以很容易地写出来,因为壳的轴向应变已经找到。有了系统的总能量 U,就可选择参数,代入 w 的假设表达式,以使能量最小。在实际计算中[①],假定屈曲壳被细分为若干周向波和纵波,并考虑其中一个波。根据实验结果,将其中一个波的形状取为坐标原点在波中心的形式:

$$\frac{w}{a} = \left(f_0 + \frac{1}{4}f_1\right) + \frac{1}{2}f_1\left(\cos\frac{mx}{a}\cos n\theta + \frac{1}{4}\cos\frac{2mx}{a} + \frac{1}{4}\cos 2n\theta\right) +$$
$$\frac{1}{4}f_2\left(\cos\frac{2mx}{a} + \cos 2n\theta\right) \tag{b}$$

式(b)包含五个参数:三个量 f_0、f_1、f_2,定义了径向位移;m、n,定义了波的尺寸,即纵向 $2\pi a/m$、周向 $2\pi a/n$。能量 U 对 f_0 的导数等于零,发现 f_0 使得周向应力 σ_θ 的平均值等于零。为了进一步简化计算,假设波的长径比 m/n,以及定义周向波的个数为 $\eta = n^2 h/a$;然后由方程

$$\frac{\partial U}{\partial f_1} = 0, \quad \frac{\partial U}{\partial f_2} = 0 \tag{c}$$

可以计算出参数 f_1 和 f_2 的值作为压缩力的函数。图 11-8 所示为计算结果,给出了 $m=n$ 的特殊情况和 η 的几个值。横坐标为表示挠度与壳厚之比为 δ/h 的量 ξ,纵坐标为与平均轴向压应力 σ 成正比的量 $\sigma a/Eh$。图中括号内的数字给出在不同的 η 值下,在 $a/h = 1\,000$ 的情况下计算出的周向波的个数。当 ξ 趋于 0 时,方程(c)给出 $f_2 = -\frac{1}{2}f_1$,如第 11.3 节所假定的一样,式(b)给出相同的波形[②]。另外还发现,对于这种情况有

$$\left(\frac{\sigma a}{Eh}\right)_{\min} = \frac{1}{\sqrt{3(1-\nu^2)}} \tag{d}$$

这又与第 11.3 节的结论相吻合。

在理想情况下,为了引起屈曲,必须有一个由式(d)给出的压应力,但随着挠度的增加,保持圆柱形壳体处于屈曲状态所需的载荷迅速减小,接近理论所需屈曲载荷的 1/3。这解释了圆柱壳轴向压缩情况下的实验结果与理论不一致的原因。对于较薄的实验壳,总是存在一些初始挠度和其他缺陷。因此,当载荷很小时弯曲就开始了,并且进一步的屈曲只需比理想情况下的理论屈曲载荷小得多的载荷就可以进行。在进一步研究缺陷对屈曲过程的影响时,假设圆柱壳最初具有下列形式的波:

$$w_0 = a_0 h\left(\cos\frac{mnx}{a}\cos n\theta + b\cos\frac{2mnx}{a} + c\cos 2n\theta + d\right) \tag{e}$$

---

① 同上页 Karman 和 Tsien 的文献。
② 请注意,坐标原点与第 11.3 节中的坐标原点不同。

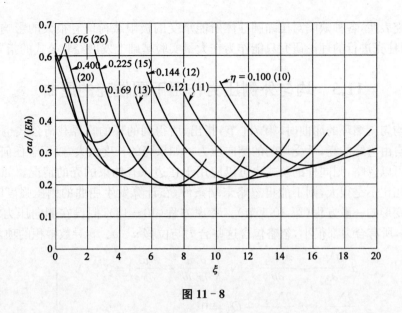

图 11-8

并计算圆筒的单位轴向缩短 ε 与平均轴压应力 σ 的函数关系。在这些计算中，常数 b、c、d、m、n 的选择是为了使能量最小化。表示初始缺陷大小的常数 a_0 被定义为

$$a_0 = \lambda_1 \frac{a^2}{h^2 m^{1.5} n^2}$$

式中，λ_1 为一个小数值因子。λ_1 的几个值的计算结果如图 11-9 所示，其中 σ_{cr} 为式（11-9）给出的临界应力，ε_{cr} 为对应的单位缩短。可见，最小的缺陷也会大大降低压缩圆柱壳所能承受的最大载荷。如果在实际测量的基础上确定了其值，则可根据图 11-9 所示曲线确定许用压缩载荷。

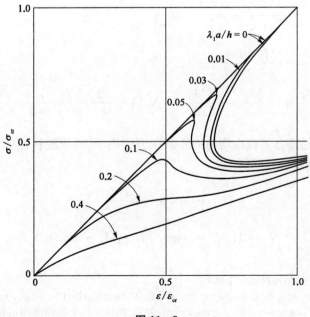

图 11-9

这些研究表明,各种缺陷对压缩圆柱体所能承受的极限载荷值有很大的影响。他们还表明,对理想圆柱壳进行的理论研究只能作为在大量实验基础上发展经验公式的指导[①]。

11.5　均匀外侧压力作用下圆柱壳的屈曲

在讨论均匀压缩环的屈曲时(第 7.4 节)指出,所得到的环的临界载荷公式也适用于圆柱形环。其有自由边缘的壳,承受均匀的侧向压力。如果壳的长度太大,以至于任何边缘约束的加劲作用都可以忽略,则同样的公式也可以应用于在边缘有约束的壳的情况。如果圆柱体的长度与直径相比不是很大,则不能再忽略末端条件,在计算发生屈曲的侧压强度时[②],必须求助于圆柱壳变形的一般方程(第 10.4 节)。考虑方程(10-13),假设在侧向压力均匀的情况下,除 N_y 外,所有合力都很小,忽略包含这些合力与位移 u、v、w 导数乘积的项,则可得到

$$\left. \begin{aligned} & a\,\frac{\partial N_x}{\partial x}+\frac{\partial N_{yx}}{\partial \theta}-N_y\left(\frac{\partial^2 v}{\partial x\partial \theta}-\frac{\partial w}{\partial x}\right)=0 \\ & \frac{\partial N_y}{\partial \theta}+a\,\frac{\partial N_{xy}}{\partial x}-Q_y=0 \\ & a\,\frac{\partial Q_x}{\partial x}+\frac{\partial Q_y}{\partial \theta}+N_y\left(1+\frac{\partial v}{a\partial \theta}+\frac{\partial^2 w}{a\partial \theta^2}\right)+qa=0 \end{aligned} \right\} \quad (a)$$

在方程(10-14)中假设弯矩和扭转矩很小,忽略这些矩与位移 u、v、w 的导数的乘积。然后由方程组(a)前两个方程有

$$\left. \begin{aligned} & Q_x=\frac{\partial M_{yz}}{a\partial \theta}+\frac{\partial M_x}{\partial x} \\ & Q_y=\frac{\partial M_y}{a\partial \theta}-\frac{\partial M_{xy}}{\partial x} \end{aligned} \right\} \quad (b)$$

将式(b)代入方程(a),得到

$$\left. \begin{aligned} & a\,\frac{\partial N_x}{\partial x}+\frac{\partial N_{yx}}{\partial \theta}-N_y\left(\frac{\partial^2 v}{\partial x}\,\frac{\partial w}{\partial \theta}-\frac{\partial w}{\partial x}\right)=0 \\ & \frac{\partial N_y}{\partial \theta}+a\,\frac{\partial N_{xy}}{\partial x}-\frac{\partial M_y}{a}\,\frac{\partial M_{xy}}{\partial \theta}=0 \\ & \frac{\partial^2 M_{yz}}{\partial x\partial \theta}+\frac{a\partial^2 M_z}{\partial x^2}+\frac{\partial^2 M_y}{a\partial \theta^2}-\frac{\partial^2 M_{xy}}{\partial x\partial \theta}+N_v\left(1+\frac{\partial v}{a}\,\frac{\partial v}{\partial \theta}+\frac{\partial^2 w}{a}\,\frac{\partial^2 w}{\partial \theta^2}\right)+qa=0 \end{aligned} \right\} \quad (c)$$

方程(c)的一个特解是得自假设在均匀的外部压力作用下,圆形圆柱壳保持圆形,并且只在周向上受到均匀的压缩,从而得到

$$v=0,\ w=\frac{a^2 q}{Eh}$$

$$N_x=0,\ N_y=-qa,\ M_x=M_y=M_{xy}=0$$

---

① 相关文献综述见《结构稳定性手册》。

② 这类研究的第一人是 R. Lorenz, loc. cit. and R. V. Southwell, Phi. Mag., vol.25, p.687, 1913, and Phil. Trans. Roy. Soc., London, series A, vol.213, p.187, 1914。一个更精确的临界载荷公式是由 R. von Mises, Z. Ver. deut. Ingr, vol.58, p.750, 1914 提出的。

在讨论壳的屈曲时,在这个均匀压缩的平衡形式中,只考虑很小的挠度,使得式(c)中的 N_y 和 $-qa$ 值相差不大,可以写作

$$N_y = -qa + N_y'$$

式中,N_y' 是合力 $-qa$ 的一个小变化量,其对应于均匀压缩圆柱壳体的小位移 u、v、w。

下面考虑屈曲过程中壳体中间表面的拉伸。将式(c)中第二式和第三式中的 N_y 和 q,分别用 $N_y(1+\varepsilon_1)$ 和 $q(1+\varepsilon_1)(1+\varepsilon_2)$ 代替,可得

$$\varepsilon_1 = \frac{\partial u}{\partial x}, \quad \varepsilon_2 = \frac{\partial v}{a\partial \theta} - \frac{w}{a}$$

式(c)可表示为

$$\left. \begin{array}{l}
a\dfrac{\partial N_x}{\partial x} + \dfrac{\partial N_{yx}}{\partial \theta} + qa\left(\dfrac{\partial^2 v}{\partial x \partial \theta} - \dfrac{\partial w}{\partial x}\right) = 0 \\[3mm]
\dfrac{\partial N_y'}{\partial \theta} + a\dfrac{\partial N_{xy}}{\partial x} - \dfrac{\partial M_y}{a\partial \theta} + \dfrac{\partial M_{xy}}{\partial x} = 0 \\[3mm]
\dfrac{\partial^2 M_{yz}}{\partial x \partial \theta} + a\dfrac{\partial^2 M_x}{\partial x^2} + \dfrac{\partial^2 M_y}{a\partial \theta^2} - \dfrac{\partial^2 M_{xy}}{\partial x \partial \theta} + N_y' - q\left(w + \dfrac{\partial^2 w}{\partial \theta^2}\right) = 0
\end{array} \right\} \quad (d)$$

利用第 10.1 节的公式和式(10-15),下面用位移 u、v、w 来表示所有的合力和力矩。把这些表达式代入方程(d)并使用符号

$$\frac{qa(1-\nu^2)}{Eh} = \phi, \quad \frac{h^2}{12a^2} = \alpha \tag{e}$$

得到

$$\left. \begin{array}{l}
a^2\dfrac{\partial^2 u}{\partial x^2} + \dfrac{1+\nu}{2}\,a\,\dfrac{\partial^2 v}{\partial x \partial \theta} - \nu a\dfrac{\partial w}{\partial x} + a\phi\left(\dfrac{\partial^2 v}{\partial x \partial \theta} - \dfrac{\partial w}{\partial x}\right) + \dfrac{1-\nu}{2}\dfrac{\partial^2 u}{\partial \theta^2} = 0 \\[3mm]
\dfrac{1+\nu}{2}\,\dfrac{a\partial^2 u}{\partial x \partial \theta} + \dfrac{1-\nu}{2}a^2\dfrac{\partial^2 v}{\partial x^2} + \dfrac{\partial^2 v}{\partial \theta^2} - \dfrac{\partial w}{\partial \theta} + \\[3mm]
\alpha\left[\dfrac{\partial^2 v}{\partial \theta^2} + \dfrac{\partial^3 w}{\partial \theta^3} + a^2\dfrac{\partial^3 w}{\partial x^2 \partial \theta} + a^2(1-\nu)\dfrac{\partial^2 v}{\partial x^2}\right] = 0 \\[3mm]
a\nu\dfrac{\partial u}{\partial x} + \dfrac{\partial v}{\partial \theta} - w - \alpha\left[\dfrac{\partial^3 v}{\partial \theta^3} + (2-\nu)a^2\dfrac{\partial^3 v}{\partial x^2 \partial \theta} + a^4\dfrac{\partial^4 w}{\partial x^4} + \dfrac{\partial^4 w}{\partial \theta^4} + 2a^2\dfrac{\partial^4 w}{\partial x^2 \partial \theta^2}\right] \\[3mm]
= \phi\left(w + \dfrac{\partial^2 w}{\partial \theta^2}\right)
\end{array} \right\}$$

$$(f)$$

这样,确定侧压力临界值的问题就简化为求解上述三个微分方程并满足边界条件。如果壳的边缘是简支的,边界条件要求 w 和 $\partial^2 w/(\partial x^2)$ 在末端变为零。假设圆柱体的长度为 l,x 从壳体的中间截面开始测量,则得到满足边界条件时方程(f)的解,屈曲时的位移取作

$$\left. \begin{array}{l}
u = A\sin n\theta \sin\dfrac{\pi x}{l} \\[3mm]
v = B\cos n\theta \cos\dfrac{\pi x}{l} \\[3mm]
w = C\sin n\theta \cos\dfrac{\pi x}{l}
\end{array} \right\} \tag{g}$$

结果表明,在屈曲过程中,壳体的母线偏转到正弦曲线的一个半波,而圆周被细分为 $2n$ 个半波。两端的位移 w 和导数 $\partial^2 w/(\partial x^2)$ 均为零,表示简支边的条件。

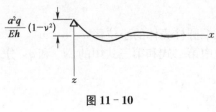

图 11 - 10

在实际情况中,通常在施加均布载荷 q 之前,将壳体的边缘固定在支座上;因此,除了在讨论中假设的壳体受到均匀压缩外,还会在边缘产生局部弯曲。假设支撑是绝对刚性的,局部弯曲将如图 11 - 10 所示。从第 11.1 节的讨论得出母线的挠度曲线为

$$w=\frac{a^2 q}{Eh}(1-\nu^2)\mathrm{e}^{-\beta x}\cos\beta x$$

其中

$$\beta=\sqrt[4]{\frac{3(1-\nu^2)}{a^2 h^2}}$$

曲线 w 呈波浪状,波浪迅速衰减。波的长度为

$$L=\frac{2\pi}{\beta}=4.90\sqrt{ah}$$

在薄壳的情况下,h 与 a 相比较小,波长通常比半径小得多,因此对于长度为其半径数倍的圆柱体,边缘弯曲可以认为是局部因素,对临界载荷的大小没有严重影响。以同样的方式,在内置边缘的情况下,可以讨论由弯矩 M_x 在壳体中产生的弯曲,并且可以表明,对于较长的圆柱体,简支或内置边缘的临界载荷不会有太大差异。

将式(g)中的位移代入式(f),并令 $\lambda=\pi a/l$,可得

$$\left.\begin{array}{l}A\left(-\lambda^2-\dfrac{1-\nu}{2}n^2\right)+B\left(\dfrac{1+\nu}{2}n\lambda+n\lambda\phi\right)+C(\nu+\phi)\lambda=0 \\[3mm] A\left(\dfrac{1+\nu}{2}n\lambda\right)-B\left[\dfrac{1-\nu}{2}\lambda^2+n^2+n^2\alpha+\alpha(1-\nu)\lambda^2\right]-C(n+\alpha n^3+\alpha n\lambda^2)=0 \\[3mm] A(\nu\lambda)-B[n+\alpha n^3+(2-\nu)\alpha n\lambda^2]-C[1+\alpha\lambda^4+\alpha n^4+2\alpha n^2\lambda^2+\phi(1-n^2)]=0\end{array}\right\} \quad \text{(h)}$$

这些方程可以通过让 A,B,C 等于 0 来满足,这对应于壳的均匀压缩的圆形平衡形式。屈曲的平衡形式只有在等式(h)得出 A、B、C 非零解时才成立,这就要求方程行列式等于零。用这个方式可以得到确定临界载荷的方程。这个方程为

$$\phi(D+E\alpha+F\phi)=G+H\alpha+K\alpha^2 \quad \text{(i)}$$

式中,D,E,$\cdots$,K 有以下含义:

$$D=(1-n^2)(n^2+\lambda^2)^2-\nu\lambda^4$$

$$E=(1-n^2)\left(n^2+\frac{2\lambda^2}{1-\nu}\right)\left[n^2+(1-\nu)\lambda^2\right]+\frac{1+3}{1-\nu}n^4\lambda^2+$$

$$\frac{2+3\nu-\nu^2}{1-\nu}n^2\lambda^4-\frac{2\nu n^2\lambda^2}{1-\nu}-2\nu\lambda^4-\frac{1+\nu}{1-\nu}n^2\lambda^2(\lambda^2+n^2)^2$$

$$F=-\frac{1+\nu}{1-\nu}(1-n^2)n^2\lambda^2$$

$$G = -(1-\nu^2)\lambda^4$$

$$H = -(n^2+\lambda^2)^4 + 2n^2\left(n^2+\frac{3-\nu}{2}\lambda^2\right)\left[n^2+(2+\nu)\lambda^2\right] -$$

$$\left[n^2+(1-\nu)\lambda^2\right]\left[n^2+2(1+\nu)\lambda^2\right]$$

$$K = -\lambda^4(n^2+\lambda^2)\left[n^2(1-\nu)+2\lambda^2\right]$$

省略对临界压力大小影响不大的小项,代之以 α、ϕ、λ 的表达式,可将式(i)写作[①]

$$\frac{(1-\nu^2)q_{cr}a}{Eh} = \frac{1-\nu^2}{(n^2-1)(1+n^2l^2/\pi^2a^2)} + \frac{h^2}{12a^2}\left[n^2-1+\frac{2n^2-1-\nu}{1+n^2l^2/(\pi^2a^2)}\right]$$

$$(11\text{-}12)$$

当壳很长时,l/a 是一个很大的值;在式(11-12)中,忽略分母中包含该比值平方的项,得到

$$q_{cr} = \frac{Eh^3(n^2-1)}{12a^3(1-\nu^2)}$$

当 $n=2$ 时,与之前的结果一致[见式(7-15)]。在计算较短圆柱体的临界载荷时,使用本节的符号(e),式(11-12)表示 α 和 ϕ 之间的线性关系。对于给定的 l/a 值,选择数字 n,以 α 和 ϕ 为坐标,得到一条直线。通过取 $n=2,3,4,\cdots$,则得到一个直线系统,对于每个 l/a 值,形成一条折线,如图 11-11 所示。有了这些线,每个特定情况下临界载荷的大小可以很容易地被确定。可以看出,随着壳的长度和厚度的减小,壳屈曲进入的波数 n 增加。运用方程(11-12)所计算得到的结果可以用另一种方式表示,即比值 l/a 为横坐标,以量 $(1-\nu^2)aq_{cr}/(Eh)$ 为纵坐标。然后,对于每个 $h^2/(12a^2)$ 的值,得到一条由不同 n 值的曲线部分组成的线,如图 11-12

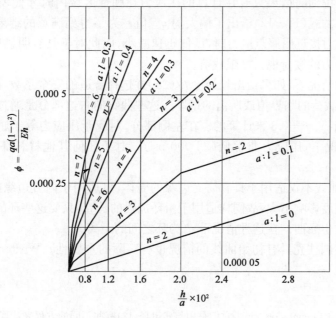

图 11 - 11

① 这是 von Mises, op. cit.得到的方程。

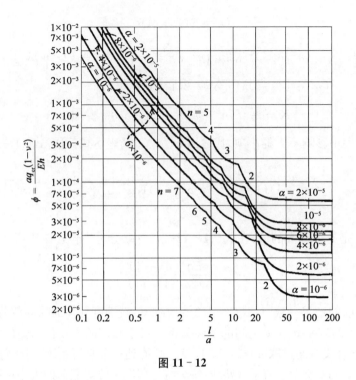

图 11‒12

所示[①]。这种表示结果的方式类似于前面讨论板的屈曲时使用的方式(见第 9.2 节)。从而可以看出,对于较短的管道,临界载荷随着 l/a 比的减小而迅速增加。对于长管,假设 $l/a > 50$,临界载荷不依赖于长度,等于式(7‒15)给出的无限长管的情况。

由式(11‒12)得到的结果只有在计算的压应力在弹性区域内时才代表临界载荷的正确值。超出弹性极限的式(11‒12)给出了偏大的 q_{cr} 值。为了得到满意的结果,剪切模量 E_t 应该代替 E。当压应力接近屈服点应力时,E 值迅速减小,因此对于具有明显屈服点的材料,必须将产生屈服点应力的载荷视为极限载荷。

在钢圆柱壳的情况下,如果给出长径比 $l/(2a)$ 并选择合适的安全系数,则图 11‒13 所示曲线可用于[②]确定载荷的临界值或所需的壁厚。这些曲线的右边部分是通过使用式(11‒12)和取 $E = 30 \times 10^6$ psi、$v = 0.3$ 来计算的。在左侧部分,对应于压应力等于屈服点应力的一组平行线,在这种情况下,压应力非常低(26 000 psi)。对于任何其他材料都可以构造类似的曲线。

图 11‒13 中曲线不仅适用于具有简支边缘的壳体,也适用于内置边缘的壳体,又因为边缘约束的方式对强度影响不大,故同样适用于由环加强的长壳,只要这些环的弯曲刚度足以承受侧向载荷而不发生屈曲。在这种情况下,l 为环之间的距离。

有支撑的边的圆柱壳具有初始曲线的情况也有实际的重要性。Westergaard[③] 讨论过这类问题的一个特例。

---

① 这些曲线取自 Flugge, loc. cit.。它们是用与式(11‒12)有些不同的方程来计算的,取 $v = 1/6$。关系式显示了两个方程所得结果之间的差异所述值很小,在实际应用中可以忽略不计。

② 这些曲线由美国机械工程师学会(ASME)外压下容器强度研究委员会于 1933 年 12 月编制。

③ H. M. Westergaard,报告第四实习生。Congr.应用机械,1934 年,第 274 页。另见 R. D. Johnson 在加拿大工程学院 1935 年 2 月 9 日发表的论文。

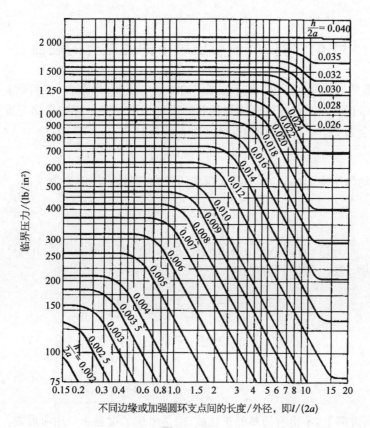

图 11-13

已经进行过相当多的圆柱壳在均匀侧压力下的屈曲实验[1]。G. Cook[2] 的论文给出了这类问题的一系列实验,并将实验结果与 R. V. Southwell[3] 的理论进行了比较。这些实验表明,考虑短管屈曲成若干圆的 Southwell 理论与 Carman[4] 开发的旧公式相比,更符合实验,Garman 公式指出短管的临界压力为

$$q_{cr} = \frac{L}{l} (q_{cr})_0$$

式中,L 为管的长度;l 为所谓的临界长度,Carman 假设它等于管的 6 倍直径;$(q_{cr})_0$ 为无限长管的临界压力。

Donnell 研究了缺陷对临界压力大小的影响[5]。采用与轴向压缩圆柱壳相同的方法表明,缺陷不会像轴向压缩情况那样产生如此大的临界压力降低。这就解释了为什么在侧向压力的情况下,理论与实验的一致性较好。

---

① 英国人 Gilbert Cook 出版了一本关于这个问题的参考书目。Brit. Assoc. Advancement Sci., Repts., Birmingham,1913 年。

② 见 G. Cook, Phil. Mag., 6th series, vol.28, p.51, 1914。

③ 同 Southwell 的上一条文献。

④ A. P. Carman, Phys. Rev., vol.21, p.381, 1905。

⑤ L. H. Donnell, J. Appl. Mech., vol.23, p.569, 1956,也可以参考 G. D. Galletly and R. Bart, J. Appl. Mech., vol.23, p.351, 1956。后一篇论文中提到了环形加筋圆柱壳的新实验。

11.6 弯曲或偏心压缩下的圆柱壳的屈曲

在第 11.3 节的讨论中,总是假定压缩壳体的力集中施加,合力 N_x 为常数。如果施加一定偏心的压缩力,就得到了圆柱壳的压缩和弯曲的组合。用 θ 表示轴向平面与发生弯曲平面的夹角,则轴向的合力 N_x 不再是恒定的,可以用下式表示[①]:

$$N_x = -(N_0 + N_1\cos\theta) \tag{a}$$

式中,N_0/h 为均匀压应力,N_1/h 为最大弯曲压应力,则最大压应力为

$$\sigma = \frac{1}{h}(N_0 + N_1) \tag{b}$$

考虑方程组(11-7),并注意到 N_x 不再是常数,可见不能使用第 11.3 节中式(f)作为这些方程的解,而必须求助于更一般的表达式:

$$\left.\begin{array}{l} u = \cos\dfrac{m\pi x}{l} \displaystyle\sum_0^\infty A_n\cos n\theta \\[2mm] v = \sin\dfrac{m\pi x}{l} \displaystyle\sum_0^\infty B_n\sin n\theta \\[2mm] w = \sin\dfrac{m\pi x}{l} \displaystyle\sum_0^\infty C_n\cos n\theta \end{array}\right\} \tag{c}$$

这意味着在圆周方向上,不再有简单的正弦波,而是出现了更复杂的屈曲形式。由于无穷级数的存在,计算的临界最大压应力(b)的取值比以前复杂得多。这个计算[②]表明,对于任何比值 N_0/N_1,假设屈曲发生时,最大压应力等于对称屈曲计算的临界应力,可以得到一个良好的近似,并且是偏于安全的,因此

$$\frac{1}{h}(N_0 + N_1)_{cr} = \frac{Eh}{a\sqrt{3(1-\nu^2)}} \tag{d}$$

图 11-14 给出了特定情况下临界应力的精确值和近似值的比较:

$$\alpha = \frac{h^2}{12a^2} = 10^{-6}, \quad \nu = \frac{1}{6}$$

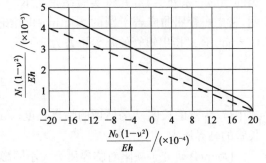

图 11-14

图中,量 $N_0(1-\nu^2)/(Eh)$ 以横坐标表示,$N_1(1-\nu^2)/(Eh)$ 以纵坐标表示。精确计算的结果用整条线表示,用式(d)得到的结果用虚线表示。可以看出,对于纯弯曲($N_0 = 0$),精确解给出的临界压应力值比从式(d)中得到的值高约 30%。

　　Brazier[③] 讨论了一个有趣的关于薄圆柱壳在弯曲时失稳的例子。众所周知,在薄弯曲管

---

① N_x 的张力为正。

② 这样的计算来自 W. Flugge, Ingr.-Arch,第三卷,第 463 页,1932 年。

③ 见 L. G. Brazier, Proc. Roy. Soc., London, series A, vol.116, p.104, 1927。同样的问题可以参考 E. Chwalla, Z. angew. Math. u. Mech., vol.13, p.48, 1933 也可以参考 E. Reissner, J. Appl. Mech., vol.26, p.386-392, 1959.2。

的弯曲过程中,横截面会变平,且比通常的弯曲杆理论所期望的更有弹性[①]。这种扁化现象也发生在最初直圆柱体的情况下,这是由于弯曲产生的曲率。在弯曲过程中,截面变得越来越椭圆形,直到当达到某一点时,弯曲阻力开始减小,在此之后,会发生完全坍塌。这种类型的故障发生在由弹性模量低的材料制成的相对较厚的管道中,例如橡胶管,以及较厚的金属管应力高于屈服点。对于带有内置边缘的薄金属管,例如,在先前描述的实验中,破坏总是由于在相同类型的小波中屈曲而发生在均匀压缩圆柱壳的情况下。几个例子如图 11 - 15 所示。图 11 - 16 则给出钢和黄铜细管的 Donnell 的轴压和弯曲实验结果[②]。图 11 - 16 中,以 a/h 之比为横坐标,以对称屈曲时最大压应力(b)与应力 $Eh/a\sqrt{3(1-\nu^2)}$ 之比为纵坐标。结果表明,随着 a/h 的增加,σ_{cr} 值减小,与轴向加载试样的结果完全相同。对于所有 a/h 值,σ_{cr} 的值约为轴压实验值的 1.4 倍。

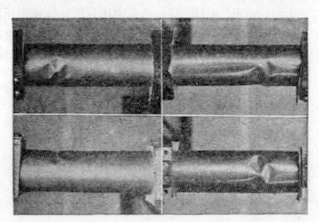

图 11 - 15

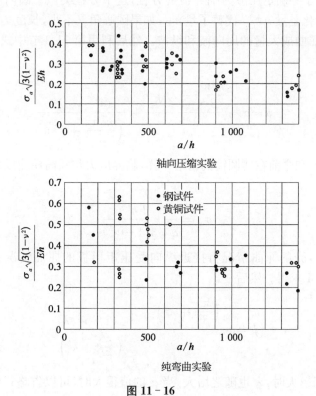

轴向压缩实验

纯弯曲实验

图 11 - 16

①　T. V. Kármán, Z. Ver. deut. Ingr., vol.55, 1911, and Timoshenko, Trans. ASME, vol.45, p.135, 1923。
②　L. H. Donnell, Trans. ASME, vol.56, 1934. E. E. Lundquist, NACA Tech. Note 479, 1933 用硬铝薄圆柱壳做了一系列类似的实验。

11.7　弯曲板的轴向压缩

对于沿两个母线和沿两条垂直于圆柱体轴线的圆形边缘支撑的圆柱壳,并沿母线方向均匀压缩的情况(图 11-17),可以使用与圆柱管轴向压缩情况(第 11.3 节)相同的方法计算临界应力[1]。设 β 为壳的圆心角,a 为半径,l 为在母线方向上的长度,则在如图所示的坐标轴上,壳屈曲时的位移可满足边界条件

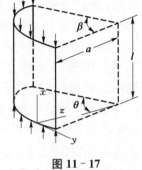

图 11-17

$$
\left.
\begin{aligned}
u &= A\sin\frac{n\pi\theta}{\beta}\cos\frac{m\pi x}{l} \\
v &= B\cos\frac{n\pi\theta}{\beta}\sin\frac{m\pi x}{l} \\
w &= C\sin\frac{n\pi\theta}{\beta}\sin\frac{m\pi x}{l}
\end{aligned}
\right\}
\tag{a}
$$

可以看出,当 $x=0$ 和 $x=l$ 以及 $\theta=0$ 和 $\theta=\beta$ 时,沿壳边缘的径向位移 w 和弯矩变为零,这是简支边所要求的[2]。将式(a)代入式(11-7),得到三个齐次线性方程。与之前一样,通过令这些方程的行列式等于零确定压应力临界值的方程,这个方程类似于圆筒所得的方程(i)(见第 11.3 节),唯一的变化是量 $n\pi/\beta$ 代替了量 n。如果圆心角 β 不小,长度 l 与 βa 具有相同的数量级,可以期望壳屈曲成大量的周向波和纵波。然后利用第 11.3 节中式(g)和式(11-8),计算临界应力可得

$$
\phi = \alpha\frac{\left(\dfrac{n^2\pi^2}{\beta^2}+\lambda^2\right)^2}{\lambda^2}+\frac{(1-\nu^2)\lambda^2}{\left(\dfrac{n^2\pi^2}{\beta^2}+\lambda^2\right)^2}
\tag{11-13}
$$

由此可以得出结论,和之前在薄圆筒的情形一样,临界应力与圆筒屈曲成轴对称形式的情形相同,可以取

$$
\sigma_{cr} = \frac{Eh}{a\sqrt{3(1-\nu^2)}}
\tag{b}
$$

当转角很小时,壳的屈曲情况将接近纵向受压矩形板的屈曲情况;压应力临界值由式(11-13)中取 $n=1$ 求得。然后

$$
\phi = \alpha\frac{\left(\dfrac{\pi^2}{\beta^2}+\lambda^2\right)^2}{\lambda^2}+\frac{(1-\nu^2)\lambda^2}{\left(\dfrac{\pi^2}{\beta^2}+\lambda^2\right)^2}
\tag{c}
$$

当壳的半径 a 越来越大时,λ 也随之增大,当 a 的值很大时,可以省略式(c)中的第二项,然后得到

$$\phi = \alpha \frac{\left(\dfrac{\pi^2}{\beta^2} + \lambda^2\right)^2}{\lambda^2} = \alpha \left(\frac{\pi^2}{\beta^2 \lambda} + \lambda\right)^2 \tag{d}$$

此表达式的最小值出现在

$$\lambda = \frac{\pi}{\beta} \quad 或 \quad \frac{l}{m} = \beta a$$

也即,当纵向半波的长度等于弯曲板的宽度时,则有

$$\phi = 4 \frac{\alpha \pi^2}{\beta^2}$$

需要注意的是

$$\phi = \frac{(1-\nu^2)\sigma_{cr}}{E}, \ \alpha = \frac{h^2}{12a^2}$$

从而可以得到

$$\sigma_{cr} = \frac{\pi^2 E h^2}{3(1-\nu^2)(\beta a)^2} \tag{e}$$

这和我们得到的长矩形板的临界应力值是一样的。

保留式(c)中的两项,发现如果不等式

$$\beta a \geqslant 2\pi \sqrt[4]{\frac{a^2 h^2}{12(1-\nu^2)}} \tag{f}$$

成立的话,则

$$\frac{\left(\dfrac{\pi^2}{\beta^2} + \lambda^2\right)^2}{\lambda^2} = \sqrt{\frac{1-\nu^2}{\alpha}} \tag{g}$$

变成最小值。即,如果面板的周向尺寸至少等于壳体对称屈曲的半波长的 2 倍。然后有

$$\phi = 2\sqrt{\alpha(1-\nu^2)}$$

将 ϕ 的值 $(1-\nu^2)\sigma_{cr}/E$ 代入,可得到式(b)给出的临界应力值。这表明,对于满足条件(f)的任意弯板宽度 βa 值,可从式(g)中求出纵向半波的长度 l/m,使得其临界应力与薄管对称屈曲时所得到的临界应力相等。该值应用于沿母线均匀压缩的弯曲板的设计。如果壳体的周向尺寸小于式(g)所要求的尺寸,则式(c)成为最小值:

$$\lambda^2 = \frac{\pi^2}{\beta^2}$$

这意味着在相当长一段时间内,这样一个狭窄的壳,就像一个狭长的压缩板,在屈曲过程中会细分成正方形。由式(c)可知,在这种情况下,临界应力的大小为

$$\sigma_{cr} = \frac{\pi^2 E h^2}{3(1-\nu^2)(a\beta)^2} + \frac{E\beta^2}{4\pi^2} \tag{11-14}$$

上式右侧的第一项给出了计算板的应力,第二项给出了由于壳的曲率而增加的临界应力[1]。

---

[1] S. B. Batdorf 和 M. Schildcrout 在圆周方向上研究了中心加劲器的作用,NACA Tech. Note 1661,1948。

圆柱形板轴向压缩实验表明[1]，式(b)可以表示为

$$\sigma_{cr} = 0.6E\frac{h}{a} \tag{11-15}$$

在板的轴向和周向尺寸大致相等、圆心角 β 较小（如 $\beta < 1/2$）的情况下，式(11-15)与实验结果吻合良好。随着 β 增大 σ_{cr} 减小；当 $\beta > 2$ 时，σ_{cr} 仅为式(11-15)的一半左右，接近于在细圆柱管上实验得到的值（第 11.4 节）。

当 β 很小时，圆柱壳的屈曲条件接近于平面板的屈曲条件，且极限值增大应考虑与板屈曲情况（第 9.14 节）类似的载荷。

11.8 受剪切或剪切和轴向联合应力作用的弯曲板

弯曲板在纯剪切作用下的屈曲问题（图 11-18）在飞机结构中具有实际意义。采用与前几节相同的一般方法，计算长弯曲板开始屈曲的剪应力 σ 临界值[2]。这些值如图 11-19 所示，横坐标的值为

$$\sqrt[4]{\omega} = \frac{b}{\pi a}\sqrt{\frac{a}{h}}\sqrt[4]{12(1-\nu^2)} \tag{a}$$

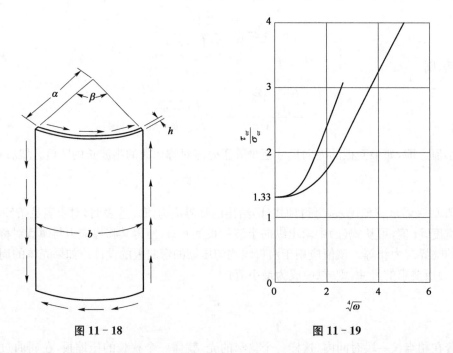

图 11-18   图 11-19

式中，a 为圆柱壳的半径；h 为其厚度；$b = \beta a$，为面板的宽度。纵坐标为宽度 b、厚度 h 的长压缩矩形板计算出的 τ_{cr} 与 σ_{cr} 的比值[见式(9-7)]：

---

① J. S. Newell 和 W. H. Gale 用简单支撑硬铝弯曲板做了大量这样的实验；参见《麻省理工学院飞机材料研究报告》，1931—1932 年。作者 S. C. Redshaw, Aeronaut 的论文给出了一些实验数据。Research Comm. report, and Mem. 1565, 1933, and H. L. Cox and W. J. Clenshaw,同上，no.1894 年，1941 年。

② 见 D. M. A. Leggett, Proc. Roy. Soc., series A, vol.162, p.62, 1937。

$$\sigma_{cr} = \frac{\pi^2}{3} \frac{E}{1-\nu^2} \frac{h^2}{b^2} \tag{b}$$

图 11-19 中有两条曲线。上面的曲线是在假设圆周方向上位移 v 在面板的纵向边缘消失的情况下计算的。较低的曲线是在假设法向应力为 0,即其在圆周方向上在面板的纵向边缘消失。在这两种情况下,都假定径向位移 w 和面板纵向边缘的弯矩消失。在 $\omega = 0$ 或 $a \to \infty$ 的情况下,有一个平板的例子。两条曲线具有相同的水平切线,纵坐标为 1.33,对应于长矩形的比率 τ_{cr}/σ_{cr}、带简支边的带[式(9-7)、(9-8)]。当 ω 值较大时,下曲线渐近于 $\tau_{cr}/\sigma_{cr} = 0.80 \sqrt[4]{\omega}$ 的直线,当 ω 值较大且 $v = 0.3$ 时,可由以下近似公式计算 τ_{cr} 的值[1]:

$$\tau_{cr} = 4.82E \frac{h^2}{b^2} \sqrt[4]{1 + 0.014\,5 \frac{b^4}{a^2 h^2}}$$

$$= 1.67E \frac{h}{b} \sqrt{\frac{h}{a}} \sqrt{1 + 68.7 \frac{a^2 h^2}{b^4}} \tag{11-16}$$

有文章也研究了轴压与剪切的组合问题[2],所得结果如图 11-20 所示。图中每条曲线对应一个确定的压应力 σ_x 与 σ_{cr} 之比,由式(b)计算得出。如图 11-20 所示,该比值为负值时,对应轴向压缩;为正值时,对应轴向拉伸。曲线 $\sigma_x/\sigma_{cr} = 0$ 对应于上面讨论的纯剪切情况。在此计算中,假设面板的纵向边缘为简支,沿这些边缘的周向法向应力 σ_θ 消失。曲线与水平轴 $\sqrt[4]{\omega}$ 的交点[见式(a)]给出了由压应力 σ_x 单独作用($\tau = 0$)产生屈曲的 ω 值。曲线与纵轴的交点给出了长扁条纵向拉应力 σ_{cr} 的不同量 σ_x。

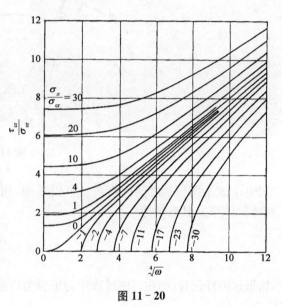

图 11-20

11.9　轴向压缩下加劲圆柱壳的屈曲

在讨论压缩板屈曲时(第 11.7 节),假设加强肋和框架为绝对刚性,因此所得结果[式(11-14)]可用于加劲压缩圆柱的局部稳定性研究。对于具有相对柔性的桁板和框架的大型圆柱体,存在屈曲的可能性,其中不仅是蒙皮,而且桁板和框架都发生屈曲并参与波浪的形成。这类问题在大型飞机的结构设计中具有重要的实际意义。

下面从最简单的相对于圆柱体轴线对称屈曲的情况(图 11-21)开始,讨论这个问题。在这种情况下,必须考虑在轴向面上只有一根弦的屈曲。框架在屈曲过程中保持圆形,仅在弦的屈曲过程中处于拉伸或压缩状态[3]。用弦在某一框架处的挠度 w 来表示,得到该框架的单位压缩为 w/a_θ,其中 a_θ 为框架中心线的半径。框架内的压缩力 S 等于 $A_\theta Ew/a_\theta$,其中 A_θ 为框架的截面积。用 b 表示弦之间的距离,可以看出力 S(图 11-21b)之间的夹角为 b/a,这些

---

① 对于在周向或轴向有中心加强肋的受剪板的情况,参见 M. Stein and D. J. Yaeger, NACA Tech. Note 1972,1949.1。

② 见 A. Kromm, Jahrb, deut. Luftfahrt-Forsch., p.1832,1940。

③ 假设弦之间的距离 b 相对于圆柱体的半径 a 较小。

力将给出与弦挠度相反的合力 $A_\theta Ebw/(aa_\theta)$。 如果坐标系靠得很近,则可以用一个沿弦连续分布的强度的反作用力来代替这个结果:

$$q = \frac{A_\theta Ebw}{aa_\theta c}$$

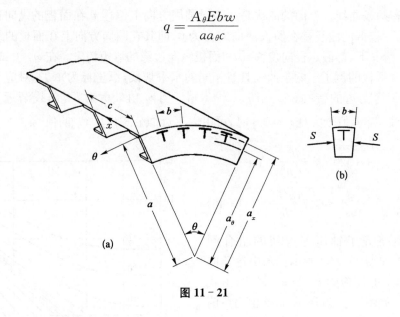

图 11 - 21

式中,c 表示两框架之间的距离。可以看到,屈曲的纵桁与弹性基础上的杆处于相同的状态(第 2.10 节),其模量为

$$\beta = \frac{A_\theta Eb}{aa_\theta c}$$

如果这种杆较长,则在屈曲过程中会细分为许多半波,其长度为[见式(2 - 40)]

$$l_x = \sqrt[4]{\frac{\pi^4 EI}{\beta}}$$

临界负荷为[见式(2 - 41)]
$$P_{cr} = \frac{2\pi^2 EI}{l_x^2}$$

将这些方程应用于屈曲纵桁的情况,用 I_s 表示纵桁连同起作用的部分表层的中心惯性矩,得到屈曲纵桁的半波长

$$l_x = \pi \sqrt[4]{\frac{I_s aa_\theta c}{A_\theta b}} \tag{11 - 17}$$

而弦长临界载荷的值为
$$P_{cr} = 2E \sqrt{\frac{I_s A_\theta b}{aa_\theta c}} \tag{11 - 18}$$

在进一步的讨论中,用等效的未加筋圆柱壳代替加筋圆柱壳是有利的,因为在纵向和周向上具有不同的弯曲和拉伸刚度。在讨论轴向各向异性的壳的性质时,引入半径为 a_x 的圆的厚度和单位长度的转动惯量,其中 a_x 为弦轴到圆柱轴的距离(图 11 - 21),引入如下符号:

$$h_x = \frac{A_s a}{ba_z} \tag{a}$$

$$i_x = \frac{I_s a}{b a_x} \tag{b}$$

式中，A_s 为所述弦与表面活动部分的横截面积。同样，对于周向，引入符号

$$h_\theta = \frac{A_\theta}{c} \tag{c}$$

$$i_\theta = \frac{I_\theta}{c} \tag{d}$$

来表示式(11-17)、(11-18)，形式如下：

$$l_x = \pi \sqrt[4]{\frac{i_x a_x a_\theta}{h_\theta}} \tag{11-19}$$

$$p_{cr} = \frac{P_{cr}}{b} \frac{a}{a_z} = 2E \sqrt{\frac{i_x h_\theta}{a_x a_\theta}} \tag{11-20}$$

式中，p_{cr} 为半径为 a_x 圆的单位长度的临界载荷。

为了将这些方程应用到厚度为 h、半径为 a 的各向同性薄圆柱壳中，必须有

$$h_\theta = h_x = h, \ a_x = a_\theta = a, \ i_x = \frac{h^3}{12}$$

然后得到

$$l_x = \pi \sqrt[4]{\frac{a^2 h^2}{12}}, \ \sigma_{cr} = \frac{p_{cr}}{h} = \frac{Eh}{a\sqrt{3}}$$

将这些结果与先前得到的式(11-2)、(11-1)进行比较，发现根式下的因子 $1-\nu^2$ 缺失了。这是由于在推导方程(11-19)、(11-20)时，考虑了一个孤立的弦，忽略了在周向作用在弦上的任何应力。为了在各向同性圆柱壳的情况下考虑这些应力，并使方程(11-19)、(11-20)与式(11-2)、(11-1)一致，只需使用表达式 $h^3/[12(1-\nu^2)]$ 表示 i_x 而不是 $h^3/12$。

在对称屈曲情况下，只有当由式(11-19)计算出的长度 l_x 与框架距离 c 相比较大、使得一根弦的半波中包含不少于三个框架时，上述结果才令人满意。如果不满足这一条件，则用连续分布的反力代替框架的集中反力是不够准确的，必须把弦视为弹性支撑上的杆(见第2.6节)。

在这种情况下，首先考虑框架必须具有多大的横截面积 A_θ，以防止框架在桁梁屈曲期间发生任何弯曲，这是有意义的。假设有大量等距框架，将通过式(2-30)得到这个问题的答案。观察到均匀压缩框架在一根弦上的反作用为 $A_\theta E b w/(a a_\theta)$，必须代入方程

$$\alpha = \frac{A_\theta E b}{a a_\theta}$$

还需要用框架距 c 代替 l/m，用 $\pi^2 EI/c^2$ 代替 P，$\beta = 1/4$。这样就得到所需的框架横截面积为

$$A_\theta = \frac{4\pi^2 I_s a a_\theta}{b c^3} = \frac{4\pi^2 i_x a_x a_\theta}{c^3} \tag{11-21}$$

如果框架的横截面积小于此值，必须将纵桁视为弹性支撑上的杆。假设屈曲纵桁条在每隔一

个框架都有一个反曲点,则得到如图 2-26 所示情况,而 P_{cr} 的值则由图 2-26 中的曲线得到。如果每隔两个框架有一个反曲点,则情况如图 2-27 所示,对于 α 的每一个值,都可以从该图的曲线 AB 和 BC 中找到 P_{cr}。

还应注意的是,在上述分析方法中,圆筒表层对临界载荷的影响,是由在横截面积 A_s 和 A_θ 中包括表层起作用的部分,即表面的有效宽度,来考量的。这种方法在对称屈曲的情况下是良好的,但在一般的屈曲情况下,需要更详细的研究。

为了求出一般屈曲情况下的临界压缩力,再次使用各向异性圆柱壳的概念。按照各向同性壳的情况(第 11.3 节),将得到三个类似于式的平衡微分方程(11-7)。在解这些方程时,假设圆柱体的长度与其直径相比较大,并且两端的边缘是简支的。通过对位移取类似于式(f)的表达式来满足这些条件(见 11.3 节),将它们代入平衡方程中,得到三个方程,用于确定定义屈曲圆柱体形状的常数[①]。如前所述,令这些方程的行列式等于零,得到计算临界载荷的方程。这是一个非常复杂的方程,但它可以简化为各种特殊的屈曲情况。在对称屈曲的情况下,它给出了上面导出的 p_{cr} 的方程。

在屈曲情况下,其中在轴向上的半波长 l_x 和在周向的半波长 l_θ 具有相同的阶,以下方程给出半径为 a_x 圆的单位长度的临界载荷:

$$p_{cr} = \frac{(p_{cr})_{sym}}{Y + A + 1/Y}\left[\sqrt{(Y + A + 1/Y)(Y + B + C/Y) + F^2} - F\right] \qquad (11-22)$$

式中,A,B,C,F 为常数,取决于结构的尺寸及其弹性特性(见下文);Y 与 $(l_\theta/l_x)^2$ 成正比。在每个特定情况下,必须为 Y 选择一个值,其使式(11-22)的右侧最小。这个最小值是 p_{cr} 的所需值。可以看出,该值与式(11-20)给出的 $(p_{cr})_{sym}$ 成正比。式(11-22)中的常数 A 定义为

$$A = \frac{E}{G_r}\sqrt{\frac{h_\theta h_x a_x}{h^2 a_\theta}} \qquad (e)$$

式中,h 为表面的厚度;h_x 和 h_θ 由式(a)、(c)定义。G_r 的表达式在图 9-57 附近给出。常数 B 定义为

$$B = \frac{G}{E}\frac{i_{\theta x}a_x^2 + i_{\theta x}aa_x}{a_\theta^2 i_x\sqrt{h_\theta a_x^3/(h_x a_\theta a^2)}} \qquad (f)$$

式中,$Gi_{x\theta}$、$Gi_{\theta x}$ 分别为弦条和框架以及表皮有效部分在半径为 a_x 圆的单位长度上的扭转刚度,以及沿框架之间距离 c 的单位长度上的扭转刚度。常数 C 定义为

$$C = \frac{i_\theta a^3 h_x}{i_x a_\theta^3 h_\theta} \qquad (g)$$

式中,i_θ 为框架之间距离为 c 的单位长度上,框架的横截面与有效蒙皮部分的转动惯量。常数 F 和量 Y 则分别定义为

$$F = \frac{(a - a_x)a_\theta + (a - a_\theta)a}{\sqrt{i_x a_\theta^2/h_x}} \qquad (h)$$

----

① 这样的调查是由 A. Van der Neut 完成的,见 Natl. Luchtvaartlaboratorium Rept. S. 314,Amsterdam,1947,下面给出的结果摘自本文。

$$Y = \left(\frac{l_\theta}{l_x}\right)^2 \sqrt{\frac{h_x a_\theta a^2}{h_\theta a_x^3}} \tag{i}$$

在每个特殊情况下,从计算常数 A,$\cdots$,F 开始,将它们代入式(11-22),取 Y 的几个值,计算 p 的对应值,可以构造 p 作为 Y 的函数的曲线,该曲线的最小纵坐标给出 p 值。作为选择 Y 的参考,观察到,当 $F > 0$ 时,就像飞机结构中通常的情况一样,Y 的真实值位于 $\sqrt{C}$ 和使得方程(11-22)的右侧在 $F = 0$ 时最小的 Y 的值之间。后一个值可以很容易地计算出来。

将式(11-22)应用于各向同性薄壳的情况下,有

$$a_x = a_\theta = a, \quad h_x = h_\theta = h, \quad \frac{E}{G_r} = \frac{E}{G} = 2(1+\nu)$$

$$i_{x\theta} = i_{\theta x} = \frac{h^3}{3}, \quad i_x = \frac{h^3}{12}$$

然后,从方程(e)~(i),得到

$$A = 2(1+\nu), \quad B = \frac{4}{1+\nu}, \quad C = 1$$

$$F = 0, \quad Y = \left(\frac{l_\theta}{l_x}\right)^2$$

式(11-22)变成
$$p_{\mathrm{cr}} = (p_{\mathrm{cr}})_{\mathrm{sym}} \left[\frac{Y + 4/(1+\nu) + 1/Y}{Y + 2(1+\nu) + 1/Y}\right]^{\frac{1}{2}}$$

上面方程的右边当 $Y = 1$ 时为最小值,则可得到

$$p_{\mathrm{cr}} = (p_{\mathrm{cr}})_{\mathrm{sym}} \left[\frac{1 + 2/(1+\nu)}{2+\nu}\right]^{\frac{1}{2}}$$

当 $v = 0.3$ 时,该值比之前得到的值大 2% 左右(见式 11-9)。如果观察到,在这两种情况下,原方程省略了那些被认为是不必要的项而被简化,那么这种差异是可以理解的。

下面考虑长度 l_θ 比长度 l_x 大的情况。在这种情况下,计算 p_{cr} 的基本方程可以表示为

$$p_{\mathrm{cr}} = (p_{\mathrm{cr}})_{\mathrm{sym}} \left[1 - \frac{n^2}{2}\sqrt{\frac{i_x a_\theta^2}{a^4 h_x}}(A - B + 2F)\right] \tag{11-23}$$

式中,A、B、F 的含义与之前相同;n 表示周向波数,且不能很大,这是因为假设 l_θ 很大;因子

$$\sqrt{\frac{i_x a_\theta^2}{a^4 h_x}}$$

非常小,数量级等同于 h/a,因此,式(11-23)中方括号中的第二项通常是一个小的正数,从单位中减去它,得到的 p_{cr} 值仅略小于 $(p_{\mathrm{cr}})_{\mathrm{sym}}$。

如果纵波比周波长许多倍,则 Y 值变小,计算波的基本方程变为

$$p_{\mathrm{cr}} = \frac{n^2 - 1}{n^2 + 1}(p_{\mathrm{cr}})_{\mathrm{sym}}\sqrt{C} \tag{11-24}$$

为了获得短周波,数 n 必须很大,如果 C 趋近于 1,则 p_{cr} 的值趋近于 $(p_{\mathrm{cr}})_{\mathrm{sym}}$。

所有这些结果都假设圆柱壳的边缘是简支的,径向位移 w 在两端消失。在自由边的情况

下，p_{cr} 的值可能偏差较大。

由于上述计算出的 p 的临界值通常对应于屈曲的短周向波，因此这些值也可以足够精确地用于圆柱壳弯曲的情况（见第 11.6 节）。

11.10　轴向和均匀侧向联合压力作用下圆柱壳的屈曲

在机械设计和造船中，薄圆柱壳同时受到轴向压缩和均匀侧压力的作用。在这些力的作用下，壳体可能保持其圆柱形，但在压力达到一定临界值时，这种平衡形式可能变得不稳定，壳体可能弯曲[①]。如前所述，如果 u、v 和 w 表示壳在屈曲过程中从压缩圆柱形式产生的小位移，则可以运用第 11.5 节对于壳受横向压力情形的等式（f）和为壳受轴向压缩情形的方程（11-7），写出三个平衡微分方程以决定这些位移。使用符号

$$\frac{qa(1-\nu^2)}{Eh}=\phi_1,\quad \frac{N_x(1-\nu^2)}{Eh}=-\phi_2 \tag{a}$$

这些方程变成

$$
\begin{aligned}
&a^2\frac{\partial^2 u}{\partial x^2}+\frac{1+\nu}{2}\frac{a}{\partial x}\frac{\partial^2 v}{\partial\theta}-\nu a\frac{\partial w}{\partial x}+a\phi_1\left(\frac{\partial^2 v}{\partial x}\frac{\partial w}{\partial\theta}-\frac{\partial w}{\partial x}\right)+\frac{1-\nu}{2}\frac{\partial^2 u}{\partial\theta^2}=0\\[4pt]
&\frac{1+\nu}{2}\frac{a}{\partial x}\frac{\partial^2 u}{\partial\theta}+\frac{1-\nu}{2}a^2\frac{\partial^2 v}{\partial x^2}+\frac{\partial^2 v}{\partial\theta^2}-\frac{\partial w}{\partial\theta}+\\[4pt]
&\alpha\left[\frac{\partial^2 v}{\partial\theta^2}+\frac{\partial^3 w}{\partial\theta^3}+a^2\frac{\partial^3 w}{\partial x^2\partial\theta}+a^2(1-\nu)\frac{\partial^2 v}{\partial x^2}\right]-a^2\phi_2\frac{\partial^2 v}{\partial x^2}=0\\[4pt]
&\nu a\frac{\partial u}{\partial x}+\frac{\partial v}{\partial\theta}-w-\alpha\left[\frac{\partial^3 v}{\partial\theta^3}+(2-\nu)a^2\frac{\partial^3 v}{\partial x^2\partial\theta}+a^4\frac{\partial^4 w}{\partial x^4}+\frac{\partial^4 w}{\partial\theta^4}+2a^2\frac{\partial^4 w}{\partial x^2}\right]\\[4pt]
&=\phi_1\left(w+\frac{\partial^2 w}{\partial\theta^2}\right)+\phi_2 a^2\frac{\partial^2 w}{\partial x^2}
\end{aligned}
\tag{b}
$$

假设壳的边缘是简支的，使用与轴向压缩壳相同的位移表达式［见式（f），第 11.3 节］，并将

$$
\left.
\begin{aligned}
u&=A\sin n\theta\cos\frac{m\pi x}{l}\\[4pt]
v&=B\cos n\theta\sin\frac{m\pi x}{l}\\[4pt]
w&=C\sin n\theta\sin\frac{m\pi x}{l}
\end{aligned}
\right\}
\tag{c}
$$

代入式（b），得到关于 A、B、C 的三个齐次线性方程。令这些方程的行列式等于零，可以得到计算压力临界值的方程。此方程简化后可以写作[②]

---

① 这个问题已经被 R. von Mises，"*Stodola-Festschrift*，" p.418，Zürich，1929 解决了。K. von Sanden and F. Tölke, Ingr.-Arch.，vol.3，p.24，1932, and by W. Flügge, ibid.，vol.3，p.463，1932 也讨论了这个问题。

② 上面①Flügge 的文献中给出了方程的这种形式。Flügge 使用了一套与方程组（b）稍有不同的方程组，但这种差别只影响到最后方程中次要的项。

$$C_1 + C_2\alpha = C_3\phi_1 + C_4\phi_2 \tag{d}$$

其中

$$C_1 = (1 - \nu^2)\lambda^4$$

$$C_2 = (\lambda^2 + n^2)^4 - 2[\nu\lambda^6 + 3\lambda^4 n^2 + (4 - \nu)\lambda^2 n^4 + n^6] + 2(2 - \nu)\lambda^2 n^2 + n^4$$

$$C_3 = n^2(\lambda^2 + n^2)^2 - (3\lambda^2 n^2 + n^4)$$

$$C_4 = \lambda^2(\lambda^2 + n^2)^2 + \lambda^2 n^2$$

$$\alpha = \frac{h^2}{12a^2}, \quad \lambda = \frac{m\pi a}{l} \tag{e}$$

如果壳的尺寸已知,并且 m 和 $2n$ 分别表示轴向半波数和周向半波数,则式(d)表示物理量 ϕ_1 与 ϕ_2 之间的一定线性关系,并决定了外部压力。以 ϕ_1 和 ϕ_2 为直角坐标,一条直线由式(d)定义。如果保持 m 不变,给 n 赋值 2,3,4,…,就得到了这样的直线系。对于给定的横坐标,具有最小纵坐标的各线段形成一条折线,这条折线可以用来确定压力的临界值。图11-22给出对于 $\alpha = 10^{-5}$、$\nu = 1/6$ 和各种 λ 值的这种折线[①]。

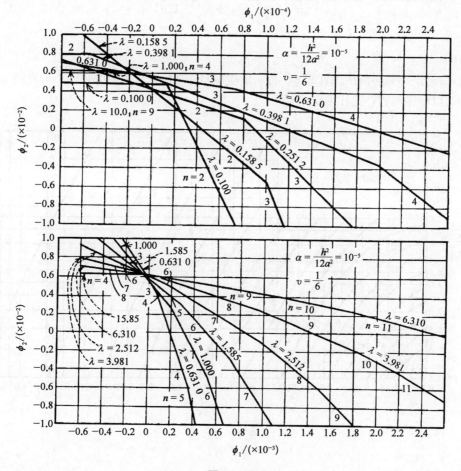

图 11-22

① 同上页的文献。

取这些直线与横轴的交点（$\phi_2 = 0$），得到竖直压力单独变化时 ϕ_1 的临界值。从图中可以看出，ϕ_1 和临界压力都随着 λ 的增大而增大。这表明在侧压力单独作用时 $m = 1$，也即，屈曲壳在轴向有一个半波，临界压力随筒体长度的减小而增大。在多边形侧面显示的周向波的数量，也随着圆柱体的长度变短而增加。这些结论与先前在第 11.5 节中所做的讨论一致。

取同一多边形与垂直轴（$\phi_1 = 0$）的交点，得到仅轴向压力作用时 ϕ_2 的临界值。

对于比值 ϕ_1/ϕ_2 的任意给定值，通过原点画一条斜率为 ϕ_1/ϕ_2 的直线。该线与多边形的交点决定了相应的临界值 ϕ_1 和 ϕ_2。可见，任意轴向压力均使侧压力临界值减小；任何侧压力都会导致轴向压力临界值的降低。

最常见的情况是端部封闭的圆柱壳受到均匀外部压力的作用。在这种情况下

$$\phi_2 = \frac{1}{2}\phi_1$$

假设壳很薄，只保留式（d）中的主项，在这种情况下，得到侧压力临界值的简化公式[1]：

$$q_{cr} = \frac{Eh}{a}\ \frac{1}{n^2 + \frac{1}{2}(\pi a/l)^2}\left\{\frac{1}{[n^2(l/\pi a)^2 + 1]^2} + \frac{h^2}{12a^2(1-\nu^2)}\left[n^2 + \left(\frac{\pi a}{l}\right)^2\right]^2\right\}$$

$$(11\text{-}25)$$

使式（11-25）最小并必须用于计算 q_{cr} 的 n 值应取自图 11-23，其中以长度 l 与直径 $2a$ 之比为横坐标、以壁厚与直径之比为纵坐标[2]。

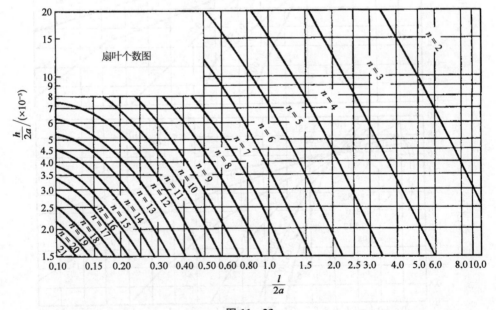

图 11-23

---

[1]　这个简化公式是由 von Mises 的上一条文献给出的。
[2]　图来源于 D. F. Windenburg and C. Trilling, Trans. ASME, vol.56, p.819, 1934。

从图中可以看出,随着筒体长度和厚度的减小,壳体屈曲进入的周向圆的数量增加。用在材料弹性范围内发生屈曲的薄壳所做的实验,与该理论的结果吻合得很好[1]。

对等距环加筋圆柱壳的屈曲情况也进行了研究[2]。用等效增加的圆周方向的抗弯刚度壳壁的厚度和方程各向异性的壳取代了环,为了计算临界压力,获得一个方程[类似于方程(d)]。如果 A_v 为环的横截面积、EI_y 为一个环的抗弯刚度,连同相应的圆柱壳的一部分[3],b 为环之间的距离,考虑周向弯曲用 EI_y/b 代替 $Eh^3/[12(1-\nu^2)]$;在考虑周向压缩时,也用等效厚度 $h_y = h + (A_y/b)$ 代替 h。使用符号

$$\frac{I_\nu(1-\nu^2)}{bha^2} = \alpha_1, \quad \frac{h_\nu(1-\nu^2)}{h} = s \tag{f}$$

确定压力临界值的方程变为

$$C_1 + C_2\alpha + C_3\alpha_1 = C_4\phi_1 + C_5\phi_2 \tag{g}$$

式中,α、ϕ_1、ϕ_2 的含义与之前相同[参见符号(a)、(e)],系数 C_1、C_2、$\cdots$ 为

$$C_1 = s\lambda^4$$

$$C_2 = \lambda^6(\lambda^2 + 2n^2) + s\lambda^2 n^2 [2(\lambda^2-1)^2 + 2(n^2-1)^2 + 5\lambda^2 n^2 - 2]$$

$$C_3 = (n^2-1)^2 [\lambda^4 + s(2\lambda^2 + n^2)n^2]$$

$$C_4 = \lambda^4 n^2 + s(2\lambda^2 + n^2)n^4 - s(3\lambda^2 + n^2)n^2$$

$$C_5 = \lambda^6 + s\lambda^2 n^2(2\lambda^2 + n^2 + 1)$$

同样,对于给定的壳和肋的尺寸以及 m 和 n 的假设值,得到一条直线,其给出了 ϕ_1 和 ϕ_2 之间的关系。保持 m 不变,取 $n = 2, 3, \cdots$,得到如图 11-22 所示多边形,并可以计算出临界压力。

11.11　受扭转作用圆柱壳的屈曲

对于端部扭矩作用下圆柱壳屈曲的情况,合剪力 N_{xy} 是最重要的。考虑到这一点,一般平衡方程(10-13)可表示为[4]

$$\left.\begin{array}{l} a\dfrac{\partial N_x}{\partial x} + \dfrac{\partial N_{yx}}{\partial \theta} - aN_{xy}\dfrac{\partial^2 v}{\partial x^2} = 0 \\[3mm] \dfrac{\partial N_y}{\partial \theta} + a\dfrac{\partial N_{xy}}{\partial x} + N_{yx}\left(\dfrac{\partial^2 v}{\partial x}\dfrac{\partial w}{\partial \theta} - \dfrac{\partial w}{\partial x}\right) - Q_y = 0 \\[3mm] a\dfrac{\partial Q_x}{\partial x} + \dfrac{\partial Q_y}{\partial \theta} + (N_{xy} + N_{yx})\left(\dfrac{\partial v}{\partial x} + \dfrac{\partial^2 w}{\partial x \partial \theta}\right) + N_y = 0 \end{array}\right\} \tag{a}$$

将下式代入方程组(a):

---

[1]　此文中给出了一些实验结果：H. E. Saunders and D. F. Windenburg, Trans. ASME, vol.54, p.263, 1932 和 Windenburg and Trilling, loc. cit. 也可以参考 the paper by T. Tokugawa, Proc. World Eng. Congr., Tokyo, vol.29, p.249, 1929。

[2]　Flügge, loc, cit.; Sanden and Tölke, loc. cit.; P. P. Bijlaard, J. Acronaut. Sci., vol.24, p.437, 1957。

[3]　这里假定环的横截面相对于壳体的中间表面是对称的;也就是说,环有一半突出在壳内。

[4]　这里和前面一样,u、v 和 w 是受扭壳离开圆柱形平衡位置的微小位移。除了 N_{xy} 外,所有力和力矩与 u、v、w 的导数的乘积都被忽略了。

$$N_{xy}=N_{yx}=\frac{M}{2\pi a^{2}}+N'_{xy}$$

式中，M 为施加的力矩；$M/(2\pi a^{2})$ 为由于这个扭矩产生的合力；N'_{xy} 为由于屈曲造成的这个力的小变化。还考虑了屈曲过程中中间表面的拉伸，分别用 $N_{yx}(1+\varepsilon_{1})$ 和 $N_{xy}(1+\varepsilon_{2})$ 代替系统(a)第一和第二方程第二项中的 N_{yx} 和 N_{xy}，然后，忽略 N'_{xy} 的导数与位移 u、v、w 的乘积，得到

$$\begin{cases} a\,\dfrac{\partial N_{x}}{\partial x}+\dfrac{\partial N'_{yx}}{\partial \theta}+\dfrac{M}{2\pi a^{2}}\left(\dfrac{\partial^{2}u}{\partial x\partial \theta}-a\,\dfrac{\partial^{2}v}{\partial x^{2}}\right)=0 \\[3mm] \dfrac{\partial N_{y}}{\partial \theta}+a\,\dfrac{\partial N'_{xy}}{\partial x}+2\,\dfrac{M}{2\pi a^{2}}\left(\dfrac{\partial^{2}v}{\partial x\partial \theta}-\dfrac{\partial w}{\partial x}\right)-Q_{y}=0 \\[3mm] a\,\dfrac{\partial Q_{x}}{\partial x}+\dfrac{\partial Q_{y}}{\partial \theta}+N_{y}+2\,\dfrac{M}{2\pi a^{2}}\left(\dfrac{\partial v}{\partial x}+\dfrac{\partial^{2}w}{\partial x\partial \theta}\right)=0 \end{cases}$$

将下列方程[见第 10.1 节和式(10-15)]代入上面方程组：

$$N_{x}=\frac{Eh}{1-\nu^{2}}\left[\frac{\partial u}{\partial x}+\frac{\nu}{a}\left(\frac{\partial v}{\partial \theta}-w\right)\right]$$

$$N_{y}=\frac{Eh}{1-\nu^{2}}\left[\nu\,\frac{\partial u}{\partial x}+\frac{1}{a}\left(\frac{\partial v}{\partial \theta}-w\right)\right]$$

$$N'_{xy}=\frac{Eh}{2(1+\nu)}\left(\frac{\partial v}{\partial x}+\frac{1}{a}\,\frac{\partial u}{\partial \theta}\right)$$

$$M_{x}=-\frac{Eh^{3}}{12(1-\nu^{2})}\left[\frac{\partial^{2}w}{\partial x^{2}}+\frac{\nu}{a^{2}}\left(\frac{\partial^{2}w}{\partial \theta^{2}}+\frac{\partial v}{\partial \theta}\right)\right]$$

$$M_{y}=-\frac{Eh^{3}}{12(1-\nu^{2})}\left[\nu\,\frac{\partial^{2}w}{\partial x^{2}}+\frac{1}{a^{2}}\left(\frac{\partial^{2}w}{\partial \theta^{2}}+\frac{\partial v}{\partial \theta}\right)\right]$$

$$M_{xy}=\frac{Eh^{3}}{12(1+\nu)a}\left(\frac{\partial v}{\partial x}+\frac{\partial^{2}w}{\partial x\partial \theta}\right)$$

并用以下符号表示：

$$\alpha=\frac{h^{2}}{12a^{2}},\ \phi=\frac{M(1-\nu^{2})}{2\pi a^{2}Eh}=\frac{\tau(1-\nu^{2})}{E} \tag{b}$$

最后得到

$$\left.\begin{aligned} & a^{2}\,\frac{\partial^{2}u}{\partial x^{2}}+\frac{1-\nu}{2}\,\frac{\partial^{2}u}{\partial \theta^{2}}+\frac{a(1+\nu)}{2}\,\frac{\partial^{2}v}{\partial x\partial \theta}-\nu a\,\frac{\partial w}{\partial x}+\phi a\left(\frac{\partial^{2}u}{\partial x\partial \theta}-a\,\frac{\partial^{2}v}{\partial x^{2}}\right)=0 \\[2mm] & \frac{\partial^{2}v}{\partial \theta^{2}}+\frac{a^{2}(1-\nu)}{2}\,\frac{\partial^{2}v}{\partial x^{2}}+\frac{a(1+\nu)}{2}\,\frac{\partial^{2}u}{\partial x\partial \theta}-\frac{\partial w}{\partial \theta}+ \\[2mm] & \quad \alpha\left[\frac{\partial^{2}v}{\partial \theta^{2}}+a^{2}(1-\nu)\,\frac{\partial^{2}v}{\partial x^{2}}+a^{2}\,\frac{\partial^{3}w}{\partial x^{2}\partial \theta}+\frac{\partial^{3}w}{\partial \theta^{3}}\right]+\phi a\left(\frac{\partial^{2}v}{\partial x\partial \theta}-\frac{\partial w}{\partial x}\right)=0 \\[2mm] & \frac{\partial v}{\partial \theta}+a\nu\,\frac{\partial u}{\partial x}-w-\alpha\left[a^{4}\,\frac{\partial^{4}w}{\partial x^{4}}+2a^{2}\,\frac{\partial^{4}w}{\partial x^{2}\partial \theta^{2}}+\frac{\partial^{4}w}{\partial \theta^{4}}+(2-\nu)a^{2}\,\frac{\partial^{3}v}{\partial x^{2}\partial \theta}+\frac{\partial^{3}v}{\partial \theta^{3}}\right]+ \\[2mm] & \quad 2\phi a\left(\frac{\partial v}{\partial x}+\frac{\partial^{2}w}{\partial x\partial \theta}\right)=0 \end{aligned}\right\}$$

$$\tag{c}$$

　　这样,圆柱壳在扭矩作用下的屈曲问题就简化为上面这三个方程的积分[1]。这些方程与以前讨论圆柱体的侧向或轴向压缩时得到的方程有很大不同。不同之处在于,在同一个方程中,会遇到一个位移对同一个自变量的奇阶和偶阶导数。这表明不能再用正弦或余弦乘积形式的解来满足方程,从而意味着物理上不存在屈曲过程中保持直线的发生器,也不存在在屈曲表面形成直线节点线系统的发生器。在扭转的情况下,可以期望节点线是螺旋形的,如果对位移取以下表达式,则满足这个条件:

$$
\left.
\begin{aligned}
u &= A\cos\left(\frac{\lambda x}{a} - n\theta\right)\\
v &= B\cos\left(\frac{\lambda x}{a} - n\theta\right)\\
w &= C\sin\left(\frac{\lambda x}{a} - n\theta\right)
\end{aligned}
\right\}
\tag{d}
$$

和之前一样,a 是圆柱体的半径,l 是圆柱体的长度,n 是圆周波的个数,其中

$$
\lambda = \frac{m\pi a}{l}
$$

相应的屈曲形式有 n 个沿圆柱体旋转的周向波。由下列条件可以求出相应螺旋线的螺距 L:

$$
\frac{\lambda L}{a} = 2\pi n
$$

整理得到
$$
L = \frac{2a\pi n}{\lambda}
$$

　　关于末端的条件,首先假设圆柱体很长,以至于边缘的约束对临界应力的大小影响不大,因此可以忽略不计。将式(d)代入式(c),得到

$$
\left.
\begin{aligned}
&-A\left(\lambda^2 + \frac{1-\nu}{2}n^2 - \lambda n\phi\right) + B\left(\frac{1+\nu}{2}\lambda n + \lambda^2\phi\right) - C\nu\lambda = 0\\
&A\frac{1+\nu}{2}\lambda n - B\left[n^2(1+\alpha) + \frac{1-\nu}{2}\lambda^2(1+2\alpha) - 2\phi\lambda n\right] + Cn\left(1 + \alpha n^2 + \alpha\lambda^2 - 2\phi\frac{\lambda}{n}\right) = 0\\
&A\lambda n - Bn\left[1 + \alpha n^2 + (2-\nu)\lambda^2\alpha - 2\phi\frac{\lambda}{n}\right] + C\left[1 + \alpha(\lambda^2 + n^2)^2 - 2\phi\lambda n\right] = 0
\end{aligned}
\right\}
\tag{e}
$$

对于这三个齐次线性方程,只有当它们的行列式为零时,才能得到 A、B、C 不等于零的解。令行列式等于零并忽略含有 α^2、$\alpha\phi$、α^3、ϕ^2 和 ϕ^3 的项[2],发现

$$
\phi = \frac{R}{S}
\tag{f}
$$

其中

$$
\begin{aligned}
R = \lambda^4(1-\nu^2) + \alpha\big[&2\lambda^4(1-\nu^2) + (\lambda^2+n^2)^4 + (3+\nu)\lambda^2 n^2 - \\
&(2+\nu)(3-\nu)\lambda^4 n^2 - (7+\nu)\lambda^2 n^4 - 2n^6 + n^4\big]
\end{aligned}
$$

　　[1]　圆柱壳在扭转作用下屈曲的首次研究是由于 E. Schwerin；见 Repts. Intern. Congr. Appi. Mech.,Delft,1924,and also 2. angew. Math. u. Mech.,vol.5,p.235,1925。

　　[2]　从符号表达式(b)可以看出,α 和 ϕ 是小的量,因为在弹性极限内的屈曲只可能发生在非常薄的壳的情况下,因此 h^2/a^2 非常小、数量 τ/E 也非常小。

$$S = 2\lambda n^5 - 2\lambda n^3 + 4\lambda^3 n^3 - 2\lambda^3 n + 2\lambda^5 n$$

取 m 和 n 为一定的整数,由式(f)可以计算出 ϕ 的对应值。

首先从 $n=1$ 开始。在这种情况下,由式(d)可以看出,在屈曲过程中,管的横截面保持圆形(见第 7.2 节),并且只在它自己的平面内运动。当 $n=1$ 时,式(f)变成

$$\phi = \frac{\lambda^4(1-\nu^2) + \alpha\lambda^4[\lambda^4 + 4\lambda^2 + (2+\nu)(1-\nu)]}{2\lambda^3(\lambda^2+1)} \tag{g}$$

忽略分子上因子 α 很小的项,得到

$$\phi = \frac{\lambda(1-\nu^2)}{2(\lambda^2+1)} \tag{h}$$

为了在弹性极限内获得这种屈曲,ϕ 必须非常小[见符号(b)];因此,λ 也一定是小的[①],与整体相比,忽略 λ^2,则有

$$\phi = \frac{1}{2}\lambda(1-\nu^2) \tag{i}$$

在屈曲过程中,当圆筒在轴向上只形成一个完整的波时,即由式(d),当

$$\frac{\lambda l}{a} = 2\pi \quad 即 \quad \lambda = \frac{2\pi a}{l} \tag{j}$$

时,得到 λ 最小值,代入式(i),得到

$$\phi = \frac{\pi a(1-\nu^2)}{l}$$

使用符号表达式(b)

$$M_{cr} = \frac{2\pi^2 a^3 Eh}{l} \tag{11-26}$$

考虑到 $2\pi a^3 h$ 为管截面的极转动惯量,可以发现所得结果与细长杆在扭转作用下侧向屈曲的 Greenhill 解完全一致[见式(2-74)]。

如果在式(f)中取 $n=2$,得到

$$\phi = \frac{\lambda^4(1-\nu^2) + \alpha[\lambda^8 + 16\lambda^6 + \lambda^4(74 - 4\nu + 2\nu^2) + \lambda^2(156 - 12\nu) + 144]}{4(\lambda^5 + 7\lambda^3 + 12\lambda)} \tag{k}$$

在式(k)中取 $\lambda=1$,得到 ϕ 的一个非常大的值。通过假设 λ 非常小或非常大,可以得到更小的值。计算表明,这两个假设中的第一个给出的 ϕ 值较小。采用这个假设,只保留式(k)中的重要项,得到

$$\phi = \frac{\lambda^4(1-\nu^2) + 144\alpha}{48\lambda} \tag{l}$$

下面根据 ϕ 成为最小值的条件来确定 λ,则由

$$\frac{\partial\phi}{\partial\lambda} = \frac{3\lambda^2(1-\nu^2)}{48} - \frac{3\alpha}{\lambda^2} = 0$$

[①] 正在考虑的屈曲情况需要较大的 l/a 值,因此 λ 的大值不在此讨论之列。

解得
$$\lambda = \sqrt[4]{\frac{48\alpha}{1-\nu^2}} = \sqrt{\frac{2h}{a\sqrt{1-\nu^2}}}$$

将其代入式(l)，得到
$$\phi = 2\sqrt[4]{\frac{\alpha^3}{3}(1-\nu^2)}$$

通过使用符号(b)，则有
$$M_{cr} = \frac{\pi\sqrt{2}\,E}{3(1-\nu^2)^{\frac{3}{4}}}\sqrt{ah^5}$$

和
$$\tau_{cr} = \frac{M_{cr}}{2\pi a^2 h} = \frac{E}{3\sqrt{2}(1-\nu^2)^{\frac{3}{4}}}\left(\frac{h}{a}\right)^{\frac{3}{2}} \tag{11-27}$$

当 $n > 2$ 时，计算得到的 τ_{cr} 值总是大于 $n = 2$ 时得到的值[①]。因此，式(11-27)在计算受扭转的长圆柱壳的临界应力时必须始终使用。

在较短圆柱的情况下，不能再忽略末端的条件，确定临界应力的问题变得更加复杂。一般程序如下：将式(f)看作 λ 的 8 次项。假设 ϕ、α、n 为一定值，得到方程的 8 个根 λ_1，λ_2，…，λ_8，将其代入式(d)中，得到 8 个对应的初等解。通过叠加这些解，位移的表达式变成

$$\left.\begin{aligned}
u &= \sum_{i=1}^{8} A_i \cos\left(\frac{\lambda_i x}{a} - n\theta\right) \\
v &= \sum_{i=1}^{8} B_i \cos\left(\frac{\lambda_i x}{a} - n\theta\right) \\
w &= \sum_{i=1}^{8} C_i \sin\left(\frac{\lambda_i x}{a} - n\theta\right)
\end{aligned}\right\} \tag{m}$$

对于常数 A_i、B_i、C_i，应注意，对于式(f)的任意根，从方程(e)中得到 A_i/C_i 和 B_i/C_i 的确定比值。因此，式(m)中只有 8 个独立的常数。为了确定这些常数，有 8 个边界条件，在圆柱体的两端各有 4 个。比如说，假设每一端都有简单的支撑，对于两端都有

$$u = v = w = \frac{\partial^2 w}{\partial x^2} + \nu\frac{\partial^2 w}{a^2\partial\theta^2} = 0 \tag{n}$$

在夹持边的情况下，在每一端都有

$$u = v = w = \frac{\partial w}{\partial x} = 0 \tag{o}$$

将式(m)代入边界条件，得到 8 个线性齐次方程。令这些方程的行列式等于零，最终得到一个可以计算圆柱体长度 l 的方程，并与假设的 ϕ、α、n 值相对应。对相当多的假设值，如 ϕ、α、n，重复这样的计算，就可构造出表示临界应力作为壳体几何尺寸函数的曲线。

然而，这样的计算需要大量的工作；为了使问题简化，Donnell 提出了几个方法[②]。他证明

[①]　这样的计算是由 Schwerin, loc. cit., and by Flügge, "*Statikund Dynamik der Schalen*", Berlin, 1934 完成的。

[②]　L. H. Donnell, NACA Rept. 479, 1933。为了讨论简化方程的准确性，见 J. Kempner, J. Appl. Mech., vol.22, p.117, 1955, and N. J. Hoff, ibid., vol.22, p.329, 1955。为了在其他加载情况下使用简化方程，可以见 S. B. Batdorf, NACA Tech. Notes 1341 and 1342.1L. H. Donnell, NACA Rept. 479, 1933。

在系统(c)的前两个方程中,所有含有 α 或 ϕ 作为因数的项都可以省略。在系统(c)的第三个方程中,只保留含有因子 α 或 ϕ 的 w 的导数项。这样,式(f)就大大简化了。进一步简化了边界条件,省去了壳端 $u = 0$ 的要求。那么剩下的结束条件就可以满足于在式(m)的求和中只保留四项,并用近似的四次方程代替简化的第八次方程(f)。这样,计算临界应力的边界条件和行列式就与 Skan 和 Southwell 讨论的无限长条在剪切作用下屈曲问题的形式相同[1]。由于所有这些简化,Donnell 得到了以下短壳和中等长壳的公式: 对于夹持边有

$$(1-\nu^2)\,\frac{\tau_{cr}}{E}\,\frac{l^2}{h^2} = 4.6 + \sqrt{7.8 + 1.67\left(\sqrt{1-\nu^2}\,\frac{l^2}{2ha}\right)^{\frac{3}{2}}} \qquad (11-28)$$

对于简支边有

$$(1-\nu^2)\,\frac{\tau_{cr}}{E}\,\frac{l^2}{h^2} = 2.8 + \sqrt{2.6 + 1.40\left(\sqrt{1-\nu^2}\,\frac{l^2}{2ah}\right)^{\frac{3}{2}}} \qquad (11-29)$$

为了验证这些公式,进行了大约 50 次实验,其结果与其他实验人员获得的结果一起绘制见图 11-24[2]。可以看出,所有的实验都给出一些破坏应力值,其比理论公式计算的临界应力值低。

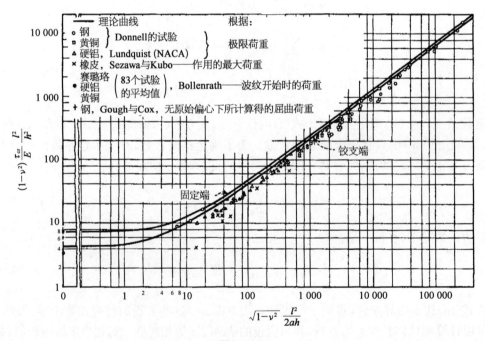

图 11-24

---

① S. W. Skan and R. V. Southwell, Proc. Roy. Soc., London, series A, vol.105, p.582, 1924。

② 见 E. E. Lundquist, NACA Tech. Note 427, 1932; Katsutada Sezawa and Kei Kubo, Tokyo Imp. Univ. Rept. 76, vol.6, 1931. 实验由 F. Bollenrath, Luftfahrt-Forsch., vol.6, p.1, 1929 和 Gough and Cox, Proc. Royal Soc., London, series A, vol.137, p.145, 1932 完成,参考平条的屈曲。也可以参考 W. A. Nash, Soc. Exptl. Stress Anal., vol.16, p.55, 1959。

在简支边的情况下,更详细的研究[1]给出下面的方程,而不是式(11-28):

$$\tau_{cr} = 4.39 \frac{E}{1-\nu^2} \frac{h^2}{l^2} \sqrt{1+0.025\,7(1-\nu^2)^{\frac{3}{4}}\left(\frac{l}{\sqrt{ah}}\right)^3} \qquad (11-30)$$

与式(11-28)的对比如图 11-25 所示。图中,量 σ_{cr} 和 ω 定义如下:

$$\sigma_{cr} = \frac{\pi^2}{3} \frac{E}{1-\nu^2} \frac{h^2}{l^2} \qquad (p)$$

$$\omega = \frac{12(1-\nu^2)}{\pi^4} \frac{l^4}{a^2 h^2} \qquad (q)$$

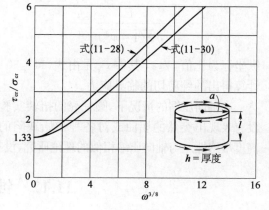

可以看出,式(11-30)给出的 τ_{cr} 值略小于式(11-28)中的。

对于较长的圆柱体,即对于固连边缘

$$\frac{1}{\sqrt{1-\nu^2}} \frac{l^2 h}{(2a)^3} > 7.8$$

对于简支边

$$\frac{1}{\sqrt{1-\nu^2}} \frac{l^2 h}{(2a)^3} > 5.5$$

图 11-25

在计算临界应力时,建议使用以前为超长圆柱体推导出的公式。

对于管道屈曲过程中周向形成的波数,实验结果与简化后的理论结果则非常吻合。

图 11-26 是 Donnell 在他的扭转实验以及扭转弯曲和扭转压缩联合实验中使用的机器。这三种类型的负载由三个方便的曲柄施加。负载量直接在刻度表上读取。圆柱壳的外观如图 11-27 所示。

图 11-26

图 11-27

① 见 Kromm 的上一条文献。

对联合扭转和纵向张力或压缩的问题也进行了理论研究[1]，所得结果如图 11 - 28 所示。图中曲线是根据不同的 $\sqrt[4]{\omega}$ 值计算得出的，其中 ω 由式(q)定义。$\omega=0$ 的情况对应于受剪切和均匀侧向压缩或拉伸的长矩形条[2]。横坐标为比值 σ_x/σ_0，其中[见式(11 - 1)]

$$\sigma_0 = \frac{E}{\sqrt{3(1-\nu^2)}}\frac{h}{a}$$

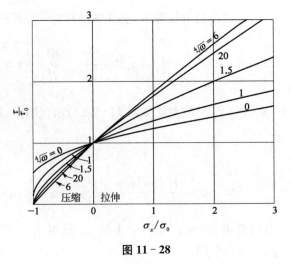

图 11 - 28

纵坐标为比值 τ/τ_0，其中 τ_0 是由式(11 - 30)计算得出的纯剪切的临界应力。

在轴向压缩的情况下，圆柱壳的扭转实验没有表现出突然的屈曲或对各种初始缺陷的高度敏感性。与轴向压缩相似的理论研究，没有显示出屈曲后变形过程中扭矩的快速衰减[3]。

11.12　锥形壳的屈曲

压缩锥形壳屈曲的一般情况是一个复杂的数学问题[4]。对于特定情况已获得解决方案，其中壳体的厚度 h 与曲率半径 r 成正比(图 11 - 29)，因此

$$h = h_1\frac{r}{r_1} \tag{a}$$

式中，h_1 为圆锥体底部的壳的厚度。假设锥体由于受到均布垂直载荷 q 的作用，则膜力的值为

$$N_x = -\frac{qr}{2\cos\alpha},\ N_\theta = -qr\cos\alpha \tag{b}$$

式中，N_x 作用于母线的方向；N_θ 作用于周向。用 u 和 v 表示屈曲时在这些方向上的位移，用 w 表示壳面法向的位移，可以像前述写出三个平衡方程，其中包含三个未知函数 u、v、w。如果壳的边缘可以自由移动，则取这些方程的特解，形式如下：

$$\left.\begin{array}{l} u = A\left(\dfrac{r}{r_1}\right)^m\cos n\theta \\[2mm] v = B\left(\dfrac{r}{r_1}\right)^m\sin n\theta \\[2mm] w = C\left(\dfrac{r}{r_1}\right)^m\cos n\theta \end{array}\right\} \tag{c}$$

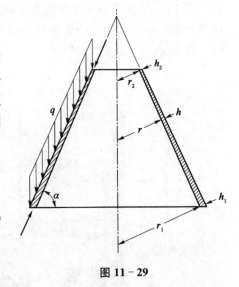

图 11 - 29

①　见 Kromm, loc. cit.。也可以参考 the paper by S. B. Batdorf, M. Stein, and M. Schilderout, NACA Tech. Note 1345, 1947。

②　可以参考 C. Schmieden, Z. angew. Math. u. Mech., vol.15, p.278, 1935。

③　Tsu-Tau Loo, Proc. 2d U.S. Natl. Congr. Appl. Mech., Ann Arbor, p.345, 1954。

④　见 A. Pflüger, Ingr.-Arch., vol.8, p.151, 1937。

式中，m 和 n 是为了使屈曲载荷最小而必须选择的参数。

将解(c)代入平衡方程，得到三个齐次线性方程，用于计算常数 A、B 和 C。这些方程只有当它们的行列式为零时，才能得到不为零的解。这就给出了计算屈曲载荷的方程。可将该方程简化为

$$aq_1 = b + ck_1 \tag{d}$$

其中

$$q_1 = q\,\frac{1-\nu^2}{E}\,\frac{r_1}{h_1}, \quad k_1 = \frac{h_1^2}{12r_1^2} \tag{e}$$

若已知壳的几何尺寸和弹性常数，并假设了参数 m 和 n 的值，则量 a、b、c 为可以被计算的表达式。初步考虑表明，为了使屈曲载荷最小，必须取 $m=2$。取不同的 n 值，对不同比例的壳进行计算，由式(d)可以得到图 11-30 所示曲线[1]。利用这些曲线，给定角 α 和量 k_1 的值，则可得到 q_1 和 q 对应的屈曲值。对于 $\sigma_{YP} \approx 28\,000$ psi 的结构钢，用虚线表示弹性屈曲区域。

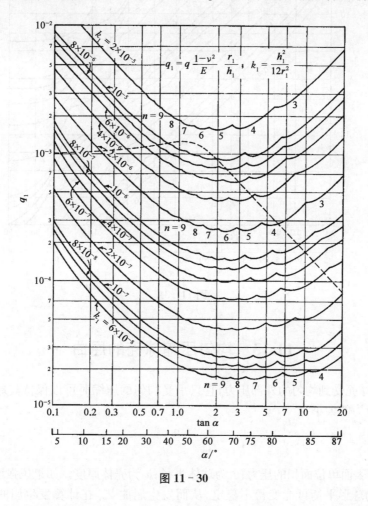

图 11-30

用同样的方法，可以处理压力均匀分布于圆锥表面的情况。对应的临界压力值可从图 11-31 曲线中得到。当 $\alpha = 90°$ 时，这些曲线给出 $n=2$，并得到大小与长圆柱壳相同的 q_{cr}。

---

① 这些曲线取自 Pflüger, loc. cit.

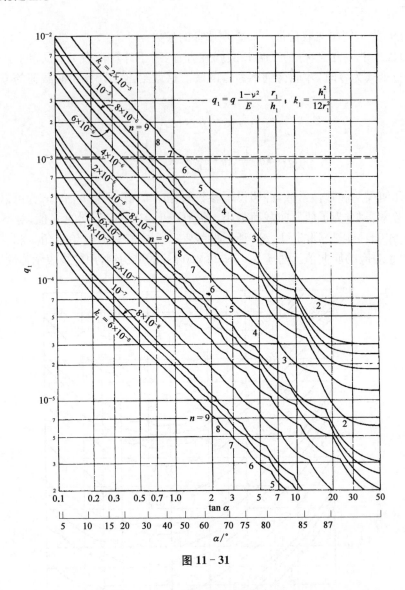

$$q_1 = q\,\frac{1-\nu^2}{E}\,\frac{r_1}{h_1}\,,\quad k_1 = \frac{h_1^2}{12r_1^2}$$

图 11 - 31

11.13　均匀压缩球壳的屈曲

　　如果一个球壳受到均匀的外部压力,它只承受均匀的压缩时可以保持其球形。在这种情况下,均匀压应力的大小为

$$\sigma = \frac{qa}{2h} \tag{a}$$

式中,q 为中间表面单位面积的压力;a 为球体半径;h 为壳体厚度。如果压强增加超过一定的极限,压缩壳的球形平衡可能变得不稳定,从而发生屈曲[1]。在计算发生屈曲的压力临界值时,假设屈曲表面相对于球体直径是对称的,并使用方程(10 - 17)导出的对称加载壳的对称变

---

　　[1]　球壳的屈曲问题可以参考 R. Zoelly, Dissertation, Zürich, 1915, and E. Schwerin, Z. angew. Math. u. Mech., vol.2, p.81, 1922. A. Van der Neut, Dissertation, Delft, 1932。在考虑不对称屈曲的情况下,给出了该问题的一般解。也可以参考 K. Marguerre, Proc. 5th Intern. Congr. Appl. Mech., 1938, p.93 - 101。

形情况。在推导球体屈曲表面的方程时,和前面一样,假设量 u、v 和 w(图 10-8)表示压缩球面屈曲时的小位移分量。然后由于式(10-17)中的 N_x 和 N_y 与均匀压缩力 $qa/2$ 相差不大,可以假设

$$N_x = -\frac{qa}{2} + N_x', \ N_y = -\frac{qa}{2} + N_y' \tag{b}$$

式中,N_x' 和 N_y' 是由小位移 u、v 和 w 引起的合力。将式(b)代入式(10-17)中,用 $q(1+\varepsilon_1+\varepsilon_2)$ 代替 q[①],忽略 N_x'、N_y'、Q_x 与 u、v、w 的导数的乘积,得到

$$\left.\begin{array}{l} \dfrac{\mathrm{d}N_x'}{\mathrm{d}\theta} + (N_x' - N_y')\cot\theta - Q_x - \dfrac{qa}{2}\left(\dfrac{u}{a} + \dfrac{\mathrm{d}w}{a\,\mathrm{d}\theta}\right) = 0 \\[3mm] \dfrac{\mathrm{d}Q_x}{\mathrm{d}\theta} + Q_x\cot\theta + N_x' + N_y' + qa\left(\dfrac{\mathrm{d}u}{a\,\mathrm{d}\theta} + \dfrac{u}{a}\cot\theta - \dfrac{2w}{a}\right) - \\[3mm] \quad \dfrac{qa}{2}\left(\dfrac{\mathrm{d}u}{a\,\mathrm{d}\theta} + \dfrac{\mathrm{d}^2w}{a\,\mathrm{d}\theta^2}\right) - \dfrac{qa}{2}\cot\theta\left(\dfrac{u}{a} + \dfrac{\mathrm{d}w}{a\,\mathrm{d}\theta}\right) = 0 \\[3mm] \dfrac{dM_x}{\mathrm{d}\theta} + (M_x - M_y)\cot\theta - Q_x a = 0 \end{array}\right\} \tag{c}$$

用第三个方程消去前两个方程中的 Q_x,再代入这两个方程(见第 10.5 节),可得

$$N_x' = \frac{Eh}{1-\nu^2}\left[\frac{\mathrm{d}u}{a\,\mathrm{d}\theta} - \frac{w}{a} + \nu\left(\frac{u\cot\theta}{a} - \frac{w}{a}\right)\right]$$

$$N_y' = \frac{Eh}{1-\nu^2}\left[\frac{u\cot\theta}{a} - \frac{w}{a} + \nu\left(\frac{\mathrm{d}u}{a\,\mathrm{d}\theta} - \frac{w}{a}\right)\right]$$

$$M_x = -\frac{D}{a^2}\left[\frac{\mathrm{d}u}{\mathrm{d}\theta} + \frac{\mathrm{d}^2w}{\mathrm{d}\theta^2} + \nu\left(u + \frac{\mathrm{d}w}{\mathrm{d}\theta}\right)\cot\theta\right]$$

$$M_y = -\frac{D}{a^2}\left[\left(u + \frac{\mathrm{d}w}{\mathrm{d}\theta}\right)\cot\theta + \nu\left(\frac{\mathrm{d}u}{\mathrm{d}\theta} + \frac{\mathrm{d}^2w}{\mathrm{d}\theta^2}\right)\right]$$

得到确定 u 和 w 的两个方程,且符号记作

$$\alpha = \frac{D(1-\nu^2)}{a^2 Eh} = \frac{h^2}{12a^2}, \ \phi = \frac{qa(1-\nu^2)}{2Eh} \tag{d}$$

则可以用以下形式表示为

$$(1+\alpha)\left[\frac{\mathrm{d}^2u}{\mathrm{d}\theta^2} + \cot\theta\,\frac{\mathrm{d}u}{\mathrm{d}\theta} - (\nu + \cot^2\theta)u\right] - (1+\nu)\,\frac{\mathrm{d}w}{\mathrm{d}\theta} +$$
$$\alpha\left[\frac{\mathrm{d}^3w}{\mathrm{d}\theta^3} + \cot\theta\,\frac{\mathrm{d}^2w}{\mathrm{d}\theta^2} - (\nu + \cot^2\theta)\,\frac{\mathrm{d}w}{\mathrm{d}\theta}\right] - \phi\left(u + \frac{\mathrm{d}w}{\mathrm{d}\theta}\right) = 0 \tag{e}$$

$$(1+\nu)\left(\frac{\mathrm{d}u}{\mathrm{d}\theta} + u\cot\theta - 2w\right) + \alpha\left[-\frac{\mathrm{d}^3u}{\mathrm{d}\theta^3} - 2\cot\theta\,\frac{\mathrm{d}^2u}{\mathrm{d}\theta^2} +\right.$$
$$\left.(1+\nu+\cot^2\theta)\,\frac{\mathrm{d}u}{\mathrm{d}\theta} - \cot\theta(2-\nu+\cot^2\theta)u - \frac{\mathrm{d}^4w}{\mathrm{d}\theta^4} -\right.$$

①　这解释了由于表面拉伸而导致的表面元件压力的微小变化。方程中相应的项很小,可以忽略。保留它们,只是为了使计算结果与考虑了上述表面拉伸的现有推导一致。

$$2\cot\theta\,\frac{\mathrm{d}^3 w}{\mathrm{d}\theta^3}+(1+\nu+\cot^2\theta)\,\frac{\mathrm{d}^2 w}{\mathrm{d}\theta^2}-\cot\theta(2-\nu+\cot^2\theta)\,\frac{\mathrm{d}w}{\mathrm{d}\theta}\Bigg]-$$

$$\phi\left(-u\cot\theta-\frac{\mathrm{d}u}{\mathrm{d}\theta}+4w+\cot\theta\,\frac{\mathrm{d}w}{\mathrm{d}\theta}+\frac{\mathrm{d}^2 w}{\mathrm{d}\theta^2}\right)=0 \tag{f}$$

从式(e)开始,比较于整体,它可以通过省略第一个因子中的 α 而简化[1]。还注意到,如果将 u 替换为 $\mathrm{d}w/\mathrm{d}\theta$,括号中的表达式将变得相同。因此,如果引入一个新的变量 ψ,就可以得到一个简化:

$$u=\frac{\mathrm{d}\psi}{\mathrm{d}\theta} \tag{g}$$

则方程(e)变成

$$\frac{\mathrm{d}^3\psi}{\mathrm{d}\theta^3}+\cot\theta\,\frac{\mathrm{d}^2\psi}{\mathrm{d}\theta^2}-(\nu+\cot^2\theta)\,\frac{\mathrm{d}\psi}{\mathrm{d}\theta}-(1+\nu)\,\frac{\mathrm{d}w}{\mathrm{d}\theta}+$$

$$\alpha\left[\frac{\mathrm{d}^3 w}{\mathrm{d}\theta^3}+\cot\theta\,\frac{\mathrm{d}^2 w}{\mathrm{d}\theta^2}-(\nu+\cot^2\theta)\,\frac{\mathrm{d}w}{\mathrm{d}\theta}\right]-\phi\left(\frac{\mathrm{d}\psi}{\mathrm{d}\theta}+\frac{\mathrm{d}w}{\mathrm{d}\theta}\right)=0$$

使用符号 H 进行简化:

$$H(\cdots)=\frac{\mathrm{d}^2(\cdots)}{\mathrm{d}\theta^2}+\cot\theta\,\frac{\mathrm{d}(\cdots)}{\mathrm{d}\theta}+2(\cdots) \tag{h}$$

可以把这个方程写成

$$\frac{\mathrm{d}}{\mathrm{d}\theta}\big[H(\psi)+\alpha H(w)-(1+\nu)(\psi+w)-\alpha(1+\nu)w-\phi(\psi+w)\big]=0$$

在这个方程左侧,与第三项相比包含因子 α 的第四项可以忽略。之后对此方程积分化简,假设积分常数等于 0[2],得到

$$H(\psi)+\alpha H(w)-(1+\nu)(\psi+w)-\phi(\psi+w)=0 \tag{i}$$

用同样的方法处理式(f),得到

$$\alpha HH(\psi+w)-(1+\nu)H(\psi)-(3+\nu)\alpha H(w)+2(1+\nu)(\psi+w)+$$

$$\phi\big[-H(\psi)+H(w)+2(\psi+w)\big]=0 \tag{j}$$

因此,球壳屈曲的研究可以简化为对两个方程(i)和(j)的积分。可以用 0,1,2,⋯阶的勒让德函数来解这些方程,如下[3]:

$$P_0(\cos\theta)=1$$

$$P_1(\cos\theta)=\cos\theta$$

$$P_2(\cos\theta)=\frac{1}{4}(3\cos 2\theta+1)$$

---

① 从符号(d)可以看出,α 是一个非常小的量,因为屈曲在弹性极限只可能出现在 h/a 很小的极薄壳的情况下。

② 由式(q)可知,在 Ψ 上加一个常数并不影响其值。

③ 这些函数的数值表和图形见 Jahnke 和 Emde,"*Tables of Functions*",第 4 版,Dover Publications,纽约,1945。

$$P_3(\cos\theta) = \frac{1}{8}(5\cos 3\theta + 3\cos\theta)$$

$$P_4(\cos\theta) = \frac{1}{64}(35\cos 4\theta + 20\cos 2\theta + 9)$$

$$\cdots\cdots$$

$$P_n(\cos\theta) = 2\frac{1\cdot 3\cdot 5\cdot\cdots\cdot(2n-1)}{2^n\cdot n!}\bigg[\cos n\theta +$$

$$\frac{1}{1}\frac{n}{2n-1}\cos(n-2)\theta + \frac{1\cdot 3}{1\cdot 2}\frac{n(n-1)}{(2n-1)(2n-3)}\cos(n-4)\theta +$$

$$\frac{1\cdot 3\cdot 5}{1\cdot 2\cdot 3}\frac{n(n-1)(n-2)}{(2n-1)(2n-3)(2n-5)}\cos(n-6)\theta + \cdots\bigg] \tag{k}$$

所有这些函数都满足方程

$$\frac{\mathrm{d}^2 P_n}{\mathrm{d}\theta^2} + \cot\theta\frac{\mathrm{d}P_n}{\mathrm{d}\theta} + n(n+1)P_n = 0 \tag{l}$$

因此，执行(h)所示运算，得到

$$H(P_n) = -\lambda_n P_n \tag{m}$$

式中

$$\lambda_n = n(n+1) - 2 \tag{n}$$

$$HH(P_n) = \lambda_n^2 P_n \tag{o}$$

同之前处理三角函数一样，继续处理勒让德函数，并使用级数，得到球壳任意对称屈曲的一般表达式为

$$\left.\begin{array}{l}\psi = \sum_{n=0}^{\infty} A_n P_n \\ w = \sum_{n=0}^{\infty} B_n P_n\end{array}\right\} \tag{p}$$

将这些表达式代入式(i)、(j)，并使用式(m)、(o)，得到

$$\sum_{n=0}^{\infty}\{A_n[\lambda_n + (1+\nu) + \phi] + B_n[\alpha\lambda_n + (1+\nu) + \phi]\}P_n = 0$$

$$\sum_{n=0}^{\infty}\{A_n[\alpha\lambda_n^2 + (1+\nu)(\lambda_n+2) + \phi(\lambda_n+2)] +$$
$$B_n[\alpha\lambda_n^2 + (3+\nu)\alpha\lambda_n + 2(1+\nu) - \phi(\lambda_n-2)]\}P_n = 0$$

方程左边的级数只有当每一项都消失时才会消失。因此，对于 n 的每一个值，得到以下两个齐次方程：

$$\left.\begin{array}{l}A_n[\lambda_n + (1+\nu) + \phi] + B_n[\alpha\lambda_n + (1+\nu) + \phi] = 0 \\ A_n[\alpha\lambda_n^2 + (1+\nu)(\lambda_n+2) + \phi(\lambda_n+2)] + \\ B_n[\alpha\lambda_n^2 + (3+\nu)\alpha\lambda_n + 2(1+\nu) - \phi(\lambda_n-2)] = 0\end{array}\right\} \tag{q}$$

如果对于某个 n 值，这些方程产生 A_n 和 B_n 的非零解，壳就可能屈曲，这要求这些方程的行列式等于零。这样，可以得到计算外部压力临界值的公式为[①]

---

① 量 α 和 ϕ 是非常小的，在这个方程的推导过程中与整体相比被忽略了。

$$(1-\nu^2)\lambda_n + \alpha\lambda_n[\lambda_n^2 + 2\lambda_n + (1+\nu)^2] - \phi\lambda_n[\lambda_n + (1+3\nu)] = 0 \qquad (\text{r})$$

方程(r)的一个解是 $\qquad\qquad\qquad\qquad \lambda_n = 0$

由式(n)可得 n 的对应值为

$$n = 1$$

从式(q)的第一个方程可得

$$A_1 = -B_1$$

由式(p)推导出对应的位移

$$u = \frac{\mathrm{d}\psi}{\mathrm{d}\theta} = -A_1\sin\theta$$

$$w = -A_1\cos\theta$$

它们表示球体作为刚体沿着对称轴的位移量 A_1。

为了得到与壳体屈曲相对应的位移,必须在式(r)中假设,$\lambda_n \neq$ 零。然后

$$\phi = \frac{(1-\nu^2) + \alpha[\lambda_n^2 + 2\lambda_n + (1+\nu)^2]}{\lambda_n + (1+3\nu)} \qquad (\text{s})$$

对于任意的 n 值,可以计算出 ϕ,用符号(d)可以得到相应的外部压力值。为了找到可能发生屈曲的最小值,将式(s)看作一个连续的函数,并从以下条件确定其最小值:

$$\frac{\mathrm{d}\phi}{\mathrm{d}\lambda_n} = 0$$

在忽略小项之后,则有

$$\lambda_n^2 + 2(1+3\nu)\lambda_n - \frac{1-\nu^2}{\alpha} = 0$$

近似可得

$$\lambda_n = -(H3\nu) + \sqrt{\frac{1-\nu^2}{\alpha}} \qquad (\text{t})$$

将式(t)代入式(s),得到

$$\phi_{\min} = 2\sqrt{(1-\nu^2)\alpha} - 6\nu\alpha$$

使用符号(d),

$$q_{\mathrm{cr}} = \frac{\phi_{\min}2Eh}{a(1-\nu^2)} = \frac{2Eh}{a(1-\nu^2)}\left(\sqrt{\frac{1-\nu^2}{3}}\,\frac{h}{a} - \frac{\nu h^2}{2a^2}\right)$$

或者,忽略括号中的第二项,

$$q_{\mathrm{cr}} = \frac{2Eh^2}{a^2\sqrt{3(1-\nu^2)}} \qquad (11-31)$$

由式(a),

$$\sigma_{\mathrm{cr}} = \frac{Eh}{a\sqrt{3(1-\nu^2)}} \qquad (11-32)$$

该应力与半径为 a、厚度为 h 的轴向压缩圆柱壳的临界应力大小相同[见式(11-9)]。

在上面的推导中,假设了一个连续的变量 λ_n。 但是,由式(n)中定义,其中 n 是整数。因此,为了得到更精确的 σ_{cr} 值,应将式(n)所得的相邻的两个整数代入式(s)中而不是带入值(t),并在计算临界应力时使用较小的 λ_n 的值。由式(t)可知,λ_n 是一个很大的数;因此,数字 n 也很大,这种更精确的计算结果与式(11-32)所给出的结果差别不大。

到目前为止,讨论只考虑了壳的对称屈曲,但更一般的研究表明[1],由于均匀压缩的球壳相对于任何直径的对称性,基于对称假设推导出的式(s)给出了所有可能的 ϕ_{cr} 的值,并且式(11-32)总是可以用于计算临界应力。

薄球壳承受均匀外部压力的实验表明,屈曲发生在比式(11-31)给出的压力小得多的压力下,并且屈曲壳的崩溃与前面讨论的圆柱形壳轴向压缩情况一样突然发生[2]。近似计算表明[3],在压缩壳的球形平衡附近,存在着稍微偏离球形的平衡形式,其所需的压力远小于式(11-31)。这表明,正如在圆柱壳情况下所讨论的那样(见第 11.4 节),在加载过程中,一个非常小的扰动可能会在比经典理论要求压力小得多的压力下产生屈曲。这也解释了压缩球壳屈曲现象的突然性和临界压力实验值的广泛离散性。

实际中,可以使用以下经验公式来计算 q_{cr}[4]:

$$q_{cr} = \left(1 - 0.175\,\frac{\theta - 20°}{20°}\right)\left(1 - \frac{0.07a/h}{400}\right)(0.3E)\left(\frac{h}{a}\right)^2$$

其在 $400 < a/h < 2\,000$ 和 $20° < \theta < 60°$ 时有满意的结果。

在 θ 值非常小的情况下(图 11-32),将得到一个稍微弯曲的圆形板,它在外部压力下向与初始曲率相反的方向弯曲,类似于稍微弯曲的杆的屈曲(见第 7.8 节)。

当载荷 P 沿对称轴作用时(图 11-32),临界载荷的近似解为[5]

$$\left.\begin{aligned}\mu &= \sqrt{0.152(\lambda + 74.9)} - 2.88, \quad 20 < \lambda < 100 \\ \mu &= \sqrt{0.093(\lambda + 11.5)} - 0.94, \quad 100 < \lambda < 500\end{aligned}\right\}$$

$$(11\text{-}33)$$

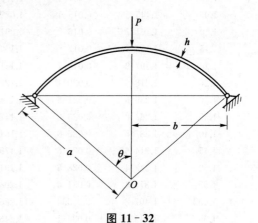

图 11-32

其中　　　　$\lambda = \dfrac{b^4}{a^2 h^2}, \ \mu = \dfrac{Pa}{Eh^3}$

式中,b 为圆板的半径;a 为球的半径;h 为板的厚度。

①　见 Van der Neut, loc. cit.;也可以参考 Flügge, loc. cit.。

②　见 K. Klöppel and O. Jungbluth, Der Stahlbau, vol.22, p.121, 1953。

③　见 T. V. Kármán and Hsue-Shen Tsien, J. Aeronaut. Sci., vol.7, pp.43 and 276, 1940。也可以参考 K. O. Friedrichs, "*T. V. Kármán Anniversary Volume*", p.258, 1941, V. I. Feodosiev, Appl. Math. Mech., vol.18, p.35, 1954 (Russian); and E. L. Reiss, H. J. Greenberg, and H. B. Keller, J. Aeronaut. Sci., vol.24, p.533, 1957。

④　见 Klöppel and Jungbluth, op. cit. 文中还给出了关于加劲球壳的一些信息。

⑤　C. B. Biezeno, Z. angew. Math. u. Mech., vol.15, p.10, 1935 中讨论了这一现象。进一步讨论类似的问题,见 H. Nylander, Osterr. Ingr. Arch., vol.9, p.181, 1955。

附 录

表 A-1 函数 $\phi(u)$，$\psi(u)$，$\chi(u)$

$$\phi(u) = \frac{3}{u}\left(\frac{1}{\sin 2u} - \frac{1}{2u}\right) \qquad \psi(u) = \frac{3}{2u}\left(\frac{1}{2u} - \frac{1}{\tan 2u}\right) \qquad \chi(u) = \frac{3(\tan u - u)}{u^3}$$

$2u = kl$	$\phi(u)$	$\Delta\phi$	$\psi(u)$	$\Delta\psi$	$\chi(u)$	$\Delta\chi$	$2u = kl$
0	1.000 0		1.000 0		1.000 0		0
0.10	1.000 8	0.000 8	1.000 7	0.000 7	1.001 0	0.001 0	0.10
0.20	1.004 7	0.003 9	1.002 7	0.002 0	1.004 0	0.003 0	0.20
0.30	1.010 6	0.005 9	1.006 1	0.003 4	1.009 1	0.005 1	0.30
0.40	1.018 9	0.008 3	1.010 8	0.004 7	1.016 3	0.007 2	0.40
0.50	1.029 9	0.011 0	1.017 1	0.006 3	1.025 7	0.009 4	0.50
0.60	1.043 7	0.013 8	1.024 9	0.007 8	1.037 4	0.011 7	0.60
0.70	1.060 3	0.016 6	1.034 3	0.009 4	1.051 6	0.014 2	0.70
0.80	1.080 1	0.019 8	1.045 4	0.011 1	1.068 4	0.016 8	0.80
0.90	1.103 3	0.023 2	1.058 5	0.013 1	1.088 2	0.019 8	0.90
1.00	1.130 4	0.027 1	1.073 7	0.015 2	1.111 3	0.023 1	1.00
1.05	1.145 5	0.015 1	1.082 2	0.008 5	1.124 1	0.012 8	1.05
1.10	1.161 7	0.016 2	1.091 2	0.009 0	1.137 9	0.013 8	1.10
1.15	1.179 2	0.017 5	1.100 9	0.009 7	1.152 7	0.014 8	1.15
1.20	1.197 9	0.018 7	1.111 4	0.010 5	1.168 6	0.015 9	1.20
1.25	1.218 0	0.020 1	1.122 5	0.011 1	1.185 6	0.017 0	1.25
1.30	1.239 6	0.021 6	1.134 5	0.012 0	1.203 9	0.018 3	1.30
1.35	1.262 8	0.023 2	1.147 3	0.012 8	1.223 5	0.019 6	1.35
1.40	1.287 8	0.025 0	1.161 0	0.013 7	1.244 5	0.021 0	1.40
1.45	1.314 6	0.026 8	1.175 7	0.014 7	1.267 1	0.022 6	1.45
1.50	1.343 4	0.028 8	1.191 5	0.015 8	1.291 4	0.024 3	1.50
1.55	1.374 4	0.031 0	1.208 4	0.016 9	1.317 4	0.026 0	1.55
1.60	1.407 8	0.0 334	1.226 6	0.018 2	1.345 5	0.028 1	1.60
1.65	1.443 9	0.036 1	1.246 2	0.019 6	1.375 8	0.030 3	1.65
1.70	1.483 0	0.039 1	1.267 3	0.021 1	1.408 5	0.032 7	1.70
1.75	1.525 2	0.042 2	1.290 1	0.022 8	1.443 8	0.035 3	1.75
1.80	1.571 0	0.045 8	1.314 7	0.024 6	1.482 1	0.038 3	1.80
1.85	1.620 8	0.049 8	1.341 4	0.026 7	1.523 7	0.041 6	1.85
1.90	1.675 0	0.054 2	1.370 4	0.029 0	1.568 9	0.045 2	1.90
1.95	1.734 3	0.059 3	1.402 0	0.031 6	1.618 2	0.049 3	1.95
2.00	1.799 3	0.065 0	1.436 5	0.034 5	1.672 2	0.054 0	2.00
2.01	1.813 0	0.013 7	1.443 8	0.007 3	1.683 6	0.011 4	2.01
2.02	1.827 0	0.014 0	1.451 2	0.007 4	1.695 3	0.011 7	2.02
2.03	1.841 3	0.014 3	1.458 7	0.007 5	1.707 1	0.011 8	2.03

$2u = kl$	$\phi(u)$	$\Delta\phi$	$\psi(u)$	$\Delta\psi$	$\chi(u)$	$\Delta\chi$	$2u = kl$
2.04	1.855 8	0.014 5	1.466 4	0.007 7	1.719 2	0.012 1	2.04
2.05	1.870 6	0.014 8	1.474 2	0.007 8	1.731 4	0.012 2	2.05
2.06	1.885 8	0.015 2	1.482 2	0.008 0	1.744 0	0.012 6	2.06
2.07	1.901 2	0.015 4	1.490 4	0.008 2	1.756 8	0.012 8	2.07
2.08	1.916 8	0.015 6	1.498 7	0.008 3	1.769 8	0.013 0	2.08
2.09	1.932 9	0.016 1	1.507 1	0.008 4	1.783 2	0.013 4	2.09
2.10	1.949 3	0.016 4	1.515 8	0.008 7	1.796 7	0.013 5	2.10
2.11	1.966 1	0.016 8	1.524 6	0.008 8	1.810 6	0.013 9	2.11
2.12	1.983 1	0.017 0	1.533 6	0.009 0	1.824 7	0.014 1	2.12
2.13	2.000 5	0.017 4	1.542 7	0.009 1	1.839 2	0.014 5	2.13
2.14	2.018 4	0.017 9	1.552 1	0.009 1	1.853 9	0.014 7	2.14
2.15	2.036 6	0.018 2	1.561 6	0.009 5	1.868 9	0.015 0	2.15
2.16	2.055 2	0.018 6	1.571 3	0.009 7	1.884 3	0.015 4	2.16
2.17	2.074 1	0.018 9	1.581 3	0.010 0	1.900 0	0.015 7	2.17
2.18	2.093 5	0.019 4	1.591 4	0.010 1	1.916 0	0.016 0	2.18
2.19	2.113 3	0.019 8	1.601 8	0.010 4	1.932 3	0.016 3	2.19
2.20	2.133 6	0.020 3	1.612 4	0.010 6	1.949 1	0.016 8	2.20
2.21	2.154 3	0.020 7	1.623 3	0.010 9	1.966 3	0.017 2	2.21
2.22	2.175 4	0.021 1	1.634 3	0.011 0	1.983 7	0.017 4	2.22
2.23	2.197 2	0.021 8	1.645 7	0.011 4	2.001 6	0.017 9	2.23
2.24	2.219 4	0.022 2	1.657 2	0.011 5	2.019 9	0.018 3	2.24
2.25	2.242 2	0.022 8	1.669 0	0.011 8	2.038 6	0.018 7	2.25
2.26	2.265 4	0.023 2	1.681 2	0.012 2	2.057 8	0.019 2	2.26
2.27	2.289 1	0.023 7	1.693 6	0.012 4	2.077 5	0.019 7	2.27
2.28	2.313 5	0.024 4	1.706 2	0.012 6	2.097 6	0.020 1	2.28
2.29	2.338 4	0.024 9	1.719 2	0.013 0	2.118 1	0.020 5	2.29
2.30	2.364 0	0.025 6	1.732 5	0.013 3	2.139 2	0.021 1	2.30
2.31	2.390 2	0.026 2	1.746 1	0.013 6	2.160 8	0.021 6	2.31
2.32	2.417 1	0.026 9	1.760 1	0.014 0	2.183 0	0.022 2	2.32
2.33	2.444 8	0.027 7	1.774 4	0.014 3	2.205 7	0.022 7	2.33
2.34	2.473 1	0.028 3	1.789 1	0.014 7	2.229 0	0.023 3	2.34
2.35	2.502 2	0.029 1	1.804 1	0.015 0	2.252 9	0.023 9	2.35
2.36	2.532 0	0.029 8	1.819 5	0.015 4	2.277 4	0.024 5	2.36
2.37	2.562 5	0.030 5	1.835 4	0.015 9	2.302 5	0.025 1	2.37
2.38	2.593 9	0.031 4	1.851 6	0.016 2	2.328 4	0.025 9	2.38
2.39	2.626 2	0.032 3	1.868 3	0.016 7	2.355 0	0.026 6	2.39
2.40	2.659 6	0.033 4	1.885 4	0.017 1	2.382 2	0.027 2	2.40
2.41	2.693 5	0.033 9	1.903 1	0.017 7	2.410 3	0.028 1	2.41
2.42	2.728 7	0.035 2	1.921 2	0.018 1	2.439 1	0.028 8	2.42
2.43	2.764 9	0.036 2	1.939 8	0.018 6	2.468 7	0.029 6	2.43
2.44	2.802 1	0.037 2	1.958 9	0.019 1	2.499 3	0.030 6	2.44
2.45	2.840 3	0.038 2	1.978 6	0.019 7	2.530 6	0.031 3	2.45
2.46	2.879 8	0.039 5	1.998 9	0.020 3	2.563 0	0.032 4	2.46

$2u = kl$	$\phi(u)$	$\Delta\phi$	$\psi(u)$	$\Delta\psi$	$\chi(u)$	$\Delta\chi$	$2u = kl$
2.47	2.920 4	0.040 6	2.019 8	0.020 9	2.596 4	0.033 4	2.47
2.48	2.962 4	0.042 0	2.041 3	0.021 5	2.630 7	0.034 3	2.48
2.49	3.005 6	0.043 2	2.063 5	0.022 2	2.666 2	0.035 5	2.49
2.50	3.050 2	0.044 6	2.086 4	0.022 9	2.702 7	0.036 5	2.50
2.51	3.096 3	0.046 1	2.110 0	0.023 6	2.740 5	0.037 8	2.51
2.52	3.143 8	0.047 5	2.134 3	0.024 3	2.779 4	0.038 9	2.52
2.53	3.193 1	0.049 3	2.159 5	0.025 2	2.819 7	0.040 3	2.53
2.54	3.243 7	0.050 6	2.185 5	0.026 0	2.861 2	0.041 5	2.54
2.55	3.296 3	0.052 6	2.212 4	0.026 9	2.904 3	0.043 1	2.55
2.56	3.350 8	0.054 5	2.240 2	0.027 8	2.948 8	0.044 5	2.56
2.57	3.407 2	0.056 4	2.269 0	0.028 8.	2.994 9	0.046 1	2.57
2.58	3.465 7	0.058 5	2.298 8	0.029 8	3.042 7	0.047 8	2.58
2.59	3.526 2	0.060 5	2.329 7	0.030 9	3.092 2	0.049 5	2.59
2.60	3.589 0	0.062 8	2.361 8	0.032 1	3.143 5	0.051 3	2.60
2.61	3.654 2	0.065 2	2.395 0	0.033 2	3.196 8	0.053 3	2.61
2.62	3.722 0	0.067 8	2.429 5	0.034 5	3.252 2	0.055 4	2.62
2.63	3.702 5	0.070 5	2.465 4	0.035 9	3.309 7	0.057 5	2.63
2.64	3.865 9	0.073 4	2.502 7	0.037 3	3.369 6	0.059 9	2.64
2.65	3.942 1	0.076 2	2.541 5	0.038 8	3.431 9	0.062 3	2.65
2.66	4.021 8	0.079 7	2.581 9	0.040 4	3.496 9	0.065 0	2.66
2.67	4.104 7	0.082 9	2.624 1	0.042 2	3.564 6	0.067 7	2.67
2.68	4.191 4	0.086 7	2.668 0	0.048 9	3.635 3	0.070 7	2.68
2.69	4.282 0	0.090 6	2.714 0	0.046 0	3.709 2	0.073 9	2.69
2.70	4.376 6	0.094 6	2.761 9	0.047 9	3.786 3	0.077 1	2.70
2.71	4.475 7	0.099 1	2.812 1	0.050 2	3.867 1	0.080 8	2.71
2.72	4.579 5	0.103 8	2.864 8	0.052 7	3.951 7	0.084 6	2.72
2.73	4.688 5	0.109 0	2.919 9	0.055 1	4.040 5	0.088 8	2.73
2.74	4.802 9	0.114 4	2.977 8	0.057 9	4.133 7	0.093 2	2.74
2.75	4.923 3	0.120 4	3.038 6	0.060 8	4.231 7	0.098 0	2.75
2.76	5.049 9	0.126 6	3.102 7	0.064 1	4.334 9	0.103 2	2.76
2.77	5.183 5	0.133 6	3.170 2	0.067 5	4.443 6	0.108 7	2.77
2.78	5.324 5	0.141 0	3.241 4	0.071 2	4.558 4	0.114 8	2.78
2.79	5.473 6	0.149 1	3.316 6	0.075 2	4.679 7	0.121 3	2.79
2.80	5.681 5	0.157 9	3.396 3	0.079 7	4.808 2	0.128 5	2.80
2.81	5.799 0	0.167 5	3.480 7	0.084 4	4.944 4	0.136 2	2.81
2.82	5.977 0	0.178 0	3.570 4	0.089 7	5.089 2	0.144 8	2.82
2.83	6.166 4	0.189 4	3.665 9	0.095 5	5.243 2	0.154 0	2.83
2.84	6.368 5	0.202 1	3.767 6	0.101 7	5.407 5	0.164 3	2.84
2.85	6.584 5	0.216 0	3.876 4	0.108 8	5.583 2	0.175 7	2.85
2.86	6.816 0	0.231 5	3.992 8	0.116 4	5.771 3	0.188 1	2.86
2.87	7.064 6	0.248 6	4.117 9	0.125 1	5.973 3	0.202 0	2.87
2.88	7.332 2	0.267 6	4.252 5	0.134 6	6.190 7	0.217 4	2.88
2.89	7.621 2	0.289 0	4.397 7	0.145 2	6.425 5	0.234 8	2.89

（续表）

$2u = kl$	$\phi(u)$	$\Delta\phi$	$\psi(u)$	$\Delta\psi$	$\chi(u)$	$\Delta\chi$	$2u = kl$
2.90	7.934 3	0.313 1	4.555 0	0.157 3	6.679 8	0.254 3	2.90
2.91	8.274 5	0.340 2	4.725 9	0.170 9	6.956 1	0.276 3	2.91
2.92	8.645 5	0.371 0	4.912 1	0.186 2	7.257 3	0.301 2	2.92
2.93	9.051 6	0.406 1	5.116 0	0.203 9	7.587 1	0.329 8	2.93
2.94	9.498 2	0.446 6	5.340 1	0.224 1	7.949 6	0.362 5	2.94
2.95	9.991 5	0.493 3	5.587 5	0.247 4	8.350 0	0.400 4	2.95
2.96	10.539 3	0.547 8	5.862 2	0.274 7	8.794 6	0.444 6	2.96
2.97	11.151 0	0.611 7	6.168 8	0.306 6	9.291 0	0.496 4	2.97
2.98	11.838 6	0.687 6	6.513 4	0.344 6	9.848 9	0.557 9	2.98
2.99	12.617 1	0.778 5	6.903 5	0.390 1	10.480 4	0.631 5	2.99
3.00	13.505 7	0.888 6	7.348 6	0.445 1	11.201 3	0.720 9	3.00
3.01	14.529 5	1.023 8	7.861 3	0.512 7	12.031 7	0.830 4	3.01
3.02	15.721 9	1.192 4	8.458 3	0.597 0	12.998 8	0.967 1	3.02
3.03	17.128 2	1.406 3	9.162 3	0.704 0	14.139 3	1.140 5	3.03
3.04	18.811 6	1.683 4	10.004 9	0.842 6	15.504 4	1.365 1	3.04
3.05	20.862 9	2.051 3	11.031 4	1.026 5	17.167 7	1.663 3	3.05
3.06	23.417 6	2.554 7	12.309 6	1.278 2	19.238 8	2.071 1	3.06
3.07	26.686 0	3.268 4	13.944 6	1.635 0	21.888 6	2.649 8	3.07
3.08	31.016 0	4.330 0	16.110 5	2.165 9	25.398 9	3.510 3	3.08
3.09	37.024 4	6.008 4	19.115 6	3.005 1	30.270 1	4.871 2	3.09
3.10	45.923 4	8.899 0	23.565 0	4.450 3	37.483 9	7.213 8	3.10
3.11	60.456 6	14.533 2	30.833 4	7.267 5	49.264 7	11.780 8	3.11
3.12	88.452 2	27.995 6	44.832 1	13.998 7	71.957 7	22.693 0	3.12
3.13	164.748 7	76.296 5	82.981 2	38.149 1	133.801 7	61.844 0	3.13
3.14	1 199.162 9	1 034.414 2	600.190 0	517.208 8	972.256 2	838.454 5	3.14
π	$\pm\infty$	∞	$\pm\infty$	∞	$\pm\infty$	∞	π
3.15	$-227.166\ 8$	∞	$-112.974\ 7$	∞	$-183.871\ 6$	∞	3.15
3.16	$-103.757\ 6$	123.409 2	$-51.269\ 2$	61.705 5	$-83.839\ 1$	100.032 5	3.16
3.17	$-67.234\ 8$	36.522 8	$-33.006\ 8$	18.262 4	$-4.234\ 2$	29.604 9	3.17
3.18	$-49.731\ 3$	17.503 5	$-24.254\ 1$	8.752 7	$-40.045\ 8$	14.188 4	3.18
3.19	$-39.460\ 0$	10.271 3	$-19.117\ 6$	5.136 5	$-31.719\ 5$	8.326 3	3.19
3.20	$-32.706\ 3$	6.753 7	$-15.739\ 8$	3.377 8	$-26.244\ 5$	5.475 0	3.20
3.21	$-27.927\ 6$	4.778 7	$-13.349\ 5$	2.390 3	$-22.370\ 3$	3.874 2	3.21
3.22	$-24.368\ 3$	3.559 3	$-11.568\ 8$	1.780 7	$-19.484\ 5$	2.885 8	3.22
3.23	$-21.614\ 2$	2.754 1	$-10.190\ 9$	1.377 9	$-17.251\ 5$	2.233 0	3.23
3.24	$-19.420\ 2$	2.194 0	$-9.092\ 9$	1.098 0	$-15.472\ 5$	1.779 0	3.24
3.25	$-17.631\ 2$	1.789 0	$-8.197\ 5$	0.895 4	$-14.021\ 8$	1.450 7	3.25
3.26	$-26.144\ 7$	1.486 5	$-7.453\ 2$	0.744 3	$-12.816\ 1$	1.205 7	3.26
3.27	$-14.889\ 9$	1.254 8	$-6.824\ 8$	0.628 4	$-11.798\ 3$	1.017 8	3.27
3.28	$-13.816\ 6$	1.073 3	$-6.287\ 2$	0.537 6	$-10.927\ 6$	0.870 7	3.28
3.29	$-12.888\ 1$	0.928 5	$-5.822\ 0$	0.465 2	$-10.174\ 3$	0.753 3	3.29
3.30	$-12.077\ 0$	0.811 1	$-5.415\ 4$	0.406 6	$-9.516\ 2$	0.658 1	3.30
3.40	$-7.424\ 8$	4.652 2	$-3.078\ 7$	2.336 7	$-5.737\ 8$	3.778 4	3.40

$2u = kl$	$\phi(u)$	$\Delta\phi$	$\psi(u)$	$\Delta\psi$	$\chi(u)$	$\Delta\chi$	$2u = kl$
3.50	−5.376 9	2.047 9	−2.043 3	1.035 4	−4.069 7	1.668 1	3.50
3.60	−4.229 2	1.147 7	−1.457 2	0.586 1	−3.130 8	0.938 9	3.60
3.70	−3.409 0	0.730 2	−1.078 7	0.378 5	−2.529 2	0.601 6	3.70
3.80	−2.996 1	0.502 9	−0.812 8	0.265 9	−2.111 3	0.417 9	3.80
3.90	−2.631 4	0.364 7	−0.614 7	0.198 1	−1.804 3	0.307 0	3.90
4.00	−2.357 0	0.274 4	−0.460 3	0.154 4	−1.569 4	0.234 9	4.00
4.10	−2.145 4	0.211 6	−0.335 5	0.124 8	−1.384 0	0.185 4	4.10
4.20	−1.979 2	0.166 2	−0.231 7	0.103 8	−1.234 2	0.149 8	4.20
4.30	−1.847 5	0.131 7	−0.143 0	0.088 7	−1.110 5	0.123 7	4.30
4.40	−1.742 9	0.104 6	−0.065 2	0.077 8	−1.006 9	0.103 6	4.40
4.50	−1.660 3	0.082 6	0.004 4	0.069 6	−0.918 8	0.088 1	4.50
4.60	−1.596 2	0.064 1	0.068 2	0.063 8	−0.843 1	0.075 7	4.60
4.80	−1.515 2	0.081 0	0.185 1	0.116 9	−0.719 6	0.123 5	4.80
5.00	−1.491 4	0.023 8	0.297 5	0.112 4	−0.623 4	0.096 2	5.00
5.25	−1.548 2	0.056 8	0.449 5	0.152 0	−0.529 6	0.093 8	5.25
5.5	−1.744 6	0.196 4	0.647 0	0.197 5	−0.456 3	0.073 3	5.5
5.75	−2.234 4	0.489 8	0.974 7	0.327 7	−0.397 4	0.058 9	5.75
6.0	−3.745 5	1.511 1	1.801 5	0.826 8	−0.349 2	0.048 2	6.0
6.25	−29.086 7	25.341 2	14.534 6	12.733 1	−0.308 8	0.040 4	6.25
2π	$\pm\infty$	∞	$\pm\infty$	∞	−0.304 0	0.004 8	2π
6.5	4.149 0	∞	−2.024 2	∞	−0.274 5	0.029 5	6.5

注：函数 $\phi(u)$，$\psi(u)$ 及 $\chi(u)$ 被称为贝莱(Berry)函数。表 A-1 是由 Niles 与 Newell 编制的，引自 *Airplane Structures* 第 3 版，第Ⅱ卷，第 72—78 页，John Wiley & Sons, Inc., 1943 年，纽约。第一个这种形式的表是由 A. P. Van der Fleet 在 1904 年发表于 *St. Petersburg* 的 *Bull. Polytechnic Inst.*。

表 A-2 函数 $\eta(u)$ 和 $\lambda(u)$

$$\eta(u) = \frac{12(2\sec u - 2 - u^2)}{5u^4} \qquad \lambda(u) = \frac{2(1 - \cos u)}{u^2 \cos u}$$

$2u = kl$	$\eta(u)$	$\lambda(u)$	$2u = kl$	$\eta(u)$	$\lambda(u)$
0	1.000	1.000	1.80	1.494	1.504
0.20	1.004	1.004	2.00	1.690	1.704
0.40	1.016	1.016	2.20	1.962	1.989
0.60	1.037	1.038	2.40	2.400	2.441
0.80	1.070	1.073	2.60	3.181	3.240
1.00	1.114	1.117	2.80	4.822	4.938
1.20	1.173	1.176	2.90	6.790	6.940
1.40	1.250	1.255	3.00	11.490	11.670
1.60	1.354	1.361	π	∞	∞

表 A - 3　截面特性

O＝剪力中心　　　　　J＝翘曲常数　　　　　C_w＝翘曲常数

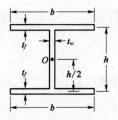

$$J = \frac{2bt_f^3 + ht_w^3}{3}$$

$$C_w = \frac{t_f h^2 b^3}{24}$$

若 $t_f = t_w = t$：

$$J = \frac{t^3}{3}(2b + h)$$

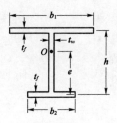

$$e = h \frac{b_1^3}{b_1^3 + b_2^3}$$

$$J = \frac{(b_1 + b_2)t_f^3 + ht_w^3}{3}$$

$$C_w = \frac{t_f h^2}{12} \frac{b_1^3 b_2^3}{b_1^3 + b_2^3}$$

若 $t_f = t_w = t$：

$$J = \frac{t^3}{3}(b_1 + b_2 + h)$$

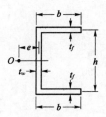

$$e = \frac{3b^2 t_f}{6bt_f + ht_w}$$

$$J = \frac{2bt_f^3 + ht_w^3}{3}$$

$$C_w = \frac{t_f b^3 h^2}{12} \frac{3bt_f + 2ht_w}{6bt_f + ht_w}$$

若 $t_f = t_w = t$：

$$e = \frac{3b^2}{6b + h}$$

$$J = \frac{t^3}{3}(2b + h)$$

$$C_w = \frac{tb^3 h^2}{12} \frac{3b + 2h}{6b + h}$$

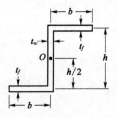

$$J = \frac{2bt_f^3 + ht_w^3}{3}$$

$$C_w = \frac{b^3 h^2}{12(2b + h)^2} \times$$
$$[2t_f(b^2 + bh + h^2) + 3t_w bh]$$

若 $t_f = t_w = t$：

$$J = \frac{t^3}{3}(2b + h)$$

$$C_w = \frac{tb^3 h^2}{12} \frac{b + 2h}{6b + h}$$

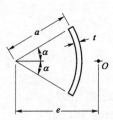

$$e = 2a \frac{\sin\alpha - \alpha\cos\alpha}{\alpha - \sin\alpha\cos\alpha}$$

$$J = \frac{2a\alpha t^3}{3}$$

$$C_w = \frac{2ta^5}{3} \times$$
$$\left[\alpha^3 - \frac{6(\sin\alpha - \alpha\cos\alpha)^2}{\alpha - \sin\alpha\cos\alpha}\right]$$

若 $2\alpha = \pi$：

$$e = \frac{4a}{\pi} \quad J = \frac{\pi a t^3}{3}$$

$$C_w = \frac{2ta^5}{3}\left(\frac{\pi^3}{8} - \frac{12}{\pi}\right)$$
$$= 0.037\,4ta^5$$

姓名索引

术语索引

（按拼音字母排序）